中国石油天然气集团公司统编培训教材

勘探开发业务分册

油田开发方案设计方法

——地质油藏工程开发方案

（上册）

《油田开发方案设计方法》编委会　编

石油工业出版社

内 容 提 要

本书系统阐述了油田开发方案和调整方案设计的基本方法、基本原理和技术，主要包括：油田概况、油藏地质研究、油藏工程开发方案设计方法、油藏工程调整方案设计方法、提高采收率方法与技术、开发经济评价、方案实施要求和开发方案设计实例等。

本书是中国石油天然气集团公司油田开发方案设计专用培训教材，亦可供其他相关专业的技术人员以及大专院校的本科生和研究生参考使用。

图书在版编目(CIP)数据

油田开发方案设计方法：地质油藏工程开发方案/《油田开发方案设计方法》编委会编.—北京：石油工业出版社，2017.8

中国石油天然气集团公司统编培训教材

ISBN 978-7-5183-2055-4

Ⅰ.①油… Ⅱ.①油… Ⅲ.①油田开发-方案设计-技术培训-教材 Ⅳ.①TE32

中国版本图书馆CIP数据核字(2017)第179356号

出版发行：石油工业出版社

(北京安定门外安华里2区1号 100011)

网 址：www.petropub.com

编辑部：(010)64269289 图书营销中心：(010)64523633

经 销：全国新华书店

印 刷：北京中石油彩色印刷有限责任公司

2017年8月第1版 2017年8月第1次印刷

787×1092毫米 开本：1/16 印张：43.25

字数：960千字

定价：150.00元(上、下册)

(如出现印装质量问题，我社图书营销中心负责调换)

《中国石油天然气集团公司统编培训教材》编审委员会

《油田开发方案设计方法》
编　委　会

《油田开发方案设计方法》
编 审 人 员

主　　编：王元基

副 主 编：尚尔杰　田昌炳　郑兴范　田　军
张世焕

编写人员：王锦芳　熊　铁　卜忠宇　孙德君
邢厚松　郝银全　何崇康　屈雪峰
任殿星　刘文岭　侯建锋　郝明强
吴英强　刘丽丽　周雯鸽　李凡华
何鲁平　杨站伟　焦玉卫　许　磊
刘双双　柳良仁　安小平　杨焕英
蒋远征　王　萍　焦　军　平　义
周新茂　鲍敬伟　王文环　雷征东
王友净　王继强　彭缓缓　胡亚斐
谢　雯　赵　昀　彭　珏　杨　琴

审定人员：王元基　尚尔杰　田昌炳　郑兴范
田　军　张世焕　陈　莉　石成方
朱怡翔　李保柱　叶继根　高兴军
赵永胜　张宜凯

序

企业发展靠人才，人才发展靠培训。当前，集团公司正处在加快转变增长方式，调整产业结构，全面建设综合性国际能源公司的关键时期。做好“发展”“转变”“和谐”三件大事，更深更广参与全球竞争，实现全面协调可持续，特别是海外油气作业产量“半壁江山”的目标，人才是根本。培训工作作为影响集团公司人才发展水平和实力的重要因素，肩负着艰巨而繁重的战略任务和历史使命，面临着前所未有的发展机遇。健全和完善员工培训教材体系，是加强培训基础建设，推进培训战略性和国际化转型升级的重要举措，是提升公司人力资源开发整体能力的一项重要基础工作。

集团公司始终高度重视培训教材开发等人力资源开发基础建设工作，明确提出要“由专家制定大纲、按大纲选编教材、按教材开展培训”的目标和要求。2009 年以来，由人事部牵头，各部门和专业分公司参与，在分析优化公司现有部分专业培训教材、职业资格培训教材和培训课件的基础上，经反复研究论证，形成了比较系统、科学的教材编审目录、方案和编写计划，全面启动了《中国石油天然气集团公司统编培训教材》（以下简称“统编培训教材”）的开发和编审工作。“统编培训教材”以国内外知名专家学者、集团公司两级专家、现场管理技术骨干等力量为主体，充分发挥地区公司、研究院所、培训机构的作用，瞄准世界前沿及集团公司技术发展的最新进展，突出现场应用和实际操作，精心组织编写，由集团公司“统编培训教材”编审委员会审定，集团公司统一出版和发行。

根据集团公司员工队伍专业构成及业务布局，“统编培训教材”按“综合管理类、专业技术类、操作技能类、国际业务类”四类组织编写。综合管理类侧重中高级综合管理岗位员工的培训，具有石油石化管理特色的教材，以自编方式为主，行业适用或社会通用教材，可从社会选购，作为指定培训教材；专业技术类侧重中高级专业技术岗位员工的培训，是教材编审的主体，按照《专业培训教材开发目录及编审规划》逐套编审，循序推进，计划编审 300 余门;操作技能类以国家制定的操作工种技能鉴定培训教材为基础,侧重主体专业(主要工种)骨干岗位的培训;国际业务类侧重海外项目中外员工的培训。

“统编培训教材”具有以下特点:

一是前瞻性。教材充分吸收各业务领域当前及今后一个时期世界前沿理论、先进技术和领先标准,以及集团公司技术发展的最新进展,并将其转化为员工培训的知识和技能要求,具有较强的前瞻性。

二是系统性。教材由“统编培训教材”编审委员会统一编制开发规划,统一确定专业目录,统一组织编写与审定,避免内容交叉重叠,具有较强的系统性、规范性和科学性。

三是实用性。教材内容侧重现场应用和实际操作,既有应用理论,又有实际案例和操作规程要求,具有较高的实用价值。

四是权威性。由集团公司总部组织各个领域的技术和管理权威,集中编写教材,体现了教材的权威性。

五是专业性。不仅教材的组织按照业务领域,根据专业目录进行开发,且教材的内容更加注重专业特色,强调各业务领域自身发展的特色技术、特色经验和做法,也是对公司各业务领域知识和经验的一次集中梳理,符合知识管理的要求和方向。

经过多方共同努力,集团公司“统编培训教材”已按计划陆续编审出版,与各企事业单位和广大员工见面了,将成为集团公司统一组织开发和编审的中高级管理、技术、技能骨干人员培训的基本教材。“统编培训教材”的出版发行,对于完善建立起与综合性国际能源公司形象和任务相适应的系列培训教材,推进集团公司培训的标准化、国际化建设,具有划时代意义。希望各企事业单位和广大石油员工用好、用活本套教材,为持续推进人才培训工程,激发员工创新活力和创造智慧,加快建设综合性国际能源公司发挥更大作用。

《中国石油天然气集团公司统编培训教材》
编审委员会

前言

油田开发方案是指导油田开发必需的技术文件，是油田开发建设、调整及开发管理的依据。油田投入开发必须有正式批准的油田开发方案。油田开发方案编制的原则是确保油田开发取得好的经济效益和较高的采收率。

近年来，世界石油工业陷入一个新的低油价周期，我国大多数油田新区又以低渗透、特低渗透、超低渗透和致密油藏等资源为主，老区也处于高含水和高采出程度阶段，新区开发方案和老区调整方案均面临着新的挑战，对提高采收率和经济效益评价提出了新的要求。为了适应形势发展，广大技术人员及管理干部迫切需要转变观念、更新知识、提高水平，以便解决实际生产问题。

为此，我们在认真总结多年来开发方案经验和教训的基础上，结合对开发方案的实践和理解，编写了本书。油田开发方案是一项涉及面较广、涵盖学科较多、技术性较强的复杂庞大的系统工程，其内容包括：总论；油藏工程方案；钻井工程方案；采油工程方案；地面工程方案；项目组织及实施要求；健康、安全、环境（HSE）要求；投资估算和经济效益评价。本书不能面面俱到，主要对其中的地质油藏工程方案进行了详细阐述。书中应用矿场实践资料，对理论进行了探讨，上册介绍了油田概况、油藏地质研究内容和方法、油藏工程开发方案及调整方案设计方法、提高采收率技术、开发经济评价方法和方案实施要求，下册提供了两个详细的开发方案实例。为了使教材具有较强的先进性和操作性，教材内容参照了最新颁布的行业标准、中国石油天然气集团公司的有关规定，并与国际接轨，参考了许多最新的研究成果。同时，为了增强实用性和严谨性，请各油田具有多年开发方案编制经验的专家进行了审阅，并根据专家的意见进行了修改和完善。

本书是石油系统编制开发方案编制人员的培训教材，也可作为其他相关专业的技术人员、院校本科生以及研究生参考用书，希望能对广大读者有所裨益。

本书上册绪论由郑兴范编写；第一章由尚尔杰、张世焕、熊铁、卜忠宇、孙德君、邢厚松、郝银全、田昌炳、任殿星、刘文岭编写；第二章由田昌炳、田军、郝银全、李凡华、何鲁平、张为民、王友净、赵昀编写；第三章由郑兴范、王锦芳、杨站伟、侯建锋、许磊、焦玉卫编写；第四章由郑兴范、王锦芳、王文环、高小翠、谢雯编写；第五章由郑兴范、王锦芳、郝明强、陶珍、秦勇、雷征东编写；第六章由郑兴范、王锦芳、王琦、彭缓缓、杨雪燕、彭珏、杨琴、胡亚斐编写；第七章由熊铁、王锦芳编写。本书下册实例一由王锦芳、何崇康、屈雪峰、吴英强、刘丽丽、周雯鸽、柳良仁、安小平、杨焕英、蒋远征、王萍、焦军、平义编写；实例二由叶继根、刘双双、王继强、周新茂、鲍敬伟编写。全书由王元基负责统稿和修改工作。

在本书编写过程中，得到长庆油田分公司、大港油田分公司、中国地质大学（北京）等单位的大力支持和帮助，在此一并表示感谢。同时，还要特别感谢以赵永胜和张宜凯为组长的专家评审组对本教材所做的精心修改。书中参考和引用了大量文献、资料，有的因限于篇幅未能列出，在此谨向相关的作者和专家表达谢意。

由于编者水平有限，书中难免有不当之处，敬请读者批评指正并提出宝贵的意见，以便下一次出版时修订和改正。

编者

说明

本书可作为中国石油天然气集团公司所属单位进行油田开发方案设计的专用教材。本书主要是针对从事油田开发方案设计与管理相关人员编写的,亦可供其他相关专业的技术人员以及大专院校的本科生和研究生参考使用。主要内容来源于油田开发实践,专业性和可操作性很强。为便于正确使用本书,在此对培训对象进行了划分,并规定了各类人员应该掌握或了解的主要内容。

培训对象主要划分为以下几类:

(1)地质油藏工程专业技术人员,包括油田公司勘探开发研究院和采油生产单位的开发技术研究人员、开发方案编制人员、开发动态分析人员等。

(2)钻采工程专业技术人员,包括油田公司采油工程研究院、钻井工程研究院、井下作业和采油生产单位的工程技术研究人员、工艺方案设计人员等。

(3)地面工程专业技术人员,包括油田公司油田建设设计研究院和采油生产单位的地面规划人员、方案设计人员等。

(4)油田生产管理人员,包括油田公司采油生产单位的相关管理人员等。

各类人员应该掌握或了解的主要内容:

(1)地质油藏工程专业技术人员,要求掌握上册第一章、第二章、第三章、第四章、第五章、第六章,要求了解上册第七章,下册实例一和实例二的内容。

(2)钻采工程专业技术人员,要求掌握下册实例一第三章,下册实例二第四章的内容,要求了解上册第一章、第二章、第三章、第四章、第五章、第六章、第七章的内容。

(3)地面工程专业技术人员,要求掌握下册实例一第四章,实例二第五章的内容,要求了解上册第一章、第二章、第三章、第四章、第五章、第六章、

第七章的内容。

(4)油田生产管理人员,要求掌握上册第一章、第七章的内容,要求了解上册第二章、第三章、第四章、第五章,下册实例一、实例二的内容。

各单位在教学中要密切联系本油田实际,在以课堂教学为主的基础上,还应增加生产现场的实习、实践环节。建议根据本书内容,进一步收集和整理其他类型油田注水开发过程中的相关资料和实例,以进行辅助教学,从而提高教学效果。

目录

上　册

下　册

实例一　某油田总体开发方案

实例二　某油田二次开发方案

第一章 油田概况

第一节 地理位置与自然条件概况

一、地理位置

地理位置主要包括以下内容：

(1)油田所属油气勘查、采矿证名称、使用批文号和申报开发矿区边界各拐点的坐标。

(2)油田所处的经、纬度(精确到“′”)平面坐标(WGS－84、TM或UTM)(精确到m)。

(3)油田所处行政区(省、县级或海域)最近的重要城市和邻近油田相对地理位置(方位和距离)。

(4)应附有开发矿区位置图和油田地理位置图。

二、自然条件概况

自然条件概况应包括：油田所处范围内对油田开发工程建设有影响的自然地理、环境(或海况)气象、地震和其他可能影响油田开发的灾害性自然条件等；在勘探矿区内，有无油田简要设施，如水厂、电厂、炼油厂处理能力、加工能力以及规模大小等。

第二节 区域地质

一、区域构造位置

区域构造位置主要包括：油田所属的含油气盆地，一、二级构造单元以及与之相邻的构造单元名称和简要关系，应附区域构造位置图。

二、区域地质背景

区域地质背景主要包括:油田所处坳陷(或相邻坳陷)的构造和沉积演化简史(简述)等。

三、地层层序

地层层序包括:区域地层时代、沉积序列、各层岩性特点、含油气层系及生储盖组合特点(简述),应附地层综合柱状图。

第三节　勘探开发(试采)简况

一、勘探历程

油田的勘探历程主要包括:油田勘探开始的年份、经历的阶段或过程、重大勘探部署及所取得的主要成果(简述),附勘探成果图与勘探历程表。

二、钻探及测试简况

钻探及测试简况主要包括:发现井或部署探井产油的时间、产油层位以及试油工作制度、压力、日产量等。

三、储量情况

油田勘探评价阶段,油田范围内的探明储量、控制及预测储量申报情况(简述)。

四、开发(试采)简况

油田勘探评价阶段已完钻的探井、评价井的试采情况(简述),包括试采的工作制度、气油比、油压、套压等的变化,阶段采油量、含水率变化等。

五、已开发(试验)区取得的认识

对于大型油田,在编制开发方案的时候,当受到某些方面的限制或是不能获取有关数据时,常常要借鉴已开发油田的情况。已开发油田的情况主要包括相邻区块、相似区块以及本区块开发试验区三种情况。

很多成熟油田,经过多年的开发,有的成功地开发了一批不同类型的油田,但是在开发过程中,也有失败的教训。在编制油田开发方案的时候,需要借鉴相邻区块、相似区块的成功经验,避免重蹈相邻区块、相似区块失败的覆辙,以便更好地开发好本油田。

将两个相似油藏进行对比并采用类似的开发策略就可以得到可靠的结果,但如果考虑不同的开发策略,将遇到困难。由于每个油田的地质情况不同,开发条件各异,因此在制订本油田开发方案的时候,不可能照搬,只能根据相邻区块、相似区块经验,从总体上来把握本油田的开发实际。

目前,大型油田开发方案的编制,要在借鉴相邻区块、相似区块的基础上,在本区块开辟开发试验区,即首先划出一块有代表性的面积,作为生产试验区,并按正规的开发方案进行设计,严格划分开发层系,选用某种开发方式和井网布置,提前投入开发,取得经验,以指导全油田的开发工作。大油田开辟生产试验区,中小型油田开辟试验井组,复杂油田进行单井试验,其试验项目、内容和具体要求,应根据具体情况而定。

1. 借鉴原则

(1)已开发油田所处的位置和范围、地质特征、开发特征应具有代表性,所取得的认识和经验具有普遍的指导意义。

(2)本油田开发应具有一定的独立性,而不能照搬、千篇一律,既要从总体上借鉴对本油田开发具备普遍意义的内容,也要抓住合理开发本油田的关键问题。

(3)如果是本油田的生产试验区,既要完成试验任务,也要完成一定的生产任务。因此在选择时还应考虑地面建设,要有一定的生产规模,以保证试验研究和生产任务同时完成,进展较快且质量较高。

2. 借鉴已开发油田的成功经验

1)研究各种天然能量情况

研究各种天然能量情况,主要包括弹性能量、溶解气能量、边水和底水

能量、气顶气膨胀能量。认识其对油田产能大小和稳产的影响,认识它们各自采收率的大小、各种能量及驱动方式的转化关系等。

2)研究油层

研究油层小层数目及连通情况,进行小层对比;研究各小层面积及分布形态、厚度、孔隙度、储量及渗透率大小和非均质情况,认识油层变化的规律,为层系划分提供依据;研究隔层的性质、分布情况。

根据获取的地质资料进行分析整理,作出两图一表,即小层平面图、油层连通图和小层数据表。

3)研究井网

研究布井方式、油水井的比例及井网密度,若是切割注水,还要研究切割距、井距和排距大小等;研究开发层系划分的标准以及合理的注采层段的划分办法;研究不同井网和井网密度对油层的控制程度;研究不同井网的产量、合理生产能力、采油速度以及完成此任务的地面建设及采油工艺方法;研究不同井网的经济技术指标及评价方法。

4)研究生产动态规律以及提高采收率的方法

研究合理的采油速度;研究油层压力变化规律和天然能量大小;研究合理的地层压力下降界限和驱动方式以及保持地层能量的方法;研究注水后油水井层间干扰及井间干扰,观察单层突进(舌进、指进、锥进)、平面水窜及油气(油水)界面运动情况,掌握水线形成及移动规律、各类油层的见水规律。

研究不同开发方式下各类油层的层间、层面和层内的干扰情况,层间平面的波及效率和油层内部的驱油效率,以及各种提高采收率方法的适用性及效果。

5)借鉴油田人工注水有关的经验

研究合理的切割距、注采井排的井排距试验,合理的注水方式及井网,合理的注水排液强度及排液量,合理的转注时间及注采比,无水采收率及见水时间与见水后出水规律等。其他还有一些特殊油田注水,如气顶油田的注水、裂缝油田的注水、断块油田的注水、稠油油田注水、特低渗透油田的注水等。

6)研究合理的采油工艺技术与增产技术

影响油层产量的因素很多。例如,边水推进速度、底水突进、地层原油脱气、注入水的不均匀推进和裂缝带的存在等。要解决这些问题，提高油层生产能力，现场多采用适合本油田的增产和增注措施（压裂、酸化、防砂、降黏）方法。但在实际上还必须根据各油田的不同地质条件和生产特点，确定针对该油田的一些特殊任务。例如，有天然能量的油田，就必须研究转注时间及合理注采比国有泥质胶结疏松砂岩的油田，很容易出砂，出砂是油田减产的主要矛盾，就要对有效防砂方法加以研究；而其他如断层对油水地下运动的影响，高渗透层、裂缝油田、特低渗透层、稠油层、厚层等的开采特点，都应结合本油田情况加以研究。

由于条件的限制，已开发油田的经验是局部的、片面的研究，它不可能包含一个油田开发过程中所需要的多种经验。因此为了弄清各种问题，除借鉴已开发油田外，还必须在本油田进行多种综合的和单项的开发试验，为制订开发方案的各项技术方针和原则提供依据，使本油田开发趋于合理。

3. 试验区的认识和问题

1）注水能力分析

（1）注水井吸水能力的变化；

（2）随着地层压力的升高，注水井压力的变化，吸水能力的变化；

（3）剖面动用程度及层间动用强度差异分析。

2）地层压力分析

（1）超前注水后地层压力的变化；

（2）受注采井距、物性和油井位置的影响，压力上升速度和程度的变化。

3）油井生产能力分析

（1）地层压力提高后对投产单井产能的影响；

（2）压力系数提高后，油井压裂投产，产量的变化。

4. 重要评价参数

已开发油田开发效果评价的几个重要参数有：开发储采比、储采平衡系数、综合递减率、自然递减率、水驱储量控制程度、水驱储量动用程度、含水率变化特征、耗水率、注入水利用率、可采储量（原油采收率）等，这几项指标的评价方法适用于开发区、开发试验区和老区油田的开发效果评价。

1）开发储采比

石油储采比是指当年末剩余开发动用石油可采储量与当年原油核实产量的比值。一般来说，开发储采比越大，稳产基础越好。开发储采比增加，原油产量可能上升。临界开发储采比:超过该临界值,产量就可能下降。

2)储采平衡系数(储量替换率)

储采平衡系数指当年新增可采储量与当年原油产量之比。当年新增可采储量包括当年新区新增动用可采储量与老区新增可采储量之和。

储采平衡系数(储量替换率)大于1,储采实现平衡(按年)。

3)综合递减率、自然递减率

老井综合递减率:油田(或区块)核实年产油量扣除当年新井年产油量后下降的百分数。

老井自然递减率:油田(或区块)老井扣除措施增产油量后年产油量下降的百分数。

4)水驱储量控制程度与水驱储量动用程度

对于开发区、开发试验区以及开发老区,其开发效果评价常用水驱控制储量与水驱动用储量指标来评价。

(1)水驱储量控制程度。

水驱储量控制程度即水驱控制储量与地质储量的比值。其意义在于:现有井网条件下与注水井连通的采油井射开有效厚度与采油井射开总有效厚度之比值,它是从注水井与采油井相互连通的有效厚度评价水驱储量控制程度。水驱控制程度是评价水驱开发效果的重要指标之一。

$$E_{\mathrm{w}} = \frac{h}{H_{\mathrm{o}}} \times 100\% \tag{1-1}$$

式中 E_{w}——水驱储量控制程度,%;

h——油井与注水井连通厚度,m;

H_{o}——油层总厚度,m。

水驱储量控制程度是直接影响采油速度、含水上升率、储量动用程度、水驱采收率等的重要因素,研究各类油层水驱控制程度是油田调整挖潜的主要依据。

井网密度与水驱储量控制程度的关系:水驱储量控制程度高,就意味着油水井各层间对应连通情况好,能受到注水效果的井层多,水驱波及体积大。中国石油勘探开发科学研究院曾对此用37个开发单元或区块的实际资料进行统计分析,按水驱储量控制程度对井网密度敏感性的不同分为5类,见表1-1。

表1-1 国内油田水驱控制程度与井网密度统计相关关系表

类别	开发单元或油藏		回归经验相关关系式
	个数	比例(%)	
Ⅰ	4	10.8	$M=98e^{-0.0101S}$
Ⅱ	6	16.2	$M=91e^{-0.03677S}$
Ⅲ	14	37.9	$M=101.195e^{-0.03677S}$
Ⅳ	8	21.6	$M=94e^{-0.0583S}$
Ⅴ	5	13.5	$M=100.93e^{-0.1012S}$

注:M—水驱控制程度;S—井网密度。

不同类别的油藏,同样的井网密度,水驱储量控制程度相差比较大,我国不同类型油田水驱储量控制程度与井网密度的关系见图1-1。如连通性好的Ⅰ类油藏,井网密度10井/km²时,水驱储量控制程度可达88.7%,而当其抽稀至2井/km²时,水驱储量控制程度还可高达59%。而对连通性很差的Ⅴ类油藏,井网密度10井/km²时,水驱储量控制程度才36.7%,而当其抽稀至5井/km²时水驱储量控制程度降至13.3%。

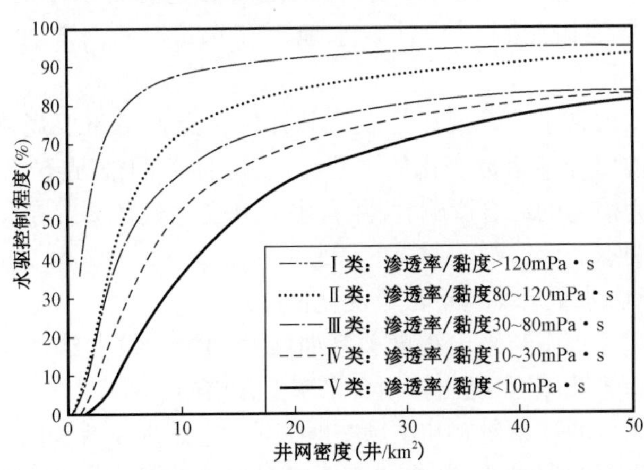

图1-1 不同类型油田水驱储量控制程度与井网密度的关系

同样要达到80%的水驱储量控制程度,Ⅰ类油藏约需5井/km²的井网密度,而Ⅴ类油藏却需要加密至50井/km²。

(2)水驱储量动用程度。

水驱储量动用程度是按年度所有测试水井的吸水剖面和全部测试油井的产液剖面资料计算,即总的吸水厚度与注水井总射开连通厚度比值,或总产液厚度与油井总射开连通厚度之比值。

$$F_w = \frac{h}{H_o} \times 100\% \tag{1-2}$$

式中 F_w——水驱动用程度,%;

h——水井总吸水厚度,m;

H_o——注水井总射开连通厚度,m。

水驱储量动用程度表明只要注水层位吸水或生产层位产液,就认为该层位储量已全部动用。该指标的定义是对水驱储量动用程度的粗略估计,没有考虑开发层系内的非均质性及层间相互影响(如注入水的窜流、压裂)。因此,从实际的水驱开发效果角度分析,认为水驱储量的动用程度是水驱动用储量与地质储量的比值,水驱储量动用程度比水驱储量控制程度小。

5)含水率变化特征

含水率变化特征也是开发效果评价的重要指标,其中包含含水上升率、水驱指数等基本概念。

含水上升率的含义是每采出1%的地质储量时含水率的上升值。水驱指数含义是油田(或区块)注入水地下存水量与累计产油量地下体积之比。

注水油藏的含水上升规律是表征其开发特点的最重要规律,这一规律决定了注水油田开发指标变化的大趋势,实际油藏的情况还受各种其他地质因素和人为措施的综合影响,实际含水上升变化规律要复杂得多,其主要作用为以下两点。

(1)分析含水上升率与产液量变化情况。

应用实际含水率与采出程度关系曲线和理论计算曲线对比,分析含水上升率变化趋势及原因,提出控制含水率上升措施。

国内外大量的理论研究和矿场实践表明,随着油藏黏度比、储层非均质性以及岩石表面润湿性不同,含水率上升的特点也不同。一般可将含水率上升曲线分为凸型、S型和凹型,有时还有凸—S型和S—凹型过渡类型,见图1-2、图1-3。一般地:

① 随黏度比由大到小降低,曲线形态由凸型逐渐转变成S型,甚至凹型;

② 非均质程度由大到小,曲线形态由凸型逐渐转变成S型,甚至凹型;

③ 润湿性由亲油到亲水,曲线形态由凸型逐渐转变成S型,甚至凹型。

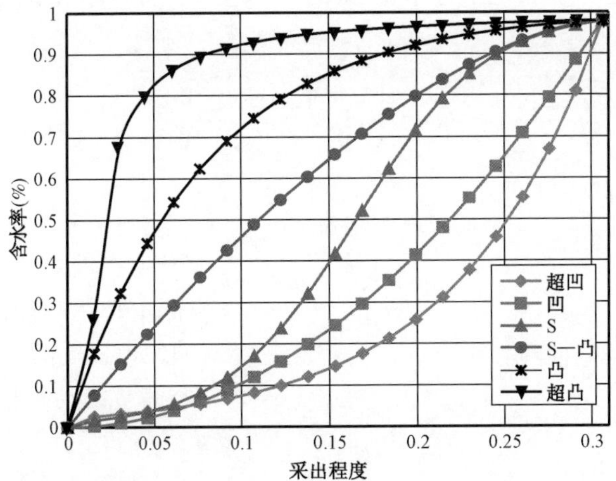

图1-2　不同类型含水率与采出程度理论曲线

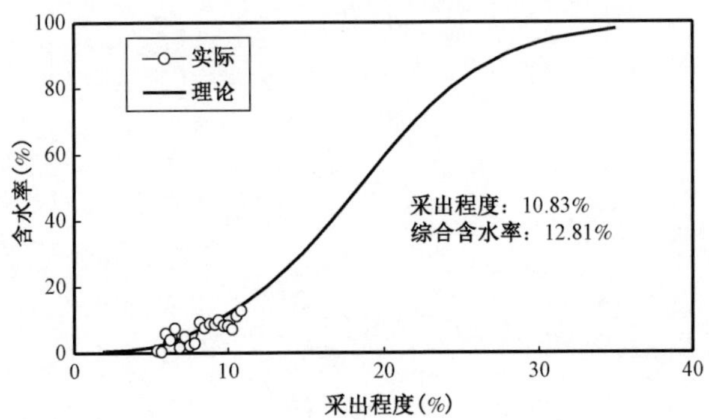

图1-3　实际和理论含水率与采出程度的曲线对比

(2)分析主要增产增注措施效果。

对主要措施(如压裂、酸化、堵水、补孔、增注等)要分析措施前后产液量、产油量、含水率、注水量、井底压力的变化和有效期。

6)注入水利用率

存水率是评价注入水利用率的最主要的指标,当在相同的采出程度情况下,存水率高,即采出水少,则注水利用率高,水驱开发效果好。随着采出程度逐渐增加,含水率逐渐上升,采水量大于注水量,则存水率逐渐降低。当存水率为零时,水驱效果则达到最低,水驱开发阶段结束。

地下存水率是指地下存水量(累计注入量 W_i 减累计采水量 W_p)与累计注入量之比:

$$E_i = \frac{W_i - W_p}{W_i} = 1 - \frac{W_p}{W_i} \tag{1-3}$$

无因次注入曲线:

$$\ln \frac{W_i}{N_p} = aR + b \tag{1-4}$$

无因次采出曲线:

$$\ln \frac{W_p}{N_p} = aR + b \tag{1-5}$$

式(1-4)和式(1-5)两式相减,得:

$$\frac{W_p}{W_i} = e^{R(c-a)+d-b} \tag{1-6}$$

代入式(1-3)得:

$$E_i = 1 - e^{R(c-a)+d-b} \tag{1-7}$$

简写为:

$$E_i = 1 - e^{Rm+n} \tag{1-8}$$

式中 E_i——存水率;

W_i——累计注水量,10^4t;

W_p——累计产水量,10^4t;

N_p——累计产油量,10^4t;

R——采出程度;

a,b,c,d,m,n——常数。

从原油物性角度来看,注水开发的油藏油水黏度比越大,存水率越低;油水黏度比越小,存水率会越高。而从平面上水驱波及范围来看,随着油藏注水开采的开始,注入水的波及越均匀,波及面积越大,存水率会越高。所以在水驱开采油藏开采时,注意防止注入水平面舌进及底水锥进,有利于提高油藏的存水率及水驱采收率。

7)其他重要指标

(1)采油速度。

地质储量采油速度:油田(区块)年采油量占地质储量的百分数。

可采储量采油速度:油田(区块)年采油量占可采储量的百分数。

剩余可采储量采油速度:当年核实年产油量占上年末剩余可采储量的百分数。

储采比:储采比等于剩余可采储量的倒数。

(2)采出程度。

地质储量采出程度:油田(区块)的累计产油量占地质储量的百分数。

可采储量采出程度:油田(区块)的累计产油量占可采储量的百分数。

(3)注采系统指标。

油井生产压差:油井地层压力与井底流动压力之差。

总压差:原始地层压力与目前油井地层压力之差。

注采比:开发单元注入水地下体积与采出液的地下体积之比,具体包括:月注采比、年注采比和累计注采比等。

地下亏空体积:油田(区块)采出地下体积与累计注水地下体积之差。

采液(油)指数:单位生产压差的日产液(油)量。

采液(油)强度:单位有效厚度采液(油)指数。

(4)生产能力。

单井日产油水平:单井当月产油量与当月日历天数的比值。

单井生产时率:单井当月生产时间与当月日历时间之比。

年生产能力:开发单元月产油量折算成全年产油量。

(5)油井生产动态指标。

井口(核实)产油量:日产、月产、年产、累计产油量。

井口(核实)日产油水平=当月井口(核实)月产油/当月日历天数。

原油产量构成:新井产量和老井产量(基础产量和措施增油量)。

新井:当年投产油井。

老井:上年末以前已投产的油井。

输差系数:核实产油量/井口产油量,按区块计算。

井口产水量:核实产水量,井口产水量和输差系数计算。

井口(核实)产液量:井口(核实)产油量+井口(核实)产水量。

综合含水率:按月计算,月产水/月产液。有时分年均含水率或年末含水率。

年均含水率=年产水/年产液。

综合气油比:按月计算,月产气/月产油。

油井利用率(开井率):按月计算,油井开井总数占油井总井数之比。开井数是指当月连续生产时间不小于24h的油井井数。

(6)注水井生产动态指标。

注水量:单井日注水量是指井口计量的日注水量,开发单元和阶段时间的注水量用单井日注水量进行累加得出。

吸水指数:注水井单位注水压差的日注水量。

吸水强度:单位有效厚度单位注水压差的日注水量。

注水井利用率(开井率):按月计算,注水井开井总数占注水井总数之比。开井数是指当月连续注水时间不少于24h的井数。

分层注水合格率:分层注水井测试合格层段数与分注井测试层段数之比。

注水井分注率:实际分层配注井数(含一级两层分注井)与扣除不需要分注和没有分注条件井之后的注水井数之比。

(7)开采井网指标。

井网密度:油田(区块)单位面积已投入开发的采油井、注水井总数。

注采井数比:水驱开发油田注水井总数与采油井总数之比。

平均单井射开厚度:油田(区块或某类井)内属同一开发层系的油水井中射孔总厚度与油水井总井数的比值。

平均单井有效厚度:油田(区块或某类井)内属同一开发层系的油水井中有效厚度之和与油水井总井数的比值。

5. 对开发方案指导作用

经过以上通过借鉴相邻区块、相似区块做法以及本油田三个试验区超前注水和油井的陆续投入试采,取得了大量的动态资料,根据资料的分析总结,得到试验区对开发方案的指导作用如下:

(1)地层吸水能力较强,直井在采取超破压注水后,可以满足超前注水提高地层压力和生产期的注采平衡的需求。

(2)通过超前注水方式,地层压力可以提高,能够达到压力系数1.1的设计要求。

(3)地层压力提高到压力系数1.1后,油井不压裂投产仍然达不到经济产量，压裂投产后，增产幅度大且有较长稳产期。

(4)直井地层压力提高速度快，超前注水6~9个月，地层压力系数由0.75提高到1.1。

(5)油井产量主要受有效厚度和储层物性控制，有效厚度大、物性好，则产量高。

(6)150m左右注采排距能够建立起有效驱替压力系统。

(7)水平井压力提高速度较慢，开发效果有待进一步评价。

第四节 基础资料简况

油藏描述需要来自油藏的全部地质资料。资料种类越多、越丰富，对油藏的描述认识就会越清楚。概括起来，油藏描述的资料主要有地震资料，钻井、录井资料，测井资料，分析化验资料，测试、试井与试采资料，生产动态资料等六个大类。这六大类基本概括了所有来自油藏的地质资料，其中，地震资料、岩心资料和试油资料是基础，测井资料是核心，测试、试井与试采资料则是验证前述资料可靠性和展示油藏开发中各种动态变化的主要依据。取得岩心资料，即可建立岩性和物性关系，结合岩心和测井资料，就可以建立“岩、电、物、油”四性关系，由此揭示油藏的整体面貌和内部特征；依据动态资料检验和修正油藏静态描述的认识，追踪油藏在开发中的变化、储量动用状况和剩余油分布特征。

一、地震资料

地震勘探就是通过人工手段激发地震波在地下介质内传播规律的研究来勘测与油气有关的地下地层岩性、构造特征，寻找油气藏的技术方法。

检测接收在地下岩石中传播的地震波，就可以获取来自地下的丰富地质信息。研究这些来自地下的地质信息，就可以获得宝贵的地层岩性和地质构造资料，解决盆地广大植被覆盖区的地下地质探查认识，而且应用十分有效，地震探测的成本也大大低于钻井的费用，这都是地震勘探得到飞速发展和快速进步的原因。

地震勘探主要分为反射波法勘探和折射波法勘探。其中反射波法勘探又可细分为地震纵波勘探、地震横波勘探和地震转换波法勘探。油气勘探以地震纵波勘探使用最广泛，通常将纵、横波联合勘探方法合称地震多波多分量勘探。横波信息对识别岩性及油气赋存、检测裂缝方位及分布密度等具有独特的作用。地震勘探工作由地震数据采集、处理和解释等三个基本环节组成。

影响地震波速的主要因素有岩性、岩层密度、岩石的孔隙度、孔隙中所含流体的性质等。

概括地讲，地震勘探可以解决的地质问题如下：

(1)确定盆地基底深度，揭示盆地的结构特征。

(2)精确构造解释，不同规模和十分复杂的构造和断层可以用地震方法确定。

(3)揭示地层层序和接触关系，地层界面的深度和地层厚度等。如果借助垂直地震测井资料，则可以比较精确地确定。

(4)用层速度的计算和动力学特征的分析，作出岩性的横向预测，结合地震层序分析，可以作出沉积相区预测。

(5)解决地层剖面特征和接触关系，分析盆地的构造演化史，划分出不同原型盆地及其叠置关系。

(6)通过速度分析，可以在钻前预测地层内异常高压带的存在。

(7)通过平点、亮点等方法进行烃类直接检测。在勘探程度较高的地区，还可以用模式识别法进行烃类直接检测。

基础资料简况中的地震勘探部分主要包括：地震资料的采集和处理方式；累计完成的地震工作量；对地震解释方法和成果图件的基本评价；地震特殊处理资料与含油气性、储层物性的关系；地震测网图，说明地震参数、三维与二维工作量等。

二、钻井、录井资料

探井钻井的目的就在于系统录取井下地质资料，一般钻井也需要大量录取井筒地质资料。钻井地质资料是认识井下地层及岩性、物性和含油气性的基本资料，是油藏描述必不可少的重要资料。

地质录井就是系统搜集记录钻开地层的各种地质信息，包括岩心录井、岩屑录井、钻时录井、钻井液录井、气测录井，主要目的包括：一是指导该井顺利钻进；二是研究认识地层的油气储集条件与含油气情况；三是完成其他特定的地质任务(如探断层、油气藏探边、生油层研究等)。录井所取得的资料是油藏描述必不可少的重要资料。

钻井地质资料一般包含以下内容：已钻探井与评价井的井数；累计钻井进尺，取心进尺、心长和取心收获率，含油岩心心长；勘探成果表和取心汇总表等。

三、测井资料

地球物理测井资料广泛应用于石油勘探和开发，它是认识和展示井下地层岩性、储集性、渗透性和含油气水情况的极其重要的方法和手段，因而成为油藏描述的基本资料，一般包含测井资料的采集、处理，测井模型的确定和测井资料的解释。测井资料一般包含以下内容：已钻探井与评价井、开发井的测井系列；测井资料的环境校正和标准化情况；对资料处理、解释结果的基本评价；应附测井系列统计表、测井解释数据表和典型的测井解释图。

四、分析化验资料

分析化验资料一般包括岩心及流体取样情况、分析化验项目及数量，应附取样及分析化验项目表。

岩心观察描述是记录、提取岩心地质信息资料的主要环节，一般应在岩心取出不久后及时系统、全面地进行，这时岩心新鲜，岩心孔缝中的含油气水情况十分清晰，因而这时的观察描述尤为重要。

1. *岩心描述的主要内容*

（1）岩石学特征：如颜色、名称、矿物成分、结构、胶结情况、特殊矿物等。

（2）沉积相标志：如沉积结构（粒度、颗粒成分与形态及排列等）、沉积构造（各种波纹、印痕、层理构造等）、生物特征等。

（3）储油物性：如孔隙度、渗透率、孔洞缝的发育情况及分布特征等。对于储集层的裂缝发育分布情况，应做详细的记录描述。

（4）含油气水情况：岩心含油气水情况是岩心描述的重点，不仅在描述时要详尽，在岩心刚出筒时就要认真观察和记录岩心含油气水的产状特征，并进行必要的试验和取样等，以作为在详细描述时的补充。

2. 岩心分析化验

岩心自井下取出,经过丈量、编号、描述后,一般都要采样送中心实验室进行分析化验。岩心分析化验的项目主要有:

(1)常规岩石学分析:粒度、颗粒成分、胶结物、重矿物等。

(2)镜下薄片研究鉴定:岩石学特征、孔隙结构特征与成岩后生变化等。

(3)常规物性分析:孔隙度、渗透率、润湿性等。

(4)特殊物性分析:压汞、相对渗透率、水驱(气驱)。

(5)油气水饱和度测定。

五、测试、试井与试采资料

一个油田从钻井勘探到全面投入开发,都要对油井进行测试,以求取大量第一手资料,根据采油方式不同,其测试的方法也各不相同。

利用测试资料可以了解测试层的油气水特征和油井的生产能力,确定油井的合理工作制度;测定油层压力,分析油层压力变化;确定油层参数,如渗透率、流动系数、导压系数等;研究油、气、水在油层及地面条件下的物理化学性质等。

测试、试井与试采一般包含:分类(试油、试井等)测试的井号、井数、层位及结果,试采井、层结果,必要时的先导试验简况,应附测试、试井与试采成果简表。

六、生产动态资料

生产动态资料包括区块综合开采曲线、单井动态资料、生产测井资料、动态监测资料、油水井工艺措施情况以及其他动态资料等。

1. 区块综合开采曲线

区块综合开采曲线主要包括:生产(注水)井数、产油(液)量、注水量、气油比、压力、含水率、采出程度、递减状况,见图1-4。

2. 单井动态资料

单井动态资料主要包括月生产天数、产油(液)量、油套压、注水量、气油比、流压、动液面、出砂情况、示功图、泵效,其他备注的情况,见表1-2。

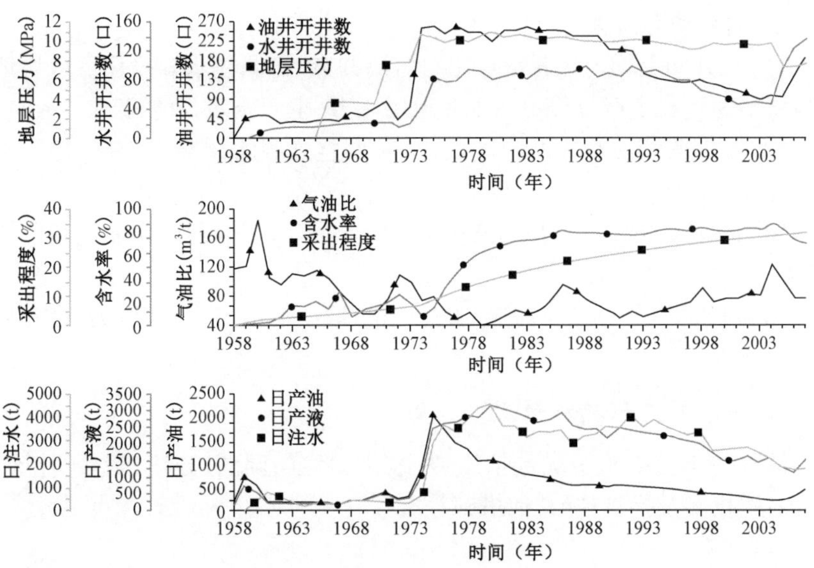

图1－4 ××油藏年度综合开采曲线

表1－2 单井生产动态资料表

日期	1978年10月	月产液(t)	200	气油比(m^3/t)	××
编号	6802033	月产油(t)	50	流压(MPa)	××
井号	××－××	月产水(t)	150	液面(m)	××
天数(d)	25	月产气(m^3)	150	砂面(m)	××
井型	直井	日产液(t)	6	套管深度(m)	××
泵径(mm)	44	日产油(t)	2	示功图	泵正常
泵挂(m)	430	日产水(t)	4	功系	××
冲程(m)	1.4	累计产油(t)	2600	泵效(%)	50
冲次(次/min)	10	累计产水(t)	××	备注	停电
油压(MPa)	0.52	累计产气(m^3)	××	投产时间	××
套压(MPa)	0	含水率(%)	××		

3. 生产测井资料

生产测井资料主要包括测井时间、所测得井次、测井系列、解释层段等。

4. 动态监测资料

为准确评价开发方案实施效果,应严格按动态监测取资料要求取全取准各项资料，动态监测资料主要包括以下几个方面：

（1）在井网上均匀部署定点压力监测井点，监测注水井投注后区块地层压力恢复速度和生产过程中油水井地层压力、生产压差、流压变化。

（2）定期监测油水井产吸剖面，及时调整强吸水层和产液层，提高剖面动用程度。

（3）选择定点监测井点，定期监测 RMT 测井，了解剖面含油饱和度变化情况。

（4）对水平井开井生产进行加密计量，取全取准日产量、压力、含水率等资料。

5. 油水井工艺措施情况

油水井工艺措施情况包括压裂、酸化、堵水、调剖、分注、调参、补层、大修、侧钻、投测及换管柱、其他措施等。

第二章　油藏地质研究

油藏是隐蔽地下的一个地质体，对油藏的局部点的认识是直接的，对面与体的认识是间接的，由点到面再到三维油藏的认识是一个由感性到理性、不断加深的过程。油藏地质研究就是把所研究的油藏中各种地质特征典型化、概念化，抽象成代表性的地质模型。油藏地质研究一般追求对储层总体的或关键性的特征描述，基本符合实际，并不追求每一个局部的客观描述，因此对油藏的认识是有条件的，掌握油藏的资料的多少决定了对油藏认识的深浅程度。油藏地质综合研究是制定油气田开发方案和调整方案的基础。

第一节　构造及断裂特征

一、构造特征

地质构造是岩石变形的产物，地质构造主要表现为地层的倾斜、褶皱和断裂。油藏构造则是指油藏储层含油部分的总体形态和内部结构，以及油藏顶部和四周的封盖遮挡条件。油藏的总体构造形态和基本构造特征是油藏描述的首要内容，它决定油藏的规模大小、圈闭特征和内部复杂情况。

1. 构造形态

油藏构造形态描述主要包含以下几方面的内容。

1）构造位置及其与周围构造的关系

在一个构造盆地中，各次级构造空间的配置以及它们与相邻构造的生成联系，决定了该盆地中油气的生成、运移、聚集和分布特征。低次级构造的产状特征、空间位置及其与周围构造的关系受到更高级次构造的控制。就一个具体构造盆地而言，局部构造千差万别，在不同的时间域、不同的空间域会形成若干种构造类型，但是这一系列的局部构造又是一个有机整体的"构件"。因此，各种构造都有其特定的分布范围，各种构造之间存在着特定的、内在的联系。

在一个含油气盆地中,由于构造运动的多期性和多次叠加作用,使得构造的性质、分布范围和所处位置等参数不同,因而形成的油气圈闭形态和条件各不相同,决定了该构造中油气藏的性质及其富集程度不同,所以弄清油藏所处局部构造的基本特征及其与周围构造的有机联系是油藏构造描述的任务之一。

2)构造高点

油藏储层顶面的最高处称为构造高点。它是油藏储层的最高部位,也常常是构造油藏内含油高度最大、油井产量最高的地带。构造高点附近往往是油藏主体部分所在,它是构造油藏勘探和开发的主要指向。因此必须描述出构造高点在构造主体中的位置、高点周围的构造特点和其他次高点的分布情况等。

3)圈闭特征

圈闭特征主要包括圈闭类型、面积及闭合幅度等,决定油藏的大小。圈闭类型是划分油气藏类型的主要依据,反映油气藏的成因,并对勘探具有指导意义。大型油藏是范围较大及(或)幅度较高的圈闭(群)中油气富集的结果。不同圈闭范围参数的确定方法不同。例如背斜型圈闭,是以该背斜的等高线深度的最低围限值为标准的,其幅度等于构造高点与最低围限等高线值之差。而断块圈闭情形要复杂得多,如断鼻型圈闭的范围是构造等高线最低限与控制断层围限区域,因而闭合幅度等于断鼻构造高点与最低同限等深线值之差。事实上,自然界中圈闭类型是多种多样的。除断鼻外,断层圈闭还有弯曲断层与单斜相结合型、交叉断层与单斜相结合型、两个弯曲断层相交结合型等。因此,圈闭特征的确定方法亦是多种多样,必须根据具体的圈闭类型具体分析。

4)整体构造形态

油藏整体构造形态是构造描述的重点内容,应当做详细、准确的描述和展示。基本构造式样可以标定圈闭围斜部位的产状特征,一般局部围斜以双倾没褶皱为特征,断层构造以倾没褶皱为其基本形态,而单斜断块具有高倾角单斜层的特征。

根据地震资料及地层倾角测井资料,可以判断围斜部位的构造形态,其中地震资料较为客观,能由剖面特征基本反映。但是随着勘探程度的深入以及开发工作的展开,当有些“微型”圈闭不能在地震资料上明显显示时,可以借助地层倾角测井资料进行分析。一般采用5种图件，即倾角与倾斜方位关系图、倾斜方位角与深度关系图、倾角与深度关系图、东西向视倾角与深度关系图、南北向视倾角与深度关系图。

5)构造成因

构造成因是受该构造形成条件制约的。常见的背斜构造形成条件是多样的，其形成可能与褶皱作用、基底活动、地下柔性物质活动、剥蚀作用及压实作用、同生断层活动等诸多因素有关。同样断块构造既可在张性环境中形成，也可在挤压环境中形成，在压性条件下沿压剪切面产生压性断块；而张性条件下，则可产生各种张性断块。因此，构造成因是复杂的，相似的构造样式可以有完全不同的构造形成环境，可以是压性的或者是张性的，亦可以是垂向拱升或重力作用的结果，而同样的构造环境可以产生不同的构造样式。例如，水平压性环境下可以产生背斜、向斜构造，但亦可以产生逆掩断块乃至推覆体等，褶皱拱曲部位还会有派生的张性断块等。因此，准确描述构造成因不仅有助于确定该构造的样式，而且有助于指导相邻区域的勘探开发。

6)断层特征

勘探和开发的实践表明，断层活动几乎无处不在，尤其是在断陷盆地中几乎所有的构造都可能存在断层，断层尽管破坏了地层连续性、破坏了已形成的油藏，但是对于油气藏的形成具有非常重要的意义。因此要对断层的特征进行描述，主要内容包括：在空间上的位置，即基本产状、要素（走向、倾向、倾角、落差、水平位移封闭性等）；主断层的活动性；断裂系统及空间组合等。

7)构造演化特征

地质构造是在漫长的地质历史过程中逐渐形成的，随着时间的推移，构造样式亦在不停地转换。尽管构造变动变化纷繁，但是由于空间上具统一性及时间演化上具有连续性，因而不同地质时代的构造在前后次序上必然存在一定的联系。

2. 构造要素

构造要素一般分为构造类型、形态、倾角、闭合高度、闭合面积、构造被断层复杂化程度、构造对油藏的作用等。

3. 微构造特征

微构造是对构造的精细解释，也是控制含油分布的重要地质因素之一。

所谓油层微构造，是指在总的油田构造背景上，由于油层局部的微小起伏变化和微小断层存在所形成的微小构造，如小背斜、小鼻隆等正向构造和小向斜、小沟槽等负向构造，其幅度和范围均很小，通常相对高差在10m以内，面积很少超过0.3km^2。它可以分为正向微构造和负向微构造。正向微构造，一般为含油富集区；负向微构造，为低含油气或易水淹区。它们与通常所说的油藏构造的区别在于中间展布的大小；油层微构造仅仅局限在两口相邻开发井之间或几个开发井距之内，而油藏构造常常覆盖整个油藏或油藏中相当大的一部分地域。一般说来，凡正微区的生产井效果好，负微区生产井效果差。在确定加密井井位时，应结合微构造因素，尽可能地把加密井钻在正向微构造区，负向微构造区只宜布注水井。

研究油层微构造，需要绘出详细的油层顶面构造图，以展示井间的构造起伏变化。目前，井间资料的可靠来源还只能依据三维地震资料。因此，怎样利用油藏内部的三维地震资料解释出可靠、适用的油层顶面构造图，是研究油层微构造的关键所在。

二、断裂特征

断层是油藏描述的又一个重要内容。在油藏和油田中，一般都发育有不同级别、不同性质的断层。断块油藏中发育数量众多的断层，特别是复杂断块油藏中规模较小的断层，其准确位置和产状甚至到油藏开发的中后期也很难弄清。因此，在断层比较发育的油藏中，断层研究是油藏描述的一项艰巨而又困难的任务。

1. 断层分布特征

一般来说，在油田范围内最大的断层通常为二级断层，在油田除少数(一条或很少几条)为延伸超过10km的二级断层外，一般都是延伸1km至几千米的三级断层、四级或更低级的断层。

坳陷内的断层被划分为以下四级：

(1)一级断层：断距可达数千米，延伸长度达数十千米，为继承性断层。活动时间长，往往留守于一个构造旋回的始终。它一般是坳陷或盆地的边界。

(2)二级断层：是断陷内影响二级构造带形成与发育的主干断层，走向与凹陷内主要构造走向基本一致，延伸长达10km以上，落差达数百米。二级断层是油田内的主要断层,常决定油田构造布局及油气分布特征,是控制油气分布的重要断层。

(3)三级断层:是凹陷内主要构造上的重要断层,落差在100m以上,走向与二级断层类似,多与凹陷或凹陷内的构造走向一致,是划分断块区的重要依据。

(4)四级断层:是油田上分布较多的断层,往往占油田断层总数的80%以上,落差小,一般在20~50m,延伸长度1~2km,走向多变,但主要延伸方向仍以平行凹陷内构造走向为主。其产生时间有早有晚,但发育期短。四级断层主要控制油田内部的油水关系,是划分断块的主要依据。

油田断层发育情况差别很大。虽然断层不发育的油藏较少,而且油藏规模偏小。一般油藏尤其大型油藏都发育有一定数量的断层,这些断层大小规模不一,延伸长度一般都在几千米以内,断距几十至几百米。此外,在我国东部盆地,已发现一大批断层发育的断块油藏。这些油藏的断层情况有必要进行专门叙述。

2. 断裂构造

地壳中的岩层或岩体受地应力的作用,当应力达到或超过岩石的强度极限后,岩石发生脆性破裂,其完整性和连续性被破坏,产生破裂面,从而形成断裂构造。如果破裂面两侧岩块没有发生明显位移,则称为节理;若沿破裂面产生了明显的位置移动,则称为断层。

1)节理

节理又称裂缝或裂隙,是地壳上部岩石中广泛发育的一种地质构造现象,按成因可分为原生节理和次生节理两大类。原生节理是指成岩过程中形成的节理,如岩浆冷凝、收缩形成的岩浆岩原生节理。次生节理是指成岩后次生变化形成的节理,又可分为非构造节理(如风化节理)和构造节理两种类型。这里主要讨论构造节理。

节理常是油气及地下水的运移通道和储集场所。裂缝不仅能形成裂缝型油气藏或油气田,是重要的油气勘探对象;裂缝还常常改善岩石中的孔隙度和渗透率,对油气田开发具有重要影响。因此,研究裂缝性质、发育规律和裂缝参数,对油气田的勘探和开发具有重要的现实意义。

2)断层

断层是断裂面两侧发生明显相对移动的断裂构造。断层在地壳中广泛发育,是地壳中最重要的地质构造现象之一。断层常常控制含油气盆地的形成、发展和演化;控制盆地内次级构造带及圈闭构造的形成、发育和分布;控制盆地内沉积作用和沉积相带的展布以及油气生成、运移、聚集和保存。因此,研究断层构造具有极为重要的理论和现实意义。

要研究断层,首先必须要搞清断层的几何要素,主要包括断层的基本组成部分及描述断层空间位置和运动性质有关的几何参数,比如断层面、断盘、位移等。按断层与所在岩层的几何关系分类断层可分为走向断层、倾向断层、斜向断层、顺层断层等;按断层与褶皱的几何关系分类断层可分为纵断层、横断层、斜断层等;与节理分类原则相同,按断层两盘相对运动分正断层、逆断层、平移断层等。

三、构造解释

1. 层位标定

1)地震反射层位精细标定方法

(1)利用人工合成记录标定地震反射层位。

使用合成记录标定地震反射层位是一种有效准确的方法。通常情况下利用声波测井资料是制作合成记录,但由于它的精度受井径、钻井液浸泡、能量衰减等因素的影响,因此,若想得到精度较高的标定结果,应对测井资料作环境校正。

(2)零偏移距 VSP 桥式标定。

使用经过静态时移排齐后的上行波场记录和走廊叠加剖面作为地震资料与钻井资料连接的桥梁,建立了钻井、VSP、地震剖面等资料完全对应的关系,消除了速度难以求准对标定精度的影响,进一步提高了地震层位的标定精度,这种标定方法称为零偏移距 VSP 桥式标定。

(3)其他标定方法。

根据方便、灵活、直观的要求,在人机联作解释系统上发展了若干种标定方法,如时深转换后的岩性和电性剖面插入地震道、各种测井曲线插入地震道对比、利用时间谱进行储层识别等标定技术。

2)层位标定的实施

层位标定是地震资料解释的基础和关键,同时也是解释工作最重要环节之一，它的精度对构造解释成果有直接的影响。层位标定工作，主要是制作单井的合成地震记录，为了确保合成地震记录的质量，使之与井旁地震道匹配最好，一般要从以下三个方面做好工作：

（1）对声波时差曲线进行综合校正；

（2）从地震剖面的实际情况出发，正确选择子波的频率、波长、相位极性、时窗，以确保子波形状为一个主峰两个旁瓣，振幅相对平滑，相位变化不大；

（3）利用多种手段制作合成记录，确定最佳的方案。

2. 层位确定及骨架剖面的建立

地震剖面的对比解释追踪是在钻井、地质及各种物探资料的综合分析应用的基础上来展开的。首先利用VSP或人工合成地震记录与井旁地震道的对比，分析不同地质界面与地震反射波之间的关系，确定目的层界面的地震反射特征，即它是对应地震反射同相轴的最大值——波峰，还是对应地震反射同相轴的最小值——波谷。如果目的层界面并不对应地震反射同相轴波峰或波谷，可根据资料的实际情况对地震资料进行相位调整，使得地质界面尽可能地对应到地震反射同相轴的波峰或波谷上，简化层位追踪对比难度，提高层位解释成果的可靠性。其次是通过过井标定的地震剖面建立骨架测线网格，将要解释的层位最大限度地闭合，即不同方向测线交点上时间域深度值必须相同或在允许的误差范围以内，在此基础上逐渐加密解释网格，最终达到解释精度要求。

3. 断层识别

断层解释是地震资料解释的重要内容，断层解释的绝大部分工作量主要体现在剖面解释中。在断层解释过程中，采用剖面、平面相互对照的原则，以及结合断层体解释的空间结构来准确识别断层。

对于规模较大的断层，其波组错断明显，特征清楚，断层位置容易确定。但是同相轴的扭曲、分叉、合并是断层反映还是岩性变化引起的，则存在着多解性。因此小断层的识别成为高分辨率三维地震资料解释中的关键，小断层解释一般采用以下几种技术。

1）采用彩色的变密度剖面识别小断层

有些小断层波峰发生扭曲，但波谷可能错断。这类断层在常规剖面上，由于人们习惯于波峰特征信息而忽略了波谷信息，往往很难判断是断层还是岩性变化引起的。在变密度剖面上,波峰、波谷均被颜色充填,波峰、波谷的信息同时展现在解释人员面前,可以作为鉴别小断层的一个依据。

2)连续的多线对比识别断层

在地震剖面上单独判断某个扭曲是否为小断层,人们很难作出正确结论,此时采用连续的多线对比就可以准确地判断出这种扭曲、分叉或合并是否为断层的反映。

3)借助相干体切片、层倾角图等图件识别小断层

在断层解释时,如果断层延伸不到位,那么在这些辅助图件上,相同位置就会存在畸变现象。把解释的断层多边形投影到这些图件上,两者之间的差异可以发现未解释的断层,尤其是小断层。

利用时间切片或沿层切片可识别断层。主要依据是同相轴明显错断、同相轴突然中断、同相轴宽度发生突变或同相轴走向不一致等现象来识别断层,但是在等时间切片上识别断层主要取决于构造走向与断层走向之间的关系。水平切片上同相轴的线性排列指明了构造走向,如果构造走向与断层走向之间存在一个较大的角度,则同相轴就会中断,如果构造走向和断层走向几乎平行,则同相轴就不会中断而会平行于断层排列。

在相干数据体的沿层切片上的许多线性排列多数都是断层的反映。由于沿层切片是在层位解释完成以后才能生成,因此更多的是用于判断剖面或体解释中断层位置是否准确。

4. 断层组合

断层组合的原则:依据断点的平面分布情况,断层的性质、倾向、断距变化情况、断点位置及区域应力场的变化情况来进行断层组合。三维地震资料解释中更多地应用相干体沿层切片来指导断层平面组合。

在利用这些平面属性图进行断层解释及平面组合时,解释人员进行综合分析,反复修正,使断层解释更加合理,平面组合更趋于合理。

5. 地震数据体解释

断层解释包括两部分:一部分是在常规的数据体上识别断层;另一部分是在相干数据体上识别断层。相干数据体主要是在不同的解释窗口选择不同属性的数据体,对相同剖面发育小错断或微弱扭曲的同一位置在不同数据体剖面上进行分析对比,进而识别、解释小断层,见图2-1。

利用经过叠后处理的相干数据体、相位等数据体,通过对显示颜色的调

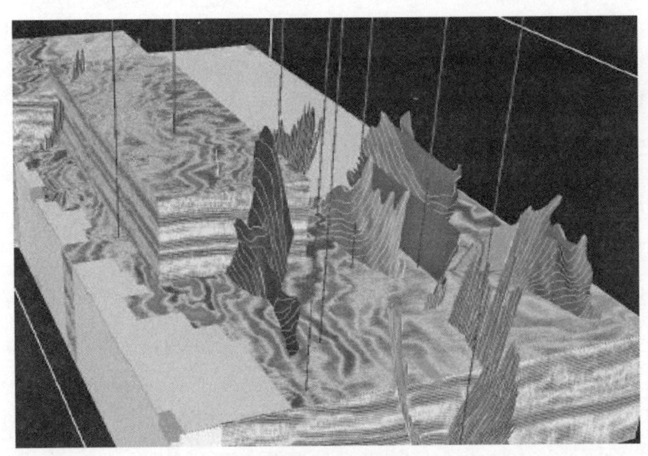

图 2－1 地震数据体的解释

试，不仅可以清楚地对常规地震数据体解释的断层进行确认之外，还可以对那些断距不大、断点不是很清楚的断层进行精细的解释，这样不仅提高了解释成果的精度，同时可以识别出小断层。

在数据体上，断层的空间展布特征明显，使解释人员很容易建立起断层的空间概念，如断层的规模、断层的位置及走向等信息。通过等间隔地切割数据体，可以较准确地识别出断层在整个工区内的展布情况。在数据体上解释断层的优点是有利于掌握规模较大的断层空间展布特征，同时能够使解释人员很容易地判断两组或多组断层交切后各自的走向。

第二节 地 层 划 分

一、年代地层单位的划分

年代地层单位是指在特定的地质时间间隔内形成的岩石体，划分年代地层单位的目的主要是确定地层的时间关系。

年代地层单位的划分即把一个地区或一个剖面上的地层按形成时间不同划分为不同的地层单位。生物演化阶段是年代地层单位划分的主要依据。此外，放射性同位素年龄及古地磁特征也是年代地层单位划分的重要

依据。按生物演化的阶段性，地质学家建立了宇、界、系、统、阶、亚阶等不同级别的时间地层单位，分别对应于地质年代单位的宙、代、纪、世、期、亚期。

二、地层划分与对比

地层划分对比的关键是寻找标志层，同时利用层序地层学的理论，寻找不整合面、层序转换面等作为对比的依据。

地层划分与对比的最终目的是实现同一地层界线的区域性统一，从而为研究、认识同一地层的平面特征（相带、砂体、物性、含油性等）变化奠定坚实的地层学基础。

从应用角度而言，地层对比远比地层分层重要。这是因为即使在分层标准井上地层分层很正确（岩性学、古生物学、年代学、古地磁学等完全统一），而在绝大多数井与之直接或间接对比时发生错误，这样全区各井分层界线不统一，将得到错误的微相、砂体、油水平面分布；而即使分层标准井个别分层界线不很正确（岩性学、古生物学、年代学、古地磁学等不完全统一），但所有井与之对比皆很准确，这样全区各井分层界线是统一的，仍能得到正确的微相、砂体、油水平面分布。

1. 地层层序

地层层序包含全套地层的地质年代、岩石组合、厚度变化、地层接触关系、古生物、沉积旋回以及标准层。层序划分法一般结合测井资料中的实际地质特征，对剖面的层序进行高精度的等级划分，根据地层厚度、侧向延伸范围及地层形成的长短不同，由大到小划分为层序、副层序组、副层序、层组、层和纹层组、纹层等层序级别，其中层序、副层序、层和纹层是最为重要的地层单元。

2. 地层分布

地层是指在地壳发展过程中形成的各种成层和非成层岩石的总称。从岩性上讲，地层包括各种沉积岩、岩浆岩和变质岩；从时代上讲，地层有老有新，具有时间的概念。分布是指在纵横向上的分布范围和分布规律等。

例如，某油田的沙二段地层厚度变化幅度相对较大，约在 260 ~ 340m 范围内，其余各层系地层分布稳定，厚度变化幅度较小。××油田的地层层序及特征见表 2 - 1。

表2-1 ××油田地层分布表

系	组	段		厚度(m)	主要岩性	含油性
第四系	平原组			320~340	黄土和流沙	
新近系	明化镇			880~920	棕红、浅黄色泥岩与浅灰、浅黄色砂岩互层,底部为浅灰色砂岩或浅黄色含砾砂岩	
	馆陶组			640~660	上部棕红色泥岩夹浅灰色砂岩、含砾砂岩、砾岩;下部浅灰色砂岩、含砾砂岩夹棕红色泥岩;底部杂色砾岩	
古近系	东营组	二段		350~400	紫红、褐灰色及灰绿色泥岩夹灰色砾岩。上部夹4~5m厚的碳质泥岩	
		三段		240~280	灰色、灰褐色及灰色砂岩,间夹2~4层泥灰岩	
	沙河街组	一段	上	330~350	褐色、灰褐色泥岩夹薄层砂岩,间夹1~3m厚的泥质白云岩和泥灰岩	
			下	320~350	褐色、棕色及灰色泥岩夹灰色砂岩,间夹少量薄层页岩、泥质白云岩及泥灰岩	个别井获工业油流
		二段		260~340	上部:灰色泥岩、泥膏盐和灰白色石膏、泥灰岩、泥质白云岩,厚140~170m;下部:灰褐色泥岩夹浅灰色砂岩	个别井获工业油流
		三段	上	300~360	灰、深灰色泥岩与灰色、褐色砂岩不等厚互层,顶部为近50m厚的泥岩段	主要含油层段
				250	深灰色泥岩与灰色砂岩互层	
				338(未穿)	为一套多种岩性的细段。以灰、深灰色泥岩、泥膏盐为主,砂岩次之,间夹泥质白云岩及少量油页岩	

3. 沉积的旋回性对比标志层

1)沉积旋回级次划分

根据旋回的规模和成因,陆相盆地沉积旋回级次一般划分为五级:

一级旋回:是不同构造阶段的沉积层,其构造层之间存在明显的不整合面,如古近系地层大体属于一级沉积旋回。

二级旋回:指盆地在沉降与抬升背景上所形成的沉积旋回,其间的地层沉积类型有明显变化或呈不整合接触。例如,荆丘油田沙二段和沙三段即相当于两个二级旋回,沙三段向沙二段沉积环境的过渡,即代表了盆地的回返过程——沙三段以反一复合旋回类型为主,沙二段则表现为正旋回的沉积类型,指示盆地的抬升过程。

三级旋回:代表湖盆水域的扩张与收缩所形成的沉积旋回,大体相当于油层组规模的地层单元,地层一般是连续的,但常被湖浸泥岩隔开,成为油组间的稳定隔层,是划分油组的必要条件。

四级旋回:因沉积条件变化所形成的沉积层,是由不同类型单层所组成的复油层,相当于砂组,是控制划分小层的基本单元。

五级旋回:同一沉积环境下形成的微相单元,也是相对独立的油水运动单元,大多数情况系指一个小层单元,由于砂层在横向上频繁的分支合并,故很难做到每个小层内仅包含一个单砂层,但在实际工作中,只要能达到50%以上的小层内包含一个单砂层,在一般情况下即可适应油田注水开发和油田动态分析的需要。

2)对比标志层

分布稳定、电测曲线形态易于辨认的层段,可作为地层对比的标志层。荆丘油田地层沉积环境以较稳定的水下沉积环境为主,地层对比标志层相对发育,且较典型,经大量对比实践,确定了5个地层对比标志层,见表2-2。

表2-2 油田地层标志层特征

单元	编号	名称	岩性	感应曲线形状	厚度(m)	分布层位	级别
地层对比	1	馆陶底砾岩	砂砾岩	高阻尖峰状	40	古近系	(Ⅰ)
	2	低阻泥岩	碳质泥岩、泥岩	低幅度指状	4~5	东二段上部	(Ⅰ)
	3	稳定泥岩	泥岩夹薄层砂岩	高低相间电阻段	最大厚度150	东三段地层标志	(Ⅰ)
	4	特殊岩性段	细砂岩及钙质砂岩	呈高低相间锯齿状	4~6	沙一段顶部	(Ⅰ)
	5	凹兜泥岩	褐色棕色泥岩	低阻凹兜状	5~10	沙一上区段	(Ⅰ)

4. 地层划分对比方法

1)岩石学方法

岩石学方法对比地层,除考虑岩石的成分、颜色、结构、构造及岩石组合、沉积旋回（韵律）等特征外，还必须考虑地层剖面中的上下层位关系及横向上岩性、岩相的变化。区域性不整合也应作为地层划分对比的依据。岩石地层学方法常用的划分对比标志有岩性、标志层、地层结构（沉积旋回）接触关系等。

（1）岩性法。

岩性法即根据岩性特征来划分对比地层。

（2）利用标志层划分对比。

在岩石地层学中常常用标志层划分对比地层。要确定标志层首先是研究地层剖面中稳定沉积层的分布规律，弄清其分布范围。一般来说稳定沉积层多是盆地均匀下沉、水域最广时期的较深水环境下形成的。因为此时的沉积物分布范围最广，所以岩性和厚度也较稳定，如湖泊沉积中的黑色页岩等。在没发现理想标志层的情况下，可以选择具有某种特征的多个单层的自然组合作为复合标志层。当剖面中存在几个岩性相似的标志层时，要了解标志层邻层的特征，还要注意标志层的分布范围和相变情况。

（3）根据地层结构划分对比。

一级沉积旋回中的水进序列（水进半旋回）和水退序列（水退半旋回）相当于二级沉积旋回。由于局部构造等因素的影响，二级沉积旋回还可划分出更次一级的沉积旋回（三级、四级）。不同级次沉积旋回的控制因素和影响范围不同，用于地层划分对比的范围也不同，高级别沉积旋回分布范围大，低级别沉积旋回分布范围小。一般来说，一级旋回可用于整个沉积盆地的地层划分对比；二级旋回可用于盆地内二级构造范围内的地层对比。由气候变化导致的全球性海平面升降造成的沉积旋回具有“同时性”特征，可作为年代地层对比的依据。

沉积旋回（韵律）法划分对比地层的一般步骤：首先综合分析岩石的成因标志，推断岩石的成因类型并分析其横向和纵向上的变化规律，确定研究区的岩石共生序列和相序；按岩石成因类型在纵向上的变化规律划分各个剖面（各井）的沉积旋回，确定旋回类型和旋回组合；只要各剖面的一系列沉积旋回组合相似，即使旋回数目、厚度、岩性不同，也可以认为它们的层位相当。沉积旋回法对比地层并非是不同剖面的旋回与旋回之间一一对比，更不是砂对砂、泥对泥的简单对比，而是以旋回组合为单位将各个地层剖面进行对比。

（4）接触关系在地层划分对比中的应用。

地层不整合接触反映地壳发展过程中地壳运动的特点、性质发生了阶段性的变化,因此,不整合面是地史阶段划分及地层对比的自然界线和重要标志。

不整合面常常代表一次区域性的地壳运动,有较大的分布范围。如果不同地区的地层为同一个不整合面所限定,这些地层的层位就大致相当。例如,华北—东北南部地区石炭系含煤地层直接覆盖在奥陶系厚层石灰岩之上,二者间接触面不平整,岩性和化石明显不连续,是地层划分对比的良好标志。利用不整合对比地层时要注意每次构造运动的剧烈程度不同,延续的时间和影响范围也各不相同,所以其造成的不整合在地层划分对比上的意义也有差异。遍及整个华北的奥陶系与石炭系之间的平行不整合面,可作为整个华北奥陶系与石炭系划分、对比的标志。

而松辽盆地四方台组与嫩江组之间的不整合仅限于松辽盆地之内的地层对比。一般来说,由于沉积作用和构造运动在不同地区不可能完全一致,所以接触关系不能作为年代地层划分对比的依据。但是由全球性海平面周期性升降造成的不整合面具有"等时"或"近等时"的特征,可用于年代地层研究。

(5)地球物理和地球化学方法。

岩石的地球物理性质和地球化学性质受控于岩性及岩石中所含流体的性质,所以岩石的地球物理性质和地球化学性质可从不同侧面反映地下岩石的物质组成、结构、构造等岩性特征、岩石组合及其中所含的流体。因此根据不同的地球物理性质和地球化学性质,可以把不同时期的地层划分开,并且以此进行地层对比。地球物理方法和地球化学方法广泛地用于地下(缺少露头的地区)地层及海底地层研究中。

地球化学方法主要是对岩层中的某些化学元素如主要元素、微量元素及它们的同位素作半定量或定量分析,然后根据化学元素的含量变化及不同层位的比例关系划分对比地层。

2)生物地层学方法

在地层的形成过程中,生物不停地从低级向高级演化。因此不同时期的地层含有不同的化石。生物地层划分是通过逐层采集化石,将含有不同化石的地层划分开,并根据化石的时代属性确定地层层位。生物地层对比是将不同地层剖面的生物学特征进行比较,论证它们的化石特征和生物地层位置是否相当。生物地层学方法的理论依据是生物演化的进步性、统一性、阶段性、不可逆性等基本规律和生物层序律,Smith 称其为"用化石鉴定地层”。这一原理可概括为:含有相同化石或含有同时代化石的地层是同时形成的;不同时代的地层含有不同的化石。

生物地层学方法以生物发展演化的不同阶段作为地层划分的依据。由于生物演化阶段大致反映地史发展的自然阶段,因此生物学方法不仅可用于生物地层对比,也可近似于地层的年代对比。常用的生物学方法有标准化石法、化石组合法、生物演化法、古生态学方法、百分统计法等。

3)事件地层学方法

事件地层学根据地球演化进程中,某种突发的作用力或异常因素所导致的自然界剧烈变化的短期现象,研究岩石体中保存的突然事件的标志、规模、性质及成因,进而对地球上的相关层状岩石体进行划分和对比。事件地层学特别强调易于识别的自然界线,以大规模的生物绝灭事件和沉积事件为标志,把年代地层界线确定在沉积或生物发生全球性突变的界面上。它通常以一个面或一个极薄的特定层为代表,并伴有特殊的地球化学异常。火山喷发、古地磁极转向、海平面升降变化、冰川事件和大气圈、水圈的物化条件变化引起的岩石圈、生物圈的明显改变及外星撞击地球等,都是影响范围极广的稀有的、突变或灾变事件。它们打破了长期缓慢演变的“正常”状态,导致有机界和无机界走上新的发展阶段,这些事件是地层划分对比的自然标志。事件界线容易辨认,往往具有全球等时性,同一事件在不同地区不同条件下可有不同的反映。例如,奥陶纪末期的冰川作用在北非形成大规模冰盖沉积,在西欧为冰水沉积,其沉积记录虽然不同,但都是同一冰川事件的产物,因而可作为对比的标志。

三、油层划分与对比

1. 油层划分对比原则与依据

油层划分主要以岩心资料为基础,以测井曲线形态为依据,充分考虑层间接触关系,结合沉积相在垂向上的演变层序,在区域地层层序划分和含油气层系划分的基础上,将含油气层段划分为不同旋回性沉积层段,在此基础上结合隔层条件、压力系统、油气水系统划分油层层组(小层),同时,确定隔层岩性、物性,分别描述层组之间隔层以及砂组内各个小层的厚度分布,小层之间若上下连通无隔层的井,在相应的层位给予标明。

1)划分原则

油层层组划分是合理划分开发层系的一项基础工作,根据含油层系内岩石组合类型,电测曲线组合形态特征,以及组合开发单元的需要,可将含油层系划分为不同级次的含油单元。从油田开发地质角度通常划分为油组、砂组和小层三个级次。划分原则遵循由高级次到低级次逐级细分的原则。

(1)油组:是由若干油层彼此相近的砂组组合而成的地层单元,油组间多被稳定的湖浸泥岩隔开而具可分性。在同一含油断块内,一般具统一的油水界面和压力系统,是划分开发层系的基本单元。

(2)砂组:是在油组控制下的次一级沉积旋回,它是控制划分小层的地层单元。砂组是由若干相互邻近的单油层组合而成,同一砂组的油层及岩性特征基本一致,砂组间一般发育较稳定的隔层,也可以是组合开发层系的基本单元。

(3)小层:根据单砂体的发育程度,在保证砂体完整连续的前提下,确定小层单元合理的地层厚度,是具有生产实用价值相对最小可分的地层沉积单元和认识单元;在油田内具有一定的分布范围,横向上可追踪对比,成为控制油水运动和分布的基本单元。

2)划分依据

以由岩石组合类型所表现出的沉积旋回性为基础,岩电性标志层或组合标志层段为手段,对含油层系在油组控制下,逐级细分为若干砂组和小层。

2. 各油组的岩电组合类型及其含油性

描述标志层、辅助层以及各油组的岩性与电性特征,建立油气层对比标准剖面,对比油气层组,描述油层组厚度在平面上的变化规律,对比砂岩组,对砂体分布、油层分布进行描述和评价。

3. 实例

××油田沙河街油藏含油层系,按照划分原则,共划分为五个油组,即沙二段划分Ⅰ、Ⅱ两个油组,沙三段Ⅲ、Ⅳ、Ⅴ三个油组,见表2-3。

表2-3 ××油田层组划分结果

层位	油组	砂组	地层厚度(m)	小层号	小层数	砂地比
沙二段	Ⅰ					
	Ⅱ					

续表

层位	油组	砂组	地层厚度(m)	小层号	小层数	砂地比
沙三段	Ⅲ	(Ⅰ)	55~60	$(Ⅰ)_1$,$(Ⅰ)_2$	2	0.1~0.3
		(Ⅱ)	25~30	$(Ⅱ)_1$,$(Ⅱ)_2$,$(Ⅱ)_3$	3	0.3~0.75
		(Ⅲ)	25~30	$(Ⅲ)_1$,$(Ⅲ)_2$	2	0.25~0.85
	Ⅳ	(Ⅳ)	12~15	$(Ⅳ)_1$,$(Ⅳ)_2$	2	0.1~0.35
		(Ⅴ)	30~35	$(Ⅴ)_1$,$(Ⅴ)_2$,$(Ⅴ)_3$	3	0.55~0.85
		(Ⅵ)	30~40	$(Ⅵ)_1$,$(Ⅵ)_2$,$(Ⅵ)_3$,$(Ⅵ)_4$	4	0.3~0.65
		(Ⅶ)	30~40	$(Ⅶ)_1$,$(Ⅶ)_2$,$(Ⅶ)_3$	3	0.3~0.7
	Ⅴ	(Ⅷ)	24~38	$(Ⅷ)_1$,$(Ⅷ)_2$,$(Ⅷ)_3$	3	0.4~0.5
		(Ⅸ)	26~38	$(Ⅸ)_1$,$(Ⅸ)_2$,$(Ⅸ)_3$	3	0.35~0.6

沙二段Ⅰ、Ⅱ两个油组的岩性组合均为下粗上细的正旋回,自然电位和电阻率曲线组合形态显示为正旋回特征,其地层厚度分别为85~95m和60~70m,砂地比为0.15~0.35不等。油层主要发育在油组下部,Ⅰ、Ⅱ油组有效厚度系数分别为0.84~1.0和0.39~1.0。Ⅰ油组油层分布主要受岩性因素控制,在平面上呈零星分布。Ⅱ油组油层分布受岩性、构造双重因素控制,平面上油层分布范围较广。

沙三上段的Ⅲ、Ⅳ、Ⅴ三个油组,是油藏的主要含油层系和开采对象。Ⅲ油组由(Ⅰ)—(Ⅲ)三个砂组组成,厚度110~120m,为灰色块状泥岩与中厚层砂岩呈不等厚互层,岩性组合为较明显的正旋回,砂地比为0.22~0.41,构造高部位油层有效厚度系数可高达0.828,而在构造低部位仅为0.37,油组下部的(Ⅲ)砂组是油田的主力砂组之一。

Ⅳ油组由(Ⅳ)—(Ⅶ)四个砂组组成,厚度110~120m,为灰色、深灰色块状泥岩与厚层—块状粉砂岩、细砂岩组合,中上部厚层—块状砂岩发育,总观岩性组合具有较明显的反旋回特征。砂地比为0.39~0.58,构造高部位油层有效厚度系数0.66,低部位0.33,中上部的(Ⅴ)砂组是油田主力砂组。

Ⅴ油组厚度约120m,为深灰色、褐色块状泥岩与中—薄层粉细砂岩组合,岩性组合具两分性,可划分出两个叠加正旋回,上部含油性较好,为(Ⅷ)砂组,下部旋回为(Ⅸ)砂组,基本为水层。砂地比为0.28~0.47,构造高部位油层有效厚度系数0.37,构造低部位为水层。

第三节　储层"四性"关系

一、"四性"关系确定

"四性关系",即岩性、物性、电性和含油性关系,是岩石物理研究的基础。应用测井资料可以对孔隙度,渗透率、原始含水饱和度作定量解释;对渗透性砂岩、有效厚度和隔层进行定性判别;对产油、产水层进行定性识别。这些定量、定性的地质解释,必须以储层的"四性"关系为基础。为此,开发测井系列的选择和确定必须是在搞清"四性"关系基础上结合开发地质特征进行。

储层内岩性、物性、含油性之间既存在内在联系又相互制约,其中岩性起主导作用。岩性中岩石颗粒的粗细、分选的好坏、粒序纵向变化特征以及泥质含量、胶结类型等直接控制着储层物性(孔隙度、渗透率、含油饱和度)的变化;而储层的电性则是岩性、物性、含油性的综合反映。

开展储层岩性、物性、含油性与电性关系的研究是将取心井的测井曲线(垂直比例尺 1∶50 或 1∶100)与岩心进行详细的对比,通过在渗透层内进行高密度选样取得储油物性数据,再通过分层试油及其他测试手段取得动态资料,进行验证得到各种关系曲线。

1. 各类岩石典型曲线的建立

应细致观察岩心并与测井曲线对比,根据曲线特征,建立各类岩石的典型曲线。以便应用岩电规律对非取心井的测井曲线进行岩性解释。

测井曲线种类繁多,每一种测井方法各自反映岩性的不同方面,因此在岩性、电性关系研究的基础上,需选择测井曲线,编制出单井资料图作为基础图件。选用测井资料的标准为:

(1)能反映油层的岩性、物性、含油性特征;

(2)能明显反映油层岩性组合的旋回特征;

(3)能明显反映岩性上各标准层特征;

(4)能反映各类岩层的分界面;

(5)测井技术条件成熟,能够大量获取并可广泛应用,测量精度高。

应用测井曲线一般只能定性划分岩层,而且只适用于本油田的具体条件。除测井常规的数字处理外，地质人员则必须应用“典型曲线”法，即把各种岩石类型在某些能反映其特征测井曲线上的曲线形态归纳为综合判断的曲线组，建立本油田各种储层岩石的典型曲线。

2. 各类岩石储油物性的确定

按微相分析中的岩石相类型分别选送样品分析化验，取得各项物性数据，以直方图的形式统计各类岩石相的渗透率、孔隙度的分布和平均值。通过重叠对比，确定各类岩石相的物性范围和平均代表值，研究各类岩石相的泥质含量、碳酸盐含量等胶结物的分布范围。

3. 各类岩石含油级别的确定分析

油田实际工作中以含油产状或含油级别来描述岩心中各类岩石的含油饱和度；也经常用含油与不含油划分储层（渗透层）和非储层，用不同含油级别来划分有效层和非有效层。这些都需要通过测试验证。因此，“四性”关系研究中的基础工作是分析各类岩石的含油性。

一般是统计各类岩石中不同含油级别出现的概率，或统计各种含油级别中各类岩石出现的概率，以此来确定本区哪种岩石类型为非储层岩石，哪些岩石类型是储层岩石，在储层中又可进一步确定哪些岩石是主力储层岩石，哪些是非主力储层岩石。

同样也可统计各种含油级别岩石的物性概率，判别储层和非储层。岩性界限与物性界限应在上述各类岩石相的物性分布中统一。

对于湖盆中常见的含砾粗碎屑沉积，由于岩石结构和孔隙结构出现双峰态特征，上述关系可能很难找到统一的模式，经常需要按岩石相类型分别研究。因此，利用测井曲线判别岩石相类型更为重要。

4. 储层测井判别界线的确定

在岩心柱状图上划分储层（渗透层）和非储层后，进而确定测井判别界限。一般碎屑岩剖面常用自然伽马（或自然电位）曲线进行，也常用相对自然伽马比值，以纯净泥岩和净砂岩为上下限值。

在储层早期评价阶段，测试资料较少，储层的物性、含油性界限不太明确，经常以相对泥质含量50%作为界线，暂时划分储层、非储层。

判断隔层与判断储层的方法相同，根据上述关系，早期的储层沉积相分析和评价工作已可进行，但密井网下砂体单元的定量分析，还需要有定量的有效层标准和定量的测井参数解释图版。

5. 影响渗透率的各种岩性因素

储层渗透率是影响注水开发油田的最主要参数,它在平面上、剖面上的变化也最大。现有技术条件下,测井解释渗透率的难度最大。当前实际的渗透率测井解释模型都是建立在搞清本油田储层影响渗透率的各种岩性因素上进行的。这就要分析渗透率与砂岩的粒度中值、分选系数、泥质含量、碳酸盐含量、孔隙度、原始含油饱和度等的关系,找出控制渗透率的主要因素或最密切的、测井解释容易求准的参数。

渗透率与各项参数间关系的密切程度可以用数理统计的单相关系数来表征,也可以用多元回归方法来分析。

6. 测井解释储层物性参数模型的建立

在具有孔隙度、电阻率和放射性测井系列的条件下,现有测井技术求准储层孔隙度和原始含水饱和度一般问题不大,而解释渗透率难度较大。

国内常用的方法是通过反映岩石结构参数(粒度为主)较为灵敏的自然伽马、自然电位、声速测井等,与反映原始含水饱和度的电阻率测井结合起来解释渗透率。实践证明,国内湖盆碎屑岩尤其是砂岩储层的渗透率受岩石结构控制极为明显,而渗透率与原始含水饱和度又有较为密切的关系。

在储层评价早期,测井定量解释模型难以建立的时候,也可以用岩心分析中孔隙度和渗透率的关系,或毛管压力曲线中确定的渗透率与束缚水饱和度关系,通过测井解释的孔隙度、原始含水饱和度值再求取渗透率值,也可用两者的组合参数,即 $K—\phi$、$K—S_{wi}$ 或 $K—\phi(1—S_{wi})$。

根据国内实践,这些简易处理的方法误差较大,但作为早期粗线条的储层评价,仍有一定的应用价值。

二、研究实例

测井资料与储层内岩性、物性、电性和含油性之间既存在相互联系又相互制约。储层“四性”关系研究是岩石物理研究的基础,研究是为了确定适合整个地区的测井解释模型、解释方法与解释参数,为今后多井解释、准确确定油层奠定可靠的基础,是建立储层参数测井解释模型及油、水、干层定性解释与定量判别的基础。“四性”关系中岩性起主导作用,岩石颗粒的粗细、分选的好坏、泥质含量和胶结类型等直接控制着储层物性变化,而储层电性是岩性、含油性和物性等特征的综合反映。

下面以××油田油田为例，介绍测井评价与储层“四性”关系研究实例。

1. 测井曲线质量控制及标准化

1）曲线编辑及校正

对工区内各井测井曲线进行检查，发现部分井在井壁不规则处，由于仪器碰撞、遇卡等其他原因出现异常或波动，造成测井曲线局部出现毛刺、尖峰。例如，××井在NgⅠ底部井段密度曲线出现跳跃或数据明显降低，不能反映地层实际情况，对这些不正常的部分需要进行适当的编辑与校正。根据曲线正常段声波、自然伽马、电阻率等曲线的相关分析，应用人机交互方式编辑曲线的异常变化，对于声波跳波采用周期时间进行校正。

2）测井资料标准化

（1）深度匹配：为保证储层参数计算的精度，对测井曲线进行校深处理。同一深度的各条测井曲线的响应值来自同一深度地层；其次要保障表征井下地层的测井响应深度与该地层岩心深度一致。

（2）全油田资料标准化：在一个油田内，不同系列的测井仪器测量结果可能存在误差，同种测井仪器由于测井刻度不一致等因素，造成同类地层测井响应特征存在差异，有必要进行全油田测井资料的标准化处理。

在测井解释过程中，对定量解释影响最大的是孔隙度测井资料，因此，主要对孔隙度测井声波时差AC、岩性密度和补偿中子进行全油田标准化。

2. 储层解释模型的建立

1）“四性”关系研究

由于研究区域内钻井取心资料比较少，在“四性”关系研究过程中，借用了相邻油田的部分钻井取心分析资料。

（1）自然伽马相对值与泥质含量关系。

储层泥质含量的高低，在一定程度上反映了岩石颗粒的粗细及储层岩性的非均质程度，储层泥质含量高，反映岩石颗粒较细，储层非均质性较强。自然伽马测井曲线反映地层中泥质含量的变化情况，因此，利用自然伽马曲线可定量计算储层的泥质含量。泥质含量与自然伽马相对值关系图版见图2-2。可以看出，随泥质含量增加，自然伽马相对值增大。

（2）岩心分析孔隙度与测井计算孔隙度的关系。

储层孔隙度反映储层的储集性能，是储层物性的重要标志之一，孔隙度

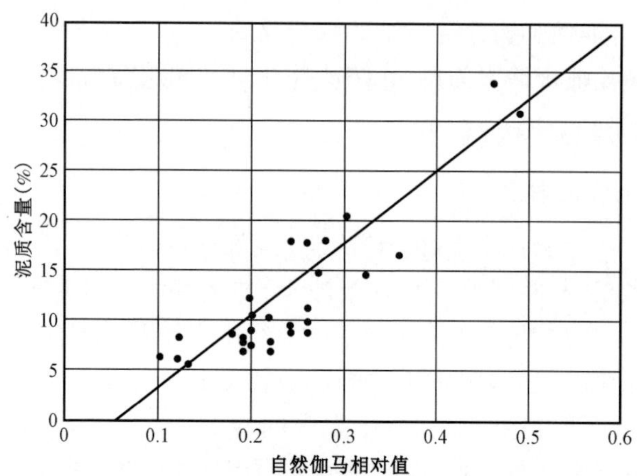

图 2-2　泥质含量与自然伽马相对值关系图

计算准确与否直接关系到储层的物性分析结果。声波时差曲线可用来计算孔隙度。将威利公式计算的孔隙度与岩心分析孔隙度建立关系(图 2-3),用岩心分析孔隙度对威利公式进行修正,得出了符合本区规律的孔隙度计算公式。

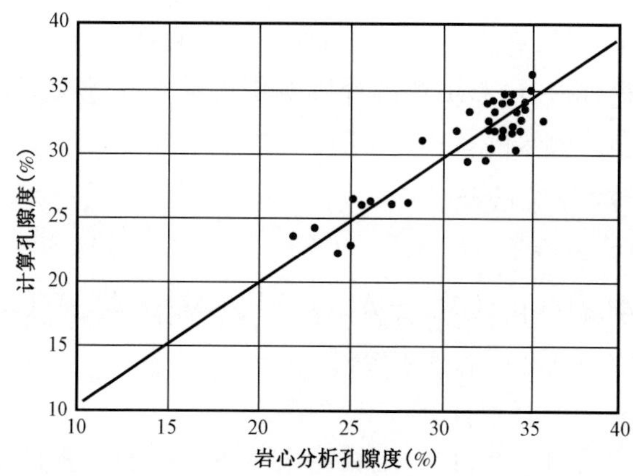

图 2-3　岩心分析与测井计算孔隙度关系图

(3)渗透率与孔隙度、泥质含量关系。

在测井解释中,渗透率是一个较难求准的参数。影响渗透率的因素较多,储层的孔隙度、泥质含量、粒度、分选程度等对渗透率都有影响。实际应用中很难用如此众多的变量对渗透率进行计算。为了简化计算模型,选用反映储层物性的孔隙度与反映储层岩性的泥质含量来分析渗透率变化情况。渗透率随孔隙度增大而增大，随泥质含量增大而减小。

2）建立测井解释模型

在上述“四性”关系分析研究的基础上，建立研究区域的测井解释模型。

（1）泥质含量。

泥质含量 V_{sh} 采用自然伽马 GR（在储层中含有放射性铀时用无铀伽马曲线）来计算，计算公式如下：

$$V_{sh} = (2G_{cur} \cdot \Delta GR - 1)/(2G_{cur} - 1) \tag{2-1}$$

$$\Delta GR = (GR - GR_{min})/(GR_{max} - GR_{min}) \tag{2-2}$$

式中　GR——自然伽马测井值；

GR_{min}——纯砂岩自然伽马极小值；

GR_{max}——纯泥岩自然伽马极大值；

G_{cur}——经验系数，古—新近系地层 $G_{cur}=4$，中生界地层 $G_{cur}=2$。

当缺少自然伽马测井曲线时，可用自然电位测井曲线来计算泥质含量。计算公式如下：

$$V_{sh} = 1 - SP/SSP \tag{2-3}$$

式中　SSP——目的层段中纯砂岩静自然电位；

SP——实际测量的自然电位异常幅度。

（2）孔隙度。

① 声波计算孔隙度。

$$\phi = (\Delta t - \Delta t_{ma})/C_p \cdot (\Delta t_{mf} - \Delta t_{ma}) - V_{sh}(\Delta t_{sh} - \Delta t_{ma})/(\Delta t_{mf} - \Delta t_{ma}) \tag{2-4}$$

$$C_p = 1.752 - 0.000236 \cdot H \tag{2-5}$$

式中　Δt_{ma}——砂岩的骨架声波时差值，μm/m，砂岩取180μm/m；

Δt_{mf}——泥浆滤液的声波时差值，μm/m，取620μm/m；

Δt_{sh}——泥岩的声波时差值，μm/m；

Δt——测井的声波时差值，μm/m；

V_{sh}——泥质含量，%；

C_p——压实校正系数，压实的岩石 $C_p=1$，未压实的岩石 $C_p>1$；

H——地层深度,m。

② 密度计算孔隙度。

$$\phi_{den} = (den - den_{ma})/(1 - den_{ma}) - V_{sh}(den_{sh} - den_{ma})/(1 - den_{ma}) \tag{2-6}$$

式中 den_{ma}——砂岩的骨架密度值,砂岩取2.65g/cm³,g/cm³;

den——测井的密度值,g/cm³;

den_{sh}——泥岩的密度值,g/cm³;

V_{sh}——泥质含量,%。

③ 渗透率。

$$K = 0.136\phi^{4.4}/S_{wirr}^2 \tag{2-7}$$

式中 ϕ——储层孔隙度,%;

S_{wirr}——束缚水饱和度,%。

④ 含油饱和度。

$$S_w^n = abR_w/\phi^m \cdot R_t \tag{2-8}$$

$$S_o = 1 - S_w \tag{2-9}$$

式中 S_o——储层的含油饱和度,%;

S_w——储层的含水饱和度,%;

ϕ——储层孔隙度,%;

m——地层胶结指数;

n——饱和度指数;

a,b——常数;

R_t——测量的地层电阻率,Ω·m;

R_w——数据处理过程中选取的地层水电阻率,Ω·m。

上述参数的选取见表2-4。

表2-4 不同地层 *m*、*n*、*a*、*b* 选值表

名称	*m*	*n*	*a*	*b*
新近系	1.64	1.266	0.93	0.85
古近系	1	1	1.63	1.63
中生界	1	1	1.63	1.63

⑤ 地层水电阻率。

经××井试油水性分析为碳酸氢钠型,各种离子含量见表2-5,换算地层水电阻率变化范围0.17~0.31Ω·m。

表2-5 试油水分析资料表

项目	$Na^{+}+Mg^{+}$ (mg/L)	Ca^{2+} (mg/L)	Mg^{2+} (mg/L)	Cl^{-} (mg/L)	HCO_3^{-} (mg/L)	SO_4^{-} (mg/L)	总矿化度 (mg/L)	R_w (Ω·m)
样品1	5233	100	10	7990	1556	576	14616	0.17
样品2	3053	701	91	5140	1800	36	10821	0.22
样品3	2519	158	60	3545	1037	408	7727	0.31

⑥ 储层参数的计算机处理。

将针对该地区储层地质特征设计的各种参数计算模型输入计算机平台Forward,然后对做过标准化处理的测井资料进行岩性剖面及储层参数计算处理。

⑦ 处理解释与岩心分析的物性对比。

通过取心井的岩心分析与测井解释的结果对比,测井解释的孔隙度和渗透率与岩心分析的孔隙度和渗透率的趋势变化基本一致。

3. 储层流体性质识别

不同区块、不同层位、不同岩性的储层在测井响应上不同,所以,应采用不同的判别标准。一般说来,所有测井信息中,电阻率对油水的反映比较明显,分辨率比较高。因此,常规砂岩储层在测井解释中一般用电阻率与声波时差(孔隙度)交汇识别油气水层。通过油气水特征研究,得出不同层组常规储层的油气水评价标准。

1)物性标准

××油田明化镇组、馆陶组取心、试油资料较少,而与相邻已投入开发的××油田含油层位相当,部分层位为同一油藏(Ng Ⅰ)。其含油目的层的储层物性(孔隙度大于30%)、油藏埋深(中浅层)、流体性质均相当(密度大于0.92g/cm^3),因此,可以借用××油田Nm、Ng的物性、电性标准,见图2-4、图2-5。

从图2-4、图2-5可以看出明化镇组、馆陶组孔隙度、渗透率标准:$\phi \geqslant 27\%$,$K \geqslant 100 \times 10^{-3} \mu m^2$。

水层 $R_t < 6\Omega \cdot m$,$POR \geqslant 14\%$;

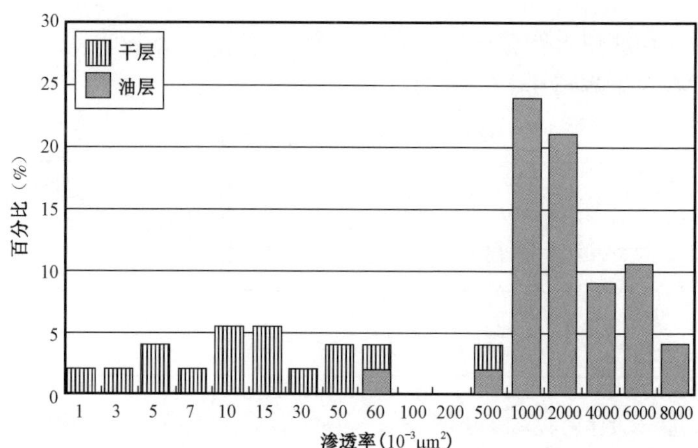

图2-4　明下段油、干层渗透率直方图

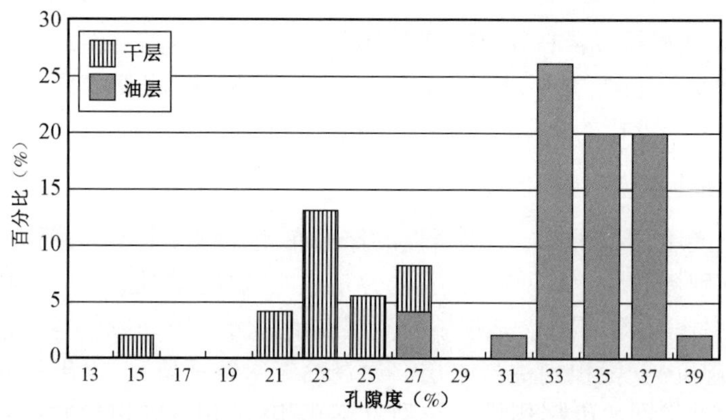

图2-5　明下段油、干层孔隙度直方图

干层 $R_t < 4\Omega \cdot m$。

对于在界限附近的油水层的判别,还要综合录井显示、地层对比等技术综合分析,才能得到较好的判别结果。

(2)电性标准。

明化镇组电性标准:

油层 $R_t \geqslant 7\Omega \cdot m$, $den \leqslant 2.2g/cm^3$;

油水同层 $5\Omega \cdot m \leqslant R_t \leqslant 7\Omega \cdot m$, $den \leqslant 2.2g/cm^3$;

水层 $R < 5\Omega \cdot m$; $den \leqslant 2.2g/cm^3$;

干层 $den \geq 2.2g/cm^3$。

馆陶组储层电性标准：

油层 $R_t \geq 5.8\Omega \cdot m$，$POR \geq 18\%$；

水层 $R_t < 5.8\Omega \cdot m$；$POR \geq 18\%$；

干层 $R_t < 4.5\Omega \cdot m$。

沙河街组油层电性标准应用 11 口井 38 个层的测井及试油资料确定，图版的解释符合率为 92.1%，可以作为油层的下限标准。从图 2－6 中可看到沙一段电性标准：

油层 $R_t \geq 6\Omega \cdot m$，$POR \geq 17\%$；

油水同层 $4\Omega \cdot m \leq R_t \leq 6\Omega \cdot m$，$POR \geq 9\%$。

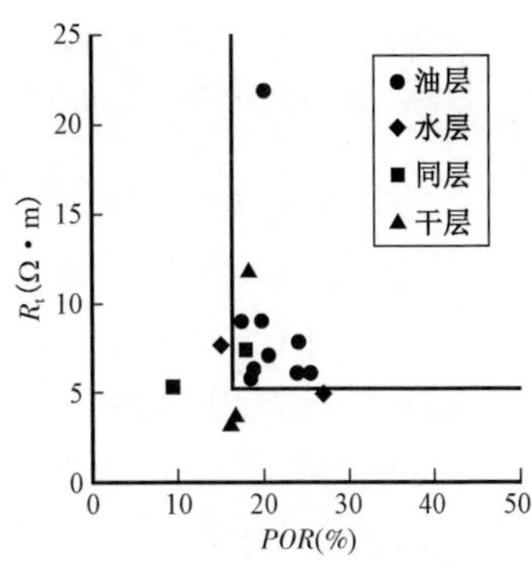

图 2－6 沙一段电阻率与孔隙度关系图版

第四节 沉 积 相

一、沉积相概念及分类

1. 沉积相的概念

沉积相是指沉积环境及在该环境中形成的沉积岩特征的综合。沉积相的概念包含了沉积环境和沉积特征两个方面内容，并依据沉积环境和沉积特征的差异把同一沉积相进一步划分为亚相、微相。沉积相分析方法是沉积岩石学的主要研究方法，是重建古地理、恢复古环境、预测和确定各种沉积物及沉积矿产分布的有效手段。对石油天然气而言，它也是研究预测烃源岩、储集岩和盖层空间展布的有效手段。近年来，沉积相研究取得显著进展，形成了较为完善的概念和研究方法。

1）沉积环境、沉积相、沉积模式

沉积环境是在物理上、化学上和生物上不同于相邻地区的沉积单元。它是以沉积为主的自然地理单元，按地质应力不同分大陆、海洋和过渡环境等。

沉积相是物理、化学、生物特征相对均匀的微环境及在该环境下形成的沉积物（岩）特征的综合。

沉积模式或称相模式是指沉积相空间组合,它是在综合古代和现代沉积相特征基础上,对沉积相特征的高度概括。沉积模式可以是具有广泛代表性的,也可以是地方性的。相模式是研究沉积相的手段之一。

2)岩性相、岩性相组合

岩性相是具有相同结构、构造、颜色及生物特征的相对均一的岩石单位。它是在同一水动力条件下形成的产物,如交错层理粗砂岩相。由于岩性相的成因具有多解性,因此在成因解释时往往以岩性相组合为对象。

岩性相组合是一系列相对整合的具有成因联系的岩性相序列,具有相对确定的成因意义。

3)相序定律

相序定律是指只有那些没有间断的、现在能看到的互相相邻的相或相区,才能在垂向上依次重叠而无间断,这个定律在研究沉积相时有重要意义。它是研究沉积相的一把钥匙,也是研究相模式的基础。相序定律强调垂向相序的连续性,只有垂向上一个相向上面另一个相过渡,这两个相在平面上才可能相邻。因此,在研究垂向层序时,区分两个相界线是渐变,还是突变,是十分重要的。

4)相标志

相标志是指反应沉积相的一些标志,是相分析及岩相古地理研究的基础,可归纳为岩性、古生物、地球化学和地球物理四种相标志类型。沉积岩特征包括岩性特征(如岩石的颜色、物质成分、结构、构造、岩石类型及其组合)、古生物特征(如生物的种属和生态)以及地球化学特征。这些沉积岩特征要素是相应的各种环境条件的物质记录,因此,把反映沉积环境条件的沉积岩(物)特征要素的综合,通称为相标志,也称为成因标志。

2. 沉积相分类

基于上述概念,沉积相的分类通常以沉积环境中占主导的自然地理条件作为主要依据,并结合沉积特征和其他沉积条件进一步划分。把“相组”和“相”分别作为一级相和二级相,在此基础可进一步划分出“亚相”和“微相”,即三级相和四级相,反映微相内部的各种变化相当于五级相,即岩性相。与油气勘探和开发的进展程度相适应,常选择不同级次的相类型作为研究的重点。例如,含油气盆地的早期勘探多以一级和二级相为研究重点,油田内部勘探则以三级相为研究重点,而进入开发阶段时期对四级相和五级相的研究就显得十分突出。

结合油气勘探开发的特点，将分别叙述碎屑岩沉积相和碳酸盐岩沉积相。前者以砾、砂、粉砂、黏土等陆源碎屑物质为主，介质以浑水为特征，岩性以碎屑岩为主；后者以化学溶解物质尤其以碳酸盐物质为主，介质以“清水”为特征，岩性以碳酸盐岩为主。

目前对沉积相的划分虽不尽相同，但相差不大，通用的沉积相分类方案见表2－6。

表2－6 沉积相的分类

相组	陆相组	海相组	海陆过渡相组
相	(1)残积相； (2)坡积—坠积相； (3)山麓—洪积相； (4)河流相； (5)湖泊相； (6)沼泽相； (7)沙漠相； (8)冰川相	(1)滨岸相； (2)浅海陆棚相； (3)半深海相； (4)深海相	(1)三角洲相； (2)河口湾相

二、划分相标志

1. 岩性组合及韵律性

1)岩性组合

岩性组合是指岩性在横向、纵向上的组合排列关系。它反映岩相的变化，是岩石生成环境的重要标志之一。例如，××油田的沙三上段岩石组合为浅灰色粉—细砂岩与褐色、灰褐色泥质岩类的不等厚互层。碎屑部分岩性较细，粒度中值平均为0.103mm，分选较好，分选系数平均为1.60，且变化幅度不大。岩石的岩性和结构成熟度高，泥岩颜色以暗色为主要基调，反映坡降较缓，远源搬运，较稳定的弱氧化—还原的沉积环境。

2)沉积韵律性

韵律性是指砂层规模的沉积粒序在纵向上的变化特点或由此而引起的渗透率在纵向上的变化。在具体划分时是以岩心样品物性分析和测井解释的点测数据单层韵律分类，可细分为正韵律型、反韵律型、复合韵律型、均质型以及随机型五种类型。不同韵律类型代表着不同水动力条件。例如,荆丘油田沙三上区段的韵律类型以反韵律、正韵律和均质型为主,分别代表了垂向或侧向加积的三角洲分流河道砂体,三角洲前缘进积作用的河口坝砂体和垂向加积的三角洲前缘席状砂。

2. 岩石相组合

岩石相是指在一定沉积环境下,沉积的岩石类型与相应发育的沉积构造的匹配关系,两者有机结合可以更有效地判别水动力条件和沉积环境。例如,中—细砂岩以交错或板状交错层理为主,局部发育小型板状交错层理和火焰构造,与下伏岩性呈突变接触,并多发育冲刷面构造,以分流河道的正韵律类型沉积为主;粉—细砂岩多发育波状、水平状和透镜状层理,含炭屑,偶见流动变形构造,常见于双向水流的三角洲河口沙坝—复合韵律类型沉积;泥质岩类多以水平层理和块状构造为主,为前三角洲和分流间沉积。

3. 测井相分析

1)电测曲线形态与沉积环境

测井相是应用测井信息,研究沉积环境和岩石相特征,通过与岩石组合有关的电测曲线组合形态,识别岩石组合类型、沉积层序以及接触关系等,以判断沉积环境。各种测井曲线形态均可不同程度地反映沉积环境,其中自然电位曲线的形态、幅度以及曲线的齿化程度,在反映沉积环境上更具优越性,尤其是判别砂体微相更为有效。自然电位曲线的形态可分为“箱形”“钟形”“倒钟形”“漏斗形”“指状”以及不同组合的复合型。其中,“箱形”“倒钟形”“漏斗形”的组合,表示顶部突变或以冲刷面接触,呈反韵律的河口沙坝沉积;“钟形”组合,下部曲线快速收敛的曲线形态,则表示底部与下伏地层为突变或冲刷面接触的正韵律的分流河道沉积;“指状”曲线形态多表示为小规模的分流河道或者三角洲前缘的席状砂。

2)地层倾角测井资料研究沉积相

应用地层倾角测井资料研究储层的沉积相,最常用的方法是全矢量方位图法和红蓝模式法。

4. 粒度特征

应用粒度资料识别沉积环境,解释搬运和沉积作用的水动力状况,已成为沉积学研究的一项重要工作,常用的方法有粒度概率图解法、C – M 图解法以及萨胡判别式等，这些方法需要互相借鉴、相互补充、综合分析，才有可能获得较为正确的结论。因此它仅是判别沉积环境的一项参考资料。

三、三角洲相

河流入湖地带的河口区，地形平坦，流速降低，水流携带的沉积物质大量堆积，形成顶尖朝陆地的三角形沉积体。平面上具有三带，即三角洲平原、三角洲前缘及前三角洲。三角洲相可进一步细分为曲流河三角洲、辫状河三角洲和扇三角洲，不同类型三角洲砂体的沉积特征有一定的差别。

1. 沉积亚相划分

（1）三角洲平原沉积亚相：是指分流点以下至湖岸线的广大区域，是湖岸线以上的水上部分，由于地势平坦和河流沙坝的分流作用，使平原上发育的水系呈扇状分散，称之为分流平原，位于河流泛滥平原与湖泊之间的过渡带。垂向岩性层序为一套灰绿色、灰色、少量紫红色泥岩与粉细砂岩不等厚互层，一般呈正旋回。横向岩性组合展布特点与垂向层序一致，从河床向两侧依次为河床沉积、天然堤决口扇沉积与分流间沉积。

（2）三角洲前缘沉积亚相：是湖盆三角洲沉积体系的水下部分，是河流和湖水共同作用的沉积产物，根据河控作用的强弱可进一步细分为内前缘和外前缘，内前缘河控作用较强，而外前缘则主要以湖水的湖流和湖浪搬运为主。当分流河道入湖后，由于水流截面积增大，横向流速的递减形成一系列微相，如水下分流河道、河口沙坝、前缘席状砂以及分流间湾等。

（3）前三角洲沉积亚相：位于三角洲沉积的最前方，是由湖水以悬浮状态搬运的细粒沉积，以薄层细粉砂岩或暗色泥岩为主。

2. 沉积微相划分

沉积微相是控制成因单元，具有独特储层性质，最小一级砂体的沉积环境。通过微相的划分，有助于认识小层单元的砂体成因，预测储层性质及渗透率在平面上可能的方向性，以指导油田注水开发。

确定含油层系沉积环境是划分微相的基础，以岩心资料为基础，综合录井资料及电测资料研究成因单元内的沉积特征，如泥岩颜色、砂体韵律性质、发育状况、岩性组合特征、电测曲线组合形态等及其在平面上的相互组合关系，是划分确定微相的主要方法和依据。

一个完整的河流—三角洲沉积体系所发育的沉积亚相和微相见表2－7。

表2－7　河流—三角洲沉积亚相、微相的划分

沉积相	亚相	微相
河流—三角洲	三角洲平原	水上分流河道
		陆上天然堤(溢岸沉积)
		分流间
	三角洲前缘	水下分流河道
		水下天然堤
		分流河口沙坝
		沙坝翼部
		前缘席状砂
	前三角洲	湖相泥

四、河流相

河流是陆地表面的线状水流，是流水由陆地流向湖和海洋的通道。它不仅是把母岩的风化产物等由陆地侵蚀和搬运到海洋及湖泊中去的应力，也是一种沉积应力。在适宜的构造条件下，有时可发育上千米厚的河流沉积。长期构造沉降、气候潮湿的地区，河流发育，可形成广阔的冲积平原。

通常一个河流体系可分为上游、中下游和河口区三部分。从沉积作用的观点看，河流的中下游和河口区最重要，它们是河流沉积的主要地区，而上游主要发生侵蚀作用。不同类型的河流，在河道的几何形态、横截面特征、坡降大小、流量、沉积负载、地理位置、发育阶段等方面都存在着差别。

这些因素通常作为河流类型划分的依据，一般分为平直河、曲流河、辫状河、网状河等。上述四种类型河流的发育受河道坡度、河水流量、河床断面、负载搬运方式和碎屑性质等因素控制，并随着这些因素的变化而变化。因此，在同一条河流内，其河流类型可以有不同的变化，或者在同一河段内，高水位时为曲流河，低水位时表现为辫状河。根据环境和沉积物特征，可将河流相进一步划分为河床、堤岸、河漫、牛轭湖四个亚相。

第五节 储 层

一、储集空间类型及组合特征

储集岩的孔隙空间是指储集岩中未被固体物质所充填的空间,也称其为储集空间,是油气储集的场所。它不仅与油气运移、聚集关系密切,而且在开发过程中对油气的渗流也具有十分重要的意义。储集空间包括粒间孔隙、粒内孔隙、裂缝、溶洞等各种类型的孔、洞、缝,就其形态和分布而论是相当复杂的孔喉网络。下面就储集空间类型、特征进行论述。

1. 孔隙空间的大小

根据孔隙直径、裂隙宽度和对流体的作用,可将孔隙空间划分为三种类型:超毛细管孔隙、毛细管孔隙、微毛细管孔隙。

1)超毛细管孔隙

孔隙直径大于0.5mm,或裂缝宽度大于0.25mm。其中流体在重力作用下可以自由流动,服从静水力学的一般规律。岩石中一些大的裂缝、溶洞及未胶结砂岩孔隙,大部分属此种类型。

2)毛细管孔隙

孔隙直径介于0.0002~0.5mm之间,或裂缝宽度介于0.0001~0.25mm之间,无论孔隙当中的流体质点之间,还是流体与孔隙之间,都处在分子引力的作用下,流体已不能在其中自由流动,只有当外力大于毛细管阻力时,流体才能在其中流动。岩石中的微裂缝和一般砂岩中的孔隙多属于这种类型。

3)微毛细管孔隙

孔隙直径小于0.0002mm,裂缝宽度小于0.0001mm。由于流体质点之间,流体与周围介质之间的分子引力相当大,所以,在地层条件下,流体不能在其中流动。黏土岩和致密页岩一般属此种孔隙。

2. 孔隙度和裂隙率

孔隙度和裂隙率都是表示岩石中储集空间发育程度的参数。

1）孔隙度

孔隙度是指岩样孔隙空间体积 V_p 与岩样体积 V 之比，又称绝对孔隙度，用 ϕ 表示。

$$\phi = \frac{V_p}{V} \tag{2-10}$$

用砚钵或碾锥压碎岩样样本，从而确定岩心样本中的真实固体部分的体积——绝对孔隙，因为所有的孤立孔隙空间在压碎过程中均会消失。

我国东部碎屑岩储层孔隙度评价常用指标见表2－8。

表2－8　我国东部碎屑岩储层孔隙度评价常用指标

级别	范围（%）	评价
Ⅰ	>25	极好
Ⅱ	25～20	好
Ⅲ	20～15	较好
Ⅳ	15～10	中等
Ⅴ	10～5	较差
Ⅵ	<5	无价值

根据研究目的不同，孔隙度又可分为绝对孔隙度、有效孔隙度及流动孔隙度。

（1）绝对孔隙度：岩样中所有孔隙空间体积之和与该岩样总体积的比值，称为该岩样的绝对孔隙度或总孔隙度。

储集岩的绝对孔隙度越大，只能说明岩石中的孔隙空间越大，而不能说明流体是否能在其中流动。实践表明，只有那些相互连通的超毛细管孔隙和毛细管孔隙才具有实际意义，因为它们不仅能储存油气，而且允许油气在其中渗流，这些孔隙是有效的。而那些孤立的、互不连通的孔隙和微毛细管孔隙，即使其中储存有油和气，在当今工艺条件下，也不能开采出来，因此，这些孔隙是无效的。为了研究孔隙对油、气的有效性，人们又提出有效孔隙度的概念。

（2）有效孔隙度：指那些互相连通且在一定压差下允许流体在其中流动的孔隙总体积与岩石总体积的比值。先用已知密度的流体100%饱和岩样，然后测量由于饱和流体后岩石增量的重量来确定有效孔隙，因为饱和的流体只能进入相互连通的孔隙空间。

(3)流动孔隙度:在岩石的孔壁表面常吸附着水膜或油膜,相对缩小了流体的流动空间,从油田开发实际需要出发,提出了流动孔隙度的概念。流动孔隙度是指在一定压差下,流体可以在其中流动的孔隙体积与岩石总体积的比值。

同一岩样的流动孔隙度在数据上是不确定的,随孔隙中流体的物理化学性质变化而变化。对同一岩样,在相同条件下,其绝对孔隙度大于有效孔隙度,而有效孔隙度又大于流动孔隙度。对于疏松的砂岩,有效孔隙度接近于绝对孔隙度,对于较致密的泥岩,有效孔隙度与绝对孔隙度的差值相当大。

目前,有多种研究岩石孔隙度的方法,但归纳起来可分为直接法和间接法两大类。直接法即利用地层中的岩石样品在实验室中直接测定而得,通常在实验中测定的岩石孔隙度是在地表条件下进行的,其测量结果往往大于地层中原始状态下的岩石孔隙度。间接法即利用各种地球物理参数,通过相应的公式计算地层中原始状态下的岩石孔隙度,细分为测井法与地震法两类。

在实际应用中,常常将直接法和间接法所求取的结果相互验证、补充,取长补短,以达综合使用之目的。

2)裂隙率

裂隙对储集层具有十分重要的意义,裂隙的发育程度可用裂隙率来表示。岩石的裂隙率是指岩石中裂隙体积与岩石总体积的比值。测定裂隙率的方法有几何公式法、曲率法、面积法等,其中面积法应用比较广,既适用于室内显微镜下的薄片鉴定统计,也适用于野外地质测量和井下岩心描述。面积法是根据裂缝的长度、宽度,应用数理统计的方法计算裂隙率,其数学表达式为:

$$\phi_c = \frac{\sum_{i=1}^{n} b_i L_i}{\sum_{i=1}^{n} S_i} \tag{2-11}$$

式中 ϕ_c——裂隙率;

b_i——测量面积内裂缝平均宽度,mm;

L_i——测量面积内裂缝的总长度,mm;

S_i——观测面积,mm^2;

n——观测次数。

许多储集岩既有孔隙也有裂缝,当裂缝比较发育的时候,常将岩样分割成板状、柱状或块状,此时测出的孔隙度往往不能真实反映岩石储集空间的发育程度,储集空间的发育程度应用孔隙度与裂隙率之和来表示。

3. 渗透性与渗透率

渗透性是流体通过多孔介质能力的重要量度,渗透性的好坏是以渗透率的数值大小来表示。一般来说储层岩石都具有各向异性,就砂岩储层来说,除了水平和垂直方向的渗透率有差异外,在平面上各个方向上渗透率往往也有差异。有时,储层砂岩在水平方向上各方向的渗透率差异不大,可以认为是水平方向各向同性。但当岩石中存在天然裂缝时,渗透率的各向异性更为突出,我国陆相沉积的储层,大多表现为各向异性。

岩石的渗透率用达西定律稳态试验的结果定量表达:

$$q = K\frac{A\Delta p}{\mu\Delta L} \tag{2-12}$$

式中 q——流量;

K——渗透率;

A——流动截面积;

Δp——压差;

μ——黏度;

ΔL——长度。

或:

$$\boldsymbol{v} = -\frac{K}{\mu}(\nabla p + \rho \boldsymbol{g}) \tag{2-13}$$

式中 ∇p——流入流出端压力差。

以上方程的系数 K 就是岩石的渗透率,在国标标准单位制中渗透率的单位是 μm^2。渗透率在量纲上与面积量纲相同,因此可以把渗透率看成垂直于流动方向上存在的面积。我国东部碎屑岩储层渗透率评价常用指标见表 2-9。

表 2-9 我国东部碎屑岩储层渗透率评价常用指标

级别	范围($10^{-3}\mu m^2$)	评价
Ⅰ	>2000	特高渗透率
Ⅱ	2000~500	高渗透率

续表

级别	范围($10^{-3}\mu m^2$)	评价
Ⅲ	500～100	中渗透率
Ⅳ	100～10(50)	低渗透率
Ⅴ	<10	特低渗透率

油藏岩石渗透率一般根据达西定律通过稳态试验法得到，但在开发方案设计过程中，一般通过测井解释的孔隙度，根据孔隙度和渗透率的相关式计算得到，油藏岩石渗透率的变化取决于岩石孔隙度的变化。

比如 Timur(1968)认为可以用下式从原生水饱和度 S_{wc} 和孔隙度 ϕ 估计渗透率：

$$K = 8.58102\frac{\phi^{4.4}}{S_{wc}^2} \tag{2-14}$$

Morris－Riggs 提出了估算油藏的渗透率公式：

$$K = 62.5\left(\frac{\phi^3}{S_{wc}}\right)^2 \tag{2-15}$$

Archie(阿尔奇)公式是目前在测井解释中常用于计算渗透率的经验公式：

$$K = \frac{c\phi^a}{S_{wc}^b} \tag{2-16}$$

以上参数 a、b、c 为描述岩石类型和颗粒大小的常数。如果不存在水敏性的成分，那么随着水驱程度的增加，油藏岩石的渗透率将增大。如果存在水敏性的物质，随着水驱程度的增加，渗透率将减低，这是由于黏土矿物遇水膨胀所致。但是，如果注水速度比较大，渗透率也可能增加。对于渗透率在开发过程中的变化，一般的数值模拟很少考虑。

4. 砂岩储集岩的孔隙类型

按成因分，砂岩中存在着四种基本孔隙类型：粒间孔隙、溶蚀孔隙、微孔隙和裂缝孔隙。前三种类型与岩石结构有关，而且可以作为三角分类图的端点，裂缝孔隙则可与其他任何孔隙共生。具体讨论以下几种孔隙类型。

1)粒间孔隙

砂岩为颗粒支撑或杂基支撑，含少量胶结物，在颗粒、杂基及胶结物间的孔隙称为粒间孔隙。此为砂岩储集岩中最主要、最普遍的孔隙类型。这种孔隙的分布直接与沉积环境有关,经成岩后生作用而发生变化。

以粒间孔隙为主的砂岩储集岩,其孔隙大、喉道粗、连通性较好。无论从储集能力或渗滤能力来看,最好的砂岩储集岩是以粒间孔为主的。一般都具有较大的孔隙度(>20%)和渗透率($>100 \times 10^{-3}\mu m^2$)。典型粒间孔隙的镜下素描图如图 2 -7 所示。

2)杂基内微孔隙

杂基内微孔隙包括泥状杂基沉积石化时收缩形成的孔隙及黏土矿物重结晶晶间隙,高岭土、绿泥石、水云母及碳酸盐泥杂基中均具此类孔隙。孔隙极为细小,宽度一般小于 0.2μm,在扫描电镜下方可清晰辨认。此种孔隙虽然可以形成百分之十几的孔隙度,但渗透率往往较小,这是孔喉半径细小的缘故。杂基内微孔隙几乎在所有的砂岩储集岩中均有分布。典型的杂基内微孔隙的镜下素描图如图 2 -8 所示。

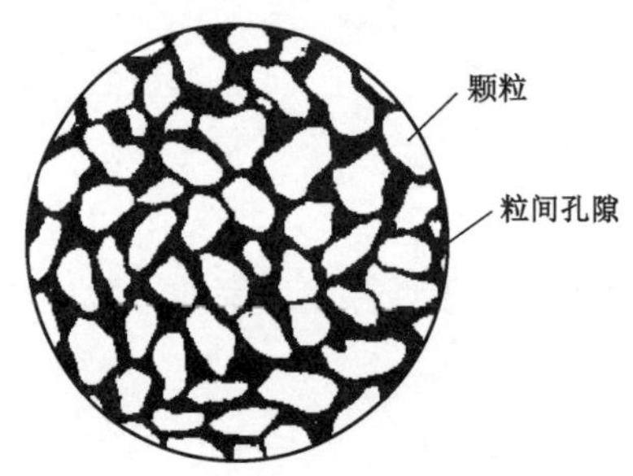

图 2 -7 粒间孔隙的镜下素描图

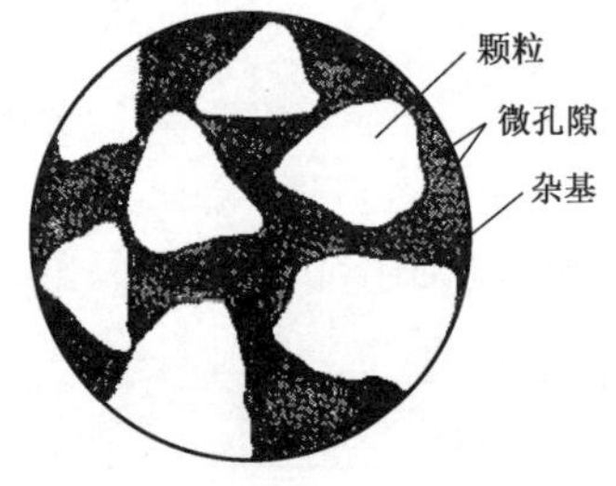

图 2 -8 杂基内微孔隙的镜下素描图

泥质砂岩都普遍有显著的微孔隙,其渗透率极低。这类具小孔径和高表面积的岩石中,残余水饱和度也很高。除非有发育的裂缝存在,否则它很难有较大的自然产能。

3)矿物解理缝和岩屑内粒间孔隙

长石和云母等解理发育的矿物常见有片状或楔形解理缝,其宽度大都小于 0.1μm,有的可达 0.2μm。它在各种孔隙含量中只占很小的百分数。有时可见到岩屑内的粒间微孔,且极少。此类微孔隙的储集特征比杂基内微孔隙的储集条件更差。由于此类孔隙常呈一端敞开的“死胡同孔隙”,故它对渗透率的贡献极小。它一般是不合烃的无效孔瞒。其典型的镜下素描图见图 2 -9。

4)纹理及层理缝

在具有层理和纹理层构造的砂岩中,由于不同细层的岩性或颗粒排列方向的差异,沿纹理或层理常具缝隙,或表现为渗透率的好坏具有方向性。典型的层理缝示意图见图2－10。

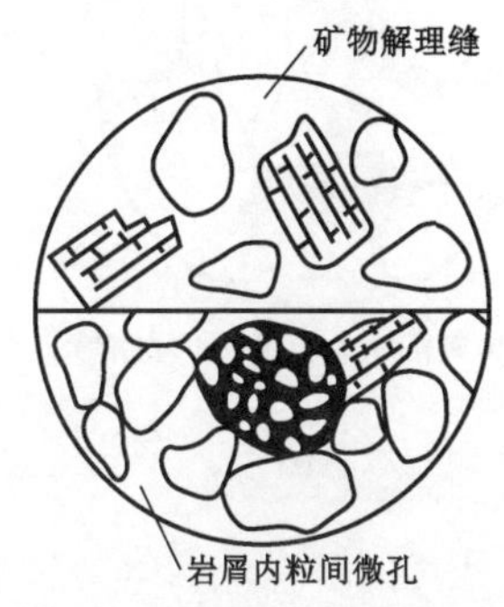

图2－9　矿物解理缝和岩屑的粒间微孔的镜下素描图

图2－10　砂岩内的层理缝示意图

5)溶蚀孔隙

溶蚀孔隙是由碳酸盐、长石、硫酸盐或者其他可溶组分溶解形成的。对溶解性比较差的硅酸盐矿物和其他矿物,如氧化物矿物组合,早期可被易溶矿物交代,然后被溶解,产生次生溶蚀孔隙。可溶组分可以是碎屑颗粒、自生矿物胶结物或者交代矿物。溶蚀孔隙又可分成以下几种类型:

(1)溶孔:不受颗粒边界限制,形状不规则,有时很大,甚至比邻近颗粒大得多,见图2－11。

(2)铸模孔:由易溶矿物颗粒溶蚀而形成的孔,见图2－12。

图2－11　砂岩内溶孔的典型特征示意图

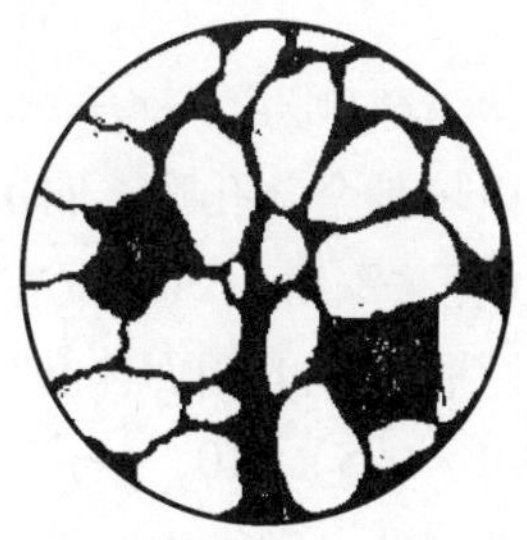

图2－12　铸模孔示意图

(3)颗粒内溶孔和胶结物内溶孔:是岩石颗粒和胶结物被部分溶碎后形成的孔隙,见图2-13。

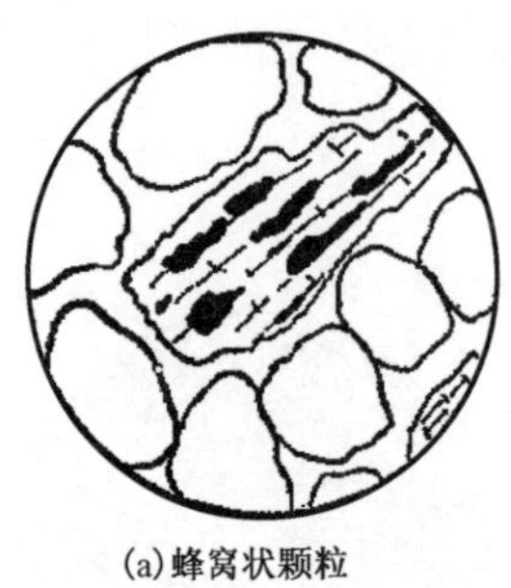

(a)蜂窝状颗粒

(b)颗粒内溶孔(黑色均为孔隙)

图2-13　颗粒内溶孔及蜂窝状颗粒示意图

6)晶体再生长晶间隙及成岩期胶结物充填未满孔、晶间孔

砂岩中常常有很丰富的石英胶结物,可以从1%到28%。在没有方解石胶结物的地方,颗粒的接触点(即压力传递点)上有明显的溶解作用,造成颗粒的缝合线接触以及相互嵌入。在颗粒具有黏土膜和黏土边的地方,促进了溶解物质的扩散,而增强了这种压溶作用。从压溶点上释放出来的二氧化硅转移到低压点,形成石英加大边。石英加大约在500~1000m的埋藏深度开始发育。晶体再生长晶间隙示意图见图2-14。

图2-14　晶体再生长晶间隙典型示意图

石英的再生长明显地减少了原生粒间孔,最后只在再生长的晶体之间保留了细小的四面体孔或片状缝隙(喉道)。石英再生长达可明显地降低孔隙度和渗透率,有时几乎可以填满全部孔隙。四川中侏罗系香溪群的长石石英砂岩中石英再生长发育(埋藏深度为3000m左右),大部呈镶嵌接触,只局部保留了一些片状晶间孔隙和细小的四面体孔(或多面体孔)。孔隙度降到5%~9%,渗透率只有$(0.1\sim0.5)\times10^{-3}\mu m^2$。

在粒间孔中胶结物充填末满孔,以及胶结物的晶间隙与晶体再生长的晶间隙,其最后保留下来的形态是一样的。这类孔隙一般不大,而且具有片状的喉道。其喉道的宽度一般只有零点几微米,储、渗条件均很差。

7)裂缝孔隙

在砂岩储层中,由于构造力作用而形成的微裂缝十分发育。微裂隙呈细小片状、缝面弯曲,绕过颗粒边界,其排列方向受构造力控制。裂缝宽度则受残余构造水平应力场的控制。在砂岩储层中,裂隙宽度一般为几微米到几十微米。

裂缝孔隙度最多提供百分之几的储集空间,但将极大提高储集岩的渗滤能力。因为粒间孔隙是相互连通的,所以除了储集性很差以外,不需要有裂缝孔隙共生即可成为有一定渗透能力的储集岩。具显著微孔隙或孤立溶孔的砂岩储集岩特别需要裂缝(无论是天然的还是人造的),都可以成为主要的渗滤通道。

对具有低的基质渗透率的储集岩来说,天然裂缝孔隙可以提供必要的渗透能力,以便使其产量具有工业价值。在基质孔隙度和渗透率好的储集岩中,有时也出现天然裂缝。在这种情况下,裂缝将极大改善储层的生产能力。

各种收缩裂缝,包括那些由于岩石组分或成岩岩石收缩引起的应力而形成的裂缝,其成因虽然与构造裂缝显然不同,但其形态和对储集岩产能的作用都与构造裂缝一致。虽然它们为数更少,但对储集岩的渗滤能力都有一定的改善。典型的构造裂缝示意图见图2-15,以上所述的孔隙类型可以按其成因概括在表2-10中。

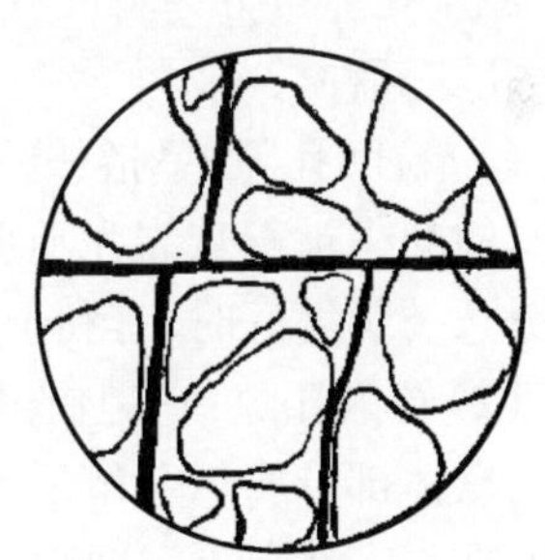

图2-15 构造裂缝示意图

表2-10 砂岩的孔隙类型与成因

类型		成因
原生或沉积的	粒间孔	沉积作用
	纹理及层理缝	
次生或沉积后的	溶孔、铸模孔颗粒内溶孔和胶结物内溶孔	溶解作用
	晶体再生长晶间孔	压溶作用
	裂缝孔隙	构造作用
	颗粒破裂孔隙、收缩孔洞	岩石的破裂和收缩
混合成因的孔隙	微孔隙	复合成因

5. 碳酸盐岩的孔隙类型

Choquette 和 Pray(1970)对碳酸盐岩孔隙的分类及命名曾作了较为详细而深入的研究工作,它基本上按受组构控制及不受组构控制两项关系划分为三大类型的基本孔隙类型。根据基本孔隙类型及其成因,可以对碳酸盐岩的孔隙进行如下描述。

1)原生孔隙

这是沉积时形成的孔隙,成岩过程中可能产生一定的变化,这种孔隙主要受碳酸盐岩的结构组分所控制,其中颗粒因素是主要的。在碳酸盐岩成岩过程及成岩后,岩石皆可受地下水溶蚀而形成孔隙(或充填)。这在碳酸盐沉积中是普遍存在的,有时这种溶蚀孔隙与原生孔隙同时存在。如果溶蚀作用轻微,孔隙仍保持基本的原始状态时,仍可将其划归原生孔隙。

原生孔隙可分为粒间孔隙、粒内孔隙、晶间孔隙、壳体掩蔽孔隙和生物骨架孔隙五种。

(1)粒间孔隙:系指颗粒含量在岩石中占主要地位时,它可形成颗粒支撑,其空间未被石灰岩泥质胶结物充填部分即为粒间孔隙。灰泥及胶结物少,分选及圆度好时,有利于粒间孔隙的发育。

(2)粒内孔隙:它是颗粒沉积前已存在的孔隙。这种孔隙是由于生物死亡后,软体部分腐烂分解后所出现的空间。这种孔隙单独形成储层的情况较少,在很多情况下,它与粒间孔隙伴生,共同形成储层。

(3)晶间孔隙:是碳酸盐晶体之间形成的孔隙,主要是重结晶作用所形成,因而孔隙都比较规则,一般情况下主要表现为泥晶转变为壳晶过程中所形成的孔隙,它可以在成岩以后形成,也可以在沉积过程中发生。此外,晶间孔隙也包括原地生长的食盐晶体和其他蒸发矿物之间的孔隙。

(4)壳体掩蔽孔隙:是由于壳体或完体碎片沉积后起了掩蔽作用,阻止了较小颗粒、胶结物及灰泥进入掩蔽空间,从而形成的孔隙。

(5)生物骨架孔隙:是由于生物造礁活动而形成的骨架空间,这种空间在没有或局部充填的情况下,往往形成大量孔隙。造瞧生物包活群体珊瑚、藻类、海绵、层孔虫、厚壳始等多种生物。它经常形成良好的储集空间。

颗粒石灰岩有时具有重要的粒间孔隙。世界最大的沙特阿拉伯的加瓦尔油田主要产层上侏罗统阿拉伯组 D 层的颗粒石灰岩,主要由碎屑颗粒、骨肩颗粒、球粒及绷粒组成。D 层厚 30 ~ 45m,产层深度约 2000m,孔隙度为 21%,渗透率达 4μm^2,单井平均日产油为 1600t。

世界上生物礁油田很多,油气主要储集在生物骨架孔隙之中。例如,美国二叠纪盆地的马蹄环礁油区克勒—富德油田产油礁岩厚约70m,孔隙度最大为10%(平均为7.1%),水平渗透率为$30.6\times10^{-3}\mu m^2$;该油区最大油柱高230m,地质储量4×10^4t,是一个大型的生物礁油田。

2)溶蚀孔隙

溶蚀孔隙指沉积过程及成岩后由于溶解作用所形成的孔隙。地下水的溶解作用往往在沉积过程中就已开始进行,并延续到成岩作用结束。在这个阶段,地层中原生孔隙发育时,地下水大都比较活跃,并通过溶蚀而使孔隙进一步增加。成岩作用结束后,溶蚀孔隙仍可继续发育,尤其在不整合侵蚀面附近,由于处于渗流带及潜流带上部水文条件下,就使得地下水在原生的孔隙发育带更为活跃。加上地表水的不断补充,因而在不整合面附近往往形成极为发育的溶蚀孔隙,有时可具极高的产能。

溶蚀孔隙有以下几种类型:粒间及晶间溶蚀孔隙、铸模孔隙、窗格孔隙、沟道、晶洞、洞穴和角砾孔隙。

(1)粒间及晶间溶蚀孔隙:是由于颗粒之间和晶间的胶结物或灰泥被溶解所形成的孔隙。它与晶洞区别之处在于颗粒和晶体本身受到溶蚀作用较少。这种选择性的溶蚀,主要是由于地下水沿亮晶之间或灰泥收缩空间运动而造成。

(2)铸模孔隙:是地下水将颗粒组分部分或全部移去所形成的孔隙。这种选择性溶蚀是由颗粒化学组分所决定。铸模孔隙有时可形成比较重要的储油气孔隙。这种孔隙主要发育在由化石或颗粒组成的岩石中,有时一些石膏或盐的晶体被溶解后也可形成,但它是次要的。化石层、生物瞧、颗粒及球粒碳酸盐岩易于形成这种孔隙。

(3)窗格孔隙:它的形成主要取决于岩石组构情况。孔隙一般多呈扁平状平行于岩石的纹层或层面分布,但有时亦呈球形、乌眼状或不规则状,有时亦作垂向延伸。因而,一些分隔的窗格孔隙往往形成连通性很好的储层,尤其在裂缝发育的层系中,这种现象更为明显。此外,这种选择性溶蚀作用主要是沿高孔隙带进行,因而粗粒碳酸盐岩就具有形成窗格孔隙的良好条件。

(4)沟道:由于地下水活动而形成的连通水道,大多沿层理分布,有时被后生沉淀物所充填或部分充填。它在储层中虽然对孔隙度的贡献是次要的,但对渗透率的贡献往往很大。

(5)晶洞:其溶蚀作用不受岩石组构所控制,一般直径为1/16mm ~

10cm,其连通情况决定了这种孔隙的重要性。

(6)洞穴:其成因与晶洞相同,一般直径为10cm以上,这种空间在溶蚀型油气田钻探过程中,有时可发生“放空”现象,这种现象一般与洞穴有关。“放空”现象的出现,经常伴随着高产层的存在。

(7)角砾孔隙:是由断裂作用形成角砾状破裂而造成孔隙。其成因不一,所形成的角砾孔隙形状和大小均各不相同,差异很大。

在碳酸盐岩地层中,溶蚀型孔隙是普遍的。利比亚锡尔特盆地的泽勒坦油田,就是一个在成岩过程中溶蚀作用使原生孔隙进一步加大,溶蚀孔隙高度发育的实例。该产层属古—新近系古新统泽勒坦段,产层厚110~120m,最高孔隙度可达35%,单井平均日产量在1000t以上,石油可采储量为3×10^4t。

3)生物钻孔和洞穴孔隙

这种孔隙多在沉积时至成岩过程中形成,它对油气储集的意义是次要的。

4)收缩孔隙

由于沉积物的收缩作用而形成的孔隙,在大气或水体条件下皆可形成。

5)裂缝

裂缝一般是由于构造作用或成岩作用形成。裂缝的长度不一,由几厘米至几千米不等。宽度也可由几毫米到几十厘米甚至更宽,但微裂缝的宽度仅数十微米。一般说来,大的裂缝延伸远,方向稳定,与油气储集的关系更为密切。

碳酸盐岩孔隙由于影响因素或控制因素较多,故其命名也较为繁泛。孔隙命名主要根据为:基本孔隙类型+成因+直径+丰富度(孔隙度)。

根据孔隙的主要特征,择其要点进行命名。例如,原生、中粒、内孔隙,溶解扩大原生微晶间孔隙等。

白云岩化过程还受到原生沉积组成的影响,即主要受到钙泥含量及其他支撑物质的影响。白云岩含量多少对孔隙度影响很大,一般来说,当白云岩含量高于50%甚至达到80%时,孔隙率是逐步增高的。但白云岩含量高于80%以后,孔隙度往往反而减少,并通常形成非工业性的储层。

二、孔隙结构特征

孔隙结构是指岩石中孔隙和喉道的几何形状、大小及其相互连通和配置关系。一般说，流体储集依赖于岩石中的孔隙，但流体沿相互交替的孔喉系统流动时，如在石油二次运移过程中，烃类驱替孔隙介质中的原生孔隙水，或在开采过程中烃类被驱替出来，则主要受流动通道中最小的孔喉控制。

所以储集岩储渗特性的关键因素是喉道的大小、分布、几何形态及连通状况。最常用的有孔喉均值、孔喉分选系数、孔喉分布峰值、孔喉分布峰位、孔喉比、孔喉配位数等参数。

1. 孔喉均值

孔喉均值（D_M）是孔喉直径总平均值的量度，单位是 μm，表达式为：

$$D_M = \frac{D_5 + D_{15} + \cdots + D_{85} + D_{95}}{10} \tag{2-17}$$

式中　D——孔喉直径，应换算成 ϕ 值。

2. 孔喉分选系数

孔喉分选系数（S_P）指孔喉分布的均匀程度，表达式为：

$$S_P = \frac{D_{84} - D_{16}}{4} + \frac{D_{95} - D_5}{6.6} \tag{2-18}$$

3. 孔喉分布峰值

孔喉分布峰值（R_m）指占孔喉体积分数最高的孔喉半径处的体积分数。

4. 孔喉分布峰位

如图 2－16 所示，孔喉分布峰位（R_v）是在孔喉分布频率图上，孔喉分布峰值处所对应的孔喉半径。

5. 孔喉比

孔喉比指孔隙体积与喉道体积之比。

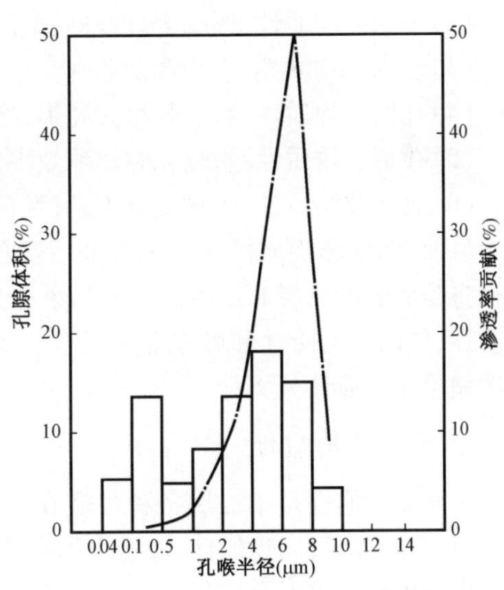

图 2－16　孔喉分布频率图

6. 孔喉配位数

孔喉配位数指与中心孔隙相连通的喉道数。

对于区域预探井,如果未见油气显示,可以不考虑孔隙结构特征的部分内容,可以根据砂岩的碎屑结构进行分析。

三、储层非均质性评价

储层非均质性是储层的基本性质,包括岩性、物性、电性、含油气性以及微观孔隙结构等特征在三维空间上分布的不均一性。研究储层非均质性,实际上就是要研究储层的各向异性,定性、定量地描述储层特征及其空间变化规律,为油藏模拟研究提供精确的地质模型,为油层开发部署和开发效果评价提供依据。

非均质性的问题分为宏观非均质和微观非均质,垂向非均质和平面非均质。宏观非均质性即储层的非均质性,如孔隙度、砂层厚度、渗透率等参数,其中主要指渗透率的分布。微观非均质性即喉道、微孔细、颗粒粗糙度不同等,从宏观非均质和微观非均质可以将非均质性分为 6 个层次:

(1)层间非均质性:影响开发初期层系划分、组合井网、分注分采。

(2)平面非均质性:影响合理井网、配产配注、注水方式。

(3)层内非均质性:影响调剖堵水。

(4)孔间非均质性:影响封堵大孔道、裂缝。

(5)孔道非均质性:影响孔隙驱油效率、注化学剂。

(6)表面非均质性:矿物成分不同,颗粒粗糙不同。

目前,储层非均质性评价主要采用裘亦楠教授 1992 年的分类标准。裘亦楠将碎屑岩的储层非均质性由大到小分为四类,即层间非均质性、平面非均质性、层内非均质性和微观非均质性。这也是我国油田生产部门通常使用的储层非均质性分类。

1. 平面非均质性

平面非均质性是指油层各种性质在平面上不同位置的差异性,包括砂体几何形态、连续性、连通性、渗透率和孔隙度在平面上的变化和方向性等。它取决于砂体在平面上的分布规律、几何形态、组合特点、相变方式、连通方式和连通程度。平面非均质性直接关系到开发过程中开发井网的布置、注入剂的平面波及效率及剩余油的平面分布，研究平面非均质性要涉及以下几个基本概念。

渗透率级差为最大渗透率与最小渗透率的比值：

$$J_K = \frac{K_{\max}}{K_{\min}} \tag{2-19}$$

式中 J_K——渗透率级差；

$K_{\max}$，$K_{\min}$——最大、最小渗透率，$10^{-3}\mu m^2$。

渗透率均质系数为：

$$K_p = \frac{\overline{K}}{K_{\max}} \tag{2-20}$$

式中 K_p——渗透率均质系数；

$\overline{K}$——平均渗透率，$10^{-3}\mu m^2$。

渗透率突进系数为：

$$T_K = \frac{K_{\max}}{\overline{K}} \tag{2-21}$$

渗透率变异系数为：

$$V_K = \frac{\sqrt{\sum_{i=1}^{n} (K_i - \overline{K})^2 / n}}{\overline{K}} \tag{2-22}$$

式中 V_K——渗透率变异系数；

K_i——渗透率，$10^{-3}\mu m^2$；

n——参加计算的个数。

渗透率级差越大，突进系数越大，变异系数越大，均质系数越小，非均质性越强。

2. 层内非均质性

层内非均质性是指油层内部垂向上的差异性，包括粒度韵律、渗透率韵律、高渗层的位置、层内非均质隔夹层等方面。常规岩石物性分析主要分析岩心的孔隙度、渗透率等参数；而压汞主要分析孔径分布特征。

研究单层内的非均质性，常采用渗透率在垂向上的韵律变化及渗透率参数关系,主要指标有:渗透率均质系数、渗透率均方差值、渗透率变异系数、渗透率级差等。

3. 层间非均质性

层间非均质性包括层系(砂组间、砂层间)的旋回性,砂层间渗透率的非均质程度、隔层分布等,特别是隔层,对开发效果影响巨大。隔层是指油田开发过程中对流体运动具有隔挡作用的不渗透岩层,是划分开发层系、进行各种工艺措施时必须考虑的一个重要因素。埕海一区取心井资料较少,因此,根据电测曲线确定层间隔层厚度。隔层为泥质或砂泥质岩层。

夹层是指层内物性变化明显的层段,分为两类,即物性夹层和岩性夹层。物性夹层是由砂体内部的物性变化所形成的,特征是自然伽马升高,电阻率曲线下降,深浅电阻率曲线不重叠,即渗透率较低。岩性夹层通常为泥质夹层,一般是水体能量减弱而形成的,特点是自然电位曲线有明显的回返,自然伽马升高,电阻率曲线降低明显,深浅电阻率曲线重叠,几乎不具渗透性。钙质夹层是由沉积环境改变、化学岩成分增加形成的,特点是自然伽马降低,密度增高,声波时差降低,微电阻率曲线明显升高。夹层频率是指单位厚度岩层中夹层的层数,用层/m 表示。夹层密度是指剖面中夹层总厚度与所统计剖面(包括夹层)总厚度之比,用 m/m 表示。

4. 微观非均质性

微观非均质性指砂体孔隙、喉道大小及其均匀程度,孔喉的配置关系和连通程度,包括孔间、孔道和孔表面的非均质。这些性质直接影响油田开发过程中注入剂的驱替效率。

储层岩石的储集空间可分为孔隙和喉道,孔隙是岩石颗粒之间较大的空间,是岩石的主要储集空间,决定孔隙度的大小;而喉道是岩石颗粒之间的狭小通道,控制流体通过能力的主要通道,决定渗透率的大小。

孔隙结构是指岩石的孔隙和喉道的形状、大小、分布及其相互连通关系。岩石的孔隙结构决定其储渗能力,应用铸体薄片法和压汞法求取定量表征孔隙结构的参数。

1)铸体薄片

从×井铸体薄片来看,沙一上段储层孔隙为大孔道—特大孔道;喉道为细喉—中喉,部分达到粗喉,见图 2 - 17。

以 1561m 为界上下储层特征差异较大,上段为中砂到细砂,颗粒相对较

(a)1559.3m

(b)1561.9m

图 2－17　岩心铸体薄片

粗，泥质胶结为主，颗粒点接触为主，孔隙连通性好，粗孔喉为主，储层物性相对较好；下段颗粒较细，细砂级为主，胶结物含量高，类型多，除泥质外还有白云石、黄铁矿、菱铁矿等，原生孔隙仍以粒间孔为主，但孔隙相对细小，分布不均，连通性较差，为较差储层。电测曲线反映自然电位异常上大下小，自然伽马上低下高，声波时差上高下低，电阻率上高下低，说明上部砂岩疏松、下部相对致密，层内存在比较明显的非均质性。

×井铸体薄片图像分析结果，以原生粒间孔为主，储层以 1561m 为界分成两段，上段孔隙和喉道发育，孔径大，喉道宽，下段较差。上段面孔率 6.53%～15.88%，孔隙总数 351～660，平均配位数 0.31～0.64；下段面孔率 1.40%～4.24%，孔隙总数 178～429，平均配位数 0.18～0.59。上段喉道总数 102～180，喉道宽度最大 43.45～109.13μm，最小 1.64～3.29μm，平均 11.35～26.76μm；下段喉道总数 18～58，喉道宽度最大 22.01～36.54μm，最小 1.64～2.33μm，平均 8.99～12.02μm。

2）压汞

×井压汞曲线共 10 条，可以分为三类，见表 2－11：

Ⅰ类曲线 5 条，细砂岩，分选好，物性好，排驱压力低，孔喉粗，进汞饱和度高，粗歪度，排驱压力 0.0094～0.0324MPa，孔喉半径平均值 7.02～16.847μm，最大进汞饱和度 92.95%～97.48%。

Ⅱ类曲线 2 条，粉砂岩，分选差，物性中等，排驱压力居中，孔喉较粗，进汞饱和度较高，偏粗歪度，排驱压力 0.0524～0.0714MPa，孔喉半径平均值 3.755～4.205μm，最大进汞饱和度 88.63%～88.83%。

Ⅲ类曲线 3 条，砂质泥岩、粉砂岩，分选差，物性差，排驱压力高，孔喉细，进汞饱和度低,偏细歪度,排驱压力 0.1498 ~ 0.2115MPa,孔喉半径平均值 1.241 ~ 1.499μm,最大进汞饱和度 64.62% ~ 85.77%。

表 2-11 ×井取心段孔隙结构参数表

深度(m)	孔隙度(%)	渗透率($10^{-3}μm^2$)	排驱压力(MPa)	最大孔喉半径(μm)	中值压力(MPa)	中值孔喉半径(μm)	孔喉半径平均值(μm)	最大进汞饱和度(%)	退汞效率(%)
1559.75	33.4	4347	0.011	66.261	0.0614	11.978	16.847	93.23	21.66
1559.85	36.4	4173	0.012	63.957	0.0712	10.334	13.631	92.95	17.45
1560.0	34.7	2659	0.011	64.631	0.0741	9.928	12.339	94.99	20.67
1560.4	36.1	41.1	0.212	3.477	3.163	0.233	1.258	64.62	22.79
1560.5	33.5	1425	0.032	22.715	0.1041	7.067	7.02	93.78	19.66
1561.0	34.3	3983	0.009	78.079	0.0615	11.951	12.946	97.48	17.46
1561.9	32.2	404.3	0.071	10.307	0.2288	3.214	3.755	88.63	18.88
1562.5	31.1	394	0.052	14.036	0.1959	3.754	4.205	88.83	15.90
1563.1	31	41.9	0.15	4.912	0.8569	0.858	1.499	85.77	23.58
1563.5	27.3	33.1	0.151	4.887	1.2403	0.593	1.241	82.84	31.06
平均	33	1750.1	0.071	33.326	0.6057	5.991	7.4741	88.31	20.91

四、裂缝描述

低渗透油藏与中高渗油藏相比,裂缝普遍比较发育,因此地应力场和裂缝分布规律是低渗透砂岩油田开发(调整)方案设计中不可缺少的内容,在注采井网设计、钻井过程中井壁的稳定性、地层破裂压力的预测、水平井最佳井眼轨迹的设计与控制、油层改造措施中裂缝方位及几何尺寸的预测、油水井套管的应力损坏分析等方面都需要它作为分析研究的基础。

低渗透油田能够有效开发,很大程度上是由于裂缝系统的存在。裂缝主要包括由于构造活动和成岩过程中形成的构造缝和成岩缝,有的是以构造缝为主,有的是以成岩缝为主,成岩缝一般在地应力作用下是闭合的,在注水过程中是否真正张开引起窜流,取决于当地地应力的分布状况。×井天然裂缝—构造缝见图 2-18。

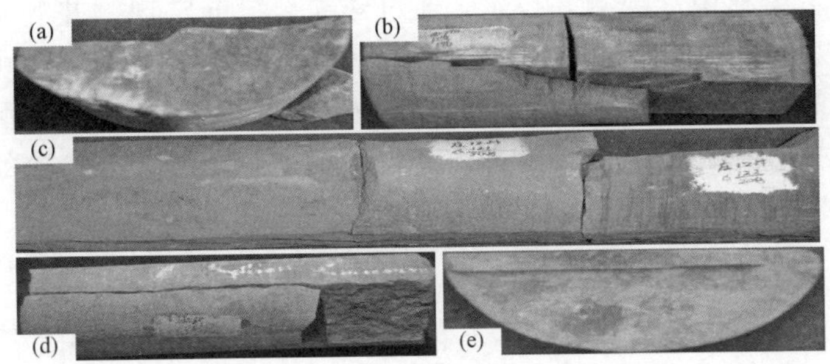

图2－18 ×井天然裂缝—构造缝

1. 天然裂缝分布规律研究方法

1)露头裂缝地质分析方法

露头裂缝地质分析方法可以直观地、全面地考察裂缝的发育特征，包括裂缝参数本身特征，裂缝在不同构造部位的发育特征，裂缝与岩性、岩相的关系，及裂缝的总体发育特征。

2)岩心裂缝地质分析方法

(1)岩心观察和统计分析方法。

岩心观察、描述方法是油田研究储层裂缝主要的有效方法，也是任何其他资料不可替代的，在油田开发初期显得尤其重要。岩心裂缝描述的主要内容有：① 裂缝发育的位置、岩性、条数；② 测量每条裂缝的倾角；③ 描述每条裂缝的长度、宽度以及开启度等；④ 裂缝缝面特征描述及力学性质判断；⑤ 裂缝的充填情况描述；⑥ 裂缝两端的终止情况以及是否有穿层现象等。

(2)岩心实验室研究方法。

岩心实验室研究，有薄片法、岩石力学及裂缝物性实验分析方法，近年来，应用磁学方法测定裂缝发育方位、对裂缝的充填物进行包裹体分析以及磨制岩心定向薄片观察描述微裂缝的发育特征及其与显裂缝的关系，同时应用显微组构分析方法，定性或半定量分析古构造应力场最大水平主应力方向。

3)测井裂缝分析方法

识别和描述储层裂缝的测井资料包括常规测井资料和成像测井资料。近年来迅速发展起来的成像测井技术，在识别储层裂缝方面已日趋成熟。但是由于成本较高，在关键井上可以采用成像测井技术，而对大量的开发生产井主要考虑利用常规测井技术。通过建立裂缝的常规测井响应机理模型,也可以达到识别裂缝的目的。利用井筒技术及其相关资料也可以很好地认识井筒处裂缝的发育特点,目前这项技术也已经比较成熟。测井资料识别裂缝技术的研究内容主要是裂缝带的识别和储层裂缝参数的定量计算,包括裂缝产状、发育程度、裂缝张开度、裂缝孔隙度、渗透率等。

4)地震资料预测储层裂缝技术

地震资料预测储层裂缝技术主要包括以下内容:一是利用三维地震纵波的振幅、频率和相位等属性研究裂缝的分布;二是利用特殊处理,高分辨率地震反演岩性,并结合测井约束反演来间接预测裂缝的分布;三是利用相干体数据分析方法预测裂缝分布;四是采用多波多分量资料,横波分裂技术、叠前方位角地震属性分析技术等进行裂缝发育带预测。

5)数值模拟方法预测裂缝技术

首先分析地质体的构造成因演变,建立裂缝形成时地质和构造力学模型,利用数值模拟方法反演古构造应力场,然后依据岩石破裂理论,预测裂缝的发育规律,主要有构造主曲率法(Murry,1968)、二维有限元方法(T. Rives,1992)、加载模拟法与随机模拟方法。20 世纪 60 年代开始从构造本身的结构特征来探讨构造主曲率与裂缝发育的关系,并提出了裂缝性岩体的力学模型;70 年代末期、80 年代初期,发展了从构造应力场入手应用岩石破裂准则对裂缝分布规律进行定量预测的数值模拟研究。

6)动态资料裂缝分析方法

动态资料可以说是裂缝网络特征的最后表征,无论是从地质、测井,还是从地震资料提取的裂缝信息,都将在动态数据中得到检验。动态信息包括:钻井液漏失、气测录井信息、钻时钻具信息、固井质量信息、压裂施工信息、试油试采信息、油井动态信息和注水井动态信息等。

动态资料可以从动态的角度对裂缝的有效性给予反映,特别是能反映裂缝在油藏开发中所起的各种作用。通过油井见水方向分析、大地电位法、试井解释方法和示踪剂方法等,可以判别裂缝发育的方位、程度及其对油田注水开发的影响。

2. 人工裂缝分布规律研究方法

油层压裂技术不仅应用在单井增注,而且通过采用油水井对应压裂和分区块的整体压裂,能有效地调整油层纵向上和平面上的非均质差异,起到提高注水效果和改善开发状况的作用，是低渗透油田有效开发的重要技术手段。

对于低渗透油田，油层的自然产能很低，为了增大地层导流能力，提高原油的产量，经常采用压裂的方法把地层压开，形成人工裂缝。根据压裂理论，人工压裂裂缝方向是受区域地层主应力方向控制的，其延伸方向与区域地层最大水平主应力方向一致。因此，对于实行注水开发的低渗透油田来说，要提高油田的开发技果，必须弄清区域地层最大水平主应力方向。哈里伯顿能源服务公司通过对水平井大量的实验研究得出的结论是：非平面裂缝几何形状诸如多条缝、T 型缝和转向缝，取决于井筒在地应力场中的方向。当井筒方向与最大水平应力方向的夹角为 0° ~ 50°时，将在井筒产生多条裂缝；当夹角为 50° ~ 70°时，在井筒产生单条缝，然后由于转向产生相互靠近的多条裂缝；当夹角为 70° ~ 90°时，产生 T 型缝。Doe 和 Boyce 研究了水平最大和最小主应力大小对裂缝的影响，发现当两者比值大于 1.5 时，在中间应力方向产生一条平面裂缝，而当比值由 1.5 降至 1.0 时，随着比值的降低产生逐渐增多的裂缝分支和多条裂缝。美国 Sandia 国家实验室的 Warpinski 等在距 6a 前压裂过的一口井 100ft 远的一口斜井与该井相交段取心时，发现存在多条裂缝，另外它还在南内华达对压裂后的井开挖时，发现了从井筒套管开始的放射状多条裂缝。G. E. Sleefe 等对压后微地震成像进行了研究，都发现微地震源显示出延伸的、非平面三维裂缝群，缝群宽度大约是其长度的 5%。其他研究人员用井筒电视等方法也都发现压裂后井筒周围多条裂缝的存在。德克萨斯大学的 Yew 教授等人从理论上对斜井起裂进行了研究，得出的结论是裂缝的转向仅存在于近井筒区域。井筒对应力分布的影响随到井筒距离的增加而迅速减小。Mobil 勘探与生产中心的 Jon E Olson 用二维模型分析了不同边界条件和压裂参数情况下，非平面裂缝延伸的影响，结果发现弯曲裂缝的几何形状同平面裂缝相比长度减小，而且在井筒周围的缝宽变窄。

1）岩心实验测定方法

地应力现场测试方法和实验室测试的方法有多种，各种室内及现场测量方法各具优缺点。地应力现场测试的方法有微压裂技术、井壁崩落法、微地震波法、地面电位法、长远距声波测井、地面测斜仪等。实验室测试的方法有差应变分析、凯瑟效应 Mohr - Coulomb 方法、滞弹性应变恢复（ASR）、波速各向异性等。

2)地质力学方法

利用地应力分布、构造形迹特征及钻井过程中裂缝显示判定裂缝展布方向。裂缝、地应力研究是生物灰岩开发地质研究中的重要内容,地应力类型的空间分布有两种情况:一种是大范围内保持单一的地应力不变,甚至全盆地内只有一种地应力类型;另一种是某个范围内有两种地应力交叉分布,两种地应力及断层按一定的规律共存。

3)微地震监测方法

微地震监测方法一般采用声发射、古地磁与差应变分析、现场裂缝监测等技术手段研究储层地应力大小、垂向剖面与地应力方位,分析压后的水力裂缝形态,并在此基础上建立压裂的地质模型,通过地应力及裂缝走向分析,确定水力裂缝与井眼轴线存在的一定角度的裂缝。

4)示踪剂监测方法

采用示踪剂监测、电位法井间监测和油水井注采动态关系分析井间裂缝连通性及展布方向,通过在井中灌注示踪剂,在监测井是否能检测到这种示踪剂,从而达到了解井间同一层位连通性的目的,是一种直接有效的技术方法。

5)动态分析方法

由渗流力学中的达西定律可知,储层内流体的流动主要取决于两个因素:一是压差,二是有效渗透率。压差近似等于注水井的井底压力与储层内的孔隙压力之差。在储层两个水平主应力方向上,可近似认为压差相等,因此,注入水向哪个方向流动,主要取决于两个水平主应力方向上有效渗透率的相对大小。一般而言,有效渗透率与应力大小成反比,在最小水平主应力方位上,储层的有效渗透率相对较高,注入水则应按最小水平主应力的方向推进,而水力裂缝的方位与最小水平主应力的方位垂直。因而找到了水线方向,就找到了水力裂缝的方位。除了以注采动态曲线分析法找出水线方向外,尚可利用动液面资料、含水率、累计产水资料以及油层的储渗特性参数等进行辅助判别。因为在一个注采井组中,油井相距较近,构造位置相似,储层分布及其岩性、物性差异不会非常悬殊。因此,动液面相对较高和(或)含水率及产水量也相对较高的油井(如储渗特性参数变化很大,可比较单位地层系数下产水量的相对大小),注水井与其连线方向,就是水线的方向,而水力裂缝的方位则与其垂直。需要指出的是,在进行注采井组的动态曲线分析时,也可只分析开发早期的数据,找出水线方向后就可判断出水力裂缝的方位。开发后期完钻的加密调整井并且距注水井较近时，更为准确可靠，而距注水井相对较远处的油井，则有一定的误差。原因可能在于远离水井的地方，储层的横向非均质性使得最小水平主应力的方位有所变化。

五、储层分类及评价

1. 储层的概念

凡是能够储存和渗滤流体的岩石均称为储集岩。储存流体主要由岩石的孔隙性决定，而渗滤流体则由岩石的渗透性决定。由储集岩所构成的地层称为储层。

勘探开发实践证明，地下流体主要储存在岩石的孔隙、裂缝和洞穴之中，并且在一定条件下，流体可以在其中流动。若储层中含有工业价值的油流则称为油层。在组成地壳的沉积岩、火成岩和变质岩中都发现有油气田，但储量集中在沉积岩中，其中又以砂岩和碳酸盐岩储层为主。近年来，随着石油地质理论的发展和完善，油气田勘探水平的提高，人们在火成岩、变质岩及泥页岩中找到油气藏的数量越来越多，不久的将来，人们可望在上述岩类储层中找到更多的油气储量。

2. 储层的分类

根据研究目的及油田生产实践的需要，对储层有各种分类方案，常见的方案有以下几种。

1)岩性分类

根据储层的岩石基本类型进行分类，是一种简单而实用的分类方法，通常可将储层分为三种基本类型。

(1)碎屑岩储层。

碎屑岩储层是指由砾岩、砂岩、粉砂岩等组成的油气储层。主要由砂岩组成的储层称为砂岩储层，是世界上分布最广的一类储层。

(2)碳酸盐岩储层。

碳酸盐岩储层是指由石灰岩、白云岩等碳酸盐岩组成的油气储层。例如礁灰岩储层，是世界上单井日产量最高的一类储层。

(3)其他岩类储层。

其他岩类储层是指由火成岩、变质岩或泥页岩组成的油气储层。近年来世界各地都发现了一些火成岩、变质岩、泥页岩为储层的油气田。该类储层的岩石类型、储集空间类型及其形成机制都很复杂。目前,其油气储量仅占世界总储量的一小部分,但随着常规储层的不断开发,为了寻找石油及天然气的后备储量,这类储层的研究将会变得越来越重要。

形成这类储层的主要地质原因是风化作用和构造断裂作用。火成岩、变质岩经过风化作用都可以形成风化壳,从而成为缝洞比较发育的储集体。但风化作用只能在地面附近一定深度内进行,到达基岩内部逐渐消失。

风化壳储层在纵向上分带性明显:自上而下分为崩解带、淋滤带、水解带,见图2-19。

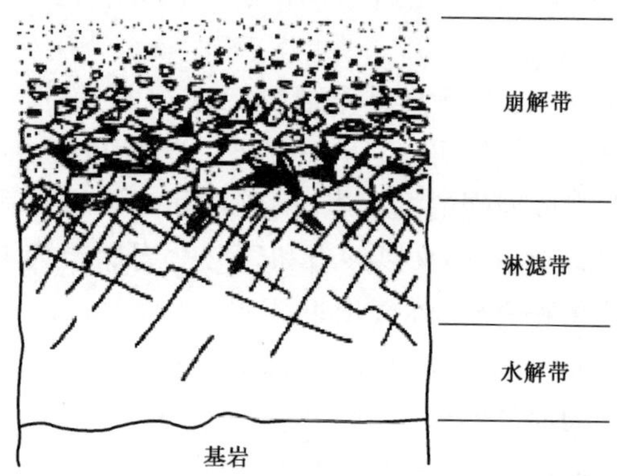

图2-19 风化壳储层在纵向分带示意图

崩解带位于风化壳的表层,崩解产物在风化壳表面形成残积层,厚度可达150m,下部常由角砾岩、砂泥质角砾岩组成,向上逐渐变细。

淋滤带位于崩解带的下部,由于大气淡水的淋滤作用形成各种不规则的溶缝和溶洞。这些裂缝可能是在构造裂缝的基础上形成的。溶缝、溶洞可被后来的碳酸盐胶结物、硅质胶结物充填和半充填。此带的厚度为几十米到上百米。例如,辽河油田兴隆台花岗片麻岩风化壳淋滤带,厚度为76~191.5m。水解带位于淋滤带之下,在此带之内,由于矿物的水解作用,形成新的矿物,只产生微量的小孔隙。

风化壳储层的储集空间的大小、形态及分布规律与岩性有关,不同的岩性其风化难易程度不同,溶蚀作用的结果亦千差万别;此外,还与古地形和古气候有关,古地形决定着溶解和风化产物是否能及时搬运走。湿润的气候条件以化学风化为主,化学风化易形成溶蚀孔洞。而在干燥的气候条件下则以物理风化为主，易形成碎屑角砾岩内的粒间孔隙。

裂缝是火成岩、变质岩、泥页岩的主要储集空间。除构造断裂作用形成的构造裂缝外，还有节理和成岩裂缝。例如，鸭儿峡油田志留系变质岩储层的储集空间主要为节理和裂缝，其裂缝密度高达 740 条/m。再如，柴达木盆地的油泉子油田古近—新近系泥岩储层，其储集空间也主要是节理和裂缝。此外，岩浆喷出地表在冷凝过程中形成柱状节理缝，火山弹冷凝收缩形成放射状和环状裂缝，气体在岩浆体内爆炸形成隐爆裂缝。这些裂缝也均可构成喷出岩储层的储集空间。

2）物性分类

物性分类是指按储层的孔隙性或渗透性进行分类。按孔隙性可将储层分为高孔隙度储层、中孔隙度储层和低孔隙度储层。按渗透性可将储层分为高渗透率储层、中渗透率储层和低渗透率储层。通常人们是将孔隙性与渗透性结合起来对储层进行分类，将储层分为常规储层和致密储层两个基本类型，其中常规储层可分为五个小类，致密储层可分为三个小类，如表 2－12所示。

表 2－12 储层按物性分类

按物性分类		孔隙度(%)	渗透率($10^{-3}\mu m^2$)
常规储层	特高孔高渗储层	>30	>1000
	高孔高渗储层	25～30	500～1000
	中孔中渗储层	20～25	50～500
	低孔低渗储层	15～20	5～50
	特低孔低渗储层	10～15	1～5
致密储层	一般致密储层	5～10	1～0.1
	极致密储层	2～5	0.1～0.01
	超致密储层	<2	<0.01

世界各地储层物性差异很大，很难找到一个统一的分类标准，往往各油田都有自己的分类方案。

3）按储集空间分类

（1）孔隙型储层。

孔隙型储层的储集空间以各种类型的孔隙为主，如粒间孔隙，大多数砂岩储层属此种类型。

(2)裂缝型储层。

裂缝型储层的储集空间以各种类型的裂缝为主,岩性一般较致密,孔隙不发育。而裂缝既是油气的储集空间,也是油气运移的通道。例如,伊朗加奇萨兰油田阿斯马利石灰岩储层。

(3)溶洞—裂缝型储层。

溶洞—裂缝型储层的储集空间以各种溶蚀孔洞为主,孔隙不发育,但裂缝较发育,溶蚀的孔隙和洞穴是主要的储集空间,而裂缝则为渗滤的通道。例如,四川盆地川南下二叠统石灰岩储集层。

(4)孔隙—裂缝型储层。

孔隙—裂缝型储层的储集空间为各种成因的孔隙及裂缝,是碳酸盐岩中分布比较广的一类储层。

(5)孔、洞、缝型储层。

孔、洞、缝型储层的储集空间主要为各种类型的孔隙、溶蚀洞穴及裂缝,孔、洞,缝相互搭配组成统一的储集体,往往孔隙度、渗透率都较高,易于形成储量大,产量高的大型油气田。

六、储层预测

储层地震预测是油气勘探开发的核心技术。储层地震预测主要是通过分析岩性、储层物性和充填在其中的流体性质的空间变化所造成的地震反射波速度、振幅、相位、频率、波形等的相应变化来预测储集岩层的分布范围、储层特征等。储层地震预测是岩性地层油气藏及其他各类油气藏(如构造油气藏、构造—岩性复合油气藏等)精细描述的重要技术手段。

储层预测技术是从现有的、有限的、尺度不同的地震、测井、钻井资料,来综合推测地下未知储层的存在与否、空间形状如何、物性情况、是否含有油气等。但由于储层预测精度不够、预测结果的多解性,导致储层预测技术在实际应用中存在这样的现象:有过不少成功的范例,但是也出现不少失败的教训,很多预测的成果也只能“参考使用”,甚至完全无法使用。目前储层预测结果绝大部分只能做到定性—半定量预测,定量预测不是误差较大就是结果与地质规律不吻合,这些情况都反映了用地震资料进行储层预测的难度,同时也暴露出储层预测技术实际应用中的问题和对储层预测技术认识上的误区。

储层地震预测理论就是建立在地震波动理论、信号分析、沉积学、岩石物理等学科的基础之上,充分利用了地震资料在空间上密集采样的优势,能够在无井或少井控制条件之下,对勘探目的层即储层的沉积相带、岩性、空间分布、形态、储层物性(孔隙度、渗透率参数)及含油气性作出预测和描述。储层地震预测技术作为油气勘探过程中储层预测的主导技术,也存在如何提高储层预测精度和分辨率、降低多解性的问题。

储层地震预测的主要工作内容大体分为四个方面:一是储层岩性预测,即研究构成储层的岩性以及控制储层发育的相带;二是储层形态预测,包括储层的分布、厚度和顶、底面构造形态;三是储层物性预测,主要研究储层的主要物性参数,即孔隙度和渗透率;四是储层含油气性综合分析,即研究储层内所含流体性质及其分布。储层地震预测技术是一门技术方法多、综合性强、相互交叉的技术系列,单项技术不下数十种,大体上可分为地震反演方法、地震属性分析技术、AVO 技术等三大类,这些都是以常规的地面地震反射纵波法勘探为基础的储层地震预测技术,也是当前储层地震预测技术的主体。此外,一些发展中的前缘技术,如利用地震纵横波差异研究储层特征的多波多分量地震技术、利用井眼激发接收的井间地震技术和 VSP 技术、重复观测的时移地震(4D)技术、利用钻头作为震源的随钻地震技术、利用地震数据的谱分解来识别超薄层的谱分解技术等,为储层地震预测增添了丰富的技术手段。

1. 储层反演

地震储层反演技术就是充分利用测井、钻井、地质资料提供的丰富的构造、层位、岩性等信息,从常规的地震剖面反演出地下地层的波阻抗、密度、速度、孔隙度、渗透率、砂泥岩百分比、压力等信息。反演与正演相对。地震剖面的同相轴实质上代表的是反射系数,同相轴追踪着反射系数而不是砂岩地层,只有转换成波阻抗,才能真实地反映砂层的变化。

反演提供各种岩性剖面,目的就是将已知井点信息与地震资料相结合,为油田工作者提供更多的地下地质信息,建立储层、油藏的概念模型、静态模型、预测模型。

1)储层反演的基本原理

不同的岩层具有不同的速度和密度值,速度和密度的乘积称为波阻抗。只要不同岩层之间波阻抗有差异,就能产生反射波。假定地震剖面上的地震道是法线入道,即地震入射射线与岩层分界面垂直,则法线入射反射系数由下式计算:

$$R_i = \frac{\rho_{i+1}v_{i+1} - \rho_i v_i}{\rho_{i+1}v_{i+1} + \rho_i v_i} \tag{2-23}$$

式中 R_i——第 i 层界面的反射系数；

ρ_i——第 i 层的密度，g/cm^3；

v_i——第 i 层的速度，m/s；

ρ_{i+1}——第 $i+1$ 层的密度 g/cm^3；

v_{i+1}——第 $i+1$ 层的速度 m/s。

地震波从激发、传播到接收，相当于经历了一个滤波系统，一个很尖锐的脉冲，通过这个滤波系统后，就变成了一个延续有一定长度的脉冲波形，称为子波。

反演就是估算一个子波的逆/反子波，用反子波与地震道进行褶积运算，通常称为反褶积，从而得到反射系数，把反射系数带入式(2-23)导出的递推公式：

$$\rho_{i+1}v_{i+1} = \rho_i v_i \frac{1 + R_i}{1 - R_i} \tag{2-24}$$

便可逐层递推计算出每一层的波阻抗，这就实现了界面型反射剖面向岩层型剖面的转换。对于测井的速度和密度剖面，利用 Gardner 公式：

$$\rho = 0.3v^{0.25} \tag{2-25}$$

从波阻抗中分离出速度和密度：

$$v = 2.55(\rho v)^{0.8} \tag{2-26}$$

$$\rho = 0.39(\rho v)^{0.2} \tag{2-27}$$

2)地震反演的分类

按地震反演所用的地震资料不同，地震反演分为叠前反演和叠后反演；按反演所利用地震的信息不同，地震反演分为地震波旅行时反演和地震波振幅反演；按反演的地质结果不同，可分为构造反演、波阻抗反演（声阻抗/弹性阻抗）储层参数反演、地质统计反演等。

叠前反演主要包括基于旅行时的 CT 成像技术和基于振幅的 AVO 分析技术，可以进行弹性阻抗的反演；叠后反演主要包括基于旅行时的构造分析和基于振幅信息的声阻抗反演。

叠后波阻抗反演在具体实现过程中，对各种参数的估算方法不同，对反演结果的运算过程不同,派生出很多的反演方法。例如,按测井资料在其中所起作用大小,地震波阻抗反演可分成四类:无井约束的地震直接反演、测井约束地震反演、测井—地震联合反演和地震控制下的测井内插外推。

例如测井约束反演,是目前生产上广泛采用的方法,通过与测井、地质模型等信息的结合,将反演的波阻抗频率范围在地震频带的基础上分别向低频段和高频段进行了拓展。

测井约束反演从确定一个初始模型开始,模型被参数化为反射系数和延迟时间,进而形成地震道估计,并与实际地震道比较产生剩余误差道,利用误差道来修正模型参数,直到满意为止。由模型本身和实际数据差提供的约束,被用来控制反演过程的稳定性和分辨率。

2. 储层厚度预测

砂岩储层厚度分布是储层预测的一项重要内容。反演时要注意同一段砂岩在波阻抗上会有不同的表现特征,因此计算储层厚度时需要分层段确定各自的波阻抗门槛值,分别计算砂岩储层的厚度分布。

1)波阻抗门槛值确定

考虑到地震波速度随深度增加而增加的正常压实效应,以及同一地层在不同构造位置具有不同的波阻抗压实曲线特征,研究时统计了工区内所有 11 口井的太 2 段砂岩波阻抗门槛值。表 2-13 为所有井的太 2 段波阻抗门槛值统计结果,表的上半部是所有构造高部位井的门槛值,其平均值是 127949.0;表的下半部是所有构造低部位井的门槛值,其平均值是 12538.1。可见,构造高部位与构造低部位的波阻抗门槛值在本区太 2 段相差很小,说明本区的压实效应不大,可以使用统一的砂岩阻抗门槛值进行储层厚度统计计算。

表 2-13 所有井的太 2 段波阻抗门槛值统计表

井别	井名	阻抗门槛值
构造高部位井	D69	12245.1
	D27	12728.5
	D28-7	12265.7
	D33	12020.2
	D40	12720.3
	D76	12984.2
	平均值	12949.0

续表

井别	井名	阻抗门槛值
构造低部位井	D75	11000
	D32	12265.7
	D37	14701.6
	D68	12361.6
	平均值	12582.2
平均值		12538.1

2)储层厚度计算

根据砂岩阻抗门槛值统计结果和结论,采用了 12500 这个统一的波阻抗门槛值,进行砂岩厚度的统计计算,最终得到太 2 砂岩储层厚度图,如图 2-20所示。这张厚度图表明:太 2 段地层在 D75 井附近较厚;在工区东部 D33、D69、D40 一带厚度较薄;在工区中部 D68、D32、D67 一带岩几乎不发育。

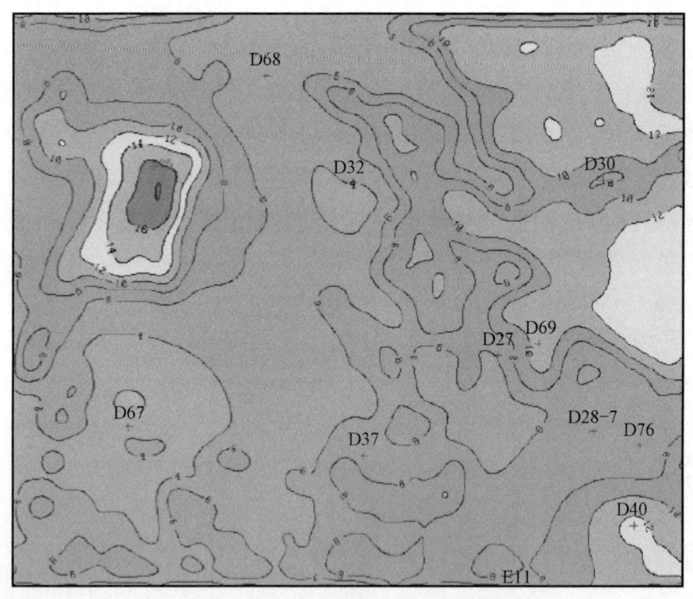

图 2-20 太 2 段砂岩储层厚度图

3. 相控砂体雕刻

所谓相控砂体雕刻就是在有利相带控制下的单砂体识别、追踪和解释。由于砂体的分布受沉积相带的控制，且地震资料上表现出来的砂体特征存在一定的多解性，直接在地震剖面上寻找砂体进行砂体解释会存在一定的盲目性。因此，有必要在沉积相带的控制下，在砂体最容易发育的有利相带去识别砂体，解释砂体，最大限度减少砂体解释的多解性、盲目性。

相控砂体雕刻的具体做法是：以有利相带划分为前提，在通过地震沉积学分析识别出的有利岩性发育区内，结合各目的层砂岩厚度分布图，以及各种地震属性平面图特征，在反演剖面上进行砂体（组）雕刻，以期在有利相带控制下，找到最有利的下一步钻探目标。

4. 预测效果实钻验证分析

1）D90 井钻探结果

2009 年 7 月完钻的 D90 井在此次研究范围内，因此用 D90 井的实际钻探结果来验证预测的实际效果。

D90 井钻探结果表明：在主要目的层盒 1 段砂岩发育，累计砂体厚度约 21m，物性好，气显示活跃（全烃最大为 11.800%），随钻气测全烃值显示较高，对本井此层段进行测试，可望获得一定量的工业气流；山 2 段砂岩发育，砂体累计厚度约 25m，物性较好，但油气显示较差；山 1 段砂体较发育，两层砂体累计厚度约 11.0m，较致密，油气显示差。在兼顾层位太 2 段、盒 2 段、盒 3 段砂体欠发育，太 2 段砂岩约 3.5m，盒 3、盒 2 砂泥岩交互明显，具有较强的非均质性，物性较差，盒 3 段累计砂厚约 10m，盒 2 段累计砂厚约 7m，厚度整体较薄，无含气性显示，来自现场录井小结资料，见表 2-14。

表 2-14 钻遇层段数据表

层位	太 2	山 1	山 2	盒 1	盒 2	盒 3
砂厚（m）	3.5	11	25	21	10	7
随钻气测显示	无	差	较差	物性好、活跃	无	无

把 D90 井分别投在前期的有利岩性发育区预测图、波阻抗切片图、储层厚度分布图中，通过检验这些研究成果与实钻结果的吻合程度，来检验研究过程中所采取的岩性油气藏地震沉积学识别的研究思路是否可行、所采取的各项地震预测技术尤其是子波分解与重构和有色反演技术是否真正有

效、所预测的储层厚度分布是否合理、与井是否吻合。

2)有利岩性油气藏发育区预测效果

图2－21为前期在地震沉积学分析分基础上得到的有利岩性油气藏发育区优选图,D90井落在了有利目标区3的范围内,位于盒1河道边缘,是砂体容易发育部位(心滩、点沙坝),与钻井显示结果较为吻合。

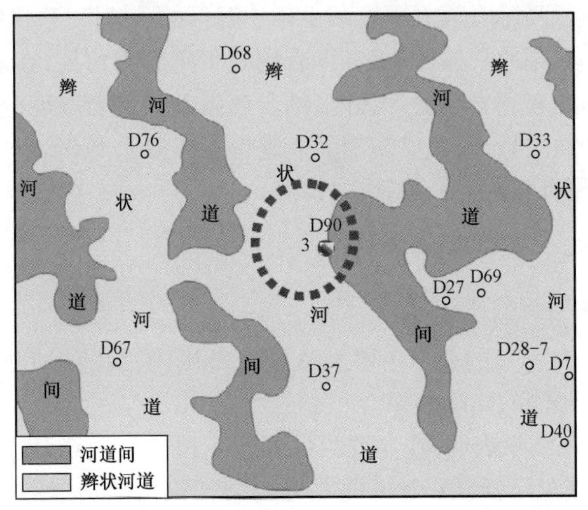

图2－21　有利岩性油气藏发育区3

D90井在有利岩性油气藏发育区3范围内

3)波阻抗反演预测效果

图2－22为盒1段的波阻抗切片图,D90井落在了波阻抗切片图中高阻抗背景下的低阻抗范围内,根据地震岩石学分析结论为:盒1段储层含气后波阻抗明显降低,预示着这一局部范围的含气性较好;而来自D90井现场录井小结资料的结论是:D90井盒1段砂岩发育,物性好,气显示活跃,随钻气测全烃值显示较高,对本井此层段进行测试,可望获得一定量的工业气流。因此,盒1段的波阻抗切片图与D90井钻井结果是吻合的。

4)储层厚度分布预测效果

如图2－23所示,D90井太2段砂体预测厚度约6m,测井解释厚度约3.5m;盒1段砂体预测厚度约26m,测井解释厚度约21m;误差统计见表2－15,预测误差均较小。

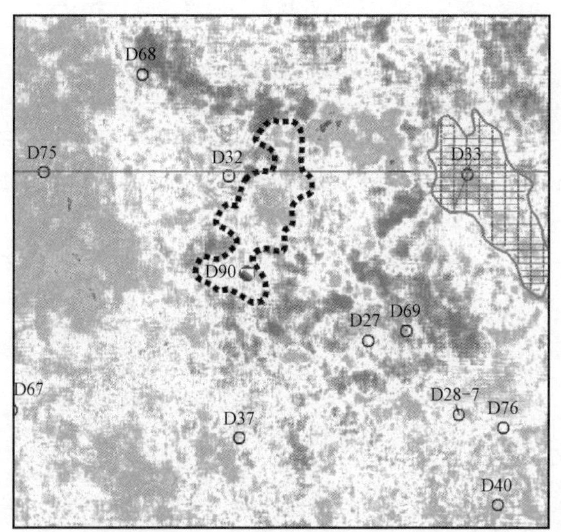

图 2-22　盒 1 段波阻抗切片图

D90 井在盒 1 段波阻抗切片图中高阻抗背景下的低阻抗区域

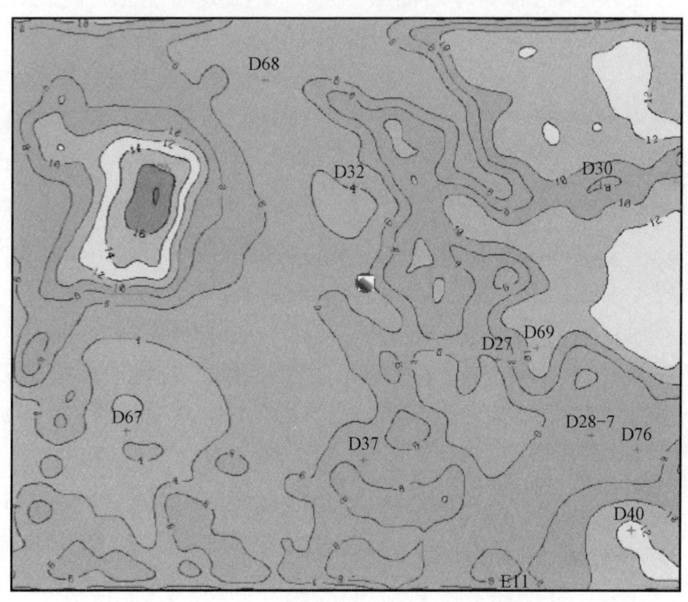

图 2-23　太 2 段储层厚度分布预测图

D90 井太 2 段砂体预测厚度约 6m，测井解释厚度约 3.5m

表 2-15　D90 井预测砂岩误差统计表

层位	预测厚度(m)	测井解释厚度(m)	误差(m)
太 2	6	3.5	2.5
盒 1	26	21	5

总之,D90 井的钻探结果验证了前期有利岩性发育区预测、波阻抗反演结果、储层厚度分布预测等,均取得了较好的预测效果。

第六节　油藏特征

一、油气水分布

油藏是指原油在单一圈闭中具有同一压力系统的基本聚集。如果在一个圈闭中只聚集了石油,称为油藏;只聚集了天然气,称为气藏。一个油藏中有几个含油砂层时,称为多层油藏。对一个油藏来说,油、气、水是处在同一个水动力系统中,也就是说,整个油藏内各点是联系着的。

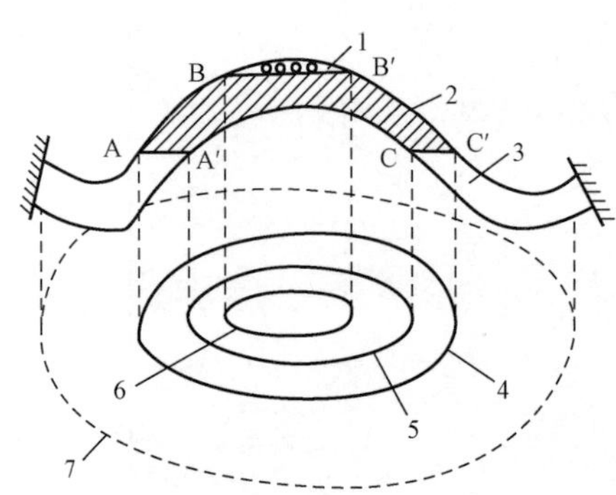

图 2-24　油藏静态油、气、水分布示意图
1—气顶区;2—含油区;3—含水区;
4—含油外缘;5—含油内缘;
6—含气边缘;7—封闭边缘

在未开发之前(即在静态时),油藏中的油、气、水是按密度大小呈有规律的分布。一般情况下,气最轻,占据构造的顶部,油则聚集在翼的中部,相比之下水最重,则占据翼的端部,如图 2-24 所示。

油藏中油和水的接触面称为油水界面,若将油藏投影到平面上序号 4 为含油外缘,序号 5 为含油内缘。在含油内缘内打井,获得无水石油;在内外含油边缘间(即油水过渡带)打井,钻穿油藏全部厚度时,油和水同时产出。为了计算方便,常取内、外含油边缘的平均值为计算含油边缘;分布在油藏翼端的含水层,若含水层在地面有露头存在,并且地层水能通过露头源源不断地得以补充,把露头投影在平面上,称为供给边缘。若边界是封闭的,把它投影在平面上称为封闭边缘,序号7为封闭边缘。如果油藏中存在气顶,油和气接触面称为油、气分界面,投影在平面上称为含气边缘,序号6为含气边缘。

二、流体性质和分类

1. 天然气的性质和分类

天然气是指在不同地质条件下生成、运移,并以一定的压力储集在地层中的气体。大多数气田的天然气是可燃性气体,主要成分是气态烃类,并含有少量的非烃气体。在一般的油藏中,也存在天然气。它可以溶解在石油中,或以游离状态形成"气顶",这种天然气常称为石油气或者伴生气。

1)天然气的组成

天然气的化学组成中,甲烷(CH_4)占绝大部分(70% ~80%),乙烷(C_2H_6)、丙烷(C_3H_8)、丁烷(C_4H_{10})和戊烷(C_5H_{12})的含量不多。此外,天然气中还含有少量的非烃类气体,如硫化氢(H_2S)、硫醇(RSH)、硫醚(RSR)、二氧化碳(CO_2)、氮(N_2)及水汽(H_2O),有时也含微量的稀有气体如氦(He)和氩(Ar)等。

由于天然气形成过程存在着多样性,决定了它的组成和在自然界存在的形式不同,这是天然气的一个特点。例如,在苏联、美国和我国一些气田,CO_2含量较高,如苏联西伯利亚含油气盆地某气田含CO_2高达70%,我国山东滨南气田产出气中CO_2含量高达50%以上。天然气中有时伴有硫化氢,其含量一般不超过5% ~6%,但也有高达17%(法国拉克大气田)甚至20%以上(加拿大某气田)。硫化氢对金属设备易造成氢脆断裂,对人体有害,要十分小心。目前已有防止和处理H_2S的办法,并能由此生产大量硫黄,变害为利。

目前采用气相色谱仪可以对天然气组分进行全组分分析。表示天然气组成的参数有:摩尔分数、体积分数和质量分数。

2)天然气的分类

天然气分类方法较多。按矿藏不同,天然气可分为气藏气、油藏气和凝析气藏气。气藏气主要含甲烷,含量达80%以上,乙烷至丁烷的含量一般不大,戊烷以上的重烃含量甚微或不含。油藏气也称伴生气,它包括溶解气和气顶气,它的特征是乙烷和乙烷以上的烃类含量较气藏气高。凝析气藏采出的天然气,除含大量的甲烷外,戊烷和戊烷以上的烃类含量也较高,即含有汽油成分。

若按井口流出物中C_3或C_3以上液态烃含量多少划分,天然气可分为干气、湿气、富气、贫气。另外,天然气按其含硫量的多少还可以划分为净气和酸气。每$1m^3$天然气中含硫量小于1g的称为净气,大于1g的为酸气。

2. 地层原油的性质和分类

地层原油在油层中处于高温高压条件,而且原油中溶解有大量的天然气,这就使它的物理性质大大异于地面脱气石油的物理性质。例如,由于高温和溶解有气体,可使地层原油的密度和黏度减小,而使地层油的体积和压缩性增加。溶解于油中的天然气,随着压力的变化,将会发生溶解和分离,从而使地层原油的物理性质发生变化。原油的化学组成不同是原油性质不同和产生不同变化的内因,压力和温度则是引起各种变化的外部条件。

地层原油性质的研究,无论对油田开发动态分析、油气渗流计算、储量计算、油储层评价,还是对于油藏勘探、开采与开发以及提高石油采收率都具有十分重要的意义。地面原油(脱气石油)的性质主要取决于原油的组成,其物理性质与地下原油有很大的不同。

1)原油的组成和分类

原油是烷烃、环烷烃和芳香烃等不同烃类以及各种氧、硫、氮的化合物所组成的复杂混合物。

尽管组成石油和天然气的元素主要是碳和氢,但由它们化合而形成的烃类却种类繁多,再加上烃类与氧、硫、氮所形成的各种化合物,从而决定了地层烃类组成和性质的复杂性。

在天然油气藏中,以烷烃最为多见。烷烃化学通式为C_nH_{2n+2}。

在常温常压下,CH_4 ~ C_4H_{10}的烷烃为气态(以下简称C_1 ~ C_4),它们是构成天然气的主要成分;C_5 ~ C_{16}的烷烃是液态,它们是石油的主要成分;而C_{16}以上的烷烃为固态,它们是石蜡的主要组成部分。随着烃分子中碳的数目增加,其相对密度增大。

原油按胶质—沥青质含量分类:

① 少胶原油,原油中胶质—沥青质含量在8%以下;

② 胶质原油,原油中胶质—沥青质含量在8% ~25%之间;

③ 多胶原油,原油中胶质—沥青质含量在25%以上。

胶质—沥青质在原油中形成胶体结构,它对原油流动性具有很重要的作用,可形成高黏度的原油等。我国多数油田产出的原油属少胶原油或胶质原油。

原油按中含蜡量分类:

① 少蜡原油,原油中含蜡量在1%以下;

② 含蜡原油,原油中含蜡量在1% ~2%之间;

③ 高含蜡原油,原油中含蜡量在2%以上。

原油中的含蜡量常影响其凝点,一般含蜡量越高,其凝点越高,它对原油的开采和集输都会带来很多问题。我国各油田生产的原油含蜡量相差很大,有的属少蜡原油,但多数属高含蜡原油。

原油中若含有硫,则对人畜有害,腐蚀钢材,对炼油不利,经燃烧而生成的二氧化硫会污染环境,欧美国家规定石油产品必须清除硫以后才能出售。原油按硫含量分类:

① 少硫原油,原油中的硫含量在0.5%以下;

② 含硫原油,原油中的硫含量在0.5%以上。

我国生产的原油,多数是少硫原油。

2)天然气在石油中的溶解和分离

油藏烃类相态的变化主要是气液两相间的平衡和转化,这种平衡和转化又总是以油气的溶解和分离方式表现出来;而且伴随溶解和分离,油气组成也要变化,进而影响油气的物理性质。所以讨论油气的溶解和分离这对矛盾的转化条件、方式及其计算方法,对于解决油气矿场的实际问题是十分有用的。

(1)天然气在石油中的溶解。

天然气溶解在石油中的数量多少,以天然气在石油中的溶解度 R_s(又称地层原油的溶解气油比)表示。通常把某一压力、温度下,地下含气原油在地面脱气后,得到1m^{3}脱气原油时所分离出的气量,称为该压力温度下天然气在石油中的溶解度。也可以认为,天然气在石油中的溶解度 R_s 表示了单位体积的地面原油,当其处于地层条件时所溶解的天然气体积。溶解度越大,石油中溶解气量越多。

溶解系数的大小反映气体在液体中溶解能力的大小。亨利定律是一个直线定律,溶解系数是一个常数,这对于不易互溶的气—液系统是适用的。但对化学结构相似的多组分烃类气体在石油中的溶解,则有较大的偏差,不同压力下的溶解系数不同,溶解系数不再是一个常数,也就是说天然气的溶解度变化并不符合亨利定律。

单组分烃的相对分子质量越大,其在石油中的溶解度也越大。所以天然气中重烃组分越多,天然气的密度越大,其在石油中的溶解度也越大。

天然气在原油中的溶解度大小,除取决于天然气本身的组成外,还与原油性质有关。相同温度、压力下,同一种天然气在轻质油中的溶解度要大于在重质油中的溶解度。

(2)天然气从石油中分离。

在采油中,经常遇到天然气从石油中分离的现象,即脱气问题。当油层中的压力降低到石油的饱和压力以下时,溶解气将从石油中分离出来。

3)地层石油的压缩系数

在高于或等于饱和压力下,由于地层石油中溶解有大量的天然气,使得地层石油比地面脱气石油具有更大的弹性。地层石油的弹性大小通常用压缩系数 C_o来表示。它指的是单位体积的地层石油在单位压力改变时体积的变化率。

地层石油的压缩系数主要决定于石油和天然气的组成、溶解气量以及压力和温度条件。地层石油的温度越高,石油的轻组分越多,溶解的气量越多,则石油的压缩系数也就越大。地层油的压缩系数 C_o和地层石油中天然气的溶解度 R_{si}有密切关系,溶解度大者,其压缩系数也大。一般地面脱气石油的压缩系数约$(4\sim7)\times10^{-4}$/MPa,而地层石油的压缩系数约$(10\sim140)\times10^{-4}$/MPa。

地层石油的压缩系数不是一个定值,它随压力的变化而变化,但在压力的一定合理变化范围内,可将压缩系数视为不变,即在一定的压力区间,使用一个不变的平均压缩系数;而在不同的压力区间,平均压缩系数则不同。

地层石油和水以及储集岩的压缩系数整个构成了油藏的弹性能量。当地层压力高于饱和压力时,就是靠这部分能量采出地层中的石油,因此研究地层石油的压缩系数对于合理开发油田有着十分重要的意义。

4)地层石油的体积系数

地下石油的体积,通常总是大于地面脱气后石油的体积。这是因为地下石油中含有溶解气以及地层温度较高。地层石油体积系数也是油气田开发计算储量常用的参数,用于地层石油地下体积与地面体积之间的换算。

地下石油体积与其在地面脱气后的体积之比,称为地层石油的体积系数。因为它只考虑地下石油液相体积与其地面脱气后的石油体积的比值,故又称单相石油体积系数。

地层石油的体积系数大小主要与石油中的溶气量、油层的压力以及温度等因素有关。一般情况下，由于溶解气和热膨胀的影响远超过压力引起的弹性压缩的影响，地层油的体积总是大于它在地面脱气后的体积，故石油的体积系数一般都大于1。显然，地层石油中溶解的气量越多，其体积系数越大。

当压力小于饱和压力时，随着压力的增加，溶解于石油中的气量也随之增加，故地层石油的体积系数随压力的增加而增大。当压力等于饱和压力时，溶解于石油中的天然气量达到最大值，这时地层石油的体积系数最大。当压力大于饱和压力时，压力的增加使石油受到压缩，因而石油的体积系数将随之减小。

地层石油体积系数与油层温度的关系：随温度的增加，地层石油体积系数略有增大，因为随温度升高，地下石油体积有所增大。

此外，地层石油的体积系数还与脱气方式有关，因为脱气方式不同，地面脱气石油的体积也不一致。

5）地层石油的密度和相对密度

（1）地层石油的密度。

地层石油的密度是指单位体积地层石油的质量，地层石油由于溶解有大量的天然气，其密度与地面脱气石油相比有很大差别，通常要低百分之几到百分之十几，有时还更低。地层石油密度与地层温度的关系：随温度的增加而下降。石油密度在实验条件具备时一般都直接测定，但有时也得借用已获得的某些分析资料或利用有关图表进行计算。

（2）石油的相对密度。

石油相对密度是石油的密度与同一温度和压力下水的密度之比。在我国和苏联习惯上石油相对密度是指0.1MPa、20℃时的石油与4℃纯水单位体积的质量比，用d_4^{20}表示；在欧美各国则以0.1MPa、60℉（15.6℃）石油与纯水单位体积的质量比，用γ_o表示；但在商业上常以API度表示，它与60℉（15.6℃）石油相对密度（γ_o）的关系可用下式换算：

$$\text{API度} = \frac{141.5}{\gamma_o} - 131.5 \qquad (2-28)$$

由于定义石油相对密度所使用的温度标准不一样，欧美各国的石油相对密度（γ_o）与我国和苏联使用的石油相对密度（d_4^{20}）数值是不完全相等的，

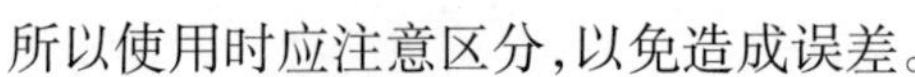

所以使用时应注意区分,以免造成误差。

6)地层石油的黏度

地层石油的黏度是反映石油在流动过程中内部的摩擦阻力,其数学表达式为:

$$\frac{F}{A}=\mu_o\frac{dv}{dy} \tag{2-29}$$

式中 F——分子间摩擦阻力,N;

A——单位面积,m^2;

$\frac{dv}{dy}$——速度梯度,s^{-1};

μ_o——黏度,Pa·s。

由于黏度与密度在地层条件下同时与压力、温度、溶解气的组成有关,因此在流体动力学计算中,将黏度与密度综合起来考虑,引入运动黏度。所谓运动黏度就是动力黏度与密度的比值:

$$\nu_o=\frac{\mu_o}{\rho_o} \tag{2-30}$$

式中 ν_o——运动黏度,m^2/s;

ρ_o——原油密度,g/cm^3。

地下石油的黏度与气体的黏度一样直接影响到油气的运移和聚积条件,而在油田开发中,石油的黏度决定了地下石油在油层中的流动能力,因此,降低黏度对提高油井产能和石油采收率以及石油的输运都是很有意义的。

地层石油的黏度取决于它的化学组成、溶解气的含量以及压力和温度条件。它的变化范围很大,可以从零点几厘泊到上万厘泊。

对地层中的原油,除原油组成的影响外,最主要影响原油黏度的则是油中溶解气量的多少。由于气体溶解在石油中,使液体分子间引力部分变为气液分子间的引力,使体系分子引力大大减小,从而导致地层石油内部摩擦阻力减小,地层石油黏度也就随之下降。原油中溶解的气量越多,黏度也就越低。显然,地层石油的黏度变化还与溶解气的性质有关。气体中易溶组分含量越多,气体相对分子质量越大,越容易溶解于石油中,石油的黏度也降低得越多。

地层石油黏度受温度的影响也很大。由于温度增加,液体分子运动速度增加,液体分子引力减小,因而黏度降低。在温度一定时地下石油黏度随压力的变化规律是:当压力低于饱和压力时,随着压力的增大,油中溶解气量增加,液体内分子引力减小,地层油黏度急剧下降;当压力高于饱和压力时,压力增加使石油密度增大,液体分子引力增大,液层内部摩擦阻力增大,因而黏度增大。

地层石油黏度一般在实验室中由高压黏度计直接测定。如不具备实验条件,也可以用有关图表进行计算。

3. 地层水的性质和分类

地层水按产状分为底水、边水和层间水;按状态则分为束缚水和自由水。

边水和底水通常作为驱油的动力,而束缚水和自由水,它们在油层微观孔隙中的分布特征直接影响着油层含油饱和度。因此,研究地层水的物理性质,在油气田的勘探或在油气田的开发分析以及提高石油采收率的措施中,均有着十分重要的意义。例如,分析油井出水以及油层污染的原因,分析天然水驱油的洗油能力,判断边水的流向,判断断块油藏是否连通,选择油田注入水的水源,以及改善水驱油效果中添加剂的选取等。

1)地层水的性质

地层水中含盐是地层水有别于地面水的最大特点。在这些金属盐类中,尤其以钾盐、钠盐最多,而钙、镁等碱土金属盐类则较少。

(1)矿化度。

地层水中含盐量的多少常用矿化度来表示,矿化度代表水中溶解盐的浓度,用 mg/L 来表示。但当讨论离子间的相互作用时,由于阴阳离子间是按等物质的量反应的,即一定物质的量的阴离子和等物质的量的阳离子相结合,此时,最常用的是离子物质的量浓度。离子物质的量浓度等于某离子的质量浓度除以该离子的摩尔质量。例如,已知氯离子(Cl^-)的质量浓度为7896mg/L,而氯离子的摩尔质量 = 35g/mol,则氯离子的物质的量浓度 = 7856/35 = 225.6mmol/L。地层水的总矿化度表示水中正、负离子之总和。由总矿化度的大小可以概括地了解地层水的性质。不同油田的地层水矿化度差别很大,有的只有几千毫克/升,而有的甚至高达$(2\sim3)\times10^4$mg/L,如我国的江汉油田某些地层水就是如此。此时,在地层中,水处于饱和溶液状态,当由地层流至地面时,会因为温度、压力降低,盐从地层水中析出,严重时还可在井筒中析出,给生产直接带来困难。此外,当向油层注入各种化学工作剂时(如注入聚合物等),除地层水总矿化度对其驱油效果发生影响外,水的硬度也是值得注意的重要物性参数。

(2)硬度。

地层水的硬度是指地层水中钙、镁等二价阳离子含量的大小。水的硬度太高,会使化学剂产生沉淀而影响驱替效果,甚至使措施完全失效,以至于人们有时需要考虑是否要事先用清水全面预冲洗地层,降低矿化度、硬度以后,再进行正式注入化学剂。

(3)地层水的黏度。

地层水的黏度主要受地层温度、地层水矿化度和天然气溶解度的影响,而地层压力的影响很小。由于地层压力对地层水黏度的影响较小,因此,当知道地层压力、地层温度和地层水的矿化度之后,也可用如下的相关经验公式计算地层水的黏度:

$$\mu_w = A(1.8t_R + 32)^B C \qquad (2-31)$$

$$A = 109.574 - 8.4056S_c + 0.3133S_c^2 + 8.7221 \times 10^{-3}S_c^3$$

$$B = -1.122 + 0.026395S_c - 6.7946 \times 10^{-4}S_c^2 - 5.4712 \times 10^{-5}S_c^3 + 1.5559 \times 10^{-6}S_c^4$$

$$C = 0.9994 + 5.8444 \times 10^{-3}p_R + 6.5344 \times 10^{-5}p_R^2$$

式中 μ_w——地层水黏度,mPa·s;

t_R——地层温度,℃;

p_R——地层压力,MPa;

S_c——地层水矿化度,%。

式(2-31)的可靠应用范围为:37.77℃ $< t_R <$ 204.44℃;0% $< S_c <$ 26%;p_b(饱和压力)$< p_R <$ 80MPa。

2)地层水的分类

地层水的分类方法有多种,各种分类法的目的都是力图既使水的化学成分系统化,又可使分类与成因联系起来,但至今还没有一个完全令人满意的方法。对油田水而言,常采用的是苏林分类法,苏林认为,地下水的化学成分决定于一定的自然环境条件,因而他把地下水按化学成分分成四个自然环境的水型:硫酸钠(Na_2SO_4)水型、碳酸氢钠($NaHCO_3$)水型、氯化镁

（$MgCl_2$）水型、氯化钙（$CaCl_2$）水型。

3）天然气在地层水中的溶解度

天然气在地层水中的溶解度是指地面1m^3水在地层压力、温度条件下所溶解的天然气体积，单位为m^3/m^3。天然气的溶解度随着压力增加而增加，但温度对溶解度影响不太明显，随着地层水矿化度的增加，溶解气量下降。与原油相比，天然气在水中的溶解度一般都很低。

通常认为，在较低温度时（如低于70～80℃），天然气在水中的溶解度随着温度的上升而下降；在温度较高时，天然气在水中的溶解度可随温度的上升而上升。因此，在某些情况下，当地层中温度和压力很高时，地层水中可溶解数量可观的甲烷，如果水的体积又很大，则溶解于水中的天然气的储量就相当可观，由此可形成水溶性气藏而具有工业性开采的价值，地层水除溶有天然气外，还可能溶有其他非烃类气体，如二氧化碳、氧气及硫化氢等。

另外，油层水的体积系数一般在1.01～1.02之间，油层水压缩系数同样受压力、温度和水中溶解的天然气量多少的影响。因而，实际计算时，往往先确定无溶解气时油层水的压缩系数C_w，然后再进行溶解气的校正。在提高石油采收率方面，石油和水的黏度比是一个重要的指标。油水黏度比大，往往引起油井过早地见水，或油井含水量上升过快。因此，如何降低油水的黏度比，已成为合理开发油田和提高采收率的重要因素。

三、流体相态

1. 相态基本概念

石油和天然气是多种烃类和非烃类所组成的混合物，在实际油田开发过程中，常常发现在同一油气藏构造的不同部位或不同油气藏构造上，产出物各不相同。在油气藏条件下，有的烃是气相，而成为纯气藏；有的是单一液相的纯油藏；也有的油气两相共存，以带气顶的油藏形式出现。在原油从地下到地面的采出过程中，还伴随着气体从原油中分离和溶解的相态转化现象。

按油气藏内流体的组成及相对密度，我们可依次把油气藏分为以下几类：

（1）气藏：以干气甲烷为主，还含有少量乙烷、丙烷和丁烷。

（2）凝析气藏：含有甲烷到辛烷（C_8）的烃类，它们在地下原始条件是气态,随着地层压力下降,或到地面后会凝析出液态烃。液态烃相对密度在0.6~0.7,颜色浅,称凝析油。

(3)临界油气藏:有时也称为挥发性油藏。其特点是含有较重的烃类,构造上部接近于气,下部接近于油,但油气无明显分界面,相对密度为0.7~0.8。

这类油气藏世界上并不多见,在英国北海、美国东部及我国吉林等已有发现,原油具挥发性,也属特殊油气藏之列。

(4)油藏:常分为带有气顶和无气顶的油藏,油藏中以液相烃为主。不管有无气顶,油中都一定溶有气。相对密度为0.8~0.94。在油藏数值模拟中常将油藏中的原油称为黑油(Black Oil)。

(5)重质油藏:又称稠油油藏,按世界石油会议所订标准,是指其地面脱气原油相对密度为0.934~1.00,地层温度条下测得脱气原油黏度为100~10000mPa·s者。原油黏度高,相对密度大,是该类油藏的特点。

(6)沥青油砂矿:相对密度大于1.00,原油黏度大于10000mPa·s。

为了方便以后的讨论,首先介绍几个常用的名词概念,如体系、相、组分、组成等。

(1)体系:也称为系统,是指与周围分离的物质本身。例如,单组分体系是指该体系与外界物质相分隔而由单一种纯物质所组成。

(2)相:某一体系中的均质部分。该部分与体系的其他部分具有明显的界面,在该均匀部分内的任意点当移动至另一点时,性质上不会发生变化。一个相中可以含有多种组分,如气相中可含甲烷、乙烷等组分而构成气相,含有丙烷、戊烷等构成液相。同一相的物质可以成片地出现,也可以呈孤立地分隔状(如气泡、液滴)出现。

(3)组分:某物质中所有相同类的分子,即称为该物质中的某组分。例如,假设天然气由甲烷、乙烷、氮气组成,则可称甲烷、乙烷、氮气为天然气的组分。但有时为了便于研究,常把几种化学成分合并为一种拟组分。例如:将C_2H_6~C_6H_{14}视为轻烃组分或中间组分$C_{2\sim6}$,而将C_7H_{16}以上的所有组分视为液烃组分C_{7+}。

(4)组成:指组成某物质的组分及各组分所占的比例分数。因此,由物质的组成,可以从定量上来表示体系或某相中的构成情况。

2. 多组分烃的相态特征

地下油(气)藏是复杂的多组分烃类体系,它的相态特征取决于系统的组成和每一组分的性质,因此,不同烃类系统的相态特征是不同的。但这些多组分烃总可看成是由轻质烃类和重质烃类组成的混合体系，因此，多组分烃系统的相图就应和双组分烃系统的相图存在某些相似之处。

多组分烃体系的相图如图 2－25 所示。图中 C 为临界点。p'为临界凝析压力点，T'为临界凝析温度点。aC 为泡点线，线上液相摩尔分数为 100%，它是两相区和液相区的分界线。bC 为露点线，线上气相摩尔分数为 100%，它是两相区和气相区的分界线。图中虚线为液体体积分数线，亦称等密线。aC 线以上为液相区，bC 线右侧为气相区，aCb 包络线以内则是液气两相共存区。

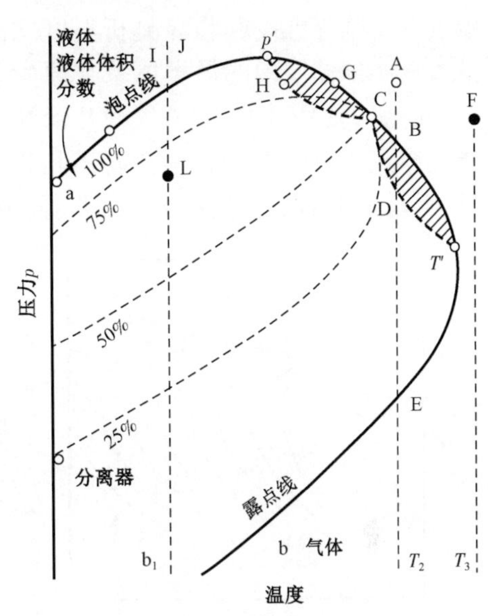

图 2－25　多组分烃体系的 $p—T$ 相图（据 Amyx，1960）

图中的阴影部分表示逆行区，逆行的简单含义就是变化过程相反。例如，图中 ABDE 的等温降压过程，A 点为气相，当降压至 B 点时，气相中出现少量液滴，如果继续降低压力，此时液量逐渐增多直到 D 点液量达到一极大值。压力若进一步下降至 E 点，液相又逐渐减少直至全部蒸发为气体。由 D 到 E 随压力降低而蒸发是正常现象，而在等温降压过程的 BD 段，气体中凝析出液体，这就是逆行现象，这种逆行现象通常称为等温反凝析，亦称逆行凝析。这种等温降压（或升压）过程出现的逆行现象，只发生在临界温度和临界凝析温度之间，所以等温 CBT′DC 阴影区通常称为等温逆行区。同理，若是压力介于临界压力和临界凝析压力之间的等压变化过程（如 HG）经过阴影区，也将发生逆行现象，所以 CGP′HC 阴影区通常称为等压逆行区。

图 2－25 所给的多组分烃的相图可以用来判断地下油气藏类型。例如图中的 J 点代表一特定多组分烃类系统的原始压力和温度，在这一压力和温度下，该烃类系统是单相液态，即单相原油。因此，J 点表示的是未饱和油藏。I 点则代表饱和油藏，其中原油刚好全部为气体所饱和，压力稍有下降，便有气体从原油中分离出来。L 点位于两相区内，它代表一个有气顶的油藏，其中油气两相处于平衡状态，即原油为气体所饱和，压力降低也会导致气体从原油中分离出来，故这类油藏也称为饱和油藏。F 点代表的是一个气

藏,该系统在原始条件下是单一气相,等温降压过程也不经过两相区,它总是处于气态。A点代表的则是一个凝析气藏,其原始压力、温度处于气相区,温度介于临界温度和临界凝析温度之间,即位于等温反凝析区的上方。因此可以判定储层中的烃类体系在原始条件下是以气态存在,但又与纯气藏(或普通气藏)不同。在该气藏开始投产后,当压力降至B以下时(即压力低于上露点压力时),气相中会有液相析出;同时,随着气体的采出,压力的降低,会有更多的液相凝析出来而形成凝析油。

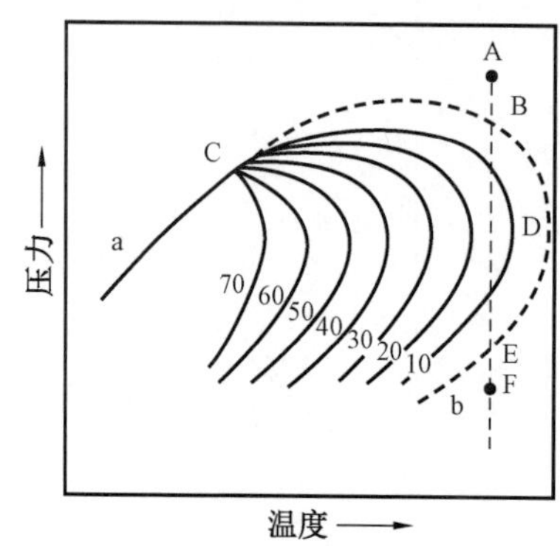

图2-26 等温逆行区的相图
(据麦斯盖特,1949)

逆行现象的出现是烃类混合物在特定的温度、压力条件下,分子间作用力的特殊变化造成的。根据图2-26的典型逆行区的相图和分子运动学的观点可以说明这一点。分析ABDEF的等温降压过程,当体系处于A点时,体系为单一气相。当压力降至B点时,由于压力下降,烃分子间距离加大,因而分子引力下降,这时被气态轻烃分子吸引的(或分散到轻烃分子中的)液态重烃分子离析出来,因而产生了第一批液滴。而当压力进一步下降到D点时,由于气态轻烃分子的距离进一步增大,分子引力进一步减弱,因而就把液态重烃分子全部离析出来,这时在体系中就凝析出最多的液态烃而形成凝析油。但值得注意的是,这种反凝析现象只发生在相图中靠近临界点附近区域的特定温度、压力的条件下。在远离临界点处,这种情况不会发生,因此,也可认为这是体系接近于临界状态时才出现的反常现象。当体系由D—E—F变化,随着压力下降,分子间距离继续增大,分子引力继续减小,液态重烃分子重新蒸发,这是正常的蒸发现象,从而体系又全部转化为气态。

随着压力增大,气态轻烃分子引力增大而吸引重烃分子,直到液态重烃分子全部被吸引过去(或认为是液态重烃分子分散到气态轻烃分子中去),可解释逆行蒸发过程。

油气开采的生产过程,类似等温降压过程。倘能适当控制生产中的压降范围,使液态烃的凝析不是在地层或井中,而是在地面,这对油气的生产具有极大的实际价值。这也就是凝析气田的开采与开发过程中,十分重视压力控制的基本依据。

3. 典型流体特征

根据流体的不同组成和性质可以将流体划分为干气、贫气、富气、临界态流体、挥发油、黑油以及重油等，其特征见表2－16。

表2－16 典型流体特征分类

项目	干气	贫气	富气	临界态流体	挥发油	黑油	重油
颜色	白透	浅黄	橘黄		浅绿	深绿	黑
氮气 N_2 含量(%)	0.30	1.79	0.88	0.66	1.55		0.31
二氧化碳 CO_2 含量(%)	2.78	1.94	0.53	1.8～2.51	0.29	0.30	0.35
硫化氢 H_2S 含量(%)		0.11	9.42				
甲烷 C_1 含量(%)	94.41	78.87	67.96	59.66～68.07	51.97	41.30	4.33
乙烷 C_2 含量(%)	1.44	6.61	6.21	12.89～8.53	11.27	4.93	0.30
丙烷 C_3 含量(%)	0.34	3.22	2.37	6.53～4.07	9.23	3.85	0.16
丁烷 C_4 含量(%)	0.17	2.03	2.07	3.92～3.2	4.13	3.67	0.37
戊烷 C_5 含量(%)	0.08	1.17	1.1	1.96～2	1.82	2.36	0
己烷 C_6 含量(%)	0.04	9.92	1.47	1.32～1.46	1.59	3.01	2.43
庚烷以上 C_{7+} 含量(%)	0.44	5.34	7.88	11.26～9.81	17.70	40.58	91.28
C_{7+} 相对分子质量	160	145	135	155～201	185	228	267
C_{7+} 相对密度	0.8190	0.7734	0.7925	0.7934～0.741	0.8231	0.8633	0.9435
液体相对密度	0.819	0.775	0.792	0.809～0.806	0.823	0.863	0.947
油藏温度(℃)	126.0	96.7	102.8	128.9～132	73.3	75.6	90.0
饱和压力(MPa)	39.646	36.474	30.441	26.477～34.82	28.097	19.678	1.882
气体相对密度 γ_g	0.2002	0.2867	0.3668	0.3924～0.428	0.5560		
气油比(m^3/m^3)	27661	2720	1140	528～820	347	145	4

四、压力与温度系统

1. 油气藏压力系统

对于深埋于地下的油气藏来说，受到的应力是十分复杂的。油藏的压力系统是油藏评价中的重要内容，准确确定油气藏的原始地层压力，是判断油气藏的原始产状和分布类型、确定储量参数和储量计算的基础。

1)上覆岩层压力

上覆岩层压力是指地下某深度以上至地面岩石颗粒的重力和岩石孔隙中所含流体的重力之和施加于该点的压力,方向垂直向下,它是地下应力产生的主要根源,也是地层沉积压实的原动力。

2)地层压力

绝大多数岩石含有孔隙,孔隙中的流体具有一定的压力,这就是孔隙压力。在地层中岩石除受到作用在固体骨架上的应力外,内部还受到孔隙流体的压力作用,它也称为地层压力、内压、孔隙流体压力、地层流体压力。

3)静水压力

静水压力是由液柱的单位重力和垂直高度形成的,其值等于液体密度平均值与其垂直高度、重力加速度的数学乘积,液柱的粗细和形状都不影响这个压力的大小。

4)有效应力

有效应力是颗粒对颗粒的压力,也称为基质应力,有效应力是垂直的岩石骨架应力。有效应力是不由孔隙压力承担的那部分上覆岩层压力,其数值等于上覆岩层压力(外压)与地层压力(内压)的差值。

5)压力系数

油藏原始地层压力的高低,常用压力系数来表示,压力系数是指实测的地层压力与同深度的静水压力的比值,一般情况下,小于0.9为低压油气藏,0.9~1.2为常压油气藏,1.2~1.8为高压油气藏,大于1.8为超高压油气藏。

一个正常的静水压力地质环境可以设想为一个水力学上的“开放”系统,亦即可渗透的、流体连通的地层,允许建立和(或)重新建立静水压力条件。相反地,异常高的地层压力系统基本上是“关闭的”,阻止了流体的连通,此时,上覆岩层压力就有一部分被地层孔隙空间的流体支撑或平衡。换句话说,上覆岩层可以有效地被高的地层压力“浮起来”,见图2-27。

2. 油气藏温度

在油井静止状态下测得的井筒温度,称为静止温度,简称静温,一般用符号T_i表示。静温是通过油井的静温梯度测试获得的。所谓静温梯度测试,是指在油井静止状态下对井筒温度进行的逐点测试,见图2-28。

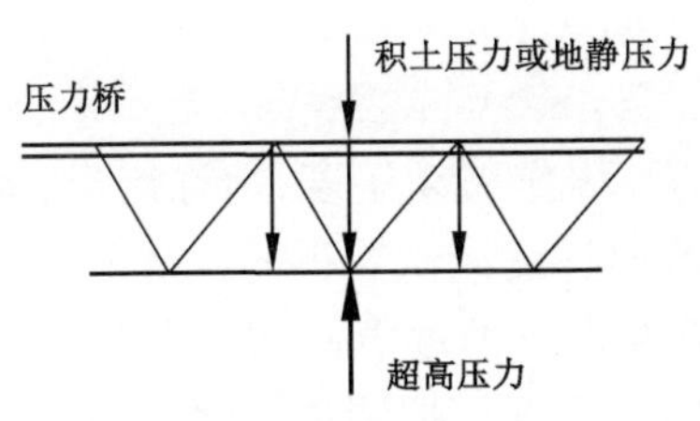

图 2－27 压力桥模型略图(据 Fert,1971)

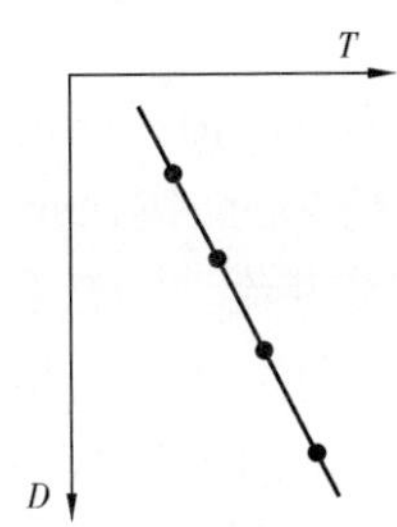

图 2－28 静温梯度曲线

由于油井处于静止状态,因此,井筒温度也代表了周围地层的温度。把测量温度绘制到直角坐标系中,所得曲线称作静温梯度曲线,见图 2－28,通过该曲线可以回归出地层的温度与深度 D 之间的关系方程,简称 T—D 方程。

$$T_i = T_0 + G_T D \tag{2-32}$$

式中 T_i——地层温度,℃;

T_0——平均地表温度,℃;

G_T——地温梯度,℃/km。

地层的温度梯度定义为单位深度的温度变化量,用符号 G_T 表示。世界范围内的平均地温梯度在 30℃/km 左右。温度梯度反映了热源的深浅(地壳的厚薄)及地层导热性能的好坏。若地温梯度高于 30℃/km,则认为地层相对较热;若低于 30℃/km,则认为地层相对较冷。

对于一般的非热力采油过程,静温梯度曲线一般不受生产过程的影响,T—D 方程一般也不会发生太大的变化,因此,用式(2－32)可以计算任意井点的地层温度。在一些地区,地层的温度梯度曲线并非是一条直线,而往往是一条折线。折线反映了温度梯度数值上的变化,也表明地层岩性发生了较大的变化,同时表明该地区曾有过重大的地质历史事件发生。

浅表地层的温度梯度曲线随测试季节的变化而变化。夏季测试的温度较高,而冬季测试的温度则较低,春秋两季测试的温度介于中间,一般把测试温度随季节变化的地层厚度称作变温带,把测试温度不随季节变化的地层厚度称作恒温带。变温带通常很薄,对于几千米深的地层来说,可不予考虑。

静温梯度曲线方程也可用海拔高度表示:

$$T_i = T'_0 - G_T H \tag{2-33}$$

式中　T'_0——海拔高度为零时的地层温度,℃;

H——海拔,km。

在油井流动状态下测得的井筒温度,称作流动温度,简称流温,通常用符号 T_f 表示。流温一般是通过油井的流温梯度测试获得的。所谓流温梯度测试,是指在油井流动状态下对井筒温度进行的逐点测试。由于油井处于流动状态,因此,井筒温度并不代表地层的温度。把测量温度绘制到直角坐标系中,所得曲线称作流温梯度曲线,通过回归得出井筒流温与深度之间的关系方程:

$$T_f = T_{0f} + G_{Tf} D \tag{2-34}$$

式中　T_f——井筒流温,℃;

T_{0f}——井口温度,℃;

G_{Tf}——流温梯度,℃/km。

通过流温梯度曲线及其方程,可以确定出井筒汇总的析蜡深度。

矿场上一般用流温梯度曲线与静温梯度曲线的对比分析,对产油层位和吸水层位作出判断。对于采油井来说,地层流出的液体在井筒来不及充分散热即被采出地面,因此,流温一般比静温高。但是,在出油层位以下的井段,流温梯度曲线与静温梯度曲线是重合的。因此流温梯度曲线开始偏离静温梯度曲线的深度,即为出油层位,见图 2-29。

通过更为复杂的微温差生产测井曲线,还可以计算出每个小层的产油量。注水井的情况则恰好相反,由于注入水在井筒中无法被周围地层进行充分加热,因此,流温 T_f 一般低于静温 T_i。通过流温梯度曲线与静温梯度曲线的对比,即可判断出吸水层位,见图 2-30。

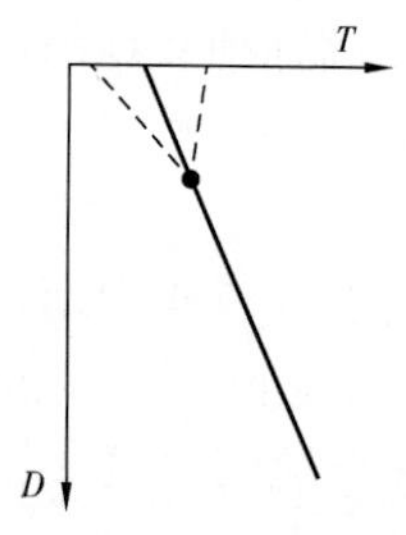

图 2-29　出油层位判断

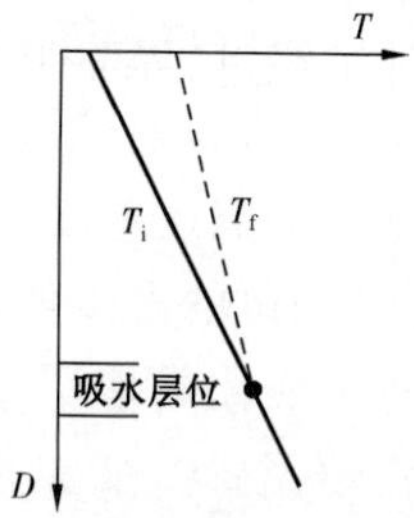

图 2-30　吸水层位判断

五、储层渗流性质

1. 油藏岩石的润湿性

岩石的润湿性是岩石—流体的综合特性，研究岩石的润湿性对于选择提高采收率方法及油藏动态模拟等具有重要的意义，岩石的润湿性决定着油藏流体在岩石孔道内的微观分布和原始分布状态，也决定着地层注入流体渗流的难易程度及驱油效率等。

固体表面对不同物质的吸附能力是不同的，遵循“极性相近原则”，即极性吸附剂容易吸附极性物质，非极性吸附剂容易吸附非极性物质。

砂岩颗粒的原始性质是亲水性的，但砂岩表面常常由于表面活性物质的吸附而发生润湿反转，变成亲油性。

岩石矿物分两类：一类是亲水矿物，包括石英、长石、云母、硅酸盐、玻璃、碳酸盐、硅铝酸盐等；另一类是亲油矿物，主要有滑石、石墨、烃类有机固体和矿物中的金属硫化物等。

原油中烃类所含碳原子数越多，接触角就越大。在同一岩石表面上，油的性质不同，其润湿性可能为亲水性，也可能为亲油性。石油中的极性物质沥青质，很容易吸附在岩石表面上使其表现出亲油性，且沥青质的吸附性很强，常规的岩心清洗方法都无法将它洗掉。岩心在空气中暴露时间过长、沥青或重组分在岩样孔隙表面的沉淀，都会使储层岩心呈现出更加亲油。

由于各相表面张力相互作用的结果，润湿相总是附着于颗粒表面，并力图占据较窄小的粒隙角隅，而把非润湿相推向更畅通的孔隙中间。

近中间润湿性的采收率最高，因为这一条件下导致油非连续和捕集的界面张力最小。在强水湿系统中，水趋向于通过较小孔隙，从而使较大孔隙中的一些油被绕过，界面张力更容易掐断油流。在强油湿系统中，水有指进较大孔隙的趋势，同时也绕过一些油。而在中间润湿性情况下，很少有水绕过和掐断油流的可能。

组成岩石的矿物多是极性的，水是一种极性很强的液体，所以水易被岩石所吸附。石油中的各种烃类为非极性物质，不易被岩石所吸附，而油中各种烃的氧、硫、氮化合物，如环烷酸、胶质和沥青质具有极性结构，可以被岩石表面所吸附。石油中的极性物质在岩石表面的吸附取决于石油中所含极性物质的多少，同时也受岩石成分、温度、压力等因素的影响。

利用储层岩石表面选择性吸附的特点,三次采油中在注入表面活性剂之前,预先注入称为“牺牲剂”的某种物质,使其优先在岩石表面上吸附,这样可以减少表面活性剂在岩石表面上的吸附损失,提高经济效益。

储层岩样润湿性是指油、水对岩石颗粒表面的亲润程度。获取岩石颗粒表面润湿性的方法目前常用的是自吸流动驱替法。其原理是在毛管压力作用下,润湿流体具有自发吸入岩石孔隙中并排驱其中非润湿流体的特性。通过测量并比较油藏岩石在不同性质的流体状态下(指油和束缚水),毛管自吸水或油的数量,注入水驱替排油量(或注油驱替排水量)则可定性判别储层的润湿性。一般用相对润湿指数来进行判断,其计算公式如下:

$$W_w = Q_{o1}/(Q_{o1} + Q_{o2}) \tag{2-35}$$

$$W_o = Q_{w1}/(Q_{w1} + Q_{w2}) \tag{2-36}$$

$$I = W_w - W_o \tag{2-37}$$

式中 W_w——水润湿指数,无因次;

W_o——油润湿指数,无因次;

Q_{o1}——岩样自吸水排油量,mL;

Q_{w1}——岩样自吸油排水量,mL;

Q_{o2}——岩样水驱排油量,mL;

Q_{w2}——岩样油驱排水量,mL;

I——相对润湿指数,无因次。

润湿性判别:根据岩样相对润湿指数进行判别,可分为强亲油、亲油、弱亲油、中性、弱亲水、亲水、强亲水等级别,见表2-17。

表2-17 岩石润湿性判别表

岩样润湿性	强亲油	亲油	中间润湿			亲水	强亲水
			弱亲油	中性	弱亲水		
相对润湿指数	$-1.0 \leq I < -0.70$	$-0.7 \leq I < -0.30$	$-0.3 \leq I < -0.10$	$-0.1 \leq I \leq 0.10$	$0.10 < I \leq 0.30$	$0.30 < I \leq 0.70$	$0.70 < I \leq 1.0$

流场中影响储层润湿性因素:原油中分离的表面活性物质、矿物尤其是黏土矿物,表面吸附原油重质组分——沥青质和树脂组分的量及氮、氧、硫极性化合物的吸附量。岩石吸附极性组分含量低,则水湿性强;反之则油湿性强。

2. 毛管压力

1）基本含义

油藏岩石的孔隙极小，流体在其中的流动空间是一些大小不等、彼此曲折相通的复杂小孔道，这些孔道可看成是变断面且表面粗糙的毛细管，因而可以将储层岩石看成一个相互连通的毛细管网络，流体的基本流动空间是毛细管。

流体物质分子间存在的一个与分子距离成反比的引力，内部某分子受力平衡；表面分子受力不平衡表现为界面张力。表面张力使流体表面收紧，保持最低表面能，毛管压力是跨越两种非混相流体界面所必须克服的压力，在同一位置处，毛管压力＝非湿相压力－湿相压力，毛管压力方向指向弯液面内侧。

油藏岩石的毛管压力和湿相（或非湿相）饱和度的关系曲线称为毛管压力曲线，油藏模拟中毛管压力曲线可以确定过渡带内流体饱和度的分布。油藏岩石的孔隙可以近似为一系列直径不同的毛细管束，若油藏岩石是均匀的，整个油藏将具有相同的孔隙分布。在油水界面处，由于毛管压力的作用，水将沿各毛细管上升（亲水油藏）或下降（亲油油藏）；对油—气界面，油将沿各毛细管上升，由于各毛细管中水（或油）上升高度不同，因此形成流体过渡带，见图2－31。

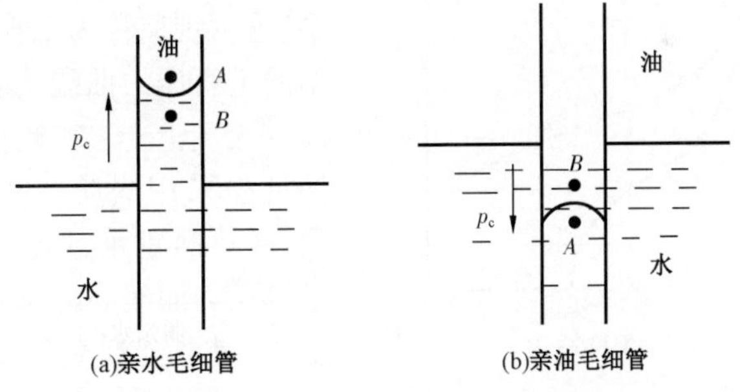

图2－31　油水界面出毛管压力示意图

毛细管下端浸入水中，附着张力 A 拉水柱上升，水的表面张力试图使水面拉紧，结果在弯液面的内侧（凹侧）产生附加压力，使内侧压力高于外侧（凸侧）压力。

$$p_c = \frac{2\sigma_{1,2}\cos\theta}{r} \tag{2-38}$$

岩石的毛管压力主要为岩石流体饱和度的函数，比如对于油水两相系统，毛管压力为：

$$p_{cwo} = p_o - p_w = f(S_w) \tag{2-39}$$

对于油气两相系统，毛管压力为：

$$p_{cgo} = p_g - p_w = f(S_g) \tag{2-40}$$

对于油气水三相渗流系统，经 M. C. Leverett 等人研究，上述关系式可联立使用，在油藏模拟中，气水两相的压力总是通过油相压力来表达。

$$p_w = p_o - p_{cow} \tag{2-41}$$

$$p_g = p_o + p_{cog} \tag{2-42}$$

式中 p_w——水相压力；

p_{cow}——油水毛管压力；

p_g——气相压力；

p_{cog}——油气毛管压力。

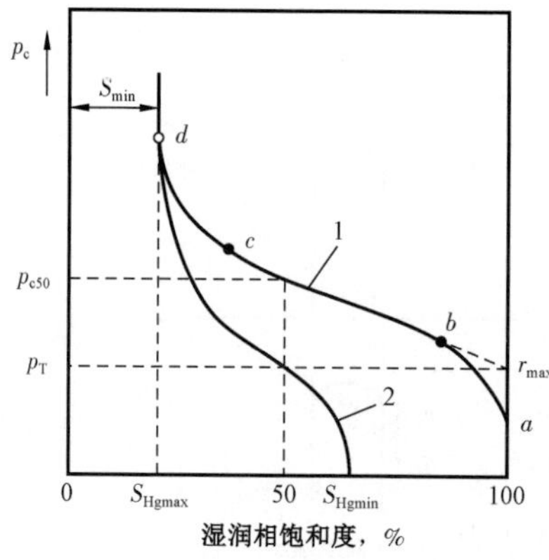

图 2-32 驱替和吸吮过程毛管压力曲线
1—驱替过程，2—吸吮过程；*a* 点为自由水面，其以下为 100% 含水；*a*—*d* 点为油水共存的过渡带区；*a*—*b* 为产水区（孔隙中含油但不参与流动）；*b*—*c* 为油水同产区；*c*—*d* 为过渡带上部，为无水区；*d* 点以上油层只含束缚水，为产纯油的含油区

根据实验室可以得到驱替和吸吮过程毛管压力曲线，岩石的毛管压力也和岩石的流体饱和顺序有关系，这种现象称为毛管滞后效应，典型的毛管压力曲线见图 2-32。

在理论上，对亲水岩石的水驱油过程采用吸吮过程毛管压力曲线，而对油驱水过程采用驱替过程毛管压力曲线。但由于处理上比较复杂，考虑到油藏的形成过程一般是油驱水的过程，属于驱替过程，为了准确计算油水过渡带的原始储量，需要使用驱替过程曲线。因此，在一般的开发方案设计过程中，常常不考虑毛管滞后现象，而只使用驱替过程曲线。

2)毛管压力曲线的主要特征参数

描述毛管压力曲线的四个特征参数及特征参数的含义,对于刻画毛管压力曲线具有重要的意义。

(1)阈压 p_T。

非湿相流体进入岩样前,必须克服毛管阻力,非湿相流体开始进入岩心中最大喉道的压力称为阈压。

(2)饱和度中值压力 p_{c50}。

饱和度中值压力是指驱替毛管压力曲线上非湿相饱和度为50%时对应的毛管压力,简称中值压力。与 p_{c50} 相对应的喉道半径称为饱和度中值喉道半径 r_{50},简称中值半径。岩石物性越好,p_{c50} 越低,r_{50} 越大。

(3)最小湿相饱和度 S_{min}。

当驱替压力达到一定值后,压力再升高,湿相饱和度也不再减小,毛管压力曲线与纵轴几乎平行,此时岩心中的湿相饱和度称为最小湿相饱和度 S_{min}。对于亲水岩石,S_{min} 相当于岩石的束缚水饱和度。

(4)最小含汞饱和度 S_{Hgmin}。

压汞毛管压力曲线上,最高压力点对应的岩心中的含汞饱和度称为最大含汞饱和度 S_{Hgmax}(相当于强亲水油藏的原始含油饱和度);在退汞曲线上,压力接近零时岩心中的含汞饱和度称为最小含汞饱和度 S_{Hgmin}(相当于亲水油藏水驱后的残余油饱和度)。

在实际的油藏中,毛管压力的具体数据常和油藏的各种参数如渗透率、孔隙度、界面张力、润湿角等有关系。M. C. Leverett 等人研究了毛管压力和这些参数之间的关系式,得到了一个近似的关系式,称为 J 函数。

$$J(S_w) = \frac{p_c S_w}{\sigma_{ow}\cos\theta_{ow}}\left(\frac{K}{\phi}\right)^{1/2} \tag{2-43}$$

如不考虑润湿角的影响,式(2-43)变为:

$$J(S_w) = \frac{p_c S_w}{\sigma_{ow}}\left(\frac{K}{\phi}\right)^{1/2} \tag{2-44}$$

影响毛管压力的因素很多,如两种非混相流体的界面张力、岩石的润湿性和岩石孔隙结构特征、两种流体的密度差等。由于储层岩石是由大小尺寸不同、形状各异的毛细管孔道组成,因而不同储层的毛管压力曲线并不相同,即使同一油层或气层也会因孔隙结构的差异而不同。

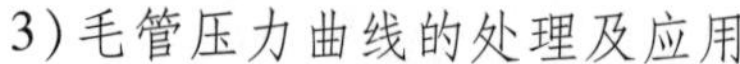
3)毛管压力曲线的处理及应用

为了得到代表储层性质的毛管压力曲线,需要对所有曲线进行处理,其基本过程为:

(1)数据拟合:从大量的实验结果中选择合适的毛管压力曲线,一般较有效的 J 函数方法,即式(2-43)。

(2)归一化或近似取双曲线形状,归一化公式:

$$\bar{p}_c = \frac{p_c - p_{cmin}}{p_{cmax} - p_{cmin}} \tag{2-45}$$

$$\bar{S}_w = \frac{S_w - S_{wc}}{S_{wmax} - S_{wc}} \tag{2-46}$$

(3)数据输入:分段离散,存储于计算机内,与相对渗透率处理相似,确定了典型的毛管压力曲线后,就可以确定饱和度分布与油层深度之间的关系式。

(4)考虑到原始地层条件下,重力和毛管压力处于平衡状态,因此,对于油水系统可以建立如下平衡式:

$$p_c(S_w) = p_o - p_w = (\rho_w - \rho_o)gh \tag{2-47}$$

利用毛管压力曲线,可以描述储层特征的主要参数,如束缚水饱和度、残余油饱和度、孔隙度、绝对渗透率、相对渗透率、岩石润湿性、岩石比面及孔隙喉道大小分布等,以此为基础也丰富了储层评价参数。

利用毛管压力曲线可以直接或间接地确定储层的储渗参数,研究岩石孔隙结构、评估岩石物性及储集性能的优劣等。

毛管压力曲线主要受孔隙喉道的分选性及喉道大小的控制。关于研究岩石的孔隙结构:根据毛管压力公式可以确定岩石的最大孔喉半径,根据岩心的毛管压力曲线可以绘出岩石孔隙大小分布直方图,由毛管压力曲线的平缓段可以确定岩石的主要喉道半径的范围。毛管压力曲线的另一个用途是定量地研究储层岩石的孔隙喉道分布。根据孔隙喉道大小分布直方图,可以计算表征岩石孔隙结构特征的参数项,详细描述储层岩石的孔隙结构特征。

毛管压力与孔喉间关系如下式:

$$p_c = 2\sigma\cos\theta/R_c \tag{2-48}$$

式中 p_c——毛管压力(绝对压力),MPa;

σ——表面张力,N/m;

θ——润湿接触角,(°);

R_c——毛管半径,μm。

当 $\sigma=0.48N/m,\theta=140°$,则 $p_c=0.7355/R_c$。

据此式则可换算出毛管孔大小及分布,也可换算出多孔介质的孔喉大小、形态、分布的各类参数。

某油田青三段共有7口井47个样品进行压汞法毛管压力曲线测定,从压汞资料分析,该区平均最大孔隙半径1.89μm,平均孔隙半径均值0.62μm,孔隙半径中值0.51μm,退出效率17%~48%,平均排驱压力2.36MPa。从压汞资料与已开发油田对比结果表明(表2-18),该油田微观孔隙结构比较差,属于低孔细喉型孔隙结构。

表2-18 某油区孔隙结构特征对比表

油田名称	平均渗透率($10^{-3}\mu m^2$)	平均孔隙度(%)	孔喉半径中值(μm)	孔喉半径均值(μm)	最大喉道半径(μm)	平均残余汞饱和度(%)	退出效率(%)
扶余	150	25	2.8	3.62	12.5	30	60~70
红岗	150	25	3.37	2.76	10.7	32.2	50~60
长春	169.3	15.5	0.98	2.95	18.07	27.6	40~65
乾安	5.4	16.5	0.45	0.8	2.74	33.6	36~60
乾北	3.55	12.6	0.51	0.62	1.9	55.85	17~48

压汞曲线各参数特点:

(1)渗透率与反映孔喉结构大小的各参数都有明显的相关性,其中与渗透率相关性最好的是孔喉半径均值,并且其孔喉半径均值主要分布在0.11~0.66μm之间,渗透率分布在$(0.1\sim16)\times10^{-3}\mu m^2$之间,说明本区油层的主要特点是:孔隙结构相对较为单一,储层岩石以小孔喉,低渗透为主。

(2)渗透率与孔喉分布特点的各参数具有较好的相关性,其中与孔喉半径均值的相关性较好,与歪度、峰态、均质系数关系不明显。

(3)渗透率与反映孔喉连通性和渗流能力的参数具有较好的相关性,渗透率与排驱压力等参数相关系数较高,达到0.84。

根据以上分析结果,对乾北油田青三段储层选取孔隙度、排驱压力、最大孔喉半径、平均孔喉半径、退出效率等参数作为压汞曲线及孔隙结构分类的主要依据，分成三类，见表2－19。

表2－19 乾北地区孔隙结构分类表

类型	渗透率（$10^{-3}\mu m^2$）	孔隙度（%）	孔隙半径（μm）			半径均值（μm）	退出效率（%）	排驱压力（MPa）
			最大	平均	中值			
Ⅰ	>5	16.62	4.43	1.64	1.48	1.56	33.23	0.17
Ⅱ	1～5	14.97	2.95	0.83	0.60	0.74	39.02	0.29
Ⅲ	<1	9.85	0.76	0.24	0.19	0.22	34.48	3.79

根据青三段压汞曲线，分为Ⅰ、Ⅱ、Ⅲ三类储层：

（1）Ⅰ类储层，孔隙在储层流体渗流中起主要作用，具有代表性井Q157－3－5，主要发育在分支河道、河口坝微相中。

（2）Ⅱ类储层，孔隙中的流体流动性相对较差，只有在一定的驱动压力下流动，具有代表性井Q22－15井，主要分布在河口坝内缘微相中。

（3）Ⅲ类储层，孔隙中的流体流动性比较差，只有在比较大的驱动压力下才能流动，主要分布在河口坝外缘微相中。

3. 相对渗透率

1）相对渗透率定义与相对渗透率曲线

当有两相和三相流体同时通过多孔介质时，对每一相流体通过介质的能力称为相（有效）渗透率，相渗透率与绝对渗透率的比值为相对渗透率。

$$K_{ro} = \frac{K_o}{K} \tag{2-49}$$

$$K_{rg} = \frac{K_g}{K} \tag{2-50}$$

$$K_{rw} = \frac{K_w}{K} \tag{2-51}$$

$$K_{ro} + K_{rg} + K_{rw} < 1 \tag{2-52}$$

$$K_{rw} = K_{rw}(S_w) \tag{2-53}$$

$$K_{rg} = K_{rg}(S_g) \tag{2-54}$$

$$K_{ro} = K_{ro}(S_w, S_g) \tag{2-55}$$

$$K_{ro} = K_{rocw}\left(\frac{K_{row}}{K_{rocw}} + K_{rw}\right)\cdot\left(\frac{K_{rog}}{K_{rocg}} + K_{rg}\right) - K_{rg} - K_{rw} \qquad (2-56)$$

式中 K_o——油相渗透率，$10^{-3}\mu m^2$；

K——绝对渗透率，$10^{-3}\mu m^2$；

K_{ro}——油相相对渗透率；

K_g——气相渗透率，$10^{-3}\mu m^2$；

K_{rg}——气相相对渗透率；

K_{row}——油在含水时的相对渗透率；

K_{rog}——油在含气时的相对渗透率；

K_{rocg}——油在原始含气条件下的相对渗透率；

K_{rocw}——油在原始含水条件下的相对渗透率。

引入相(有效)渗透率，达西定律中绝对渗透率可以用相(有效)渗透率代替，表达某一相流体的流量。

当润湿相和非润湿相流体在油藏岩石同时流动时，每相流体是沿着不同的路径流动。两相流体的分布，决定了润湿相和非润湿相的相对渗透率。

图2-33是典型油水系统的相对渗透率曲线，水为润湿相。A：单相油流动区；B：两相流动区；C：单相水流动区。50%的线先碰到水线，就是水湿油藏。

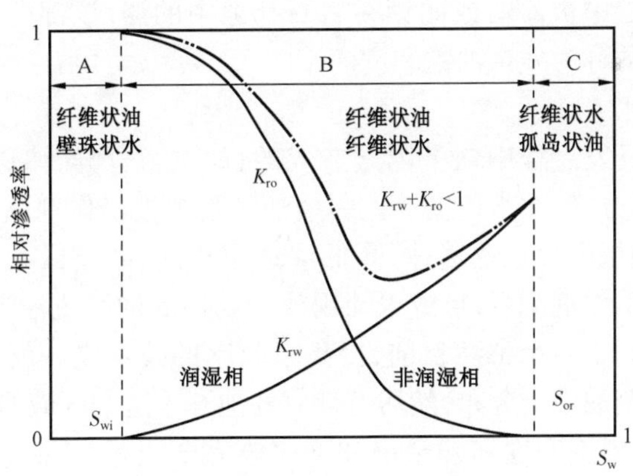

图2-33 典型水湿岩心相对渗透率曲线

(1)由于在低饱和度时，润湿相占据较小的孔隙，而这些小孔隙对流体流动不做贡献。因此，当润湿相饱和度较小时，对非润湿相的渗透率的影响是有限的。由于非润湿相占据的是大孔隙,这些孔隙对流体流动起主要作用,即使当非润湿相饱和度较小时,也将大大地减少润湿相的渗透率。

(2)以上结论也可以用于气油相对渗透率数据。对于气油相对渗透率曲线,也可以看作气液相对渗透率曲线。对于存在原生水情况下气液相对渗透率曲线,由于在油和水存在时,束缚水(原生水)一般占据最小的孔隙,因此,无论是油还是水占据这些孔隙都没什么区别。结果是,在应用气油相对渗透率曲线时,一般用总的液体饱和度来估算气油相对渗透率。

(3)气油系统中的油相渗透率曲线与油水系统油相渗透率曲线的形状完全不同。在油水系统油相一般为非润湿相,而当存在气相时,则油相一般为润湿相。

(4)另一个与多孔介质流动相关的概念是残余饱和度。当用一非混相驱替另一流体时,要把被驱替流体的饱和度减少到零是不可能的。在饱和度很小的情况下,一般认为被驱替相将停止连续流动,这个饱和度看作残余饱和度,它决定着油藏的最终采收率。反过来,某一相流体开始流动之前,必须达到某一最小饱和度。

2)几个重要概念

(1)残余油饱和度。

这一概念主要用于描述油藏中高含水期的地下含油饱和度,即被工作剂驱洗过的地层中被滞留或闭锁在岩石孔隙中的油,该部分油占储层的孔隙体积的百分数称为残余油饱和度。

(2)剩余油。

剩余油是开发过程中众多因素造成的,如重力分异、渗透性夹层、储层非均质性、注水方式、注水速度等。剩余油多是未被工作剂驱扫或波及而造成的。例如,油层内存在透镜体、高低渗透层相间、断层或其他的非均质性构造使注入的工作剂绕行,形成未动用或少动用的油区或油带,这种区域性地层油显然不同于残余油。目前,提高采收率的技术之一就是确定和寻找剩余油区或剩余油带的分布,然后有针对性地开采这一区域的剩余油。

理论上,临界饱和度和残余饱和度应该完全相等,然而它们并不相等。临界饱和度是在饱和度增加方向上测得,残余饱和度是在饱和度减少方向上测得。两种测量饱和度方法的流体饱和顺序过程是不相同的。

3)影响因素

相对渗透率与岩石的润湿性、流体饱和度之间存在着复杂的关系。由实验确定的相对渗透率与含水饱和度的关系称为相对渗透率曲线。影响相对渗透率曲线的因素有:润湿性、饱和顺序、岩石孔隙结构、温度及其他。

相对渗透率曲线是油田开发过程中最重要的参数之一,在油田注水开发后,油水在多孔介质中的运动规律,综合体现在油水相对渗透率曲线上。

研究表明,长期注水开发油田油水相对渗透率是伴随油田不同含水期的不同而发生明显的变化,主要与储层油藏、油水黏度比和储层孔隙度结构等有关。

(1)润湿性的影响。

① 亲水的岩心束缚水饱和度高于亲油的岩心。

② 亲油岩心油相渗透率低于亲水的岩心,而水相渗透率则高于亲水岩心。亲油岩心交点饱和度小于0.5,而亲水岩心交点饱和度大于0.5。

③ 润湿性对孔隙结构差的岩样的影响,比孔隙结构好的岩样大些。

(2)油水黏度比的影响。

① 在以束缚水时的油相渗透率为油水相对渗透率分母的条件下,油水黏度比对油水相对渗透率曲线的影响不大。

② 在以空气渗透率为油水相对渗透率曲线的影响下,束缚水时油相渗透率随着油水黏度比的增加而增加,当黏度比大于57.3时影响不大;残余油时的水相渗透率也稍有增大的趋势。

(3)岩样孔隙结构的影响。

岩样孔隙结构变好,在同一饱和度条件下,油相渗透率高,水相渗透率低。

由上所述,多孔介质中油水相对渗透率曲线受到诸多因素的影响,还要受人工对资料处理方法差异的影响,所以在整理和分析油水相对渗透率曲线资料时,必须综合考虑。

(4)水洗油层相对渗透率变化规律。

由于长期受注入水的冲刷,储层孔隙结构发生了变化,测得的相对渗透率曲线的形态与一般渗透率曲线的形态不同。

(5)饱和顺序(saturation history)的影响。

在测定相对渗透率的过程中,采用的是驱替过程还是吸吮(吸入)过程,过程不同,不仅影响流体在孔隙中的流动与分布,也影响相对渗透率曲线的特征,见图2-34。

① 排驱。

如果岩样首先被润湿相(如水)饱和,然后注入非润湿相(如油),减少湿

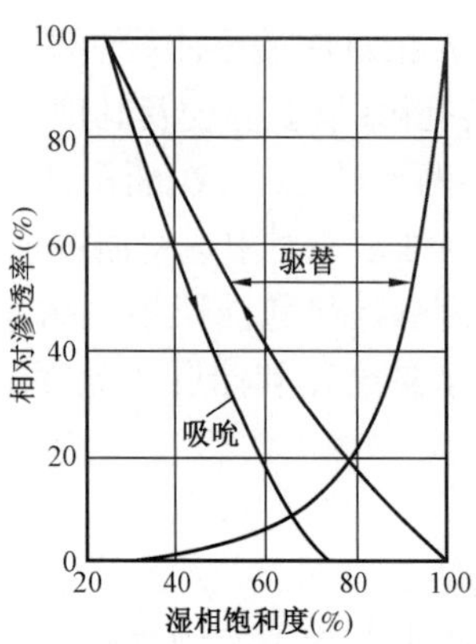

图2-34 驱替和吸吮过程的相对渗透率曲线的特征

相饱和度,从而测定相对渗透率,这个过程称为排驱或饱和度减少过程。

排驱过程:一般认为油藏岩石的孔隙空间最初被水充填,之后油进入油藏,驱替了部分水,水的饱和度逐渐减少直至残余饱和度。当油藏被发现后,油藏孔隙空间被原生水和油饱和充填。如果是气体驱替介质,则气进入油藏驱替原油。

② 吸吮(渗吸)。

若通过增加润湿相饱和度的方法来获得相对渗透率数据,这个过程称为吸吮或饱和度增大过程。

吸吮过程:首先用水(润湿相)饱和岩心,接着注入油,驱替水直到束缚水(原生)饱和度。这一“排驱”过程可以建立油藏发现时的流体原始饱和度。然后润湿相(水)被重新注入岩心,使得水(润湿相)相饱和度不断增大。它所测得的相对渗透率数据在油藏工程中主要用于水驱或水淹计算。

与排驱过程相比,吸吮过程使得非润湿相(油)在较高水饱和度条件下就失去流动能力。这两个过程对润湿相(水)相渗曲线基本相同。与吸吮过程相比,排驱过程使得润湿相在较高湿相饱和度下就停止流动。

4)两相相对渗透率的计算方法

在许多情况下,相对渗透率一般通过室内实验确定,如果缺乏要研究的油藏样品的相对渗透率数据,就必须用其他方式获得。目前已经有多种方法计算相对渗透率数据,计算时采用多种数据,包括:残余和原始饱和度、毛管压力等。

此外,大多数提出的关系式都采用有效相饱和度作为关联参数。有效相饱和度的定义为:

$$S_o^* = \frac{S_o}{1 - S_{wc}} \tag{2-57}$$

$$S_w^* = \frac{S_w - S_{wc}}{1 - S_{wc}} \tag{2-58}$$

$$S_g^* = \frac{S_g}{1 - S_{wc}} \tag{2-59}$$

式中 S_o^*, S_w^*, S_g^*——油、水、气的有效饱和度；

S_o, S_w, S_g——油、水、气的饱和度；

S_{wc}——束缚水（原生水）饱和度。

（1）Wyllie 和 Gardner 关系式。

Wyllie 和 Gardner（1958）发现，在一些岩石中，毛管压力平方的倒数和有效水饱和度在很大范围内呈线性关系。Honapour（1988）把 Wyllie 和 Gardner 关系式列成表，见表 2-20 和表 2-21。

表 2-20 排驱油水相对渗透率

地层类型	K_{ro}	K_{rw}
未固结砂岩，分选好	$1-S_w^*$	$(S_w^*)^3$
未固结砂岩，分选差	$(1-S_w^*)^2(1-S_w^{*1.5})(S_o^*)^{3.5}$	
胶结砂岩，鲕状灰岩	$(1-S_o^*)^2(1-S_w^{*2})(S_o^*)^4$	

表 2-21 排驱油气相对渗透率

地层类型	K_{ro}	K_{rg}
未固结砂岩，分选好	$S_o^{*3}(1-S_o^*)^3$	
未固结砂岩，分选差	$(S_o^*)^{3.5}(1-S_o^*)^2(1-S_o^{*1.5})$	
胶结砂岩，鲕状灰岩	$(S_o^*)^4$	$(1-S_o^*)^2(1-S_w^{*2})$

当已知某一相相对渗透率数据时，Wyllie 和 Gardner（1958）建议用以下公式来计算另一相的相对渗透率。

油水系统：

$$K_{rw} = (S_w^*)^2 - K_{ro}\frac{S_w^*}{1-S_w^*} \tag{2-60}$$

油气系统：

$$K_{ro} = (S_o^*)^2 - K_{rg}\frac{S_o^*}{1-S_o^*} \tag{2-61}$$

（2）Torcaso 和 Wyllie 关系式。

Torcaso 和 Wyllie（1958）发展了一个简单的表达式来确定油气系统油相相对渗透率，即通过测量的 K_{rg} 来计算 K_{ro}：

$$K_{ro} = K_{rg}\frac{(S_o^*)^4}{(1-S_o^*)^2[1-(S_o^*)^2]} \tag{2-62}$$

实验室测量 K_{rg} 比较容易,而测量 K_{ro} 比较困难,式(2-62)比较有用。

(3)Prison 关系式。

Prison(1958)从油层物理的角度出发,导出了排驱过程和吸吮过程都适用的确定润湿相和非润湿相的相对渗透率的通用计算公式。

对于水相(润湿相):

$$K_{rw} = \sqrt{S_w^*} \cdot S_w^3 \tag{2-63}$$

对于排驱过程和吸吮过程都有效。

对于非润湿相的吸吮过程:

$$(K_r)_{nw} = 1 - \left(\frac{S_w - S_{wc}}{1 - S_{wc} - S_{nw}}\right)^2 \tag{2-64}$$

对于非润湿相的排驱过程:

$$(K_r)_{nw} = (1 - S_w^*)[1 - (S_w^*)^{0.25}\sqrt{S_w}]^{0.5} \tag{2-65}$$

式中 S_{nw}——非润湿相饱和度;

$(K_r)_{nw}$——非润湿相相对渗透率。

(4)Corey 关系式。

Corey(1954)导出一个计算油气系统相对渗透率的关系式,对于排驱过程,精度较高。

$$K_{ro} = (1 - S_g^*)^4 \tag{2-66}$$

$$K_{rg} = S_g^*(2 - S_g^*) \tag{2-67}$$

(5)由毛管压力数据计算。

Rose 和 Bruce(1949)指出,毛管压力是反映地层基本特征的一个参数,可以用来计算相对渗透率。基于曲率度的概念,Wyllie 和 Gardner(1985)导出了由毛管压力计算排驱油水相对渗透率的数学表达式:

$$K_{rw} = \left(\frac{S_w - S_{wc}}{1 - S_{wc}}\right)^2 \cdot \frac{\int_{S_{wc}}^{S_w} dS_w/p_c^2}{\int_{S_{wc}}^{1} dS_w/p_c^2} \tag{2-68}$$

$$K_{ro} = \left(\frac{1 - S_w}{1 - S_{wc}}\right)^2 \cdot \frac{\int_{S_{wc}}^{1} dS_w/p_c^2}{\int_{S_{wc}}^{1} dS_w/p_c^2} \tag{2-69}$$

Wylie 和 Gardner 也提出了存在原生水饱和度下的油气相对渗透率的表达式：

$$K_{ro}=\left(\frac{S_o-S_{or}}{1-S_{or}}\right)^2\cdot\frac{\int_0^1 dS_o/p_c^2}{\int_0^1 dS_o/p_c^2} \tag{2-70}$$

$$K_{go}=\left(1-\frac{S_o-S_{or}}{S_g-S_{or}}\right)^2\cdot\frac{\int_{S_o}^1 dS_o/p_c^2}{\int_0^1 dS_o/p_c^2} \tag{2-71}$$

式中　S_{gc},S_{wc},S_{or}——临界气、原生水、残余油饱和度。

(6)相对渗透率的解析表达式。

相对渗透率的解析表达式可以用于数值模拟,应用最广泛函数关系式如下。

油水系统：

$$K_{ro}=(K_{ro})_{S_{wc}}\left(\frac{1-S_w-S_{orw}}{1-S_{wc}-S_{orw}}\right)^{n_o} \tag{2-72}$$

$$K_{rw}=(K_{rw})_{S_{orw}}\left(\frac{S_w-S_{wc}}{1-S_{wc}-S_{orw}}\right)^{n_w} \tag{2-73}$$

$$p_{cwo}=(p_c)_{S_{wc}}\left(\frac{1-S_w-S_{orw}}{1-S_{wc}-S_{orw}}\right)^{n_p} \tag{2-74}$$

气油系统：

$$K_{ro}=(K_{ro})_{S_{gc}}\left(\frac{1-S_g-S_{lc}}{1-S_{gc}-S_{lc}}\right)^{n_{go}} \tag{2-75}$$

$$K_{rg}=(K_{rg})_{S_{wc}}\left(\frac{S_g-S_{gc}}{1-S_{lc}-S_{gc}}\right)^{n_g} \tag{2-76}$$

$$p_{cgo}=(p_c)_{S_{lc}}\left(\frac{S_g-S_{gc}}{1-S_{lc}-S_{gc}}\right)^{n_{pg}} \tag{2-77}$$

$$S_{lc}=S_{wc}+S_{org} \tag{2-78}$$

式中　S_{lc}——总的临界液体饱和度；

$(K_{ro})_{S_{wc}}$——原生水饱和度下油的相对渗透率;
$(K_{ro})_{S_{gc}}$——临界气饱和度下油的相对渗透率;
S_{orw}——油水系统中残余油饱和度;
S_{org}——油气系统中残余油饱和度;
S_{gc}——临界气饱和度;
$(K_{rw})_{S_{orw}}$——残余油饱和度下水的相对渗透率;
n_o, n_w, n_g, n_{go}——相对渗透率曲线上的指数;
p_{cwo}——油水系统毛管压力;
$(p_c)_{S_{wc}}$——原生水饱和度下的毛管压力;
n_p——油水系统中毛管压力曲线的指数;
p_{cgo}——气油系统毛管压力;
n_{pg}——气油系统中毛管压力曲线的指数;
$(p_c)_{S_{lc}}$——临界液体饱和度下的毛管压力。

以上方程系数和指数的确定,一般采用最小二乘法来拟合现场相对渗透率和毛管压力数据后得到。

5)相对渗透率数据的标准化和平均处理

在一个油藏的不同岩心样品测试的相对渗透率结果通常是不一样的,因此有必要对每个岩样获得的相对渗透率进行平均处理。在将相对渗透率曲线用于预测原油采收率之前,应该对其进行标准化处理,以消除不同原始水饱和度以及临界油饱和度的影响,然后对相对渗透率进行非标准化处理,根据每个油藏的临界流体饱和度情况,将相对渗透率曲线分配到这些油藏区域。

(1)相对渗透率简便的平均方法。

主要适用于K_{rw}/K_{ro}或K_{rg}/K_{ro},其步骤是:

① 选择样品。

② 标准化含水饱和度:

$$S_w^* = \frac{S_w - S_{min}}{1 - S_{min}} \tag{2-79}$$

③ 绘制K_{rw}/K_{ro}或K_{rg}/K_{ro}与对应S_w^*的关系曲线。

④ 平均K_{rw}/K_{ro}或K_{rg}/K_{ro}数据,与S_w^*作关系曲线。

⑤ 通过各点光滑。

注意此方法是在只有初始含水饱和度等于油藏束缚水(S_{min})时,方可使用。

(2)与束缚水饱和度相关方法。

① 选择样品。

② 绘出每个岩心相对束缚水饱和度 K_{rw}/K_{ro} 或 K_{rg}/K_{ro},与 S_w 作关系曲线。

③ 通过对每条 K_{rw}/K_{ro} 或 K_{rg}/K_{ro} 曲线取直线段。

④ 确定油藏的平均含水饱和度,并读出平均含水饱和度的每条相应的 K_{rw}/K_{ro} 或 K_{rg}/K_{ro} 曲线的 $S_w(S_g)$ 值。

⑤ 绘制 $K_{rw}/K_{ro}(K_{rg}/K_{ro})$ 与 $S_w(S_g)$ 曲线并光滑。

(3)最常用的方法是通过调整所有的数据来反映给定的末端值,然后确定一个平均的校准曲线,最终生成一条反映油藏状况的平均曲线。这个过程称为对相对渗透率数据进行标准化和非标准化处理。

为了完成标准化处理过程,对每个岩心样品,建立计算步骤,见表2-22。

表2-22　相对渗透率数据标准化处理过程

序号	(1)	(2)	(3)	(4)	(5)	(6)
计算公式	S_w	← K_{ro}	← K_{rw}	← $S_w^* = \frac{S_w - S_{wc}}{1 - S_{wc} - S_{oc}}$	← $K_{ro}^* = \frac{K_{ro}}{(K_{ro})_{S_{wc}}}$	← $K_{rw}^* = \frac{K_{rw}}{(K_{rw})_{S_{oc}}}$

以下是标准化处理步骤:

① 选择几个 S_w 值,从 S_{wc}[栏(1)]开始,并列出相应的 K_{ro} 和 K_{rw} 在栏(2)、(3)中。

② 对每组相对渗透率曲线,计算标准化的水相渗透率 S_w^*,并将值列在栏(4)中,并由下式计算:

$$S_w^* = \frac{S_w - S_{wc}}{1 - S_{wc} - S_{oc}} \tag{2-80}$$

式中　S_{oc}——临界油饱和度;

S_{wc}——原生水饱和度;

S_w^*——标准水饱和度。

用下式计算不同水饱和度下的标准化油相相对渗透率:

$$K_{ro}^* = \frac{K_{ro}}{(K_{ro})_{S_{wc}}} \tag{2-81}$$

式中　K_{ro}——不同 S_w 下油相相对渗透率；

$(K_{ro})_{S_{wc}}$——原始水饱和度下的油相相对渗透率；

K_{ro}^*——标准化的油相相对渗透率。

③ 用下式对水相相对渗透率值进行标准化处理，计算结果列入栏(6)：

$$K_{rw}^* = \frac{K_{rw}}{(K_{rw})_{S_{oc}}} \tag{2-82}$$

式中　$(K_{rw})_{S_{oc}}$——临界油饱和度下的水相相对渗透率。

④ 用常规笛卡尔坐标，在同一图纸上绘出所有岩样的标准化 K_{ro}^* 和 K_{rw}^* 与 S_w^* 的关系。

通过选定任意的 S_w^* 值，确定油和水的平均标准化相对渗透率值，它们是标准化水饱和度的函数，并且通过下式来计算平均的 K_{ro}^* 和 K_{rw}^*。

$$(K_{ro}^*)_{avg} = \frac{\sum_{i=1}^{n} (K_{ro}^*)_i}{n} \tag{2-83}$$

$$(K_{rw}^*)_{avg} = \frac{\sum_{i=1}^{n} (K_{rw}^*)_i}{n} \tag{2-84}$$

其中：

$$(\overline{K}_{ro})_{S_{wc}} = \frac{\sum_{i=1}^{n} [(K_{ro})_{S_{wc}}]_i}{n} \tag{2-85}$$

$$(\overline{K}_{rw})_{S_{oc}} = \frac{\sum_{i=1}^{n} [(K_{rw})_{S_{oc}}]_i}{n} \tag{2-86}$$

⑤ 对平均曲线进行非标准化处理，以反映实际油藏状况以及 S_{wc} 和 S_{oc} 条件。这些参数的确定是本方法最关键的部分。S_{wc} 和 S_{oc} 通常对岩心数据进行平均处理、对数分析或关联式分析得到。例如，可以通过 $(K_{ro})_{S_{wc}}$ 与 S_{wc} 的关系图、$(K_{rw})_{S_{oc}}$ 与 S_{oc} 的关系图来确定，同时也可以绘出 S_{oc} 与 S_{wc} 的关系图，看它们之间是否存在重要的关系。一般说来，S_{wc} 与 K/ϕ 之间的关系曲线通常反映出它们存在一种可靠的相关关系，用它可以确定端点饱和度。当

特征端点值被确定以后，就可以方便完成表2－23所示的非标准化处理。

表2－23 岩心样品的渗透率数据

序号	(1)	(2)	(3)	(4)	(5)	(6)
计算公式	S_w^*	$(K_{ro}^*)_{avg}$	$(K_{rw}^*)_{avg}$	$S_w = S_w^*(1 - S_{wc} - S_{oc}) + S_{wc}$	$K_{ro} = (K_{ro}^*)_{avg}(\overline{K}_{ro})_{S_{wc}}$	$K_{rw} = (K_{rw}^*)_{avg}(\overline{K}_{rw})_{S_{oc}}$

4. 储层的敏感性

1)储层岩石敏感性的概念及研究意义

通常意义上的储层五敏是指储层的速敏性、水敏性、盐敏性、酸敏性和碱敏性，这五敏同储层的应力敏感性一起构成了在油气田勘探开发过程中造成储层伤害的几个主要因素。

通过对储层敏感性的形成机理研究，可以有针对性地对不同的储层采用不同的开采措施。在油气田投入开发前，应该进行潜在的储层敏感性评价，搞清楚油层可能的伤害类型以及伤害的程度，从而采取相应的对策。

油气储层中普遍存在着黏土和碳酸盐岩等矿物。在油气田勘探开发过程中的各个施工环节——钻井、固井、完井、射孔、修井、注水、酸化、压裂直到三次采油过程，储层都会与外来流体以及其所携带的固体微粒接触。如果外来流体与储层矿物或流体不匹配，会发生各种物理、化学作用，导致储层渗流能力下降，影响油气藏的评价，降低增产措施的效果，减小油气的最终采收率。

油气储层与外来流体发生各种物理或化学作用而使储层孔隙结构和渗透性发生变化的性质，即称为储层的敏感性。储层与不匹配的外来流体作用后，储层渗透性往往会变差，会不同程度地损害油层，从而导致产能损失或产量下降。

为了防止油气储层被污染损害，使其充分发挥潜力，就必须对储层的岩石性质、物理性质、孔隙结构及储层中的流体性质进行分析研究，并根据油气藏开发过程中所能接触到的流体进行模拟试验，对储层的敏感性开展系统的评价工作，进行储层敏感性研究。保护好储层，是增加油气储量、提高油气产量及采收率的关键环节。

储层损害是由储层内部潜在损害因素及外部条件共同作用的结果。内部潜在损害因素主要指储层的岩性、物性、孔隙结构、敏感性及流体性质等储层固有的特征。外部条件主要指的是在施工作业过程中引起储层孔隙结构及物性的变化,使储层受到损害的各种外界因素。内部潜在因素往往是通过外部条件变化而发生变化的。

一般而言,储层的敏感性是由储层岩石中含有的敏感性矿物所引起的。敏感性矿物是指储层中与流体接触易发生物理、化学或物理化学反应,并导致渗透率大幅下降的一类矿物。在组成砂岩的碎屑颗粒、杂基和胶结物中都有敏感性矿物,它们一般粒径很小($<20\mu m$),比表面积很大,往往分布在孔隙表面和喉道处,处于与外来流体优先接触的位置。

常见的敏感性矿物可分为酸敏性矿物、碱敏性矿物、盐敏性矿物、水敏性矿物及速敏性矿物等,见表2-24,与之相对应的是储层的五敏,见表2-25。

同一种矿物,可能同时具有几种不同的敏感性,储层所受的伤害往往是各种敏感性总和的结果。

表2-24 可能损害地层的几类敏感性矿物(据张绍槐,1993)

<table>
<tr><th colspan="2">敏感性类型</th><th colspan="2">敏感性矿物</th><th>损害形式</th></tr>
<tr><td colspan="2" rowspan="2">速敏性</td><td colspan="2">高岭石,毛发状伊利石,微晶石英</td><td>分散运移</td></tr>
<tr><td colspan="2">微晶白云母,降解伊利石,微晶长石</td><td>微粒运移</td></tr>
<tr><td rowspan="10">酸敏性
(含高pH值
碱敏性)</td><td rowspan="5">HCl</td><td>蠕绿泥石</td><td>铁方解石</td><td>化学沉淀</td></tr>
<tr><td>鲕绿泥石</td><td>铁白云石</td><td>$Fe(OH)_3$↓</td></tr>
<tr><td>绿泥石—蒙皂石</td><td>赤铁矿</td><td>非晶质SiO_2↓</td></tr>
<tr><td>海绿石</td><td>黄铁矿</td><td>酸蚀释放出微粒运移</td></tr>
<tr><td>水化黑云母</td><td>镁铁矿</td><td></td></tr>
<tr><td rowspan="3">HF</td><td>方解石</td><td>沸石类,浊沸石</td><td>化学沉淀</td></tr>
<tr><td>白云石</td><td>钙沸石,斜钙沸石,
片沸石,辉沸石</td><td>CaF_2↓</td></tr>
<tr><td>钙长石</td><td>各类黏土矿物</td><td>非晶质SiO_2↓</td></tr>
<tr><td rowspan="2">pH>12</td><td colspan="2">钾长石,钠长石,微晶石英,石髓(玉髓),
斜长石,各类黏土矿物</td><td>硅酸盐沉淀</td></tr>
<tr><td colspan="2">蛋白石—CT,蛋白石—A(非晶质)</td><td>硅凝胶体</td></tr>
<tr><td colspan="2" rowspan="3">水敏性</td><td>绿泥石—蒙皂石</td><td>伊利石—蒙皂石</td><td>晶格膨胀</td></tr>
<tr><td>蒙脱石</td><td>降解伊利石</td><td></td></tr>
<tr><td>降解绿泥石</td><td>水化白云母</td><td>分散运移</td></tr>
<tr><td colspan="2">结垢</td><td colspan="2">石膏、重晶石、硫铁矿、方解石、赤铁矿、
天青石、硬石膏、岩盐、菱铁矿、磁铁矿</td><td>盐类沉淀</td></tr>
</table>

表 2-25 储层的五敏性

储层五敏	含义	形成因素
酸敏性	酸液与地层酸敏矿物反应产生沉淀使渗透率下降	盐酸或氢氟酸与含铁高或含钙高的矿物反应生成沉淀而堵塞孔隙引起渗透率降低
碱敏性	碱液在地层中反应产生沉淀使渗透率下降	地层矿物与碱液发生离子交换形成水敏性矿物或直接生成沉淀物质堵塞孔隙
盐敏性	储层在盐液作用下渗透率下降造成地层损伤	盐液进入地层引起盐敏性黏土矿物的膨胀而堵塞孔隙和吼道
水敏性	与地层不配伍的流体使地层中黏土矿物变化引起的地层损害	流体使地层中蒙皂石等水敏性矿物发生膨胀,分散而导致孔隙和吼道的堵塞
速敏性	流速增加引起渗透率下降造成地层的损害	黏结不牢固的速敏矿物在高流速下分散、运移而堵塞孔隙和吼道

2)储层的五敏效应水锁效应和应力敏感性

(1)储层的酸敏性。

酸敏性是指酸液进入储层后与储层中的酸敏性矿物发生反应,产生凝胶、沉淀,或释放出微粒,致使储层渗透率下降的性质。酸敏性是酸—岩、酸—原油、酸—反应产物、反应产物—反应产物及酸液中的有机物等与岩石及原油相互作用的结果。酸敏性导致地层损害的形式主要有两种:一是产生化学沉淀或凝胶;二是破坏岩石原有结构,产生或加剧速敏性。

油层酸化处理是油井开采过程中的主要增产措施之一。酸化的主要目的是通过溶解岩石中的某些物质以增加油井周围的渗透率。但在岩石矿物质溶解的同时,可能产生大量的沉淀物质,如果酸处理时的溶解量大于沉淀量,就会导致储层渗透率的增加,达到油井增产的效果;反之,则得到相反的结果,造成储层损害。

(2)储层的碱敏性。

碱敏性是指具有碱性(pH 值大于 7)的油田工作液进入储层后,与储层岩石或储层流体接触而发生反应产生沉淀,并使储层渗流能力下降的现象。

碱性工作液与地层岩石反应程度比酸性工作液与地层岩石反应程度弱得多,但由于碱性工作液与地层接触时间长,故其对储层渗流能力的影响仍是相当可观的。碱性工作液通常为 pH 值大于 7 的钻井液或完井液,以及化学驱中使用的碱性水。

(3)储层的盐敏性。

储层盐敏性是指储层在系列盐液中,由于黏土矿物的水化、膨胀而导致渗透率下降的现象。储层盐敏性实际上是储层耐受低盐度流体的能力的度量,度量指标即为临界盐度。

当不同盐度的流体流经含黏土的储层时,在开始阶段,随着盐度的下降,岩样渗透率变化不大,但当盐度减小至某一临界值时,随着盐度的继续下降,渗透率将大幅度减小,此时的盐度称为临界盐度。

(4)储层的水敏性。

储层的水敏性是指当与地层不配伍的外来流体进入地层后,引起黏土矿物水化、膨胀、分散、迁移,从而导致渗透率不同程度地下降的现象。储层水敏程度主要取决于储层内黏土矿物的类型及含量。

在储层中,黏土矿物通过阳离子交换作用可与任何天然储层流体达到平衡。但是,在钻井或注水开采过程中,外来液体会改变孔隙流体的性质并破坏平衡。当外来液体的矿化度低(如注淡水)时,可膨胀的黏土便发生水化、膨胀,并进一步分散、脱落并迁移,从而减小甚至堵塞孔隙喉道,使渗透率降低,造成储层损害。

大部分黏土矿物具有不同程度的膨胀性。在常见黏土矿物中,蒙皂石的膨胀能力最强,其次是伊/蒙和绿/蒙混层矿物,而绿泥石膨胀力弱,伊利石很弱,高岭石则无膨胀性,储层水敏性与黏土矿物的类型、含量和流体矿化度有关。储层中蒙皂石(尤其是钠蒙皂石)含量越多或水溶液矿化度越低,则水敏强度越大。

(5)储层的速敏性。

在储层内部,总是不同程度地存在着非常细小的微粒,这些微粒或被牢固地胶结,或呈半固结甚至松散状分布于孔壁和大颗粒之间。当外来流体流经储层时,这些微粒可在孔隙中迁移,堵塞孔隙喉道,从而造成渗透率下降。

储层中微粒的启动和堵塞孔喉是由于外来流体的速度或压力波动引起的。储层因外来流体流动速度的变化引起储层微粒迁移,堵塞喉道,造成渗透率下降的现象称为储层的速敏性。速敏性研究的目的在于了解储层的临界流速及渗透率的变化与储层中流体流动速度的关系。

速敏矿物是指在储层内,随流速增大而易于分散迁移的矿物。高岭石、毛发状伊利石以及固结不紧的微晶石英、长石等,均为速敏性矿物。高岭石,常呈书页状(假六方晶体的叠加堆积),晶体间结构力较弱,常分布于骨架颗粒间而与颗粒的黏结不坚固,因而容易脱落、分散,形成黏土微粒。

五敏实验是评价和诊断油气层伤害的最重要的手段之一。一般来说,对每一个区块都应该做五敏实验,再参照表2-26进行完井过程中保护油气层技术方案的制定,并指导生产。

表2-26　五敏实验结果的应用

项目	实验结果及其应用
酸敏实验	(1)为基质酸化之酸液配方设计提供科学的依据; (2)为确定合理的解堵方法和增产措施提供依据
碱敏实验	(1)对于进入地层的各类工作液必须控制其pH在临界pH以下; (2)如果是强碱敏地层,由于无法控制水泥浆的pH值在临界pH之下,为了防止油气层伤害,建议采用屏蔽式暂堵技术; (3)对于存在碱敏性的地层,要避免使用强碱性工作液
盐敏实验 (升高矿化度和降低矿化度的实验)	(1)对于进入地层的各类工作液都必须控制其矿化度在两个临界矿化度之间,即 c_{c1} < 工作液矿化度 < c_{c2}; (2)如果是注水开发的油田,当注入矿化度比 c_{c1} 小时,为了避免发生水敏伤害,一定要在注入水中加入石灰的黏土稳定剂,或对注入水进行周期性的黏土稳定剂处理
水敏实验	(1)如无水敏,则进入地层的工作液的矿化度只要小于地层水矿化度即可,不做严格要求; (2)如果有水敏,则必须控制工作液的矿化度大于 c_{c1}; (3)如果水敏性较强,在工作液中要考虑使用黏土稳定剂
速敏实验 (包括油速敏和水速敏)	(1)确定其他几种敏感性实验(水敏、盐敏、酸敏、碱敏)的试验流速; (2)确定油井不发生速敏伤害的临界产量; (3)确定注水井不发生速敏伤害的临界注入速率,如果注入速率太小,不能满足配注要求,应考虑增注措施; (4)确定各类工作液允许的最大密度

(6)储层的水锁效应。

在油气开发过程中,钻井液、固井液及压裂液等外来流体侵入储层后,由于毛管压力的滞留作用,地层驱动压力不能将外来流体完全排出地层,储层的含水饱和度将增加,油气相渗透率会降低,这种现象被称为水锁效应。低渗透、特低渗透储层中水锁现象尤为突出,成为低渗致密气藏的主要伤害类型之一。

水锁效应就其本质来说,是由于存在毛管压力而产生了一个附加表皮压降,它等于毛管弯液面两侧非润湿相与润湿相压力之差,其大小可由任意曲界面的拉普拉斯方程确定。造成水锁效应的原因有内外两方面:储层孔喉细小、存在敏感性黏土矿物,是造成外来流体侵入、引起含水饱和度上升而使油水渗透率下降的内在原因;侵入流体的界面张力、润湿角、流体黏度以及驱动压差和外来流体侵入深度等则是外部因素。

水锁效应大小的决定因素为储层毛管半径。特低渗透储层由于可供流体自由流动的孔喉细小,表皮压降往往很大,所以更容易发生水锁。解决水锁效应的最佳途径是减小外来流体侵入储层的总量及深度,而加大返排压差,采用低黏度、低毛管压力入井液是减轻水锁效应的有效途径。

(7)储层的应力敏感性。

岩石所受净应力改变时,孔喉通道变形、裂缝闭合或张开,导致岩石渗流能力变化的现象称为岩石的应力敏感性,它反映了岩石孔隙几何学及裂缝壁面形态对应力变化的响应。

众所周知,岩石在成岩或后期上覆压力增加过程中,随着有效应力的增加,当岩石颗粒不可压缩时,颗粒之间越来越紧密,孔隙空间越来越小,孔隙之间的连通性越来越差,渗透率也显而易见地减小。

一般来说,变形介质的渗透率随地层压力变化的程度是孔隙度的 5 ~ 15 倍,渗透率的应力敏感性远比孔隙度的应力敏感性强,因此,在高压作用下,渗透率的变化是非常大的。在实际生产过程中,随着开发的进行,地层压力逐渐下降,导致有效应力增加,岩石中微小孔道闭合,从而引起渗透率的降低。渗透率的下降必然会影响储层渗流能力的变化,进而影响油井的产能。因此,应力敏感性研究均以渗透率的应力敏感性为研究重点。

综上所述,对储层的各种敏感性进行研究和评价的目的,是为了在开发生产过程中避免各种敏感性的发生,保护油气储层。油层保护是油田必须研究的课题,而油层保护最主要的就是要搞清楚油层可能的伤害类型以及伤害的程度,从而采取相应的对策。在储层伤害评价研究中,储层敏感性评价是最主要的手段之一。

储层敏感性评价包括两方面的内容:一是从岩相学分析的角度,评价储层的敏感性矿物特征,研究储层潜在的伤害因素;二是在岩相学分析的基础上,选择代表性的样品,进行敏感性实验,通过测定岩石与各种外来工作液接触前后渗透率的变化,来评价工作液对储层的伤害程度。

5. 可动流体饱和度

对于低渗透油藏,在做开发方案的时候,还必须要考虑一个重要参数,那就是可动流体饱和度。为什么物性评价相似的低渗透油藏的开发效果会有很大差别？研究表明，这与低渗透中的可动流体有关。

可动流体应该作为低渗油田经济有效开发的一个关键依据，在研究低渗储层物性的同时，是否应该考虑把可动流体作为评价低渗油田开发效果的一个相对独立的重要参数？

低渗透油藏之所以有别于高渗透油藏，不仅仅是由于其渗透率低，主要是由于低渗透油藏有其特殊的微观孔隙结构与渗流特征，低渗透储层可动流体核磁共振评价研究。

从图2－35至图2－38可以看出，随着孔隙度、渗透率的增加，可动流体百分数均有增大的趋势，但相关性不强。有些岩心孔隙度较高，但可动流体百分数却较低；而有些岩心孔隙度较低，但可动流体百分数却很高，可动流体百分数与孔隙度基本没有相关关系，孔隙度低的储层也可能具有较强的开发潜力。

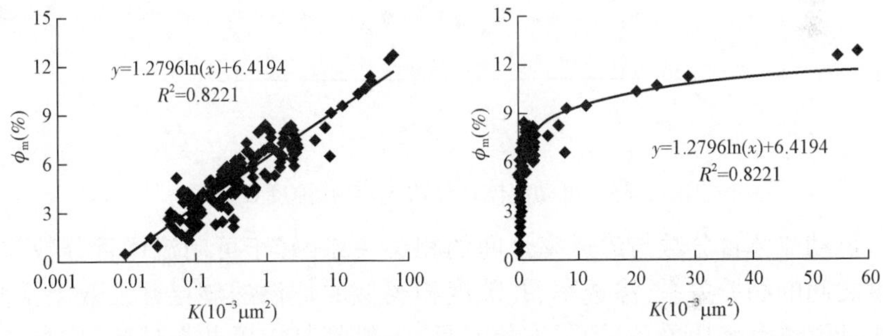

图2－35　可动流体孔隙度 ϕ_m 与渗透率 K 的相关关系

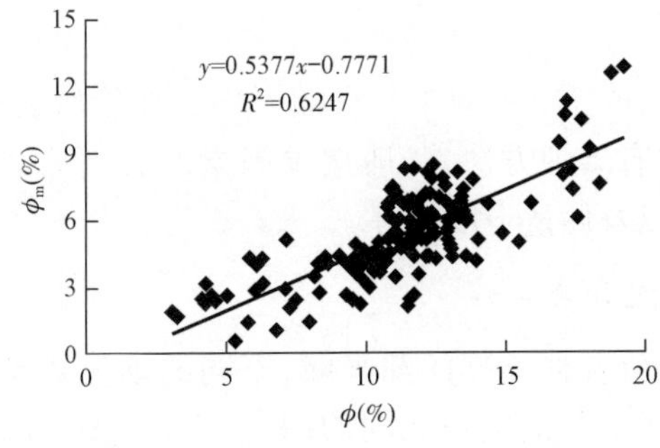

图2－36　可动流体孔隙度 ϕ_m 与孔隙度 ϕ 关系

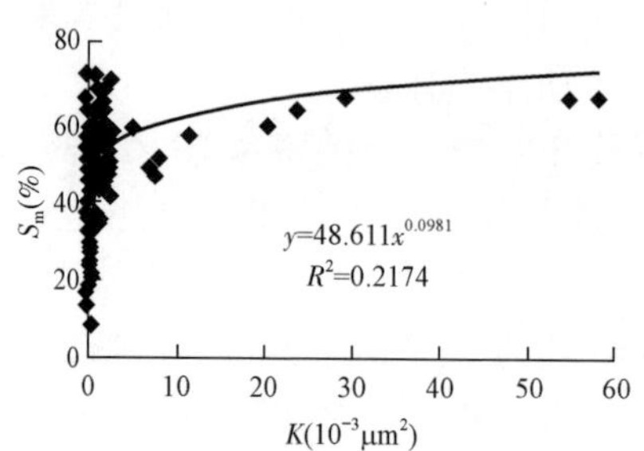

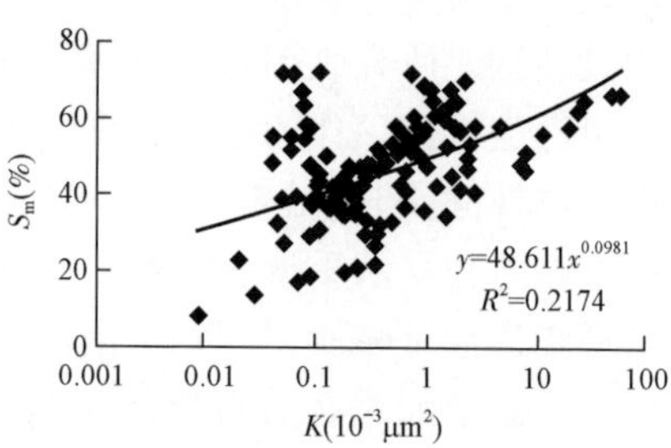

图 2-37 可动流体百分数 S_m 与渗透率 K 的相关关系

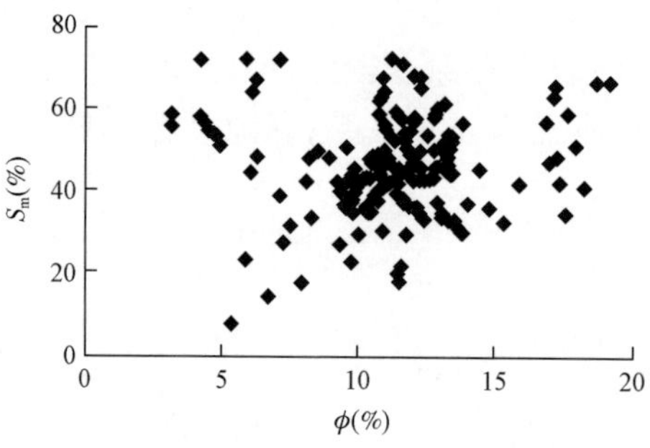

图 2-38 可动流体百分数 S_m 与孔隙度 ϕ 关系

可动流体百分数与渗透率之间的相关关系，好于可动流体百分数与孔隙度之间的相关关系，渗透率、孔隙度相类似的低渗透储层开发效果不同，与可动流体有密切关系，为了方便起见，一般都是核磁共振试验，建立渗透率与束缚流体饱和度关系式。

六、油气藏类型

油气藏的分类有多种方法，一般按单因素的分类体系要考虑油田的地理位置、储量规模以及储量丰度等等。

1. 按圈闭成因分类

自然界中存在着各种类型的油气藏，不同的油气藏具有不同的成因和分布特点，为了寻找某些油气藏之间的内在联系和油气藏在自然界中的分布规律，需要对它们进行分类，目前用得较多的是以圈闭成因为依据的油气藏分类。因为圈团的成因不同，油气藏的特点、分布规律会不同。因此，以圈闭成因为主要依据划分油气藏类型，就能充分反映各类油气藏的形成条件，反映各类油气藏之间的区别和联系，进而科学地预测一个地区可能出现的油气藏类型；对不同类型的油气藏，采用不同的勘探方法和开发方案。

按照圈闭的成因不同，可以把油气藏分为：构造油气藏、岩性油气藏，地层不整合油气藏以及其他类型油气藏，每一类型中又分出若干亚类和小类。

1）构造油气藏

凡是因地壳运动使储层发生变形或变位而形成的圈闭，称构造圈闭。油气在构造圈闭中的聚集，称构造油气藏。根据地层变形或变位，构造油气藏大致可分为四类：背斜油气藏、断层油气藏、裂缝性油气藏、刺穿接触油气藏。

（1）背斜油气藏。

由于构造运动使地层发生弯曲变形、向四周倾伏而形成的圈闭，称背斜圈闭。油气在背斜圈闭中聚集，称背斜油气藏，见图2-39。

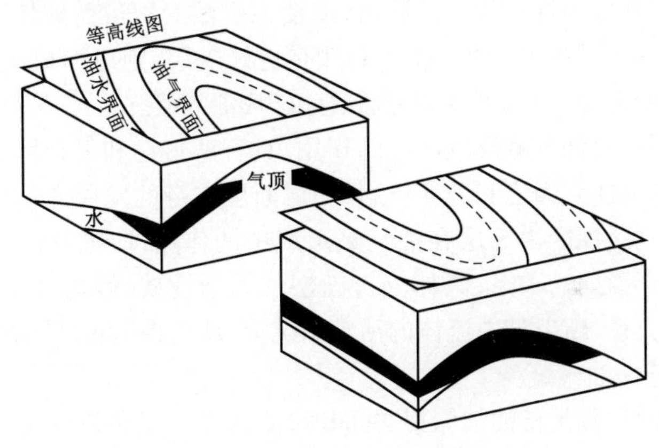

图2-39 含有石油的背斜圈闭立体图

背斜油气藏是世界上最早被认识的油气藏类型，背斜油气藏在世界油气田中仍然还占着相当大的比重，根据有关数据统计，这类油气藏的石油储量占整个世界上石油储量的45%左右，天然气约占33.3%。因此，研究背斜油气藏具有重要意义，我国渤海湾盆地有很多此类背斜油气藏。

（2）断块油气藏。

沿储层上倾方向被断层遮挡所形成的圈闭称为断层圈闭，在断层圈闭中聚集了油气，称为断块油气藏，见图2-40。

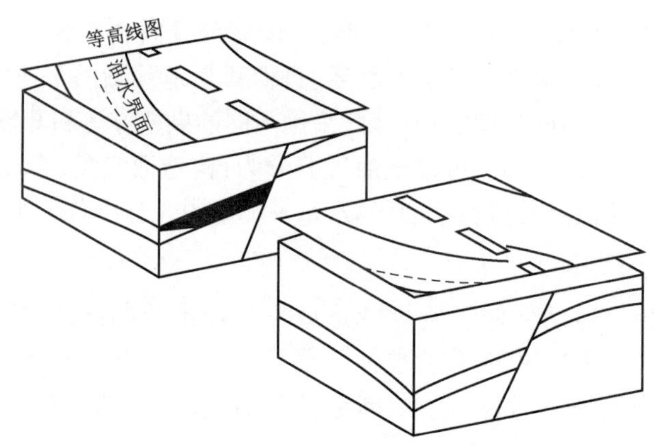

图 2－40　含有石油的断层圈闭立体图

断层之所以能起遮挡作用而形成断块油气藏,根本原因在于它的封闭性。所以断层的封闭性是形成断层圈闭的必要条件,由于断裂活动及开启程度高,断层就成为油气运移的通道,而使原生油气藏遭受破坏。如果断层断至上部某一地层中而消失,且其上部有良好盖层,则可形成次生油气藏。如果断层断至地面,油气可以完全逸散而破坏油气藏。

总之,断层对油气藏形成所起的作用,具有两重性和复杂性。既可以起封闭作用,也可能起通道和破坏作用,加之断层本身的发展变化而增加了复杂性。如何判断探区内断层在油气藏形成中的作用,应该是研究断层发育史与沉积和聚油期的关系;具体分析断层的力学性质、倾角大小、两盘岩性组合及接触关系、断裂带内流体的活动情况等,从而得出正确的判断。

(3)裂缝性油气藏。

裂缝性油气藏是指油气储集空间和渗滤通道主要靠裂缝或溶洞(溶孔)的油气藏,常常简化为双重介质模型或三重介质模型,见图 2－41。

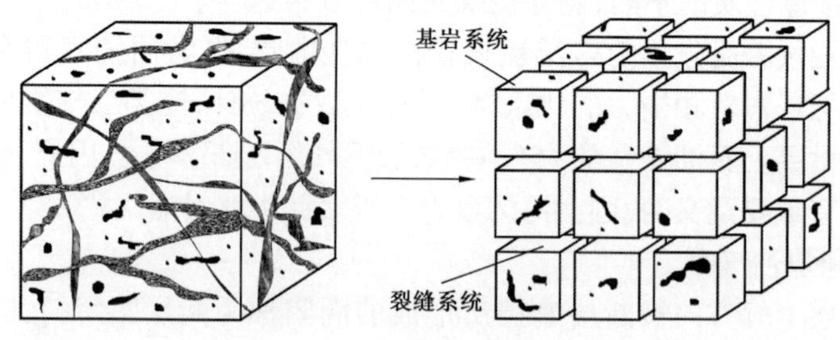

图 2－41　裂缝性油气藏与简化

在各种致密、性脆的岩层中，原来的孔隙度和渗透率都很低，不具备油气储集与渗滤的条件。但是，由于构造作用，或其他后期改造作用，使其在局部地区一定范围内，产生了裂缝和溶洞，具备了储集空间和渗滤通道条件，与其他因素（盖层、遮挡物）相结合，则可形成裂缝性圈闭，油气聚集其中，则形成裂缝性油气藏。

岩层裂缝的形成与发展，在绝大多数情况下，都是和褶皱作用与断裂作用联系在一起的，因此，把裂缝性油气藏归入构造油气藏类。裂缝性油气藏有它的特殊性，这些特殊性使得勘探开发裂缝性油气藏与勘探开发背斜油气藏和断层油气藏及其他油气藏有很大区别。

裂缝的发育可以把各种类型的孔隙联系起来，形成统一的孔隙—裂缝体系，它们不受地层层位的限制，而是常常穿过数个层位，表现为具有块状结构的储集空间。油气层厚度和油气藏高度均较大，钻井过程中由于大量裂缝的存在常发生钻具有放空、钻井液漏失和井喷等现象。根据放空和井漏的程度可以大致判断产油气层段和产量大小，油气层岩心所测得的物性参数与实际情况差别大，同一油气藏，不同油气井之间产量相差悬殊。这主要是由于储集层中裂缝的发育和分布不均一而造成的，目前我国四川盆地已发现的几十个气田中，其气藏大多为裂缝性气藏，或与裂缝有关。四川盆地是我国裂缝性油气藏最发育的地区，裂缝性油气藏一般多分布在一些致密、坚硬、性脆的岩层中，如致密灰岩和一些岩浆岩、变质岩或泥岩。

（4）刺穿接触油气藏。

由于地下可塑性岩层（膏盐、软泥等）在不均衡重压下向上侵入或地下岩浆向上侵入刺穿上覆地层，使储层发生变形并直接与刺穿岩体结合而形成的圈闭，称刺穿接触圈闭。油气聚集于其中后，形成刺穿所示。按刺穿体性质的不同，刺接触油气藏，圈闭的形成过程见图2－42。

按刺穿体性质的不同，刺穿接触圈闭可分为盐体、泥火山和岩浆体刺穿接触圈闭三种。从分布的广泛性来看，以盐体刺穿接触油气藏和泥火山刺穿接触油气藏较为常见，尤以前者最为重要，这两种油气藏和前述与地下柔性物质活动有关的背斜油气藏经常伴生，因为其圈闭的成因有着密切的联系。

目前在我国尚未发现典型的刺穿接触油气藏。在有些含油气区和盆地仅发现有泥火山、岩盐、岩浆岩等柔性物质活动。但在国外如墨西哥，苏联和罗马尼亚等国家，均发现有这类油气藏，见图2－43。

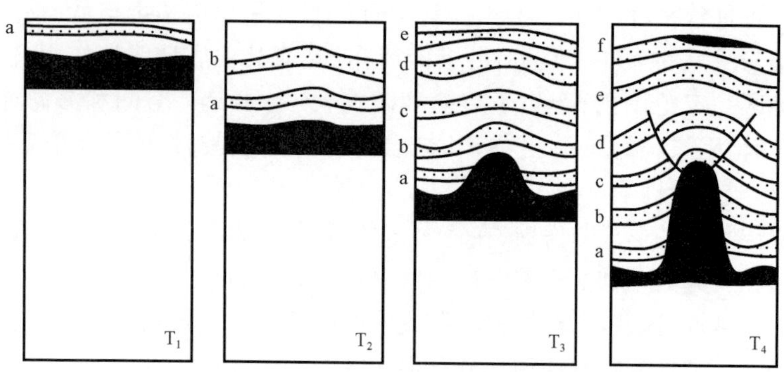

图 2-42　岩体刺穿接触圈闭的形成过程示意图

$T_1 \sim T_4$ 代表时间序列;a ~ d 代表沉积地层

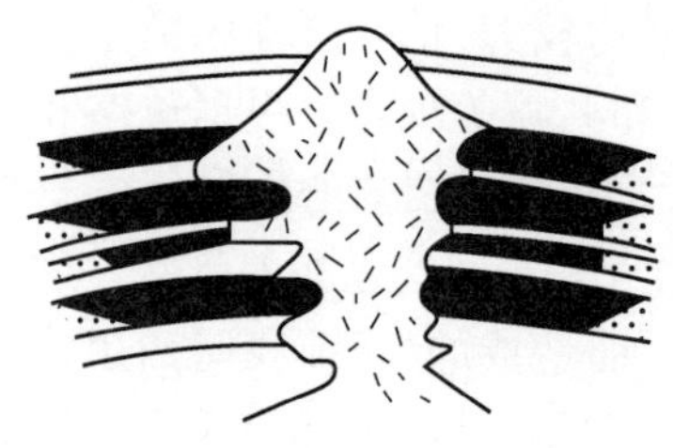

图 2-43　墨西哥火山岩体刺穿接触油气藏

2)岩性油气藏

凡是因储层岩性或物性横向变化而形成的圈闭称为岩性圈闭。油气在岩性圈闭中的聚集就形成岩性油气藏。

储层的岩性或物性变化可以是在沉积作用过程中形成的,也可以是在成岩后形成的。由前者所形成的岩性圈闭可称之为原生岩性圈闭,由后者所形成的岩性圈闭可称之为次生岩性圈闭。

原生岩性圈闭按其形态及储层的特点可分为上倾尖灭型、透镜型岩性圈闭和生物礁型圈闭。次生岩性圈闭的形成主要与溶解和交代作用有关,这类圈闭在自然界中较少见,实际上它们属于成岩圈闭油气藏类型。

(1)透镜型岩性油气藏。

透镜状或其他不规则状储层四周被非渗透率性岩层所限制,或沿四周渗透性变差而构成的圈闭称为透镜型圈闭。油气聚集于其中称为透镜型油气藏,见图 2-44。

透镜状储集体通常由孔隙性的砂岩或粒屑碳酸盐岩构成,最常见的是泥岩层中的砂岩透镜体。目前已发现的砂岩透镜型岩性油气藏,其储集体包括有河道砂岩体、三角洲平原分流河道砂岩体、三角洲前缘河口沙坝砂岩体、岸外堡坝砂岩体、沿岸沙坝砂岩体、走向谷砂岩体和浊流砂岩体等各种成因的砂岩体。

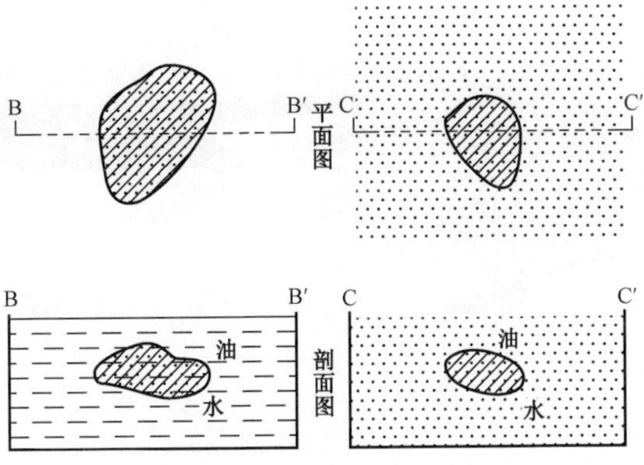

图2-44　透镜型岩性油气藏示意图

例如,我国鄂尔多斯盆地的马岭油田,发育大量砂岩透镜型岩性油藏,它们构成该油田的主要油藏类型,见图2-45。

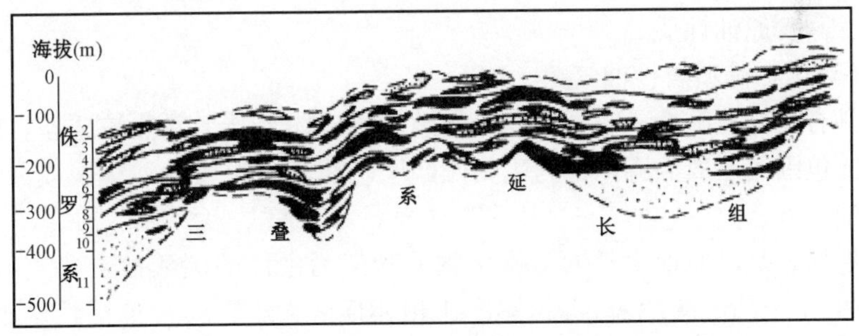

图2-45　马岭油田北西—南东横剖面

(2)上倾尖灭型岩性油气藏。

储层沿上倾方向尖灭或渗透性变差而形成的圈闭称为上倾尖灭圈闭,在其中发生的油气聚集称为上倾尖灭型油气藏。

上倾尖灭型岩性圈闭和油气藏主要分布在盆地(拗陷或凹陷)的斜坡地带,在古地形突起(隆起、潜山、背斜)的翼部亦可以出现,而且以碎屑岩类上倾尖灭油气藏居多,碳酸盐岩类少见。

我国南襄盆地泌阳凹陷中的双河油田可作为该类油气藏之一例,见图2-46。双河我国南襄盆地泌阳凹陷中的双河油田可作为该类油气藏之一例,油田位于水下冲积扇的西部,构造向西抬升成为单斜,同时砂岩也向西变薄尖灭,形成尖灭型岩性圈闭。尖灭线控制了油藏的西部边界。

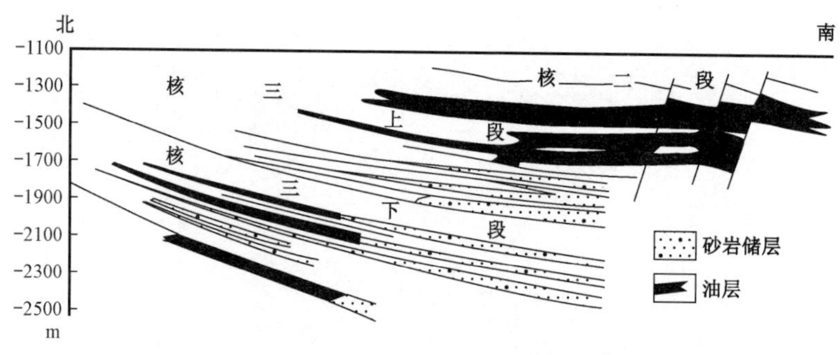

图 2－46　双河油田横剖面图

岩性尖灭油气藏在平面上的分布常常成群、成组出现，互不相连，无规则分布；剖面上储层呈层状，羽状或互相参差交错，而且圈闭形成时间早，多数情况下圈闭周围的非渗透层就是生油层。所以，圈闭具有优先获油气的条件，另外油气运移的距离短，圈闭的封闭性好，不受水动力和水化学作用影响，因此，原油性质好。

(3)生物礁型岩性油气藏。

具有良好孔隙性—渗透性的生物礁储集岩体上被上覆非渗透性岩层所覆盖或包围而形成的圈闭称为生物礁圈闭。在其中形成的油气聚集称生物礁型油气藏。

生物礁是以原地生长的造礁生物的骨架为主体的碳酸盐岩建造，呈块状，具有水下凸起的地貌，沉积厚度比相邻地区大。它通常包括礁核相、礁前相和礁后相三个主要部分。礁核、礁前、礁后三者沉积物之集合体称礁组合，见图 2－47。

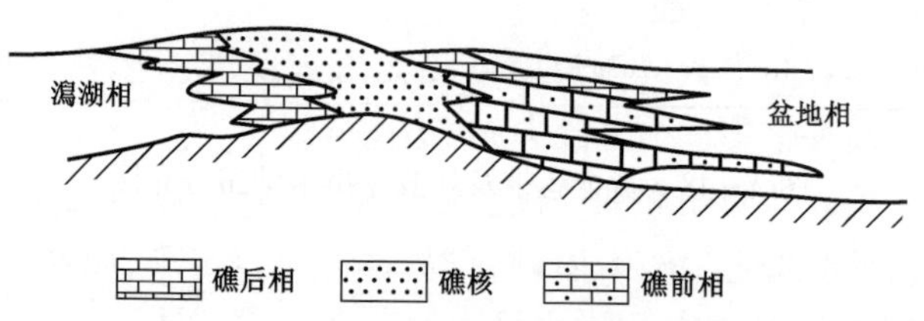

图 2－47　礁组合示意图

礁核带与礁前带常具极好的储集性能，除发育大量原生孔隙，如生物骨架孔隙、体腔孔隙、生物碎屑之间的粒间孔隙外，由于礁生长过程中常多次露出水面，遭受侵蚀，溶蚀和白云岩化等作用而形成大量次生孔隙，它们常构成极佳的礁型储集体。

生物礁油气藏常以物性好、储层厚度大、油气储量大、产量高而著称。在我国典型的生物礁油气藏不多,但在国外,有不少实例,如墨西哥的黄金巷油气田带,加拿大的雨虹、红水及天鹅湖油田等,见图2-48。

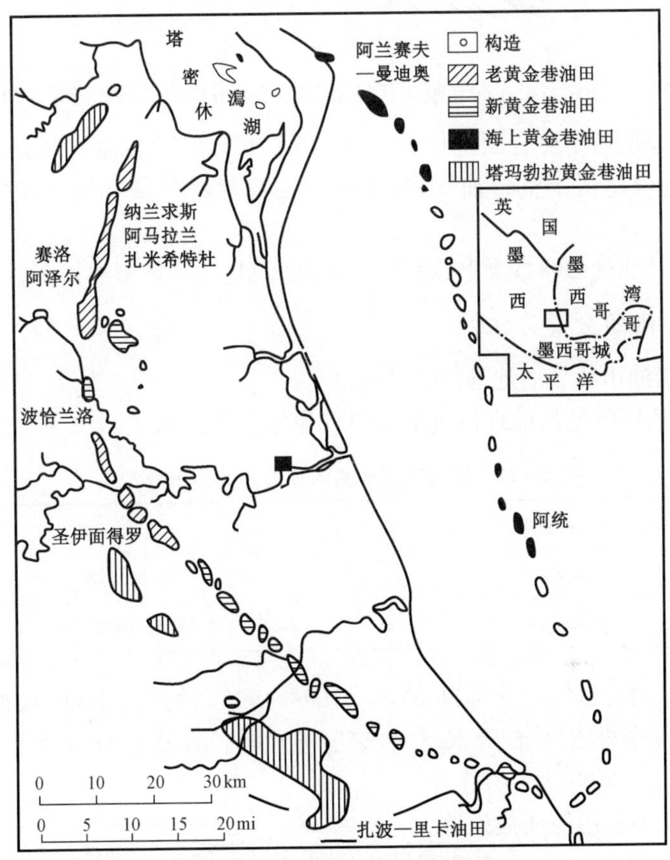

图2-48 黄金巷带及扎波—里卡油田分布图

3)地层不整合油气藏

储层上倾方向或上方直接与不整合面相切被遮挡而形成的圈闭,称不整合圈闭。油气在不整合圈闭中的聚集,称地层不整合油气藏,如图2-49中B、C、D、E所示。

不整合圈闭的形成,是早期地层暴露遭受侵蚀或发生沉积间断,以后又被新的沉积层所覆盖而形成地层不整合(包括假整合)的结果。

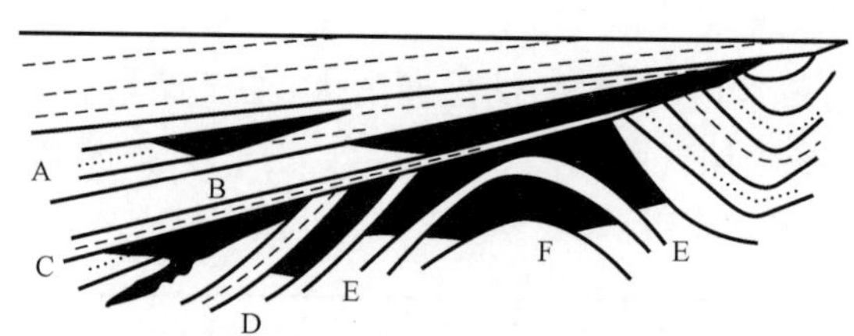

图2-49　不整合圈闭和油气藏及其与非不整合圈闭和油气藏之间的区别示意图

根据储层与不整合面的位置关系，将不整合圈闭和油气藏分为以下三种类型：地层超覆不整合油气藏、潜伏剥蚀突起油气藏和潜伏剥蚀构造油气藏。

以上是油气藏基本类型，我国油气藏常常是几种类型的复合。

2. 其他的分类方法

(1)按油田所处的地理位置分类。

依据油田所处的地理位置把油田分为如表2-27。

表2-27　按油田所处的地理位置的油田分类表

分类	亚类
陆地	东部、西部
海上	滩海、浅海、深海

(2)石油天然气行业标准 SY/T 6169—1995《油藏分类》中根据原油性质、圈闭、储集岩岩性、油气水产状、储层形态等因素分为18大类油藏类型，这里就不一一列举。

(3)我国常用的油藏分类。

根据中国石油《油藏工程开发数据手册》，我国常用的油藏类型有：

① 天然能量油藏。

② 中高渗透注水砂岩油藏：

高渗透：$K \geqslant 500 \times 10^{-3} \mu m^2$；

中渗透：$50 \times 10^{-3} \mu m^2 \leqslant K < 500 \times 10^{-3} \mu m^2$。

③ 低渗透砂岩油藏：

低渗透：$5 \times 10^{-3} \mu m^2 \leqslant K < 50 \times 10^{-3} \mu m^2$；

特低渗透：$K < 5 \times 10^{-3} \mu m^2$。

④ 复杂断块油藏：

中高渗透：$K \geqslant 50 \times 10^{-3} \mu m^2$；

低渗透：$K < 50 \times 10^{-3} \mu m^2$。

⑤ 裂缝性砂岩油藏。

⑥ 砾岩油藏。

⑦ 裂缝性碳酸盐岩油藏。

⑧ 特殊类型油藏。

第七节　储量计算与评估

一、储量基本概念

石油储量是资源的一部分，资源是一个广义的物质名词，它是人类在地球上赖以生存与发展的物质基础。油气储量是石油和天然气在地下的蕴涵量，它是油气田勘探综合评价的重要成果之一，也是制定油田开发方案、确定油田建设规模的投资依据，一个完整的开发方案或者调整方案必须有一个完整的储量报告。

一个油田从勘探到开发经历几个不同的阶段，随着认识的不断深入，对地质规律的认识不断深化，因此计算的储量和储量级别也在不断修正。

1. 地质储量

地质储量是指在钻探发现油气后，根据已发现油气藏的地震、钻井、测井和测试等资料估算求得的已发现油气藏中原始储藏的油气总量。地质储量分为探明地质储量、控制地质储量和预测地质储量。

2. 可采储量

可采储量是指从油气地质储量中的可采出的油气数量，按地质可靠程度和经济意义可分为七类。

3. 剩余可采储量

剩余可采储量是指已经投入开发的油气田，在某一指定年份还剩余的可采储量。剩余可采储量随时间而变化。

二、储量计算方法

说明开发储量计算方法,应用重新认识的油藏地质参数,按层组分区块计算地质储量。计算方法要符合《石油天然气储量计算规范》(DZ/T 0217—2005)要求,同时针对不同的油藏类型要分别参照各类油藏储量计算细则。

储量估算方法通常分为三类:类比法、容积法和动态法。

1. 类比法

一般经验确定,类比法一般用在油气藏预探评价阶段。

利用已知相似油气田的储量参数,去类推尚不确定的油气田储量。一般用于推测尚未打预探井的圈闭构造的资源量,或经打少量评价井而获得工业性的油气流,但尚不具备计算储量各项参数的构造。

类比法可分为储量丰度法和单储系数法两种。储量丰度法为单位面积控制的地质储量;单储系数法为单位厚度和单位面积控制的地质储量。

$$\Omega = \frac{N}{A} = 100h\phi S_{oi}/B_{oi} \tag{2-87}$$

$$SNF = \frac{N}{Ah} = 100\phi S_{oi}/B_{oi} \tag{2-88}$$

式中 Ω——储量丰度(Abundance),m^3/km^2;

SNF——单储丰度(Specific OOIP Factor),$m^3/(km^2 \cdot m)$;

N——原始地质储量,m^3;

A——含油面积,km^2;

h——平均有效厚度,m;

ϕ——有效孔隙度;

S_{oi}——原始含油饱和度;

B_{oi}——原始条件下的原油体积系数。

2. 容积法

容积法比较准确,但是参数难取,一般用于方案报告中的地质综合评价计算储量部分,该方法仍是目前常用的方法。

在油气田经过早期评价勘探,基本搞清了含油气构造、油气水分部、储层类型以及岩石和流体物性之后,计算原始地质储量的主要方法是容积法。

$$N = 100Ah\phi S_{oi}/B_{oi} \tag{2-89}$$

在油藏中，溶解气的原始地质储量 G_s 为：

$$G_s = 10^4 N R_{si} \tag{2-90}$$

3. 动态法

动态法比较准确，方法多，需要资料多，包含的方法有：物质平衡方法、产量递减法、矿场不稳态试井、水驱特征曲线、统计方法以及数值模拟法等。

动态法一般是开发中后期，动态资料达到一定程度常用的方法。在计算油气藏原始地质储量和原始可采储量的工作中，常用有效的动态法有：用于定容气藏的压降法，用于定容气藏的弹性二相法，用于水驱油藏的水驱曲线法，用于任何驱动油气藏进入递减期的产量递减法，用于任何驱动油气藏预测模型法等。

三、容积法储量参数确定

根据《石油天然气储量计算规范》（DA/T 0217—2005），地质储量选择容积法计算，其基本公式见式（2－89），其公式中基本参数的确定需要根据实际情况来定。

1. 含油面积确定

含油面积是油气藏已知含油（气）边界范围的地表面积。含油（气）边界是由已知油底、最低已知气底等圈定。通常利用储层顶面积构造圈及所编制的有效厚度等厚图相结合共同确定的。含油面积的大小取决于油藏的圈闭类型、储层物性平面变化趋势和油气水分布规律，是油田勘探成果的综合体现。对构造简单、储层均质、物性稳定的油藏来说，含油面积可根据油水边界确定。实际勘探开发过程中，尤其我国近期勘探发现的油气藏，地质条件复杂，含油边界由油水边界、油气边界、岩性边界、断层边界或地层边界等多种边界构成，只有在查明圈闭形态、储层分布规律、断层和岩性尖灭线的位置、油水界面及控制油气水分布的油藏类型后，才能正确地确定含油边界，确定定含油面积。

1）含油面积圈定原则

（1）考虑油藏类型以及已提交探明储量的含油边界。

（2）受断层控制油藏以断层作为含油边界，断块内油水分布受构造控制的以相当油水界面的构造线作为含油边界。

(3)对以岩性控制为主的井区,含油面积边界外有井控制时,纯油井点与纯水井点之间,以纯油井点外推井距的1/3。纯油井点与未达到工业油流标准或干层井点之间,以纯油井点外推井距的1/2。

(4)对以岩性控制为主的井区,含油边界外无井控制或控制井较远时,参考已开发区块的砂体展布规律和储层预测平面图1m有效厚度等值线,并按照新储量规范要求,外推1.5个开发井井距即450m圈定含油边界。

(5)已完钻开发井区,受岩性控制的边界,以已完钻开发井外推半个井距即150m圈定含油边界。

2)含油边界圈定

以升平油田为例,油藏类型为岩性—构造油藏,北部构造起主导作用,南部构造、岩性双重作用,含油边界主要有断层边界、已探明开发区块探明储量边界、构造圈闭线和开发井外推半个开发井距150m等几种类型,共圈定19个井区的含油面积。

3)含油面积选值

根据含油面积圈定原则,依据井控程度、试油结果及油藏类型,圈定了徐家围子及周边升平、宋芳屯、肇州油田葡萄花油层39个储量计算单元的含油面积,面积总计137.09km^2,见表2-28。

表2-28 升平油田徐家围子地区葡萄花油层含油面积取值表

区块	计算单元	油藏类型	含油面积(km^2)	区块	计算单元	油藏类型	含油面积(km^2)
升24-24	升14-082	岩性—构造油藏	0.69		升60-42	岩性—构造油藏	1.18
	升58-以北	岩性—构造油藏	0.55		升68-31	构造—岩性油藏	1.13
	升28-068	岩性—构造油藏	1.64		升74-26	岩性—构造油藏	1.95
	升24-24	岩性—构造油藏	0.91		升84-16	岩性—断层油藏	0.94
	升401	岩性油藏	1.49	升74	升94-18	岩性—断层油藏	0.71
升36-040	芳29	岩性—断层油藏	2.12		升53	构造—岩性油藏	3.83
	升36-040	岩性—构造油藏	1.42		升532-F1	断层油藏	0.88
	升42-8	岩性—构造油藏	4.05		升532	岩性油藏	0.19
	升56-035	岩性—构造油藏	2.55		升74	岩性—构造油藏	3.36
	升154	岩性—构造油藏	0.81	小计			30.40

2. 有效厚度确定

确定有效厚度的两个最主要的因素是渗透率和流体饱和度。鉴于定量测定渗透率比较困难,人们普遍利用孔隙度、泥岩含量和含水饱和度等指标作为评估有效厚度的标准。确定有效厚度需要考虑的另一个因素是储层的连通性。某层段可能满足所有的技术指标,却不和任何产油层连通,这样也不能将其定为纯产层。但这一标准很难进行量化,在实际工作中还存在问题。利用压力测试数据可以很好地解决这一问题。在一个静态油藏中,所有的压力数据都遵从着由连续流体密度所确定的压力梯度。另外,通过与其他井进行地层对比,也有助于确定产层的连通性。

有效厚度确定的一般步骤是:

(1)数据的采集;

(2)数据的技术评估;

(3)有效厚度和储集岩的筛选标准;

(4)汇总及结果确认,有时是交叉进行的。

对于容积法确定最小有效厚度,最有效的方法是进行敏感性分析。在此,需要对确定有效厚度的各种物性下限值进行汇总。通过从总厚度中排除非产层,孔隙度、厚度、渗透率和烃饱和度计算的剩余厚度最大。敏感性分析一定要依据地层测试的结果,该方法可能与流体的流动特征关系不大,但是容积法的主要目的是准确地评估油气储量,因此该方法是重要的依据。根据评估指标组合,汇总一组井的数据,然后把搜集的数据与各项指标对比,这样就实现了净储层敏感性的量化评估。

1)油水层识别图版

按照《××地区已探明油田葡萄花油层油水层、有效厚度标准研究》,采用葡Ⅰ1—4大于1.0m、葡Ⅰ5—9大于1.0m、葡Ⅰ1—4小于1.0m、葡Ⅰ5—9小于1.0m四张油水层判别标准图版,分别确定深三侧向视电阻率和自然电位两项电性参数:

葡Ⅰ1—4,厚度大于1.0m时:油层 $R_{LLD3} \geq 1.50SP/R_m + 1.92$,同层或水层 $R_{LLD3} < 1.50SP/R_m + 1.92$;

葡Ⅰ5—9,厚度大于1.0m时:油层 $R_{LLD3} \geq 2.82SP/R_m + 0.88$,同层或水层 $R_{LLD3} < 2.82SP/R_m + 0.88$;

其中,R_{LLD3}为深三侧向视电阻率,Ω·m;SP为自然电位,mV;R_m为泥浆电阻率,Ω·m。

以上油水层判断图版精度均大于90%。

2)有效厚度标准

(1)物性下限标准。

××地区葡萄花油层应用试油方法(34 口井 35 个层,其中 6 个层压裂)编制了单位厚度采油强度与空气渗透率关系图,确定的油层有效厚度物性标准中空气渗透率下限为 $1.0\times10^{-3}\mu m^2$。

由××地区葡萄花油层 47 口井、1349 个岩心分析数据,作空气渗透率与有效孔隙度关系图版,二者有很好的相关性,对应于空气渗透率 $1.0\times10^{-3}\mu m^2$,有效孔隙度为 14.0%,因此油层有效厚度物性标准中有效孔隙度下限为 14.0%。

统计 23 口取心井 146 个物性、岩性、含油产状层,制作了徐家围子地区葡萄花油层含油产状关系图版,物性好,含油产状级别高。对应于物性下限标准,含油产状下限标准为油斑,相应岩性为粉砂岩。图板精度 88.4%。

综上所述,徐家围子地区葡萄花油层岩心划分有效厚度物性标准为:有效孔隙度为 14.0%,空气渗透率为 $1.0\times10^{-3}\mu m^2$的油斑粉砂岩。

(2)电性下限标准。

对探评井、开发首钻井和开发井油层有效厚度进行划分与解释,解释标准见表 2-29 和表 2-30。

表 2-29　××地区已探明油田葡萄花油层有效厚度测井解释标准表

<table>
<tr><th colspan="4">油层有效厚度测井解释标准</th><th colspan="2">扣除高阻夹层标准</th><th colspan="4">扣除低阻夹层标准</th></tr>
<tr><th colspan="4">微电极曲线形态</th><th rowspan="3">声波时差(μs/m)</th><th rowspan="3">微梯度值(Ω·m)</th><th colspan="2" rowspan="2">微梯度曲线</th><th colspan="2" rowspan="2">浅侧向曲线</th></tr>
<tr><th colspan="2">锯齿状</th><th colspan="2">尖峰状</th></tr>
<tr><th>深三向视电阻率(Ω·m)</th><th>微梯度值(Ω·m)</th><th>深三向视电阻率(Ω·m)</th><th>微梯度值(Ω·m)</th><th>中值(Ω·m)</th><th>回返程度(%)</th><th>中值(Ω·m)</th><th>回返程度(%)</th></tr>
<tr><td rowspan="3">≥7.0</td><td rowspan="3">≥4.0</td><td rowspan="3">≥7.5</td><td rowspan="3">≥6.5</td><td>≤270</td><td>≥15.0</td><td rowspan="2">≤13.0</td><td rowspan="2">>17.0</td><td rowspan="2">≤14.0</td><td rowspan="2">>18.0</td></tr>
<tr><td>≤260</td><td>≤15.0</td></tr>
<tr><td>>270</td><td>>17.5</td><td>>13.0</td><td>>22.0</td><td>>14.0</td><td>>26.0</td></tr>
</table>

表 2-30　葡萄花油层引进系列有效厚度测井解释标准

<table>
<tr><th>测井系列</th><th colspan="4">取舍层标准</th><th>扣低阻夹层标准</th></tr>
<tr><td rowspan="2">引进</td><td>深侧向(Ω·m)</td><td>微球聚焦(Ω·m)</td><td>声波时差(μs/ft)</td><td>密度(g/cm³)</td><td>微球回返程度(%)</td></tr>
<tr><td>≥9.5</td><td>≥10.0</td><td>≥75.0</td><td>≤2.45</td><td>>35.0</td></tr>
</table>

统计57层岩心物性标准与测井解释标准所划分的有效厚度对比结果，岩心总有效厚度61.4m，测井总有效厚度58.0m，测井比岩心少划了3.4m，测井划分54层有效厚度，比岩心少划3层，测井标准层数划准率94.7%，有效厚度误差为-5.5%。

(3)有效厚度确定。

利用有效厚度解释标准，对已完钻井进行单井单层有效厚度解释，纵向上按一个储量单元，取心井段采用物性法，并结合试油成果确定有效厚度，未取心井段或取心收获率低的井段采用电性标准，并结合试油成果确定有效厚度；利用每一个井点的有效厚度解释结果，绘制砂岩厚度和有效厚度等值图，对探明未开发井区，在平面上不同井区采用等值线面积权衡有效厚度值，对探明已开发井区，采用井点算术平均值法确定井区有效厚度，见表2-31。

表2-31 ××油田升53、升401、升42-8区块单元平均有效厚度选值表

区块	计算单元	含油面积(km^2)	井数(口)	单井有效厚度分布范围(m)	平均有效厚度(m)		
					算术平均	等值线面积权衡	取值
升74	升60-42	1.18	6	0.4~2.5	1.48	1.84	1.5
	升68-31	1.13	10	2.6~7.5	5.12	4.84	4.8
	升74-26	1.95	7	1.3~2.7	1.9	1.44	1.4
	升84-16	0.94	3	0.6~6.9	3.27	3.14	3.1
	升94-18	0.71	6	1.0~8.0	2.94	2.98	2.9
	升53	3.83	4	1.7~5.2	3.38	3.03	3.0
	升532-F1	0.88	2	0.3~2.85	2.54	2.44	2.4
	升532	0.19	1	5.2	5.2	3.83	3.8
	升74	3.36	5	1.45~3.0	2.18	1.96	2.0
升24-24	升14-082	0.69	2	3.35~3.4	3.38	2.83	2.8
	升58以北	0.55	7	3.4~6.3	4.54	4.52	4.5
	升28-068	1.64	14	0.8~3.9	2.43	2.41	2.4
	升24-24	0.91	9	0.4~8.0	3.93	3.94	3.9
	升401	1.49	5	2.6~7.2	3.07	2.83	2.8

3. 有效孔隙度确定

石油储存在岩石孔隙中，准确估算储层的孔隙体积是储量计算中一项十分重要的工作。砂岩孔隙大致可分为两类:一类是半径大于0.1μm,流体可以从中通过的连通孔隙;另一类则是半径小于0.1μm的微毛管孔隙和不连通的“死”孔隙。储量计算中使用的有效孔隙度参数,以实验室直接测定的岩心分析数据为基础。孔隙度的精度与其测定方法有很大关系,不同地层的岩样应选择合适的测定方法。

徐家围子及周边升平、宋芳屯、肇州油田葡萄花油层,取心井段采用有效厚度层段岩样块数平均法计算单层有效孔隙度;未取心井段或取心收获率较低的井段,采用测井计算公式计算。

通过对研究区与主体区内葡萄花油层取心井的研究分析,依据72口井130个层的声波时差、自然电位相对值与岩心分析的有效孔隙度作为研究解释模型的参数,再经过声波时差测井曲线的标准层校正和泥质含量的相对校正后,回归得到经验公式:

$$\phi = -10.8222 + 2.6414DSP + 0.1058\Delta t \qquad (R = 0.84) \qquad (2-91)$$

式中 Δt——目的层校正后的声波时差值,μs/m;

DSP——目的层的自然电位相对值,%;

ϕ——测井计算的有效孔隙度,%。

经单井单层测井计算与岩心分析的有效孔隙度对比,平均绝对误差0.94%,可应用于油层有效孔隙度参数的解释。对含油面积内39个井区的开发井及首钻井进行解释,单井采用有效厚度权衡求平均值,平面上采用等值线面积权衡值,有效孔隙度分布区间为20.2%~23.2%,葡萄花油层有效孔隙度校正采用地下有效孔隙度为地面有效孔隙度的96%进行校正,综合确定储量计算的地下有效孔隙度见表2-32。

表2-32 ××地区葡萄花油层有效孔隙度取值表

油田	井数(口)	单井有效孔隙度范围(%)	井点平均值(%)	等值线面积权衡值(%)	地下有效孔隙度值(%)	有效孔隙度取值(%)
升平	186	18.4~26.4	22.9	23.0	22.1	22.0
宋芳屯	57	19.3~25.6	23.0	23.2	22.3	22.0
徐家围子	125	18.2~24.9	21.9	21.3	21.0	21.0
肇州	149	18.5~22.2	20.9	20.2	20.1	20.0

4. 原始含油饱和度确定

油藏中油水分布现状是驱动力和毛管压力平衡的结果。所以地下油、水饱和度受毛管压力和浮力等因素的控制。确定原始含油饱和度的方法较多,但没有一种方法确定的饱和度数值能既准确又全面代表油藏数值,必须使用多种方法,相互补充,综合选取采用值。

大油田一般以油基钻井液或密闭取心井岩心分析的束缚水饱和度为依据,制定空气渗透率与含水饱和度关系图版和测井解释图版。一方面通过渗透率查出备取心井的束缚水饱和度,从而算出取心井的原始含油饱和度平均值;另一方面用测井图版解释所有生产井的原始含油饱和度,并计算平均值。然后将两种方法计算的结果列在同一张表内,根据本油田地质情况、测井条件以及井所处的构造位置等因素,分析各自的精度和代表性,以一种方法为主,选取采用值。在测井解释图版精度较高的油田,由于测井解释中包括了油基钻井液或密闭取心井,一般取心井和所有生产井的平均值最有代表性,可直接作为储量计算中的采用值。由于以上两种做法都以油基钻井液和密闭取心分析为基础,在选取采用值时应校正岩心分析过程中可能出现的系统误差。

对于没有油基钻井液或密闭取心井的中、小油田,或勘探程度较低的基本探明储量和控制储量,应在毛管压力曲线计算、测井解释等间接方法上下功夫,与邻近油田类比确定。其他相渗透率曲线的束缚水饱和度和水基钻井液取心井的残余油饱和度在取值时也有参考意义。

油水过渡带内的油层,位于纯含油段的下部,含油饱和度低且变化大,需单独选取采用值。

徐家围子及周边升平、宋芳屯、肇州油田葡萄花油层,为解决探评井未取心井段及开发井含油饱和度解释问题,采用三肇地区肇262密闭取心井含水饱和度与有效孔隙度关系曲线,统计回归出测井解释含油饱和度公式:

$$S_w = 4.8 + 6.1675\phi^{-1.11107} \tag{2-92}$$

$$S_o = 95.2 - 6.1675\phi^{-1.11107} \tag{2-93}$$

式中 S_w——含水饱和度;

S_o——含油饱和度;

ϕ——有效孔隙度。

计算升平油田含油饱和度为63.6%,宋芳屯油田为62.0%,徐家围子油田为60.3%,肇州油田为58.3%。

本次新增储量原始含油饱和度,应用上述公式,根据各油田的有效孔隙度与含油饱和度的关系,取各油田的含油饱和度值见表2-33。

表 2－33　××地区葡萄花油层新增探明储量含油饱和度选值表

油田	公式计算饱和度	有效孔隙度	已探明储量选值	含油饱和度取值
1	0.636	0.220	0.600	0.620
2	0.620	0.220	0.600	0.620
3	0.603	0.210	0.600	0.600
4	0.583	0.200	0.650	0.580

5. 原始原油体积系数的确定

原始地层原油体积系数是确定油藏体积的一个关键参数，它是根据油气本身的性质和油藏的原始压力、温度计算出来的。实际工作中，可以通过对所研究油层的实验室数据来确定。当油藏数据不充分时，可以借用类比油藏的数值。原始地层原油体积系数和平均地面原油的密度可以通过取样，生产测试和生产动态开发数据等手段确定。此外，还可以利用诸如束缚水饱和度、泥质含量和原始测井数据等资料来确定。

根据新增储量研究区内 30 口井和附近区块的 7 口(共计 37 口)井的高压物性取样资料，各油田各区块原始原油体积系数取值，见表 2－34。

表 2－34　××地区葡萄花油层新增探明储量区块原油体积系数取值表

油田	区块	高压物性分析				原油体积系数取值
		井数(口)	样品数(个)	分布范围	算术平均值	
1	1	3	3	1.057～1.088	1.0713	1.071
	2					
	3	4	4	1.073～1.102	1.0853	1.085
2	4	4	4	1.079～1.091	1.0865	1.087
	5	1	1	1.096	1.096	1.096
	6	2	2	1.082～1.1095	1.0885	1.089

6. 原始气油比确定

地层原油中溶有天然气，不同类型油藏的地层原油溶解天然气的量差别很大。溶解气油比是衡量地层原油中溶解天然气的物理参数。溶解气油比的大小，取决于地层内的油、气性质、组分、地层温度和饱和压力的大小。原油相对密度越低，则溶解气量越高。溶解气油比也是 PVT 实验要取得的一个重要参数，实在无法取得时，也可以利用经验公式加以计算。

根据新增储量研究区内30井和附近区块的7口(共计37口井)的高压物性取样资料,各区块原始气油比取值,见表2-35。

表2-35 ××地区葡萄花油层新增探明储量区块原始气油比表

油田	区块	高压物性				地层原油密度(t/m³)	原始气油比取值(m³/t)	原始气油比取值(m³/m³)
		井数(口)	样品数(个)	分布范围(m³/t)	算术平均值(m³/t)			
1	1	3	3	13.4~21.6	16.77	0.820	17	14
	2							
	3	4	4	16.8~33.3	22.6	0.818	23	19
2	4	4	4	15.33~22.05	18.6	0.807	19	15
	5	1	1	23.0	23.0	0.812	23	19
	6	2	2	20.2~22.3	21.25	0.805	21	17

根据新增储量研究区内149口井地面原油分析资料,各油田各区块地面原油密度取值见表2-36。

表2-36 ××地区葡萄花油层新增探明储量区块原油密度选值表

油田	区块	井数(口)	样品数(个)	分布范围(t/m³)	算术平均值(t/m³)	原油密度取值(t/m³)
1	1	21	30	0.8630~0.8870	0.8608	0.861
	2	8	13	0.8552~0.8773	0.8672	0.867
	3	12	14	0.8574~0.8869	0.8716	0.872
2	4	30	44	0.8478~0.8689	0.8682	0.868
	5	22	31	0.8553~0.9096	0.8686	0.869
	6	9	11	0.8530~0.8736	0.8645	0.865

根据上述储量参数的取值结果,按储量规范中容积法公式计算某地区新增石油探明地质储量为$\times 10^4$t,含油面积$\times$km²。

四、储量计算与评价

在地质综合评价过程中,一般采用容积法计算油藏储量,随着对储层精细化认识的进一步加深,比如重新进行了地层的细分对比,沉积相重新划分,重新落实了边界断层的位置,测井二次解释和油水层重新识别等,导致含油面积和厚度的变化，计算的储量也是逐年变化的。因此，储量每年都要在新的认识的基础上进行核算。

储量计算单元一般是纵向上到小层，平面上到油砂体，如表 2 –37 所示为××油田××断块 2008 年四个油组的储量计算参数表。

表 2 –37　××油田××断块储量参数表

油组	含油小层数（个）	叠合面积（km^2）	厚度（m）	孔隙度（%）	S_o（%）	B_o	单储系数［$10^4t/(km^2·m)$］	储量合计（10^4t）
Ⅱ	16	1.53	9.65	22.00	64.00	1.159	9.37	145.46
Ⅲ	21	2.22	11.00	20.00	60.00	1.159	8.51	207.76
Ⅳ	15	1.08	6.29	19.00	67.00	1.159	7.45	59.7
Ⅴ	15	1.1	5.37	20.00	60.00	1.159	7.54	49.05
合计	67	2.38						461.97

第八节　储层地质建模

一、储层建模目的

储层建模，顾名思义就是建立储层的地质模型，其目的就是通过在油气勘探和开发过程中所取得的地震、测井、钻井等方面的资料，对储层的各方面特性进行描述，达到储层评价的目的。与目前现场广泛采用的勘探阶段和开发准备阶段油藏描述的重大差别就是要求建立全定量化的储层地质模型，是前者研究的进一步深入。就“描述”本身的含义而言，储层建模具有下述三方面的特点。

1. “描述”的预测性

“描述”的本义在于通过取自地下油藏储层的零星信息，对储层的几何形态、成因、类型、容积、渗流能力等各个主要侧面，进行客观真实的再现。如果说一个“客观”的描述真正达到了其真实性，那么，基于该描述所建立的储层地质模型应该具有强大的预测能力。它不仅可以预测本油藏中未揭示部分的特征，还可以应用于类似油藏储层的预测，这一预测功能就可以成为人们找油与开采中的强有力的工具。

2.“描述”的层次性

由于油气勘探开发具有明显的阶段性，在不同的阶段新投入的勘探开发工作量及所取得的资料信息差异很大。因此，各阶段储层描述的精细程度具有明显的差异，这就反映出了储层描述的层次性。当前，由储层描述所建立的储层地质模型大致有三类：概念模型——用于评价和开发设计阶段；静态模型——应用于开发实施及早、中期的开发阶段；预测模型——应用于二次采油开发后期和三次采油阶段。

3.“描述”的定量化

定量化即所描述的储层特征应尽可能地以定量的参数形式加以表述，易于成像，并且应以三维可视化为最终目标。这是目前一般油藏模拟中的基本要求。

二、储层建模方法和流程

1. 储层建模方法

国内外储层建模的方法有确定性建模和随机性建模两种，前者是对井间未知区给出确定性预测结果，后者是对未知区应用随机模拟方法，给出多种可能的、等概率的预测结果。

1）确定性建模方法

确定性建模是对井间未知区域给出确定性的预测结果，即试图从具有确定性资料的控制点（如井点）出发，推测出井间确定的、唯一的储层参数。传统地质方法的内插编图，克里金作图和一些数学地质方法作图都属于这一类建模方法。

2）随机性建模方法

储层随机建模是20世纪90年代以来在地质研究领域发展的最新技术，作为对储层非均质性进行模拟和对所有不确定性进行评估的最佳方法，随机性建模技术被广泛应用。

随机建模是指以已知的信息为基础，基于随机函数理论，应用随机模拟方法，产生可选的、等概率的储层模型的方法。本来地下储层具有确定的性质和特征，但是在现有资料不完善的条件下，人们对它的认识总会存在一些不确定的因素,难于掌握储层的真实特征或性质,从而认为储层具有随机性。该方法承认控制点以外的储层参数具有一定的不确定性。因此,建立的储层模型不是一个,而是几个,即在一定范围内的几种可能实现,以满足油气田开发决策在一定风险范围内的正确性,这是与确定性建模方法的重要区别。对于每一种实现即模型,所模拟参数的统计学理论分布特征与控制参数统计分布特征是一致的,即所谓等概率。各个实现之间的差别则是储层不确定性的直接反映。如果所有实现都相同或相差很小,说明此模型中的不确定性因素少,如果各实现之间相差较大,则说明不确定性大。

根据研究现象的随机特征,可将随机模型分为离散型模型和连续性模型。离散型模型用于描述具有离散性质的地质特征,如砂体分布,隔层分布,岩石类型分布,裂缝和断层分布大小、方位等。标点过程、截断高斯随机域、马尔柯夫随机域及两点直方图等即属离散型随机模型。

连续性模型用来描述储层参数连续性变化的特征,如孔隙度、渗透率、流体饱和度的空间分布,高斯域、分形随机域等即属于连续型模型。

2. 储层地质建模流程

储层地质模型是油藏综合评价的基础,油藏地质模型是将油藏各种地质特征在三维空间的变化及分布定量表述出来的地质模型,地质模型可以直观反映本地区油气藏形成条件、分布规律和油气富集因素等复杂的地质条件,在勘探开发过程中可以起到预测作用,它是油藏描述的最终成果,是油藏综合评价和油藏数值模拟的基础,是油田开发方案制定和调整的地质依据。

一般先根据地质、物探、测井和试井试采资料建立油藏地质模型,依据开发进程,初期建立概念模型,随之建立静态模型,最后建立预测(动态)模型,建立地质模型的目的是进一步认识油层特征,核实油藏地质储量,为油藏模型提供三维地质参数和地质图件。油藏地质模型是油藏综合评价的基础,可以直观反映本地区油藏形成条件、分布规律和油气富集因素等复杂的地质条件,在勘探开发过程中可以起到预测作用,是油田开发方案制定和调整的地质依据,为油藏数值模拟研究提供地质基础。

1)建立油藏沉积模式

首先开展油藏描述工作,对油藏的地质、油层的非均质特征、沉积相的详细描述,根据油藏的沉积相研究建立反映油藏特征的沉积模式。

油藏描述分析的目的是综合所有的岩心、测井和生产动态等资料得出一个适用于全油田油藏模拟输入的储层模型。全油田分析不只是在逐井基础上进行工作，而是得出一个全油田一致的储层模型。

油藏描述必须综合所有井，特别是关键井，全面分析研究的结果，最大限度地发挥现有资料的作用，评价基本参数如孔隙度、渗透率和饱和度等空间分布，结合沉积相分析提供油田的地质模式。

2）地质沉积模式网格化

根据油藏描述要求和模拟模型的许可条件下将地层网格化，即对地质模型进行简化，这种网格化的模型即能代表油藏沉积相的地质特征，又有利于计算机的模拟。

3）沉积模式地质参数选取

根据油层沉积模式，提供地层网格的砂岩分布、孔隙度和渗透率分布、流体饱和度以及分布模式的相应参数，核实地质储量。

三维油藏地质模型是将按照以上步骤将油藏各种地质特征三维空间的变化及分布定量表述出来的地质模型。它是油藏描述的最终成果，一般情况下，一个完整的油藏地质模型应该由构造模型、储层模型、流体模型以及驱替模型等构成，见图2－50，其中前三项通常称为静态模型。

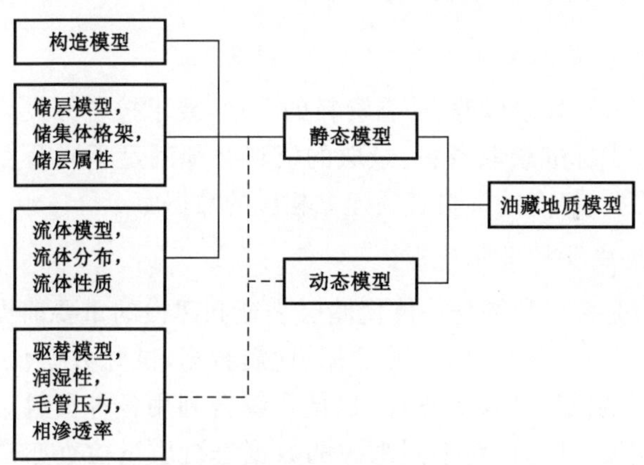

图2－50 油藏地质模型的构成

三、储层建模准备

1. 建模的基础资料

建模的基础资料即一体化数据库。一体化数据库是指在一个被控制的和安全的环境内可交互地进行存储、检索和共享勘探开发数据的一种数据储存系统,是一体化油藏研究的关键要素之一。静态和动态高质量数据的获得及迅速地利用这些数据将永远是研究工作流程中必需的条件,一体化油藏建模研究的开始总是以收集所有的现有科学的数据库和其他来源的数据而开始的。

通常情况下,建模所用的资料大致概括为三大类:井筒资料、地震资料及储层地质数据库。

(1)井筒资料:用于建立工区的井点数据,包括井位坐标,井轨迹、补心海拔、综合录井资料、岩心描述及分析化验资料、测井及综合解释成果资料、试油试采资料、生产动态资料。

(2)地震资料:用于解释地层及构造信息的地震数据体。地震反演数据体,用于提供预测储层信息。

(3)储层地质数据库:测井储层参数解释结果,地层对比及小层数据、油藏空间形态、规模和性质、储层非均质特征等。

2. 基础资料格式标准化处理

1)基础资料基本要求

必须重视各开发阶段静、动态资料的录取;要求按各开发阶段有关资料录取要求和技术标准录取资料;录取的资料必须满足不同开发阶段的精细油藏描述的需要;已有的资料必须建立相应的数据库。

2)数据集成及标准化处理

数据集成是多学科综合一体化储层表征和建模的重要前提。集成各种不同比例尺、不同来源的数据(井数据、地震数据、试井数据、二维图形数据等),形成统一的储层建模数据库,以便于综合利用各种资料对储层进行一体化分析和建模。同时,对不同来源的数据进行质量检查亦是储层建模的十分重要的环节。为了提高储层建模精度,必须尽量保证用于建模的原始数据特别是硬数据的准确可靠性,而应用错误的原始数据进行建模不可能得到符合地质实际的储层模型。因此,必须对各类数据进行全面的质量检查。

3)数据格式

不同的建模软件对数据有不同的格式要求,能否很方便有效地将各类基础数据应用到油藏描述和建模中是衡量一个软件是否能具有普及性和实用性的条件之一,Petrel 接受几乎所有的数据类型,注意带空格和 Tab 分界的数据都能通过普通 ASCⅡ浮点数读取。

4)数据加载

建立井工区需要加载的数据有井的管理文件(well header)、井斜轨迹(well deviation)、井曲线(well logs)、砂体解释、单井微相解释、油气水综合解释结论和井的地层分层数据(well tops)。操作中要求对每口井做补心海拔校正,以保障油藏数据与地下实际情况相吻合。

地震数据体、反演数据体、井间地震数据均按标准的 SEG-Y 格式加载;地震解释的层、断层等文件根据解释所用的解释系统定义相应的加载格式。

所有建模的数据均按各自的标准化格式建立成库,便于后续工作的数据查询。

5)地质建模软件系统

建模软件一般都充分利用地震资料(控制横向构造的变化)、测井资料(解决储层物性纵向非均质变化)以及储层约束反演资料(研究井间储层形态和物性变化)、动态生产资料及其他软件的输出结果,再加上各种建模条件的相互约束。

国内外建模软件很多,主要有 Geostat,Gridstat,S. M. A. R. T,FastTracker,TUBA,Petrel,Monarch,GeoTools,STORM 等。目前,地质建模用得最多的建模软件是 Petrel。

四、三维油藏地质建模技术与应用

1. 构造建模技术

油藏构造简单地说就是油藏在三维空间的形态,它受区域、局部构造运动以及沉积环境等因素的影响而千差万别。油藏构造地质模型是描述油藏在三维空间形态的地质模型。现代油藏描述中的油藏构造模型主要是利用微分的思维方式将连续的油藏顶面网格化并借助当今地质统计学原理和先进的计算机技术来确定各网格中心点或网格角点在三维空间的位置来实现的。

对于新油田,在井资料有限的情况下,地震解释成果是构造建模的基础,利用地震构造、断层等解释成果和地层的分层原则求出每一小层的顶部构造,即可建立三维油藏构造地质模型。对于成熟度较高的老油田,在井较多的情况下,来自小层对比的小层顶部深度资料是构造建模的基础,各井的井口坐标、井口补心海拔以及井斜等资料又是用来校正各小层顶部深度等数据的。利用这些资料就可以建立油藏构造模型。

由于我国大部分油藏是陆相碎屑岩油藏,储层分布不稳定,层内、层间非均质性严重,储层连通性差,低渗透储层比重较大,东西部构造成因有别,东部主要以正断层为主,西部构造中逆断层较多,要描述准确单砂体的顶部构造比较困难。但是随着近几年来地质统计学的进步和计算机等高新科技的发展,这些复杂问题绝大部分已经得到较好的解决。

在三维油藏构造建模中,断层封挡技术、多边界技术以及标志层约束下的单砂体微构造技术是非常关键的实用技术。

1)断层封挡技术

断层封挡技术就是指构造离散点网格化过程中,将断层以分隔面或分隔线的形式,放入三维或二维构造离散点数据体中,通过断层和离散点的相对位置关系,控制每个网格点构造数值的技术。断层封挡技术理论简图见图2-51、图2-52。

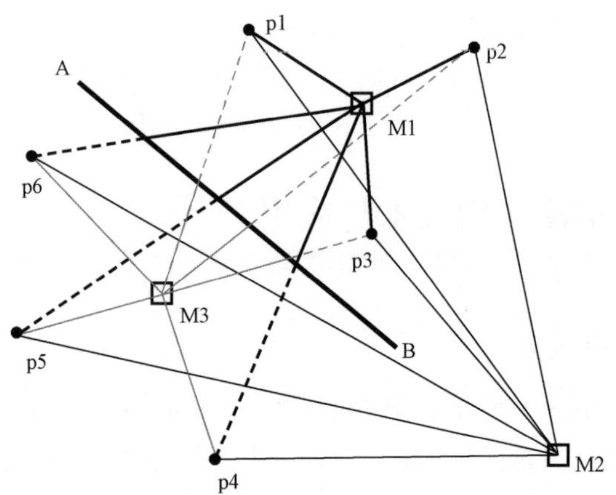

图2-51 二维空间上断层封挡示意图

在图2-51中,断层封挡技术的详细原理可以描述为:二维面上,AB是一条断层,p1、p2、p3、p4、p5、p6是已知的构造离散点,M1,M2,M3是被估计的构造网格场中的三个未知点。在计算M1点时,由于p4、p5、p6三个点与M1点的连线为断层所封堵,故这三个点对计算M1点构造时不起作用,对

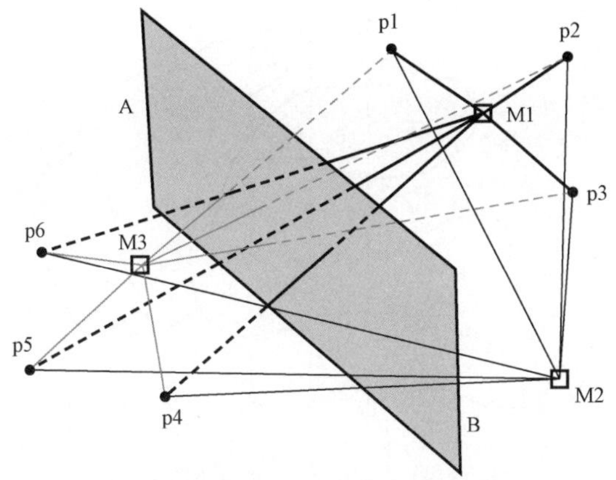

图 2－52　三维空间上断层封挡示意图

M1 点来说，只有 p1、p2、p3 三个点是有权重点，也就是说 M1 点的构造值受这三个点的影响；同理，M3 点的构造值只受 p4、p5、p6 三个点的影响；但 M2 点的构造值受 p1、p2、p3、p4、p5、p6 六个点的影响。

在图 2－52 中，断层封挡技术的详细原理可以描述为：三维空间上，AB 是一条断面，p1、p2、p3、p4、p5、p6 是三维空间中已知的构造离散点，M1，M2，M3 是被估计的构造网格场中的三个未知点。在计算 M1 点时，由于 p4、p5、p6 三个点与 M1 点的连线为断面所封堵，故这三个点对计算 M1 点构造时不起作用，对 M1 点来说，只有 p1、p2、p3 三个点是有权重点，也就是说 M1 点的构造值受这三个点的影响；同理，M3 点的构造值只受 p4、p5、p6 三个点的影响；但 M2 点的构造值受 p1、p2、p3、p4、p5、p6 六个点的影响。

2）多边界技术

多边界技术就是针对储层连通性差、储层非均质性严重、储层分布复杂多变且分布零散的油藏的某种属性进行处理时，人为或在某种属性约束下划定的一系列有效范围，规定了只有这些范围内或外的某些属性必须按某种规律进行处理的方法。

多边界技术的理论简图以二维为例，见图 2－53。

在图 2－53 中，A、B、C、D 分别是按某种要求和规律划定的四个区域（边界），在这些区域上要做一些事件，不妨假设为判断 m 点是在哪个区域这一事件，为此，首先过点 m 向横轴（x 轴）作垂线 L，然后，分别保持 y 值不变 x 值减/加去一个无穷小值 dx，形成两个点 m1 和 m2，再过 m1、m2 两点分别作

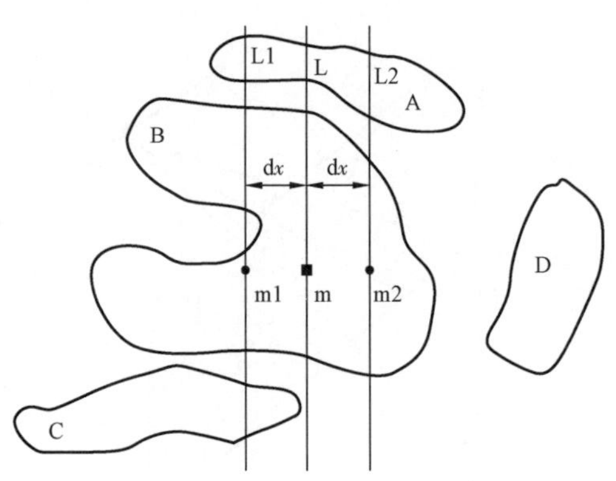

图 2－53　多边界技术理论示意图

垂线 L1 和 L2,如果这三点中的两点都满足在 B 区的线/边交叉条件,就认为 m 点肯定在 B 区内。

3)标志层约束下的单砂体微构造技术

标志层约束下的单砂体微构造技术就是利用同一环境中绝大部分相临沉积体构造形态相似的原理,把构造信息量大而且准确的标志层作为构造约束层,将有限的小层单井顶部构造资料作为已知离散点数据,求出工区范围各个小层的顶部构造场,建立起各小层的构造地质模型的方法。

标志层约束下的单砂体微构造技术的理论简图,见图 2－54。图 2－54 是一张剖面图,层 A 是一个分布面积较广的层,它可以是储层也可以是非储层,也许它在地震剖面上有明显显示,7 口井 w1、w2、w3、w4、w5、w6、w7 全部钻遇该层,这种层就可以作为标志层。

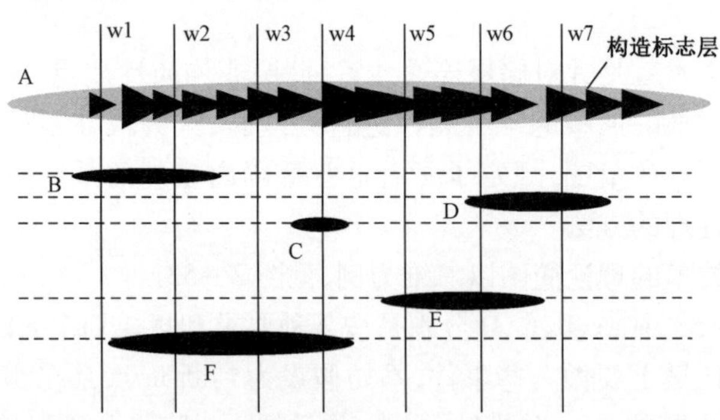

图 2－54　标志层约束下的单砂体微构造技术示意图

储层B、C、D、E、F都是透镜体，分别有2、1、2、2、3口井钻遇这些透镜体储层。仅靠这2、3口井几乎不能控制小透镜体的顶部构造，这些层就作为目标层。以对B透镜体的构造处理为例说明“标志层约束下的单砂体微构造技术”的数学实现。因为w1、w2两口井均穿过A、B两层，对w1井，不妨假设从A层顶到B层顶的距离为D_{w1}；对w2井，不妨假设从A层顶到B层顶的距离为D_{w2}；由于储层B的伸展范围有限，故w3、w4、w5、w6、w7井没有钻遇它，若将B储层的范围延伸的和A层的一样，B储层虚拟部分的顶部构造应该和A层顶部构造的大趋势一致，所以，就可以用基于D_{w1}、D_{w2}上计算出来的D_{w3}、D_{w4}、D_{w5}、D_{w6}、D_{w7}作为直接约束值求出B储层虚拟区域的顶部构造值，这样就保证B储层构造离散点网格化后形成的构造模型不会和A层构造模型交叉窜层。

2. 构造建模思路及实例

不论油藏怎样复杂，要建立一个较为准确的油藏构造模型供油田开发或调整方案使用，一般都要经过图2－55的处理过程。

以××砂岩油气田为例。该油气田储层属于中生界白垩系地层，建模工区面积118km^2，有生产井20多口，它的构造非常复杂，鼻状构造为纵横交错的40条断层所切割成为复杂断块构造。构造建模是该油田地质建模的难点，该油气田构造地质模型的建立主要依靠地震数据和小层对比数据，地震上提供了4个标准层面的构造三维离散点数据，断层位置数据，开发上提供了20多口井的28个小层的顶部构造离散点。在4个标准层面顶部构造和各层面断层位置的约束下将28个小层的三维顶部构造地质模型求出。

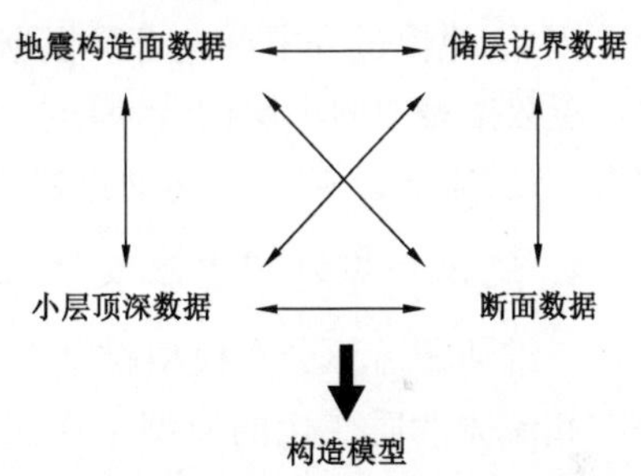

图2－55　构造建模思路图
（双向箭头表示相互约束）

3. 储层属性建模思路及实例

储层属性建模，无论是随机建模还是确定性建模，其建模思路都遵循图2－56的流程。

××砂岩建模区是××低渗透油田的水平井试验区，面积2.5km^{2}左右。根据钻井资料显示，本区钻遇了泉头组及以上地层。自下而上依次为白垩系下统泉头组三段（未穿）泉头组四段、青山口组、姚家组、嫩江组，白垩系上

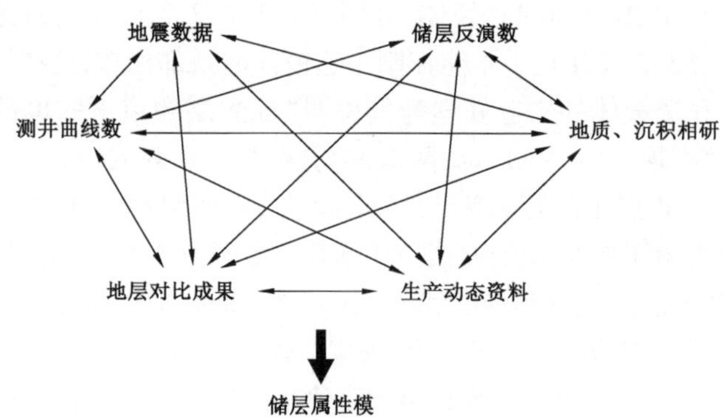

图 2-56 储层属性建模思路图(双向箭头表示相互约束)

统四方台组、新生界新近系泰康组及第四系。建模的难点是该区块井较少且井分布又不均匀,所属的24口斜井集中在西侧呈南北向分布,参与建立该区块储层属性模型的西部相邻区块中的所有53口井也都是斜井,顶部构造资料仅有一张二维地震解释出来的构造图。

因此,建模过程中首先必须根据井口坐标、井身测斜测井数据,来校正斜井小层数据表中的小层构造、厚度、有效厚度、孔隙度、渗透率、含油饱和度等数据,然后建立岩相模型,再通过岩相控约束建立其他储层属性地质模型。

4. 流体分布建模思路及技术

三维油藏流体分布模型就是表征储层内油、气、水饱和度在三维空间中分布和流体性质变化的模型。在流体分布地质建模技术中,确定复杂油气藏中流体分布的技术非常重要。

流体分布地质模型的建立都要遵循图2-57的流程。在油、气、水饱和度、构造、储层属性、岩相、沉积相等资料相互约束下建立流体分布模型。

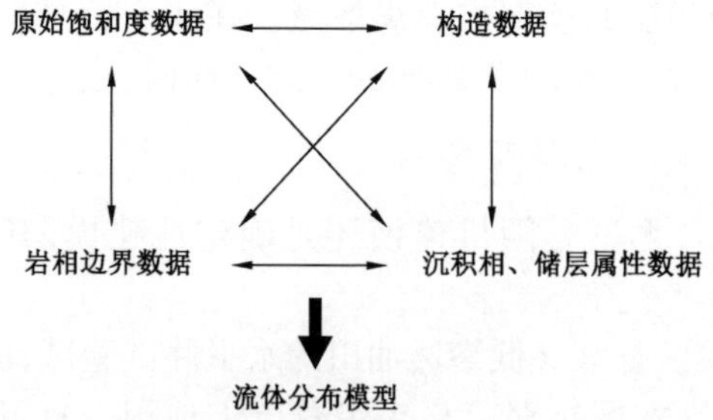

图 2-57 流体分布建模思路图(双向箭头表示相互约束)

不同油藏类型中流体分布的影响控制因素不同。

构造油气藏油水/气水界面受构造控制，一般情况下，它是一个水平面，油气藏中流体的分布比较简单，油水/气水界面以上地层如果具备储层的特征，油、气的饱和度可以取一平均值或插值，油水/气水界面以下地层如果具备储层的特征，水的饱和度一般都给 1.0。

岩性油气藏油、气、水的分布受岩性控制。建模时，首先确定有效的岩性边界，采用多边界技术计算出模型中油、气、水饱和度的数值。

构造 + 岩性油气藏可能有多个油、气水界面，有的甚至是油藏的一部分受构造控制，另外一部分受岩性边界控制。建模时，采用构造、储层厚度、储层孔隙度、油气水界面、岩性边界共同约束技术，就可以求出模型中的油、气、水分布。图 2－58 是复杂类型油气藏中流体饱和度分布示意图。

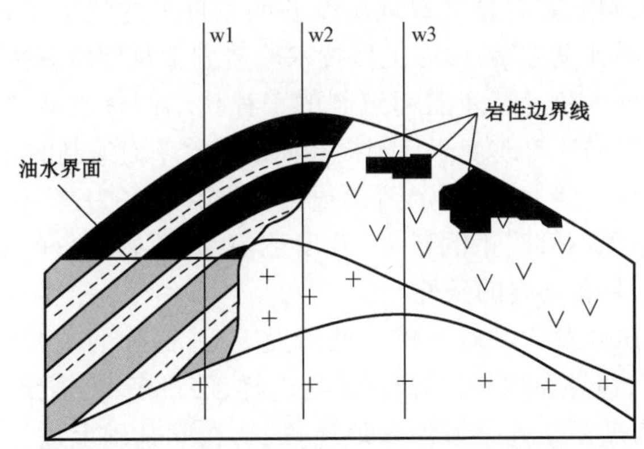

图 2－58 复杂类型油气藏中流体饱和度分布示意图

对于新油田，在井资料有限的情况下，油藏类型研究（构造、油气水界面、岩性边界）地震反演资料、沉积相认识、测井解释成果、试井资料等是储层流体分布建模的基础，利用这些资料相互约束建立储层流体分布地质模型。

对于成熟度较高的老油田，在井较多的情况下，油藏类型研究（构造、油气水界面、岩性边界）小层对比、油水系统划分、测井解释成果、沉积相认识、生产测井、试井、井间地震、储层反演等资料，是储层流体分布建模的基础，利用这些资料相互约束建立储层流体分布地质模型。

第三章　油藏工程开发方案设计方法

油田开发方案包括油田开发规划方案、新区开发方案、老区开发调整方案、注采调配方案、地面工程技术改造方案和三次采油提高采收率方案。

油田开发规划方案是研究确定年度及中长期油田开发总体目标的开发方案；新区开发方案是围绕新储量合理开发动用而编制的开发方案；老区开发调整方案是针对已开发油藏单元层系井网的不适应性进行调整而编制的开发方案；注采调配方案是针对现层系井网条件下的注采矛盾进行注采状况调整而编制的开发方案；地面工程技术改造方案是围绕解决地面注采、集输工程系统合理高效运行矛盾而编制的工程技术调整改造方案；三次采油提高采收率方案是针对改变驱替剂提高原油采收率而编制的开发方案。

油田开发投入巨大，不确定因素很多，风险极大，为避免巨额亏损或资源严重浪费，不犯不可改正的错误，开发之前，必须做充分的准备。开发方案的编制，必须具备必要的条件。

储量是油田开发的物质基础。油田发现后，面临的主要问题是该油田（油藏）有多大，边界在哪儿，其内部结构怎样，储量多大，需要对油藏进行全面钻探和评价，需要系统录取油藏地质资料，在此基础上进行充分论证后，才有条件编制正式开发方案。开发准备工作通常包括部署开发资料井和开辟生产试验区进行先导试验，特别是对大油田，要掌握油层连通展布情况、储层特征和非均质性变化；要充分了解油藏开发特征、注采适应性和产能变化情况，进行开发层系、井网、井距、注采关系和注采强度的优化及技术工艺的适应性研究。

油田开发方案编制前要开展资料录取、前期研究和必要的开发先导试验。新区方案编制前要做到储量落实，构造、储层、油水关系等相对清楚，试采资料较为齐全，单井产能达到商业开采价值；老区调整方案编制前要通过动态监测、油藏动态分析、精细地质研究和油藏数值模拟等技术手段，认清开发存在的问题和潜力；三次采油方案编制前要做到技术相对成熟、对油藏的适应性较好、工艺流程可靠、具有商业应用价值。开发规划方案编制前要做到油田开发状况清楚、油田开发潜力明确、油田开发趋势把握准确。

中国石油《油田开发管理纲要》规定油藏工程方案应该包含油藏评价部署方案、油田开发方案和油田开发调整方案。

含油构造或圈闭经预探提交控制储量(或有重大发现),并经初步分析认为具有开采价值后,进入油藏评价阶段。油藏评价阶段的主要任务是:编制油藏评价部署方案;进行油藏技术经济评价;对于具有经济开发价值的油藏,提交探明储量,编制油田开发方案。油藏评价项目的立项依据是油藏评价部署方案,要按照评价项目的资源吸引力、落实程度和开发价值等因素进行优选排序,达不到标准的项目不能编制油藏评价部署方案,没有编制油藏评价部署方案的项目不能立项。

对于不具备整体探明条件但地下或地面又相互联系的油田或区块群,如复杂断块油藏、复杂岩性油藏以及其他类型隐蔽油气藏,应首先编制总体油藏评价部署方案,指导分区块或油田的油藏评价部署方案的编制。

油藏评价部署方案的主要内容应包括:评价目标概况、油藏评价部署、油田开发概念方案、经济评价、风险分析和实施要求等。具体内容如下:

(1)评价目标概况应概述预探简况、已录取的基础资料、控制储量和预探阶段取得的认识及成果。

(2)油藏评价部署要遵循整体部署、分批实施和及时调整的原则。不同类型油藏应有不同的侧重点。要根据油藏地质特征(构造、储层、流体性质、油藏类型、地质概念模型、探明储量估算和产能分析等)论述油藏评价部署的依据,提出油藏评价部署解决的主要问题、评价工作量及工作进度、评价投资和预期评价成果。

(3)油藏评价部署的依据及工作量应根据需解决的主要地质问题确定。为了满足申报探明储量和编制开发方案的需要,应提出油藏评价工作录取资料要求和工作量,其主要内容包括:地震、评价井、取心、录井、测井、试油、试采、试井、室内实验和矿场先导试验等。投资核算要做到细化、准确、合理,预期评价成果要明确。

(4)油田开发概念方案包括油藏工程初步方案、钻采工艺主体方案、地面工程框架和开发投资估算。油藏工程初步方案应根据评价目标区的地质特征和已有的初步认识,提出油井产能、开发方式及油田生产规模的预测;钻采工艺主体方案要提出钻井方式、钻井工艺、油层改造和开采技术等要求;地面工程框架要提出可能采用的地面工程初步设计;开发投资估算包括开发井投资估算和地面建设投资估算。

(5)经济评价的目的是判断油藏评价部署方案的经济可行性。主要内容包括总投资估算、经济效益的初步预测和评价。

(6)风险分析主要是针对评价项目中存在的不确定因素进行风险分析,提出推荐方案在储量资源、产能、技术、经济、健康、安全和环保等方面存在的问题和可能出现的主要风险,并提出应对措施。

(7)实施要求应提出油藏评价部署方案实施前应做的工作、部署方案工作量安排及具体实施要求、部署方案进度安排及出现问题的应对措施。

与油田开发方案相比,油藏评价方案在研究内容上有所侧重,但研究方法相似,不再单独论述。油田开发调整方案将在第四章中论述,本章重点介绍油藏工程开发方案设计与方法。油田开发方案中的油藏工程方案主要内容应包括:开发方针与原则、开发方式、开发层系、井网和注采系统、产能研究、监测系统、指标预测、经济评价、多方案的经济比选及综合优选和实施要求。油藏工程方案应以油田或区块为单元进行编制。

(1)油田地质是油藏工程方案的基础,应综合地质、地震、录井、测井、岩心分析和试油试采等多方面的资料进行。油田地质的主要研究内容是:构造特征、储层特征、储集空间、流体分布、流体性质、渗流特性、压力和温度、驱动能量和驱动类型、油藏类型、储量计算和地质建模。

(2)按油藏类型(中高渗透率砂岩油藏、低渗透率砂岩油藏、稠油油藏、砾岩油藏、断块油藏等)选择合适的开发模式。对于特殊类型油藏(特低渗、致密油、超稠油和复杂岩性油藏等)要做好配套技术研究和可行性论证。

(3)开发层系、布井方式和井网密度的论证必须适应油藏地质特点和流体性质,充分动用油藏储量,使油井多向受效,波及体积大,经济效益好。

(4)油藏工程方案要进行压力系统、驱动方式、油井产能和采油速度的论证,合理利用天然及人工补充的能量,充分发挥油井生产能力。

(5)多方案的综合优选必须包括采用水平井、分支井等开采方式的对比。要提出三个以上的候选方案,在经济比选的基础上进行综合评价,并根据评价结果对方案排序,提供钻采工程、地面工程设计和整体优化。设计动用地质储量大于 1000×10^4t 或设计产能规模大于 20×10^4t/a 的油田(或区块),必须建立地质模型,应用数值模拟方法进行预测。

(6)对于大型、特殊类型油藏和开发难度大的油田要开展矿场先导试验,并将矿场先导试验成果作为油田开发方案设计的依据。

新油田全面投入开发3a后,对开发方案的实施效果进行后评估,评估主要内容就是开发方案设计指标的合理性,《油藏工程管理规定》要求实施后满足如下考核指标:

(1)产能到位率:一般油田≥90%,复杂断块油田≥85%;

(2)初期平均含水符合率:一般油田≥90%,复杂断块油田≥85%;

(3)水驱控制储量:一般油田≥90%,复杂断块油田≥85%。

第一节　油田开发方针与原则

一、开发方针

正确的油田开发方针是根据国民经济对石油工业的要求和油田开发的长期经验总结制定出来的,要服从“少投入,多产出”,以经济效益为中心,科学保护环境,合理利用资源,确保完成原油产量的总目标。开发方针的正确与否,直接关系到油田生产经济效果的好坏与技术上的成败,制定油田开发方针应考虑以下几个因素:

(1)采油速度,即以什么样的采油速度进行开发;

(2)油田地下能量的利用和补充;

(3)油田最终采收率的大小;

(4)油田稳产年限;

(5)油田开发经济效果;

(6)各类工艺技术水平;

(7)对环境的影响。

这些因素往往是相互依赖又相互矛盾的,要统筹兼顾,全面考虑。根据国内外油田开发经验和国家能源需求情况,制定出科学的油田开发方针,并不断补充和完善。

二、开发原则

合理开发油田的总原则应该是利用油田自然条件,充分发挥人的主观能动性,高速度、高水平地开发油田,以满足国家对石油日益增长的需要。必须依照对石油生产的总方针,根据市场的需求,针对所开发油田的情况和现有的工艺技术水平与地面建设能力,制定具体的开发原则与技术政策界限。具体原则是:

(1)在油田客观条件允许的前提下(指油田地质储量、油层物性、流体物性),高速度地开发油田,保证顺利地完成国家和油区按一定原则分配的计划任务。

(2)最充分地利用天然资源,保证油田获得最高的采收率。

(3)最好的经济效果,用最少的人力、物力和财力,尽可能地采出更多的石油。

为满足以上原则,应对以下几方面的问题作出具体的规定。

1. 规定采油速度与稳产期限

一个油田必须要以较高的采油速度生产,以满足国家对能源的需求,同时要对稳产期或稳产期的采收率有明确的规定。二者必须根据油田的地质开发条件和采油工艺技术水平以及开发的经济效果来确定。油田类型不同,其规定也不同。稳产期的采收率一般标准是应使原始可采储量的相当大部分在稳产期内采出。

2. 规定开采方式和注水方式

在开发方案中必须对开采方式作出明确规定,说明驱动方式、开发方式如何转化,什么时间转化及相应的措施。如果采取注水法开采,应确定注水时间及注水方式。

3. 确定合理的开发层系

开发层系是由一些独立的、上下有良好隔层、油层性质相近、驱动方式相近、具备一定储量和生产能力的油层组合而成的。它用独立的一套井网开发,是一个最基本的开发单元。当开发一个多油层时,必须正确划分和组合开发层系。一个油田用几套层系开发,是开发案中的重大决策问题,是涉及油田基本建设规模大小的重大技术问题,也是决定油田开发效果的重要因素,因此必须慎重加以解决。

4. 确定合理的开发步骤

开发步骤是指从布置基础井网开始,一直到完成注采系统、全面注水和采油的整个过程中所必经的阶段和每一步具体做法。合理的开发步骤要根据科学开发油田的需要而具体制定,并要具体体现油田开发方针。通常应包含以下几个方面:

(1)基础井网的部署。基础井网是以某一主要含油层系为目标而首先设计的基本生产井和注水井。它也是进行开发方案设计时作为开发区油田地质研究的井网。研究基础井网，要进行准确的小层对比，作出油砂体的详细评价，提供进一步层系划分和井网部署的依据。

(2)确定生产井网和射孔方案。根据基础井网，待油层对比工作完成后，依据层系和井网确定注水井和采油井的原则，全面部署各层系的生产井网，编制射孔方案，进行射孔投产。

(3)编制注采工艺方案。在全面钻完开发井网后，对每一开发层系独立地进行综合研究，在此基础上落实注采井井别，确定注采层段，最后根据开发方案要求编制出相应的注采工艺方案。

5. 确定合理的布井原则

合理布井要求在保证采油速度的条件下，采用最少井数的井网，最大限度地控制住地下储量，以减少储量损失。对注水开发油田，还必须使绝大部分储量处于水驱范围内，保证水驱控制储量最大。由于井网是涉及油田基本建设的中心问题和油田今后生产效果的根本问题，所以除了要进行地质研究外，还应采用渗流力学方法，进行动态指标计算和经济指标分析，最后作出开发方案的综合评价，并选出最佳方案。

6. 确定合理的采油工艺技术和增注措施

在方案中必须根据油田的具体地质开发特点，提出应采用的采油工艺手段，尽量采用先进的工艺技术，使地面建设适应地下实际情况，使增产增注措施充分发挥作用。

此外，在开发方案中，还必须对其他有关问题作出规定，如层间、平面接替问题，稳产措施问题以及必须进行的重大开发试验等。

第二节 开发方式

一、天然能量评价

1. 能量评价主要方法

不同的能量驱动方式决定了油藏的开采方式、开采特征、采收率和布井方式等。某一驱动方式是指油层在开发过程中，某一种能量起主导作用，在整个开采过程中不是固定不变的，它可以随着开发的进行和措施的改变而发生变化。例如一个边水油藏,边水比较活跃,开发初期,产生压降,油藏的弹性能将发生作用,当油藏压力趋于稳定,弹性能又被水压能的作用淹没,如果边水不活跃,而油藏局部地区要强化采油,局部压力降低到饱和压力,该处将转为溶解气驱,同时伴随着重力驱动和毛管压力现象,驱油的能量由两种或两种以上主要能量组成,这就是常见的综合驱动方式。

当有两个以上的驱动能量同时作用于油藏时,为了确定不同开发阶段各种驱动能力在驱油中起的作用的相对大小,引进驱动指数的概念。根据油藏开发的实际数据,可以确定驱动指数的大小和变化,即各种流体的膨胀量占总采出量(油、气、水的总量)的百分数,以上各种所有驱动指数之和等于1。

任一开发阶段的各种驱动能量都占一定的百分比,哪种能量为主称为某种驱动油藏,某种驱动指数减少,必然引起其他驱动指数的增加,从而可确定该阶段油藏的驱动类型。如果油藏中没有哪一项驱动作用,或不考虑,则驱动指数为0。在开发过程中,驱动指数在不断发生变化,应该及时调节开发方式,向驱动效率高的方式转化。不同驱动方式下的评价方法如下。

1)弹性驱动油藏

(1)原始地层压力高于饱和压力几倍以上,原始气油比低,油藏边部渗透性差,或为封闭边界,在一般采油速度条件下地层压力下降特别快,油井产量递减快。

(2)根据油藏总压缩系数与地饱压差的乘积,可得出靠消耗弹性能量采出的阶段采收率。根据总压缩系数与原始地层压力的乘积,得出最大弹性采收率。

(3)根据总压降与采出程度关系曲线,依据经验,一般采出百分之一地质储量地层压力下降值,其值一般在3MPa以上。

(4)根据试采阶段实际累计产量与该阶段理论弹性产量之比,得出弹性产量比值。纯弹性驱动油藏的弹性产量比约等于1,其他驱动类型油藏的弹性产量比大于1。理论弹性产量为试采阶段总压降、总压缩系数和原油地质储量三者的乘积,具体标准见表3-1。

表3-1 弹性驱动油藏能量分级

弹性产量比值 Q_E	>30	10~30	2~10	<2
分级	充足	较充足	有一定	不足

测算弹性采收率和弹性产量比值的计算公式如下。

弹性采出程度计算公式：

$$R_b = C_t(p_i - p_b) \tag{3-1}$$

最大弹性采收率计算公式：

$$R_m = C_t \cdot p_i \tag{3-2}$$

弹性产量比值计算公式：

$$Q_E = \frac{N_p}{N \cdot C_t(p_i - p)} \tag{3-3}$$

式中　R_m——最大弹性采收率；

R_b——弹性采出程度；

C_t——油藏总压缩系数，MPa^{-1}；

p_i——油藏原始地层压力，MPa；

p_b——油藏饱和压力，MPa；

Q_E——弹性产量比值；

N_p——试采阶段累计产油量，t；

N——油藏原始地质储量，t；

p——试采阶段末油藏地层压力，MPa。

2）天然水驱油藏

（1）经测井、试油资料证实有边水或底水存在，油藏含油与含水部分渗透性好。动态特点是在高速开采条件下原始地层压力下降非常缓慢，关井后油藏边部油井压力恢复快；边部油井和射孔段靠近底水的油井见水早，含水率上升快；生产气油比接近原始气油比；油井产量稳定或递减较慢。

（2）根据测井、取心和试油资料，划分出油层底部和水层顶部界线。根据油藏构造条件和周围水域情况，考察有无地面供水露头或地下供给水源，初步确定属于封闭型弹性供水系统，或者属于开启型刚性供水系统。

（3）根据总压降与采出程度关系曲线，计算采出百分之一地质储量地层压力下降值。比较活跃的天然水驱油藏，其值一般为0.02～0.2MPa；弹性水压驱动油藏其值可达0.8～2MPa。

（4）根据试采动态资料，按不同的水动力系统（平面径向流、直线流和半球形流系统），用水动力学方法计算出天然水侵系数和在一定采油速度下的天然水侵量，确定水体大小。对于边、底水比较活跃的天然水驱油藏，水体体积一般为油藏体积的40倍以上;弹性水压驱动油藏水体体积一般为油藏体积的10~40倍。测算水体大小和天然水侵量的计算公式如下。

(5)稳定流法计算油藏天然水侵量公式。

① 薛尔绍斯(Schilthuis)计算油藏天然水侵量公式:

$$
\begin{aligned}
W_e &= k\int_0^t (p_i - p)\,dt \\
dW_e/dt &= k(p_i - p)
\end{aligned}
\tag{3-4}
$$

式中 W_e——天然累计水侵量,m^3;

p_i——原始地层压力,MPa;

p——油藏开采到t时间的地层压力,MPa;

t——开采时间,d;

k——水侵常数,$m^3/(MPa\cdot d)$。

② 赫斯特(Hurst)计算油藏天然水侵量修正公式:

$$
\begin{aligned}
W_e &= Ch\int_0^t \frac{(p_i - p)}{\lg(at)}dt \\
dW_e/dt &= \frac{Ch}{\lg(at)}(p_i - p) \\
Ch &= k\lg(at)
\end{aligned}
\tag{3-5}
$$

式中 Ch——赫斯特的水侵常数,$m^3/(MPa\cdot d)$;

a——与时间有关的换算常数。

(6)非稳定流法计算油藏天然水侵量公式。

① 范艾富丁根(Van Everdingen)和赫斯特(Hurst)计算平面径向流系统油藏天然气水侵量公式;

$$
\begin{cases}
W_e = 2\pi r_{WR}^2 h\phi C_e \sum\limits_0^t \Delta p_e Q(t_D, r_D) \\
B_R = 2\pi r_{WR}^2 h\phi C_e \dfrac{\theta}{360°} \\
W_e = B_R \sum\limits_0^t \Delta p_e Q(t_D, r_D)
\end{cases}
\tag{3-6}
$$

式中 B_R——水侵系数,m^3/MPa;

r_{WR}——油水接触面半径,m;

h——天然水域的有效厚度，m；

ϕ——天然水域的有效孔隙度；

C_e——地层水和岩石的有效压缩系数(Cw + Cf)，MPa^{-1}；

θ——水侵的圆周角，(°)；

p_e——油藏内边界上(即油藏平均)的有效地层压降，MPa。

$Q(t_D, r_D)$为无因次水侵量，它是由下面两个公式表示的无因次时间和无因次半径的函数：

$$\begin{cases} t_D = \dfrac{8.64 \times 10^{-2} K_w t}{\phi \mu_w C_e r_{WR}^2} = \beta_R t \\ r_D = r_e / r_{WR} \\ \beta_R = \dfrac{8.64 \times 10^{-2} K_w}{\phi \mu_w C_e r_{WR}^2} \end{cases} \tag{3-7}$$

式中　t_D——无因次时间；

r_D——无因次半径；

r_e——天然水域的外缘半径，m；

K_w——天然水域的有效渗透率，$10^{-3} \mu m^2$；

μ_w——天然水域内地层水的黏度，mPa·s；

β_R——平面径向流的综合参数。

② 纳包尔(Nabor)和巴汉姆(Barham)计算直线流系统油藏天然水侵量公式：

$$\begin{cases} W_e = bhL_w \phi C_e \sum\limits_0^t \Delta p_e Q(t_D) \\ B_L = bhL_w \phi C_e \\ W_e = B_L \sum\limits_0^t \Delta p_e Q(t_D) \end{cases} \tag{3-8}$$

式中　B_L——直线流系统的水侵系数，m^3/MPa；

b——天然水域的宽度，m；

L_w——油水接触面到天然水域外缘的长度，m。

直线流系统的无因次时间表示为：

$$\begin{cases} t_D = \dfrac{8.64 \times 10^{-2} K_w t}{\phi \mu_w C_e L_w^2} = \beta_L t \\ \beta_L = \dfrac{8.64 \times 10^{-2} K_w}{\phi \mu_w C_e L_w^2} \end{cases} \tag{3-9}$$

式中　β_L——直线流的综合参数。

③ 查特斯(Chatas)计算半球形流系统底水油藏天然水侵量公式:

$$\begin{cases} W_e = 2\pi r_{ws}^3 \phi C_e \sum_0^t \Delta p_e Q(t_D) \\ B_s = 2\pi r_{ws}^3 \phi C_e \\ W_e = B_s \sum_0^t \Delta p_e Q(t_D) \end{cases} \tag{3-10}$$

式中　B_s——半球形流的水侵系数,m^3/MPa;

r_{ws}——半球形流的等效油水接触球面的半径,m。

半径形流系统的无因次时间表示为:

$$t_D = \frac{8.64 \times 10^{-2} K_w t}{\phi \mu_w C_e r_{ws}^2} = \beta_s t \tag{3-11}$$

$$\beta_s = \frac{8.64 \times 10^{-2} K_w}{\phi \mu_w C_e r_{ws}^2} \tag{3-12}$$

式中　β_s——半球形流的综合参数。

上述平面径向流系统、直线流系统和半球形流系统,对于无限大天然水域、不同 r_D 的有限封闭天然水域、有限敞开外边界定压天然水域三种情况,无因次水侵量 $Q(t_D)$ 与无因次时间 t_D 的关系数据,均可从《实用油藏工程方法》专用数据表中查出。

3)气顶驱动油藏

(1)经试油证实有原生气顶,油藏边部油层渗透性差,或为封闭边界。主要动态特点是在高速开采条件下原始地层压力下降较快,高部位油井气油比上升快,或出现气窜,油井产量不稳定。

(2)根据测井和试油资料划分出油层顶部和气层底部界线,确定气顶范围。

(3)根据总压降与采出程度关系曲线,计算采出百分之一地质储量地层压力下降值,其值一般为0.6~1MPa。

(4)根据气层分布面积、气顶高度、气层厚度和孔隙度,算出气顶地下体积和气顶指数。高效气顶驱动油藏的气顶指数一般在1左右。

4)溶解气驱油藏

(1)原始地层压力稍高于或等于饱和压力,原始气油比一般较高,但无原生气顶,油藏边部油层渗透性差,或为封闭边界。油田投入开发后,地层压力下降很快,气油比上升迅速,油井产量递减快。

(2)根据高压物性试验确定原始气油比。原始气油比越大,则可利用气体能量越大。

(3)根据高压物性试验确定原油收缩率。其收缩率为15%~30%时,对提高采收率最有利。

(4)根据总压降与采出程度关系曲线,计算采出百分之一地质储量地层压力下降值,其值一般为2~3MPa。

5)重力驱动油藏

(1)原油含气少,储油层倾角大,油藏边部渗透性差,或为封闭边界。原始地层压力低,油井气油比低,产量小,递减慢。

(2)有效的重力驱动,一般地层倾角大于15°,重力因数项大于10。重力驱动产量可用考虑重力作用的原油稳定状态流动达西公式计算。

计算重力因数的公式:

$$F_o = \frac{K_o}{\mu_o} \cdot (\rho_o - \rho_g) \cdot \sin\alpha \tag{3-13}$$

式中 F_o——重力因数;

K_o——原油有效渗透率,$10^{-3}\mu m^2$;

μ_o——原油黏度,mPa·s;

ρ_o——原油密度梯度,10^{-1}MPa/cm;

ρ_g——天然气密度梯度,10^{-1}MPa/cm;

α——地层倾角,(°)。

(3)计算重力驱动产量的公式:

$$q_o = \frac{K_o A}{\mu_o} \cdot (\rho_o - \rho_g) \cdot \sin\alpha \tag{3-14}$$

式中 q_o——重力驱动原油产量,cm^3/s;

A——原油流动通过的横截面,cm^2。

6)综合驱动油藏

(1)根据总压降与采出程度关系曲线,计算采出百分之一地质储量地层压力下降值,其值介于气顶驱动油藏与弹性驱动油藏地层压力下降值之间。

(2)测算油藏天然水侵量和气顶指数,并用物质平衡法计算综合驱动指数(各种驱动能量驱动指数的总和等于1)。测算各种驱动指数的计算公式如下。

(3)未饱和油藏计算驱动指数的公式。

① 天然水驱油藏驱动指数:

$$W_eDI=\frac{W_e}{N_pB_o+W_pB_w} \tag{3-15}$$

② 弹性驱动油藏驱动指数:

$$EDI=\frac{NB_{oi}C_t\Delta p}{N_pB_o+W_pB_w} \tag{3-16}$$

③ 弹性水压驱动油藏驱动指数:

$$EDI+W_eDI=\frac{NB_{oi}C_t\Delta p}{N_pB_o+W_pB_w}+\frac{W_e}{N_pB_o+W_pB_w}=1.0 \tag{3-17}$$

(4)饱和油藏计算驱动指数的公式。

① 溶解气驱油藏驱动指数:

$$DDI=\frac{N(B_t-B_{ti})}{N_p[B_t+(R_p-R_{si})B_g]+W_pB_w} \tag{3-18}$$

② 气顶驱油油藏驱动指数:

$$CDI=\frac{\frac{mNB_{ti}}{B_{gi}}(B_g-B_{gi})}{N_p[B_t+(R_p-R_{si})B_g]+W_pB_w} \tag{3-19}$$

③ 弹性驱动油藏驱动指数:

$$EDI=\frac{(1+m)NB_{ti}(\frac{C_wS_{wi}+C_f}{1-S_{wi}})\Delta p}{N_p[B_t+(R_p-R_{si})B_g]+W_pB_w} \tag{3-20}$$

④ 天然水驱油藏驱动指数：

$$W_eDI = \frac{W_e}{N_p[B_t + (R_p - R_{si})B_g] + W_pB_w} \tag{3-21}$$

⑤ 综合驱动油藏驱动指数：

$$DDI + CDI + EDI + W_eDI = 1.0 \tag{3-22}$$

式中　N——原始原油地质储量，10^4m^3；

m——气顶指数(气顶地下体积与油藏地下体积之比)；

N_p——累计产油量，10^4m^3；

W_p——累计产水量，10^4m^3；

W_e——累计天然水侵量，10^4m^3；

B_{oi}——在原始地层压力下原油体积系数；

B_o——在 p 压力下原油体积系数；

B_w——在 p 压力下地层水体积系数；

B_{gi}——在原始地层压力下天然气体积系数；

B_g——在 p 压力下天然气体积系数；

B_{ti}——地层原油原始总体积系数；

B_t——地层原油双相体积系数；

R_{si}——原始气油比，m^3/m^3；

R_p——累计生产气油比，m^3/m^3；

S_{wi}——束缚水饱和度；

C_w——地层水压缩系数，MPa^{-1}；

C_f——岩石有效压缩系数，MPa^{-1}；

p_i——原始地层压力，MPa；

p——当时地层压力，MPa。

2. 分类指标

以每采出百分之一地质储量地层压力下降值与弹性产量比作为综合评价各种驱动类型油藏天然能量大小的指标。

根据上述两项指标，将油藏依天然能量大小分为以下四类：

(1)天然能量充足的油藏：采出百分之一地质储量地层压力下降值小于0.2MPa，弹性产量比大于30；

(2)天然能量较充足的油藏:采出百分之一地质储量地层压力下降值0.2～0.8MPa,弹性产量比8～30;

(3)天然能量不足的油藏:采出百分之一地质储量地层压力下降值0.8～2MPa,弹性产量比2～10;

(4)天然能量微弱的油藏:采出百分之一地质储量地层压力下降值大于2MPa,弹性产量比小于2。

二、开发方式的选择

随着石油科学和开采技术的发展,油田开采方式不断进步。在19世纪后半叶和20世纪初,人们主要采用消耗天然能量的方式开发油田。直到20世纪三四十年代,人工注水补充能量的开发方式才逐步发展起来,成为石油开发史上的重大突破。但是,到目前为止,并不是所有的油田都采用注水开发,而是有多种的开发方式,归纳起来有以下几种。

1. 天然能量开发

天然能量开发是一种传统的开发方式。它的优点是投资少、成本低、投产快,只要按照设计的生产井网钻井后,不需要增加另外的采油设备,只靠油层自身的能量就可将原油采出地面。因此,它仍是一种常用的开发方式。其缺点是天然能量作用的范围和时间有限,不能适应油田较高的采油速度及长期稳产的要求,最终采收率通常较低。

天然能量开发的主要驱油动力为五种天然的驱动方式:

(1)边底水头压能和弹性能:决定原始压力(埋深、露头),影响因素为原始地层压力、渗透率、水域大小、距离水体的距离,一般地层压力可以恢复。

(2)液体和岩石弹性能:液体和岩石弹性小,地层压力不能自然恢复。

(3)气顶气膨胀能:决定于原生气顶和后生气顶,当地层压力小于泡点压力而且渗透率高时,效果较好。

(4)溶解气膨胀能:一般能量较小,作用不大。

(5)原油重力能:只有在地层倾角较大且无其他驱动力来源的情况下,才能单独地反映出重力驱动作用,作用小于边底水压头。

2. 保持压力开采

要把原油从地下采出来,靠的是油层内的压力。油层压力就是驱油的动力,在驱油过程中要克服各种阻力,首先要克服油层中细小孔道的阻力,还要克服井筒内液柱的重力和管壁摩擦等阻力。只有当油层压力克服了所有这些阻力,原油才能从地下喷至地面,使油田生产正常运行。从前面的介绍知道,依靠天然能量开采一般不能保持油层压力,从而达不到油田长期高产稳产和实现较高采收率的目的。在长期的油田开采实践中,人们找到了一种保持油层压力的方法,就是用人工向油层内注水、注气或注其他溶剂,以向油层输入外来能量来保持油层压力。

1)人工注水

人工注水就是在油田开发过程中,用人工的方法把水注入油层中或底水中,以保持或者提高油层压力。所谓注水方式,就是注水井在油藏中所处的部位和注水井与生产井之间的排列关系。具体注水方式将会在第四节井网部署中进行介绍。

2)人工注气

在油田开发过程中,把气体用人工的方法注入油层中,以保持和提高油层压力。注入气体类型通常包括:二氧化碳、氮气、空气和天然气等。人工注气分为顶部注气和面积注气两种。顶部注气就是把注气井布置在油藏的气顶上,向气顶注气,以保持油层压力;面积注气是把注气井与采油井按某种几何形状,根据需要部署在油田的一定位置上,进行注气采油。

3. 开发方式的比选

对于一个具体的油田,选择开发方式的原则:既要合理地利用天然能量,又要有效地保持油藏能量,以确保油田具有较高的采油速度和较长的稳产时间。为此,必须进行区域性的调查研究,了解整个水压系统地质、水文地质特征和油藏本身的地质、物理特征,即必须了解油田有无边底水、有无液源供给区、中间是否有断层遮挡和岩性变异现象、油藏有无气顶及气顶大小等。

当通过预测及研究确定油田天然能量不足时,则应考虑向油层注入驱替工作剂,如水、气等。

注入剂的选择与储层结构及流体性质有密切关系。当储层渗透率很低时,注水效果通常较差,油井见效慢。若储层性质均匀、渗透性好、原油黏度低、水敏性黏土矿物少,注水开发效果好。当断层或裂隙较多时,注入水或气可能会沿断裂处窜入生产井或其他非生产层。因此,必须搞清断层的走向和裂隙的发育规律,因势利导,以扩大注入剂的驱替面积。开发过程的控制即开发速度的大小,也会对驱动方式的建立产生重大影响。开发速度过大,由于外排生产井的屏蔽遮挡作用,往往使内部井见效受到影响。开发速度过小,满足不了产量的要求。此外,开发速度过大,也可造成气顶和底水锥进、边水舌进,影响最终采收率。

实行人工注水、注气,还要考虑注入剂的来源及处理问题。注入水必然要涉及水质是否与储层配伍及环保等问题。注冷水、淡水,可能会对地下温度、原油物性及黏土矿物产生影响,因而需要考虑是否要加添加剂,是否要作加热预处理等。

显然,向油层注入驱替剂,需要增加油田前期的投资、设备和工作量。因此,需要预测采取这一措施所能获得的采收率大小和经济效益,看是否能得以偿失。

人们最初向油层注水,是当油田开采了相当长的时间,天然能量接近枯竭的时候,为了进一步采出油层中剩余的原油而进行的。这种做法称为晚期注水。在长期的油田开发实践中,人们发现保持油层压力越早,地下能量损耗就越少,能开采出的原油也就越多。于是就有意识地在油田开发初期向油层注水保持压力,这种方法称为早期注水。目前,世界上许多油田都采用了早期注水。我国的大庆油田,在总结了国内外油田开发经验和教训的基础上,根据大庆油田的特点,在油田投入开发的初期,就采用了内部早期横切割注水保持油层压力的开发方式。生产实践表明,由于油层压力保持在一定水平上,油层能量充足,油田产量稳定。

最后,还应该指出,由于水的来源广、价格便宜、易于处理、水驱效果一般较溶解气驱等驱动方式强,故凡是有条件的油田,我国都采用注水方式开发,并取得了显著的经济效益。但也应该指出,它不是唯一的开发方式,它是我国现阶段科技水平的产物,今后必须加以发展。此外,一个油田为了实现有效的注水,还应采取多方面的措施,尤其是工程工艺方面的措施,以提高水驱效果。

总之,人工保持油层压力的方法,要根据油田的具体情况来确定,按照《油藏天然能量评价方法》,水油体积比大于100,单位采出程度地层压降小于0.1MPa,可以完全依靠天然水驱能量开发;水油体积比在10~100之间,单储压降0.1~2MPa,水体活跃程度中等,能量不够充分;水油体积比小于10,单储压降大于2MPa,边底水非常不活跃,不能依靠天然能量开发。

例如,关家堡油田溶解气量较小,馆陶组有一定的天然边底水能量,明化镇组和沙河街组为构造岩性油藏。

应用容积法计算 Ng Ⅰ1 小层的水油体积比,当网格系统只覆盖与庄海 8 主体含油部位相连通的砂体时,水油体积比为 6.43;当网格系统覆盖到整个庄海 4×1、庄海 8 地区时,水油体积比为 20.94。按照《油藏天然能量评价方法》,该区水体活跃程度中等,能量不够充分。

评价 Nm、Ng Ⅰ1 和 Es 的溶解气驱采收率分别为 14.3%、14.7% 和 15.1%;Nm、Es 的弹性驱采收率分别为 0.3% 和 1.8%;Nm、Ng Ⅰ1 和 Es 的水驱采收率分别为 27.4%、27.5% 和 29.6%。

从上述分析看,虽然 Ng Ⅰ1 小层有一定边底水能量,但该区天然能量不足,天然能量驱动采收率低,应立足于早期注水开发。

三、能量补充时机确定

能量补充时机的确定是油田开发方案研究的核心问题之一。一个比较科学、合理的注水时机确定,表明了开发水平的高低。这是一项非常严肃而又困难的工作,不可轻视。下面以注水补充能量为例进行分析。

1. 注水时机

1)早期注水

油田投产同时注水或在压力下降到饱和压力之前就及时注水,保持地层压力处于饱和压力以上。油层内只有油水两相流动,油井有较高的产能,由于有生产压差,调整余地大,有利于保持较高的采油速度和较长稳产期。

优点:能量足、产量高、不出气、调整余地大。

缺点:初期投资大,风险大,投资回收的时间比较长。

适用油藏:地饱压差小,黏度大,要求高速开发的油藏。

2)晚期注水

油田利用天然能量开发枯竭后进行注水,这时的天然能量将由弹性驱转化为溶解气驱,所以溶解气驱之后注水,称为晚期注水,也称二次采油。

溶解气驱以后,原油脱气严重,原油密度增加,采油指数下降,产量下降,注水以后,虽然压力回升,但一般只是在低水平上保持稳定。由于大量溶解气被采出,在压力恢复以后,只是少量游离气重新溶解到原油中去,溶解气和原油性质不能恢复到原始值。因此,在注水以后,采油指数不会有大的提高,而且此时,注水将形成油气水三相,渗流过程更加复杂。但晚期注水方式可以使初期投入少,原油成本低,对原油性质好,面积不大且天然能量比较充足的油田可以考虑。

优点:初期投资小,天然能量利用的比较充分。

缺点:地层原油脱气以后,黏度升高,降低水驱开发的效果,采油速度低。

适用油藏:天然能量比较好,溶解气油比高,油藏比较小,注水受到限制。

3)中期注水

介于两者之间,即在投产初期依靠天然能量开采,当油层压力下降到饱和压力以后,在生产气油比上升到最大值之前进行注水。

使油层压力保持在饱和压力或略低于饱和压力,形成水驱混气油驱动方式,对开发有利;如果油层压力略低于饱和压力(一般15%以内),此时,从原油中析出的气体尚未形成连续相,这部分气体有较好的驱油作用,通过注水将压力恢复到饱和压力以上,此时,脱出的游离气可以重新溶解到原油中,虽然不能恢复到原始状态,但生产压差可以大幅度提高,仍然可以获得较高的产量。

优点:既能利用天然能量,又能保证水驱的开发效果,投资回收也较早。

缺点:界限不好把握。

适用油藏:地饱压差大,油层物性好。

上述注水方式,注水过程中,周围油井同时在稳定的工作制度下进行生产。下述介绍几种特殊的注水方式。

4)超前注水

油井投产之前,注水井开始进行投注,补充地层能量。有利于保持地层压力,提高单井产能。

优点:能量足、产量高。

缺点:初期投资大,风险大,见水时间较早。

适用油藏:低渗透、异常低压油藏。

5)异步注水

主要做法是,阶段性调整注水周期或者注水量等工作制度,通过注水和采油工作制度的调整,对油藏压力进行再平衡,以发挥渗吸作用,进而扩大波及体积。采用类似做法的还有周期注水、脉冲注水、注水吞吐等注水方式，主要区别在于注水时机、注水量和注水周期。

优点：发挥渗吸作用，扩大波及体积。

缺点：现场施工难度加大，界限不好把握，工艺设备风险加大。

适用油藏：裂缝性、低渗油藏，致密油藏。

2. 影响因素

要确定注水时机，需要考虑几个影响因素：

(1)天然能量的大小：如有的边水充足且活跃，水压驱动能够满足油田开发要求时，就不必采用人工注水方式；如有的油田地饱压差大，有较大的弹性能量，就不必采用早期注水。总之，要充分利用天然能量，提高经济效益。

(2)储量规模的大小和对产量要求：不同油田由于地质和地理条件以及储量规模不同，对产量要求不同。从技术经济角度来看，宏观经济的石油市场对其影响也是不同，如小断块油藏和整装大油田。

(3)油田开采特点和开采方式：不同油田由于地质条件差别大，考虑选用不同的开采方式。采用自喷开采时，就要求注水时间相对较早一些，压力保持的水平相对较高。有的原油黏度高，非均质性严重，只能适用机械采油，油层压力就没有必要保持在原始油层压力附近，也就不一定早期注水。

(4)考虑油藏经营管理者追求的目标：原油采收率最高、未来的纯收益最高、投资回收期最短、油田的稳产期最长，尤其对于海上油气藏的开发。

对于其他注入介质的能力补充时机确定，其设计内容与注水时机类似，在此不再详述。

第三节 开发层系划分与组合

油层的层状非均质性是影响多油层开发部署和开发效果的最主要因素。合理划分与组合开发层系，是从开发部署上解决多油层层状非均质性的基本措施。

实际上，所发现的绝大多数油田属于非均质多油层或多油藏。这些油层的特性彼此相差很大，开发过程中也会出现各种矛盾，不能同井合采。因此，在研究多油层油田开发的问题时，首先应认识划分开发层系的意义，掌握划分开发层系的原则和方法。

一、划分目的及意义

所谓开发层系的划分与组合,就是把特征相近的含油小层组合在一起,与其他层分开,用单独一套井网开发,以减少层间干扰,提高注水纵向波及系数及采收率,并以此为基础,进行生产规划、动态分析和调整。

划分开发层系以及开发层系划分的多少,完全取决于多油层油藏的非均质性,重点考虑如下因素:

(1)储油层性质差别。纵向上有多油层,层间性质差别很大,主要体现在油砂体的几何形态、分布面积和渗透率上。大庆油田在剖面上可以细分几十到100多个单油层,有效渗透率从$1 \sim 2 \times 10^{-3}\mu m^2$到几十$10^{-3}\mu m^2$,有效厚度0.2m到10多m。依据不同岩性分砂岩、砾岩、泥岩、碳酸岩盐、变质岩和火成岩等储层,各层岩性存在差别,层间非均质性比较严重。

(2)各层油水关系差别。油气水关系以及油气水层关系不同,有的简单,有的复杂。例如,有底水油藏和边水油藏,带气顶油藏和纯油藏,边水活跃和边水不活跃的油藏,水夹层、气夹层等,必须在开发中认真考虑。

(3)天然能量差别。不同油层或不同区域,可能有不同的天然能量,开发时要采用不同的开采方式,充分利用天然能量。

(4)油气水的性质、压力差别。各层原油黏度、压力系统存在差别,对待这类油藏要采取不同的措施开采,另外,凝析气藏与一般气藏不同,相态差别较大。

开发多油层油田,必须重视对开发层系的划分,储量动用程度和采收率的高低与开发层系的划分和组合有极大的关系。

1. 有利于充分发挥各类油层的作用

油田内各油层在纵向上由于沉积环境和条件不一样,可能造成岩石及流体性质差异。若多层合采生产,必然要出现层间干扰,使油井产量下降;若高、低渗透层合采时,由于低渗透层的油流阻力大,它的生产能力往往受到限制;高、低渗透层合注时,注水量几乎全部被高渗透层吸收,高渗透层过早水淹或水窜,造成油井水淹,使采收率下降;若高、低压层合采,则低压层往往不出油,甚至高压层的油向低压层倒流;稠油层和稀油层合采时,稠油层的生产能力也不易发挥出来。为了充分发挥各类油层的生产能力,必须划分开发层系,这是实现油田稳产、高产、提高采收率的一项重要措施。

2. 划分开发层系是部署井网和规划生产设施的基础

确定了开发层系，一般就确定了井网套数，使研究和部署井网、注水方式以及地面生产设施的规划和建设成为可能。每一个开发层系，都应独立进行开发设计和调整，如井网注采系统、工艺手段，都需独立作出规定。

3. 采油工艺技术的限制

采油工艺的任务就是充分发挥各类油层的作用。油田开发过程中为减少层间干扰，实现各类油层都能吸水或产液，往往需要采取分层注水、分层采油、分层控制的工艺措施。采油工艺技术的发展水平要求必须划分开发层系，以便更好地发挥采油工艺技术手段的作用，使油田开发效果更好。

4. 油田高速开发的需求

为充分发挥油层的作用，就必须划分开发层系，这样才能提高采油速度，加速油田开发，缩短开发时间，提高基建投资的周转率。

二、划分与组合原则

根据国内外划分开发层系的经验教训，特别是老君庙、克拉玛依、大庆油田在层系划分方面的经验，合理组合与划分开发层系的一般原则是：

(1)一个独立的开发层系应具有一定的储量和单井控制储量，以保证油井能满足一定的采油速度，并有较长的稳产时间和较好的经济指标。

(2)同一开发层系的各油层特性要相近，以保证各油层对注水方式和井网具有共同的适应性，减少开发过程中的层间矛盾及单层突进。油层性质包括：沉积条件、渗透率、油层分布和层内非均质程度等。例如，各层渗透率级差不能超过4~5倍。

(3)各开发层系间必须有良好隔层，以便在注水开发的条件下，层系间能严格分开，确保层系间不发生窜通和干扰。隔层厚度一般要求在5m以上。

(4)同一开发层系内油层的构造形态、油水边界、压力系统和原油物性应比较接近。例如，原油黏度相差不超过4倍。

(5)考虑到分层开采工艺水平，开发层系不宜划分过细，这样既可少钻井，又便于管理，同时又减少了地面建设工作量，提高油田开发的经济效果。

(6)同一油藏中相邻油层应尽可能组合在一起，以便进行井下工艺措施,尽量发挥工艺措施的作用。

(7)同一开发层系内井段长度不宜过长,以减少井筒内的层间干扰。

开发层系的划分,应根据油田开发的方针原则,结合油田的具体情况来定,并不是越细越好。若开发层系划分得不合理,或出现差错,将会给开发工作造成很大的被动,甚至要重新设计和部署油田建设,造成很大的浪费,给开发工作带来无穷后患。所以,开发层系的正确与合理划分,是油田开发的一个基本部署,必须努力做好。

不同的油田有不同的标准,不能遵循统一的规则,可以有不同的标准,此外海上油田划分的标准与陆上油田不同。比如,孤东油田划分开发层系的标准是:

(1)同一套开发层系的主力油层不超过 3 ~ 4 个,小层数目不超过 10 个,有效油层的厚度不超过 15m,井段不超过 30m,具备良好的隔层。

(2)同一套开发层系的渗透率差异不超过 2 倍,层间非均质系数不超过 1.9。

(3)层间的采油指数相差不大于 2 倍。

(4)高渗透和低渗透、高黏和低黏油藏应该分开。

(5)同一套开发层系的油层压力应该接近,具备相同的驱动类型。

三、开发层系划分的步骤

掌握了本油区探井、资料井、生产试验区或相邻油区的全部资料,并对所有资料进行归纳、整理和分析,进行深入的专题研究,搞清层系划分组合中的有关问题,研究有无必要划分层系。有了划分层系的必要性后,再研究划分层系的可能性,之后研究如何合理划分,这是划分开发层系的中心任务。根据我国具体的油田开发实践,在进行非均质多油层开发层系划分时,大体采取以下步骤进行研究。

(1)研究油砂体的特性及对合理开发的要求。

确定开发层系划分与组合的地质界限实践表明,我国陆相沉积油层含油最小的基本单元为油砂体。因此,通过分层对比,定量确定特性参数后,应查明油砂体的大小,以此为核心进行储油层研究。研究时应注意:

① 研究分析油层沉积背景、沉积条件、类型和岩性组合。油层沉积条件及性质相近,在相同井网和注水方式下,其开采特点也大体一致,可组合在一起,用一套井网进行开发。

② 研究油层分布形态和性质。油砂体是控制油水运动的基本单元。从油砂体入手研究分析油层分布形态、有效厚度、渗透率和岩性等资料,研究油层性质和变化规律,为合理划分与组合开发层系提供依据。

③ 研究各类油砂体的特性。掌握油砂体的性质及其差异程度、不同开发层系组合的可能性、各类油层分布的稳定性,并对此作出评价。了解划分与组合开发层系的地质基础;了解不同等级渗透率、不同延伸长度和不同分布面积油砂体所控制的储量。

表3-2是×油田开发区各油层组按砂体分类的结果。第四油层组占90%储量的油砂体为高、中渗透以上,延伸稳定,延伸长度大于3.2km的油砂体的储量占96%以上,面积大于5km^{2}的砂体占储量的94%。说明第四油层组与其他油层组有显著的区别。第一、三、五油层组油砂体为中低渗透、延伸不稳定。占储量50%~80%油砂体的渗透率均小于300×10^{-3}μm^2,延伸长度大于3.2km的油砂体只占储量的30%~60%,小于3km^{2}的面积则占储量40%~60%。

(2)确定划分开发层系的基本单元。

划分开发层系的基本单元,是指大体上符合一个开发层系基本条件的油砂组。它本身可独立开发,也可几个组合在一起作为一个层系开发。每个基本单元的上、下隔层必须可靠,并有一定的储量和生产能力。

(3)通过单层开采油砂体动态分析,为合理划分与组合开发层系提供生产依据。

从油井的分层测试资料,了解各小层的生产能力、地层压力及其变化。应用模拟法、水动力学法、经验统计法等,确定各小层的采油指数与地质参数之间的相互关系,合采时采油指数下降值与Kh/μ值的关系。根据油砂体的工作情况、其所占储量的百分比、采油速度的大小、采出程度的状况等,可对层系的划分作出决断。

例如×油田开发区,所有油层组合采用相同的注水方式及井网,在全面注水后,每一排无水采油阶段分油砂体进行动态理论分析的计算结果如表3-3所示。第四油层组占92%的油层工作状况良好或较好(工作状况好+半工作状态),采油速度和采出程度大于4%的油砂体占总储量的90%左右。说明现有开发井网及方式适应于第四油层组。第一、三、五油层组油层主要处于半工作状态,采出程度很低。因此,将这些层系简单地组合成一套层系和井网是不适宜的。

表 3－2　×油田各油层组油砂体特性分类

油层组	各级渗透率油砂体占本组储量(%)				不同延伸长度砂体占本组储量(%)				不同分布面积油砂体占本组储量(%)			
	>800 $\times10^{-3}\mu m^2$	800～500 $\times10^{-3}\mu m^2$	500～300 $\times10^{-3}\mu m^2$	<300× $10^{-3}\mu m^2$	>3.2km	>1.6km	>1.1km	>0.6 km	>10 km^2	5～10km^2	3～5km^2	<3km^2
一	1.0	0.3	31.4	67.3	58.5	74.2	78.4	81.0	32.1	18.3	7.4	42.4
二	0.2	6.6	75.5	17.7	80.0	87.4	90.3	93.5	62.3	8.8	8.6	20.3
三	0.4	6.1	47.1	46.4	45.1	65.8	72.8	80.4	7.1	16.9	26.2	49.8
四	0.5	62.3	32.1	5.1	96.6	96.6	97.9	98.3	76.4	17.6	3.0	3.0
五	0.4	2.2	19.2	78.2	30.8	59.8	69.4	76.3	19.7	3.4	11.8	65.1

表 3－3　×油田各油层组油砂体开发动态分析汇总表

油层组	采油速度分类(%)						采出程度分类(%)						工作状况分类(%)		
	<2%	2%～4%	4%～6%	6%～8%	8%～10%	>10%	<2%	2%～4%	4%～6%	6%～8%	8%～10%	>10%	工作状况好	半工作状态	不工作与差的
一	23.2	—	75.0	—	1.2	0.6	20.3	79.1	—	—	0.6	—	—	80	20
二	29.5	7.8	40.2	2.0	4.1	16.4	23.5	14.7	10.2	34.2	10.3	7.1	69	10	21
三	41.5	26.8	14.8	15.4	1.5	—	38.9	25.8	20.0	0.4	14.8	1.1	26	44	30
四	0.8	12.1	22.7	16.8	33.1	14.2	0.8	9.2	16.8	9.8	21.0	42.4	65	27	8
五	71.3	12.9	3.4	9.3	—	3.1	54.2	22.8	16.8	4.2	0.7	2.1	9	32	59

(4)综合对比不同层系组合开发的效果,选择层系划分与组合最佳方案。

在层系划分及组合以后,必须采用不同的注采方式及井网,分油砂体计算其开发指标,综合对比不同的组合方式下的开发效果,结合油田开发实际,确定最佳方案。其主要衡量的技术指标有:

① 不同层系组合所能控制的储量;

② 不同层系组合所能达到的采油速度;

③ 不同层系组合无水期采收率;

④ 不同层系组合的投资和效益等经济指标。

(5)及时进行开发层系的调整。

当油田正式投产后,根据大量静态和动态资料,进一步分析认识油层,分析开发中出现的矛盾和问题,及时调整原有的方案,使其尽量符合油田实际情况。

四、实例

在20世纪40年代以前,油田开发采用天然驱动或衰竭式开采方式,一律采用笼统合采的方法进行。由于一井开采多层,既可以少打井,又能提高单井产能,对开发层系的划分与组合未能引起人们的重视。但油田在强化注水、注气驱的过程中,各层因非均质差异形成的层间矛盾非常突出,越来越严重,直至油井见效层出水,有些层出油甚少,甚至未动用。

我国老君L油层混合注水开发就是很好的例证。当L3层已经水淹后,L1层油层压力不仅未得到恢复,而且采出油量还很少。因此,当前世界上许多新开发的油田,除油层少且薄、面积小的个别例外,一般都划分成几套层系同时进行开发。例如苏联投入开发的萨莫特洛尔大油田,9个油层划分为4套开发层系;罗马尼亚的丘列世蒂油田,3个油层(岩性分别为砂岩、泥质岩和灰岩)划分为3套开发层系;我国大庆、克拉玛依和胜利胜坨油田的有些区块也是采取划分多套开发层系开发的。目前,划分开发层系比较典型的例子有:采用一套开发层系是扶余油田、杏树岗油田,二套开发层系是克拉玛依油田、喇嘛甸油田;三套开发层系是老君庙油田、萨尔图北一区;四套开发层系是胜坨二区。

划分多套开发层系的具体做法有两种:

(1)初期细分层系,多套井网分采各层,少搞分层作业,实现较高的波及系数。

(2)初期粗分层系,少钻井,多搞分层作业,提高注水波及面积;后期根据需要,采用多套井网分采各层。

美国多采用第一种,不强调自喷生产,油井完成就安装抽油机。注水井用“永久作业”调整吸水剖面,采油井尽可能降低流压,以消除层间干扰,油层很少搞分层配产工作。

苏联多采用第二种,每套开发层系有效厚度不超过20m,油层数不超过4个。杜依玛兹油田平均有效厚度为15~20m,罗马什金为15m。

我国的砂岩油田多为陆相沉积,具有多物源、多旋回、岩性物性变化大、非均质严重的特点,多采用初期粗分层、后期调整的方法。大庆油田中区葡一组和萨尔图二组2套,有效厚度为15.15m和15.65m;克拉玛依油田一区分克一和克二,有效厚度为14m和9m。胜坨油田的沙二油层由原来的2套细分为9套分采,对每套井网采用不同的注水系统和井距、排距。

表3-4是我国73个注水开发的砂岩油田统计的结果。大多数油田为一套层系,油层数为5~15层,有效厚度为10~20m。在油层多、厚度大、层间渗透率差异大的油田,应划分成为若干个层系开发。

表3-4　我国砂岩油田层系的划分

层系套数	油田个数	代表性油田
1	49	扶余,杏树岗,魏岗
2	9	克拉玛依,江汉习二区
3	7	老君庙,钟市,萨尔图北一区
4	4	河南下二门,双树
9	4	胜坨二区

根据乔罗夫斯基对苏联油田44个开发层系的统计,大多数油田将4~5个层划分一套层系来开发。表3-5是苏联几个大油田划分层系开发的情况。

表3-5　苏联几个大油田开发层系的划分

油田名称	开发年代	层系套数	每套层系内	
			层数	厚度(m)
杜依玛兹油田	20世纪40年代	3	1~3	3~20
姆罕若夫油田	20世纪50年代	2	5~6	14
罗马什金油田	20世纪50年代	3	1	5~15
萨马特洛尔油田	20世纪70年代	5	2~7	7~11

由于各层非均质差异形成的层间矛盾非常突出，大量的开发实践证明采用合采或合注的开采效果很差，这就使划分多套开发层系开发油田变得尤为重要。

苏联克里活沃诺索夫等研究某油田多层合注证实，因渗透率不同，在多层合注的吸水剖面上，低渗透油层不吸水，注水量几乎全部被高渗透层所吸收。经采用不同压力分注后，才使得没有吸水的油层开始大量吸水，见表3－6。

表3－6　苏联×油田油层合注与分注吸水能力对比表

井号	层位	射孔厚度（m）	渗透率（$10^{-3}\mu m^2$）	合注				分注	
				压力（MPa）	水量（m^3/d）	压力（MPa）	水量（m^3/d）	压力（MPa）	水量（m^3/d）
3265	r	2.0	600	11.4	0	14.0	0	14.2	359
	r＋A	11.0	1700		114		1260	12.5	737
958	A	2.6	100	10.1	0			15.0	30
	B	2.4			0				
	r	6.6	350		130			10.5	130
3206	A	2.4	130	11.3	0	12.0	0	12.3	187
	B	3.2	130		0		0		
	r	3.2	130		0		0		
	r＋h	10.0	250～400		142		386		

在合采井中，见效层的油层压力增加，产液量上升，在产量保持不变时，会使该井流动压力上升。因此，当低压层压力低于合采井流动压力时，低压层就将停止生产。有时，甚至高压层出来的液体还会从井中倒灌进入低压层。这种井在单层出水后，表现尤为突出。这些特征也可以从部分堵水资料证实，见表3－7。

表3－7　×油田不同井距堵水后产出数据表

井距（m）	井数（口）	时间	日产量（t）	含水率（%）	流动压力（MPa）	地层压力（MPa）	总压差（MPa）	生产压差（MPa）	采油指数［t/（d·MPa）］
500	6	堵前	20	77.0	10.65	11.46	－0.19	0.81	24.2
		堵后	38	6.9	8.12	10.27	－1.36	2.15	18.0

续表

井距(m)	井数(口)	时间	日产量(t)	含水率(%)	流动压力(MPa)	地层压力(MPa)	总压差(MPa)	生产压差(MPa)	采油指数[t/(d·MPa)]
800	7	堵前	15	75.0	11.60	12.86	+1.10	1.26	11.9
		堵后	19	40.7	9.83	11.73	-0.04	1.89	11.0

所以,油井见水后,通常井筒内流体密度增加,引起流压上升,同时又降低了低压、低渗透层的生产条件,形成倒灌现象,结果这些低压层的储量基本上没有动用。

为了减少高压层对低压层的影响,在含水井中除了要求在开发过程中不断调整工作制度、逐渐放大生产压差、提高产液量外,在采油工艺上,应该考虑单井分注合采、分注分采、合注分采的技术,尽量减少层系的数量。

比如关家堡关油田,庄海8背斜自上而下钻遇Nm、Ng、Es组油层,Nm、Ng、Es组油层试油获高产,由于NgⅠ和NgⅡ油组为底水油藏,Nm、Es组为构造—岩性油藏,油藏特征不适宜合采,因此,考虑分层系开采。

主要目的层Nm组曲流河沉积,砂体变化快,油层主要分布在靠近羊二庄南断层的构造南部。NgⅠ1小层为主力油层,背斜的高点是主要的含油部位。Es组油层主要沿庄海8、庄海801到庄海804井的构造高部位条带上分布,三个主要含油目的层纵向上含油面积有叠合,但好油层不完全重叠。因此,应根据各套层的油层分布特点分别进行开发井网部署。

NgⅡ储量面积小,油层薄,底水发育,产量低,暂不考虑布井。

因此,该区分3套开发层系,即Nm、NgⅠ1和Es。

国内外试验结果表明:

(1)随着开发层系内油层层数和厚度增加,油层动用厚度和出油好的厚度明显减少,油层采油强度下降,采收率下降。

(2)开发层系内高、低渗透层不同的厚度比例增大,对开发效果影响很大。

(3)开发层系内渗透率、黏度不同的油层不同组合对开发效果影响很大。

因此,在进行油层组合开发时,必须具体分析注采过程存在的层间及层内矛盾,否则可能降低开采效果,也就是说,合理组合及划分、调整开发层系是实现油田稳产、提高采收率的一项重要措施。

第四节　井 网 部 署

井网是根据所组合层系的地质条件部署的，离开具体层系，部署的井网就会变得不合理。层系划分主要解决层间矛盾，通过层系的合理组合，减少层间矛盾和层间干扰。井网部署主要是调整平面矛盾，通过井网的合理部署，减少平面矛盾和井间干扰。开发井网的部署是否合理，是能否实现合理开发油田的关键问题之一，对整个油田开发过程的调整影响很大。

一、基本概念

一个油藏需要一定数量的油井进行开发才能带来经济效益。若干口油井在油藏上的排列或分布，即形成开发井网。开发井网包括井网形式和井数(井距、排距、井网密度)几个方面的内容。

1. 井网形式

井网形式即油井的排列方式，也就是注水井和油井按一定的形状和密度均匀地布置在整个开发区上进行注水和采油，井网形式分为排状井网、环状井网和面积井网等。

1)排状井网

排状井网的井网形式如图 3－1 所示，所有油井都以直线井排的形式部署到油藏含油面积之上，描述井网的参数有排(间)距和井(间)距两个参数，排距用符号 a 表示，井距用符号 b 表示。一般情况下排距大于井距。若排距相等且井距也相等，则为均匀排状井网；否则，为非均匀排状井网。

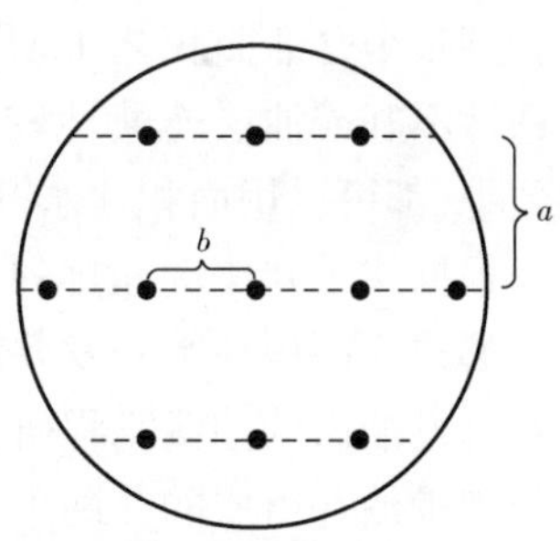

图 3－1　排状井网

均匀排状井网的单井控制含油面积 A_i 为：

$$A_i = ab \tag{3-23}$$

单井控制地质储量 N_t 为:

$$N_t = abh\phi(1 - S_{wc})\rho_{os}/B_{oi} \tag{3-24}$$

井网密度 f 为:

$$f = \frac{1}{A_i} = \frac{1}{ab} \tag{3-25}$$

排状井网适用含油面积较大、构造完整、渗透性和油层连通性都较好的油藏。

2)环状井网

环状井网如图3-2所示,所有油井都以环状井排的形式部署到油藏含油面积之上,描述井网的参数也有排距和井距两个参数,排距用符号 a 表示,井距用符导 b 表示。一般情况下排距大于井距。环状井网的井排一般与含油边界的形态保持基本一致,环状井网适用于含油面积较大、构造完整、渗透性和油层连通性都较好的油藏。

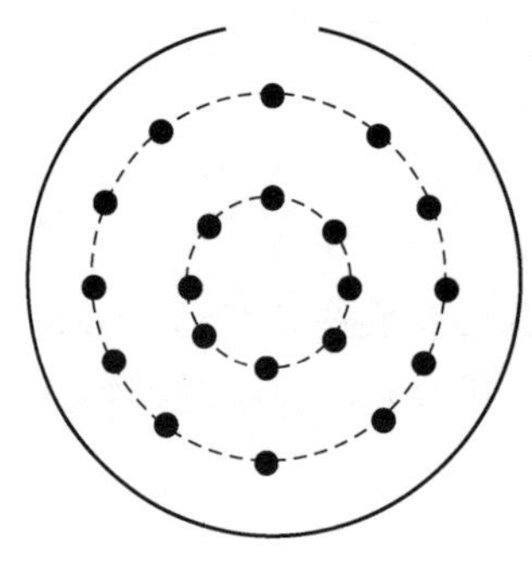

图3-2 环状井网

3)面积井网

面积井网是指将注水井和采油井按照一定的比例和几何形状,均匀地布置到整个含油面积之上所形成的井网形式。对于含油面积不大、规则或渗透性不好或油层连通性较差的中小型油田,为了提高油井产能和注水驱替效果,都可以用面积注水开发井网。

根据注采井比例和排列方式的不同,面积注水开发井网又可以分成许多种形式。面积注水开发井网,实际上是把油藏划分成了更小的开发单元。注水开发油田的油藏工程研究,一般都是以注水井为中心,通常把一口注水井与周围油井组成的井网单元,称为注水开发井网的注采单元,把按照注采井数比划分的井网单元,称为注采比单元。显然,注采比单元是注水开发油田最小的开发单元。

面积井网常用 N 点井网,一般分为正 N 点井网与反 N 点井网。正 N 点井网一般是以生产井为中心周围有 $N-1$ 口水井。油水井数比,就是 N 点井网的采油井数/注水井数 $=(N-3)/2$。反 N 点井网一般是以注水井为中心周围有 $N-1$ 口油井。

正方形井网可以视为排距与井距相等的一种排状井网,井距一般用符号 d 表示,见图 3-3。

正方形井网的单井控制含油面积为:

$$A_i = d^2 \tag{3-26}$$

单井控制地质储量为:

$$N_t = d^2 h\phi(1 - S_{wc})\rho_{os}/B_{oi} \tag{3-27}$$

井网密度为:

$$f = \frac{1}{d^2} \tag{3-28}$$

三角形井网可以视为排距小于井距的交错形式的排状井网,见图 3-4。

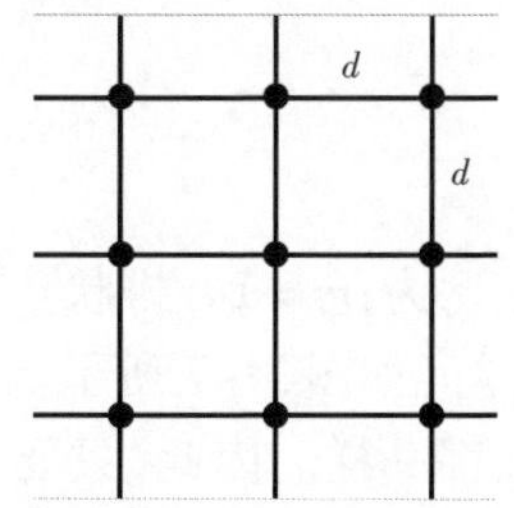

图 3-3 正方形井网

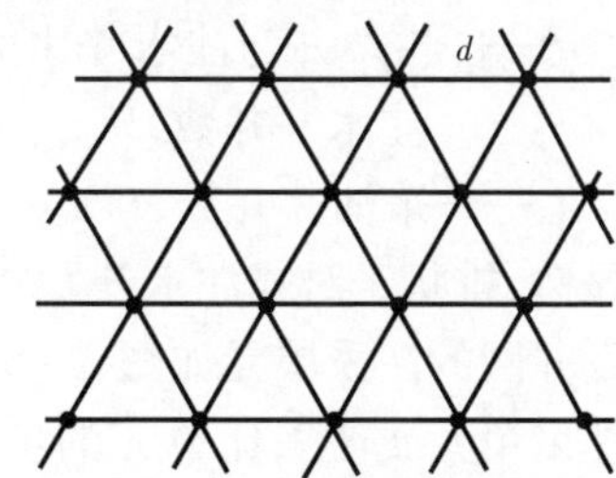

图 3-4 三角形井网

三角形井网的井距一般用符号 d 表示,排距 a 的计算公式为:

$$a = \frac{\sqrt{3}}{2}d \tag{3-29}$$

三角形井网的单井控制含油面积为:

$$A_i = \frac{\sqrt{3}}{2}d^2 \tag{3-30}$$

单井控制地质储量为:

$$N_t = \frac{\sqrt{3}}{2}d^2 h\phi(1 - S_{wc})\rho_{os}/B_{oi} \tag{3-31}$$

井网密度为:

$$f = \frac{2}{\sqrt{3}d^2} \tag{3-32}$$

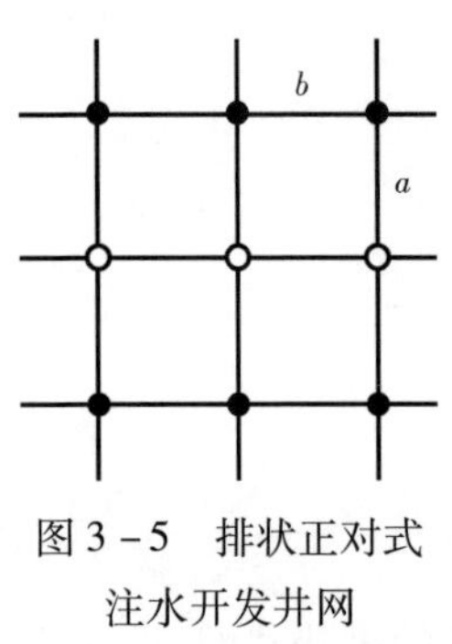

图 3-5 排状正对式注水开发井网

(1)排状正对式注水开发井网。

在图 3-3 的正方形井网中,若注水井排和采油井排间隔排列,则形成排状正对式注水开发井网,见图3-5。正对式井网的排距可以大于、等于或小于井距,但一般情况下都大于井距。

注水开发井网的注采井数比用下式定义:

$$\frac{n_w}{n_o} = \frac{1}{m} \tag{3-33}$$

式中 m——生产井与注水井比例;

n_w——注水井井数,口;

n_o——采油井井数,口。

显然,排状正对式注水开发井网的注采井数比为:$m = 1$。排状正对式注水开发井网的注采单元如图 3-6 所示,注采比单元如图 3-7 所示。油田每一个注采单元或注采比单元的生产情况基本上都一样。因此,只要了解了一个注采单元或注采比单元的生产情况,就能够了解到整个油田的全貌。从注采比单元可以看出,排状正对式注水开发井网一口注水井的注入量与一口采油井的采液量相当。

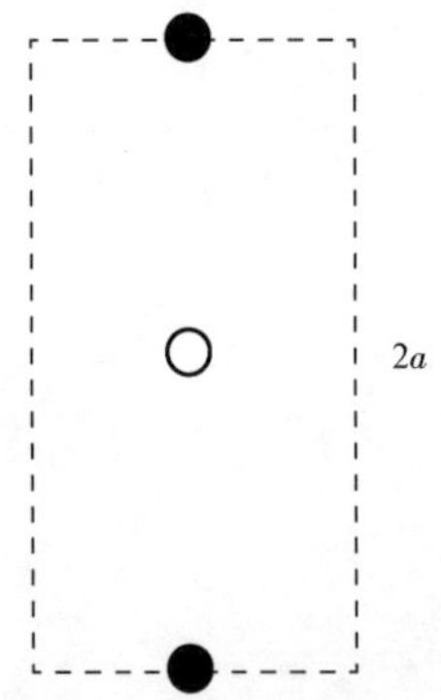

图 3-6 排状正对式注采单元

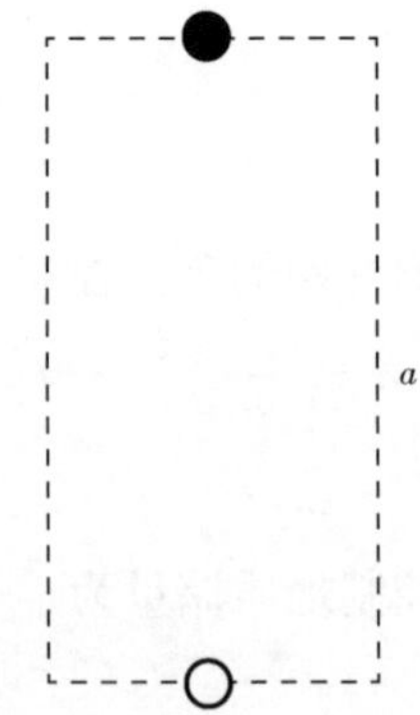

图 3-7 排状正对式注采比单元

排状正对式注水开发井网注入水的面积波及系数随流度比的变化关系如图 3－8 所示（$a=b$），图中曲线显示：流度比越大，波及系数就 E_A 越小。

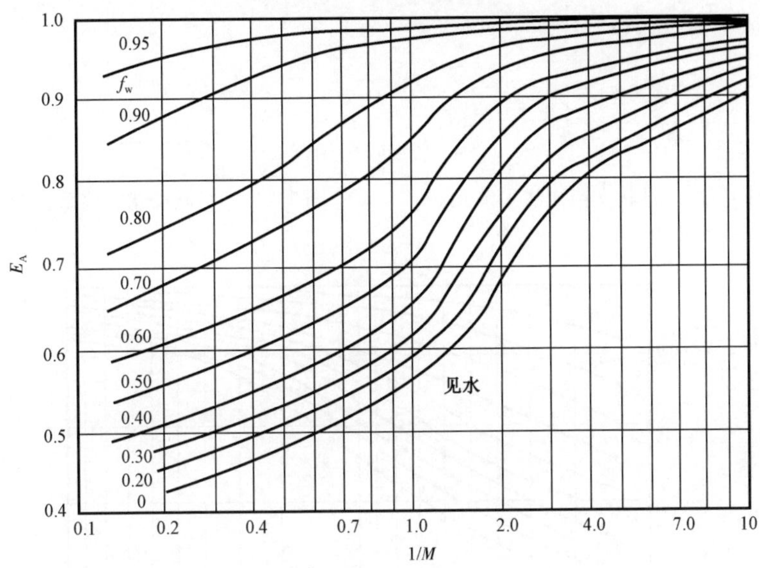

图 3－8　排状正对式注采井网波及系数变化曲线（$a=b$）

（2）排状交错式注水开发井网。

把图 3－5 中的注水井和采油井交错排列就形成排状交错式井网，见图 3－9，交错井网的排距可以大于、等于或小于井距。

排状交错式注水开发井网的注采井数比为 $m=1$。

排状交错式注水开发井网的注采单元如图 3－10 所示，注采比单元如图 3－11 所示。

从注采比单元可以看出，排状交错式注水开发井网，一口注水井的注入量与一口采油井的采液量相当。

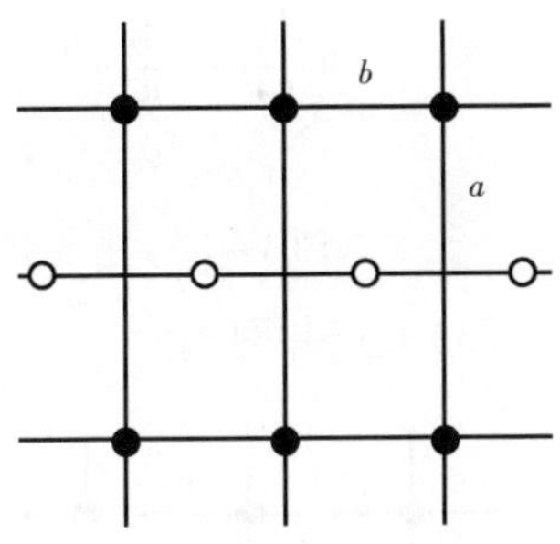

图 3－9　排状交错式井网

排状交错式注水开发井网注入水的面积波及系数随流度比的变化关系如图 3－12 所示（$a=b$）。从图中曲线可以看出，交错式排列的波及系数要高于正对式排列，其驱替效果也要好于正对式排列。

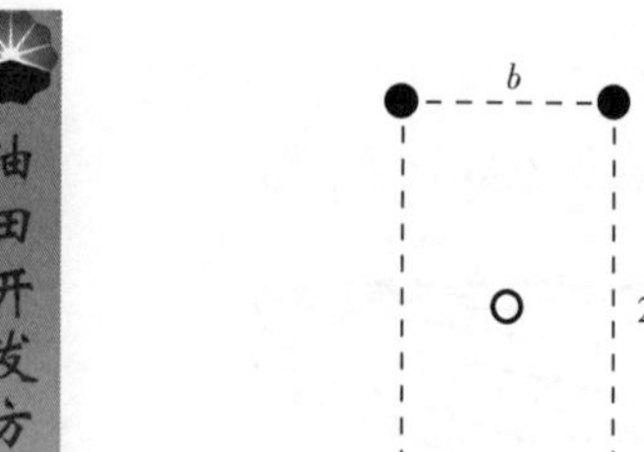

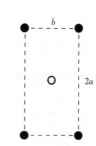

图 3－10 排状交错式注采单元

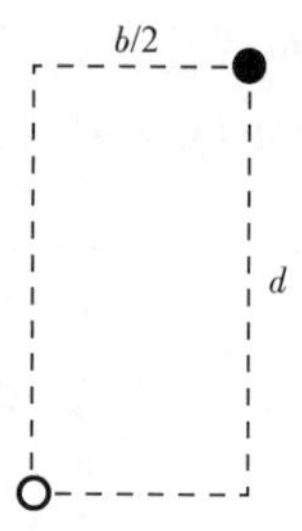

图 3－11 排状交错式注采比单元

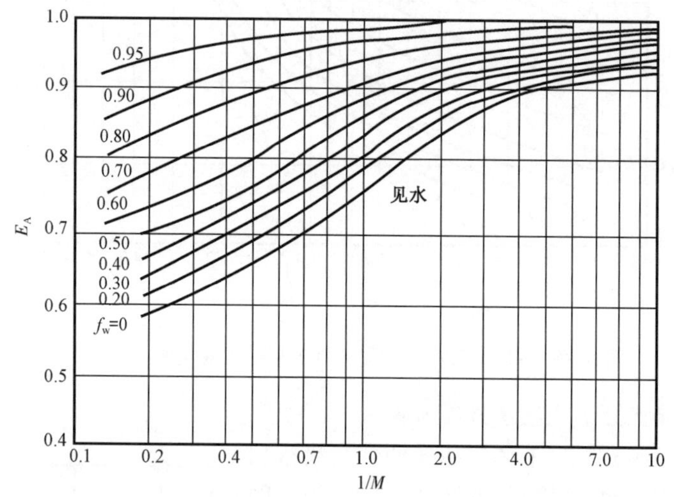

图 3－12 排状交错式注采井网波及系数变化曲线($a=b$)

(3)五点井网。

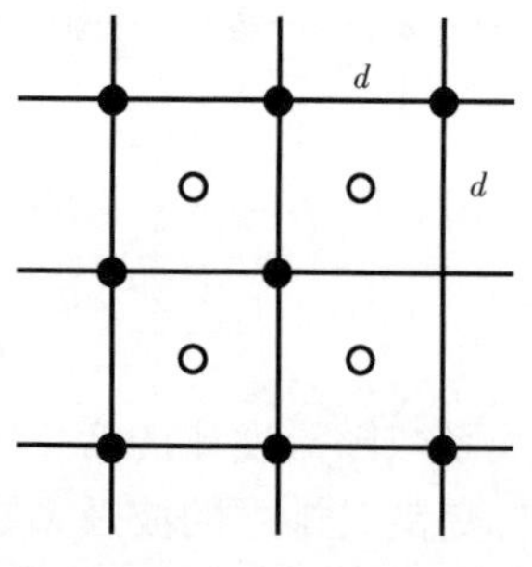

图 3－13 五点注水开发井网

若把图 3－3 中正方形井网的每一个井网单元中再钻一口注水井，则形成了所谓的五点井网，见图 3－13。注水井和周围油井的井数之和，为注采单元的总井数，称为注采井网的点数。对于五点井网，1 口注水井的周围有 4 口采油井。五点井网仍属于正方形井网。实际上，五点井网就是排距为井距之半的排状交错式注水开发井网。

五点井网注采井数比为 $m=1$。五点注水开发井网的注采单元如图 3-14所示，注采比单元如图 3-15 所示。从注采比单元可以看出，五点井网一口注水井的注入量与一口采油井的采液量相当，因此，五点井网适合于强注强采的情形。

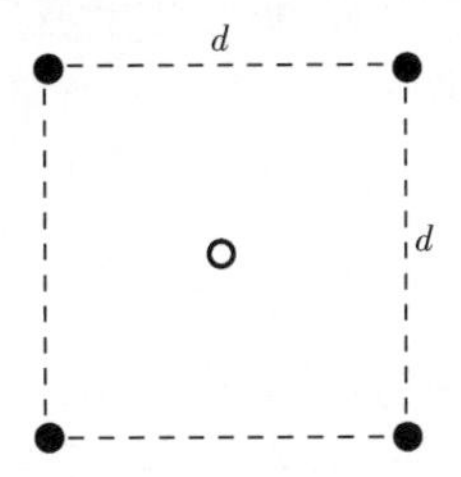

图 3-14 五点井网注采单元

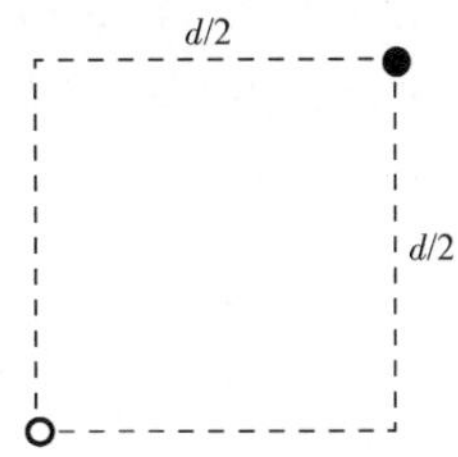

图 3-15 五点井网注采比单元

五点注水开发井网注入水的面积波及系数随流度比的变化关系见图 3-16。从图中曲线可以看出，五点注采井网的波及系数要低于排状交错式排列注采井网，原因是注采井之间的距离小。开发井网设计的一个基本原则，就是使油藏的驱替效果最大化。无论是排状注水开发井网，还是五点注采井网，都可以根据储层的性质进行排距或井距的调整。

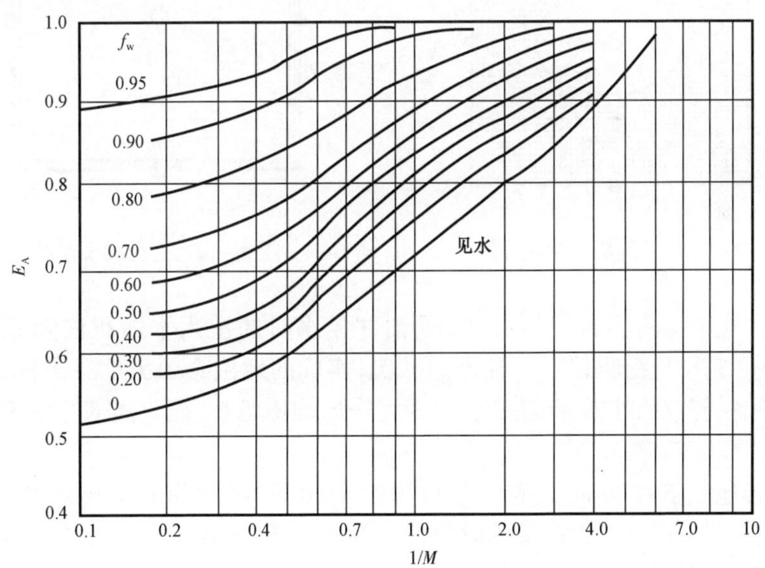

图 3-16 五点注采井网波及系数变化曲线

对于各向异性油藏,可以根据渗透率的性质调整某个方向上的井距,以达到均衡驱替的目的。所谓均衡驱替,是指通过注水井注到地下的水,在相同的时间驱替到周围的每一口油井。

通过注水井注到地下的水,在不同方向上的驱替程度是不一样的。驱替程度用无因次驱替距离(L_D)来表示,无因次驱替距离为某个特定的时刻在某个方向上驱替液的驱替距离(L_d)与该方向上的边界距离(L)的比值,见图3-17。

$$L_D = \frac{L_d}{L} \tag{3-34}$$

从图3-17可以看出,注采井连线上的驱替程度最高,区域对角线上的驱替程度最低。若地层各个方向上的驱替程度都相等,则称为完全均衡驱替,见图3-18。

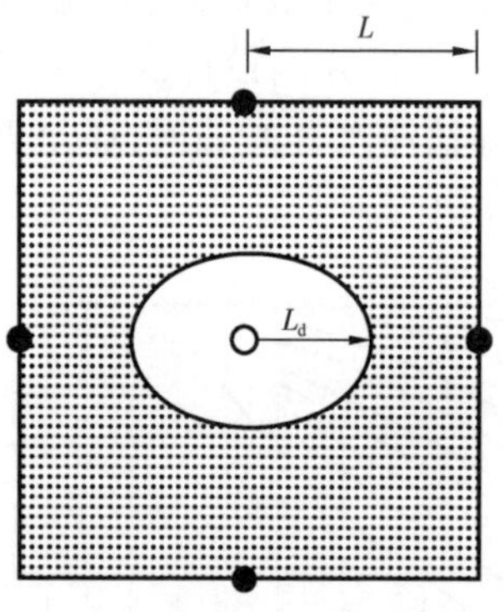

图3-17　地层驱替状况图

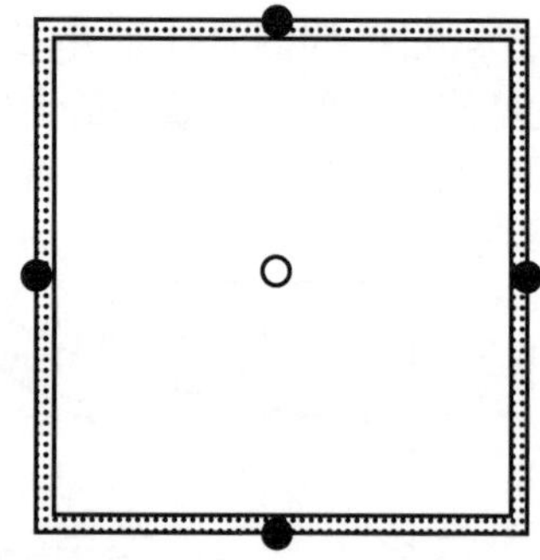

图3-18　完全均衡驱替

在完全均衡驱替的情况下,采油井见水时的注入水面积波及系数为100%。完全均衡驱替是一种理想状况,实际的地层会因为地层条件、井网条件和驱替液的性质,无法真正实现完全的均衡驱替,而只能部分实现均衡驱替。

若地层各个方向上的驱替程度都不相等,则称作非均衡驱替,见图3-19。若地层各个方向上的驱替程度都不相等,但各个注采井连线方向上的驱替程度都相等,这种驱替称作部分均衡驱替,见图3-20。

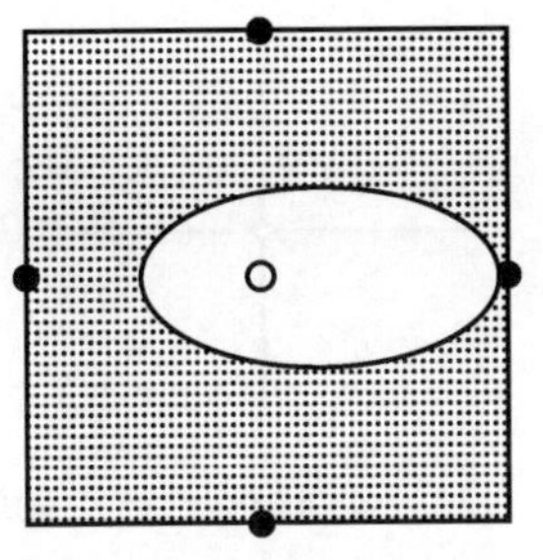
图 3－19 非均衡驱替

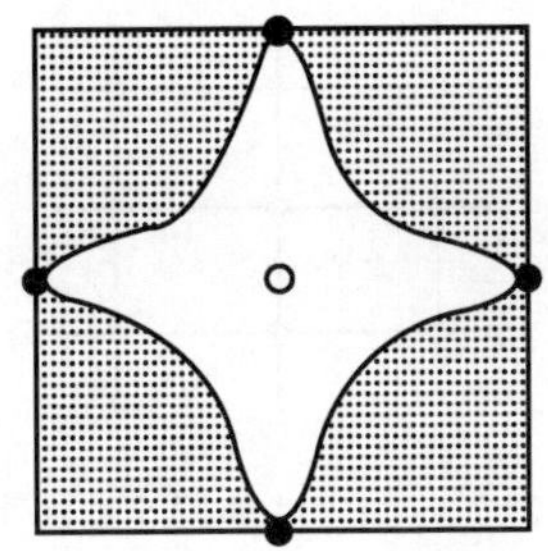
图 3－20 部分均衡驱替

对于一个特定的地层井网系统，要达到完全均衡驱替是不可能的。但是，井网设置时，必须最大限度地追求相对较高的均衡驱替，虽然实际的井网系统无法达到完全的均衡驱替，但适当的井网井距设计可以达到注采方向上的均衡驱替。

各向异性地层的井网调整按照以下原则进行：

$$\frac{d_x}{d_y} = \sqrt{\frac{K_x}{K_y}} \tag{3-35}$$

式中 K_x——x 方向上的地层渗透率，μm^2；

K_y——y 力向上的地层渗透率，μm^2；

d_x——x 方向上的井距，m；

d_y——y 方向上的井距，m。

若 $K_x > K_y$，则调整之后的开发井网如图 3－21 所示，式（3－35）是根据均衡驱替的原理得出的。

图 3－22 为各向异性地层的一个注采单元，若使注水井周围的油井同时见水，即达到均衡驱替的目的，x 和 y 方向的井距就不能完全相等。根据渗流力学的理论，从注水井注到地下的水，到达 x 方向油井的时间 t_{btx} 为：

$$t_{btx} = \frac{\mu\phi d_x^{\ 2}}{K_x \Delta p} \tag{3-36}$$

到达 y 方向油井的时间 t_{bty} 为：

$$t_{bty} = \frac{\mu\phi d_y^{\ 2}}{K_y \Delta p} \tag{3-37}$$

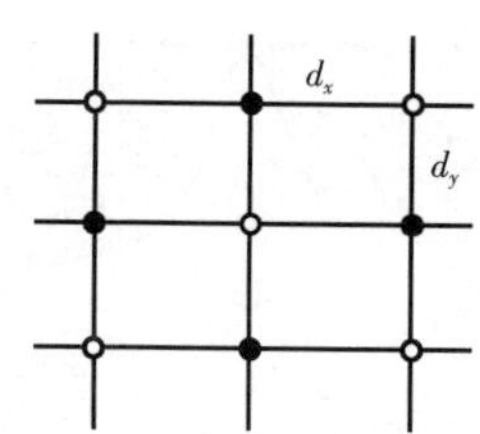

图 3－21　各向异性地层 5 点注采井网

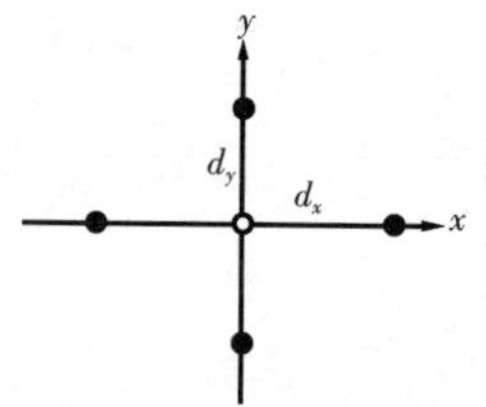

图 3－22　各向异性地层注采单元

若要实现均衡驱替,下式必须满足:

$$t_{\mathrm{bt}x} = t_{\mathrm{bt}y} \tag{3-38}$$

把式(3－36)和式(3－37)带入式(3－38),即得出式(3－35)。式(3－35)是采用流管方法导出的,采用坐标变换方法同样可以导出。

平面二维各向异性地层的渗透率可以表示成张量的形式:

$$K = \begin{bmatrix} K_x & 0 \\ 0 & K_y \end{bmatrix} \tag{3-39}$$

式中　K——渗透率张量。

根据渗流力学理论,很容易建立流体在各向异性地层中的渗流微分方程:

$$K_x \frac{\partial^2 p}{\partial x^2} + K_y \frac{\partial^2 p}{\partial y^2} = \mu\phi C_{\mathrm{t}} \frac{\partial p}{\partial t} \tag{3-40}$$

式中　C_{t}——综合压缩系数。

由方程式(3－40)可以看出,地下流体在不同方向上的流动是不均衡的。下面按照式(3－41),对图 3－32 中的(X—Y)平面进行坐标变换:

$$\begin{cases} x = \sqrt{\dfrac{K_x}{K}} X \\ y = \sqrt{\dfrac{K_y}{K}} Y \end{cases} \tag{3-41}$$

式中　K——各向异性地层的平均渗透率,μm^2。

$$K = \sqrt{K_x K_y} \tag{3-42}$$

通过式(3－41)中的物理平面(x—y),变换成了计算平面(X—Y)。在坐标系(X—Y)中,方程式(3－40)变换成为:

$$\frac{\partial^2 p}{\partial X^2}+\frac{\partial^2 p}{\partial Y^2}=\frac{\mu\phi C_t\partial p}{K\partial t} \tag{3-43}$$

由方程式(3－43)可以看出,经过式(3－42)的坐标变换之后,各向异性地层(x—y)平面变换成了各向同性地层(X—Y)平面,该地层的渗透率为平均渗透率X。在各向同性地层(X—Y)平面中,应采用均匀井距的井网。图3－23中X方向的井距为d_X,Y方向的井距为d_Y,则井距满足:

$$d_X = d_Y \tag{3-44}$$

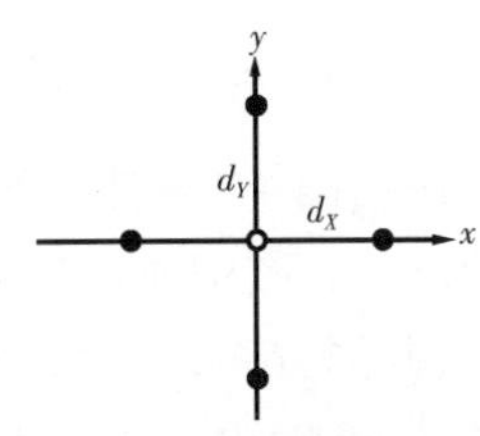

图3－23 各向同性地层均匀井距

对(X—Y)平面进行逆变换,把(X—Y)平面上的井距d_X、d_Y变换到(x—y)平面上的井距d_x、d_y,把d_x、d_y代入方程式(3－41),得:

$$\begin{cases} d_x = \sqrt{\dfrac{K_x}{K}}d_X \\ d_y = \sqrt{\dfrac{K_y}{K}}d_Y \end{cases} \tag{3-45}$$

于是,由式(3－45)同样得到了式(3－35)。

图3－24为未经井距调整的注采井网驱替状态图,图中显示出x方向优先驱替的驱替特征。图3－25为经过了井距调整之后的注采井网驱替状态图,图中显示出各个方向基本达到了均衡驱替的驱替特征。

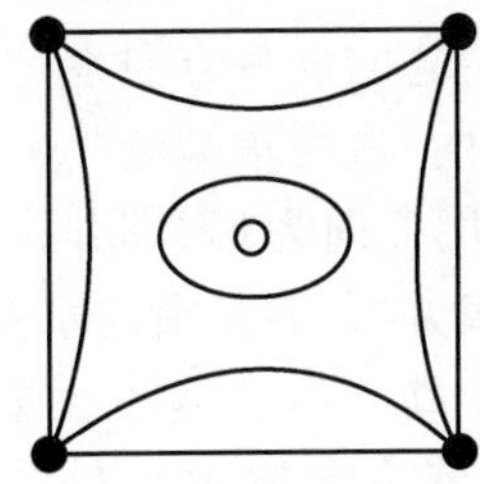
图3－24 调整前井网驱替状态

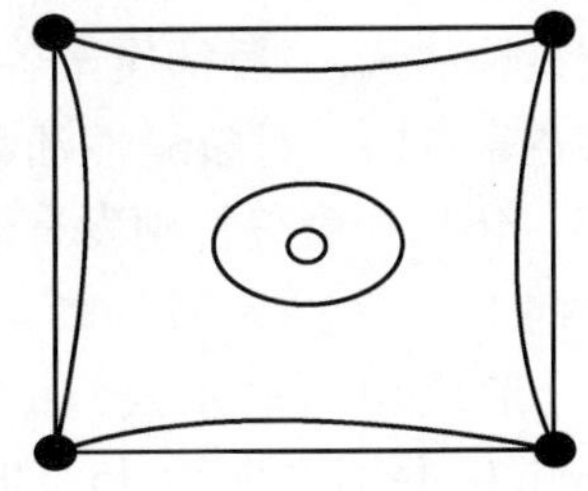
图3－25 调整后井网驱替状态

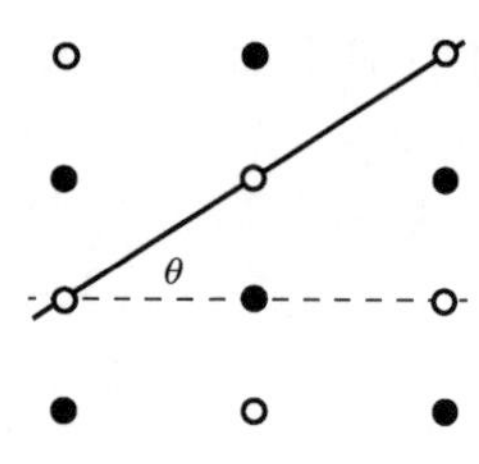

图 3-26 开发井网方向

调整之后的井网,就有了一定的方向性,因而也称作矢量井网。井网的方向,定义为井排方向与最大渗透率方向的夹角,见图 3-26,夹角的大小用下式计算:

$$\theta = \arctan\frac{d_y}{d_x} = \arctan\sqrt{\frac{K_y}{K_x}} \qquad (3-46)$$

用式(3-46)计算的井网方向与油藏渗透率主值之比的关系曲线如图 3-27所示,图中曲线为一非线性关系。当 $K_y/K_x=1.0$ 时,油藏为各向同性介质,井网方向为 45°;当 $K_y/K_x=1/2$ 时,井网方向大约为 35°;当 $K_y/K_x=1/4$ 时,井网方向大约为 26°;当 $K_y/K_x=0$ 时,井网方向为 0°。

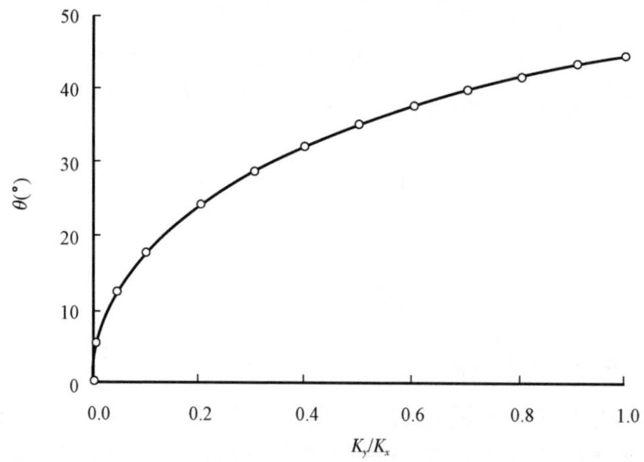

图 3-27 井网方向与渗透率主值之比关系曲线

裂缝性油藏,一般都属于各向异性介质。裂缝的发育方向也是地层的最大渗透率方向。对裂缝性油藏进行井网部署时,应考虑裂缝的方向。按照式(3-46),当裂缝特别发育时,$K_y/K_x=0$,井网方向为 0°,即井排方向与裂缝方向平行,见图 3-28(a)。这样部署的开发井网,容易沿注水井排(裂缝方向)形成均匀的水线,油藏的驱替效率较高。当裂缝不太发育时,$K_y/K_x=1.0$,井网方向为 45°,即井排方向与裂缝方向成 45°,见图 3-28(c)。当裂缝中等发育时,$K_y/K_x=1/4\sim1/2$,井网方向大约为 30°左右,见图 3-28(b)。

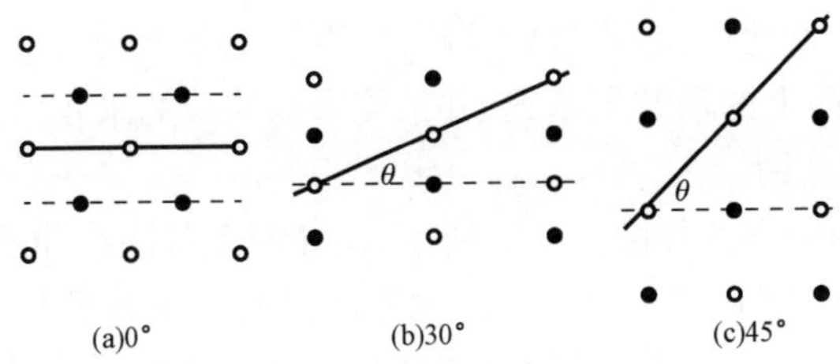

图 3-28　裂缝性地层的井网方向

对于双重各向异性地层,小于正方向的渗透率 K_{x+},与反力向的渗透率 K_{x-} 不相等,因此,在进行注采井网设计时,也必须对 x 正、反两个方向上的井距进行适当的调整,才能达到均衡驱替的目的。根据前面的方法,可以推导出井距调整所依据的理论公式:

$$\frac{d_{x+}}{d_{x-}}=\sqrt{\frac{K_{x+}}{K_{x-}}} \tag{3-47}$$

若 $K_{x+}>K_{x-}$,调整之后井距如图 3-29所示,y 方向的情况与 x 方向类似。

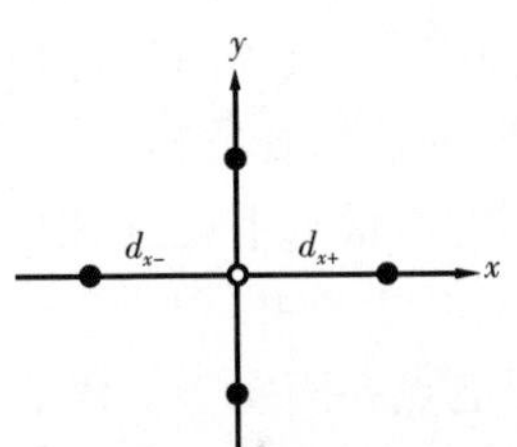

图 3-29　双重各向异性地层不均匀井距

图 3-30 为未经井距调整的注采井网驱替状态图,图中显示 $x+$ 方向优先驱替的驱替特征。图 3-31 为经过了井距调整之后的注采井网驱替状态图,图中显示出正、反两个力向基本达到了均衡驱替的驱替特征。许多注水开发油田,都曾出现过沿古水流方向注水受效早、逆古水流方向注水受效迟的生产现象。若在部署井网时,对井距做些适当的调整,则可以避免此类现象的发生。

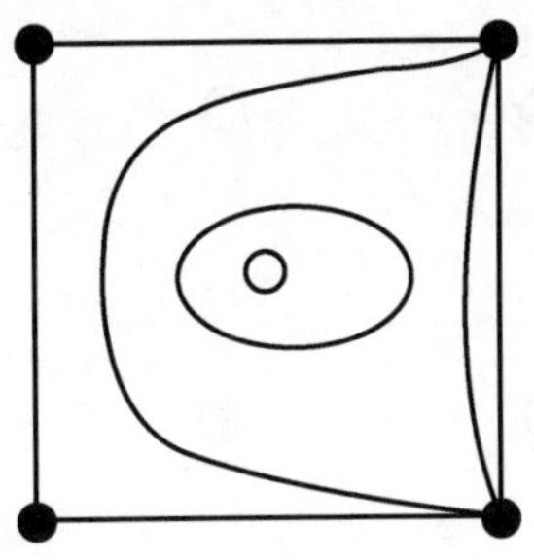

图 3-30　未调整井网驱替状态

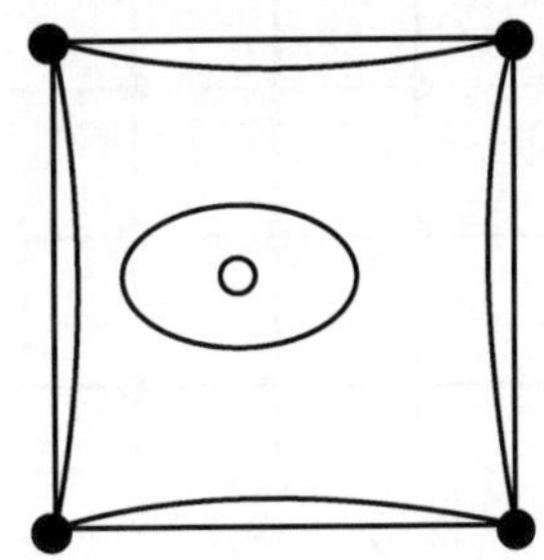

图 3-31　调整后井网驱替状态

对于各向异性地层,若不进行井距的调整,必然导致某个方向上的油井见水早,其他方向上的油井见水迟,并最终影响油藏的采收率。

(4)反九点井网。

反九点井网的形式如图3-32所示,该井网1口注水井的周围有8口采油井,注采井数比为1∶3。反九点注采井网仍属于正方形井网,反九点井网的注采井数比为$m=3$。注水开发井网的点数(i)与注采井数比(m)之间的关系满足下式:

$$m=\frac{1}{2}(i-3) \tag{3-48}$$

反九点注水开发井网的注采单元如图3-33所示,注采比单元如图3-34所示。反九点井网的油井存在边井和角井之分,角井离注水井的距离稍大于边井。为了提高注入水的波及系数,可以适当提高角井的产量。从注采比单元可以看出,反九点井网1口注水井的注入量与3口采油井的采液量相当,因此,反九点井网适合于吸水能力强的地层。

若把反九点井网的角井改成注水井,反九点井网即变成了五点井网,因此,一些油田的开发初期往往采用反九点井网,而到了开发的后期,为了提高油田的产量水平,往往把五点井网调整为反九点井网。

(5)反七点井网。

反七点井网属于三角形井网,井网形式如图3-35所示,该井网1口注水井的周围有6口采油井。

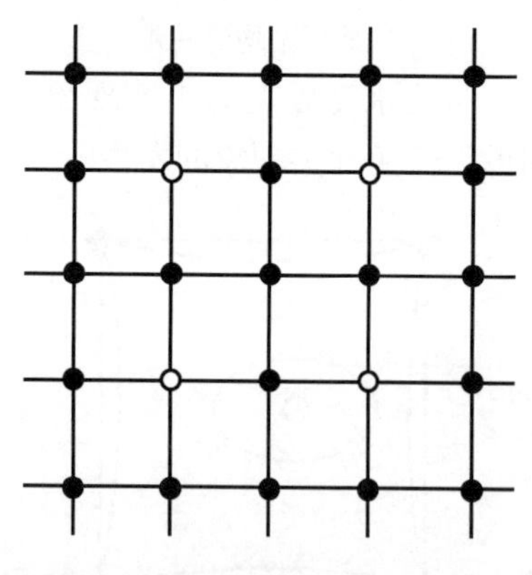

图3-32 反九点注水开发井网

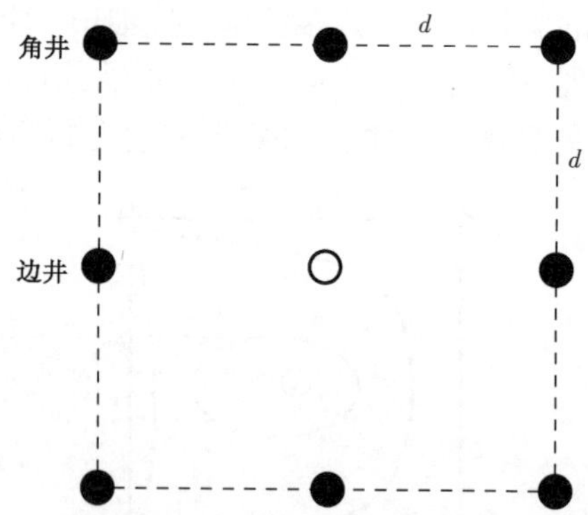

图3-33 反九点井网注采单元

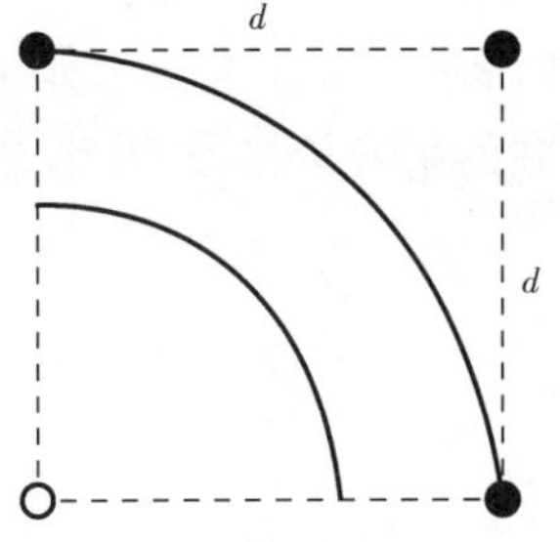

图 3－34　反九点井网注采比单元

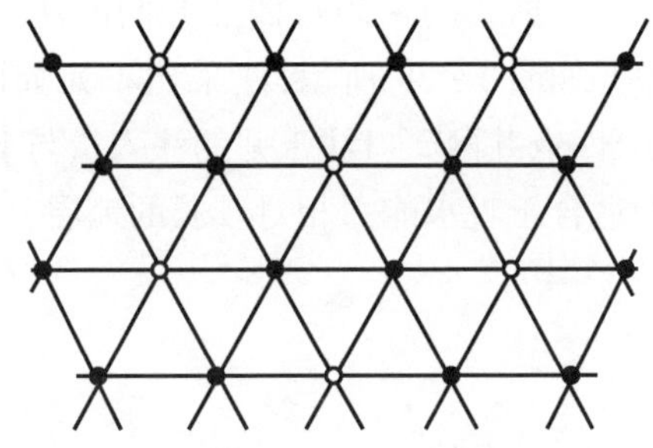

图 3－35　反七点注水开发井网

根据式(3－26),反七点井网的注采井数比为 $m=2$。反七点井网的注采单元如图 3－36 所示,注采比单元如图 3－37 所示。从注采比单元可以看出,反七点井网 1 口注水井的注入量与 2 口采油井的采液量相当,因此,反七点井网适合于吸水能力相对较强的地层。

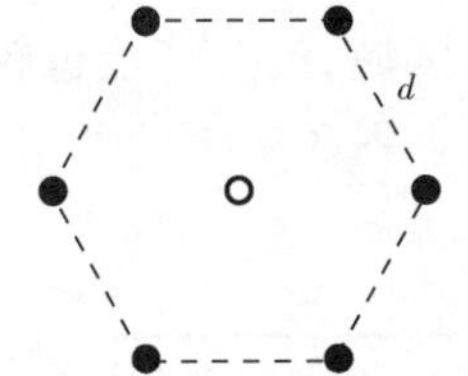

图 3－36　反七点井网注采单元

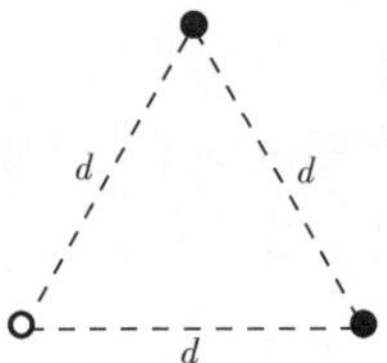

图 3－37　反七点井网注采比单元

(6)四点井网。

四点井网亦属于三角形井网,井网形式如图 3－38 所示,该井网 1 口注水井的周围有 3 口采油井。

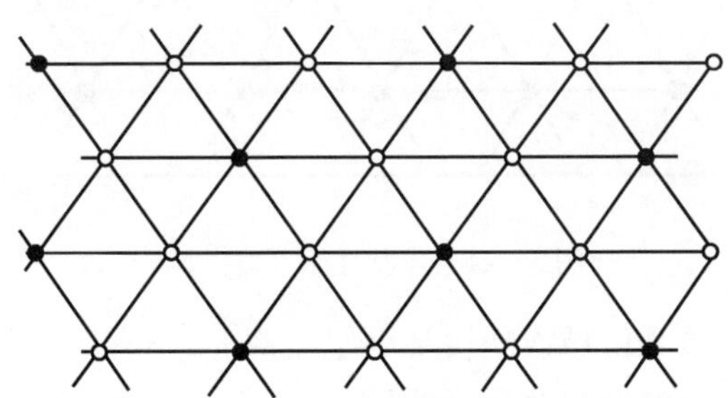

图 3－38　四点注水开发井网

根据式(3－26)，四点井网的注采井数比为 $m=0.5$。四点井网的注采单元如图3－39所示，注采比单元如图3－40所示。从注采比单元可以看出，四点井网2口注水井的注入量与1口采油井的采液量相当，因此，四点井网适合于吸水能力相对较弱的地层。

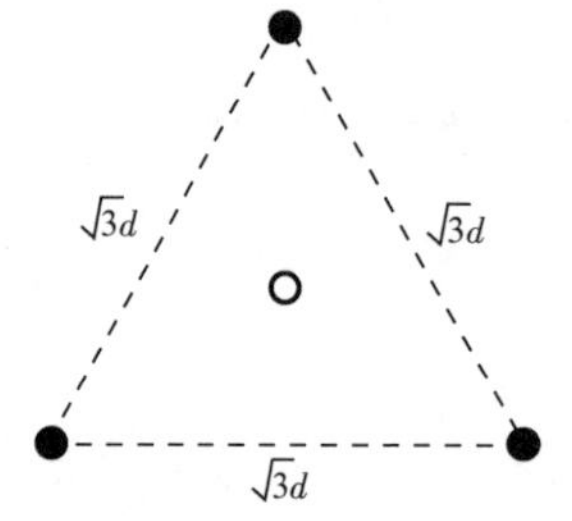

图3－39 四点井网注采单元

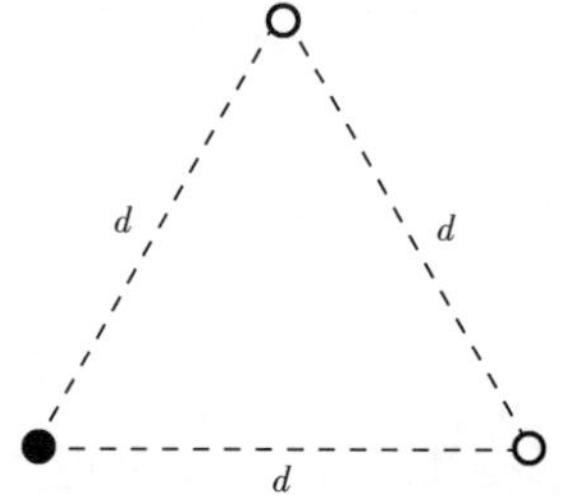

图3－40 四点井网注采比单元

(7)点状注水井网。

如果平面非均质很强，在渗透率相对较低的区域，油井产能也较低。为了提高低产能区的油井产能，可以实行点状注水。图3－41的井网中，有两处实施了点状注水。

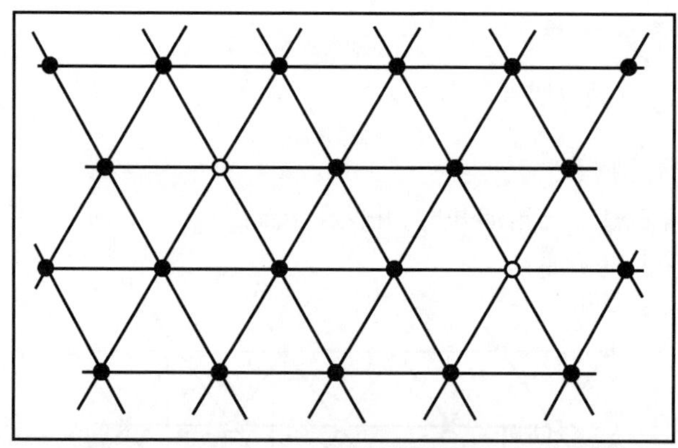

图3－41 点状注水开发井网

另外，在一些试采区域或断块及小型油藏上，还有所谓的两点和三点注水开发井网，甚至是蜂窝状井网，见图3－42、图3－43、图3－44。

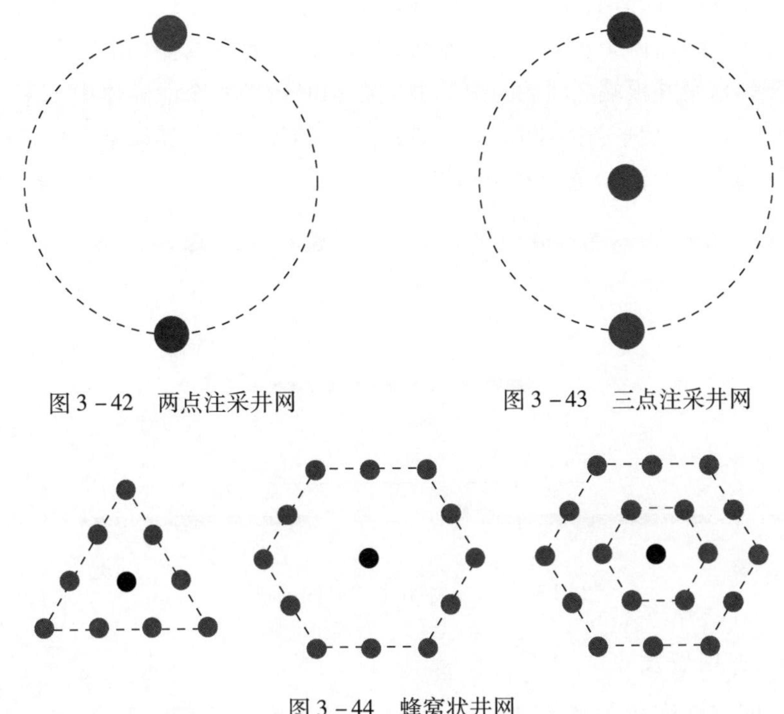
图3－42 两点注采井网

图3－43 三点注采井网

图3－44 蜂窝状井网

2. 井距与排距

对于直井井网，油井之间（或油水井）的距离为井距，油井排和水井排之间的距离为排距。如图3－45所示，对于反九点面积井网，油水井之间的距离AC为井距，油井排和水井排之间的距离CD为排距。如图3－46所示，对于五点井网，油井之间的距离AB为井距，油井排和水井排之间的距离CD为排距。

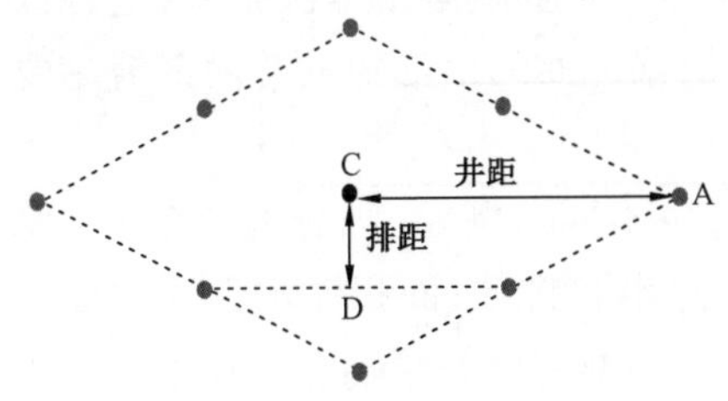

图3－45 反九点面积井网示意图

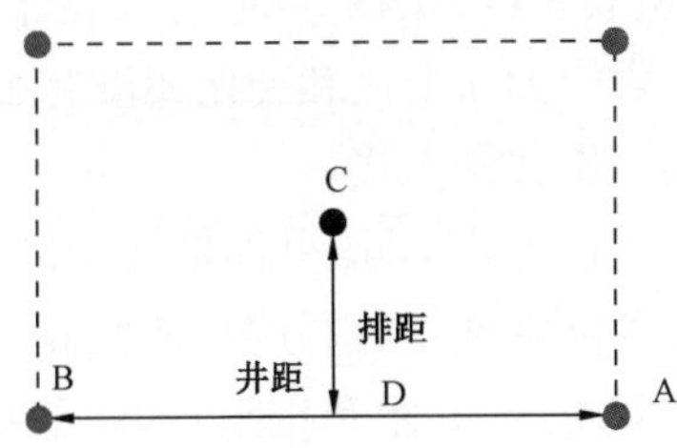

图3－46 五点面积井网示意图

对于水平井井网,如图3-47所示,两个相邻的水平段中点之间的距离称为井距(AD);两个相平行的水平段之间的距离称为排距(BE);水平井趾端和相邻水平井根端之间的距离为井间距(BC),在一个泄油体中水平段长度(l)与水平段相平行的边长(b)之比称为穿透比(l/b),如果水平段长度都相等的均匀井网,b 的值与井距相等。

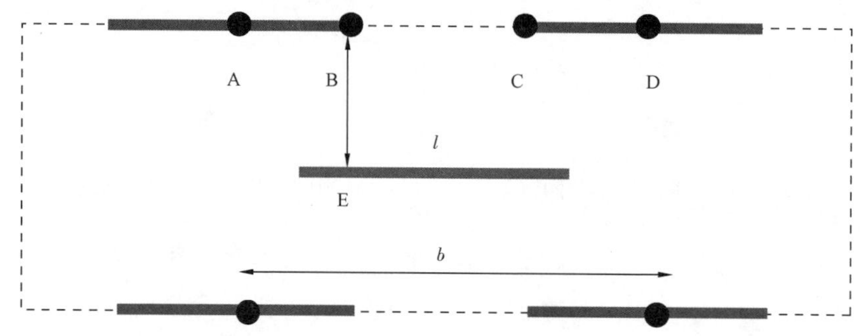

图3-47　水平井五点井网示意图

3. 井网密度

井网密度即单位面积上的油井数或者平均单井所控制的油层面积(km^2/口)。

通常井网部署的研究包括:

(1)布井方式;

(2)井网密度;

(3)一次井网与多次井网。

对布井方式,已有较成熟的认识。而在井网密度上,总趋势是先稀后密,但缺乏可靠的定量标准。在布井次数上,大多倾向于多次布井,但各次布井之间如何衔接和转化还没有可靠的依据。而海上油田的井网部署主要采用一次井网方式。

注水方式不同,井网部署的研究内容也不同。例如,切割注水方式主要研究井网密度、切割方向、切割距、排距、井距和排数;面积注水方式主要研究井网密度(井距和排距)和注采井数比。井网密度是影响开发技术经济指标的重要因素。

二、井型选择

在国内外油田经常采用的复杂井型主要包括以下五种：水平井、水平分支井、鱼骨刺井、多底井和分叉井。其中，前三种井型主要针对单层油藏，后两种井型主要针对多层油藏。

水平井[图3-48(a)]：通过扩大油层泄油面积提高油井产量，是提高油田开发经济效益的一项重要技术。水平井最早出现于美国，直到20世纪80年代才开始大规模工业化推广应用。我国早在20世纪60年代就在四川碳酸盐岩中尝试钻成了磨3井和巴24井，但限于技术水平，未取得应有效益，直到1988年，水平井开发技术在我国才又重新兴起，首先在南海完钻LH11-1-6水平井，并相继在胜利、新疆、辽河等油田开展攻关进而推广应用。目前，水平井在开发复式油藏、礁岩底部油藏和垂直裂缝油藏以及控制水锥、气锥等方面效果非常好。

水平分支井[图3-48(b)]：在同一产层中从一个主井筒中侧钻出两口或者两口以上水平井的复杂井称为水平分支井。与单一水平井相比，它极大提高了井筒与油藏的接触面积，是增加产量和提高采收率的重要手段，在开发隐蔽油藏、断块油藏、边际油藏等方面有显著优越性。

鱼骨刺井[图3-48(c)]：作为水平分支井的一种类型，可以在任意一个分支井筒上再增加分支，原油流入主井筒的轨迹缩短，使整个鱼骨刺井产量比单一直井提高6~10倍，实现少井高产的目标，主要适用于布井条件受平台限制的海上高渗油气田。

多底井[图3-48(d)]：指一口垂直井侧钻出两个或两个以上井底的井，能够从一个井眼中获得最大的总位移，在相同或者不同方向上钻穿不同深度的多套油气层，主要适用于厚油层和多层油藏的开发。

分叉井[图3-48(e)]：指为了减少钻井进尺、节省材料费用，从一口斜井中侧钻出另一口斜井进行合采的井型，主要适用于油藏为条带排列的透镜体状油藏，此类油藏(多个分离的薄层或孤立的油区)单独进行开采没有太大的经济效益。

油田开发应优先考虑应用水平井技术，论证水平井开发的适应性，分析储量动用程度、单井产量和采收率等指标，确定井型，包括水平井、分支井和复杂结构井等。

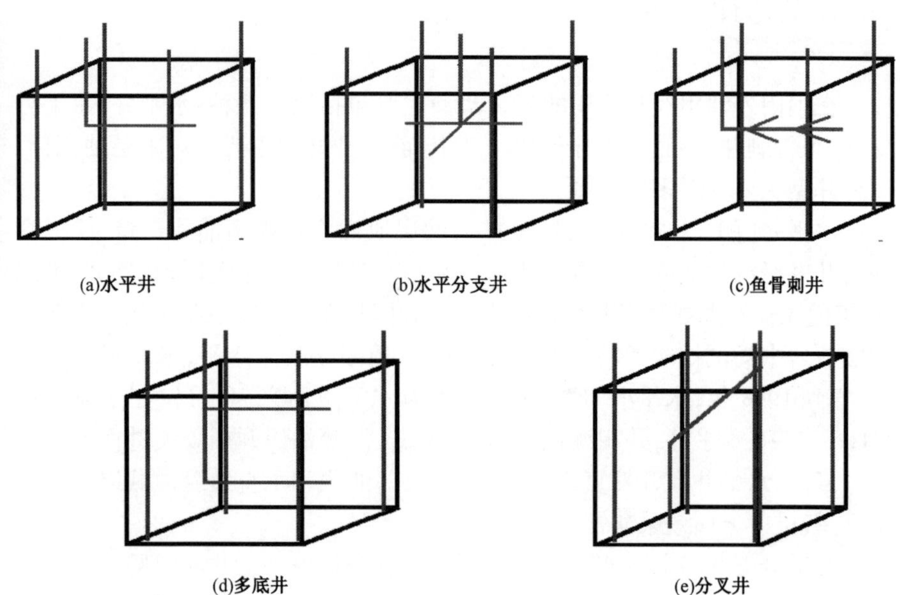

图 3－48　井型种类示意图

三、井网与井距

1. 影响因素

油田开发阶段不同，井网密度会发生变化，井网密度主要受以下因素的影响：

（1）油层物性及非均质性的影响。这里最主要的因素是指油层渗透性的变化，尤其是各向异性的变化，它控制着注入流体移动方向。对于油层物性好的油藏，由于渗透率高，单井产油能力就较高，其泄油范围就大，这类油藏的井网密度可适当稀些。

（2）原油物性的影响。原油黏度是主要影响因素。根据苏联伊凡诺娃对 65 个苏联油藏的研究表明，生产井井数对原油含水量影响很大。井网越密，采出相同的原油可采储量原油含水量就越低；原油黏度越大，井网密度同原油含水量之间关系越明显，而对低黏度原油则影响不大。对高黏油藏，采用密井网。对低黏油藏，用少数井即可，但不宜用于储油层不稳定的油藏。

(3)开采方式与注水方式的影响。凡采用强化注水方式开发的油田,井距可适当放大,而靠天然能量开发的井距应小些。

(4)油层埋藏深度影响。浅层井网可适当密些,深层则要稀些,这主要是从经济的角度来考虑。

(5)其他地质因素。油层的裂缝和裂缝方向、油层的破裂压力、层数、所要求达到的油产量等都要有影响。其中裂缝、渗透率方向性和层数主要影响采收率,而其他因素则影响到采油速度及当前的经济效益。

此外,井网密度还与实际油田开发过程中储层钻遇率及注采控制储量有关。

2. 确定方法

油田注水开发效果与井网密度有关,而油田建设的总投资中钻井成本又占相当大的比例,因此井网密度对于注水开发的经济效果有着重大影响。

在油田开发的不同时期,对井网密度有着不同的认识。20 世纪 30 年代前,人们认为钻井越多越好,钻井成为提高油田采收率的主要手段。20 世纪 30 年代末,由于油田开始实施以注水为主的二次采油方式,减弱了钻井的数目与井网密度对最终采收率的影响。到 20 世纪 40 年代以后,逐步发展了各种注水和强化采油技术,人们可以用较稀的井网控制油田储量,获得较高的采油速度,并不是井网越密,采收率就越高。

井网密度还可以根据国家对产量的要求、经济效益的大小、井网控制层系储量的多少来确定。油田产量随井数的增加而增多,当井的基数较小时,井数增加时,产量增加较快;当井的基数较大时,井数增加时,产量增加的幅度变小。单从增加产量看,井数越多越好。而井数的增加还受经济效益的约束。起初井数增加,油田产量提高得快,经济效益增加,井数增加到一定数量时,产量的增加幅度减小,经济效益下降,油水井管理工作与修井工作大幅度增加。

可以看出,井网密度的确定也就是井网适应性评价方法,包含油藏工程方法和经济界限两方面的内容。

1)油藏工程方法

(1)井网密度与采收率的关系。

关于井网密度对采收率影响程度的研究并未终止,也未得到很好的解决。苏联石油天然气研究院曾研究罗马什金油田一个区的井距与原油储量损失关系,发现井距为 1000m 时,原油损失量为 5%,井距为 2000m,原油损失量为 10%。

① 谢尔卡乔夫公式。

苏联学者谢尔卡乔夫曾统计过部分油田在不同井网密度下的最终采收率,见表3-8,结果表明井网密度从1km²/口增到0.02km²/口时,根据油层性质不同,其最终采收率提高21%~47%。

表3-8 不同井网密度与采收率的关系

油田	不同井网密度的采收率					
	0.02 km²/口	0.10 km²/口	0.20 km²/口	0.30 km²/口	0.50 km²/口	1.00 km²/口
美国东得克萨斯(乌德拜因)	0.80	0.78	0.76	0.73	0.70	0.59
苏联巴夫雷(某层)	0.74	0.72	0.69	0.67	0.63	0.52
苏联杜依玛兹(某层)	0.69	0.55	0.60	0.56	0.51	0.33
苏联罗马什金油田阿布都拉曼若沃区(某层)	0.68	0.62	0.55	0.48	0.43	0.21

根据苏联油藏实际资料,马尔托夫等人分析了在水驱条件下已进入开发晚期的130个苏联油藏实际资料,得出了采收率与井网密度和流动系数关系统计表,见表3-9。井网密度增加,将使采收率不同程度增加。流动系数越大,井网密度对采收率的影响越小;流动系数越小,井网密度对采收率的影响越大。

表3-9 不同流动系数下井网密度与采收率的关系

油藏分组	流动系数100×[$10^{-3}\mu m^2\cdot m/(mPa\cdot m)$]	油藏数	相关系数	相关方程	油层特征
1	>50	23	0.863	$\eta=0.785-0.005f+0.00005f^2$	油层分布稳定,渗透率高
2	50~10	45	0.880	$\eta=0.73-0.0065f+0.00003f^2$	油层分布稳定,渗透率高
3	10~5	24	0.841	$\eta=0.645-0.007f+0.00035f^2$	油层分布不稳定
4	5~1	24	0.858	$\eta=0.563-0.005f+0.000016f^2$	油层分布不稳定
5	<1	14	0.929	$\eta=0.423-0.0088f+0.000073f^2$	碳酸盐岩油藏

注:f为井网密度,单位km²/口。η为采收率。

上述研究说明,井网越密,井网对油层的控制程度越高,对实现全油田的稳产和提高采收率就越有利。但是也应指出,井网密度增加到一定程度后,再加密井网,则对油层的控制不会有明显的增加。

谢尔乔卡夫通过统计苏联已开发油田井网密度与采出程度的关系,得出:

$$E_{RU} = E_D \exp(-aF) \tag{3-49}$$

据统计,井网指数 a 可根据下述经验公式求得:

$$a = \frac{0.1814}{\left(\frac{K_a}{\mu_o}\right)^{0.4218}} \tag{3-50}$$

式中　F——单井控制面积,km^2/口;

E_D——驱油效率,对于一个油田应为常数;

E_{RU}——最终采收率;

K_a——空气渗透率,$10^{-3}\mu m^2$;

μ_o——黏度,mPa·s;

a——井网指数,用回归方法确定。

随井网密度减小,最终采收率呈减速递增趋势,井网密度越小,最终采收率越大,用式(3-49)可以对开发过程中的井网密度与最终采收率进行分析。

该公式的缺点是:没有考虑注水方式和注采井数比对采收率的影响,适合油层连通性相对较好的油藏。

要确定井网密度,首先要知道油井的总数,假设已给本开发区的采油速度为 v_o,油藏地质储量为 N,根据试采确定的平均单井日产油量为 q_o,则可以计算本开发区的生产井数 n 为:

$$n = Nv_o/300q_o \tag{3-51}$$

有了井数之后,就可以计算井网密度 f 为:

$$f = A_s/n \tag{3-52}$$

式中　300——油井 1a 有效的生产天数;

A_s——开发区油层面积,km^2;

n——生产井数,口。

有了生产井数之后,根据所选的注采系统的注水井数与油井数的比例,就可以确定注水井数。确定了井网密度之后,根据每一层系油砂体的大小、分布情况及储量的大小,合理地布置开发井网,使其尽量多地控制地下储量,减少储量的损失。此法的不足之处,试采确定的平均单井日产量是靠天然能量驱动得到的,注水之后就改变了能量的供给情况,故产量要有所变化。但仍可大致估计井数,当注水见效之后,再进行校核。

② 齐与峰公式。

$$E_R = E_D(1 - \varepsilon^{0.5})\exp\left(-\frac{0.635C_0}{\phi\varepsilon d^2}\right) \quad (3-53)$$

式中 ϕ,ε——注水方式影响系数;

C_0——砂体面积,m^2。

齐与峰公式考虑了注水方式的影响。

③ 范江公式。

$$E_R = E_D A\exp\left(-\frac{\alpha\phi S_o hS}{A_c K_e^{1.5}}\right) \quad (3-54)$$

$$K_e = \frac{K_o}{1 + V^2/N} \quad (3-55)$$

式中 α——经验系数;

S_o——原油含油饱和度;

K_e——油层有效渗透率,μm^2;

K_o——油层平均绝对渗透率,μm^2;

A——波及系数与流度比之间的关系常数;

ϕ——孔隙度;

S——含油饱和度;

h——油层有效厚度,m;

A_c——井网参数(表示布井单元中流线的最小长度与最大长度之比);

V——渗透率变异系数;

N——空间维数。

范江公式不仅考虑了井网密度对水驱波及系数的影响,而且也考虑了非均质性、井网参数对其的影响。但其不足之处是:没有考虑注采井数比对水驱波及系数的影响；在确定井网参数时，对于不规则、不均匀面积井网是很难确定的。

④ 苏联经验公式。

1982 年苏联研究院根据乌拉尔地区 130 个油田的实际资料，将流动系数（Kh/μ）划分为 5 个区间，分别回归出 5 个区间原油最终采收率与井网密度的关系式，见表 3－10。

表 3－10 苏联油田不同流动系数的井网密度与采收率关系曲线表达式

类别	流动系数 [$\mu m^2 \cdot m/(mPa \cdot s)$]	油藏个数	表达式
Ⅰ	>5	23	$E_R = 0.778e^{-0.0052 \cdot S}$
Ⅱ	1～5	45	$E_R = 0.726e^{-0.0082 \cdot S}$
Ⅲ	0.5～1	24	$E_R = 0.644e^{-0.0107 \cdot S}$
Ⅳ	0.1～0.5	24	$E_R = 0.555e^{-0.01196 \cdot S}$
Ⅴ	<0.1	14	$E_R = 0.42e^{-0.02055 \cdot S}$

注：E_R—原油最终采收率；

S—井网密度，hm^2/口。

⑤ 中国石油勘探开发研究院经验公式。

中国石油勘探开发研究院根据我国 144 个油田或开发单元的实际资料，按流度（K/μ）分为 5 个区间，归纳出最终采收率与井网密度的关系式，见表 3－11。

表 3－11 国内不同类型油田井网密度与采收率关系表

类别	流动系数 [$10^{-3} \mu m^2 \cdot m/(mPa \cdot s)$]	油藏个数	回归相关公式
Ⅰ	300～600	13	$E_R = 0.6031e^{-0.02012 \cdot S}$
Ⅱ	100～300	27	$E_R = 0.5508e^{-0.02354 \cdot S}$
Ⅲ	30～100	67	$E_R = 0.5227e^{-0.02635 \cdot S}$
Ⅳ	5～30	19	$E_R = 0.4832e^{-0.05423 \cdot S}$
Ⅴ	<5	18	$E_R = 0.4015e^{-0.10148 \cdot S}$

根据上述相关公式，可以测算当井网密度为 10 口/km^2时，各类油田可能达到的采收率，以及要达到 30% 的采收率，不同类型油田所需要的井网密度，见表 3－12。

表 3-12 国内不同类型油田达到 30%的采收率所需要的井网密度

类别	流动系数 [$10^{-3}\mu m^2 \cdot m/(mPa \cdot s)$]	井网密度为 10 口/km^2的采收率 (%)	采收率为 30%的井网密度 (口/km^2)
Ⅰ	300~600	49.7	2.8
Ⅱ	100~300	44.7	3.7
Ⅲ	30~100	40.4	4.7
Ⅳ	5~30	27.7	11.5
Ⅴ	<5	14.3	35.7

(2)井网密度与水驱控制程度关系法。

中国石油勘探开发研究院的齐与峰在对砂岩油田注水开发合理井网的研究中,建立了砂体的水驱控制程度与井距的定量关系,关系式为:

$$\lambda = 1 - \varepsilon^{-2}\exp[-C_0 \times 10^5/(\psi \cdot d^2)] \tag{3-56}$$

式中 λ——水驱控制程度;

ε——采注井数比;

C_0——与砂体有关的常数;

ψ——面积效正系数,其值与 ε 有关,当 $\varepsilon=1$(五点法)时,$\psi=1$;当 $\varepsilon=2$(四点法)时,$\psi=\sqrt{3}/2$;当 $\varepsilon=3$(反九点法)时,$\psi=1$;

d——注采井距,m。

式(3-56)是建立在许多互不连通或连通性很差的含油砂体所组成油层基础上推导出的理论表达式,不但考虑了井网密度,而且考虑了注水方式和油层连通关系对采收率的影响,比较适合于河流相沉积的油藏。

(3)井网密度和储层、流体性质关系法。

华北油田在 1992 年通过对留 17 断块加密效果的分析评价并结合理论公式推导(基于谢尔卡乔夫的井网密度与最终采收率的简化公式),得出了储层物性和原油黏度与井网密度的定量化公式,关系式如下:

$$N = -\frac{0.8473}{\ln E_v}\left(\frac{K}{\mu_o}\right)^{-0.2531} \tag{3-57}$$

式中 N——井网密度,口/km^2;

E_v——体积波及系数,一般取 0.85;

K——渗透率,μm^2;

μ_o——原油黏度，mPa·s。

式(3-57)是基于苏联谢尔卡乔夫的最终采收率与井网密度的关系式上推导来的，比较适合油层连通性相对较好的油藏。

(4)数值模拟方法。

通过生产历史拟合后，地质模型能很准确地反映真实油藏的地下特点；通过设计不同的井距、不同的注采关系，计算出不同条件下的开发指标，对比各种生产指标。

(5)满足一定的采油速度法。

我国低渗透油藏开发条例要求初期采油速度力争在1.5%以上，满足一定采油速度的井网密度S可由下式确定：

$$S=\frac{(1+\beta)V_oN}{q_oTA} \tag{3-58}$$

式中 β——注采井数比；

V_o——采油速度，%；

N——地质储量，10^4t；

q_o——单井日产量，t/d；

T——生产天数，d；

A——含油面积，km^2。

该方法适用于新投入开发的油藏，对于老油藏的加密调整不适用。

(6)探测半径与有效渗透率关系法。

根据具体油藏的地层测试、压力恢复及压力降落资料所解释的油层有效渗透率与探测半径，可回归得到二者的关系式，利用此关系式可计算不同渗透率下的泻油半径，注采井距为泻油半径的2两倍。

苏联的季雅舍夫统计分析了上百个油田402口井(共105个工作制度)的试油试采生产资料，根据水电相似原理，统计建立了供油半径R_e(m)和油藏有效渗透率K($10^{-3}\mu m^2$)之间如下的相关关系：

$$R_e=171.78+0.53K \tag{3-59}$$

式(3-59)是与压力有关的公式，只有把油藏看成统一的连通整体时，所得到的井距才比较符合油藏的实际，所以该方法比较适合于连通性较好的三角洲前缘相或湖泊近岸滩坝相沉积的油藏。

2)经济评价方法

(1)谢尔卡乔夫经验公式。

根据谢尔卡乔夫采出程度与井网密度的关系,并依据投入产出原理,考虑油藏埋藏深度、钻井成本、地面建设投资、投资贷款利率、驱油效率、采收率和原油价格,将谢尔卡乔夫公式进行变换后得出计算合理井网密度的经验公式。

$$\sum_{t=1}^{n}(f_{max}-f_{o})\cdot A\cdot N_{w}\cdot V_{t}\cdot\frac{p-O}{(1+i_{c})^{t}}=(f_{max}-f_{o})\cdot A\cdot I_{o} \tag{3-60}$$

$$N_{w}=\frac{N}{A}\cdot\frac{E_{D}\cdot e^{-100a/f_{max}}-R_{c}}{f_{max}} \tag{3-61}$$

式中 f_{max}——极限井网密度,口/km²;

f_{o}——目前井网密度,口/km²;

N——油田地质储量,10^4t;

N_{w}——单井控制剩余储量,10^4t;

V_{t}——剩余可采储量各年采油速度,%;

I_{o}——单井基建投资,10^4元;

E_{D}——水驱油效率;

p——原油销售价格,元/t;

O——原油生产成本,元/t;

i_{c}——基准投资收益率;

t——预测年相距基础年的年数,a;

A——含油面积,km²;

R_{c}——目前采出程度;

a——井网指数,与原油物性和油层性质有关的系数。

该方程由于谢氏公式的应用,比较适用于连通性较好的油藏。

(2)中国石油勘探开发研究院经验公式。

以中国石油天然气总公司开发生产部和中国石油勘探开发研究院研究的全国"八五"规划加密井潜力分析规定统一方法。

① 单井平均日产油经济极限 Q_{min}:

$$Q_{min}=\frac{(I_{D}+I_{B})(1+R)^{T/2}\cdot\beta}{0.0365\,\tau_{o}\cdot d_{o}\cdot T(P_{o}-O)} \tag{3-62}$$

如果考虑油井投产后产量递减:

$$Q_{\min} = \frac{(I_D + I_B)(1+R)^{t/2} \cdot \beta}{0.0365\, \tau_o \cdot d_o \cdot T(P_o - O)(1 - D_c)^{t/2}} \tag{3-63}$$

式中　I_D——平均一口井的钻井投资（包括射孔、压裂等），10^4 元/口；

D_c——油田年综合递减率；

I_B——平均一口井的地面建设（包括系统工程和矿建等）投资，10^4 元/口；

R——投资贷款利率；

T——开发评价年限，a；

β——油井系数，即油水井总数与油井数的比值；

τ_o——采油时率；

d_o——原油商品率；

P_o——原油销售价格，元/t；

O——原油成本，元/t；

0.0365——年时间单位换算。

当油田开发评价年限一定时，平均单井日产油量的经济极限与一口井的钻井投资、地面建设投资和贷款利率的开发年限之半次方成正比，与采油时率、原油商品率和每吨原油的毛收入成反比。

② 单井控制可采储量经济极限。

单井控制可采储量的经济极限 N_{mink} 主要是根据所定的平均单井日产油量经济极限 $Q_{\min}$ 计算得出：

$$N_{\text{mink}} = \frac{0.036 \cdot \tau_o \cdot Q_{\min} \cdot T}{W_i \cdot \beta} \tag{3-64}$$

将平均单井日产油量经济极限带入该式可得：

$$N_{\text{mink}} = \frac{(I_D + I_B)(1+R)^{T/2}}{d_o(P_o - O) \cdot W_i} \tag{3-65}$$

式中　W_i——开发评价年限内可采原油储量采出程度。

有了单井控制可采储量的经济极限，就可以算出单井控制地质储量的经济极限 N_{minK}：

$$N_{\text{mink}} = \frac{N_{\text{minK}}}{E_R} \tag{3-66}$$

(3)俞启泰公式。

俞启泰根据投入产出关系导出了合理井网密度和极限井网密度计算

公式。

合理井网密度$f_{合理}$计算式：

$$af_{合理} = \ln \frac{N \cdot (B - C) \cdot E_D \cdot a}{A \cdot b} + 2\ln f_{合理} \qquad (3-67)$$

极限井网密度$f_{极限}$公式：

$$af_{极限} = \ln \frac{N \cdot (B - C) \cdot E_D}{A \cdot b} + \ln f_{极限} \qquad (3-68)$$

式中 N——油田地质储量,10^4t；

a——与原油物性和油层性质有关的系数；

b——平均单井投资总额(包括钻井投资及地面建设),10^4元/口；

C——生产操作费,元/t；

B——原油售价,元/t；

A——含油面积,km^2。

利用曲线交汇法,求得所计算区域的合理井距、合理井数,满足式(3-67)的井网密度即为合理井网密度。公式的真实内涵是主开发期内油田开发的纯收入最大。井网密度的计算可通过迭代方法求得,注意在计算中应去掉不合理的极值点。

极限井网密度的含义是:主开发期内的原油销售收入,正好抵消所发生的投资和生产费用之和(即不赔也不赚)。极限井网密度的计算可通过迭代方法求得,注意在计算中应去掉不合理的极值点。

经济评价方法有很多种,总体可分为静态投入产出分析法和现金流分析法,都是研究在一定开发条件下、一定的生产经营条件下,一定时间内的亏盈或收支平衡问题,并且考虑的因素不同或者考虑某些因素重要程度不同,导出的方法不同,这样计算结果就不同,而且有一些方法的结果相差比较大,因此在应用过程中要进行筛选。

3. 低渗透油藏注水开发井网

中高渗油藏的井网研究过程中,均匀井网一直是人们的最优井网。在中高渗油藏中,采用的规则井网,追求的是流线的均匀推进。因为流线推进越均匀的井网,采收率越高。但是对于低渗透油藏,由于裂缝发育、砂体的条带状展布、不规则砂体和储层非均质特征的影响,若仍然采用适合中高渗油藏的均匀井网,就会带来不必要的麻烦。对于裂缝发育和不规则砂体,低渗透油藏的井网也要采用不规则井网,以追求井网流线的均匀性和对不规则砂体的适应性。

对于微裂缝不发育、物性较均匀的储层，仍然采用正方形井网；对于微裂缝发育或者储层非均质较强的储层，可以采用不规则井网来追求流线的均匀推进。

以上涉及的都是规则的井网形式，目前，特别是低渗透油藏或者裂缝性油藏动用以来，井网研究便是一直论证的焦点，井网的演变过程大致可以分为以下几个方面。

（1）低渗透油藏开发初期，沿用中高渗的井网形式多采用正方形反九点井网（比如300m×300m）。

对于天然微裂缝不发育、平面渗透率各向异性不明显的储层，用正方形反九点面积注水井网，正方形对角线与最大地应力方向平行。

井网优点：延长了人工裂缝方向油井见水时间。

（2）随后由于认识到存在方向性见水、水窜水淹问题，将井网注采井排方向与裂缝方向错开不同角度，以避免方向性见水的问题。

20世纪80年代，吉林新立、乾安和大庆朝阳沟等将裂缝系统有意识地考虑到井网部署中，20世纪90年代初投入开发的吉林新民油田、吐哈丘陵油田和长庆安塞油田等低渗透油田则初步形成了低渗透油藏整体开发优化设计观念。近几年动用的特低渗透油藏物性更差、渗透率更低，采用的井网也由正方形井网变为菱形反九点井网。

初期阶段：沿裂缝水线注水和井排方向与裂缝方向错开22.5°。

在20世纪50年代，玉门石油沟油田在注水开发过程中，油井方向性水窜严重，沿裂缝油井快速水淹，而裂缝两侧的油井则迟迟见不到注水效果，后来将水淹的油井转注，形成沿裂缝方向注水向裂缝两侧驱油的开采方式。20世纪60年代吉林扶余油田投入开发时就采用了井排方向和裂缝方向成10°夹角的井网形式。

第二阶段：将井排方向与裂缝方向错开22.5°。

在20世纪80年代吉林新立油田、乾安油田和大庆朝阳沟油田的开发中，为了减缓沿裂缝方向油井过早见水和暴性水淹的矛盾，将正方形反九点井网的井排方向与裂缝方向错开22.5°。这种井网方式初期效果较好，沿裂缝方向注水井两边的油井见水时间延长，水淹时间延迟，但存在后期井网难以调整的情况。

第三阶段:井排方向与裂缝方向错开45°。

90年代在吉林新民、长庆安塞和吐哈丘陵油田等低渗透油藏的开发中,把井排方向与裂缝方向错开45°。这种井网方式的优点是:沿裂缝方向井距有所扩大,可以相对延长该方向油井见水时间,除裂缝方向外,注入水为垂直裂缝方向驱油,可以避免油井暴性水淹,初期开发效果较好。反九点井网演化历程见图3-49。

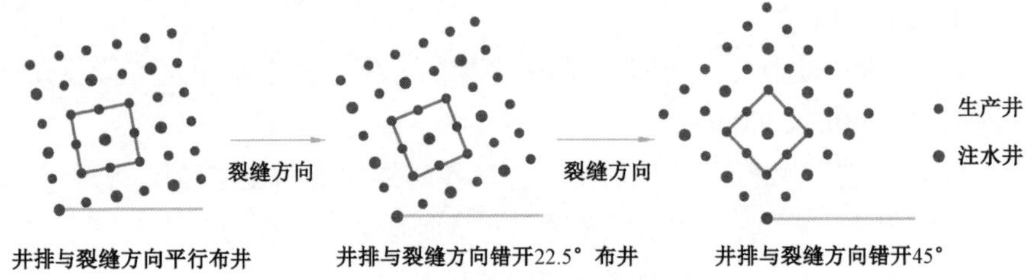

图3-49 反九点井网演化历程

第四阶段:采用菱形反九点井网开发低渗透油藏。

2000年以后,发现以前采用的正方形反九点井网依然存在问题,一是沿裂缝方向井距不够大,水淹现象依然存在;二是由于近几年投入开发的油藏物性更差,渗透率也不断降低,如果垂直裂缝方向井排距过大,油井见效缓慢。为了建立起有效的驱动压力体系,需要进一步加大水井和角井的距离,减小水井排和油井排的距离,于是把正方形井网转变成了菱形反九点井网或矩形井网,见图3-50和图3-51。

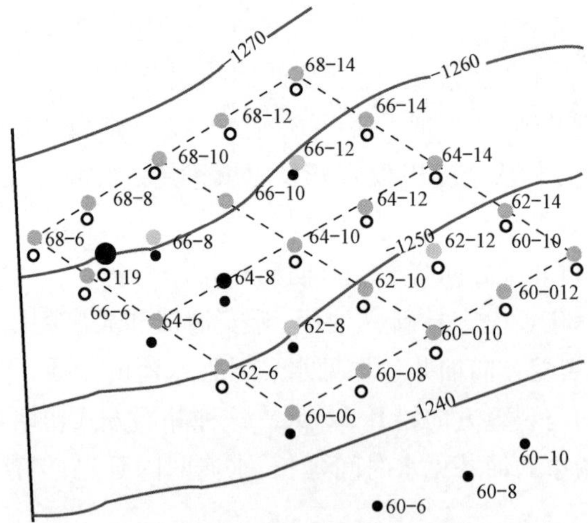

图3-50 新119菱形反九点试验区

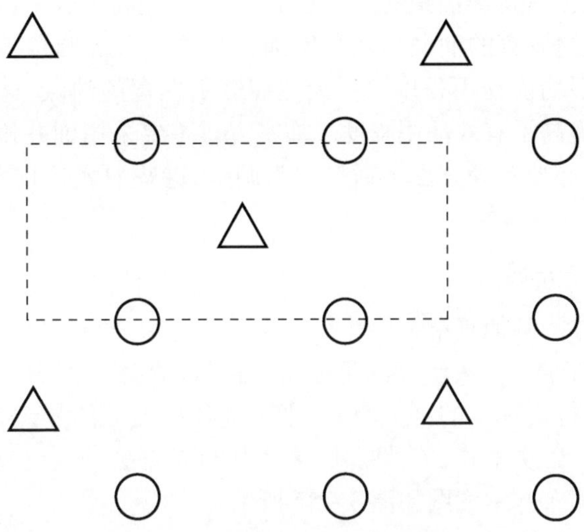

图 3－51 矩形井网示意图

在天然裂缝较发育的地层，为了延缓裂缝方向上油井的见水时间，将注水井和角井连线平行裂缝走向，放大裂缝方向的井距。

这种井网的优点是：有利于加大压裂规模、提高导流能力；加大了裂缝方向上的注采井距，减缓角井见水速度；缩小了排距，提高了侧向油井受效程度。

(3)20 世纪 90 年代以后，拉大注采井排上的注采井距，以减缓方向性见水时间、逐渐缩小排距，以建立有效的压力驱动系统，正方形井网演变成菱形或者矩形井网。

对于储层物性差、裂缝发育的油藏，适合采用五点井网或者矩形井网，井排与裂缝平行。如果裂缝很发育而且方向性明确，则可以考虑抽稀水井，变成不规则矩形井网。其优点是：注采井数比高，可实施大强度注水；可加大压裂规模，增加人工裂缝长度；抽空了注水井排裂缝线上的油井，避免了早期水淹报废。

(4)21 世纪以来，由于采油速度低、采收率低，大庆、吉林和长庆低渗透油田出现了小井距的试验区，向密井网演变。

(5)开发后期，裂缝方向水淹快，最终将注采井排上的生产井转为注水井，调整成线状注水。

早期投入开发的低渗透油藏注采矛盾日益突出，主要表现在“注不进、采不出”,为了改善这类油藏的开发效果,进一步提高采收率,进行了加密调整。对天然裂缝发育的油藏采用井网加密与注采系统调整,转线状注水模式,提高了油层均衡动用程度。对天然裂缝不发育的油藏,通过加密,缩小排距的方法,提高了有效动用程度。加密方式主要采用油井排加密、均匀加密和三角形中心加密等方法。通过加密调整,这些油藏采收率提高了10%以上。

4. 水平井井网

除水平井外,其他复杂结构井都主要针对特殊油藏条件,绝大部分都只是采用单井进行生产,从研究的角度看,可以以直井井网为基础,用水平井或其他井型来替代其中的部分直井,来组成各种类型的复杂井型井网进行优化设计研究,以水平井、鱼骨刺井、多底井和五点法、七点法和九点法注采井网为例,井网布井示意图如图3－52所示。

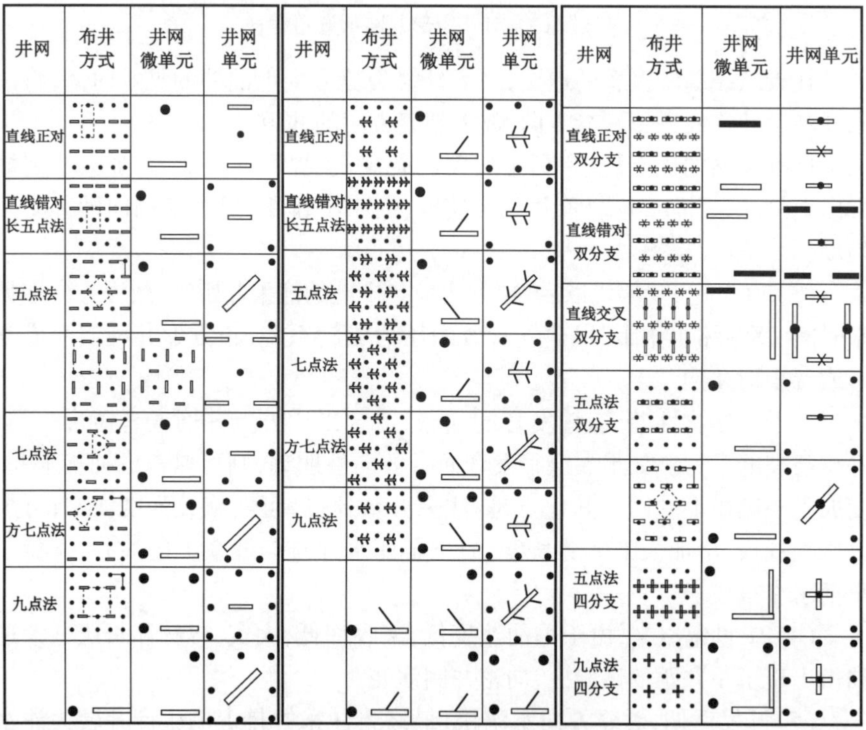

井网	布井方式	井网微单元	井网单元
直线正对			
直线错对长五点法			
五点法			
七点法			
方七点法			
九点法			

井网	布井方式	井网微单元	井网单元
直线正对			
直线错对长五点法			
五点法			
七点法			
方七点法			
九点法			

井网	布井方式	井网微单元	井网单元
直线正对双分支			
直线错对双分支			
直线交叉双分支			
五点法双分支			
五点法四分支			
九点法四分支			

图3－52　不同井型井网类型示意图

调研发现影响水平井井网的因素主要有 11 个方面,分别是:穿透比、地应力、混合注采井网中的水平井井别、水平井长度、布井方向以及裂缝发育程度、井网单元面积、井距、地层参数(渗透率、厚度、流体黏度、流度比等)、水平井与水平方向的夹角、布井方式以及井网形状因子。

水平段设计主要包括:垂向位置、方位和长度。分析油层的有效动用、底水的锥进或气顶的气窜等,优化水平段垂向位置;分析储层分布、能量补充、裂缝发育、人工裂缝方位和含水率控制等,优化水平段方位;分析单井控制储量、累计产量、钻采工艺和投资等,优化水平段长度(表 3-13)。

表 3-13 不同井型井网优化设计对象

井型	水平井井网	水平分支井井网	鱼骨刺井井网	多底井井网	分叉井井网
优化对象	井网类型	井网类型	井网类型	井网类型	井网类型
	井距	井距	井距	井距	井距
	排距	排距	排距	排距	排距
	水平段长度	水平段长度	主井筒长度	水平段长度	分支长度
	水平井在油藏中的位置	水平分支井在油藏中的位置	鱼骨刺井在油藏中的位置	多底井轨迹	分叉角度
	水平井方位	水平分支井方位	鱼骨刺井方位		分叉位置
		分支条数	分支长度		
			分支角度		
			分支条数		

以获得高采收率为目标,分析采出程度与含水率的关系、压力保持水平、天然裂缝与人工裂缝等,优化水平井井网类型、井间距和井排距。

对于难以形成水平井井网的单个水平井,其长度的优化主要取决于油藏特征,如果能够形成井网,要采用下面的井网优化设计方法对井网、井距、水平井长度等参数一起进行优化。

如果油藏条件许可的话,水平井长度应尽可能长。考虑到工程风险和流体在水平井筒中的摩擦阻力,从理论上讲水平井的长度应该有一个最优值,对常规油藏来说如果油的黏度不大的话,考虑到我国的单井原油产量不是很高,管流的阻力也不大,水平井长度在技术经济许可的条件下应尽可能加长。

对一般的油藏,水平井井网、井距的优化采用油藏数值模拟方法,对设计的各种方案进行计算,然后优选最佳井网。

对于低渗透、特低渗透油藏,水平井的长度、裂缝条数、裂缝间距、导流能力以及井间距和排距需要同时优化,寻找最佳匹配关系。如果采用排列组合的关系设计计算方案,方案数目太多,对油藏数值模拟来说,做这么多次模拟试验是不必要的。可以采用正交试验法(正交设计)或者自动寻优的设计方法,设计出一定数量的方案,利用油藏数值模拟手段计算各个方案,最后优选最佳方案。

四、井网部署原则及结果

合理的井网部署应该以提高采收率为目标,力争较高的采油速度和较长的稳产时间,以达到较好的经济效果。确定合理井网部署首先应从本油田的油层分布状况出发,综合运用油田地质学、流体力学、经济学等方面的理论和方法,分析不同布井方案的开发效果,以便选择最好的布井方案。具体原则如下:

(1)井网部署应有计划分步骤进行,先稀后密,最大限度地适应油层分布状况,控制住较多的储量。初期基本井网对分布较稳定的油层,水驱控制程度应达到70% ~80%。当主力油层含水较高、产量不稳时,可适当加密井网,水驱控制程度可达80% ~90%。

(2)布置的井网既要使主要油层受到充分的注水效果,又能达到规定的采油速度,实现较长时间的稳产。

(3)选择的井网要有利于今后的调整与开发,在满足合理的注水强度下,初期注水井并不宜多,以利于后期补充或调整,提高开发效果。此外,要注意各套井网之间的衔接配合,井位要尽量错开均匀分布,便于后期油井的综合利用。

(4)所选择的布井方式具有较高的面积波及系数,实现油田合理的注采平衡。不同地区油砂体及物性不同,对合理布井的要求也不同,应分区、分块确定。

(5)必须保证经济效果好,包括投资少、钢材消耗少、生产成本低、劳动生产率高等。

(6)实施的布井方案要采用切实可行的先进采油工艺技术,有利于发挥工艺措施。

应该指出,产层的非均质性在编制开发设计和工艺方案时,往往不可能全部搞清。为此，对非均质油层合理开发方法是分阶段的布井和钻井。

井网类型的选择是一个十分复杂的问题，一般情况下都是通过油藏吸水指数与产液指数的对比加以确定。油藏吸水指数的定义与产液指数的定义十分类似，吸水指数定义为单位注入压差下注水井的日注入量，产液指数定义为单位生产压差下生产井的日产液量。

油田上注水井的数目一般都小于或等于采油井的数目。如果油藏的吸水指数与产液指数相当，即 $I_w = J_L$，则可以选用 $m = 1$ 的注采井网，如五点注采井网。如果油藏的吸水指数为产液指数的 2 倍，即 $I_w \approx 2J_L$，可以选用 $m = 2$ 的注采井网，如七点注采井网。如果油藏的吸水指数为产液指数的 3 倍，即 $I_w \approx 3J_L$，则可以选用 $m = 3$ 的注采井网，如九点注采井网。

由于油田开发初期的产能较高，因此开发初期往往选用注采井数比较高的开发井网，如九点井网；但随着油田开发的不断进行，油田产能不断降低，为了提高油气产量，到了油田开发的中后期，往往把开发井网改造成低注采井数比的开发井网，如五点井网，即靠提高油田的产液量来提高油气产量。

一般说来，高注采井数比的开发井网具有一定的成本优势，因此，通过提高注水井的注入压差，使高注采井数比的开发井网也可以达到低注采井数比开发井网的开发效果。开发井网还有基础井网、正式井网和加密井网之分。正式井网是根据对油藏地质条件的认识和经济评价的结果而部署的井网，但在实施时，考虑到地质认识的局限性和片面性，为规避投资风险，往往将正式井网按照一定的比例进行抽稀，作为油田开发的基础井网实施。基础井网建设完毕并进行短暂生产之后，根据所获得的地质认识对井网再作适当的调整。一种可能是需要继续实施原设计正式井网，另一种可能是基础井网成为正式开发井网。

在油田正式开发井网实施一定时间之后，根据静、动态资料的分析结果发现，原开发井网对油藏的控制能力较差，油藏储量的动用程度较低，需在原开发井网的基础上，按照一定的比例补钻一部分开发井，称作加密井，加密之后的开发井网称作加密井网。由于油田存在着一定的平面非均质性，油田最后的开发井网，往往都是与油藏地质特点相适应、能够克服油田开发平面矛盾的非均匀开发井网，见图 3－53。水平井与直井联合部署的井网，井网形式则更加复杂，见图 3－54。

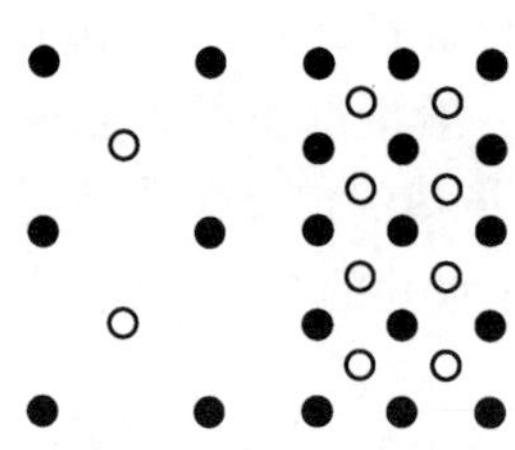

图 3-53　油田开发非均匀井网

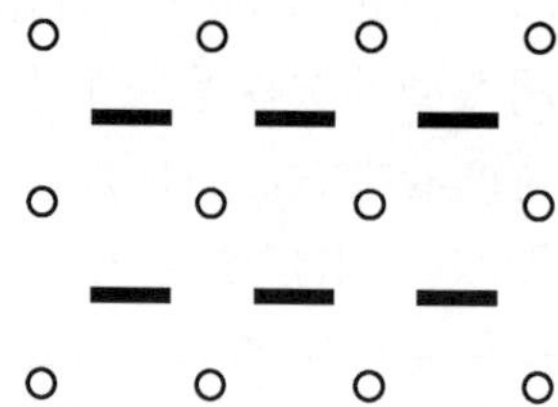

图 3-54　直井—水平井联合开发井网

第五节　射孔方案设计

油田开发井射孔方案的编制是油田投产前一项极其重要的工作。合理的射孔方案是油田合理投产、科学地开采及提高经济效益的基础。射孔完井是目前国内外使用最广泛的完井方法。在射孔完井的油气井中，井底孔眼是沟通产层和井筒的唯一通道。如果采用正确的射孔设计和恰当的射孔工艺，就可使射孔对产层的损害最小，完善程度高，从而获得理想的产能。多年来人们对射孔工艺、射孔枪弹与仪器、射孔损害机理及评价方法、射孔优化设计以及负压射孔和射孔液等进行了大量的理论、实验和矿场试验研究，射孔技术取得了迅速的发展。采用先进的理论和方法，针对储层性质和工程实际情况，把射孔完井作为一项系统工程来考虑，优选射孔工艺和优化射孔设计，是提高完井水平必不可少的基本条件。

一、射孔原则

1. 射孔原则的研究

1)油井研究内容

(1)对于边水层状油藏，主要应研究油水过渡带和近油水过渡带的平面和纵向避射距离；对于正韵律的厚层边水油藏，还应研究位于纯油区的油井底部高渗层的射开程度。

(2)对于底水块状油藏，应主要研究水体大小、底水锥进与不同射开程度的敏感性及夹层对水锥的影响。

(3)对于带气顶的油藏,应主要研究气顶锥进与油层射开程度的敏感性。

2)注水井研究内容

(1)对于非均质程度较高的注水井,应主要研究射孔密度调剖。

(2)对于正韵律的厚层层状油藏,应主要研究底部高渗层的射开程度。

(3)对于与生产井油层连通的砂层,注水井应研究射开砂层的开发效果。

3)研究方法

主要包括:数值模拟法、经验公式法和类比法。

4)研究结论

应明确给出不同类型油藏、不同水体大小、不同部位的油水井射孔原则。

2. 射孔原则的确定

1)油井

(1)边水层状油藏。

① 当油井距含气边界或内含油边界的距离小于射孔原则研究确定的平面避射距离时,应避射,并确定避射厚度。

② 位于油水或油气过渡带的油井应避射,并依据油、水层和油、气层之间泥质隔层的情况及射孔原则研究的结果确定避射厚度。

③ 正韵律厚层边水油藏应依据油井所处构造部位和射孔原则研究的结果,确定底部高渗层是否避射。

④ 对于孤立和单、薄油层的射孔,应依据油层在剖面上的位置、资源利用的可能性和工程经济因素综合确定。

⑤ 油层井段中具有开采价值的异常高压层,若需要防砂完井,则此段同时射开,单独作为一个防砂段;若不需要防砂完井,则此段暂不射开。

(2)底水块状油藏。

① 根据射孔原则研究的结果,确定垂向避射厚度。

② 若油水界面附近有夹层,视夹层情况来确定射开程度。

③ 带气顶的油藏,根据射孔原则研究的结果确定避气厚度。

(3)除上述情况外开发层系内的油层应全部射开。

(4)位于射孔井段之间的或者与油层纵向上相连的表外油层应考虑扩射。

(5)对于管内砾石充填防砂的油井,位于含油层段之间集中分布的、可作气源动用的气层全部射开。其他气层和可疑气层不射。

2)注水井

(1)开发层系内的油层应全部射开。

(2)与生产井油层连通的砂层,应以注入水是否能满足周边受效井的要求为前提,确定射开程度。

(3)非均质程度较高的注水井,根据射孔原则研究的结果确定射孔密度和射开程度。

3)防砂井段划分

(1)应以层系或油组为基础,并考虑防砂段内油层总厚度大小,以保证必要的经济效益和较大限度地动用储量。

(2)应考虑注采对应关系,注水井应细分防砂段。

(3)射开气层的油井,气层应单独作为防砂段。

(4)射开高压油、气层的油井,高压层应单独作为防砂段。

(5)防砂段的最大长度及防砂段之间的最小距离应根据完井工艺现状而定。

二、射孔参数设计

射孔参数设计是实施射孔施工、提高射孔效率和经济效益的前提。要获得理想的射孔效果,必须针对不同的储层特点和不同的射孔目的,对射孔参数、射孔条件和射孔方法进行综合优化设计。

进行正确而有效的射孔参数优选,取决于以下几个方面:一是对于各种储层和地下流体情况下射孔井产能规律的量化认识程度;二是射孔参数、损害参数和储层及流体参数获取的准确程度;三是可供选择的枪弹品种、类型的系列化程度。

射孔参数优化设计主要考虑三个方面的问题:各种可能参数组合的产能比、套管损害情况和孔眼的力学稳定性。产能比是优化目标函数,后两者是约束条件,对特殊井(压裂井、水平井等)还应作特殊考虑。

1. 资料准备工作

射孔参数优化设计前,首先要做好资料准备工作:

(1)收集射孔枪、弹的基本数据。射孔弹的基本数据包括混凝土靶的穿深、孔径、岩心流动效率、压实损害参数等;射孔枪参数包括枪外径、适用孔密、相位角、枪的工作压力和发射半径以及适用的射孔弹型号。

(2)进行射孔弹穿深、孔径校正。

(3)完成钻井损害参数的计算(损害深度、损害程度),它是影响射孔优化设计的重要参数。

应用非线性回归方法,对有限元油井射孔模型中获得的大量计算数据进行回归,得出计算射孔油井产能的公式,通过综合整理得到射孔参数与产能比的关系式如下:

$$PRI = PRIM[A + B\lg(D_n R_n - C)] \tag{3-69}$$

式中 PRI——产能比(射孔井产能与自然产能的比值);

$PRIM$——极限产能比;

A,B,C——与射孔参数有关的经验回归公式,视不同情况而有不同的表达式;

D_n——孔密,孔/m;

R_n——射孔孔眼半径,m。

2. 射孔参数的优选过程

射孔参数主要包括孔深、孔密、孔径、相位角、伤害程度、伤害深度、压实程度、压实厚度及非均质性等。

射孔参数优选必须建立在对各种地质、流体条件下射孔产能规律正确认识的基础上;或者是建立起正确的模型,获得定量化的关系,根据此定量关系,计算各种可能的孔密、相位角、射孔弹配合下的各种产能比,并计算出每种配合下套管抗挤能力降低系数,在保证套管抗挤能力降低不超过5%的前提下,选择出使产能比最高的射孔参数配合。具体的射孔参数的优选过程是:

(1)建立各种储层和产层流体条件下射孔完井产能关系数学模型,获得各种条件下射孔产能比的定量关系。

(2)收集本地区、邻井和设计井的有关资料和数据,用以修正模型和优化设计。

(3)调配射孔枪、弹型号和性能测试数据。

(4)校正各种弹的井下穿深和孔径。

(5)计算各种弹的压实损害系数。

(6)计算设计井的钻井损害参数。

(7)计算和比较各种可能参数配合下的产能比、产量、表皮系数和套管抗挤毁能力降低系数,优选出最佳的射孔参数配合。

三、射孔工艺设计

射孔工艺设计主要包括射孔方式选择,射孔枪、弹选择,射孔液选择。

1. 射孔方式选择

根据油藏和流体特性、地层损害状况、套管程序和油田生产条件,选择恰当的射孔方式,比如电缆输送套管枪射孔(WCG)、油管输送射孔(TCP)、油管输送射孔联作、电缆输送过油管射孔(TTP)、负压射孔、超高压正压射孔、高压喷射和水力喷砂射孔和激光射孔等。

2. 射孔枪、弹选择

根据射孔枪的枪体结构,可把它分为有枪身射孔枪和无枪身射孔枪。有枪身射孔枪是使用最早、适合各种用途的射孔枪,尤其是在不允许套管和管外水泥受到破坏以及打开油水或油气界面附近的较薄地层时,通常采用该方法。其基本特点是:爆炸材料与井内液体无接触;爆炸的飞出物和弹筒的碎片残留在壳体内。

无枪身射孔枪分为全销毁型和半销毁型,主要用于过油管射孔作业。其特点是:对套管弯曲和有缩径井况具有较好的通过性,射孔后电线易于提出地面。目前在生产中普遍使用的是聚能射孔弹,它由弹壳、聚能药罩(金属衬套)、炸药和导爆索组成。对一定类型和数量的炸药,射孔弹有一确定的能量用于做功。射孔弹设计要考虑的主要参数有导爆索、聚能罩、炸药柱和间隙穿透能力等。射孔弹的最大可能尺寸,主要受枪身内部径向尺寸或弹壳尺寸以及枪身或套管允许变形尺寸的限制。

3. 射孔液选择

射孔施工过程中采用的工作液称为射孔液,它是完井液中的一种。由于射孔孔眼穿入油层一定深度,有时它的不利影响甚至比钻井液的影响更为严重。因此,要保证最佳的射孔效果,就必须研究筛选出适合于油气层及流体特性的优质射孔液。

射孔液总的要求是保证与油层岩石和流体配伍，防止射孔过程中和射孔后对油层的进一步损害，同时又能满足下列性能要求：

(1)密度可调节。为在套管枪射孔时有效地控制井喷，射孔液的密度必须适合油气层压力，既不能过大也不能过小，过大易压死油层，过小易发生井喷。

(2)腐蚀性小。要求射孔液减少对套管和油管的腐蚀，同时也要减少产生不溶物，防止不溶物进入射孔孔道，对产层造成损害。

(3)高温下性能稳定。采用聚合物配制的射孔液，要求在高温下聚合物不降解而保持性能稳定；对盐水配制的射孔液，要防止随温度的变化而产生结晶。

(4)无固相，防止堵塞孔道。

(5)低滤失，减少进入储层的液体，降低对油层的损害。

(6)成本低、配制方便。

第六节 生产与注入能力分析

一、采油方式确定

采油方式是贯穿油田开发全过程的基本技术。因此，确定采油方式便成为采油工程方案的主要组成部分，其主要生产依据是油井生产能力，根据油井生产能力决定采用自喷采油、机械采油、气举采油等。

1. 自喷采油

利用油层本身的能量使油喷到地面的方法称为自喷采油法，设备简单、管理方便，成本低，是既方便又经济的一种采油方式。

采油方式的选择应首先确定在油藏工程设计方案规定的压力保持水平下，油井在不同含水阶段能否自喷及自喷的能力，以及停喷条件和需要转入机械采油的时机。

2. 人工举升采油

当油田开发过程中，油层压力下降以及油井含水后井底流压上升造成生产压差减少，油层的能量不足以把原油举升到地面，油井就停止自喷，为了使油井继续生产,就要采取人工举升方式。

人工举升的方式较多。气举采油:连续气举、间歇气举、柱塞气举。有杆泵采油:抽油机有杆泵采油、地面驱动螺杆泵采油方式。无杆泵采油:电动潜油泵采油、水力活塞泵采油、射流泵采油。其他采油新技术:波动采油技术,超声波、水力振荡解堵,低频振动处理油层工艺,井下低频电脉冲采油技术。高能气体压裂技术:磁处理技术、磁防垢、磁防腐、磁防蜡、磁降黏、磁破乳、磁增注。热处理技术:自燃点火、人工点火等。

由于编制开发方案时,采油方式的选择需要制定单井合理的工作制度,研究油井能否自喷、停喷条件及自喷能力(最大自喷产量)。为此,需要应用节点分析方法。

以给定的井口流压为起点,从井口向下计算油管内压力分布和相应的井底压力,并与相应的 IPR 曲线(流入动态曲线)求得的井底流压比较,通过改变设计流量,若由井筒多相流计算的井底压力与 IPR 曲线对应的井底流压在规定的误差范围内,便可确定出最大自喷产量及其相应的流压。对于不同的油藏压力保持水平,在各种产液指数和含水条件下进行上述计算,便可获得不同压力保持水平下不同产液指数的油井产能。

二、生产井产能

1. 确定直井生产能力所需要的资料

(1)一般通过生产井试采资料、稳定试井资料、不稳定试井资料,确定投产初期生产井平均米采油指数。利用相渗曲线确定的不同含水率与无因次采油指数的关系,见图 3－55,确定投产初期含水时自喷井米采油指数。油藏工程方法确定了直井自喷生产和转抽生产时的合理生产压差,最终通过米采油指数确定不同有效厚度储层自喷井的比例和对应的生产能力。通过拟合单井的流入动态曲线,确定了不同有效厚度储层抽油井的生产能力。

(2)如果缺少油井稳定试井资料、不稳定试井资料,选用油井初期生产资料及相应的地质参数(射开厚度、孔隙度、渗透率)等资料,研究其相关关系,确定生产能力。

(3)借鉴临区油田,相似地质条件下的油井产能资料。

以上尤以采油指数资料确定单井产能最为可靠,其他可作为参考和借鉴。

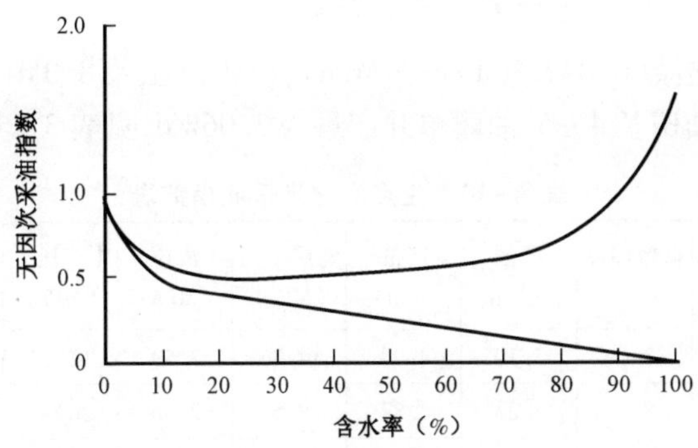

图3-55　无因次采油指数与含水率关系示意图

例如，×油田通过生产井试采资料分析，确定了投产初期生产井平均米采油指数为0.1321t/(d·m·MPa)，利用相渗曲线确定的不同含水率与无因次采油指数的关系确定投产初期含水率小于20%时自喷井米采油指数为0.0594t/(d·m·MPa)。

2. 合理生产压差

通过合理泵口吸入压力、泵合理的沉没度等参数的计算，确定了抽油井合理生产压差。中低含水期通过加深泵挂来提高泵效，要比高含水期更容易实现。

×油田根据停喷流压计算，含水率小于20%时，最大停喷流压为12MPa，初期自喷井平均合理生产压差为6MPa。充满系数为0.7时，为确保较高的泵效，抽油井的井底流压确定为6MPa，对应油层中深生产压差为12.7MPa。为确保油井的正常生产，合理生产压差确定为10MPa。

3. 单井生产能力确定

1）利用生产资料确定单井产能

×油田48井区块实验区内自2003年11月新69-69井试采，至2005年9月已累计试采井43口，其中满1a的井2口（分别是新69-69、新68-69），按时间拉平后，第1年的平均产油量为3.16t/d。

2005年5月为起点，统计36口生产井数据，其中前7个月为实际数据，后5个月为预测数据，全年的平均产量为2.95t/d。

综合考虑两种数据，油井单井产量确定为3.0t/d。

2)利用生产采油指数确定单井产能

平均采油指数0.049t/(d·m·MPa),以生产压差8.0MPa,有效厚度为7.8m,计算×油田长4+5_2油藏单井产量为3.06t/d,见表3-14。

表3-14 生产测井米采油指数表

井号	测试时间	有效厚度(m)	产液(m^3/d)	产油(t/d)	地层压力(MPa)	流压(MPa)	生产压差(MPa)	米采油指数[t/(d·m·MPa)]
1	2003年11月	8.0	7.10	4.98	14.86	2.59	12.27	0.051
2	2005年3月	8.0	2.23	1.82	8.5	2.66	5.84	0.039
3	2004年11月	13.8	10.61	7.42	15.43	3.78	11.65	0.046
4	2004年11月	7.4	6.87	4.96	14.58	3.25	11.33	0.059
平均		9.3	6.70	4.8	13.34	3.07	10.27	0.049

3)利用视流度法确定单井产能

根据侏罗系19个开发区块及×油田三叠系实际资料统计,米采油指数与流度的关系为:

$$\lg I_{oh} = 0.473\lg\frac{K}{\mu} - 1.077 \qquad (3-70)$$

式中 I_{oh}——每米采油指数,t/(d·m·MPa);

K——空气渗透率概率中值,$10^{-3}\mu m^2$;

μ——地层原油黏度,mPa·s。

计算得到长4+5_2油藏单井产量为3.9t/d。

4)同类油藏类比确定单井产能

×油田长4+5_2储层与西峰董志区长8储层相似,董志区长8储层通过注水开发稳定产量均在3t/d左右,故长4+5_2油藏稳定单井产量能够达到3t/d。

通过多种方法研究并综合考虑,油井单井产量确定为3.0t/d。

该油田由于地层压力保持水平较高,油井初期都能自喷生产,以单井自喷产量和油田平均单井产量不低于单井经济极限产油量的2倍为原则,确定投产初期含水率<20%时有效厚度>14m的井采用自喷生产,对应自喷井比例约占总井数的50%。由此确定自喷井的平均单井生产能力为6.2t/d,最低为5t/d。抽油机井的平均单井生产能力为5.3t/d,最低为2.4t/d,见表3-15。

表 3-15　自喷井比例及产能计算表

方案	生产方式	比例	面积(km^2)	平均厚度(m)	最小厚度(m)	米采油指数[t/(d·m·MPa)]	生产压差(MPa)	平均产量(t/d)	最小产量(t/d)
方案1	自喷	30%	15.9	18.7	17	0.0594	6	6.7	6.1
	抽汲	70%	37	11.1	4		10	6.6	2.4
	平均			13.5				6.6	
方案2	自喷	50%	26.4	17.5	14		6	6.2	5
	抽汲	50%	26.4	9	4		10	5.3	2.4
	平均							5.8	
方案3	自喷	70%	37	16.6	10		6	5.9	3.6
	抽汲	30%	15.9	6.2	4		10	3.7	2.4
	平均							4.8	

比如关家堡油田庄海 801 井 Es 组原始地层压力 15.16MPa，饱和压力 9.88MPa，地饱压差 5.28MPa，油井最小井底流压按饱和压力的 80% 计算为 7.90MPa，保持地层压力开采，最大生产压差可达 7.26MPa。

米采油指数：Nm 组取庄海 803 井试油数据的 1/3，为0.96t/(d·m·MPa)，Ng Ⅰ1 小层试油产量较低，而邻区赵东和羊二庄产量均较高，取庄海 803 井试油数据，为 0.198t/(d·m·MPa)；E 组取庄海 801 井试采正常生产时的米采油指数，为 1.289t/(d·m·MPa)。

根据试油试采数据、油藏特点、上报储量数据参数，分别计算各层系不同油层厚度和生产压差下的定向井单井日产油，见表 3-16。

表 3-16　庄海 8 背斜单井产能计算表

层位	米采油指数[t/(d·m·MPa)]	油层厚度(m)	生产压差(MPa)				
			1	2	3	4	5
Nm	0.96	2	1.9	3.8	5.8	7.7	9.6
		4	3.8	7.7	11.5	15.4	19.2
		6	5.8	11.5	17.3	23.0	28.8
		8	7.7	15.4	23.0	30.7	38.4
		10	9.6	19.2	28.8	38.4	48.0

续表

层位	米采油指数[t/(d·m·MPa)]	油层厚度(m)	生产压差(MPa)				
			1	2	3	4	5
NgⅠ1	0.198	5	1.0	2.0	3.0	4.0	5.0
		10	2.0	4.0	5.9	7.9	9.9
		15	3.0	5.9	8.9	11.9	14.9
Es	1.289	2	2.6	5.2	7.7	10.3	12.9
		4	5.2	10.3	15.5	20.6	25.8
		6	7.7	15.5	23.2	30.9	38.7
		8	10.3	20.6	30.9	41.2	51.6
		10	12.9	25.8	38.7	51.6	64.5

Nm组油层较薄,油层厚度平均4.7m,直井产量较低,NgⅠ1小层油层厚度大,但为底水油藏,为了控制含水率上升,射孔程度较低,试油产量低,计算直井产量最低。

Es油层厚度也不大,油层厚度平均7.2m,但产能高,庄海8和庄海801井均能自喷生产,计算直井产量最高。

5)直井产能公式

油井生产能力以采油指数(或产液指数)流入动态来表示,选择的采油方式不仅要满足当时的产量要求,而且要适应各开发阶段的要求。因此必须了解油井产能的变化,即采油指数的变化。

油井产能方案设计获得产能的方法,主要是依据试油、试采资料,但它仅能表示当前或特定工作制度下的产能。还必须应用各种方法计算不同开发阶段和不同工作制度下的产能,通常利用数值模拟的结果,如果未进行数值模拟或无法提供不同含水条件下的产液指数,则利用相渗透率曲线计算产油指数和流入动态,具体的计算过程见下面的IPR计算方法。

油井流入动态是指油井产量与井底流动压力的关系,它反映了油藏向该井供油的能力。表示产量与流压关系的曲线称为流入动态曲线,简称IPR曲线,表示产量与生产压差的关系则称为指示曲线(Index Curve)。从单井来讲,IPR曲线表示了油层工作特性。因而,它既是确定油井合理工作方式的依据,也是分析油井动态的基础。

典型的流入动态曲线如图3-56所示,可看出,IPR曲线的基本形状与油藏驱动类型有关。即使在同一驱动方式下,p_{wf}—Q关系的具体数值还将取决于油藏压力、油层厚度、渗透率及流体物理性质等。

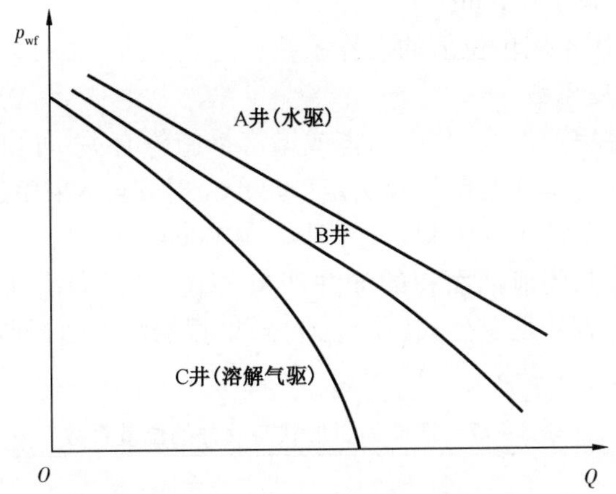

图 3-56 典型的油井流入动态曲线

根据达西定律,在供给边缘压力不变的圆形地层中心,一口井的产量公式为:

$$Q_o = \frac{2\pi K_o h(\bar{p}_r - p_{wf})}{\mu_o B_o\left(\ln\frac{r_e}{r_w} - \frac{1}{2} + S\right)}a \tag{3-71}$$

对于圆形封闭地层,即泄油边缘上没有液体流过,其相应的产量公式为:

$$Q_o = \frac{2\pi K_o h(\bar{p}_r - p_{wf})}{\mu_o B_o\left(\ln\frac{r_e}{r_w} - \frac{3}{4} + S\right)}a \tag{3-72}$$

式中 Q_o——油井产量(地面),cm^3/s;

K_o——油层有效渗透率,μm^2;

B_o——原油体积系数;

h——油层有效厚度,m;

μ_o——原油地下黏度,mPa·s;

p_e——边缘压力,10^{-1}MPa;

$\bar{p}_r$——井区平均油藏压力,10^{-1}MPa;

p_{wf}——井底流动压力,10^{-1}MPa;

r_e——油井供油(泄油)边缘半径,cm;

r_w——井眼半径,cm;

a——采用不同单位值的换算系数;

S——表皮系数。

产量与油井完成方式、井底伤害或增产措施等有关,可由压力恢复曲线求得。采用流体力学达西单位及法定(SI)单位时 $a=1$;采用法定实用单位,$a=86.4$;若实用单位中 p 用 kPa 时,则 $a=0.0864$。

对于非圆形封闭泄油面积的油井产量公式,可根据泄油面积和油井位置进行校正。其方法是令公式中的 $r_e/r_w=X$,根据泄油面积形状和井的位置可确定相应的 X 值(表 3-17)。

表 3-17 泄油面积形状与油井的位置系数

系统	X	系统	X
 圆形,井居中	$\frac{r_e}{r_w}$	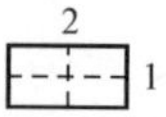 2×1 矩形(分区)	$\frac{0.966A^{1/2}}{r_w}$
 正方形,井居中	$\frac{0.571A^{1/2}}{r_w}$	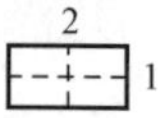 2×1 矩形(分区)	$\frac{1.44A^{1/2}}{r_w}$
 六边形,井居中	$\frac{0.565A^{1/2}}{r_w}$	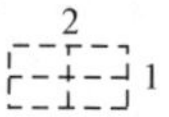 2×1 矩形(虚线边界)	$\frac{2.206}{r_w}$
 三角形,井居中	$\frac{0.604A^{1/2}}{r_w}$	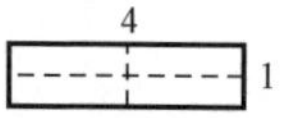 4×1 矩形(分区)	$\frac{1.925A^{1/2}}{r_w}$
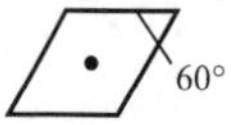 平行四边形,60°	$\frac{0.61A^{1/2}}{r_w}$	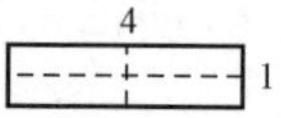 4×1 矩形(分区)	$\frac{6.59A^{1/2}}{r_w}$
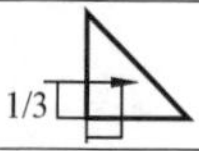 直角三角形,1/3	$\frac{0.678A^{1/2}}{r_w}$	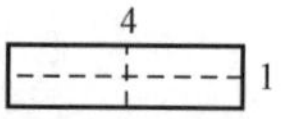 4×1 矩形(分区)	$\frac{9.36A^{1/2}}{r_w}$
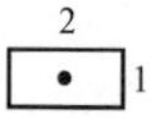 2×1 矩形,井居中	$\frac{0.668A^{1/2}}{r_w}$	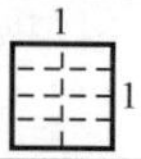 1×1 正方形(分区)	$\frac{1.724A^{1/2}}{r_w}$
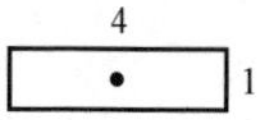 4×1 矩形,井居中	$\frac{1.368A^{1/2}}{r_w}$	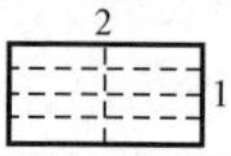 2×1 矩形(分区)	$\frac{1.794A^{1/2}}{r_w}$
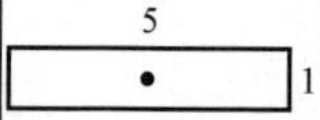 5×1 矩形,井居中	$\frac{2.066A^{1/2}}{r_w}$	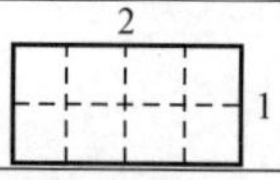 2×1 矩形(分区)	$\frac{4.072A^{1/2}}{r_w}$
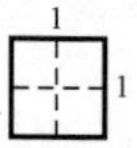 1×1 正方形(分区)	$\frac{0.884A^{1/2}}{r_w}$	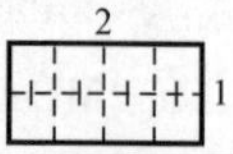 2×1 矩形(分区)	$\frac{9.523A^{1/2}}{r_w}$
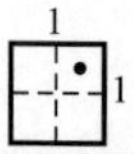 1×1 正方形(分区,井偏心)	$\frac{1.485A^{1/2}}{r_w}$	 三角形(分区)	$\frac{10.135A^{1/2}}{r_w}$

单相流动条件下，油层物性及流体性质基本不随压力变化，上述产量公式可写成：

$$Q_o = J(p_r - p_{wf}) \tag{3-73}$$

$$J = \frac{2\pi K_o h a}{\mu_o B_o \left(\ln X - \frac{3}{4} + S \right)} \tag{3-74}$$

在一些文献中，把式(3-73)称为油井流动方程，由式(3-73)可得：

$$J = \frac{Q_o}{\bar{p}_r - p_{wf}} = \frac{Q_o}{\Delta p} \tag{3-75}$$

J 称为采油指数，它是一个反映油层性质、厚度、流体参数、完井条件及泄油面积等与产量间关系的综合指标，其数值等于单位生产压差下的油井产油量，因而可用 J 的数值来评价和分析油井的生产能力。

采油指数因为井射开油藏厚度不同而不同，可以将采油指数除以射开厚度 h，称之为比采油指数 J_s：

$$J_s = \frac{J}{h} = \frac{Q_o}{h(\bar{p}_r - p_{wf})} = \frac{Q_o}{h\Delta p} \tag{3-76}$$

如果采油指数是常数，Q_o 与 Δp 是以 J 为斜率的直线关系，同样：

$$p_{wf} = \bar{p}_r - \left(\frac{1}{J}\right) Q_o \tag{3-77}$$

p_{wf}与 Q_o 是以 $-1/J$ 为斜率的直线关系。图 3-57 代表了油井产量与井底流压之间的关系，称为流入动态曲线(IPR 曲线)。

(1)当 p_{wf}等于平均油藏压力，由于没有压差，流量为零；

(2)当 p_{wf}等于零，流量最大，这个流量为无阻流量 AOF，尽管实际中不可能达到这个值，但在石油工业被广泛应用，用于对比油井不同井的产能。

$$AOF = J\bar{p}_r \tag{3-78}$$

一般都是用系统试井资料来求得采油指数 J。只要测得 3～5 个稳定工作制度下的产量及其流压，便可绘制该井的实测 IPR 曲线。单相流动时的

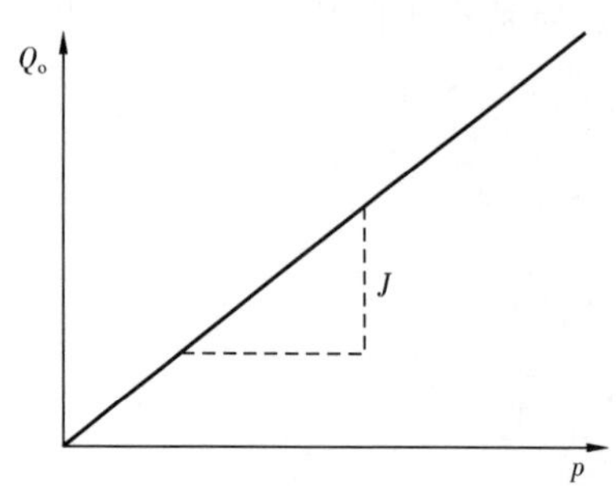

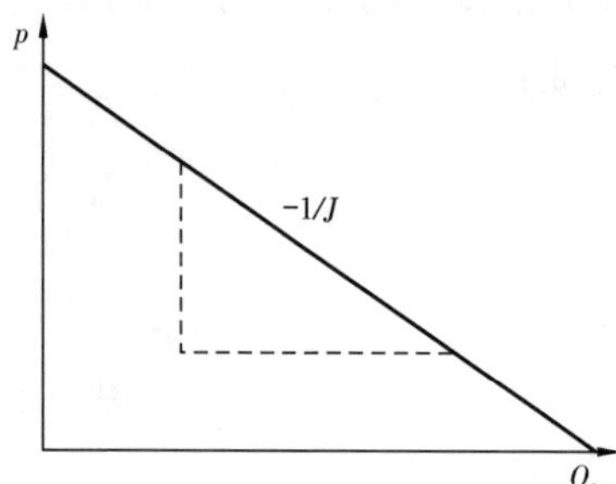

图 3-57　油井流入动态曲线

IPR 曲线为直线,其斜率的负倒数便是采油指数,在纵坐标(压力坐标)上的截距即为油藏压力。有了采油指数就可以在对油井进行系统分析时预测不同流压下的产量。另外,还可研究油层参数。

采油指数可定义为产油量与生产压差之比,或者单位生产压差下的油井产油量;也可定义为每增加单位生产压差时,油井产量的增加值,或 IPR 曲线的负倒数。对于单相液体流动的直线型 IPR 曲线,按上述几种定义方式所求得的采油指数都是相同的;而对于多相流动非直线型的 IPR 曲线,由于其斜率不是定值,按上述几种定义所求得的采油指数则不同。所以,对于具有非直线型 IPR 曲线的油井,在使用采油指数时,应该说明相应的流动压力,也不能简单地用某一流压下的采油指数来直接推算不同流压下的产量,产液指数是指单位生产压差下的生产液量。

对于气液两相流的流入动态,常发生在溶解气驱油藏,流体的物理性质和相渗透率明显随着压力发生变化,油井产量与压力之间是非线性的,有几种经验方法可以预测溶解气驱油藏非线性 IPR 特征,比如 Vogel 方法、威金斯(Wiggins)方程、Standing 方程和 Fetkovich 方程和 Klins - Clark 方程等。

IPR 方法因其简洁、实用而应用广泛,以上这些经验型 IPR 方程是油井动态分析、产能预测、举升工艺设计的理论基础,既适用于溶解气驱饱和油藏,又适用于地层压力高于饱和压力、井底流动压力低于饱和压力的未饱和油藏,也可用于水驱油藏的油井、低含水油井,既适用于直井,又可适用于裂缝井和水平井以及定向井。

6)采油速度方法

庄海 8 区块,根据计算的石油地质储量,按五种采油速度计算新建产能,见表 3-17,采油速度为 3% 时,新建产能可以达到 36.48×10^4t。

表 3-17　庄海 8 背斜生产能力计算成果表

层位	项目	采油速度(%)				
		2.0	2.5	3.0	3.5	4.0
Nm	新建产能(10^4t)	5.20	6.50	7.79	9.09	10.39
	日产水平(t/d)	142	178	214	249	285
	油井(口)	3	4	4	5	6
	水井(口)	2	2	2	3	3
	总井(口)	5	6	6	8	9
NgⅠ1	新建产能(10^4t)	10.28	12.85	15.42	17.99	20.56
	日产水平(t/d)	282	352	422	493	563
	油井(口)	3	4	5	5	6
	水井(口)	2	2	2	3	3
	总井(口)	5	6	7	8	9
Es	新建产能(10^4t)	8.85	11.06	13.27	15.48	17.70
	日产水平(t/d)	242	303	364	424	485
	油井(口)	2	3	4	4	5
	水井(口)	1	2	2	2	2
	总井(口)	3	5	6	6	7

由于直井产量较低,不能满足少井高效的原则,因此,全部采用水平井来计算井数,水平井单井产量 Nm 组取 50t/d,NgⅠ1 小层取 90t/d,Es 组取 100t/d。水油井数比按 1∶2 计算油水井数,采油速度为 3% 时,需打井 19 口。

三、水平井产能

对水平井的产能分析,主要采用产能公式方法、经济极限产量方法、试油试采方法、经验方法和油藏数值模拟方法。

1. 产能公式方法

不同类型油藏的水平井有不同的理论公式计算,但要注意取准油藏参数,特别是垂向渗透率。多数油藏纵向上非均质严重,而理论公式的假设条件多是平面和纵向上是同性质的。水平井产能公式种类繁多,简述如下。

1）稳态产能方程

稳态解是预测水平井产能最简单的一种形式，是油田常采用的方法。我国绝大多数油藏采用注水开发方式，压力变化幅度不大，可以利用稳态解和拟稳态解来预测水平井及分枝水平井的产能。事实上，大多数的油藏显示出其压力随时间的变化，尽管如此，稳态解仍被广泛地应用。因为：(1)稳态解容易用解析法得到；(2)通过分别扩展随时间而变化的泄油边界和有效井筒半径以及形状因子的概念，可以相当容易地将稳态结果转化为不稳态和拟稳态结果，前人在这方面做了大量的工作，比如 B. Л. МекрлоВ 公式、Borisov 公式、S. D. Joshi 公式、F. M. Giger 公式、Renard 和 Dupuy 公式、陈氏公式等。

(1) B. Л. МекрлоВ 公式。

1958 年苏联的学者 МекрлоВ 根据 л. л. лол 的理论分析，推导出可以在实际中应用的计算水平井或斜井的经验公式，见图 3－58。

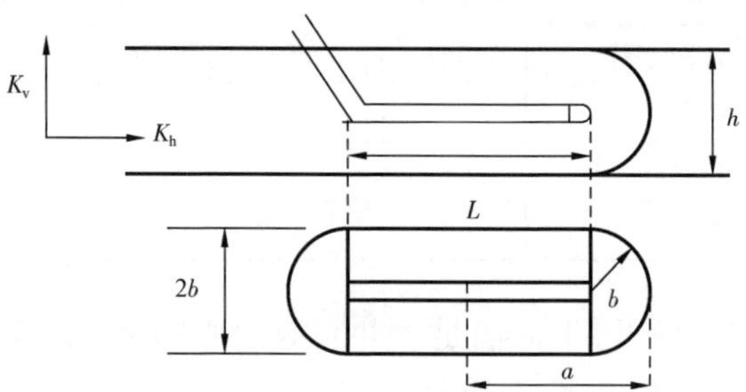

图 3－58　水平井的排驱面积

① 带状油藏。

假设水平井排布在油藏中央，井距为 $2a$，则产量计算公式为：

$$Q = \frac{2\pi KhL(p_e - p_{wf})}{\mu B\left\{h\left[\frac{\pi b}{h} + \ln\frac{h}{2\pi r_w} - \left(\ln\frac{a+c}{2c} + \lambda\right)\right] + L\ln\frac{\mathrm{Sh}\frac{\pi b}{a}}{\mathrm{Sh}\frac{\pi}{2a}\left(\frac{a+b}{2}\right)}\right\}} \tag{3-79}$$

② 圆形油藏。

若布一口水平井，水平井段为 L，$a=0$，则：

$$Q = \frac{2\pi KhL(p_e - p_{wf})}{\mu B\left\{h\left[\frac{\pi b}{h} + \ln\frac{h}{2\pi r_w} - \left(\ln\frac{a+c}{2c} + \lambda\right)\right] + L\ln\frac{2r_e}{a+b}\right\}} \tag{3-80}$$

其中:

$$a = L/2 + 2h \tag{3-81}$$

$$b = \sqrt{4Lh + 4h^2} \tag{3-82}$$

$$c = L/2 \tag{3-83}$$

$$\lambda = 0.462\alpha - 9.7\omega^2 + 1.284\omega + 4.4 \tag{3-84}$$

$$\alpha = L/2h, \omega = \varepsilon/h \tag{3-85}$$

式中 B——流体体积系数;

L——油层中水平段长度,m;

h——油层厚度,m;

r_w——井半径,m;

r_e——供给边缘半径,m;

p_e——供给边缘压力,0.1MPa;

p_{wf}——井底压力,0.1MPa;

K——储层渗透率,$10^{-3}\mu m^2$;

μ——流体黏度,mPa·s;

ε——水平井轴位置相对于油层厚度中央的偏心距,m。

(2)Borisov 公式。

假设油层均匀各向同性,水平井位于油层中央,长度为 L,井筒半径为 r_w,供给边缘半径为 r_e,边界压力为 p_e,井底压力为 p_{wf},油层中液体不可压缩,则水平井产量计算公式为:

$$Q = \frac{2\pi Kh(p_e - p_{wf})}{\mu B} \cdot \frac{1}{\ln\frac{4r_e}{L} + \frac{h}{L}\ln\frac{h}{2\pi r_w}} \tag{3-86}$$

式中,$r_e \gg L, L \gg h$。

(3)S. D. Joshi 公式。

Joshi 运用势能理论推导出水平井产能公式。

$$Q = \frac{2\pi Kh\Delta p/\mu B}{\ln\frac{a+\sqrt{a^2-(L/2)^2}}{L/2}+\frac{\beta h}{L}\ln\frac{\beta h}{2r_w}} \quad (3-87)$$

式中,β 是渗透率各向异性的一个变量;a 表示水平井椭圆泄油体长轴的一半。

$$\beta = \sqrt{K_h/K_v}, L > \beta h(L/2 < 0.9r_e) \quad (3-88)$$

$$a = (L/2)\left[0.5+\sqrt{(2r_e/L)^4+0.25}\right]^{0.5} \quad (3-89)$$

(4)F. M. Giger 公式。

假设油层均质各向同性,流动呈二维流动,则水平井产量公式为:

$$Q = \frac{2\pi Kh(p_e-p_{wf})}{\mu B}\frac{1}{\ln\frac{1+\sqrt{1-(L/2r_e)^2}}{L/2r_e}+\frac{h}{L}\ln\left(\frac{h}{2\pi r_w}\right)} \quad (3-90)$$

(5)Renard 和 Dupuy 公式。

假设油层均质各向同性,流动呈二维流动,则水平井产量公式为:

$$Q = \frac{2\pi Kh(p_e-p_{wf})}{\mu B}\frac{1}{\ln\cosh^{-1}(x)+\frac{h}{L}\ln\left(\frac{h}{2\pi r_w}\right)} \quad (3-91)$$

其中:

$$x = \frac{2a}{L} \quad (3-92)$$

$$a = (L/2)\left[0.5+\sqrt{(2r_e/L)^4+0.25}\right]^{0.5} \quad (3-93)$$

(6)陈氏公式。

陈元千教授基于 Joshi、Giger 对水平井产量公式的研究思路,利用面积等值的拟圆形驱动半径和产量等值的拟圆形生产坑道的物理概念,采用水电相似原理的等值渗流阻力法,得到了一个新的水平井产量计算公式,见图 3-59、图 3-60。

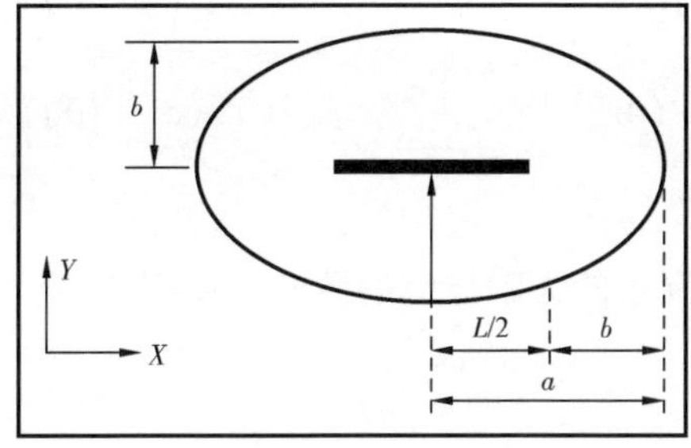

图 3-59 水平剖面内驱动边界示意图

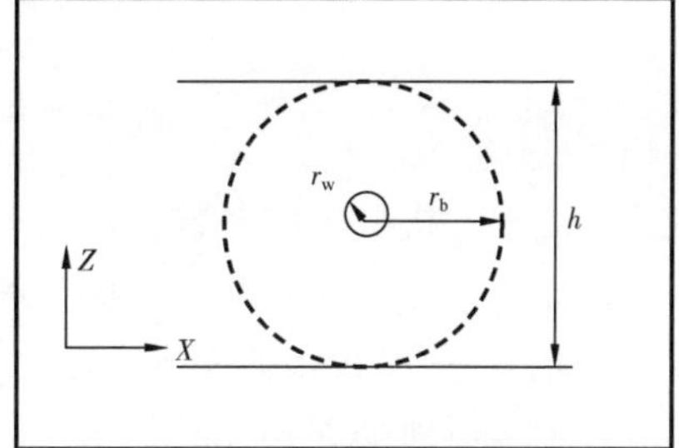

图 3-60 垂直剖面内驱动边界示意图

$$Q_{oh} = \frac{0.543K_h h\Delta p}{\mu_o B_o\{\ln[\sqrt{(4a/L-1)^2-1}]+(h/L)\ln(h/2r_w)\}} \quad (3-94)$$

其中:

$$a = L/4 + \sqrt{(L/4)^2 + A/\pi} \quad (3-95)$$

$$a = L/2 + b \quad (3-96)$$

$$r_{eh} = \sqrt{A/\pi} = \sqrt{ab} \quad (3-97)$$

陈氏公式是根据水平剖面内水平井泄油面积为椭圆,且椭圆形驱动面积内的水平井满足上述的几何关系的条件下,与椭圆驱动面积联立求解得到的结果。

2)拟稳态产能方程

尽管水平井稳态模型在水平井产能预测中得到了广泛应用,但实际上,任何油藏都很难以稳态形式出现。当生产井所产生的压力扰动传到该井的泄油面积边界时,拟稳态开始。常见的拟稳态水平井产能计算公式有:Mutalik - Godbole - Joshi 公式,Mutalik 等人的修正公式,Economides、Brand 和 Frick 公式,D. K. Babu 公式等。

(1)Mutalik - Godbole - Joshi 公式。

Mutalik 和 Joshi 等人提出的水平井拟稳态计算公式为:

$$Q = \frac{2\pi Kh\Delta p/(\mu B)}{\ln(r_e'/r_w) - A' + s_f + s_m + s_{cAh} - c' + D_q} \quad (3-98)$$

$$r'_e = \sqrt{A'/\pi} \tag{3-99}$$

$$s_f = -\ln[L/(4r_w)] \tag{3-100}$$

式中 s_m——机械表皮系数；

s_f——长度为 L 的在厚度上完全穿透的无限导流裂缝的表皮因子；

s_{cAh}——形状相关表皮系数；

A'——泄油面积，m^2；

D_q——非达西流系数；

c'——形状因子转换常数（$c'=1.386$）。

对于椭圆，泄油面积 $A'=0.750m^2$；而对正方形和矩形，泄油面积$A'=0.738m^2$。

（2）Mutalik 等人的修正公式。

在 1996 年 SPE36753 的水平井计算的论文中，Mutalik 等人对以上公式做了修正，并给出了修正公式：

$$Q = \frac{2\pi\sqrt{K_xK_y}h\Delta p/(\mu B)}{\ln(r'_e/r_w) - 0.738 + s_f + s_{cAh} - c' + \sqrt{\frac{K_x}{K_y}}\frac{h}{L}(S + D_q)} \tag{3-101}$$

其中：

$$S = S_p + S_d + S_{dp} \tag{3-102}$$

$$S_d = \left(\frac{K}{K_d} - 1\right)\ln\frac{r_d}{r_w} \tag{3-103}$$

$$S_{dp} = \frac{L}{L_p n_p}\left(\ln\frac{r_d p}{r_p}\right)\left(\frac{K}{K_{dp}} - \frac{K}{K_d}\right) \tag{3-104}$$

$$D = 2.22\times10^{-15}\times\frac{KLr_g}{\mu}\left[\frac{\beta dp}{n_p^2L_p}\left(\frac{1}{r_p} - \frac{1}{r_{dp}}\right) + \frac{\beta d}{L^2}\left(\frac{1}{r_w - r_d}\right) + \frac{\beta}{L^2}\left(\frac{1}{r_d} - \frac{1}{r_e}\right)\right] \tag{3-105}$$

$$\beta = 2.6\times10^{10}/K^{1.2} \tag{3-106}$$

(3)Economides、Brand 和 Frick 公式。

Economides 等人通过半解析方法,提出了一种计算水平井产能的公式。

$$Q = \frac{2\pi K x_{e} \Delta p / (\mu B)}{p_{d} + \frac{x_{0}}{2\pi L}(S + Dq)} \tag{3-107}$$

其中:

$$p_{d} = \frac{x_{e} C_{H}}{4\pi K} + \frac{x_{e}}{4\pi L} S_{x} \tag{3-108}$$

$$S_{x} = \ln\left(\frac{x_{e}}{4\pi r_{w}}\right) - \frac{h}{6L} + S_{e} \tag{3-109}$$

$$S_{e} = \frac{h}{L}\left[\frac{2z_{w}}{h} - \frac{1}{2}\left(\frac{2z_{w}}{h}\right)^{2} - \frac{1}{2}\right] - \ln\left(\sin\frac{\pi z_{w}}{h}\right) \tag{3-110}$$

式中 C_{H}——几何因子;

x_{e}——泄油半径,m;

z_{w}——水平井段距离储层顶或底部距离,m。

系数 S_{e} 考虑了水平井与垂直方向的偏心距。

(4)D. K. Babu 公式。

1989 年,D. K. Babu 等推导了水平井产量计算公式,见图 3-61。水平井在一箱形泄油体内,半径 r_{w},长度 L,与 y 方向平行,储层厚度为 h,长度(x 方向)为 a,宽度(y 方向)为 b,水平长度为 $L<b$,在 y_{1} 和 y_{2} 方向延伸。x_{0} 和 z_{0} 分别表示在 x 和 z 方向的位置。井以定速度生产。x、y、z 方向的渗透率分别为 K_{x}、K_{y}、K_{z}。孔隙度 ϕ 为常数,流体微可压缩,所有边界均封闭。

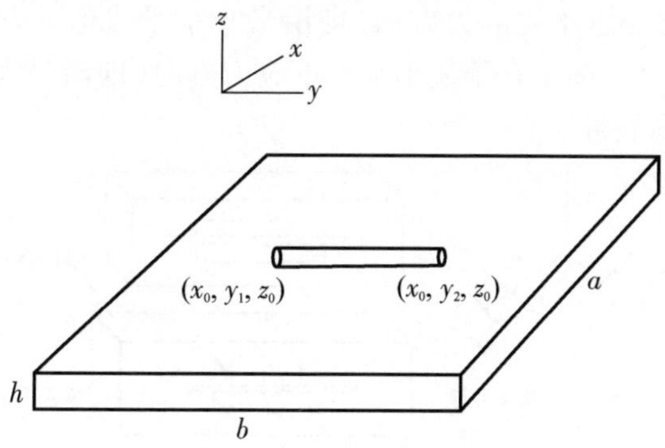

图 3-61 Babu 和 Odeh 建立的水平井物理模型

拟稳态流量—压降关系式:

$$Q_{\mathrm{H}}=\frac{2\pi b\sqrt{K_xK_z}(\bar{p}_{\mathrm{R}}-p_{\mathrm{wf}})}{B\mu\left(\ln\frac{A^{0.5}}{r_{\mathrm{w}}}+\ln C_{\mathrm{H}}-0.75+S\right)} \tag{3-111}$$

$$\ln C_{\mathrm{H}}=6.28\frac{\alpha}{h}\sqrt{\frac{K_z}{K_x}}\left[\frac{1}{3}-\frac{x_0}{\alpha}+\left(\frac{x_0}{\alpha}\right)^2\right]-\ln\left(\sin\frac{180^\circ z_0}{h}\right)-0.5\ln\left(\frac{\alpha}{h}\sqrt{\frac{K_z}{K_x}}\right)-1.088 \tag{3-112}$$

式中 $\bar{p}_{\mathrm{R}}$——水平井所在泄油体的平均压力,MPa;

B——流体地层体积系数;

C_{H}——几何因子;

A——面积,m^2;

S——表皮因子。

3)压裂水平井产能公式

对于水平井压裂系统,一般人工压裂裂缝分为三种,横向裂缝、纵向裂缝、水平裂缝。

如图3-62所示,横向裂缝,指裂缝面与水平井井筒相垂直的裂缝,一般可以产生多条横向裂缝;纵向裂缝,是裂缝面沿水平井井筒方向延伸的裂缝;水平裂缝是指裂缝面沿水平方向延伸的裂缝。对于一口水平井,实际压裂后将产生哪一种形态的裂缝,要取决于地应力的情况。一般而言,最小地应力位于水平方向,因此在现场中遇到最多的是横向裂缝和纵向裂缝。如果井筒平行于最小水平主应力方向(即沿最小水平渗透率方向),则产生横向裂缝;如果水平井筒垂直于最小水平主应力方向(即沿最大水平渗透率方向),则产生纵向裂缝。

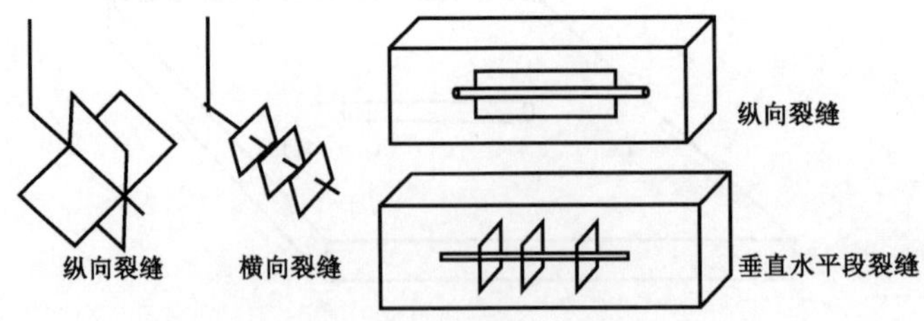

图3-62 压裂水平井裂缝示意图

水平井生产能力一般根据经验公式和压裂水平井的理论计算模型得出，水平井产能和压裂水平井都有很多公式，如通过 Borison、郎兆新、Merkulov 和 Borisov 等，随水平段长度的增加，水平井产能的增产倍数也随之增加。

例如，某油田当水平井长度为 200～500m 时，增产倍数为 2.1～3.2，直井压裂投产后平均单井产能为 5t/d 时，水平井压裂投产后单井产量为10.5～16.0t/d。

根据以上介绍的压裂水平井单井产能计算方法，随着水平井长度和裂缝条数的增加，其单井产能也增加，压裂水平井产能与水平井长度和裂缝条数成正比，根据实际情况，为保证水平井的有效长度和开发效果，通过正交计算推荐水平段为 300～500m，压裂裂缝条数为 4 条。据此计算Ⅰ类储层水平井产能为 13.2～18.9t/d；Ⅱ类储层水平井产能为 7.2～10.3t/d；Ⅲ类储层水平井产能为 3.6～5.2t/d，(表 3－18)。

表 3－18 水平井压裂投产理论生产能力计算结果

井型	水平段长度(m)	产能(t/d)		
		Ⅰ类	Ⅱ类	Ⅲ类
水平井	300	13.2	7.2	3.6
	400	16	8.7	4.4
	500	18.9	10.3	5.2

比如关家堡油田，对于庄海 8 背斜，应用水平井产能公式计算水平井单井产量，见表 3－19、表 3－20。

表 3－19 庄海 8 背斜水平井产量计算成果表 I

层位	研究项目	生产压差(MPa)	渗透率($10^{-3}\mu m^2$)	黏度(mPa·s)	厚度(m)	水平段长度(m)	泄油半径(m)	体积系数	水平井产量(m^3/d)		
									Joshi	Borisov	Renard
Nm	生产压差	0.5	853	61.49	4.5	300	150	1.0677	19	22	23
		1	853	61.49	4.5	300	150	1.0677	38	44	46
		1.5	853	61.49	4.5	300	150	1.0677	57	66	69
		2	853	61.49	4.5	300	150	1.0677	76	88	92
	水平段长度	1	853	61.49	4.5	400	200	1.0677	38	44	47
		1	853	61.49	4.5	500	250	1.0677	38	45	47

续表

层位	研究项目	生产压差(MPa)	渗透率($10^{-3}\mu m^2$)	黏度(mPa·s)	厚度(m)	水平段长度(m)	泄油半径(m)	体积系数	水平井产量(m^3/d)		
									Joshi	Borisov	Renard
Nm	油层厚度	1	853	61.49	4	400	200	1.0677	34	40	42
		1	853	61.49	6	400	200	1.0677	50	58	61
		1	853	61.49	8	400	200	1.0677	66	76	80
		1	853	61.49	10	400	200	1.0677	81	93	97
	储层渗透率	1	500	61.49	4.5	400	200	1.0677	22	26	27
		1	1000	61.49	4.5	400	200	1.0677	45	52	55
		1	1500	61.49	4.5	400	200	1.0677	67	78	82
		1	2000	61.49	4.5	400	200	1.0677	90	104	109
NgⅠ1	生产压差	0.5	673	38.48	10.5	300	150	1.0718	52	59	62
		1	673	38.48	10.5	300	150	1.0718	103	1184	124
		1.5	673	38.48	10.5	300	150	1.0718	155	178	185
		2	673	38.48	10.5	300	150	1.0718	206	237	247
	水平段长度	1	673	38.48	10.5	400	200	1.0718	106	122	128
		1	673	38.48	10.5	500	250	1.0718	107	124	130
	油层厚度	1	673	38.48	5	400	200	1.0718	53	62	65
		1	673	38.48	10	400	200	1.0718	101	117	122
		1	673	38.48	15	400	200	1.0718	144	165	172
	储层渗透率	1	500	38.48	10.5	400	200	1.0718	79	91	95
		1	1000	38.48	10.5	400	200	1.0718	157	181	190
		1	1500	38.48	10.5	400	200	1.0718	236	272	284
		1	2000	38.48	10.5	400	200	1.0718	314	363	379

表3-20　庄海8背斜水平井产量计算成果表Ⅱ

层位	研究项目	生产压差(MPa)	渗透率($10^{-3}\mu m^2$)	黏度(mPa·s)	厚度(m)	水平段长度(m)	泄油半径(m)	体积系数	水平井产量(m^3/d)		
									Joshi	Borisov	Renard
Es	生产压差	0.5	556	20.48	8.2	300	150	1.0888	63	73	77
		1	556	20.48	8.2	300	150	1.0888	127	146	153
		1.5	556	20.48	8.2	300	150	1.0888	190	220	230
		2	556	20.48	8.2	300	150	1.0888	254	293	306
	水平段长度	1	556	20.48	8.2	400	200	1.0888	129	150	157
		1	556	20.48	8.2	500	250	1.0888	131	152	159
	油层厚度	1	556	20.48	4	400	200	1.0888	65	76	80
		1	556	20.48	6	400	200	1.0888	97	112	118
		1	556	20.48	8	400	200	1.0888	126	146	153
		1	556	20.48	10	400	200	1.0888	155	179	187

续表

层位	研究项目	生产压差(MPa)	渗透率($10^{-3}\mu m^2$)	黏度(mPa·s)	厚度(m)	水平段长度(m)	泄油半径(m)	体积系数	水平井产量(m^3/d)		
									Joshi	Borisov	Renard
Es	储层渗透率	1	200	20.48	8.2	400	200	1.0888	46	54	56
		1	400	20.48	8.2	400	200	1.0888	93	108	113
		1	600	20.48	8.2	400	200	1.0888	139	161	169
		1	800	20.48	8.2	400	200	1.0888	186	215	225
		1	1000	20.48	8.2	400	200	1.0888	232	269	282

Nm组庄海803井15号试油层，油层厚度4.5m，当生产压差为1.0MPa时，水平井产量可以达到38～46t/d。NgⅠ1小层碾平厚度10.5m，当生产压差为1.0MPa时，水平井产量可以达到103～124t/d。Es组庄海801井32号试油层，油层厚度8.2m，当生产压差为1.0MPa时，水平井产量可以达到127～153t/d。

2. 单井经济极限产量

单井经济极限产量是指一口井投资回收期内投入的总费用与产出的总收入相等时的单井平均日产油量。

例如，某油田利用油藏测算的投资和成本数据，一般按照投资回收期6a计算，当油价为40美元/bbl时，投资回收期内直井的平均经济极限产油量为2.5t/d，水平井为8.45t/d，见表3－21。

表3－21 某油田直井单井产油量经济界限评价表

井型	油价	1031元/t (18美元/bbl)		1457元/t (25美元/bbl)		1547元/t (30美元/bbl)		2440元/t (40美元/bbl)	
	操作成本(元/t)	单井累产(10^4t)	平均日产(t/d)	单井累产(10^4t)	平均日产(t/d)	单井累产(10^4t)	平均日产(t/d)	单井累产(10^4t)	平均日产(t/d)
直井	641	2.08	11.55	0.99	5.52	1.1	6.13	0.45	2.5
水平井		6.46	35.9	3.18	17.65	2.33	12.95	1.52	8.45

3. 试油试采方法

和直井的类似，水平井产能可以根据水平井试油试采资料预测，一般取试采产量的1/3、试采产量的2/3。

4. 经验方法

根据国内水平井初期产量和直井产量的对比分析,一般来说水平井初产是直井的 2 ~3 倍,稠油热采水平井可取 3 ~5 倍,分支井产量是水平井的 1.5 倍。

5. 油藏数值模拟方法

根据油藏地质资料建立三维油藏数值模型,在三维地质模型中设计水平井,利用油藏数值模拟软件计算水平井产能。

四、注入井注入能力

1. 单井注入能力

1)米吸水指数

×油田的试验区 12 口直井注水井和 3 口水平注水井实际初期注水资料得到,直井投注初期平均米吸水指数为 0.221m^3/(d · m · MPa),超过破裂压力注水后的平均米吸水指数为 0.446m^3/(d · m · MPa),是初期注入能力的 2 倍。

2)最大注水压差的确定

已投产油井的压裂施工资料统计,地层破裂压力梯度平均为 0.0212MPa/m。根据试验区试采资料分析和数值模拟结果,要在菱形井网边井和角井同时建立有效驱替压力场,同时满足注采平衡和确保不同部位油井均受效的情况下,在地层压力提高后,需要在注水井点采用超破裂压力注水,注入井井底流压要达到破裂压力的 1.1 倍,据此计算Ⅰ类储层的井底流压界限为 38.0MPa,根据注水井压降测试结果,注水一段时间后,注水井的最大有效注水压差为 21.7MPa,Ⅱ、Ⅲ类储层的井底流压界限为 40.1MPa,最大有效注水压差为 22.9MPa。考虑构造边部油层中部深度达到 1850m 左右,最大注水压差将达到 24.6MPa 左右,为保证注水系统可以满足全油藏注水要求,同时留有一定的余地,因此,注水系统压力确定为 25MPa,见表 3-22。

表 3-22 注水系统压力界限

储层分类	油层中深(m)	破压梯度(MPa/m)	破裂压力(MPa)	流压界限(MPa)	井口压力(MPa)
Ⅰ类	1630	0.0212	34.6	38.0	21.7
Ⅱ、Ⅲ类	1720	0.0212	36.5	40.1	22.9

3)注水强度

(1)试验区注水强度分析。

对×油田开发试验12口注水井注水资料统计表明,超前注水期单井最大注水强度在1.184~6.39m^3/(d·m)之间,平均注水强度为3.657m^3/(d·m)。超过破裂压力后的注水强度在1.243~3.048m^3/(d·m)之间,平均为2.845m^3/(d·m)。在地层注入一定体积的水后,压降测试资料证实注水井井底附近地层压力升高,即使提高注入压力,注水强度也很难增加,见表3-23。

表 3-23 开发试验区单井注水强度统计

井号	中部深度(m)	射孔厚度(m)	初期稳定注水			超破压注水		
			注入压力(MPa)	日注水(m^3/d)	注水强度[m^3/(d·m)]	注入压力(MPa)	日注水(m^3/d)	注水强度[m^3/(d·m)]
马1	1542	21	11.5	36.3	1.729	19.5	26.1	1.243
牛105	1533	23.2	12.5	31.6	1.362	18.6	42.7	1.841
牛107	1537	30.4	10.5	36	1.184	19.93	93.6	3.078
牛17-7	1551	33.9	12.6	91.1	2.687	18.92	91.1	2.688
牛15-5	1555	15.1	15.8	91.7	6.073	19.65	44.1	2.921
牛16-8	1570	28	15.3	139	4.964	18.8	83	2.964
牛18-14	1564	18.7	17	119.5	6.39	21	57	3.048
平均	1562	22	12.96	75.18	3.657	19.49	62.51	2.845

(2)数值模拟计算。

数值模拟计算初期注水强度对超前注水期的累计注入量和超前注水时间影响不大,油井投产前的水井注水量可按上限配置。注水初期在地面压力系统为25MPa时,采用较高的注水强度注水,注水井井底附近地层压力上升很快,稳定注水阶段注水强度为4.7m^3/(d·m)左右,见图3-63和图3-64。

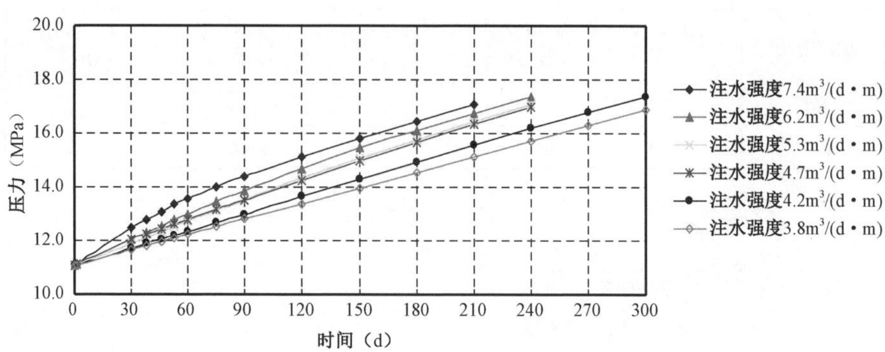

图 3－63　不同注水强度对应的注水井底流压

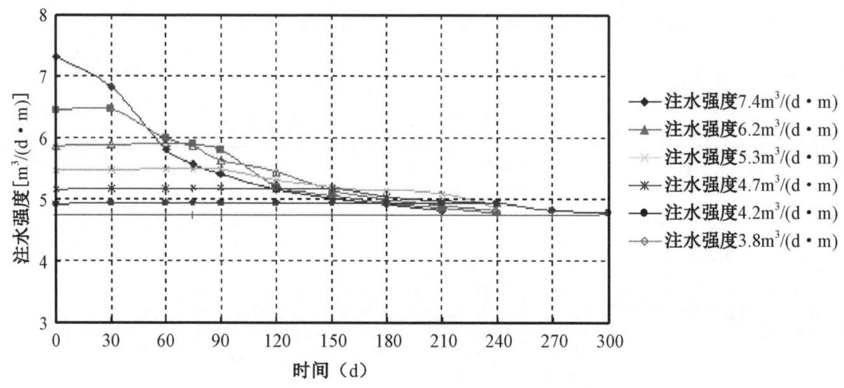

图 3－64　不同注水强度压力恢复速度曲线

2. 最大注水能力的确定

根据试采井确定的米吸水指数确定了初期最大注水压差,根据压降测试资料计算了压力提高后的最大注采压差,按照不同储量类别的平均油藏中部深度,结合吸水剖面统计结果,分别确定不同类型储层直井的最大注入能力。Ⅰ类储层直井初期最大的注入能力为 $56m^3/d$,压力提高后的注入能力为 $16m^3/d$;Ⅱ、Ⅲ类储层直井初期最大的注入能力为 $27m^3/d$,压力提高后的注入能力为 $10m^3/d$,见表 3－24。可见不超破压注水不能满足注采平衡的需要,因此注水井需要超破压注水。

表 3－24 不超破压注水单井最大注入能力计算

井型	储层分类	时间	地层压力（MPa）	最大井底流压（MPa）	注入压差（MPa）	有效厚度（m）	米吸水指数［m^3/（d·m·MPa）］	注入能力（m^3/d）
直井	Ⅰ类	初期	12.2	32.8	16.5	15.4	0.2210	56
		压力提高后	17.9	32.8	4.8	15.4	0.2210	16
	Ⅱ、Ⅲ类	初期	12.9	34.6	17.4	7.0	0.2210	27
		压力提高后	18.9	34.6	6.6	7.0	0.221	10

按照注水井裂缝延伸长度的计算，注入压力应该达到破裂压力的 1.05 倍，对应注水井的吸水能力得到有效提高，超前注水期的最大注入能力达到 137m^3/d，生产期的最大注入能力达到 71m^3/d，能够满足不同开采阶段的注采平衡的需要。

第七节 采收率及可采储量确定

原油采收率是指采出原油量与地下原始储量的比值，一个油藏原油采收率的高低既和该油藏的地质条件有关，又和开发采油工艺水平有关。实践表明，油藏的原油采收率首先和油层能量以及驱动方式有关，不同的驱动方式其采收率不同。提高采收率是油田开采永恒的主题，提高采收率问题自油田发现到开采结束，自始至终地贯穿于整个开发全过程。

一、原油采收率

1. 计算采收率的通式

根据原油采收率的定义，计算采收率的通式为：

$$\text{采收率} = \frac{N_p}{N_o} \tag{3-113}$$

式中 N_p——累计采油量，m^3；

N_o——原始地质储油量，m^3。

用容积法可求出原始地质储量和剩余油量(地面体积),原始地质储量为:

$$N_o = Ah\phi(1 - S_{wi})/B_{oi} \qquad (3-114)$$

剩余油量为:

$$N_{or} = Ah\phi S_{or}/B_{or} \qquad (3-115)$$

式中 N_{or}——换算到地面条件下的地层剩余油量。

则采收率(E_R)为:

$$E_R = \frac{N_o - N_{or}}{N_o} = \frac{Ah\phi(1 - S_{wi})/B_{oi} - Ah\phi S_{or}/B_{or}}{Ah\phi(1 - S_{wi})/B_{oi}} = 1 - \frac{S_{or}}{1 - S_{wi}}\frac{B_{oi}}{B_{or}} \qquad (3-116)$$

根据式(3-116),只要能测得原始束缚水饱和度 S_{wi} 和原始原油体积系数 B_{oi} 以及油藏枯竭时地层压力下的原油体积系数 B_{or},就可由式(3-116)计算出油藏的采收率,若近似认为 $B_{oi} = B_{or} \approx 1$,则由式(3-116)可得:

$$E_R = 1 - \frac{S_{or}}{1 - S_{wi}} = \frac{1 - S_{wi} - S_{or}}{1 - S_{wi}} \qquad (3-117)$$

式(3-116)和式(3-117)即为计算采收率的通式。

2. 溶解气驱动方式下的采收率

对于没有外来能量补充的溶解气驱,地层压力会很快地下降到原油饱和压力以下。此时气体会从油中大量释出和膨胀,孔道中存在油、气和束缚水三相。由于油、气两相混合流动使流动阻力增大,能量利用率降低。当气相饱和度增加时,气体的流度 K_g/μ_g 变得很大,而使油的流度 K_o/μ_o 变小,所以气油比很高,产量递减很快,直至油不能流动。枯竭时,溶解气驱油藏,油藏中各相饱和度应满足下式:

$$S_{wi} + S_{or} + S_g = 1 \qquad (3-118)$$

或:

$$S_g = 1 - S_{wi} - S_{or} \qquad (3-119)$$

可得出溶解气驱采收率 E_R 为:

$$E_R = \frac{S_g}{1 - S_{wi}} \tag{3-120}$$

由式(3－120)可以看出，当地层中含气饱和度越高时，采收率 E_R 也越大。

3. 水驱动方式下的采收率

通常，进行岩心分析，可测出岩心残余油和束缚水饱和度，就可估算枯竭时含水饱和度，从而求出采收率。

当油藏存在边水和底水，且当含水区(或供水区)连通性好，以致油藏采出的原油能得到及时补充。这样，油藏压力始终高于饱和压力，成为天然的水驱油藏。

在水驱油藏枯竭停止采油时，地层为束缚水，残余油和进入油层中的水($S_{in \cdot w}$)所饱和

$$S_{wi} + S_{or} + S_{in \cdot w} = 1 \tag{3-121}$$

或：

$$S_{in \cdot w} = 1 - S_{wi} - S_{or} \tag{3-122}$$

式中 $S_{in \cdot w}$——注入水在地层中的饱和度。

由式(3－122)看出，进入地层的水越多，含水饱和度越高，则驱出的油越多，水驱采收率就越高。

用水基钻井液钻井取出的岩心，在取心过程中受到钻井液滤液的冲刷，接近于水驱过的情况，可按岩心分析估算残油饱和度。但在取出地面时，由于溶解气膨胀的排油作用，应将实验室用抽提法测定的残油饱和度乘以油层条件下的原油体积系数，才能作为地下的岩心残油饱和度。例如测定残油饱和度为20%，而水驱后在油藏压力下的原油体积系数 $B_o = 1.25$，那么代入式(3－122)的残油饱和度为：

$$S_{or} = 1.25 \times 20\% = 25\% \tag{3-123}$$

式中束缚水含量可用油基钻井液取岩心测定，或岩石物性资料如毛管压力曲线求出。

4. 注入工作剂时的采收率

实际油藏能完全靠天然能量驱油的并不多见。普遍采用向地层注入工

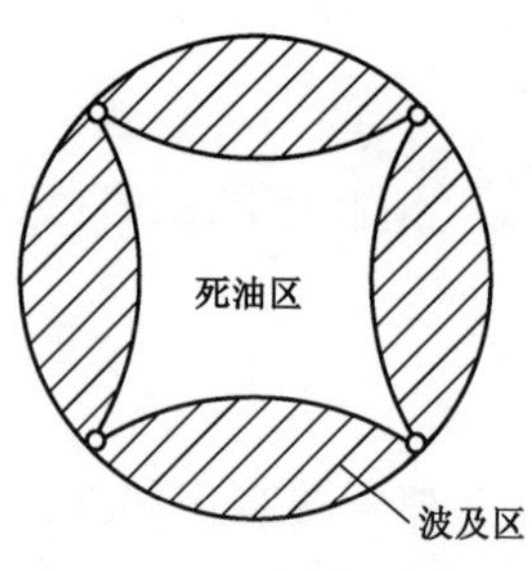

图 3-65　水波及(或水淹)区内平面波及示意图

作剂(如水)的办法来实现人工水驱。这时,油层中会由于油层非均质和油与水的黏度差,而地层中的实际情况一方面在宏观上由于注水前缘的不规则,地层中有的部位可能完全没有受到水的波及,形成死油区,如图 3-65 阴影区所示。

另一方面,在水波及(或水淹)区内,从微观上看油未全部被水驱走,小孔道中的油可能未被水驱走或滞留下一定数量的油滴或形成油膜依附于孔道壁表面。

由此可见,当注入工作剂驱油时,原油采收率取决于工作剂的波及或在孔道中排驱原油的程度这两个方向,换言之,采收率取决于波及系数和驱油效率。

1)波及系数 E_V

波及系数表示注入工作剂时在油层中的波及程度。它是注入剂所波及的油层体积与整个油层(注水应控制区)体积的比值。如果一个油藏面积为 A,平均厚度为 h,假设向该油藏注入工作剂时,工作剂的波及面积为 A_s,波及厚度为 h_s,则工作剂驱扫过油藏的体积 V_s:

$$V_s = A_s \cdot h_s \tag{3-124}$$

于是,波及系数可以定义为被工作剂扫过的油层体积分数,其表达式如下:

$$E_V = \frac{A_s}{A} \cdot \frac{h_s}{h} \tag{3-125}$$

式中　E_V——体积波及系数或波及系数;

A_s,h_s——工作剂驱扫过的油层面积和油层厚度。

若定义 $E_A = A_s/A$ 为面积波及系数;$E_Z = h_s/h$ 为垂向波及系数。则由式(3-125)可得:

$$E_V = E_A \cdot E_Z \tag{3-126}$$

即体积波及系数为面积波及系数与垂向波及系数的乘积。

影响体积波及系数的因素主要有：注采井网（包括井网部署和层系划分）、储层宏观非均质性（砂体的规模与砂体间的相互关系、韵律性等）和采油工艺技术等。

2）驱油效率 E_D

驱油效率又称排驱效率，是指驱替剂进入孔隙中所驱出的油量占总孔隙体积的百分比，表示在孔隙中注入工作剂时清洗原油的程度。由于油藏岩石微观孔隙大小不一，工作流只能将一部分大孔道中的油驱替出来，其他一些小孔道可能未受波及或者虽然水已经流过孔隙，但未将油驱净，孔隙中还有残余油。因此，驱油效率只是在微观上表征原油被注入工作剂清洗的程度。

影响驱油效率的主要因素有：储层物性（主要是渗透率）和流体性质（主要是油水黏度比）。水驱油效率确定方法主要以下几种方法。

（1）室内水驱油实验法。

水驱倍数达到1.5～2.0时的水驱油效率或含水率98%时的水驱油采收率，根据岩心水驱油试验实际数据统计研究的河流相与三角洲相的水驱油效率 E_D 如下。

河流相：

$$E_D = 0.0388\lg K - 0.0801\lg\mu_r + 0.5366 \quad (3-127)$$

三角洲相：

$$E_D = 0.0467\lg K - 0.0847\lg\mu_r + 0.5539 \quad (3-128)$$

或根据陆上油田不同沉积类型，选择平均驱油效率，见表3－25。

表3－25　陆上油田主要沉积类型驱油效率

沉积相	驱油效率（%）		
	最小	平均	最大
河流相	52.1	60	68.1
三角洲相	58.2	60.4	69.3
扇三角洲	50.6	58	61.5
湖底扇（浊积）相	50.3	58	65.3
冲积扇相		58.2	
滩坝	44.2	53	61.8

(2)油水相对渗透率曲线。

根据油水相对渗透率曲线计算水驱油效率,假设油藏中原始含油饱和度为 S_{oi},束缚水饱和度为 S_{wi},残余油饱和度为 S_{or},则驱油效率 E_D 可用下式表示为:

$$E_D = \frac{1 - S_{or} - S_{wi}}{1 - S_{wi}} = \frac{S_{oi} - S_{or}}{S_{oi}} = 1 - \frac{S_{or}}{S_{oi}} \tag{3-129}$$

(3)水驱油效率经验公式。

俞启泰等人根据25个油田岩心水驱油实验资料回归得到水驱油效率与油水黏度比,绝对渗透率的相关公式:

$$E_D = 0.4787 - 0.08873\lg\mu_r + 0.09783\lg K \tag{3-130}$$

根据25个油田油水相对渗透率曲线计算的驱油效率相关公式:

$$E_D = 0.5757 - 0.1157\lg\mu_r + 0.03753\lg K \tag{3-131}$$

以上各参数变化范围:E_D 为 0.5 ~ 0.769;μ_r 为 1.9 ~ 162.5;K 为(69 ~ 3000)$\times 10^{-3}\mu m^2$。

3)原油采收率 E_R 与波及系数和驱油效率间的关系

在同时考虑波及系数和驱油效率两个因素时,原油采收率 E_R 可为:

$$E_R = \frac{V_{采出}}{V_{原始}} = \frac{V_{原油} - (V_{未波及} + V_{波及区残余油})}{V_{原油}} = \frac{V_{波及} - V_{波及区残余油}}{V_{原始}} \tag{3-132}$$

$$E_R = \frac{A_s h_s \phi S_{oi} - A_s h_s \phi S_{or}}{Ah\phi S_{oi}} = \frac{A_s h_s}{Ah}\left(1 - \frac{S_{oi}}{S_{or}}\right) = E_V \cdot E_D \tag{3-133}$$

因此,原油采收率是体积波及系数与驱油效率的乘积,所以要提高原油采收率必须从提高宏观波及系数和微观驱油效率两方面入手。

二、影响因素

由于原油采收率是注入工作剂的宏观波及系数和微观驱油效率的乘积,凡是影响波及系数和驱油效率的因素,都会影响原油采收率。

大量现场资料表明:地层的非均质性、原油的黏度、岩石润湿性和驱油能量等,都是影响采收率的主要内因;井网的合理布置、注水方式、油井的工作制度、采油工艺技术水平以及经营管理水平等,都是影响采收率高低的外因。因此,原油采收率,一方面取决于油藏天然的地质埋藏条件,另一方面还要受到人为因素的影响与制约。

对油层的深刻认识是能否正确选择提高原油采收率方法的关键。因此,本节主要从油藏本身的特点,从油层的非均质性、原油的黏度和岩石的湿润性等几方面来讨论对原油采收率的影响。

1. 油层非均质性

近年来,国内外都特别强调在采取措施前,除了解油层的基本特性(如孔隙度、渗透率性质)外,还必须对其地质特征,如高渗透带、裂缝、断层存在与否、方向性等进行深入的了解,即对于油层的各种非均质性要做到心中有数。

油层的非均质性通常是沉积条件造成的。当然,次生的成岩作用和断层作用也对油层的非均质性产生影响。由于沉积条件不同,造成沉积碎屑物的分选程度、堆积方式和充填不同。岩石的胶结物数量与类型不同,以致造成油层岩性在平面上和垂直剖面上有极大的差异。在沉积过程中,尽管岩层成层沉积,但水流方向与垂直于水流方向的渗透率却相差甚大,有时可达几十倍甚至上百倍。

油层的非均质可以划分为垂直剖面上、平面上和结构特征上的非均质三种类型。前两种统称为宏观非均质,即油层岩石宏观物性参数(孔隙度、渗透率)的非均质性,一般认为宏观非均质必对注入工作剂的波及系数影响很大。后一种岩石孔隙结构特征的非均质性则属微观的非均质性。它表现为孔隙大小分布、孔隙喉道的曲折程度、毛管压力作用以及表面润湿性等,主要影响注入工作剂的驱油效率。当然,严格地讲,无论是宏观还是微观的非均质性,都对波及系数和驱油效率有直接而明显的影响。

下面重点讨论油层渗透率变化与不同的沉积韵律对原油采收率的影响。

1)油层渗透率的非均质性

油层渗透率的变化包括两个方面:一是各向异性,即某一点渗透率在不同的方向上其值不同;二是非均质性,即从油层的一点到另一点的渗透率值不同。

油层渗透率在垂直剖面上的非均质性,往往导致油层水淹厚度上的不均一。这是因为注入水沿不同渗透率层段,推进的速度快慢各异。当渗透率的级差(最大渗透率值与最小渗透率值之比)增大时,常出现明显的单层突进,高渗透层见水早,造成水淹厚度小,波及效率低。

渗透率在平面上的非均质性,会导致水线推进不均匀,使生产井过早见水和水淹。例如,若地层的渗透率沿 X、Y 轴方向相差很大,即 $K_Y \gg K_X$(极端情况可考虑为 Y 轴方向存在裂缝带)。此时,当采用如图3－66(a)所示的行列状布井时,由于注采系统的水流方向与高渗透方向(Y 方向)一致,注水时很容易形成水窜,其波及系数很低。反之,如采用图3－66(b)所示的布井方式,有意利用 Y 方向渗透率 K_Y 高的特性,沿 Y 轴方向布置一排注水井,拉成一条水线,使注采系统的水流方向与高渗透率方向相垂直,就会使波及系数大大提高,其结果如图3－66(c)所示。当然,对于面积布井(如五点法等),情况就复杂得多,需要通过调整井网,调整注入井的注入量或生产井的产量来增大水的波及面积。

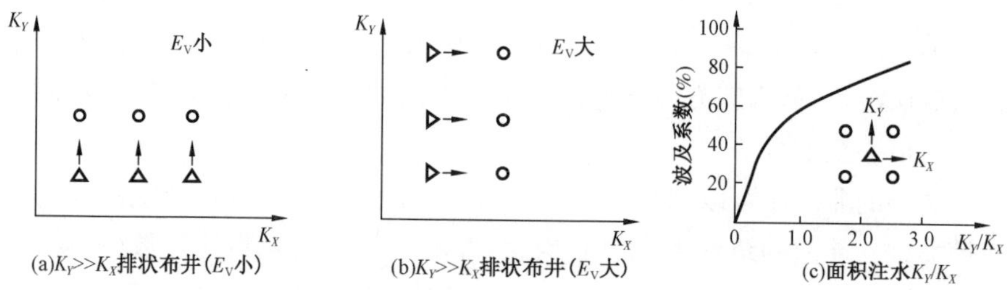

图3－66 $K_Y \gg K_X$时布井方式与波及系数的关系

2)沉积韵律的影响

油层沉积韵律直接反映岩相、岩性在纵向剖面上的变化。注水开发油层时,沉积韵律不同,注水的波及系数及驱油效率也表现出不同的特性。这是因为油、水在正韵律油层、反韵律油层及复合韵律油层中的运动规律性的不同所致。

例如,正韵律油层,其岩性特点是从下而上由粗变细。这种沉积韵律的油层,由于油层纵向上渗透率的差异,下部渗透率高,上部渗透率低,再加上油、水的密度差,其结果是油层下部水流快、连通好,表现为纵向上水洗厚度小,但水洗层段驱油效率高,在平面上水淹面积大,含水率上升快,水淹快。

反韵律油层的岩性特征正好与正韵律相反。油层从下至上颗粒由细变组。这类油层油、水运动规律和开采效果与正韵律油相比亦迥然不同。其水淹规律是:油层见水厚度大、含水率上升慢。但驱油效率不高,无明显的水洗层段,大量的原油需要在生产井见水后,继续增加注水量后才能采出。

复合韵律的油层,其岩性变化顺序兼有正韵律油层及反韵律油层的特征。在复合韵律油层内,油、水运动的规律取决于高低渗透率带所处的位置。如果高渗透带偏于下部,油层以正韵律为主,这时的油水运动特征与正韵律相类似,即层内驱油底部效率高,而顶部效率低。但与正韵律高渗透层相比,其见水厚度更大,水线推进较均匀,水窜现象更轻些。

通过油层沉积韵律与水驱效果间的探讨,可以看出,为了提高波及系数及驱油效率,必须针对不同油层的油、水运动规律,采取不同的措施。例如,增加水洗厚度是开发正韵律高渗透油层的关键,也是制定措施的依据和出发点,而开发好反韵律油层最重要的,则是设法提高其驱油效率。

2. 流度比和油层流体黏度

正如前述,水驱油时的流度比为驱动液(水)的流度与被驱动液(油)的流度之比值。根据流度比 M 的定义,可表示为:

$$M = \frac{\lambda_w}{\lambda_o} = \frac{K_w}{K_o} \cdot \frac{\mu_o}{\mu_w} \tag{3-134}$$

式(3-134)代表注水时,在水窜入生产井前所用的流度比计算公式。如水窜后改注聚合物溶液,那么在计算聚合物和油的流度比 M_{po}时,应改用下式:

$$M_{po} = \frac{\lambda_p}{\lambda_T} = \frac{K_p}{\lambda_p} \Big/ \left(\frac{K_o}{\mu_o} + \frac{K_w}{\mu_w} \right) \tag{3-135}$$

式中 λ_p,λ_T——聚合物段塞的流度和在聚合物段塞前方的油—水混合带的流度。

式(3-135)中的 K_p、K_o、K_w应在室内用保持天然状态的岩心,测定出其相对渗透率曲线后才能确定。聚合物的 λ_p则应在有残余油的状态下测出。

室内物理模拟研究表明:流度比的大小直接影响着注入工作剂的波及系数,进而影响原油采收率。例如以五点法注采井网的模型试验为例,流度比与面积波及系数的关系如图3－67所示。

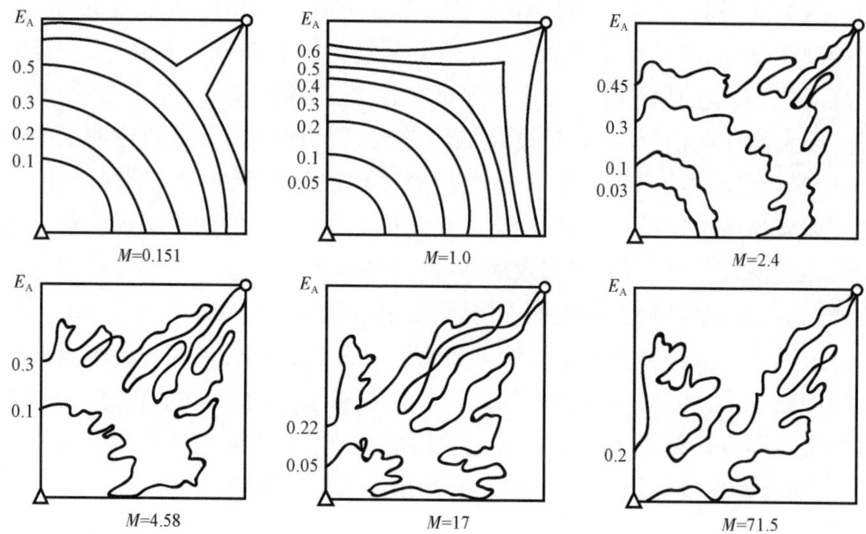

图3－67　五点井网单元流度比与波及面积的关系

当$M=1$时,说明油水流动能力相同。从图3－67中可看出油水前线推进均匀,面积波及系数很大,可达60%左右;如果$M<1$,则说明驱动液(水)的流度比被驱动液(油)的流度还小,面积波及系数更大,可达70%左右,故把$M<1$时称为有利流度比;若$M>1$时,通常是油的黏度大于水的黏度,亦即水驱稠油,因而油水前缘不规则,出现黏性指进,称为不利流度比。这就会大大影响波及效率,油井见水时面积波及系数仅20%,从而降低水驱稠油时的采收率。

由此看出,对于注入工作剂驱油的情况,要提高采收率必须要控制和调节流度比,使其尽量小于或接近于1。目前降低流度比的关键,最好的办法是提高注入剂的黏度。

由于流度比是由注入工作液和油藏流体两方面所决定的,因而地层原油的性质从μ_o、K_o、K_w就直接影响着流度比的高低。如果原油本身黏度过高会使流度比太大,水驱效果就会很差,以致对于高黏油层采用注水的办法被认为是完全不可取的,只能设法降低原油本身的黏度,提高其流动性,才是开发好这类油藏的最好出路。

表3－26所列结果不难看出：在相对均匀的天然岩心上，μ_o/μ_w对开发效采的影响很大，特别是当从10～50变化时，无水采收率下降十分明显。但当μ_o/μ_w超过50后，由于μ_o/μ_w的影响基本已达到最大范围，影响反而不明显了，还略有变小。

表3－26 μ_o/μ_w对无水采收率影响（天然岩心实验）

μ_o/μ_w	5.87	21.5	41.6	82.0	115.0	128.0
无水采收率	56.2	42.5	18.5	14.5	13.0	12.7

对于层内非均质比较严重的实际油藏（如正韵律油藏），非均质的影响较均质地层更为严重，它比均质水驱油的影响更加剧烈，其驱油效果更差。如对于正韵律油层，由于油水黏度差大，在驱动压差不大时，重力分离使得在油层下部高渗透带水容易流动。在底部大部分水淹后，底部中水相饱和度增高水相渗透率K_w增大，从而导致油层纵向上的流度比M增大，波及系数降低，层内非均质的矛盾表现更加突出。

3. 油藏润湿性

油藏润湿性是影响驱油效果的关键参数之一，克塞尔（1987年）认为，对于一个中等润湿的和水湿的油藏，比一个油湿的和中等润湿的油藏，聚合物驱的经济效益可以相差1～2倍。因此，确定油藏内润湿性分布是极其重要的。

油藏润湿性对原油采收率影响，是由岩石对油和水的润湿性不同所引起的。有的油层岩石为亲水（或偏亲水），有的为亲油（或偏亲油），有的部分亲水、部分亲油。对于亲水油层，在水驱过程中，由于水能很好地润湿孔壁，水易于驱净亲水油层内的油，而对亲油油层的油则难以驱净。根据实际油田统计资料，目前亲油油层的采收率最高的也只有45%左右，而亲水油层的采收率可达80%。

由于亲油油层的油能优先润湿岩石的颗粒表面，油与固体颗粒间存在着较强的附着力。当注入流体进入亲油孔道时，由于油与岩石表面的附着力，使得油很难与岩石表面接触和在岩石表面流动，并且毛管压力为驱油阻力。另一方面，水的黏度比油更小，水会沿孔道中心窜流而留下油膜，成为残余油。增大注水速度，这种窜流会更加明显。

表3－27显示出润湿性不同对水驱油效果的影响。它是胜利油田某产层模拟试验所得。实验中当采用硅油处理岩石时，会使岩石表面由亲水转变为亲油。

表3-27 不同润湿性对驱油效果的影响

润湿性	不同注入倍数对采收率的影响(%)			
	无水期	0.5倍	1.5倍	2.5倍
亲油	8.7	14.5	21.0	26.0
亲水	14.0	29.2	42.0	51.2

由上述实验结果可以看出,尽管层内的非均质相同,但由于岩石表面润湿性的变化,使注入孔隙体积倍数都为2.5时,其采收率的差值可达25.2%。这说明,不利的表面润湿性会加重地层非均质性所造成的不利影响。

三、采收率及可采储量计算

采收率与可采储量的计算与标定是油田开发方案设计中重要的工作,不同的开发阶段和时期,其计算方法都不同。

(1)在开发早期,一般先通过确定采收率,计算可采储量,主要方法有经验公式法(规范方法和油区自己统计的公式)、类比法、相渗曲线法和静态方法。

(2)在开发中期,一般先通过标定可采储量,反算采收率,主要方法有水驱特征曲线、数值模拟、井网密度、预测模型等方法。

(3)在开发后期,一般先通过标定可采储量,反算采收率,主要方法有水驱特征曲线法、递减曲线法、数值模拟法和预测模型法等方法。

1. 开发早期计算方法

1)类比法

在勘探阶段资料很少的情况下,根据油藏的地质条件和原油性质,以及油藏驱动类型,根据已开发油田的经验,用类比法初步估计采收率。表3-28是国内不同类型油藏、不同驱动类型的采收率范围。

表3-28 不同驱动类型的采收率

类别		驱动类型	采收率(%)
油藏	一次采油	弹性驱	2~5
		溶解气驱	10~20

续表

类别		驱动类型	采收率(%)
油藏	一次采油	水压驱	25~50
		气顶驱	20~40
		重力驱	10~20
	二次采油	注水	25~60
		注气	30~50
		混相驱	40~60
		热力驱	20~50
	三次采油	注聚合物、注 CO_2、注碱水、注表面活性剂等类型的驱油剂	45~80

2)经验公式法

相关经验公式法是油田还未开发，或者在开发早期，利用油藏参数和开发参数评价油藏采收率的简易方法，采收率计算一般采用以下几种具有代表性的经验公式。

(1)经验公式一。

Guthrie 和 Greenberger，根据 Craze 和 Buckley 为研究井网密度对采收率的影响所提供的 103 个油田中 73 个完全水驱的部分水驱砂岩油田的基础数据，利用多元回归分析法得到的相关经验公式为：

$$E_R = 0.11403 + 0.2719\lg K - 0.1355\lg\mu_o + 0.2556S_{wi} - 1.538\phi - 0.00115h \tag{3-136}$$

式中的相关系数为 0.8694。

适用条件：早期开发、水驱砂岩油藏。

例如，将 A 油田的有关数据代入式(3-136)，得出该油田油组的采收率见表 3-29。

表 3-29　A 油田 ZJ1-1~1-4 油组的采收率 I

油组	ϕ	S_{wi}	K	h	μ_{oi}	E_R
1-1U	0.269	0.565	63.4	2.1	1.3	31.69
1-1L	0.276	0.429	58.7	3.5	1.3	26.06
1-2	0.295	0.571	40.5	8.1	1.3	21.86

续表

油组	ϕ	S_{wi}	K	h	μ_{oi}	E_R
1-3U	0.275	0.542	54	6.3	1.3	27.80
1-3L	0.29	0.532	62	2.9	1.3	27.26
1-4	0.277	0.553	40	2.5	1.3	24.66

(2)经验公式二。

美国石油学会(API)采收率委员会阿普斯(J. J. Arps)等人,在 Arps 的主持下,从 1956 年开始到 1967 年,综合分析和统计了美国、加拿大、中东地区产油国的 312 个油藏的资料。根据 72 个水驱砂岩油田的实际开发资料,确定的水驱砂岩油藏采收率的相关经验公式:

$$E_R = 0.3225\left[\frac{\phi(1-S_{ws})}{B_{oi}}\right]^{0.0422}\cdot\left(\frac{K\mu_{wi}}{\mu_{oi}}\right)^{0.0770}\cdot S_{ws}^{-0.1903}\cdot\left(\frac{p_i}{p_a}\right)^{-0.2159} \tag{3-137}$$

式中的相关系数为 0.958,标准差为 17.6%。

适用条件:早期开发,水驱、溶解气驱、气顶驱、重力驱等驱动机理,岩性包括砂岩和碳酸盐岩。

将式(3-137)代入 A 油田 ZJ1-1~1-4 有关数据,得出该油田 ZJ1-1~1-4油组的采收率,见表 3-30。

表 3-30 A 油田 ZJ1-1~1-4 油组的采收率Ⅱ

油组	ϕ	S_{wi}	B_{oi}	K	μ_{oi}	p_i	E_R
1-1U	0.269	0.565	1.048	63.4	1.3	10	31.77
1-1L	0.276	0.429	1.048	58.7	1.3	10.09	33.64
1-2	0.295	0.571	1.048	40.5	1.3	10.55	30.38
1-3U	0.275	0.542	1.048	54	1.3	11.35	30.87
1-3L	0.29	0.532	1.048	62	1.3	11.35	31.41
1-4	0.277	0.553	1.048	40	1.3	11.64	29.86

(3)经验公式三。

1978 年,我国学者童宪章根据实践经验和统计理论,推导出有关水驱曲线的关系式,并将关系式和油藏流体性质、油层物性联系起来,推导出确定水驱油藏原油采收率的经验公式:

$$E_R = 0.227 + 0.133\left(\lg\frac{K_{ro}}{K_{rw}} - \lg\frac{\mu_o}{\mu_w}\right) \tag{3-138}$$

适用条件:早期开发、水驱砂岩油藏。

将式(3－138)代入A油田ZJ1－1～1－4有关数据,其计算结果见表3－31。

表3－31　A油田ZJ1－1～1－4油组的采收率Ⅲ

油组	μ_w	μ_o	K_{ro}	K_{rw}	E_R
1－3U	0.4	1.3	1	0.28355	23.17

(4)经验公式四。

1995年,我国油、气专业储量委员会办公室刘雨芬、陈元千等根据我国六大油区水驱砂岩油田150个开发单元的油层渗透率、有效孔隙度、地下原油密度、井网密度等参数,利用多元回归分析,建立了这些参数与采收率的相关经验公式:

$$E_R = 5.8419 + 8.4612\lg\frac{K_a}{\mu_o} + 0.3464\phi + 0.3871f \tag{3-139}$$

适用条件:早期开发、水驱砂岩油藏。

将式(3－139)代入A油田ZJ1－1～1－4有关数据,经计算,其结果见表3－32。

表3－32　A油田ZJ1－1～1－4油组的采收率Ⅳ

油组	ϕ	μ_{oi}	K_a	E_R
1－1U	0.269	1.3	63.4	24.09
1－1L	0.276	1.3	58.7	23.81
1－2	0.295	1.3	40.5	22.45
1－3U	0.275	1.3	54	23.50
1－3L	0.29	1.3	62	24.02
1－4	0.277	1.3	40	22.40

(5)经验公式五。

苏联全苏石油科学研究所(вии)根据乌拉尔—伏尔加地区约50个水驱砂岩油田的实际开发数据,用多元回归分析法,得到确定采收率的相关经验公式:

$$E_R = 0.507 - 0.167\lg\mu_r + 0.0275\lg K - 0.000855a$$
$$+ 0.171S_k - 0.05V_k + 0.0018h \qquad (3-140)$$

适用条件:早期开发、水驱砂岩油藏。

(6)经验公式六。

根据 SY/T 5367—2010《石油可采储量计算方法》推荐的开发前期可采储量计算经验公式:

$$E_R = 0.274 - 0.1116\lg\mu_r + 0.097461\lg\overline{K} - 0.0001802h_{oc}s$$
$$- 0.06741V_k + 0.0001675T \qquad (3-141)$$

适用条件:早期开发、水驱砂岩油藏。

(7)经验公式七。

根据油水相对渗透率曲线,用下列公式计算采收率:

$$E_R = 1 - \frac{B_{oi}(1 - \overline{S}_w)}{B_o(1 - S_{wi})} \qquad (3-142)$$

式(3-142)中的 S_{wi} 可由岩心分析或测井解释结果得到,而 $\overline{S_w}$ 可根据含水率曲线求得。考虑到地层的垂向非均质性,应乘以一个经验的校正系数,于是采收率为:

$$E_R = C\left[1 - \frac{B_{oi}(1 - \overline{S}_w)}{B_o(1 - S_{wi})}\right] \qquad (3-143)$$

C 值可由下式求得:

$$C = \frac{1 - V_k^2}{M} \qquad (3-144)$$

$$M = \frac{\mu_o K_{rw}}{\mu_w K_{ro}} \qquad (3-145)$$

对于五点面积注水系统而言,见水时的面积波及系数可分别确定为:

$$E_{A5} = 0.718\sqrt{\frac{1 + M}{2M}} \qquad (3-146)$$

$$M = \frac{\mu_o}{\mu_w K_{ro} S_{wi}}(K_{rw}\overline{S}) \qquad (3-147)$$

如果纵向波及系数取0.7,得到A油田的最终采收率为:28.84%。

适用条件:早期开发、任何驱动的砂岩油藏。

(8)经验公式八。

全苏石油科学研究所的专家Maptoc等人由乌拉尔—伏尔加地区95个水驱砂岩油藏得到的相关经验公式为:

$$E_R = 0.121\lg\frac{Kh}{\mu_o} + 0.016 \tag{3-148}$$

式(3-148)的复相关系数0.823;平均误差±0.03。

适用条件:早期开发、水驱砂岩油藏。

(9)经验公式九。

全苏石油科学研究所的专家Maptoc等人由西西伯利亚地区77个水驱砂岩油藏得到的相关经验公式为:

$$E_R = 0.151\lg\frac{Kh}{\mu_o} + 0.032 \tag{3-149}$$

上式的复相关系数0.75;平均误差±0.05。

适用条件:早期开发、水驱砂岩油藏。

(10)经验公式十。

对于早期开发的弹性驱动,相关经验公式为:

$$E_R = \frac{C_o + \dfrac{C_f}{\phi} + S_{wi}(C_w - C_o)}{(1 - S_{wi})[1 + (p_i - p_b)C_o]}(p_i - p_b) \tag{3-150}$$

适用条件:早期开发、弹性驱动油藏。

(11)其他经验公式。

① 储量规范经验公式。

全国油、气专业储量委员会1985年利用200多个水驱程度大于60%的砂岩油田资料,统计分析得出采收率与流度有关的公式:

$$E_R = 21.4289\left(\frac{\mu_o}{K}\right)^{0.1316} \tag{3-151}$$

② 辽河油区经验公式。

辽河油区根据67个区块统计的水驱砂岩采收率计算公式:

$$E_R = 0.177 + 1.0753\phi + 0.00114f + 0.1148522\lg\frac{\mu_o}{K} \tag{3-152}$$

③ 大庆油区经验公式。

根据大庆油区低渗透油田资料,总结出六种经验公式:

$$E_R = 0.3634 + 0.089\lg\frac{K}{\mu_o} - 0.011146\phi + 0.0007f \tag{3-153}$$

$$E_R = 0.3726 + 0.0893\lg\frac{K}{\mu_o} - 0.011235\phi \tag{3-154}$$

$$E_R = 0.1957 + 0.0508\lg\frac{K}{\mu_o} \tag{3-155}$$

$$E_R = 0.3778 + 0.0966\lg K - 0.0715\lg\mu_o - 0.013035\phi + 0.0002f \tag{3-156}$$

$$E_R = 0.1893 + 0.075\lg\frac{K}{\mu_o} - 0.01264\phi + 0.0005f + 0.3355W_f \tag{3-157}$$

$$E_R = 0.0343 + 0.0498\lg\frac{K}{\mu_o} + 0.291W_f \tag{3-158}$$

式中 E_R——采收率;

K——平均绝对渗透率,$10^{-3}\mu m^2$;

S_{wi}——地层束缚水饱和度;

ϕ——有效孔隙度;

s——井控面积,km^2/口;

h_{oc}——平均有效厚度,m;

h——有效厚度,m。

B_{oi}——原始地层压力下的原油体积系数;

μ_{wi}——原始条件下地层水黏度,mPa · s;

μ_{oi}——原始条件下原油黏度,mPa · s;

p_i——原始油层压力,MPa;

p_a——油藏废弃时压力,MPa;

K_{ro}——油的相对渗透率;

K_{rw}——水的相对渗透率；

f——井网密度，口/km^2；

μ_r——地层油水黏度比；

S_k——砂岩系数（开发层系的有效厚度除以井段地层厚度）或称净毛比；

V_k——渗透率变异系数（标准差除以均值）；

a——平均井控面积，m^2/口；

W_f——水驱控制程度，%；

T——油藏温度，℃。

$\overline{S}_w$——在预定的极限含水率（f_w=98%）下水淹区的平均含水饱和度；

M——流度比。

根据前九种公式，分别计算 A 油田的采收率，其计算结果对比见表3-33。

表 3-33　油田九种公式计算结果对比

油组	公式1	公式2	公式3	公式4	公式5	公式6	公式7	公式8	公式9	平均
1-1U	31.69	31.77		24.09	42.52	39.96		0.26	0.34	32.52
1-1L	26.06	33.64		23.81	40.86	39.62		0.28	0.36	31.09
1-2	21.86	30.38		22.45	40.51	38.01		0.31	0.39	28.8
1-3U	27.8	30.87	23.17	23.50	40.45	39.24	24.37	0.31	0.4	29.16
1-3L	27.26	31.41		24.02	41	39.86		0.28	0.36	30.92
1-4	24.66	29.86		22.40	40.12	37.33		0.24	0.32	29.26

2. 开发中期计算方法

1）童宪章经验图版法

童宪章先生根据大量油田数据，拟合出水驱油田含水率—采收率的关系式：

$$\lg\frac{f_w}{1-f_w}=7.5(R-E_R)+1.69 \tag{3-159}$$

用累计产油 N_p 和地质储量 N 可计算出采出程度 R，根据对应的含水率

f_w计算出采收率,也可根据水驱油藏含水率、采出程度和最终采收率得到的统计关系图版,查出相应的采收率 E_R,这就是油田常用的童氏图版,见图3-68、图3-69。

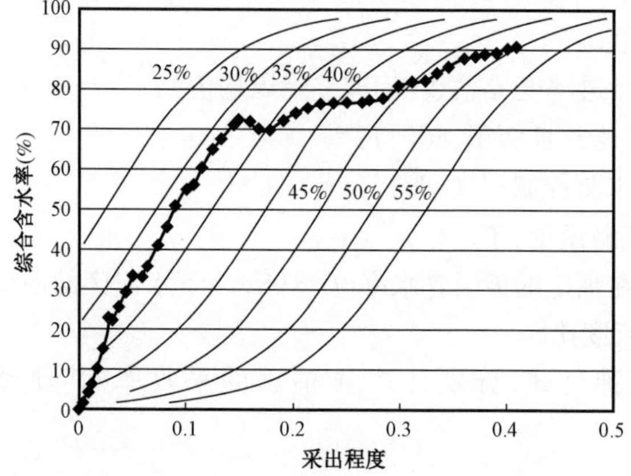

图3-68　萨中开发区采出程度和含水率关系曲线

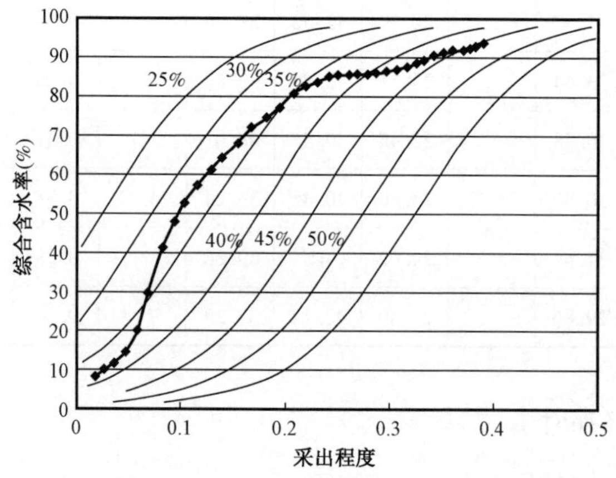

图3-69　萨北开发区采出程度和含水率关系曲线

2)水驱特征曲线法

(1)含水率分类标准。

对于水驱油田来说,无论是依靠人工注水或是依靠天然水驱采油,在无水采油期结束以后,将长期地进行含水生产,其含水率还将逐步上升,这是影响油田稳产的重要因素。所以对这类油田,可采储量特别是水驱可采储量,是反映注水开发油田水驱开发效果好坏的综合指标。它的大小受原始地质储量、地质条件等的限制,同时也是注入水体积波及系数和驱油效率的综合作用结果。对某一具体油田,由于开发方案和选择的具体措施不同、开发阶段不同,油田的水驱可采储量必定存在较大的差异。例如当油田经历层系细分、井网调整及注采结构调整等之后,油藏水驱可采储量的预测值也会相应发生改变。针对油田水驱可采储量具有的这一特性,我们可以把该指标作为评价水驱开发效果好坏的主要指标之一。

通常,表示水驱油田开发动态的一个基本曲线是含水率与采出程度关系曲线,如图3－70所示的形状,这一曲线的形态及位置,综合反映了储层地质特征、油水分布和性质、开发方式及工艺措施的水平,从研究工作的角度看,这条曲线是一条形状较为特殊的曲线,难以用简单的公式来表达,所以研究含水规律时,需要对这些经验数据进行一定的数学处理和变换。

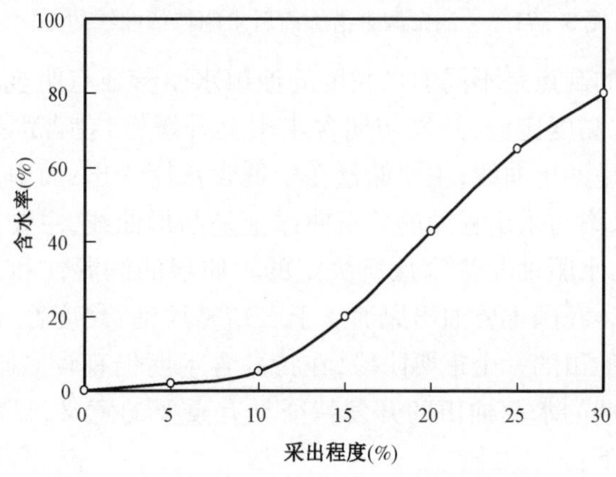

图3－70　×油田含水率与采出程度关系水驱特征曲线

生产实践表明,一个天然水驱或人工水驱的油藏,当它已全面开发并进入稳定生产以后,其含水率达到一定程度并逐步上升时,在单对数坐标纸上以累计产水量的对数为纵坐标,以累计产油量(或者采出程度)为横坐标,则二者之关系是一条直线,该曲线称为水驱特征曲线。图3－71表示的是我国×油田注水开发的水驱曲线。这条直线一般从中含水期开始(含水率在20%左右)出现,而到高含水期仍保持不变。在油田的注采井网、注采层系、注采强度等开采方式保持不变时,直线性质始终保持不变,当注采方式变化

后,则出现拐点,但直线关系仍然成立。图3-71中在含水率达到47.7%左右时,直线出现了拐点,这是因为此时采取了一定调整措施的原因。

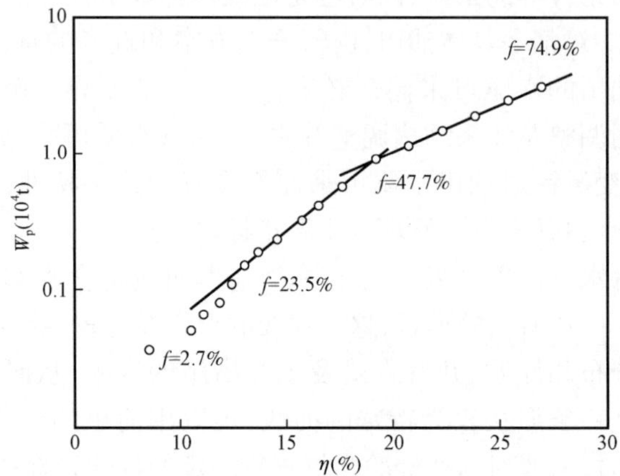

图3-71　×油田调整措施前后水驱特征曲线的变化

目前一致的观点是不同油水黏度的油田水驱特征有明显的差异。对低黏度油田,油水黏度比低,开发初期含水率上升缓慢,在含水率与采出程度的关系曲线上呈凹形曲线,主要储量在中低含水期采出;而中高黏度油田与此相反,在含水率与采出程度的关系曲线上呈凸形曲线,主要储量在高含水期采出,这是由水驱油非活塞性所决定的。储层的润湿性和非均质性更加剧了这种差异。我国主要油田原油属于石蜡基原油,黏度普遍较高,高含水期是注水开发油田的一个重要阶段,在特高含水期仍有较多储量可供开采。研究中高含水期的水驱油田的开发特征具有重要的意义,目前一般含水率划分的标准如下:

① 无水采油期:含水率<2%;

② 低含水采油期:含水率2%~20%;

③ 中含水采油期:含水率20%~60%;

④ 高含水采油期:含水率60%~90%;

⑤ 特高含水采油期:含水率>90%;

⑥ 极限含水采油期:一般含水率=98%。

在水驱油田的动态分析和预测中,对于已经进入中期含水的油田,人们发现若将累计产油与累计产水或水油比与累计产油等数据作成相应的半对数图,可得到比较明显的直线,把这个直线称为水驱特征曲线。

水驱特征曲线指的是累计产水与累计产油(采出程度)关系曲线,常用的水驱特征曲线已有40多种应用于油田,可以对累计产油、累计产水、累计产液、产油量、产水量、产液量、含水率、水油比、可采储量、采收率等各项指标进行预测,目前常用的是甲、乙、丙、丁型水驱特征曲线,在此不再详述。下面介绍一下水驱特征曲线的理论基础。

(2)水驱特征曲线的理论基础。

很多水驱特征曲线,提出的时候都是在生产数据的基础上,以经验公式的形式提出的,后来很多学者从不同的方面进行了理论论证,发现它们都有油水渗流的理论基础,可以从渗流力学的观点进行理论推导。

根据油水两相稳态渗流的达西定律,地层保持恒温,刚性水驱,在不考虑重力和毛管压力的情况下,水油比 R 的公式为:

$$R = \frac{\mu_o}{\mu_w} \cdot \frac{K_{rw}}{K_{ro}} \tag{3-160}$$

如图3-72所示,大量的实验资料表明,当含水饱和度在一定范围内,油水相对渗透率比值的对数与含水饱和度之间呈直线关系,其直线方程为:

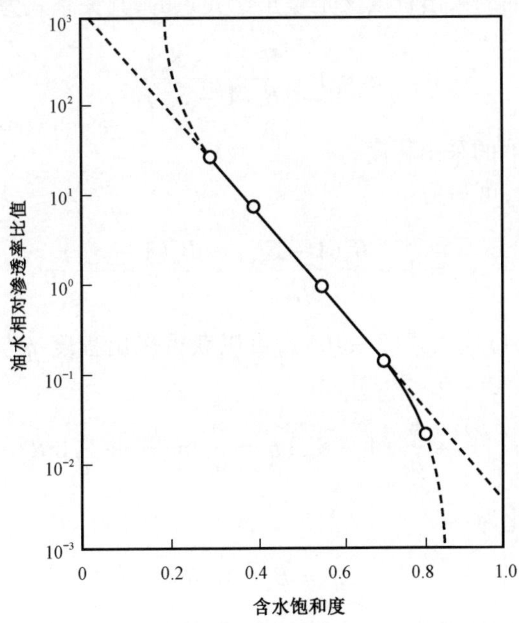

图3-72 相对渗透率比与含水饱和度的关系

$$\frac{K_{ro}}{K_{rw}} = ce^{-dS_w} \tag{3-161}$$

代入式(3-160)后,可得:

$$R = \frac{\mu_o}{\mu_w} \cdot \frac{1}{c} e^{dS_w} \tag{3-162}$$

或者写为:

$$S_w = \frac{1}{d}\ln\left(c\frac{\mu_w}{\mu_o}\right) + \frac{1}{d}\ln R \tag{3-163}$$

式中 K_{ro},K_{rw}——油、水的相对渗透率;

S_w——地层含水饱和度;

c,d——与储层和流体物性有关的常数。

由此可知,油藏中由于水侵,其含水饱和度不断上升,从而引起采出液体中的水油比 R 也不断上升,根据油水两相稳态渗流的达西定律,含水饱和度的上升,与原油的采出程度又是呈正比关系的,其关系式为:

$$\eta = 1 - \frac{B_{oi}(1 - S_w)}{B_o(1 - S_{wi})} \tag{3-164}$$

式中 η——原油的采出程度;

经过变换后,可写为:

$$S_w = 1 - \frac{B_o(1 - S_{wi})}{B_{oi}} + \frac{B_o(1 - S_{wi})}{B_{oi}}\eta \tag{3-165}$$

将式(3-164)代入式(3-165),可以获得采出程度 η 与水油比的关系式为:

$$1 - \frac{B_o(1 - S_{wi})}{B_{oi}} + \frac{B_o}{B_{oi}}(1 - S_{wi})\eta = \frac{1}{d}\ln c\frac{\mu_w}{\mu_o} + \frac{1}{d}\ln R \tag{3-166}$$

这样,可简化为:

$$\eta = B + A\ln R \tag{3-167}$$

这就是水驱规律曲线的一种表达方式,它表明在相当大的范围内,采出程度与水油比之间是单对数关系,将采出程度和水油比的表达式代入式

(3 - 167)得：

$$\frac{N_p}{N} = B + A\ln\frac{dW_p}{dN_p} \tag{3-168}$$

化简得：

$$dW_p = e^{\left(\frac{N_p}{N}-B\right)/A}dN_p \tag{3-169}$$

对式(3 - 169)在 0 ~ t 范围内进行积分得：

$$W_p + ANe^{-\frac{B}{A}} = ANe^{\left(\frac{N_p}{N}-B\right)/A} \tag{3-170}$$

两边取常用对数得：

$$\lg\left(W_p + ANe^{-\frac{B}{A}}\right) = \lg A + \lg N + \left(\frac{N_p}{N} - B\right)/(2.3A) \tag{3-171}$$

简化后得到累计产油量与累计产水量的关系式，即为甲型水驱特征曲线的表达式。同样道理，可以类似推导其他类型的水驱特征曲线的表达式。

(3)水驱特征曲线的应用。

水驱特征曲线一般可以预测可采储量以及采收率(或者标定可采储量以及采收率)，预测油藏未来的动态等作用，下面通过实例进行介绍。

B 油田某一区块，1982—1992 年实际开发数据：累计产油量、累计产水量、累计产液量、产油量、产水量、水油比以及含水率见表 3 - 34，用开发数据绘制的甲、乙、丙、丁水驱特征曲线为图 3 - 73、图 3 - 74、图 3 - 75。

表 3 - 34　B 油田历年的开发数据

时间 (年)	N_p (10^4t)	W_p (10^4t)	L_p (10^4t)	Q_o (10^4t/a)	Q_w (10^4t/a)	R (f)	f_w (%)
1982	5.62	0.07	5.69	5.63	0.07	0.01	1.28
1983	49.40	6.25	55.65	43.78	6.18	0.14	12.36
1984	132.48	37.58	170.06	83.06	31.33	0.38	27.38
1985	215.86	135.90	351.76	83.38	98.32	1.18	54.11
1986	284.35	275.48	559.83	68.49	139.58	2.04	67.08
1987	341.69	428.68	770.37	57.34	153.20	2.67	72.76
1988	388.30	614.23	1002.53	46.61	185.55	3.98	79.92

续表

时间 (年)	N_p (10^4t)	W_p (10^4t)	L_p (10^4t)	Q_o (10^4t/a)	Q_w (10^4t/a)	R (f)	f_w (%)
1989	420.44	777.57	1198.01	32.14	163.34	5.08	83.56
1990	443.70	974.97	1418.67	23.26	197.41	8.49	89.46
1991	463.59	1186.59	1650.18	19.89	211.62	10.64	91.41
1992	483.25	1404.22	1887.47	19.66	217.62	11.07	91.71

可以看出,在油田含水率达到54.11%之后(1985年),各种方法都会出现有明显的有代表性的水驱曲线直线段,经过对这些直线段线性回归后,都可以得到直线的截距和斜率以及线性的相关系数,进而可以求得不同方法预测的最终的可采储量。

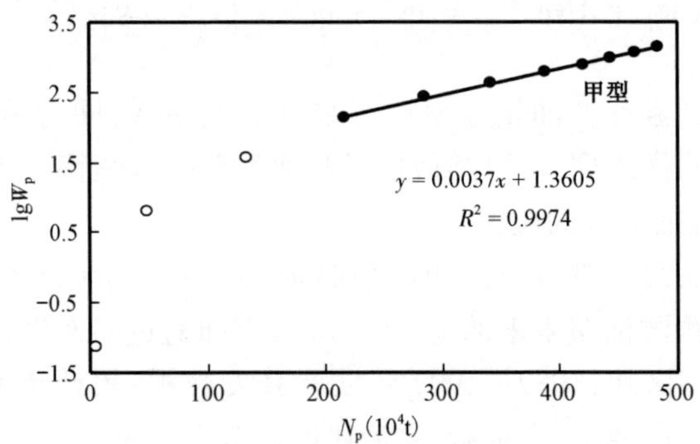

图3-73　B油田的甲型水驱特征曲线

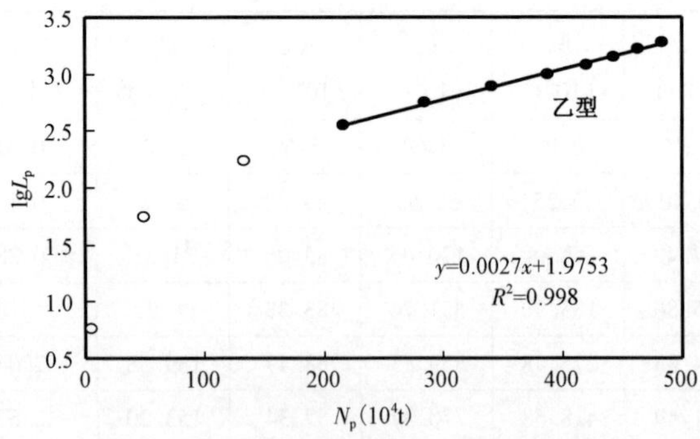

图3-74　B油田的乙型水驱特征曲线

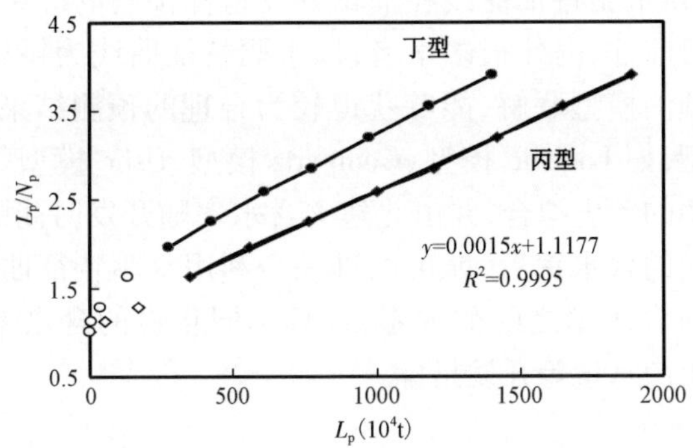

图 3－75　B 油田的丙、丁型水驱特征曲线

从表 3－35 可以看出，不同的预测方法，其直线段的相关系数，存在明显的差别，预测的最终可采储量也差别很大，到底运用哪个水驱特征曲线对某一个区块进行计算和预测，一般看线性相关系数的大小。对于上面这个例子，丙、丁型水驱特征曲线线性相关系数相对较高，可以选择丙、丁型水驱特征曲线进行线性回归以及可采储量的预测。水驱曲线法不在于多，而在预测结果的可靠性，不同的油田区块，有不同的适合该油田区块的水驱特征曲线，一般来说，对于某个油田或者区块，一般要进行水驱特征曲线的优选和评价。

表 3－35　四种常见的水驱特征曲线回归系数以及预测可采储量对比表

不同直线关系	a	b	R	N_R(10^4t)	曲线类型
$\lg W_p = a_1 + b_1 N_p$	1.3605	0.0037	0.9974	648.4325	甲型曲线
$\lg L_p = a_2 + b_2 N_p$	1.9757	0.0027	0.9980	741.8194	乙型曲线
$L_p/N_p = a_3 + a_3 L_p$	1.1177	0.0015	0.9995	566.9916	丙型曲线
$L_p/N_p = a_4 + b_4 W_p$	1.5157	0.0017	0.9996	527.9357	丁型曲线

在应用水驱特征曲线时，每一次预测的起点均应保持不变，切忌随意选择，否则引起直线斜率的差别较大，进而影响预测的结果差别较大。一般来说，当油田含水率达到 50% 之后，才会出现有代表性的水驱曲线直线段，才可用于有关的预测。另外，在含水率达到 95% 以后时，部分水驱特征曲线的直线段将发生上翘，因此不宜将含水极限定为 98%，而应采用国外通用的 95% 作为外推确定可采储量的基础。

在应用水驱特征曲线的时候，一般不能建立各项开发指标与开发时间的关系,这就使得水驱特征曲线在油田开发指标预测的应用中受到了很大程度的限制。目前,国内外很多学者,以水驱特征曲线为桥梁,应用水驱特征曲线和产量预测模型联解,能够获得较为合理的预测结果。许多优秀的含水率预测模型,如 Logistic 模型、Gompertz 模型、Ushe 模型等,可以比较准确地进行含水率的历史拟合,并由此建立含水率随开发时间的关系,当得到了不同开发时间的含水率后,就可以进一步利用水驱特征曲线经过推导得到的可采储量与含水率之间的关系,计算不同年份的含水率、累计可采储量、年产油量、年产水量等开发指标。

3)产量递减法

油、气田开发的实际经验表明,无论何种储集类型的油气田,也无论何种驱动类型和开发方式的油气田,随着开发的深入和发展,都会进入产量递减阶段。就它们开发的全过程而言,都可划分为产量上升阶段、产量稳定阶段和产量递减阶段。这三个连续开发阶段的综合,构成了油气田开发的模式图。三个开发阶段的时间、长短、产量以及何时进入递减阶段,主要取决于油气藏的储集类型、驱动类型、稳产阶段的采出程度,以及开发调整和强化开采工艺技术的效果等。下面将研究油气田的产量变化规律,以及如何利用这些规律进行可采储量以及采收率的预测。

(1)递减率 D:单位时间内油田产量的相对递减量,单位为 1/月或 1/a。

$$D=-\frac{1}{Q}\frac{\mathrm{d}Q}{\mathrm{d}t}=-\frac{\mathrm{d}Q}{\mathrm{d}N_{\mathrm{p}}},Q=\frac{\mathrm{d}N_{\mathrm{p}}}{\mathrm{d}t} \quad (3-172)$$

(2)递减系数 α:在矿场实际工作中,也常用递减系数的概念,$\alpha=1-D$。

其中,产油量 Q 的单位为 10^4 t/月或 10^4 t/a,产气量为 10^8 m^3/月或 10^8 m^3/a。

(3)Arps 递减率公式。

Arps(1945 年)提出的三种递减规律,即指数递减、双曲递减、调和递减,可以写出产量与递减率的关系式:

$$\frac{D}{D_0}=\left(\frac{Q}{Q_0}\right)^n \quad (3-173)$$

$$\frac{Q}{Q_0}=\left(\frac{D}{D_0}\right)^{1/n} \quad (3-174)$$

$$D=D_0\left(\frac{Q}{Q_0}\right)^n,\ -1\leqslant n\leqslant 1 \quad (3-175)$$

式中，Q_0与D_0为递减阶段初始产量和开始递减时的初始递减率；n为递减指数。

递减指数是判别递减类型的重要参数，当$n=1$时为调和递减；当$n=0$时为指数递减；当$0<n<1$时为双曲递减。n越小，递减得越快。

(4)产量递减规律分类。

① 双曲递减规律。

$$D=-\frac{1}{Q}\frac{\mathrm{d}Q}{\mathrm{d}t}=D_0\left(\frac{Q}{Q_0}\right)^n \tag{3-176}$$

$$-\frac{1}{Q^{n+1}}\frac{\mathrm{d}Q}{\mathrm{d}t}=\frac{D_0}{Q_0^n} \tag{3-177}$$

$$-\int_{Q_0}^{Q}\frac{1}{Q^{n+1}}\mathrm{d}Q=\int_0^t\frac{D_0}{Q_0^n}\mathrm{d}t \tag{3-178}$$

产量与时间的关系：

$$Q=\frac{Q_0}{(1+nD_0t)^{1/n}},t=\frac{1}{nD_0}\left[\left(\frac{Q_0}{Q}\right)^n-1\right] \tag{3-179}$$

递减期累计产量与时间的关系：

$$N_{\mathrm{p}}=\int_0^t Q\mathrm{d}t=\frac{Q_0}{D_0(1-n)}\left[1-(1+nD_0t)^{\frac{n-1}{n}}\right] \tag{3-180}$$

递减期累计产量与产量的关系：

$$N_{\mathrm{p}}=\frac{Q_0^n}{D_0(1-n)}(Q_0^{1-n}-Q^{1-n}) \tag{3-181}$$

递减期最大累计产量(可采储量)：

$$N_{\mathrm{pmax}}=\frac{Q_0}{D_0(1-n)} \tag{3-182}$$

② 指数递减规律。

产量与时间的关系式：

$$Q=A\mathrm{e}^{-B(t-t_0)} \tag{3-183}$$

产量与累计产量的关系式：

$$N_{\mathrm{p}} = N_{\mathrm{p0}} + \frac{A - Q}{B} \tag{3-184}$$

累计产量与时间的关系式：

$$N_{\mathrm{p}} = N_{\mathrm{p0}} + \frac{A}{B}\left[1 - \mathrm{e}^{-B(t-t_0)}\right] \tag{3-185}$$

③ 调和递减。

产量与时间的关系式：

$$Q = \frac{A}{1 + B(t - t_0)} \tag{3-186}$$

产量与累计产量的关系式：

$$N_{\mathrm{p}} = N_{\mathrm{p0}} + \frac{A}{B}\ln\frac{A}{Q} \tag{3-187}$$

累计产量与时间的关系式：

$$N_{\mathrm{p}} = N_{\mathrm{p0}} + \frac{A}{B}\ln\left[1 + B(t - t_0)\right] \tag{3-188}$$

4）数学模型法

数学模型法为一全程的预测方法，当油气田投入开发之后，如果拥有一定数量的产量变化数据，即可利用数学模型预测，对油气田的产量和可采储量进行有效的预测。

比较常见的模型有：HCZ 模型、Gamma 模型、Weibull 模型、逻辑推理(Logistic)模型——哈伯特(Hubbert)模型、T 模型、Hubbert 模型、对数正态分布模型、胡—陈(Hu - Chen)模型等。

用以上各种模型分析油气田或油气井的产量变化以及可采储量计算，需要根据已经取得的生产数据，采用有效方法，确定模型中的参数，建立其相关经验公式，方能进行未来的产量和可采储量预测。

例如，某油田采用了较好实用价值 Hu - Chen 预测模型，来进行采收率和可采储量计算。根据大量的实际开发资料，由胡建国和陈元千推导建立的预测模型，其基本关系式为：

$$N_{\mathrm{p}} = \frac{N_{\mathrm{R}}}{1 + at^{-b}} \tag{3-189}$$

$$Q = \frac{abN_R t^{-(b+1)}}{(1 + at^{-b})^2} \tag{3-190}$$

$$Q_{max} = \frac{N_R(b-1)^{(b-1)/b}(b+1)^{(b+1)/b}}{4ba^{1/b}} \tag{3-191}$$

$$N_{pm} = \frac{N_R(b-1)}{2b} \tag{3-192}$$

$$t_m = \left[\frac{a(b-1)}{b+1}\right]^{1/b} \tag{3-193}$$

根据 A 油田生产资料，用上述预测模型进行计算，其拟合及预测结果如图 3－76、图 3－77 所示，利用 Hu－Chen 模型预测该油田某油组的最终采收率分别为 42.23% 和 43.60%。

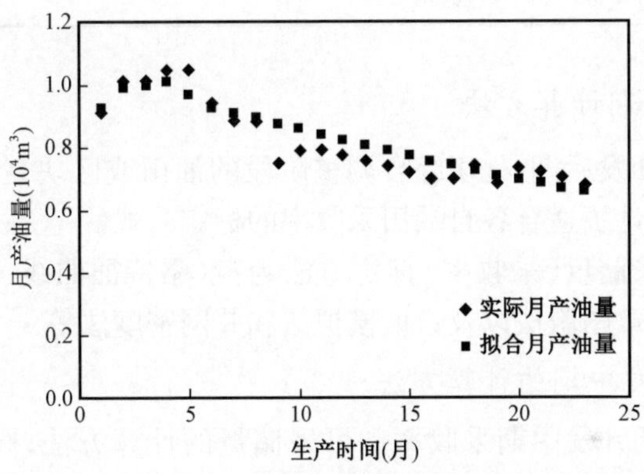

图 3－76　某油组月产数据拟合及预测

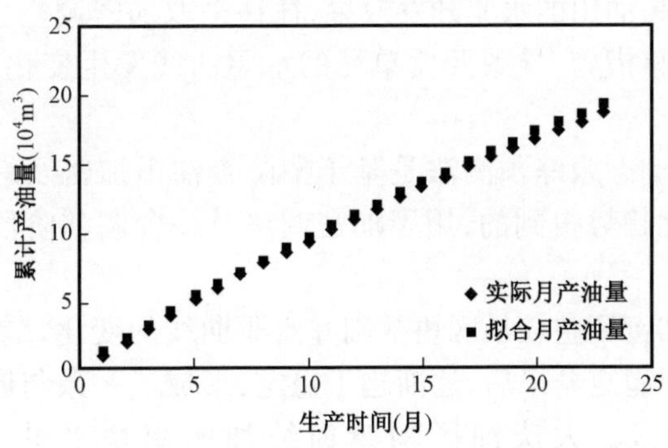

图 3－77　某油组累计产数据拟合及预测

根据类比法、经验公式法、相渗曲线法和 Hu - Chen 模型法计算的结果对比,Hu - Chen 模型拟合的累计产油量比实际生产的要多,所以其计算的采收率会比较大,所以最终采收率值以经验公式计算结果为准,结果见表3 - 36。

表 3 - 36　三种结果计算结果对比　　%

油组	类比法	经验公式法	相渗曲线法	Hu - Chen 模型法	最终采收率
1 - 1U	25 ~ 50	32.52			32.52
1 - 1L	25 ~ 50	31.09		42.23	42.23
1 - 2	25 ~ 50	28.80			28.80
1 - 3U	25 ~ 50	29.16	28.84	43.60	28.84
1 - 3L	25 ~ 50	30.92			30.92
1 - 4	25 ~ 50	29.26			29.26

3. 开发后期计算方法

对于油田开发后期,处于综合调整阶段的油田或区块,各油区针对实际情况,修正和统计了适合各自油田采收率的标定公式。

常用的可采储量(采收率)标定方法为:水驱特征曲线、递减曲线法、预测模型法、童宪章图版法以及数值模拟法和井网密度法等。

1)利用开发中期的计算方法

以上介绍的开发中期采收率和可采储量的计算方法,同样也适合于后期的计算和预测,大庆油区针对调整阶段的采收率标定方法做了很多探索性工作,以该油田为例,来说明开发后期水驱特征曲线的应用。

前提:为提高油田的水驱开发效果,往往采取加密调整、注采系统调整、压裂、补孔等调整措施,导致开发单元的水驱曲线发生变化,不能直接用于测算可采储量。

方法依据:动态跟踪预测法是基于喇萨杏油田加密及综合调整阶段老井水驱曲线变化趋势得到的,用于加密调整及综合调整阶段老井可采储量预测。

统计二次加密调整较早区块基础井水驱曲线的变化,二次加密调整后,在经历一段时间稳定开采后,逐渐趋于稳定,形成了一条与原直线段基本平行的稳定直线段。大庆油区喇嘛甸纯油区南块老井水驱特征曲线见图 3 - 78。

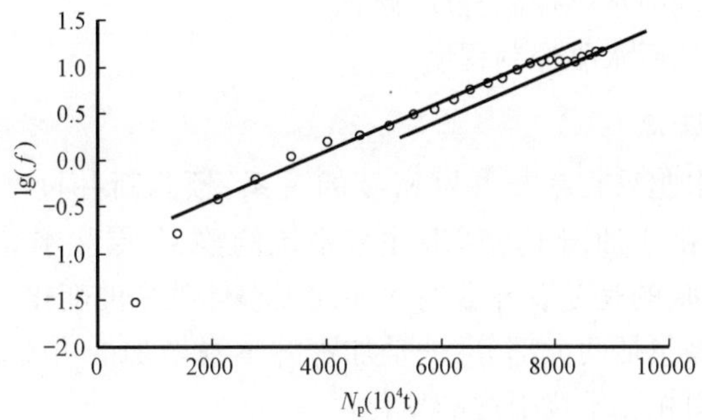

图 3-78 喇嘛甸纯油区南块老井水驱特征曲线

方法应用:对仍处在调整期间逐年的数据点作与原直线平行的逼近直线,用该直线预测调后逐年新增可采储量。

2)公式法

单项措施或调整注采关系提高水驱采收率的公式或解析解比较少,或者说基本没有,大庆油区有过这方面的探索,大庆勘探开发研究院周学民等人在《大庆石油地质与开发》1991 年第三期发表"喇、萨、杏油田注采系统调整的研究和探讨",即调整注采关系增加可采储量公式。

根据对各注采系统调整试验区的可采储量变化的初步测算,再通过注采系统调整前后水驱控制程度变化,结合水驱特征曲线,综合分析可采储量的增加幅度,得到调整注采系统增加的可采储量计算公式:

$$\Delta N_R = (N_{R1}/W_1) \cdot \Delta W \cdot C \tag{3-194}$$

式中 ΔN_R——调整注采系统增加的可采储量,10^4t;

N_{R1}——调整前的可采储量,10^4t;

W_1,ΔW——调整前的水驱控制程度和调整后增加的水驱控制程度,%;

C——可采储量换算系数。

根据调前、调后水驱控制程度及调前采收率,确定油田加密调整增加可采储量测算结果:

$$E_{R2} = E_{R1} \cdot W_{f1}/W_{f2} \tag{3-195}$$

式中 E_{R1}——调前采收率,%;

E_{R2}——调后采收率,%;

W_{f1}——调前水驱控制程度,%;

W_{f2}——调后水驱控制程度,%。

3)井网密度法

根据油田水驱采收率与井网密度的关系,预测新井投产后调整区块增加的可采储量,由于油田不断采取注采系统调整、分层注水等水驱综合调整措施,因而它反映的是随着井数的增加油田整体效果的变化。

其评价结果包括两大部分:一是加密井本身增加的可采储量;二是综合措施及各类井间相互干扰引起的变化。

$$N_R = N \cdot E_D \cdot e^{-b/f} \tag{3-196}$$

预测井网加密增加可采储量采用井网密度法,增加可采储量预测结果代表整体调整结果,见图3-79。

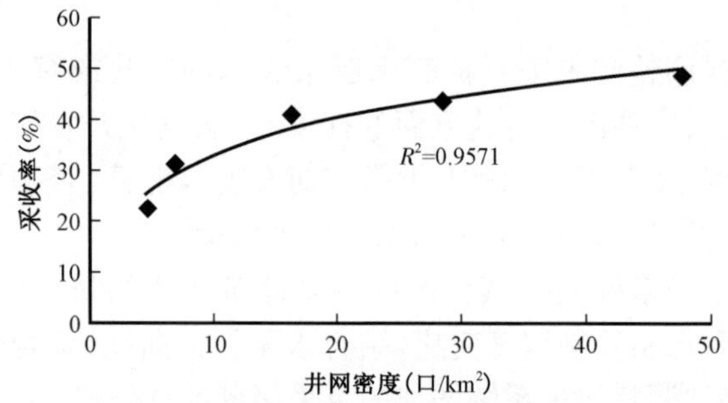

图3-79 大庆油区杏十—十二区井网密度与采收率关系

4. 不同油藏类型采收率调控指标

中国石油的《油田开发管理纲要》中,对不同类型的油藏,采收率的开发调控指标为:

(1)注水开发,中、高渗透率砂岩油藏采收率不低于35%;

(2)砾岩油藏采收率不低于30%;

(3)低渗透率、断块油藏采收率不低于25%;

(4)特低渗透率油藏(空气渗透率小于 $10\times10^{-3}\mu m^2$)采收率不低于20%;

(5)厚层普通稠油油藏吞吐采收率不低于25%;

(6)其他稠油油藏吞吐采收率不低于20%。

第八节　开发方案指标预测

在油田开发层系的划分与组合、开发方式优选、合理开采速度以及井网部署等有关内容确定以后，就要对油田开发提出若干个候选方案，对于各个方案进行开发指标预测、计算和对比。

动态预测以及指标预测是油田开发方案的关键，全部油藏工程问题要在这一阶段解决，严格地讲，解决全部油藏工程问题还要加上经济分析，而动态预测为经济分析提供了动态参数，动态预测和指标预测的关键在于方案设计。

一、方案设计结果

动态预测和指标计算的前提是方案设计，方案设计的指导思想决定于模拟研究的目的。在模拟工作一开始就应该有个设想，事先有个粗略的考虑。例如，在建立模拟模型划分网格时就必须考虑到是否打加密井，可能在什么地方打；在划分模拟层时就应考虑调整方案是否考虑层系调整，等等。如果毫无设想，历史拟合后，有可能出现模拟模型不能满足后继方案计算的需要，造成措手不及。

预测方案设计要尽可能满足实际情况的需要，但又必须保证能够实现。可能会遇到很多困难需要解决，这时就要靠模拟人员的计算经验和油藏实际经验，依靠模拟人员和开发人员的配合。不论什么实际生产问题变成模型可以实现的方案，都必须在计算之前用一套合适的数据表示出来，这往往不是一次就能够成功和实现的（除非比较简单的方案），这就必须进行试算。

设计方案要有对比性，合理组合、优化设计。方案设计要讲究科学性、严格性和逻辑性。比如，在预测方案中，用产量来控制油井生产是很不方便的（除非自然延续生产的基础方案），因为物质平衡难以控制，所以通常都选用通过流压来控制油井生产的方式。但油井的流压除了和油层性质、产液量的大小有关外，还和油井的完善程度等有关，因此在历史拟合过程中，并不能实现井底流压的自动拟合。而为了实现预测方案的正确描述，在历史拟合末期又增加了井底流压的拟合。有了和生产现场意义相同的流压，预测方案的计算结果才能推广到实际油田上去应用。又如计算加密井方案时，总要投产一批新井，新井工作制度给的不合理，也会造成计算失败，经过试验表明,按产液量和流压两个限制来控制加密井生产的方法,可以确保预测方案一次计算就能给出一个可用的模拟结果。这种方法,就是按地层条件预计一个产液量,再附加一个合理的流压要求,油井首先按指定的产液量进行生产,当产液量不能实现时,则按流压限制进行生产。

二、指标预测

开发指标预测一般有两种方法:一是油藏工程方法;二是油藏数值模拟方法。

油藏工程方法一般根据产能公式来进行开发指标的预测,一般只能预测初期或稳产期的开发指标。

根据油藏地质资料建立三维油藏数值模型,在三维地质模型中,利用油藏数值模拟软件计算开发指标,数值模拟方法可以适用开发的任何阶段。根据地质资料初选布井方案,在历史拟合基础上,设计各种生产方式的对比方案,各种方案都要通过数值模拟计算,并用数值模拟方法以年为时间步长预测各方案开采10a(或15a)以上的平均单井日产油量、全油田年产油量、综合含水率、年注水量、最终采收率等开发指标。在预测开发指标基础上,计算各方案的最终盈利、净现金流量、利润投资比、建成万吨产能投资、总投资和总费用,分析影响经济效益的敏感因素,经过综合评价油田各开发方案的技术经济指标,筛选出最佳方案。

对于新油田开发方案以及老油田的调整方案,动态预测内容一般包括:

(1)对于新油田通过模拟计算不同开发层系、井网密度、注采系统、采油速度等对开发效果的影响,确定最优开发方案。

(2)对于老油田,动态预测包括基于现有井网层系的油田开发动态评价和开发调整方案优选,开发调整方案中通常遇到的问题有:

① 调整注采水平来控制和维持地层压力;

② 研究剩余油饱和度分布以及与此相关的加密钻井和油水井注采关系调整,提出挖潜的潜力;

③ 提高原油采收率方法评价等。

方案指标预测的时候,应考虑可比性,这个问题要引起重视,忽视了有可能导致错误的结论,起反作用。例如计算一批对比方案,算法都应一致,精度控制也应一致,如果用不同算法及精度计算一组方案中的不同方案,就有可能导致方案对比结论出错;计算过程中要检查物质平衡误差、时间步长大小、迭代次数等，每次计算要输出所有需要分析和对比的指标。开发方案指标预测的结果一般包含以下内容。

(1)油藏综合及各小层开发指标，如各开发时间的平均压力、采油量、采水量、含水率、采油速度、采出程度、注采比等。

(2)单井开发指标，如日产油、平均和累计采油量、日产水、平均和累计采水量、含水率、累计含水率、井底压力、平均压力、采油或采液指数等。

(3)动态参数场与相应图形，如压力场、饱和度场、丰度场、温度场、各组分分布等以及相应的图形。

(4)油藏数值模拟结果。

(5)油藏综合及各小层开发指标，通常以数据表格与开发时间曲线的形式出现，动态参数场通常以等值线形式给出，或者以图像形式给出(如照片等)。

(6)计算结果整理要采用自动检索，输出结果实现图表化、可视化。要求结果直观化、形象化、标准化，应用方便。

三、方案比较与选择

评价指标主要包括开发技术、生产管理和经济效益等三大类多个指标，要把技术上先进、工艺上可行、生产上稳定、经济上有效，资源最大利用与社会责任、环境影响等多方面统筹考虑；但是往往不能使各项指标都同时达到最好，这就需要做综合评价工作，以便进行优选决策。

从多种计算指标中对比选择出重点考虑的指标，取其最优者，但此方法容易凭指标单因素而作为全局最优选出来。

另一方法是采用分项打分来确定方案名次，以最高分为最佳。此方法在确定各项指标的评分及其重要程度(权系数)的赋值，多采用实践经验统计或专家打分来确定，结果相对可靠，但有点烦琐。

近年来开始广泛使用多目标规划模型，求解和优化分析，对方案选择具有一定指导意义。

四、推荐方案及主要内容

在综合评价各个开发方案的技术、经济指标后，筛选出 2 ~ 3 个较优的开发方案,给出各个方案各个阶段开发指标以及最终采收率,对优选的方案进行排序。同时指出优选方案的开发井的井数、井别、井型和井位,单井、丛式井、区块(或生产平台)的投产顺序和生产指标;分年度的产能、自喷期、注入时机等,预测的采油速度、累计产量、采收率等。

一般以年为单位,对不同方案 10a(或者 15a)的开发指标列成表格,一般包含井数、平均单井日产油量、全油田年产油量、平均含水率、年注入量、累计产油量以及预测期内的最终采收率、压力保持水平、采油速度、注采比等等,列出各个方案主要开发指标以及相应的曲线图、饱和度、压力以及井位布置图、储量丰度场等。

五、实例

以东部×油田 4×1 断鼻为例,说明开发方案的指标预测。

1. 开发原则

(1)以主力层 Es1×6 为主,兼顾其他层,有效地动用绝大多数油层和储量。

(2)充分利用已完钻井,定向井和水平井综合考虑。

(3)尽可能减少井数,提高单井控制储量,取得好的经济效益。

2. 方案设计结果

按上述原则,分别按 300m、400m、500m 井距三角形井网部署 3 套直井井网,按不同注采关系和方式部署 2 套直井和水平井混合开发井网,见表 3-37,选取井网 4,改变油水井的井底流压,研究地层压力保持水平和生产压差,见表 3-38。

表 3-37　4×1 断鼻开发井网研究设计表

序号	方案类型	方案内容
1	直井井网	井距 300m
2		井距 400m
3		井距 500m
4	混合井网井位优化	水平井 3 采 1 注,油藏中部注水
5		水平井 3 采 2 注,油藏边部注水

表 3-38 4×1 断鼻压力保持水平设计表

序号	井网	井底流压(MPa)		序号	井网	井底流压(MPa)	
		油井	水井			油井	水井
1	4	11	18	4	4	11	17
2	4	12	18	5	4	11	16
3	4	13	18				

3. 指标预测对比

从注水见效方向看,以单向和双向受益为主。井距 300m 时,单井控制储量只有 11×10^4t,混合井网方案可以达到 $(26\sim29)\times10^4$t,见表 3-39。

表 3-39 4×1 断鼻不同井网方案指标对比表

方案	方案内容	总井(口)	油井数(口)			不同注水受益方向井数(口)			水井数(口)			单井控制储量(10^4t)
			老井	定向井	水平井	单向	双向	多向	老井	定向井	水平井	
1	直井井距	39	2	25		11	10	5	1	11		11
2		28	3	16		10	7	2		9		16
3		22	2	13		10	3	2	1	6		20
4	混合井网井位优化	15		6	3	5	3	1	2	3	1	29
5		17		7	3	8	2		2	3	2	26

提高采油井井底流压,地层压力上升,生产压差减小,采油速度、采出程度降低,累计产油减少,油井井底流压从 11MPa 提高到 13MPa,少产油 $18.7\times10^4m^3$;降低注水井井底流压,地层压力下降,生产压差减小,采油速度、采出程度降低,累计产油减少,水井井底流压从 18MPa 降到 16MPa,少产油 $19.5\times10^4m^3$;当油井井底流压为 12MPa($90\%\ p_b$)水井井底流压为 18MPa 时,地层压力在 15.6~15.9MPa 之间,地层压力保持在原始地层压力 15.7MPa 附近。

定压预测,油井井底流 12MPa,水井井底流压 18MPa。井数越多,累计产油越高,但井距小,含水率上升快,单井累计产油少。井距为 300m 时,总井数 39 口,单井平均累计产油只有 $3.97\times10^4m^3$;井距为 500m 时,总井数 22 口,单井平均累计产油最多,为 $5.72\times10^4m^3$,但井距太大,实际注水见效难,水驱控制程度低;井距为 400m 时,总井数 28 口,单井平均累计产油

5. 10 × $10^4 m^3$,井距较适中。综合油藏工程论证和数值模拟结果分析,推荐采用 400m 井距。

直井在油层单一、厚度较小的地区产量较低,而厚度大、层数多的地区,水平井又不利于充分发挥每个层的作用,纵向上控制程度低。因此,在油层分布稳定、油层单一的庄海 4 ×2 井区以水平井开发为主,在构造的南北高点油层较多的地区,以定向井开发为主。混合井网较定向井井网总井数少,单井产量高,总累计产油也高;方案 4 较方案 5 少产油 6. 26 × $10^4 m^3$,但单井累计产油最高。因此,推荐方案 4。

4. 推荐方案

方案 4 总井数 15 口(4 口水平井),9 采(3 口水平井)6 注(1 口水平井),初期产油 319. 9t/d,采油速度 2. 7% ,稳产期 4a,新建产能 11. 7 × 10^4t,15a 末累计产油 112. 7 × 10^4t,采出程度 25. 8% ,综合含水率 96. 6% ;注采比保持在 1. 0 左右,初期年注水 23. 0 × $10^4 m^3$,第 15 年年注水 115. 4 × $10^4 m^3$,累计注水 1034 × $10^4 m^3$,地层压力保持在原始地层压力附近,见表 3 - 40、图 3 - 80。

该区与 × × 相邻,两者原油性质相近。 × × 油田油藏埋深 1339. 4 ~ 1990. 4m,地层温度 66. 7℃,地下原油黏度 17. 62mPa · s;庄海 4 ×1 油藏埋深 1550m 左右,平均地面原油密度 0. 93/cm^3,地下原油黏度 29. 8mPa · s。羊二庄油田采出程度为 6. 73% 时含水率为 58. 41% ,赵东采出程度 6. 0% ,含水率 54. 35% ,庄海 4 ×1 断鼻采出程度为 6. 6% 时含水率为 61. 4% ,含水率上升规律相近。

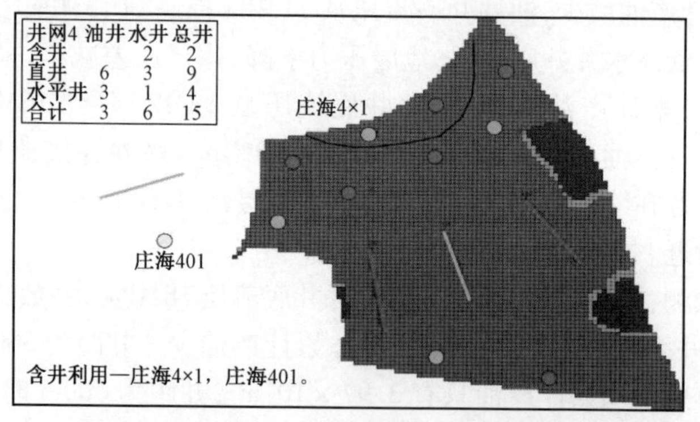

图 3 - 80　4 ×1 断鼻推荐方案井网部署图

表 3－40　4×1 断鼻推荐方案开发指标预测表

时间（年）	总井（口）	油井（口）			年产				含水率（%）	累计产			采油速度（%）	采出程度（%）	水井（口）			单井日注水（m^3/d）	日注水平（m^3/d）	年注水（10^4m^3）	累计注水（10^4m^3）	注采比	地层压力（MPa）
		老井	直井	水平井	油（10^4t）	气（10^4m^3）	水（10^4m^3）	液（10^4t）		油（10^4t）	气（10^4m^3）	水（10^4m^3）			老井	直井	水平井						
2007	15		6	3	5.8	269.6	0.7	6.5	10.9	5.8	269.6	0.7	2.7	1.3	2	3	1	70.8	424.6	7.8	7.8	1.0	15.7
2008	15		6	3	11.7	514.8	9.4	21.1	44.6	17.5	784.4	10.1	2.7	4.0	2	3	1	105.2	631.1	23.0	30.8	1.0	15.9
2009	15		6	3	11.4	502.3	18.1	29.5	61.4	28.9	1286.7	28.2	2.6	6.6	2	3	1	144.2	865.1	31.6	62.4	1.0	15.9
2010	15		6	3	11.2	491.8	26.3	37.4	70.2	40.1	1778.4	54.5	2.6	9.2	2	3	1	180.1	1080.5	39.4	101.8	1.0	16.0
2011	15		6	3	10.8	474.2	34.4	45.1	76.2	50.8	2252.6	88.9	2.5	11.7	2	3	1	214.8	1288.8	47.0	148.9	1.0	16.0
2012	15		6	3	9.8	432.6	44.5	54.3	81.9	60.6	2685.2	133.3	2.2	13.9	2	3	1	255.7	1534.3	56.0	204.9	1.0	15.9
2013	15		6	3	8.7	382.5	54.2	62.9	86.2	69.3	3067.7	187.5	2.0	15.9	2	3	1	293.9	1763.3	64.4	269.2	1.0	15.9
2014	15		6	3	7.6	337.5	63.6	71.2	89.3	76.9	3405.2	251.2	1.8	17.6	2	3	1	331.4	1988.3	72.6	341.8	1.0	15.8
2015	15		6	3	6.7	298.1	72.6	79.3	91.5	83.7	3703.3	323.7	1.5	19.2	2	3	1	367.5	2205.0	80.5	422.3	1.0	15.8
2016	15		6	3	6.1	267.6	80.5	86.5	93.0	89.8	3970.9	404.2	1.4	20.6	2	3	1	400.0	2400.0	87.6	509.9	1.0	15.8
2017	15		6	3	5.4	239.3	87.3	92.7	94.2	95.2	4210.2	491.5	1.2	21.8	2	3	1	427.8	2566.7	93.7	603.6	1.0	15.7
2018	15		6	3	4.9	217.4	93.7	98.6	95.0	100.1	4427.6	585.2	1.1	23.0	2	3	1	454.2	2725.2	99.5	703.0	1.0	15.7
2019	15		6	3	4.5	199.1	99.7	104.2	95.7	104.6	4626.7	685.0	1.0	24.0	2	3	1	479.6	2877.7	105.0	808.1	1.0	15.7
2020	15		6	3	4.2	184.8	105.7	109.9	96.2	108.8	4811.5	790.6	1.0	24.9	2	3	1	505.0	3030.1	110.6	918.7	1.0	15.7
2021	15		6	3	3.9	171.4	110.8	114.7	96.6	112.7	4982.9	901.5	0.9	25.8	2	3	1	526.8	3161.0	115.4	1034.0	1.0	15.6

第四章　油藏工程调整方案设计方法

当分析油田开发动态或评价阶段开发效果时，如发现由于原开发方案设计不符合油藏实际情况，或当前油田开发系统已不适应开发阶段的变化，导致井网对储量控制程度低，注采系统不协调，开发指标明显与原开发方案设计指标存在较大差距时，应及时对油田开发系统进行调整。

油田开发的调整是必然的，因为以下几点

（1）所面对的对象是复杂的，从认识论的角度对油田的认识是要经过长期的螺旋式的逐渐加深的过程，油田的开发，不可能一次完成开发方案就能知道油田一生的，必然要经过多次调整。

（2）所面对的对象是动态的，当油田开发的方式、方法已经不适应于油田的变化，必须作出调整。

（3）随着科学的进步，技术的创新，随着对油田开发实践的丰富积累，不断产生出一些新的思维、方法、技术和手段，也有能力对油田开发作出一定的调整，有能力对前期难动用资源进行更高效的开发。

（4）调整方案是对前期方案的补充、修改、改进和完善。调整方案的主要内容可参考开发方案的要求。

注水开发的油藏在不同的开发阶段由于暴露的矛盾不完全相同，因此采取的开发调整原则和达到的调控目的也应有所不同。

（1）低含水期（0% < 含水率 < 20%）：该阶段是注水受效、主力油层充分发挥作用、油田上产阶段。要根据油层发育状况，开展早期分层注水，保持油层能量开采。要采取各种增产增注措施，提高产油能力，以达到阶段开发指标要求。

（2）中含水期（20% ≤ 含水率 < 60%）：该阶段主力油层普遍见水，层间和平面矛盾加剧，含水率上升快，主力油层产量递减。在这一阶段要控制含水率上升，做好平面调整，层间接替工作。开展层系、井网和注水方式的适应性研究，对于注采系统不适应和非主力油层动用状况差的区块开展注采系统和井网加密调整，提高非主力油层的动用程度，实现油田的稳产。

(3)高含水期(60%≤含水率<90%):该阶段是重要的开发阶段,要在精细油藏描述和搞清剩余油分布的基础上,积极采用改善二次采油技术和三次采油技术,进一步完善注采井网,扩大注水波及体积,控制含水率上升速度和产量递减率,努力延长油田稳产期。

(4)特高含水期(含水率≥90%):该阶段剩余油高度分散,注入水低效、无效循环的矛盾越来越突出。要积极开展精细挖潜调整,采取细分层注水、细分层压裂、细分层堵水、调剖等措施,控制注入水量和产液量的增长速度。要积极推广和应用成熟的三次采油技术,不断增加可采储量,延长油田的生命期,努力控制成本上升,争取获得较好的经济效益。

中国石油提出的"二次开发"的理念,其实就是油藏工程的调整,或者是在更广层次上的开发调整。"二次开发"是在逐步建立了一次开发评价、二次开发筛选、二次开发工作"三大体系"基础上,形成重选开发方式、重构地下认识、重组井网结构、重建地面流程的"四大技术路线";确立改变渗流方式、改变驱替类型、改变驱动方式和重组驱替介质"四个工作层次",提出在老油田进行"二次开发"技术体系和工作路线。本章详细介绍开发调整方案编制内容、方法和技术要求。

调整方案的主要技术路线:

(1)重新构建地下新的认识体系。

精细三维地震技术、高精度动态监测技术、精细油藏描述技术、储层结构精细刻画技术,搞清剩余油分布。资料数据自动录入,方案自动生成,建成数字化油田。

(2)重建井网结构。

丛式井、水平井、侧钻水平、平台式水平井等为主要对象,改变传统的直井井网结构。坚定不移地淘汰一批维护成本高的老井,原则上整体实施,能利用的井尽量利用。

(3)重组地面工艺流程。

优化简化地面工艺流程。坚定不移地推行一级或者一级半布站、常温输送、扩大冷输半径、泵对泵工艺流程。坚定不移地淘汰能耗高、效率低地面设施。

实现"三高、三全、一循环"的目标:三高即高效加热炉、高效抽油泵、高效输油泵;三全即全密闭、全处理、全利用;一循环即循环经济,真正实现油田地面设施高度自动化。

第一节　调整区开发简史

在编写油田区块调整方案以前，首先要对该区块的原开发方案有深刻的理解，同时要详尽了解调整区块的开发历程，才能认识开发过程中存在的主要矛盾，从而抓住矛盾，解决问题。

一、原方案设计要点及历次调整

原方案设计主要包括原方案的开发原则、开发方式、开发层系、井网井距、单井产能和指标预测等设计要点，以及该区块从基础井网开发到现在所进行的历次井网加密、开发方式转换等历次调整。一般根据调整将开发历程划分为几个典型的开发阶段。

二、开发现状

开发现状主要是介绍现阶段油田开发的现状，主要包括油藏工程现状，钻采工艺现状和地面工程建设现状。

油藏开发工程现状包括当时区块探明储量、动用储量、油水井数、产油液情况、注入量、采油速度、含水率、采注比、累产注情况、采出情况。

钻采工艺现状包括钻井工艺现状、采油工艺现状、注水工艺现状、压裂、酸化、调剖、堵水、防砂工艺状况。

地面工程建设现状包括联合站、注水站、转接站等相应地面配套设施建设情况。

第二节　调整区地质特征

一、地质概况

在做调整方案之前，首先要对调整区的地质概况进行介绍，包括地理位置、构造特征、地层划分、储层特征、沉积特征、油藏特征和储量等。

二、地质再认识

随着石油科学技术的快速发展,油藏认识的理论和开发技术水平有了长足的进步,同时在油田开发的实践过程中,对原有认识的检验,使得对油藏地质特征进一步深化,主要包括以下内容:

(1)对构造特征、断层及裂缝发育情况进行认识,分析对开发效果的影响。

(2)对沉积微相进行认识,分析不同微相在开发过程中对油水分布的影响。

(3)阐述油层岩石表面润湿性、孔隙结构、黏土矿物、胶结状况、地层温度的变化情况。

(4)对储层的旋回性、非均质性进行认识。

(5)对各油层组之间、砂岩组之间以及各单层之间隔层的岩性、产状、渗透性、厚度、分布特征进行认识,分析不同隔层状况在措施前后对层间或开发层系之间窜流的影响。

(6)对平面上、纵向上油、气、水性质和分布状况进行认识,进一步搞清其在开发过程中的变化特点。

(7)对于稠油油藏还要搞清馏分、黏温关系及其在开发过程中的变化。进行原始及开发过程中原油流变性对比、分析。进行原始及开发过程中油水、油气相对渗透率试验特征值对比、分析。进行原始及开发过程中驱油效率的对比、分析和不同开采阶段的油藏温度的分布及其变化规律研究。

(8)地质储量参数进行再认识,按新参数复算地质储量并汇总结果(包括天然气储量)。按油层分类将新储量与原储量对比,分析地质储量变化的原因。储量计算及评价按 GB/T 19492—2004《石油天然气资源/储量分类》和 DZ/T 0217—2005《石油天然气储量计算规范》执行。

(9)对油藏天然能量进行评价,分析开发过程中油藏压力的变化情况,搞清其对开发效果的影响。油藏天然能量评价方法按 SY/T 5579. 1—2008《油藏描述方法 第1部分:总则》执行。

(10)根据调整区的地质再认识结果,重新建立地质模型,绘制各类油层的小层平面图和相带图。

(11)对于断块油藏以独立断块为单元对油藏地质特征重新认识。

以吉林油田扶余区块为例说明调整方案中地质重新认识常包括的内容:

(1)开展三维地震,精细刻画构造形态及断裂系统。

边试验边攻关,逐步推进 258.06km² 满覆盖三维地震,首次完整刻画了扶余地区构造形态和断裂系统,见图 4-1、图 4-2。

(2)以单砂体为单元,以沉积微相为主要手段,精细描述储层发育特征。

扶余油层原认识:砂体大面积连片分布、平面非均质性较弱,为水下三角洲前缘亚相。新认识:尽管砂体连片,但平面差异大,非均质性严重。

杨大城子油层原认识:根据钻遇井资料单井点分析,没有进行系统研究,砂体特征不明确。新认识:杨大城子油层为曲流河亚相,微相分布和储层含油性有着密切关系。微相控制着单砂体分布,河道单砂体数量决定含油丰度。

(3)分区开展流体性质研究,明确不同区带流体性质差异。

原认识:以往没有重视扶余油田流体性质的研究工作。再认识:平面上原油性质有很大差别,东区为稠油,其他区域为稀油。

(4)进行油水系统研究,明确细分层系油藏控制因素。

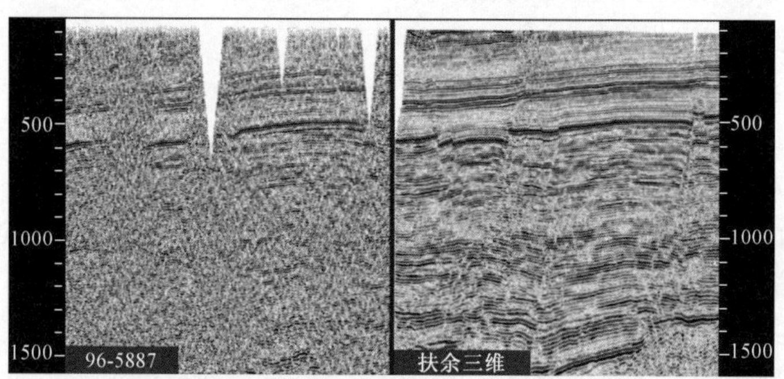

图 4-1 二维三维地震剖面对比图

图 4-2 扶余油田泉四段顶面新老断裂系统对比图

原认识:扶余油田油气水分布主要受构造控制,属构造油气藏。扶杨油层属于同一个压力系统。再认识:在宏观的构造背景控制下,扶余油田扶杨油层具有相对统一的油水系统,自西向东油水界面逐渐抬升,油水界面位于-407m~-329m之间,断块内具有相对统一油水界面,油藏类型为大型构造背景下的岩性—断块油气藏。

第三节　开发调整依据

本部分主要介绍开发调整的必要性、剩余油的分布特征及形成原因描述、调整区对象的特征、调整方案可行性分析。

一、动态分析

(1)依据生产数据和动态监测资料,分析油井开采规律。

(2)分析油藏开发状况和存在的主要问题,评价油藏开发效果。

(3)研究油藏储量动用状况和剩余油分布规律。

(4)研究油藏调整开发技术政策。

(5)论证提高油藏采收率潜力。

二、开发效果评价的依据

评价方法是根据中国石油《开发管理纲要》《油田注水工作指导意见》《油藏工程管理规定》及注水工作相关规定,以油藏工程理论为基础,结合大量油田注水开发实践经验,总结制订的。

三、开发效果评价的内容

注水开发效果评价的目的在于,找出影响开发效果的因素,分析存在问题,明确油田潜力,研究挖潜技术,制定配套措施,开展综合调整,改善开发效果。

油藏注水开发效果评价,始终贯穿于油田注水开发的全过程。

本部分主要是对前期的开发方案以及调整方案开发效果进行评价。

(1)对注水量、产液量、产油量、综合含水率、注水压力、油层压力、流动压力、注采比、采油速度、递减率等指标进行分析,与原方案设计指标和国内外同类油田对比,根据油田开发水平分类标准评价开发水平。

(2)分析各类油层的储层动用状况和储量动用程度,进一步标定油田可采储量,预测采收率,并与原开发方案对比,分析变化的原因。砂岩油藏可采储量标定和稠油油藏可采储量标定分别按照标准执行。

(3)以单砂体为单元分析注采关系的完善程度,统计原井网对各类油层水驱控制程度,分析影响水驱控制程度的原因。

(4)分析套管损坏状况,搞清套损原因及对开采效果的影响。

(5)对储层能量的保持情况和注入剂的利用率进行评价。

(6)对于稠油油藏,还要对地面、井筒和油藏整个系统的热能利用状况进行分析和评价;分析各开采时期不同井距、不同吞吐阶段的周期产量、平均单井日产油、油汽比、回采水率、采注比、油层压力、综合含水率等变化规律,同时分析当时油层压力场、温度场分布状况。

(7)对油田开发经济效益进行评价。

(8)通过上述各项分析,搞清油田开发目前存在的主要问题。

以××二区为例,通过对××二区水驱控制程度、注采对应率等8项指标进行评价,见表4-1。评价结果:一类指标有3项,二类指标有4项,三类指标有1项,××二区综合评价为二类开发水平。

表4-1　××二区开发效果评价表

序号	项目		标准			实际值	评价结论
			一	二	三		
1	水驱储量控制程度(%)		≥60	60~50	<50	46.51	二
2	水驱油层动用程度(%)		≥50	50~40	<40	69	一
3	注采对应率(%)		≥65	65~45	<45	52.2	二
4	能量保持水平和能量利用程度		升	稳	降	稳	二
5	剩余可采速度(%)	采出50%后	≥7	6.9~6	<6	10.83	一
6	自然递减(%)	采出50%后	≤10	10~17	>17	18.53	三
7	含水上升率(%)		≤1	1~2	≥2	-1.5	一
8	水驱采收率(%)		≥30	30~20	≤20	25.6	二

四、效果评价方法

(1)水驱特征曲线分析;
(2)综合含水率变化规律;
(3)无因次注入曲线法分析;
(4)无因次采出曲线法分析;
(5)注水利用率的分析;
(6)注入水波及体积大小分析;
(7)井网适应性分析;
(8)注采压力系统分析;
(9)可采储量的标定;
(10)注采井网完善程度;
(11)注水受效情况;
(12)油层动用情况;
(13)油水井的井况。

五、存在的问题

本部分主要介绍区块存在的问题,整个调整方案都要针对这些问题进行展开。和开发现状类似,调整区块存在的问题一般也是从三个方面阐述:

(1)油藏开发过程中暴露出的主要问题;
(2)注采工程存在的主要问题;
(3)地面工程存在的主要问题。

下面以扶余油田2003年调整前主要存在的问题为例进行介绍。

1. 开发过程的主要问题

油藏开发过程中暴露出的主要问题:注采井网不适应。扶余油田从1973年开始注水开发,注水方式主要采用反九点法面积注水和2排夹3排行列式注水。扶余油田注水后,由于发育东西向裂缝,到1978年10月,已有80.3%的东西向油井水淹,而南北向水淹井仅占2.5%,见图4-3至图4-4。

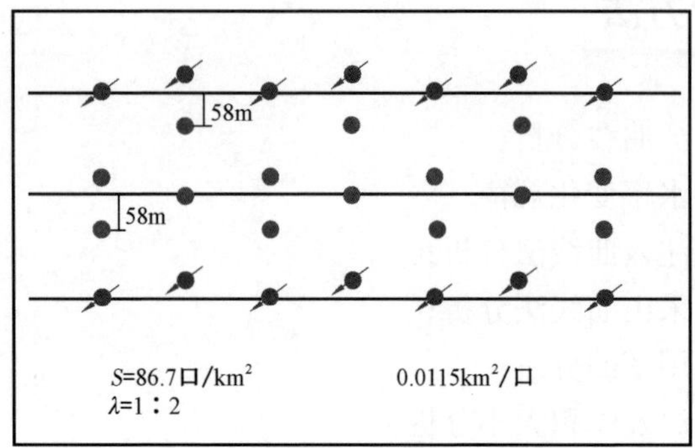

图4-3　扶余油田2夹4井网示意图

S—井网密度;λ—注采比

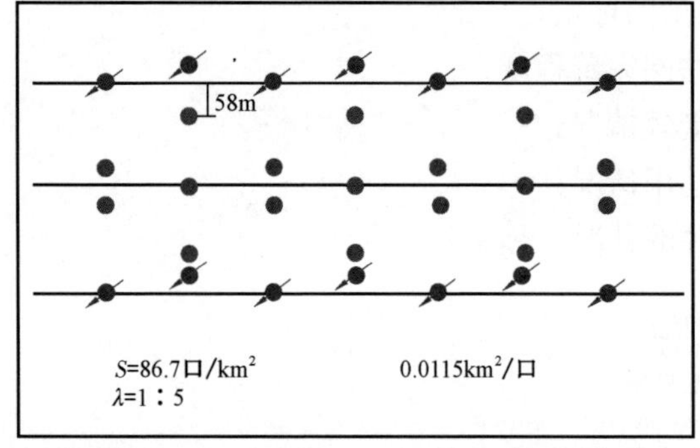

图4-4　扶余油田2夹5井网示意图

S—井网密度;λ—注采比

1982年,将面积及行列注水井网调整为近线状的注水方式,取得了好的开发效果,提高采收率5%,使油田连续5年稳产100×10^{4}t。

为减缓产量递减,1990—1998年油田进行了二次加密调整,主要是在原油水井排之间加密了新的油井排,形成2夹多的行列注水格局。

扶余油田经过多年的调整,形成了多种形式并存的井网格局,包括2夹1、2夹2、2夹3、2夹4、2夹5、2夹多、面积、不规则等井网形式。其中,严重不适应井网形式为2夹4、2夹5、2夹多、不规则等井网,不适应井网面积占47.4%,储量占44.5%。

2排水井夹多排油井井网形式,致使油水井数比偏高,按开井数算为4.8∶1,致使油井注水受效方向少,2排、3排油井受效差,影响了水驱开发效果。

对有代表性的西13队(线性)、西10队(2排注水井夹2排采油井,最小排距为100m)、东2队(2排注水井夹3排采油井,最小排距为70m)、西4队(2排注水井夹4排采油井,最小排距为58~85m)等四个区块,进行开发效果评价。

通过分析,得出以下几点认识:

(1)针对扶余油田裂缝性低渗透储层,适合地质特点的井网方式为线性注水方式。

西13队的开发实践证明,线性注水方式开发效果好于行列式注水方式。

西13队面积0.5km^2,储量121×10^{4}t。区块1970年采用小井距反九点法面积注水方式全面投入开发,1973年由于裂缝的存在,注水开发后,暴露出注入水上窜、油水井套变、水井排油井水淹及含水率上升快等矛盾。开发30多年来,为了改善开发效果,曾进行过一次调整,井网方式由原反九点法面积注水方式调整为线性注水方式,调整取得好的开发效果,区块稳产2.0×10^{4}t达7a,采油速度1.5%。1981年以后,主要采取以水动力学方法为主,改善高含水期开发效果,使高采出区块稳产,提高采收率13.2%。

到2007年,综合含水率94.7%,采出程度为45.8%,预测最终水驱采收率为49%。表明西13队的线状注采井网是比较适合扶余油田地质特点。

(2)2排注水井夹2排采油井、2排注水井夹3排采油井井网方式基本适合扶余油田的地质特点。

(3)2排注水井夹4排采油井、2排注水井夹5排采油井及2排注水井夹多排采油井的井网不适合扶余油田的地质特点,必须进行注采井网综合调整。

2. 注采工程的主要问题

注采工程存在的主要问题:井况差、分注状况差。

(1)井况差。

2002年,扶余油田共有油水井数5917口,其中,正常井3121口,不正常井2796口,不正常井占总井数的47.3%。不正常井中,套变井总数1275口,报废井1189口,计关井332口。套变井中,有642口井因严重套变、套返而停产、停注,占总井数的11%。

大量套变、套返井致使油水井注采状况差,严重制约了油井的正常生产和水井的正常分层注水,严重制约了储量的充分动用,并严重威胁了地表饮用水系安全。同时,由于各区块注采井网方式不适应等因素影响,使扶余油田各区块在开发上有较大的差异,如采油速度、采出程度、地层压力、综合含水率、井网密度、注入压力等。

(2)注水井井况差,分注率低,降低了水驱波及体积。

2002 年,扶余油田共有注水井 1279 口,不正常井 685 口,占总注水井数的 53.6%。由于注水井套变、套返、井下落物等因素影响,多数注水井实现不了分注,注水井分注率低,一般只有 30% ~40%。由于分注状况差,地下注采关系复杂,注水波及不均衡,油层动用程度低。根据吸水剖面测试结果,油层还有 1/4 ~1/3 的层未吸水,油田注水波及不均衡,影响了开发效果和水驱采收率的提高。

(3)采油井井况差,影响了各类储层挖潜及产液能力的发挥。

根据扶余油田产液剖面等测试结果,各类储层产液量差异较大,影响了油田水驱采收率的提高。

从扶余油田综合调整前几年日注入量和日产液量变化情况来看,由于井况逐年变差,从 1997 年开始,油田日注入量和日产液量开始呈明显下降趋势。

(4)井况差造成井网的不完善,影响了油田开发效果。

扶余油田存在 2 排注水井夹多排采油井的行列注水方式,这种井网方式不适应地下特点,已严重影响了注水开发效果。同时,由于井况差,更加剧了井网的不适应性。

2002 年,扶余油田共有注水井 1279 口,可利用井 966 口,占 75.5%;可利用井中,由于井况差,造成注水井分注层段达不到地质要求的井占 69.7%。

根据油藏地质特点,油田注水层段应在Ⅳ段以上。统计 966 口能注水的水井,混注的有 485 口,占总井数的 50.2%,能实现Ⅱ ~ Ⅲ段注水的有 188 口,占总井数的 19.5%,Ⅳ ~ Ⅵ段注水的有 293 口,占总井数的 30.3%。当时能够实现分注的水井占总水井数的 49.8%,而能够满足地质要求的只占 30.3%。

由于水井分注率低,层间矛盾突出,致使油层水驱动用程度低,油井含水率上升加快。统计水井注入状况,占总层段厚度 23.2% 的层段,其吸水量却占了总吸水量的 59.9%,还有 25% 比例的厚度层段不吸水,这说明地下各层段吸水状况极不均衡,层间吸水矛盾极为突出。

同时,采用的分层注水工艺技术非常单一,一直使用扩张式封隔器和空心配水器配套进行分层注水。

由于分注状况差，地下注采关系复杂，注水波及不均衡，油层动用程度较低。

3. 地面工程的主要问题

地面工程存在的主要问题：地面系统老化严重、安全环保问题突出。

1）地面系统老化严重

严重地制约油田的开发效果，主要表现在：

（1）地面系统老化严重，油气集输系统初期采用三级布站，三管伴热集输工艺流程。污水系统采用三段重力式流程，注水系统采用大站集中注高压水的单管多井配水流程。

（2）三管伴热流程技术水平低，产量与能耗不平衡，热能利用率低，油气损耗大。

（3）加热炉老化、结垢腐蚀严重，热效率低。

（4）管线、机泵、容器老化腐蚀严重，超年限运行，很难维持今后的生产。

（5）污水系统设备老化、腐蚀严重，导致污水处理后的水质指标不合格。

调整前，扶余油田地面工程较先进水平差距较大，主要体现在以下三个方面：一是系统不密闭，油气损耗大，系统密闭率国内先进水平为 1.2%，而扶余油田为 2.3%；二是三管伴热流程能耗高，吨油总能耗 4029MJ/t，而国内典型油田采用常温集输能耗较低，只有 945MJ/t；三是注水系统效率低，仅有 37.2%，而国内先进水平为 56%。

2）安全环保问题突出

油田开发超过 40a，油水井况严重恶化，加之固井质量较差、水窜严重，地面集输管网落后老化严重，严重地影响了油田的正常生产，并且存在着极大的安全环保事故隐患。

由于调整前扶余油田存在上述诸多的矛盾，致使油田开发效益逐年变差，油田储采失衡严重，产量呈加速递减趋势。

六、剩余油分布研究方法

（1）应用油田动态监测资料、密闭取心井岩心分析资料，结合油层沉积特征，确定剩余油分布。

（2）应用常规测井系列，建立岩性、物性、含油性以及电性的“四性”关系图版和公式，解释新钻井的水淹层情况，从而确定出油层原始、剩余、残余油饱和度的数值。通过原始、剩余、残余油饱和度(或单储系数)曲线重叠法确定剩余油分布。

(3)应用数值模拟方法确定各类油层剩余油的分布。

(4)在精细地质研究的基础上，应用动静综合分析确定各类油层剩余油的分布。总结各油层平面、纵向剩余油分布情况，编绘出单层及叠加剩余油分布图。

(5)对于稠油油藏，要分析地层温度的变化对剩余油分布的影响。

(6)对造成剩余油的原因进行总结，针对不同原因形成的剩余油挖潜方法。

以吉林油田为例。层内剩余油分布特征：扶余油层 90% 以上油层为正韵律沉积，层内剩余油分布特征主要有三种特点，单个正韵律底部强水洗；多个正韵律叠置表现出分段水洗的特征，一般底部正韵律水洗重；复合韵律储层呈现明显底部水洗重，见图 4－5 至图 4－6。

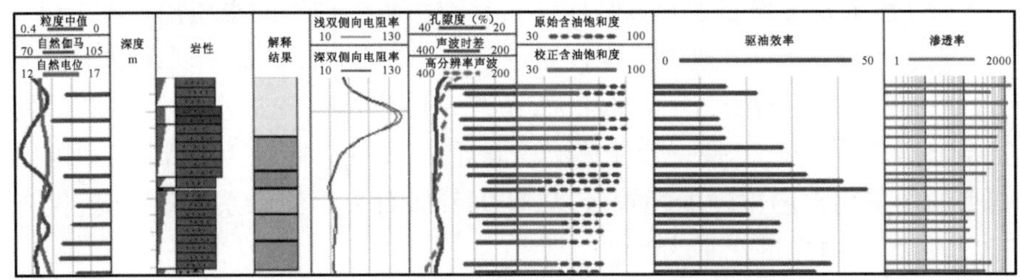

图 4－5 检 20 井 10 号小层正韵律水洗特征

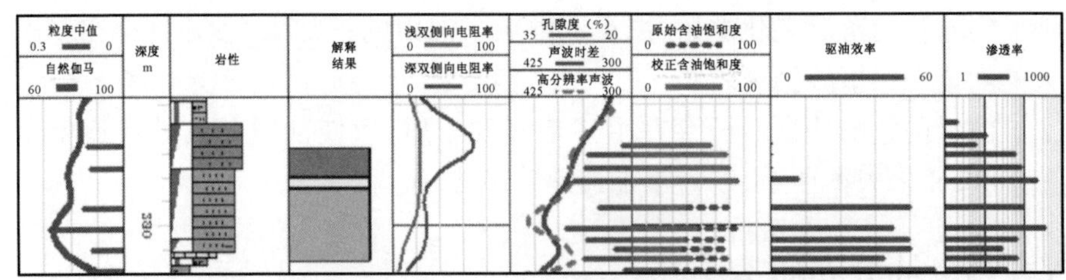

图 4－6 检 21 井 2 号小层复合韵律水洗特征

层间剩余油分布特征：层间剩余油饱和度差异较大，主要受注采关系影响。同一沉积相带注水强度大的油层水洗程度高(如Ⅰ、Ⅳ砂组)；当注采关系相同时，受物性影响大，渗透率高的层强水洗(如 11 与 13 小层)；在注采关系及物性相似情况下受沉积环境控制(如6、7小层)。

平面剩余油分布特征:平面上水洗程度的差异主要受沉积环境及与相邻水井平面配置关系影响。沉积相带相同时,一线油井水洗程度高于三线油井;河道水洗程度要高于河道侧翼及其他溢岸沉积,见表4-2。

表4-2　检19、检20井3号层水淹情况统计表

井号	砂岩厚度(m)	有效厚度(m)	孔隙度(%)	渗透率($10^{-3}\mu m^2$)	S_o(%)	E_d(%)	微相
检19	3.0	0.8	29.8	444.5	72.1	9.0	河道侧翼
检20	6.2	3.2	30.4	418.1	55.1	28.4	分支河道

七、剩余油形成原因分析

(1)注采关系不完善区剩余油富集。有三种形式:2夹多井网的二、三线位置;注水区非主流线位置;井况原因导致的局部井网不完善区。

(2)构造因素导致局部剩余油富集。断层的边角部位;微构造的高部位。

(3)沉积相带差异导致局部剩余油富集。平面上,剩余油饱和度较高的部位主要在水下分流河道、废弃河道、井网未控制的透镜砂体及砂体边缘等低压差滞留区,剩余油较为富集;纵向上,正韵律和复合韵律的上部,剩余油较为富集。

第四节　调整部署

一、调整的原则

(1)尽可能少的投入获得最佳的经济效益,内部收益率要达到行业标准。

(2)提高储量动用程度,增加可采储量,提高最终采收率。

(3)有利于改善油田开发效果和提高开发管理水平。

(4)调整部署要协调好新老井网的关系。

二、调整的对象

根据油田存在的问题,调整方案的调整对象有多种情况,比如层系细分调整、加密井调整、注采井网调整、井更新调整、开发方式调整、压力系统调整和采油工艺调整等。

(1)对于非均质多油层合采,一套层系小层过多,层间矛盾严重,应进行层系细分调整。

(2)对于因注采井距大,注采系统不适应,造成采油速度太低或大幅度下降,不能达到合理采油速度或不能满足国民经济需要的,应进行加密调整。

(3)对于注采系统不完善,致使注采不平衡、压力系统失调,影响采液量提高的,则进行注采系统调整。

(4)对于套管损坏区块,当搞清造成损坏的原因和采取相应措施后,应进行油水井更新调整。

(5)不能构成注采系统的小断块,可利用天然能量开发,按照先下后上、逐层上返、小泵深抽等方法进行接替稳产。开采后期也可利用同井间注、间采,利用重力分异作用提高采收率。

(6)对于断层及构造形态不落实的断块油藏,此类断块区的综合调整,应按照滚动勘探开发原则进行开发调整。

(7)对于稠油油藏要通过油藏物理模拟、数值模拟、油藏工程等方法优选开发调整方式,并根据具体情况确定转换开发方式的时机。

三、开发层系、井网和注采方式重组

1. 层系的划分和组合

(1)各开发层系应具有一定的可采储量,以保证调整井具有经济效益。

(2)在满足各套层系具有经济效益的条件下,控制单井射开油层数、油层厚度和渗透率级差,以减小层间干扰,提高各类油层的动用程度。

(3)尽量将油水边界、压力系统、油层沉积类型和原油性质比较接近的油层组合在一套开发层系内。

(4)要求各调整层系间有良好的隔层,开发层段不宜太长。

例如,冀东油田高尚堡柳北区块层系优化组合为:层系的划分要求每套层系应有一定的储量规模，保证能够形成一定生产能力；每套层系的储层物性、流体性质、压力系统相近，减少层间干扰；每套层系的开采井段集中、油层层数适中；层系之间隔层发育、分布稳定，避免注水时发生水窜；层系划分以现有工艺技术水平为基础，水井分注以两级三段为主。通过分析渗透率与油水井产、吸水剖面的关系，砂体的连通性与油水井间注采关系，统计小层含有面积、地质储量、动用程度等因素，最后将纵向 49 个小层组合为四类。

2. 井网、井距的确定

合理加密开发老油田要从油田地质研究、油藏参数整理、油田注水开发效果、经济合理井网密度计算方法及结果的评定，一直到加密调整方案的制定和实施，从采液到注水，从地下油藏研究到地面工程建设，是一个系统工程，要从整体出发统筹研究，以切实提高油田的开发和经济实效。

老油田合理加密，要从油田的实际情况出发，不同油田要区别对待。水驱波及程度差、打加密井挖潜经济效益较好的层块，要重点进行加密；对水驱波及程度较高、打加密井挖潜经济效益较差的层块，零散打些补充完善井或局部细分层加密井；对打加密井挖潜没有经济效益的层块，原则上不打加密井或补充完善井。

对一些加密井网经济效益并不太好、采油速度较低的油田或油藏单元，可考虑适当增加井网密度，提高其采油速度，争取在 20 ~ 25a 内采出 80% ~ 85% 的可采储量，从总体上提高开发效果和经济效益。

部署调整井网时，要兼顾水驱控制程度、采油速度和单井控制储量三个方面对井距的要求，处理好井网与层系的关系，使开发部署调整既可以有效地改善油田开发效果，又有较好的经济效益。

要严格控制调整井的射孔层位，射孔方案必须采用动静结合的方法，在综合研究油层吸水、出油剖面、水淹层解释结果和油层沉积环境、水动力学连通状况的基础上确定，为减少层间干扰，水淹层一般不射孔。

简言之，要把握以下原则：

(1) 确保具有经济效益的单井控制可采储量。

(2) 注采井距要适应油层分布特点，提高水驱控制程度。

(3) 注采井距要适应油层的渗流条件，提高储量动用程度。

(4) 能控制产量递减或提高采油速度，以满足国家经济建设的需要。

例如，冀东油田高尚堡柳北区块井网方式论证为：抽取柳北实际地质模型的Ⅳ2 砂组进行数值模拟，优选注水方式。在保证井网控制面积、井距一致的情况下,按照两种方式分别部署井网开展数值模拟,结果表明,三角形井网的最终采收率明显优于正方形井网,行列三角形井网最优。

注采井距论证:分别利用数值模拟方法、达西定律法、分油砂体法对柳北地区井距进行论证,结果为Ⅰ、Ⅱ类油层的优化注采井距为180m,Ⅲ、Ⅳ类油层的优化注采井距为150m,油层水驱控制程度将得到大幅度提高。

3. 注采方式的确定

(1)研究各种注水方式对砂体分布特征的适应性,保证有完整的注采关系,要求做到多层、多向得到水驱。

(2)研究采液指数与吸水指数的变化趋势,确定合理的注采井数比,使注采系统能满足保持油层压力水平和不断提高采液量的需要。

(3)利用数值模拟优选合理的注采方式。

例如,冀东油田高尚堡柳北区块注水方式论证为:结合柳北实际情况,应用数值模拟方法对三种注水方式(垂直行列注水、水平行列注水、面积注水)进行了模拟,模拟结果表明,注水开发20a后,垂直行列注水水驱效果、开发指标明显好于水平行列注水和面积注水,即垂直行列式注水最优。

注采参数优化。合理生产压差:合理生产压差10~14MPa范围。合理采油速度、采液速度:采油速度为1.3%~1.5%,采液速度为3.0%~5.0%。单井产能:新井单井产能8t/d。提液时机:综合含水率达到85%~90%,可实施提液。

注水压力系统为,注水井最高注水压力,平均为24.14MPa,地面设计按井口压力30MPa,单井日注水能力最大100m^{3}进行。

4. 注采压力系统调整

油藏进入中、高含水采油阶段,随含水率上升,油田产量会逐渐减少。从宏观控制考虑,为了保持油田的稳定生产,一要提高储量水驱动用程度,不断增加水驱动用储量;二要油田在不断进行工艺和技术调整的情况下,合理、及时地调整注采系统,这是一项具有战略意义的进攻性措施。

为了搞清在中、高含水采油阶段的油藏产液能力、吸水能力、含水率上升及产量递减等变化规律,必须从油藏实际出发进行较系统的研究,综合各方面的因素,调整好相互间的关系,制定出较为合理的开发技术政策。

影响注采压力系统的因素是多方面的:注入地层压力、流动压力、注水压力、含水率以及油水井数比等,因此,给注采压力系统的研究带来了复杂性和艰巨性,其中涉及的油藏产液能力、吸水能力和含水率以及采液指数的变化规律，还要结合以后的生产实际，不断总结和验证，从而不断提高认识水平。下面以某一低渗透 A 油田沙三中油藏为例，来说明如何进行注采压力系统调整。

1）压力现状调查

对于一口油井，降低井底流压，增大生产压差，给油层带来的变化主要有：

（1）生产层由于生产压差的增大，排液量也会相应增加。

（2）一些油层压力较低，由于层间干扰，不产液的小层开始生产。

（3）由于降低井底流压，增加了油层中的压力梯度，一些低渗小层或区段中启动压力较高的原油克服毛管压力开始流动。对于一个油藏，在油井数不变的条件下，提高排液量，一则靠井底流压降低，二则还需要相应地提高注水量，使油层压力维持在一定的水平，保证提高排液量的能量供给。

例如，A 油田沙三中油藏实测油井地层压力的资料统计（表 4 – 3），文 16 块和文 13 北块构造简单，注采最为完善，地层压力保持高，约 45MPa；其他区块，在注采完善区实测地层压力接近静水柱压力（略高于饱和压力），但注采不完善区地层压力高低不等，已接近饱和压力。

表 4 – 3　A 油田沙三中油藏实测油井地层压力资料统计

区块或单元	统计井数（口）	平均地层压力（MPa）	注采完善区		注采不完善区	
			统计井数（口）	地层压力（MPa）	统计井数（口）	地层压力（MPa）
文 16	2	49.56	2	49.56		
文 13 北	7	44.49	7	44.49		
文 13 西 S3 中 5 – 7	7	33.12	4	38.34	3	21.16
文 13 西 S3 中 8						
文 13 西 S3 中 9	2	25.19	1	30.86	1	19.52
文 13 东 S3 中 7 – 10	9	31.87	4	39.2	5	22.27
文 13 东 S3 中 4 – 7	10	31.51	7	36.51	3	28.43
文 203S3 中 4 – 6	2	44.64	2	44.64		
文 203S3 中 7 – 10	5	37.07	4	39.51	1	27.29

2）油井采油（液）指数随含水率的变化

注水开发过程中，随着油层含水饱和度的增加，油相渗透率下降，水相渗透率上升,导致了采油(液)指数的变化。油藏地质特征、油层流体性质、油层润湿性及其孔隙结构的不同,其变化规律也将不同。

在油水两相流动条件下,油水相对渗透率曲线是研究这种变化的基础,应用矿场资料统计也可以得到采油(液)指数关系,二者可相互验证。

(1)无水期采油指数的确定。

为了对比不同类型油藏各开发单元之间的差异,采用无因次采油指数,而无水期采油指数的选值根据该油藏早期压力恢复试井资料求得的 Kh/μ 值与对应的采油指数建立相关关系,其回归公式为:

$$J_o = a \cdot \frac{Kh}{\mu} + b \tag{4-1}$$

式中 J_o——无水采油指数;

Kh/μ——流动系数;

a,b——待定系数。

例如,A 油田根据沙三中油藏 36 个岩心的液体渗透率与相应气测渗透率实验结果回归成如下方程,空气渗透率折算成有效渗透率,其回归公式为:

$$K_o = 0.02501 K_g^{1.5311} \tag{4-2}$$

式中 K_o——有效渗透率,$10^{-3}\mu m^2$;

K_g——空气渗透率,$10^{-3}\mu m^2$。

用上述两公式先将各开发单元平均渗透率(空气渗透率)折算成有效渗透率,即可计算出该油田的无水采油期采油指数。

$$J_o = 0.021549 \times \frac{Kh}{\mu} + 1.265729 \tag{4-3}$$

(2)无因次采液指数的确定。

根据相对渗透率资料,研究油藏采油(液)指数的变化规律,油井见水之前,井底周围只有纯油流动,由平面径向流公式:

$$Q_o = \frac{2\pi K_o h \Delta p}{\mu_o \ln R/r} \tag{4-4}$$

无水期采油指数:

$$J_o = \frac{2\pi K_o h}{\mu_o \ln R/r} \tag{4-5}$$

油井见水后,井底周围为油水两相流动区,此时油井产液量公式可记为:

$$Q_L = \frac{2\pi Kh\Delta p}{\ln R/r}\left(\frac{K_{ro}}{\mu_o} + \frac{K_{rw}}{\mu_w}\right) \tag{4-6}$$

采液指数为:

$$J_L = \frac{2\pi Kh}{\ln \dfrac{R}{r}}\left(\frac{K_{ro}}{\mu_o} + \frac{K_{rw}}{\mu_w}\right) \tag{4-7}$$

因此,无因次采液指数公式为:

$$\bar{J}_L = \frac{J_L}{J_o} = K_{ro} + \mu_r K_{rw} \tag{4-8}$$

由分流量公式可计算含水率:

$$f_w = \frac{1}{1 + \dfrac{K_{ro}}{K_{rw}}\dfrac{\mu_o}{\mu_w}} \tag{4-9}$$

采用上述方法研究该油藏采油(液)指数的变化规律,见图4-7。与其他油藏相比,该油藏是一个低黏、低渗透油藏,它的采油(液)指数变化充分体现了这一特点,下降幅度大,抬头晚,含水率80%以后才逐渐上升,含水率升高、采液指数升高的幅度不大,分析认为采液指数主要受油水黏度比的影响。

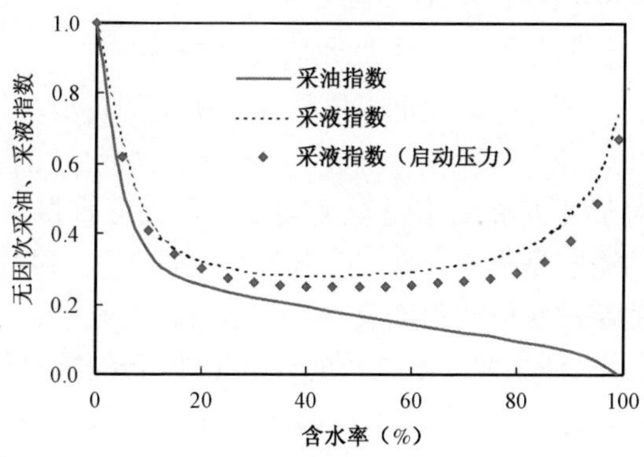

图4-7 A油田沙三中油藏采油(液)指数的变化规律

(3)采油指数与流饱压差的关系。

统计油井井底流压低于饱和压力下的采油指数与饱和压力下的采油指数的比值,经回归处理后公式为:

$$\frac{J_o}{J_{ob}} = ae^{b\frac{p_{wf}}{p_b}} \tag{4-10}$$

式中 J_o——流压小于饱和压力下的采油指数,t/(d·MPa);

J_{ob}——饱和压力时的采油指数,t/(d·MPa);

p_{wf}——井底流压,MPa;

p_b——饱和压力,MPa。

A 油田沙三中油藏,经回归处理后公式为:

$$\frac{J_o}{J_{ob}} = 0.38084e^{-1.890673\frac{p_{wf}}{p_b}} \tag{4-11}$$

由式(4-11)统计表明,流压低于饱和压力40%时,采油指数要比饱和压力时下降18.77%。分析下降的原因:流压低于饱和压力时,油层内溶解气逸出形成气的连续相,对油田开发不利,根据式(4-11),含气饱和度由24%上升到38%时,油相渗透率降低50%,采油指数因此而下降;其次是因该油藏属低渗透油藏,在开发过程中存在"启动生产压差"现象,也就是低渗透储层具有非达西渗流特征,初步分析主要是由于孔喉细小(孔喉半径一般小于1~2μm),比面增大,微观孔隙结构影响增强,当液体渗流时,固液界面上的表面分子力和微毛管压力作用强烈。

3)注水井吸水能力随含水率上升的变化规律

对于一个注水开发油田,注水不仅是补充能量的重要手段,也是决定注入水是否能有效驱油和开发水平高低的重要因素,注水井的吸水特点、吸水能力及其变化,对于开发好油田是至关重要的。它可直接决定满足油田注水采油所需注水井数,是决定合理划分开发层系的主要参数;吸水能力及其变化,还反映了油层被污染的程度及注入水水质的合格程度,并直接反映油田的管理水平,所以,注水井吸水指数的分析是油田开发分析的重要内容。

注水井的吸水能力主要由注水井的吸水指数来反映,注水井的吸水指数在整个注水开发过程中是不断变化的,其变化主要受油层物性、注水压差和油田含水率的影响,但归纳起来主要有两个方面的影响:一是油层内因,包括原始的油层渗透率、岩性、矿物组成及裂缝发育程度，及其在注水井投注后的一段时间内由于弹性的作用，吸水能力也将发生变化；二是油层外因，最明显的是油层受污染或增注措施对吸水能力的影响。但在研究中，为了更好地、真实地描述吸水指数的变化，以矿场实际资料为准。

A 油田各开发单元的无因次吸水指数随含水率上升而下降，分析其原因：在当时层系井网条件下，对低渗透、低黏油藏，油井排液量小，加之有些单元井距过大，注水井启动压力大，以及储层伤害的原因，致使吸水能力有所下降，解决的办法是提高井网密度。

4）合理压力界限的确定

当 A 油田地层总压降约 –30MPa 时，油层渗透率降低约 1/3。由前面的研究结果，低渗透的油藏开采过程中，在一定生产压差范围内，产量随生产压差增大而上升；当生产压差增大到一定程度，产量增度幅度减缓或基本不增长。

低渗透油藏依靠天然能量开采的采收率一般很低，必须采取人工补充能量开发。注水是常用且十分有效的补充能量开采方法，除此之外，注气也是补充地层能量、改善开采效果的有效方法，尤其是对于低渗透油藏，更应对注气采油方法予以高度的重视。

根据国内外低渗透油藏，注水井井底压力不能超过地层破裂压力的80%。由 A 油田 18 口井油层压裂资料统计，平均破裂压力为 71.1MPa。因此，平均注水井井底流压上限为 56.9MPa。新下^{1}油组油层中深 3159.3m，注水井井底流压上限为 55.6MPa；新下^{2}油组油层中深 3221.0m，井底流压上限为 56.7MPa；新下^{3}油组油层中深 3322.7m，井底流压上限 58.5MPa。注水井合理井底流压为原始地层压力，如果注水井井底流压高于原始地层压力，微裂缝张开程度增大，导流能力增强，可能会出现注入水沿裂缝窜进。

在一定范围内，降低油井井底流压，油井产量上升较快，井底流压降到一定程度，若继续降低，油井产量上升趋势变慢。曲线开始变缓时对应的井底流压即为油井合理井底流压。为防止油井井筒周围地层发生强烈的不可逆形变，A 油田的油井井底附近油藏的有效压力应控制在 20～30MPa。

低渗透油田开发过程中，随着地层压力的降低，储层会发生部分或全部的不可逆形变。再加上液体和气体性质的变化，会明显地影响这些油田动态的特征，若开发不当，会酿成极其不良的后果，油井产能急剧地下降且无法恢复。而在矿场计算中,都假定渗透率是一个常数,会造成大的误差,甚至得到面目全非的结果。因此在实际生产过程中,应考虑地应力对地层渗透率的影响,适时补充地层能量,控制适当的井底流压,保持一定生产压差,以获得油井的较高产能。

(1)合理地层压力水平。

保持合理的地层压力是充分发挥油井生产能力、充分利用和适当选择采油方法的基础。A 油藏的开采特点是注水压差大,注水压力高,同时生产压差也较大。从生产实际情况分析,在基本转为气举生产条件下,地层压力基本保持在静水柱压力附近(即饱和压力附近),可维持正常生产。原始地层饱和压力也接近静水柱压力,将地层压力保持到静水柱压力以上难度很大,因此,A 油藏地层压力可保持在 34 ~ 40MPa,基本保持在静水柱压力附近。

(2)合理流动压力界限。

为了保证较高的产液量,必须有较大的生产压差。流动压力应在允许的范围内降低。据大庆及国外研究成果,压力低于饱和压力 15% 左右,有利于地下原油渗流,但如果低于饱和压力很多,油层内形成气的连续相,则对油田开发很不利。由于 A 油藏原始气油比高,250 ~ 400m^3/t,因此脱气的影响会因压力下降更为严重,地层压力 35.67MPa,气举井流压平均 20.36MPa。据油藏工程论证,合理流压应为 22.5MPa,当然,含水率逐步上升,生产气油比降低,井低流压会逐步提高。

(3)注水压力界限的确定。

A 油藏注水井井口的注水压力大部分在 35MPa 左右,注水井最高压力界限有两条原则:一是当时工艺允许的范围;二是不超过油层的破裂压力。

地层破裂压力由下式估算:

$$p_{fi} = 0.02307H + (4.335c - \alpha)p_R \quad (4-12)$$

式中 H——注水井油层中部深度,m;

p_{fi}——破裂压力,MPa;

p_R——地层压力,MPa;

c,α——系数(c 取 0.23,α 用实际资料)。

注水井的流动压力 p_{wfi} 用下式求得:

$$p_{wfi} = p_c - p_f - p_D - p_w \tag{4-13}$$

式中　p_c——井口压力，MPa；

p_f——磨损压力，MPa；

p_D——配水器嘴压力损失，MPa；

p_w——水柱压力，MPa。

利用式(4－13)，计算的破裂压力为55～67MPa，最高注水流压67MPa(达到微破裂注水)，部分层系的注水流压已经超过破裂压力。如果注水井的最高流压超过破裂压力，有可能造成套管损坏，而且可能造成注入水乱窜，给油田开发工作带来困难，所以注水井最高流压应以破裂压力为上限。因此，在注采调整中，应合理地逐步降低井口压力，以保证在逐步提高注入量的同时，不致注入压力超过允许的破裂压力。

5)合理油水井数比

在油田开发过程中，合理油水井数比指在油田的注水井和采油井井低流压一定，开发总井数一定，油层压力符合压力界限要求的条件下，能够获得最高的稳定生产液量的油井数和水井数的比例。

合理油水井数比R公式为：

$$R = \sqrt{\frac{I_w}{J_L}} \tag{4-14}$$

式中　I_w——油藏吸水指数，$m^3/(d \cdot MPa)$；

J_L——油藏采液指数，$t/(d \cdot MPa)$。

各开发单元井网下不同含水率时的合理油水井数比直接取决于采液指数、吸水指数，而采液指数、吸水指数又受到油层物性和油层中流体物性的影响，因此，采液指数、吸水指数是合理油水井数比的直接的主要决定因素，而储层物性、流体性质和井网特征及压力界限等是影响合理油水井数比的基本因素。

四、调整井井号命名的说明

为了区别调整方案井与原方案布置的井，要以一定的规则、不同的符号以及不同的颜色对调整井进行命名。

第五节　调整方案开发指标预测

一、调整区开发指标预测

1. 方案设计

提出可能的方案。在部署调整方案时,要根据情况至少提出三种有较大差异的可能方案,利用油藏工程方法和经验进行优缺点评价。

以冀东油田高尚堡区块为例,根据高5区块油井生产情况及油层分布中部厚两边薄的特点,把高5区块分为三个区域:西部、中部和东部。主体区(中部)整体加密,东西(东部和西部)稀疏加密。同时根据含油面积大小和生产情况统计,西部、东部Ⅱ5—Ⅱ9、Ⅲ1—Ⅲ11为主力油层,其他为非主力油层,西部Ⅳ4、Ⅳ8、Ⅴ4、Ⅴ10为主力油层。

根据开发政策论证,一套开发层段的生产井段长度应控制在150m以内较为合适,射开厚度小于20.0m,射开层数小于6层,渗透率级差应控制在5以内。

(1)方案一:在井网层系条件下不变,进行注采调控措施。

部署开发井:① 转注井11口;② 油井17口。

(2)方案二:主体区整体加密,东西稀疏加密,合采生产。

部署开发井44口(其中:油井26口、水井18口),平均井距200m,注采井数比1∶1.5。新钻井18口(其中:油井15口、水井3口),进尺6.8×10^4m;老井利用26口(其中:油井11口、注水井9口、老井转注6口)。

(3)方案三:主体区整体加密,东西稀疏加密,细分层段上返开采,先肥后瘦,即先主力层后非主力层。

西部合采合注,中部先射开Ⅲ油组主力层,生产4a以后上返到Ⅱ油组主力层生产4a,然后射开Ⅱ、Ⅲ非主力层合采合注生产;东部先射开Ⅳ油组主力层生产,然后再上返Ⅱ、Ⅲ油组主力层进行生产,部署开发井同方案一。

(4)方案四:在方案二的基础上,先开发非主力油层,后开发主力油层,继续生产10a。对于Ⅲ油组的非主力油层生产2a,然后上返打开Ⅲ的主力油层,生产3a后,补射Ⅱ的非主力油层,生产2a,然后打开Ⅱ的主力油层继续生产3a,部署开发井同方案一。

2. 指标预测

调整区开发指标预测主要包括：

(1)根据油田开发动态资料，确定出油层的采油指数(采油强度)和吸水指数(吸水强度)，结合剩余油厚度、生产压差，确定调整井的初期单井日产量。

(2)根据调整层的开采状况和含水率的监测资料，初步确定出调整井的初期含水率。

(3)应用数值模拟或其他方法(如水动力学法、物理平衡法、经验公式法、动态系统辨识法、最优化法)对不同调整方案的开发指标进行预测，预测调整井 10～15a 开发指标。

(4)考虑新老井的衔接关系，新老井共同考虑加密调整的作用，预测加密前后调整区块整体开发指标的变化情况。

以冀东油田高尚堡区块为例，根据高 5 区块数值模拟结果，设计的 4 套调整方案开发 10a 累计产油量、含水率和采出程度对比图分别见图 4－8 至图 4－10。4 套方案的开发 10a 的产油量、累计产油量和含水率分别见表 4－4至表 4－7。

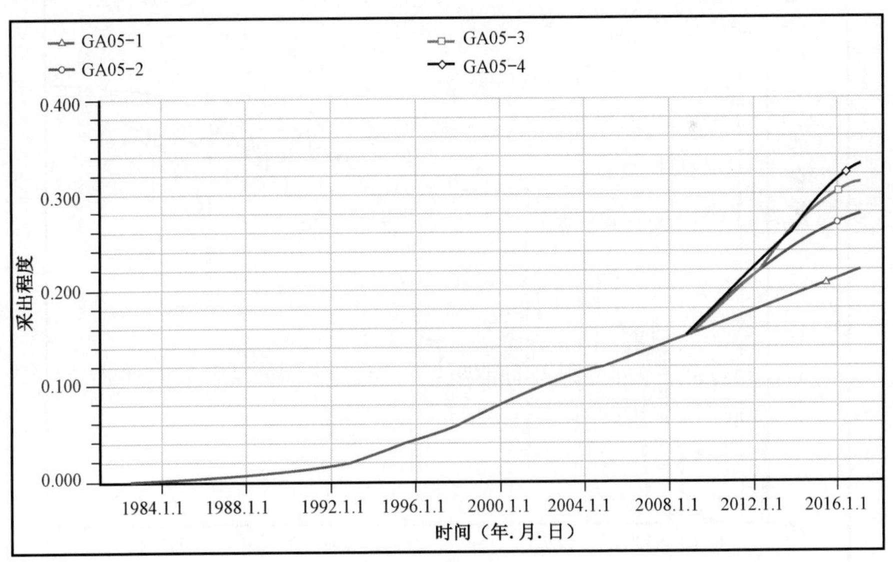

图 4－8　高 5 区块 4 套方案开发 10a 采出程度对比曲线

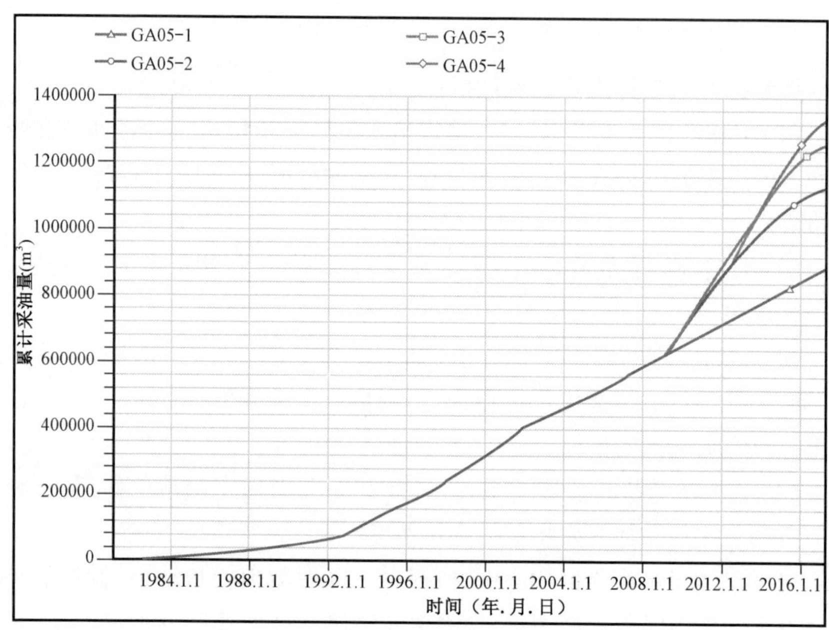

图4－9　高5区块4套方案开发10a累计采油量对比曲线

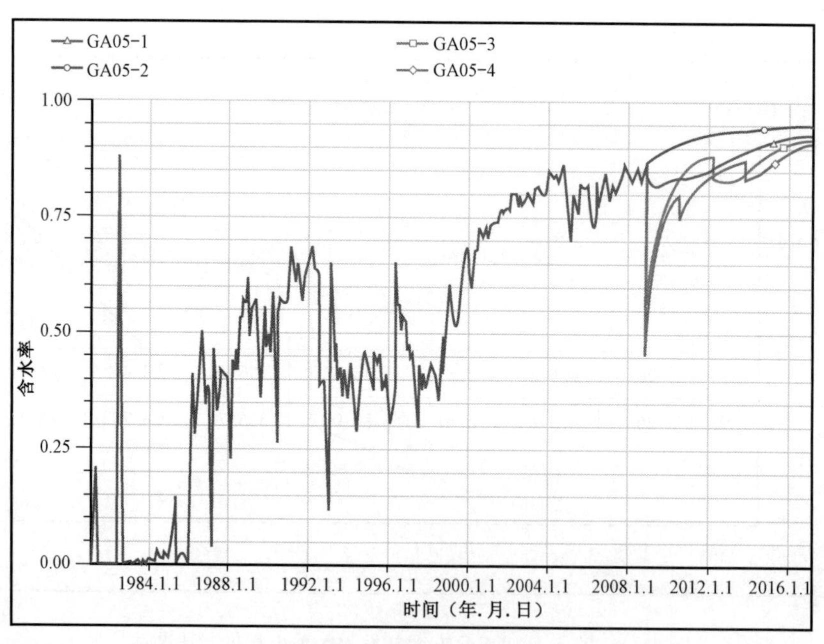

图4－10　高5区块4套方案开发10a含水率对比曲线

表4-4 高5区块方案一的开发指标

开发时间(a)	日产油量(t)	油井数(口)	年产油量(10^4t)	平均单井日产油量(t)	累计产油量(10^4t)	地质储量(10^4t)	采出程度(%)	含水率(%)
1	98.74	17	2.962	5.81	53.39	336.76	15.85	85.79
2	88.68	17	2.660	5.22	56.05	336.76	16.64	89.04
3	82.28	17	2.468	4.84	58.52	336.76	17.38	90.83
4	78.89	17	2.367	4.64	60.89	336.76	18.08	92.09
5	77.21	17	2.316	4.54	63.20	336.76	18.77	92.98
6	69.14	17	2.074	4.07	65.28	336.76	19.38	93.70
7	65.93	17	1.978	3.88	67.26	336.76	19.97	94.28
8	61.62	17	1.848	3.62	69.10	336.76	20.52	94.72
9	56.93	17	1.708	3.35	70.81	336.76	21.03	95.10
10	52.27	17	1.568	3.07	72.38	336.76	21.49	95.69

表4-5 高5区块方案二的开发指标

开发时间(a)	日产油量(t)	油井数(口)	年产油量(10^4t)	平均单井日产油量(t)	累计产油量(10^4t)	地质储量(10^4t)	采出程度(%)	含水率(%)
1	193.08	26	5.792	7.43	56.22	336.76	16.69	66.00
2	171.75	26	5.152	6.61	61.37	336.76	18.22	73.35
3	165.01	26	4.950	6.35	66.33	336.76	19.69	78.52
4	158.28	26	4.748	6.09	71.07	336.76	21.10	82.90
5	151.54	26	4.546	5.83	75.62	336.76	22.45	86.77
6	145.93	26	4.378	5.61	80.00	336.76	23.75	88.72
7	140.32	26	4.210	5.40	84.21	336.76	25.00	90.02
8	134.71	26	4.041	5.18	88.25	336.76	26.20	91.08
9	129.09	26	3.873	4.97	92.12	336.76	27.35	91.65
10	123.48	26	3.704	4.75	95.83	336.76	28.45	91.99

表4-6 高5区块方案三的开发指标

开发时间(a)	日产油量(t)	油井数(口)	年产油量(10^4t)	平均单井日产油量(t)	累计产油量(10^4t)	地质储量(10^4t)	采出程度(%)	含水率(%)
1	203.52	26	6.106	7.83	56.54	336.76	16.79	69.20
2	177.68	26	5.330	6.83	61.87	336.76	18.37	77.16
3	170.81	26	5.124	6.57	66.99	336.76	19.89	83.15
4	167.87	26	5.036	6.46	72.03	336.76	21.39	89.14
5	187.55	26	5.626	7.21	77.65	336.76	23.06	84.19
6	179.67	26	5.390	6.91	83.04	336.76	24.66	86.96
7	169.82	26	5.095	6.53	88.14	336.76	26.17	88.74
8	159.97	26	4.799	6.15	92.94	336.76	27.60	90.52
9	177.70	26	5.331	6.83	98.27	336.76	29.18	87.43
10	170.99	26	5.130	6.58	103.40	336.76	30.70	89.45

表4-7 高5区块方案四的开发指标

开发时间(a)	日产油量(t)	油井数(口)	年产油量(10^4t)	平均单井日产油量(t)	累计产油量(10^4t)	地质储量(10^4t)	采出程度(%)	含水率(%)
1	59.66	26	1.790	2.29	55.96	336.76	16.62	69.13
2	179.93	26	5.398	6.92	61.36	336.76	18.22	77.08
3	185.40	26	5.562	7.13	66.92	336.76	19.87	75.07
4	183.59	26	5.508	7.06	72.43	336.76	21.51	78.05
5	177.44	26	5.323	6.82	77.75	336.76	23.09	81.11
6	176.30	26	5.289	6.78	83.04	336.76	24.66	80.87
7	173.19	26	5.196	6.66	88.24	336.76	26.20	84.65
8	168.95	26	5.069	6.50	93.31	336.76	27.71	83.43
9	186.68	26	5.600	7.18	98.91	336.76	29.37	87.34
10	184.46	26	5.534	7.09	104.44	336.76	31.01	89.16

二、调整方案优选

根据经济效益、开发指标情况，综合优选技术先进、经济有效、生产合理、抗风险能力强的方案作为调整方案。

高5区块4套开发方案开发10a采出程度与含水率主要开发指标对比见表4－8，开发10a采出程度与含水率对比图，见图4－11。

表4－8 高5区块方案4的开发指标

开发时间(a)	方案一		方案二		方案三		方案四	
	采出程度(%)	含水率(%)	采出程度(%)	含水率(%)	采出程度(%)	含水率(%)	采出程度(%)	含水率(%)
1	15.65	85.79	16.69	66.00	16.79	69.2	16.62	69.13
2	16.29	89.04	18.22	73.35	18.37	77.16	18.22	77.08
3	16.87	90.83	19.69	78.52	19.89	83.15	19.87	75.07
4	17.40	92.09	21.10	82.90	21.39	89.14	21.51	78.05
5	17.90	92.98	22.45	86.77	23.06	84.19	23.09	81.11
6	18.33	93.70	23.75	88.72	24.66	86.96	24.66	80.87
7	18.73	94.28	25.00	90.02	26.17	88.74	26.20	84.65
8	19.07	94.72	26.20	91.08	27.60	90.52	27.71	83.43
9	19.35	95.10	27.35	91.65	29.18	88.02	29.37	87.34
10	19.61	95.69	28.45	91.99	30.70	89.45	31.01	89.16

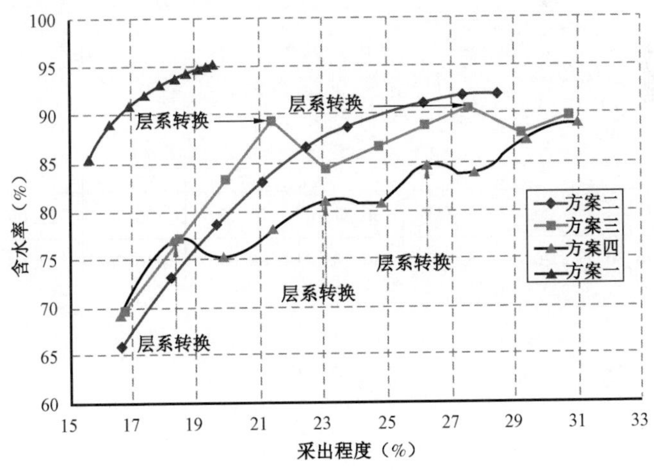

图4－11 高5区块4套方案开发10a含水率与采出程度对比曲线

从时间与采出程度关系可以看出,设计的4套调整方案都比基础方案采出程度高出10%左右,方案四采出程度最高,方案三其次,基础方案一较差。但是伴随着采出程度的增高,含水率也不同,从含水率与采出程度关系曲线可以看出,在采出程度一样的情况下,方案四的含水率最低,方案三的含水率其次。因此,方案四为最优方案,方案三为次优方案,方案二为第三选择,考虑到方案四上返作业费用较高,优选方案三。

对于高含水后期的调整方案,开发到较长时间,不同的调整方案都会进入特高含水期,整体开发效果差别不大。因此,对于这样的油气藏,一般生产调整的时间间隔很频繁,每个方案的井数不一样。建议:利用经济评价优选最佳开发方案,根据调整井从钻井到开发过程中的工作量、投入费用及因调整获得的收入情况,计算不同方案10~15a的经济指标,给出地面工程、井下工艺调整的总投资和增产油量,测算原油成本、内部收益率、投资回收期、净现值、贷款偿还期、投资利润率、投资利税率、盈利率等经济指标,并进行敏感性分析,见第六章开发经济评价。

第五章　提高采收率方法与技术

第一节　改善水驱的水动力学方法

油层一般是不均质的，注入油层的水，大量的水被高渗透层所吸收，注水层吸水剖面很不均匀，且其不均质性常常随时间推移而加剧，因为水对高渗透层的冲刷，提高了它的渗透性，从而使它更容易受到冲刷。因此，注水油层常常出现局部的特高渗透性，使注水油层的吸水剖面更不均匀。

为了调整注水井的吸水剖面，提高注入水的波及系数，改善水驱效果，向地层中的高渗透层注入堵剂，堵剂凝固或膨胀后，降低高渗层的渗透率，迫使注入水增加对低含水部位的驱油作用，这种工艺措施称为注水井调剖。

注水井综合调驱技术，就是将由稠化剂、驱油剂、降阻剂和堵水剂等组成的综合调驱剂，通过注水井注入地层。它可在地层中产生注入水增黏、原油降阻、油水混相和高渗透层颗粒堵塞等综合作用。其结果，就可封堵注水井的高渗透层，均衡其吸水剖面，降低油水的流度比，进一步驱出地层中的残余油，并可在地层中形成一面活动的“油墙”，产生“活塞式”驱油作用，以降低油井含水率，提高原油采收率。

其中的驱油剂可与原油产生混相作用，有效地驱出残余油，在地层中形成向油井运移的类似于活动的“油墙”的原油富集带，具有较长期的远井地带调剖作用。堵水剂可对地层的高渗透大孔道产生封堵作用，均衡其吸水剖面，使驱油剂更有效地驱油。调剖剂可不断地调整地层的吸水剖面，并可更有效地驱油。它对低渗透地层的渗透率无伤害，用它对注水井进行处理后，在同样的注水量下，注水压力下降或上升的幅度不大。

一、调剖

1. 调剖的作用

调剖的作用一般有：

(1)提高注入水的波及体积,提高产油量,减少产水量,提高油田开发的采收率。

(2)封堵多层开采的高渗透、高含水率或注入井的高吸水层,减少层间干扰,改善产液剖面或吸水剖面。

(3)封堵单层采油井的高渗透段和水流大通道或注水井的高吸水井段。

(4)封堵水窜的天然裂缝和人工裂缝,控制采油井含水上升率。

2. 调剖的方法

注水井调剖封堵高渗透层的方法有单液法和双液法两种。

1)单液法

单液法是向油层注入一种液体,液体进入油层后,依靠自身发生反应随后变成的物质可封堵高渗透层,降低渗透率,实现堵水。

单液法可使用下列堵剂:

(1)石灰乳。

石灰乳是氢氧化钙在水中的悬浮体。由于氢氧化钙的颗粒直径较大(大于10^{-5}cm),所以它特别适合于封堵裂缝性的高渗透层。而氢氧化钙可与盐酸反应生成可溶于水的氯化钙:

$$Ca(OH)_2 + 2HCl \xlongequal{} CaCl_2 + 2H_2O$$

因此在不需要封堵时,可随时用盐酸解除。

(2)硅酸溶胶

硅酸溶胶是一种典型的单液法堵剂,因处理时只将一种液体(硅酸溶胶)注入油层,经过一定时间,硅酸溶胶即可胶凝变成硅酸凝胶,将高渗透层堵住。

硅酸溶胶是由水玻璃和活化剂反应生成的。水玻璃又名硅酸钠。活化剂是指那些可让水玻璃先变成溶胶而随后变成凝胶的物质,如盐酸、硝酸、硫酸、氯化铵、碳酸铵等无机活化剂,甲酸、乙酸、乙酸铵、甲酸乙酯等有机活化剂。单液法用的硅酸溶胶通常用盐酸作活化剂,它与水玻璃反应如下:

$$Na_2O \cdot mSiO_2 + 2HCl \xlongequal{} mSiO_2 \cdot H_2O + 2NaCl$$

(3)铬冻胶。

铬冻胶是以Cr^{3+}作交联剂,交联含—COONa 的高分子(如部分水解聚丙烯酰胺、钠羧甲基纤维素、钠羧甲基田菁胶等)而得到。

(4)硫酸。

硫酸是利用油层中的钙(或镁)源产生堵塞。若将浓硫酸或化工废液浓硫酸注入注水井,硫酸先与近井地带的碳酸盐(岩体或胶结物的碳酸盐)反应,增加了注水井的吸收能力,而产生的细小的硫酸钙将随酸液进入油层,并在适当的位置(如孔隙结构的喉部)沉积下来,形成堵塞。由于高渗透层进入更多的硫酸,因而有更多的硫酸钙,故堵塞主要发生在高渗透层。

(5)水包稠油。

水包稠油是一种乳状液,它通过油珠在孔喉结构中液阻效应的叠加,增加高渗透层中水的流动阻力。例如,用1% NaOH 与相对密度为0.973的稠油,可配成含油14%,平均油珠直径为3mm,黏度为200mPa·s的乳状液。当将这种乳状液注入油层时,注入量约3%的孔隙体积就可有效地改变水的注入剖面。

2)双液法

双液法是向油层注入由隔离液隔开的两种可反应(或作用)的液体。若两种液体中的物质可发生反应,则把两种液体分别称为第一反应液和第二反应液。

当将这两种液体向油层内部推至一定距离后,隔离液将变薄至不起隔离作用,两种液体就可发生反应(或作用),产生封堵地层的物质。由于渗透层吸入更多堵剂,故封堵主要发生在高渗透层,达到调剖的目的。

双液法可使用下列堵剂:

(1)沉淀型堵剂。

这类堵剂主要是无机堵剂,例如,第一反应液为5%~20%碳酸钠,第二反应液为5%~30%三氯化铁。

它们相遇后的反应为:

$$3Na_2CO_3 + 2FeCl_3 \xlongequal{} 6NaCl + Fe_2(CO_3)$$

为使第二反应液易于进入第一反应液,要求将第一反应液稠化(如加入0.4%~0.8%的部分水解聚丙烯酰胺)。隔离液一般用水。为了防止水对反应液的稀释,可用烃类液体(如煤油、柴油),也可用其他液体,只要是不与反应液反应的液体都可以使用。隔离液的用量决定于要求沉淀沉积的位置。为了提高封堵效果,双液法常采取多次处理。

(2)凝胶型堵剂。

这类堵剂由水玻璃和它的活化剂组成。例如以水玻璃作第一反应液,以硫酸铵作第二反应液，中间以隔离液（如水）隔开，两种工作液在地层相遇后发生的反应为：

$$3Na_2CO_3 + 2FeCl_3 = 6NaCl + Fe_2(CO_3)$$

反应所产生的凝胶可封堵高渗透层。

（3）冻胶型堵剂。

这类堵剂由聚合物和它的交联剂组成。例如HPAM溶液和$KCr(SO_4)_2$溶液相遇后形成铬冻胶；HPAM溶液和CH_2O溶液相遇后形成醛冻胶；PAM溶液和$ZrOCl_2$溶液相通后形成锆冻胶。

（4）胶体分散体型堵剂。

泡沫和乳状液属这类堵剂。例如当用泡沫封堵高渗透层时，可向油层先后注入起泡剂水溶液和气体，它们在油层相通后产生泡沫。通过泡沫中气泡气阻效应的叠加，使高渗透层产生封堵。

此外，以黏土为主要封堵材料的颗粒堵剂在一些油田进行封堵高渗透率的大孔道中，获得了成功的应用；深部调剖和调驱结合的技术也正在发展。

3. 注水井调剖的选井和要求

注水井调剖的选井条件可考虑以下几个方面：位于综合含水率高、采出程度较低、剩余油饱和度较高的注水井；与井组内油井连通情况好的注水井；吸水和注水状况良好的注水井；固井质量好、无窜槽和层间窜漏现象的注水井。

注水井调剖施工设计的主要内容包括：处理与井有关的资料数据；确定施工前是否对井筒或油层采取预处理；施工所采用的管柱结构及地面流程；所需设备；所使用调剖剂的组成、性能及配制方法；计算并确定调剖剂的合理用量；施工步骤；注入压力及注入速度控制。后续工作包括关井要求及开井后的工作措施等，注水井经调剖措施施工后，水井变化情况符合下列条件之一者可认为有效：

（1）处理层吸水指数较调剖前下降50%以上；

（2）吸水剖面发生明显合理变化，高吸水层降低吸水量，低吸水层增加吸水量10%以上；

（3）压降曲线明显变缓。

此外，根据水井实际情况可制定相应的标准。

水驱波及系数较低是注水开发油田水驱采收率不高的重要原因，它可分为平面波及系数和纵向波及系数。平面波及系数低主要是由于层内注采关系与砂体形态不相适应以及渗透率急剧变化，如出现窜流或绕流现象；纵向波及系数低多发生在多层油藏，其层间渗透率差异大，低渗透层不吸水或吸水量过小。改善和提高水驱波及系数潜力巨大。在具体油田的开发过程中，可采用不同的方法。水动力学调整方法在国内外得到广泛应，它包括改变液流方向法、周期注水法、强化采油法、优化高压注水法等。

4. 多种调驱技术及应用范围

1)CDG 调驱技术

CDG 是 Colloidal Dispersion Gel 的缩写，可译为弱凝胶、胶态分散凝胶和可动胶。CDG 体系是指低浓度聚合物形成的以分子内交联为主、分子间交联为辅的高分子体系。由于采用了延缓交联技术，可用于油藏深部调剖。

(1)调驱原理。

CDG 体系的特点决定了它可以进入油藏深部，当其以胶态整体存在于油藏中时，使注入水绕道而提高水驱波及体积；又因 CDG 体系可以在油藏中运移，相当于多次常规堵剂调剖；还因在较低的压力梯度下，CDG 体系不能流经孔隙较小的多孔介质，而在较高的压力梯度下，其分子构象发生变化，能够通过多孔介质，所以 CDG 又是一种无污染调剖剂。此外，游离的聚丙烯酰胺和 CDG 本身可以提高驱油效率，故 CDG 调驱技术具有提高注水波及系数和驱油效率双重作用，可大幅度地提高采收率。

(2)调驱特点。

聚合物和交联剂浓度低：CDG 体系中聚合物及交联剂用量很小，100 ~ 1200mg/L 的聚合物与 20 ~ 100mg/L 交联剂在适当的条件下可以产生 CDG。

成胶时间长：CDG 体系的成胶时间可达几十天，甚至几个月。

阻力系数低、残余阻力系数高：CDG 体系残余阻力系数可以高于常规聚合物溶液一个数量级以上。

剪切稳定性强：CDG 黏度随剪切速率的增加而降低，在剪切作用下破坏后在一定时间内可以自行修复，即具有较强的剪切可逆性。

(3)选井条件。

注水层厚度较大；注水井四周都有对应油井，且井数较多；注水井吸水剖面不均匀。

(4)调驱剂用量。

计算试验方案堵剂用量由 $Q=\pi r^2 h\phi \cdot \beta$ 计算。其中 r 为处理半径(一般选用5%～10%的井组平均井距);h 为调驱井有效厚度;β 为校正系数;ϕ 为孔隙度。

2)PCS 调驱技术

(1)调驱原理。

PCS 为 Profile Control Surfactant 的简称,是一种调剖堵水与三次采油技术有机结合起来的技术。在首先用 CDG 调剖的基础上,添加适量表面活性剂,降低油水边界张力和油水流度比,进一步提高波及系数和水驱油效率,其提高采收率的机理主要在以下几个方面:油藏充分的深部调剖,最大限度地提高注入水波及体积,最大限度地减少地层非均质性对后续注入的驱油剂有效波及范围的影响;降低油水界面张力;乳化携带和乳化捕集;改变油层的润湿性,使油层的润湿性由亲油转变为亲水;流度控制,PCS 调驱剂体系的黏度比水大得多,增加了注入剂的黏度,降低了水相渗透率,因此可减少水油流度比,减小水的指进现象,提高驱油剂的波及系数从而提高原油采收率。

(2)适用范围。

驱油效率低、多轮次调剖,调剖效果较差;油水井对应关系明确,油井供液能力好,含水率较高,有一定增油潜力;油水井层间渗透率具有一定差异;注水井不受断层及边水影响。

(3)调驱剂用量的设计。

PCS 调驱剂是由预处理段塞、增黏段塞、AI 段塞、保护段塞组成。

驱油剂段塞是由经验公式 $V=\beta T\sum Q$ 计算。其中 V 为驱油剂段塞用量,m^3;β 为调整系数;T 为试验井组见效周期,d;$\sum Q$ 为试验井组总配注量,m^3/d。

预处理段塞、增黏段塞、保护段塞由经验公式 $V_i=\gamma_i V$ 计算。其中,V_i 为段塞用量,m^3;γ_i 为调整系数,一般取 0.1～0.5。

预冲洗段塞、增粘段塞、驱油剂段塞、保护段塞配置浓度由 $C_{配}=C_{注}(\sum Q+L)/L$ 计算。其中,$C_{配}$ 为配制液浓度,%;$C_{注}$ 为注入浓度,%;L 为高压计量泵排量,m^3/d。

3)预交联颗粒调驱技术

预交联颗粒调剖剂是一种多元共聚合高分子化合物,在水中能延迟膨胀不溶于水，进入地层后，在一定时间内膨胀形成一种柔性集合体，它能在油层孔道中发生变形流动，达到深部调堵的作用。

(1)预交联颗粒堵剂性能特点。

弱凝胶微粒具有变形虫特性，具有一定的可动性，这种可动性有利于扩大调驱剂的作用范围，提高调驱效果，具有驱油和调剖双重作用。颗粒凝胶地面交联产物，解决了常规地下交联调驱剂进入地层后，因稀释、降解、吸附等各种复杂原因造成的不成胶问题，具有较好的选择性进入能力，有利于减少调剖剂对非目的层的伤害，可根据施工的实际条件选择适当膨胀倍数和强度。

(2)对技术的改进与完善。

对存在大孔道的井和存在高渗透带的井，为防止预交联颗粒从油井产出，施工前采用前置XDJ高强度无机堵剂段塞，对高渗透带或大孔道实施预封堵。对以下三类井采用预交联颗粒交联聚合物复合交联技术：存在高渗透带，且该层平面波及程度较低，不宜采用无机堵剂封堵的井；单纯预交联颗粒容易产出，或已实施过预交联颗粒调剖的井；新转注井、累计注水量较低或PI值低、吸水指数大的井。对以下三类井采用弱酸酸浸解堵技术：已经实施过多次重复调剖的井；层间启动压差大于5MPa、渗透率级差大于10的井；实施该工艺后，注水压力上升幅度较大、不能满足配注的井。

4)低度交联聚合物调驱技术

低度交联聚合物调驱技术是采用接近聚合物驱的聚合物溶液浓度，加入少量缓交联型交联剂，使之在地层内产生缓慢、轻度交联，提高地层阻力系数和残余阻力系数，较大程度上改善油藏非均质状况。

(1)调驱原理。

进入地层深部的弱凝胶体对高渗透层产生物理堵塞作用，导致后注流体流向的改变；对低渗透层中未波及或波及程度较低区域进行驱替，提高波及体积；改变了多孔介质中的微应力分布，从而改变了作用在剩余油上的黏滞力分布，破坏了油滴的受力平衡，对剩余油产生驱替作用；低度交联聚合物调驱首先对高渗透层起到封堵作用，此外在大量交联聚合物液注入过程中弱交联和交联后溶液被后续注入流体推动，产生聚合物驱的驱油效果，从而起到调剖和驱油的综合作用。

(2)适用的地层条件。

① 地层温度 <90℃；

② 平均空气渗透率 $>100\times10^{-3}\mu m^2$;

③ 地层水矿化度 $<15\times10^4$mg/L;

④ 地层原油黏度 <100mPa · s;

⑤ 注采关系明确,含水率较高,采出程度较低;

⑥ 相对独立,封闭较好,井段较集中,油层单一;

⑦ 具有一定非均质性。

(3)体系适用范围和配方。

适用范围:pH 值适应范围宽(pH =5.5 ~10),在油田自产污水水质条件下能够形成较稳定的交联体系。

体系配方:聚合物浓度(600 ~1000mg/L) + 交联剂(300 ~800mg/L)。

二、堵水

油井出水是油田(特别是注水开发油田)开发过程中普遍存在的问题。由于地层原生及后生的非均质性、流体流度差异以及其他原因(如作业失败、生产措施错误等),在地层中形成水流优势通道,导致水锥、水窜、水指进,使一些油井过早见水或水淹,水驱低效或无效循环。堵水调剖技术一直是油田改善注水开发效果、实现油藏稳产的有效手段。我国堵水调剖技术在油田不同的开发阶段发挥着重要作用,已有几十年的研究与应用历史,相应技术和工艺比较成熟。因此这里重点介绍国内外水平井堵水技术。

1. 水平井找水

1)水平井测试

针对带偏心悬挂的有杆泵,并且为方便下仪器采用了提高了轴向刚度的、直径为17.6mm 的专用电缆。据推测,电缆将会少许缠绕油管。这种电缆的结构和 TC 井的测试方法已被研究出来并于 1997—1998 年期间获得了专利权。在努尔拉特斯克地球物理工作管理局专门制备了将深井仪器下到侧向井和水平井底部的相应设备。测试的目的是:求液流剖面和出水井段判断井底是否积水,评价地层当前含油饱和度;同时计划取得压力恢复曲线,以便求得生产层井和该区的渗流参数。

2)光纤找水

2001 年,SINCOR 公司在委内瑞拉 Zuata 油田,为了准确找到出水点,将光纤电缆下到水平井段内，测量水平井段的温度变化曲线，以此来确定出水点的具体位置，因为水的侵入是导致温度升高的直接原因。

3）地球物理方法找水

俄罗斯费德罗夫油田利用地球物理方法（借助一整套放入软管中的地球物理仪器）确定油层的作用段。

4）水平井动态测井

胜利油田针对柱 129 - 支平 1 井井身结构及高含水井况特点，测井三分公司研究设计了“测试一泵抽双管柱”施工管柱工艺方案，利用“水力输送法”水平井测井技术，充分发挥氧活化仪器探测管外水流的技术特点，定点流量测试共 156 个点，找出重点出水部位 4 处。

5）地球物理方法找水

东辛油田部分水平井高含水后，应用 PND - S（放射性中子）测试找水技术对水平井段进行找水作业。

2. 水平井堵水

水平井堵水的研究，国内都是针对相对简单的射孔完井水平井进行，立足于机械堵水管柱，如大庆、胜利油田相继开展了预置堵水管柱、水平井卡封管柱的工艺试验，为该类水平井堵水提供了一定的借鉴。

国外主要针对割缝衬管水平井进行。早期主要采用化学剂笼统注入法。20 世纪 90 年代中期环空封隔技术（ACP）的提出为割缝衬管水平井堵水技术提供了新的思路。1997 年起 Dowell、Schlumberger 等公司开始将该技术应用于 Nigeria、Prudhoe、Saudi A - rabia 等矿场，证实其工艺上的可行性。但从其研究水平、工业应用的规模及实施效果看，割缝衬管水平井堵水技术的研究仍处于发展阶段。

（1）环空封隔（ACP）定位注入法。

环空封隔定位注入技术是借助连续油管（CT）和跨式封隔器（IBP），在割缝套管与井壁之间的环空放置可形成化学封隔层的可固化液，形成不渗透的高强度段塞，达到隔离环空区域的目的。然后配合管内封隔器，实现堵剂的定向注入。如果出水部位在水平井段上部或下部，需要 1 个 ACP；如果出水部位在水平井段中部，则需要设置 2 个 ACP。当过量水（气）的产出不是由于断层或裂缝引起时，可考虑采用 ACP 直接封隔水（气）部位。该技术可以克服堵剂笼统注入的局限及风险，提高施工效果，是目前国外研究应用

的主体技术,国内尚无该方面的研究及应用。

(2)聚合物和水泥堵水。

2001 年,SINCOR 公司在委内瑞拉 Zuata 油田,利用聚合物凝胶和超细水泥,通过封隔器对出水部位以下的储层进行封堵水层。

(3)在水平井段附近形成堵水缓冲段塞的堵水剂,用剖面隔离设备将这种段塞牢固隔离。

水平井段出水段封堵的过程相当复杂,按传统工艺注入普通的快速凝固剂(聚合物、树脂、水泥等)可能导致严重后果,因为不能避免水平井段内有残存堵剂。注入液态高黏堵水物质(高黏原油、重油混合剂等)也不能解决问题,因为在油层水和注入水压作用下,堵水剂迅速(10 ~ 30min 内)被排出,流入水平井段,这一点已被矿场试验所证实。分析研究表明,最有效的解决水平井水窜问题的综合方法是:采用在水平井段附近形成堵水缓冲段塞的堵水剂,用剖面隔离设备将这种段塞牢固隔离。

首先,俄罗斯在鞑靼斯坦巴夫林斯克地区的 4 口井中,在不减小井的直径和不注入憎水乳化液的情况下,局部加固水窜带。在这些井的阿列克幸斯层段钻开地层压力异常高的低渗透区域,这些区域被高矿化度水饱和,残留有凝固了的钻井液。油层顶部和底部以及钻井液残留多少是根据地质物理研究资料确定的,油层压力及油层平均产水量是借助 KHH 的研究资料确定的。

选择阿列克幸斯层最高渗透率段,在前 3 口井中,这些高渗透段的封堵大大降低了矿化水的出水量,油井钻到设计深度。2587 号井见水层被完全封堵。

作为最有前景堵水剂材料的憎水乳化液的选择由几个因素决定。

堵水效果由试剂的憎水介质及其特殊的流变特性决定。试剂不会溶解,在油层条件下和水压作用下被冲洗掉的很少。同时由于岩层孔道壁疏水作用的结果使试剂大大降低了岩层和水相渗透率,试剂中各成分结构机械性能的协同作用增强了堵水效果(乳化液结构触变强化作用)。油层条件下起作用的位移张力较小时,乳化液结构黏度最大。由于形成了机械屏障,注入乳化液形成的堵水效果会一直持续,依靠水窜段的剖面隔离设备,这种机械屏障可以阻止试剂在水压作用下流回水平井段。

利用剖面隔离设备,结合高黏乳化液,俄罗斯第一次成功地进行了水平井的堵水作业。

(4)堵剂笼统注入法。

堵剂笼统注入法是将堵剂笼统注入所有层段,由于水平井生产井段长,出水部位压力高,笼统注入技术有其本身的局限性。相渗调整剂类堵剂封堵强度过低,易“返吐”,实施效果差;使用凝胶进行处理,凝胶易进入产层引起产能伤害。为最大限度保护产层,矿场实施了许多相应的辅助方法,如环空持压法引、暂堵法、过顶替法。

环空持压法是在泵入凝胶至水平井下部堵水的同时,泵入海水等流体至环面,对上部产层提供保护。其原理是根据保护流体注入产层的曲线获得多组井底压力的时间曲线并建立油藏拟合模型,以保护产层与接触面(油套环空或套管地层环空)不发生流体流动。Prudhoe 湾 S－17ALL 井采用该方法堵水,相应测试数据表明产油能力得到了充分保护。

暂堵法是利用暂堵剂,先对油层实施保护,然后让后续注入的大剂量堵剂选择性进入出水层。在出水层形成封堵主体段塞后,再利用其他物理化学作用恢复产层渗透率,达到既封堵出水又保护产层的目的。其技术关键在于暂堵剂的开发,适宜的暂堵剂在油层必须具有低侵入深度、高渗透率恢复能力。该技术在 Wafa Ratawi 油田鲕岩油藏水平井堵水施工中得到成功应用,暂堵剂是一种改性 HEC 体系。

过顶替法是在堵剂笼统注入后,利用清洁顶替液将堵剂挤出油层,降低对产层的伤害。南海涠洲 11－4 油田 C4 水平井底水锥进控制施工证实过顶替技术是一种控制水平井底水锥进的有效方法,可最大限度地降低堵剂对产层的伤害。

(5)选择性堵剂及选择性注入方法堵水。

利用选择性堵剂及选择性注入的方法对南海涠州 11－4 油田 C4 井的底水脊进进行了控制。选择性堵剂是指堵剂对水的封堵率高而对油的封堵率低,这要求选择性堵剂应是水基堵剂。选择性注入有两种方式:① 由地层渗透率差异产生的选择性注入。因为高含水层一般为高渗透层,堵剂必然优先进入高渗透层。② 由相渗透率差异产生的选择性注入。根据相对渗透率与含水饱和度的关系曲线可知,水基堵剂将优先进入含水饱和度高的高渗透层,即该堵剂可沿底水脊进的通道(高含水饱和度)经过油层进入底水层;再用过顶替液(聚合物溶液)将油层中的堵剂过顶替出油层,为产油留下通道;在油层与底水层之间形成不渗透层,从而抑制底水脊进。

(6)封隔器堵水。

胜利东辛油田利用放射性中子找水后,选择合适的位置应用 SPY445－150 封隔器进行卡水施工。施工分六个步骤:① 下入 ϕ152mm × 2.6m 通径规,通至封隔器卡封位置;② 下 17.78cm 套管刮铣器刮至封隔器卡封位置,在封隔器卡封位置上下2m反复刮削3次,反洗井2周,洗出井内脏物;③ 按设计要求下入卡水丢手管柱,要求操作平稳(每小时不得超过30根油管),严禁墩井口;④ 卡封丢手,油管打压,压差依次为5MPa,8MPa,12MPa,15MPa,18MPa,各稳压3min,然后继续打高压,直至压力突降,说明卡封丢手过程已完成;⑤ 验封12MPa,5min压降小于0.5MPa为合格;⑥ 起出丢手管柱,完井。

三、周期注水

周期注水作为一种提高原油采收率的注水方法,其作用机理与普通的水驱不完全一样,它主要是利用压力波在不同渗滤特性介质中的传递速度不同,通过不断改变注水井的注入量(高、低注入量交替),在地层中造成不稳定的压力场,使流体在地层中不断重新分布,从而使注入水在层间压力差的作用下发生层间渗流,增大注水波及系数及驱油效率,提高采收率。

高注入量半周期内,注水压力加大,一部分注入水由于压力升高直接进入低渗层和高渗层内低渗段,驱替那些在常规注水时未能被驱走的剩余油,改善了吸水剖面;由于注入量的增大,部分在大孔道中流动的水克服毛管压力的作用沿高低渗段的交界面进入低渗段,使低渗段的部分油被驱替;注水压力的加大使低渗层段获得更多的弹性能,因此,水量越大,升压半周期储层内流体的各种活动越强烈。

高注入量半周期内,高渗层压力传播快而迅速升压;低渗层导压能力弱,压力升高慢,压力差使流体由高渗层向低渗层流动,高渗层中的流体是水多油少,因而流向低渗层的流体也是水多油少;在降低注入量的半周期内,高渗层压力传播快而迅速降压;低渗层压力下降缓慢,压力差使流体由低渗层向高渗层流动;在由低渗层向高渗层渗流的过程中,前半周期流入低渗层的水并不全部返回高渗层,而会在低渗层滞留一部分,这样返回高渗层的油多,而低渗层的水多;如此往复,使低渗层的油不断渗出,提高了原油产量,采出了常规注水无法采出的低渗透层中的原油,提高了采收率。

周期注水优点:工艺上操作简单,不需要专门技术设备,也不许要特殊的化学添加剂;投入产出比低;适用地质条件广泛。

周期注水适用油层:地层渗透率的非均质性,特别是纵向非均质性,有利于周期注水压力重新分布时的层间液体交换,有利于提高周期效应的效果。油层非均质性越严重,特别是纵向非均质性越强,周期注水与连续注水相比改善的效果越显著;尤其适用于带裂缝的强非均值油田。

周期注水对亲油、亲水油藏都适用，但亲水油藏效果更好。

复合韵律周期注水效果较好，正韵律好于反韵律。

一般数值模拟模型，没有考虑注入水进入低渗层而被滞留的效应，因此，模拟周期注水需要对模型做特殊处理。

有些油田又将注水量和注水周期进行了细化，比如采用异步注采、脉冲注采等方式。异步注采是通过注时不采、采时不注的注采方式。脉冲注采是通过不同周期不同注水量形成脉冲压力扩大注入波及体积，进而提高采收率。

四、改变液流方向

改变注入水在油层中稳定注入时形成的固定的水流方向，把水驱程度低的高含油饱和度区的原油驱出，达到改善水驱效果的目的。

主要有两种方法：改变供油方向和改变水流方向。

实现方式有多种：转注、转采、补孔、加密井、封堵改层、间歇注水等。

五、强化排液

注水油田进入高含水期以后，强化排液是提高注水油田开发效果的重要途径。

强化排液的方式有增加排液井点、提高单井排液量和延长油井废弃时间。

通过降低流压来强化排液，可以使一些油层压力低且受层间干扰或达不到启动压力而不能生产的层开始生产，增加了出油厚度。

通过提高注采井间压力梯度，提高驱油体系的流动速度，增大毛管数，来降低残余油饱和度，提高采收率。

六、点状注水

针对低渗透窄小砂体分布零散、规模小的特点，在开采中不能过分强调注采井网的平面规则，在仔细研究砂体分布形态和分布规律后，采用灵活的以砂体为单元的点状注水，是有效提高水驱控制程度的有效方式。

针对注水开发后期,剩余油分布呈现出高度分散、局部富集的特征,唯有灵活的点状注水,才有可能高效地挖掘剩余油潜力,提高采收率。

第二节 化学驱技术

化学驱是向注入水中添加化学剂的一种采油方法,大量实验研究证明,这种方法对采出水驱后的残余油是很有效的,故对注水开发油田有很好的适应性。化学驱可分为三种主要工艺技术:聚合物驱;表面活性剂驱;碱水驱。

一、聚合物驱

聚合物驱是指向油藏中注入高相对分子质量的水溶性聚合物溶液的驱油方法。同水驱开发油田不同,聚合物驱通常是在水驱开发的基础上进行的,由于流度比的下降大大提高了驱替相波及的区域,降低了含油饱和度,从而提高原油采收率。聚合物驱主要机理是提高驱替液的波及面积;改善吸水剖面,增加垂向波及厚度,从而改善波及体积。

聚合物驱是所有提高采收率方法中最简单的一种。一般油藏的非均质性较大或者流度比较高时,聚合物驱可以取得明显的效果。聚合物驱在注水早期,当可动油饱和度高时应用最有效。这种方法已经有效地应用于注水后期的油藏。最常使用的两种类型的聚合物是合成部分水解聚丙烯酰胺和生物聚合物黄胞胶。

1. 聚合物驱的机理

聚合物驱油体系在油层驱替过程应是一个物理变化过程,体系的黏弹性既提高宏观波及效率,也提高微观驱油效率。

1)扩大波及系数

(1)改善流度比。

在水中加入聚合物后,聚合物水溶液具有较好的增黏性,如图 5 - 1 所示。利用聚合物驱调整油水流度比是提高波及效率的重要手段。驱替相的黏度明显增大,从而降低了水油流度比,克服了驱替相的“指进”,使平面推进更加均匀,从而提高了平面波及系数。聚合物驱过程中的流度比可用下式表示:

$$M_{po} = \frac{\lambda_p}{\lambda_t} = \frac{\frac{K_{rp}}{\mu_p}}{\frac{K_{ro}}{\mu_o} + \frac{K_{rw}}{\mu_w}} \tag{5-1}$$

式中 M_{po}——聚合物溶液驱油时的流度比；

λ_p——聚合物溶液的流度；

λ_t——油水混合带的流度；

K_{ro}——油的相对渗透率；

K_{rw}——水的相对渗透率；

K_{rp}——聚合物溶液的相对渗透率；

μ_{po}——油的黏度,mPa · s；

μ_w——水的黏度,mPa · s；

μ_p——聚合物溶液的黏度,mPa · s。

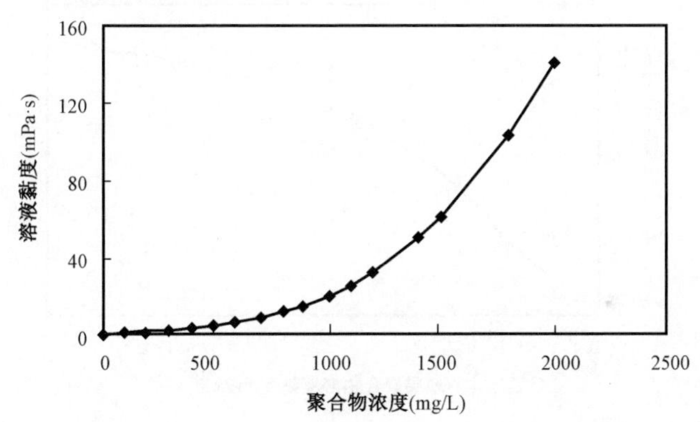

图 5-1 溶液黏度和聚合物浓度的关系

(2)聚合物的滞留效应,调整注水剖面。

同时,在纵向上聚合物溶液仍然首先进入渗透性最好的高渗透层,并沿阻力相对较小的大孔道渗流。但由于聚合物在岩石颗粒表面的吸附滞留,使有效可流动半径减小。随着地层温度升高,地层水矿化度增加,聚合物的吸附量增加。对不同岩性,聚合物吸附量也不同。另一方面聚合物溶液黏度大,具有较大的摩擦阻力,造成渗流阻力增加,迫使注入的聚合物溶液进入中低渗透层和由高渗透层向相邻的中低渗透层波及,从而改善纵向波及系数,增加了吸水厚度,最终提高原油采收率。

聚合物驱过程中,流动方向、宏观流速的改变往往形成微观流场的滞留区。聚合物吸附滞留可部分堵塞、调节大的渗流通道,在平面、纵向起局部调剖作用。

2)提高驱油效率

由于聚合物在孔壁上的吸附,降低了水相渗透率,减小了油滴或油段的运移阻力,即降低了油相的渗流阻力,使得油相的运移速度加快。同时,由于聚合物溶液的较高黏滞力的作用,使得其很难沿孔隙夹缝或水膜窜进,在孔道中以活塞式推进,克服了水驱过程中产生的"指进"现象,避免了对油滴所造成的捕集和滞留。并且,由于聚合物有改变油水界面黏弹性的作用,使得油滴或油段易于拉伸变形,容易通过阻力较小的狭窄喉道,从而提高驱油效率。

因此,聚合物驱可以大幅度地提高非均质性较严重的油层的采收率。一般来说,聚合物驱比水驱提高采收率6% ~13% ,见图5 -2。

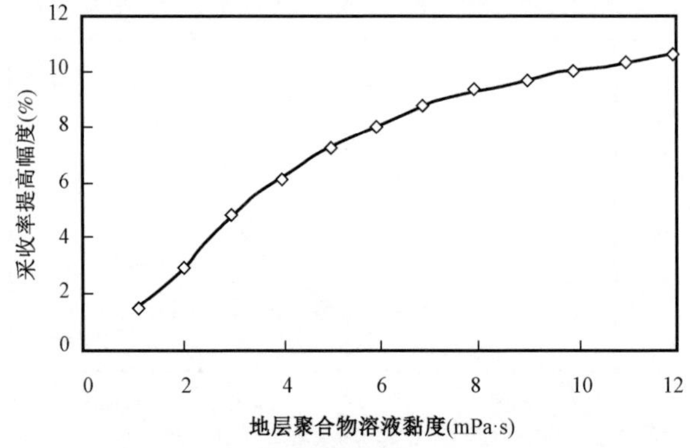

图5 -2　聚合物溶液黏度与采收率曲线图

2. 聚合物驱的油藏适应性

1)聚合物驱油藏筛选原则

利用聚合物驱油时,地层岩石流体的性质会影响聚合物的驱油效果。因此,在现场应用时,必须考虑聚合物溶液的性能并对油藏进行筛选。聚合物驱一般适应中高渗砂岩油藏,要求砂体发育连片,泥质含量较低(减少吸附)。随着技术发展,裂缝性砂岩、碳酸盐岩油藏也有应用实例。

一般来说,聚合物驱适用于水驱开发的非均质油田。数值模拟计算表明，地层非均质性对聚合物驱的效果有较大的影响，如图5-3所示，当渗透率变异系数 $V_k<0.72$ 时，驱油效果随着 V_k 增大而变好。当 $V_k>0.72$ 时，随着 V_k 增大，聚合物驱的效果急剧下降。因此，适合聚合物驱的油藏，其渗透率变异系数取值范围为0.6~0.8。

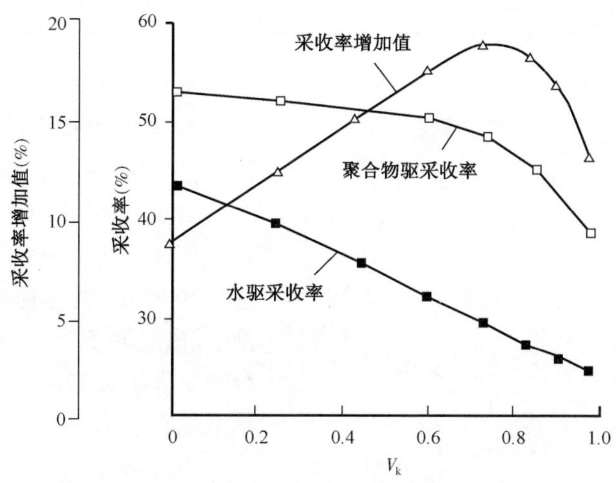

图5-3 渗透率变异系数 V_k 与聚合物驱油效果的关系

原油黏度和聚合物驱油效果之间也存在明显的关系。聚合物驱油藏的原油性质应有一个合理范围。按目前的技术水平，原油地下黏度在5~50mPa·s之间较好。根据大庆经验，地下黏度比控制在4左右比较理想。

油层温度、地层水矿化度对聚合物溶液性能影响较大，按油藏条件，对聚合物产品需求应分三个层次：

(1)温度小于50℃，矿化度小于5000mg/L(大庆型)；

(2)温度小于90℃，矿化度小于30000mg/L(大港、胜利型)；

(3)温度大于90℃，矿化度大于30000mg/L(胜利型)。

目前聚合物产品未形成系列，应按聚合物产品选择油藏。

2)油藏非均质性对聚合物驱效果的影响

油藏沉积韵律对于聚合物驱效果有着较大的影响。水驱开发阶段：反韵律油层、复合韵律油层、正韵律油层，水驱采收率依次降低。聚合物驱开发阶段：反韵律油层、复合韵律油层、正韵律油层，聚合物驱采收率增幅依次降低，但正韵律总采收率仍偏低，见表5-1。

表 5-1 不同油藏沉积韵律的采收率表

	正韵律	反韵律	复合韵律
水驱采收率(%)	21.29	30.20	28.57
聚合物驱后总采收率(%)	33.23	35.95	36.43
聚合物驱提高采收率(%)	11.94	5.75	7.86

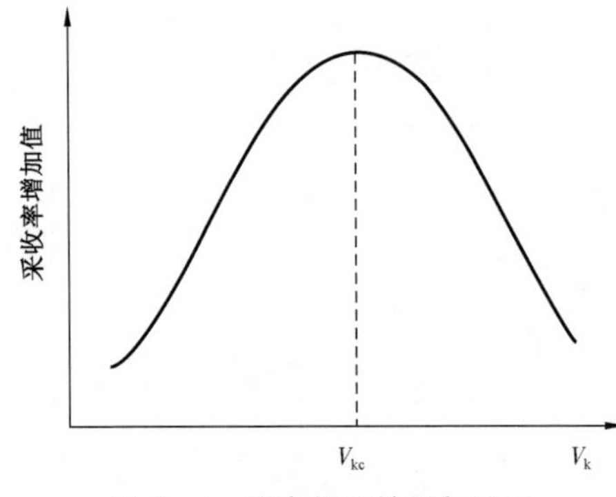

图 5-4 聚合物驱效果与油层非均质性的关系

对于纵向非均质油层，当渗透率变异系数较小时，水驱效果较好，聚合物驱采收率增幅较小。但随着变异系数增大，聚合物驱效果较好。当渗透率变异系数 V_k 进一步增大，聚合物驱的效果急剧下降，见图 5-4。大庆油田聚合物驱效果较好的单元渗透率变异系数在 0.72 左右。

当渗透率变异系数较小时，水驱波及体积大，聚合物驱时采收率增幅较小。随着渗透率变异系数增大，聚合物驱效果较好，但变异系数较大时，聚合物驱效果也较差。

油藏渗透率对聚合物驱的影响主要是两点：聚合物溶液的注入性和低孔隙对聚合物分子的剪切。大庆油田聚合物驱矿场应用三类油层，采收率增幅差别较大：

(1)一类储层：渗透率 $>500\times10^{-3}\mu m^2$，采收率增幅 12%；

(2)二类储层：渗透率 $300\times10^{-3}\mu m^2$，采收率增幅 8%；

(3)三类储层：渗透率 $100\times10^{-3}\mu m^2$，采收率增幅 6%。

聚合物驱油藏渗透率标准应进一步研究验证。

3. 聚合物驱油田实例

以大庆油田高浓度聚合物驱为例。传统理论认为驱油效率只与毛管数 N_c 有关。但多年的研究和实践表明，驱替液的黏弹性可以较大幅度地提高驱油效率($N_C=V\mu/\sigma$ 中没有考虑弹性的作用)。高浓度聚合物驱就是运用这个机理进一步较大幅度地提高常规聚合物驱采收率的一种方法，见图 5-5 至图 5-10。

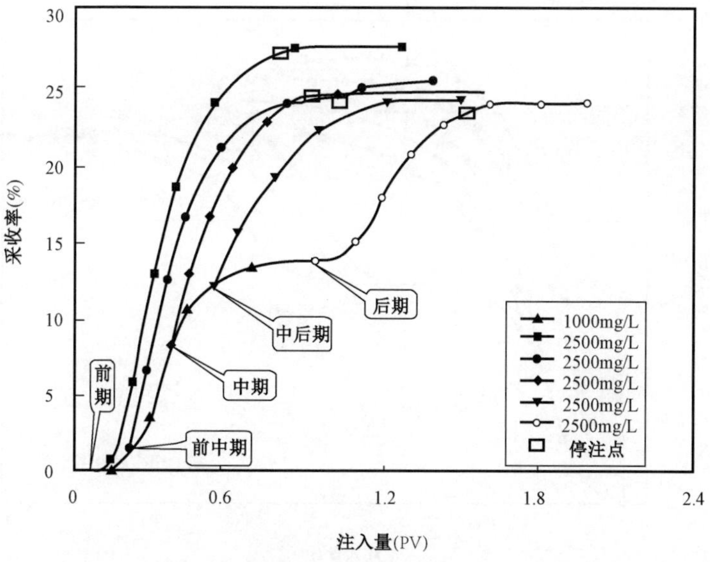

图 5－5　常规聚合物驱后不同时期转注 2500mg/L 聚合物溶液采收率与注入量关系

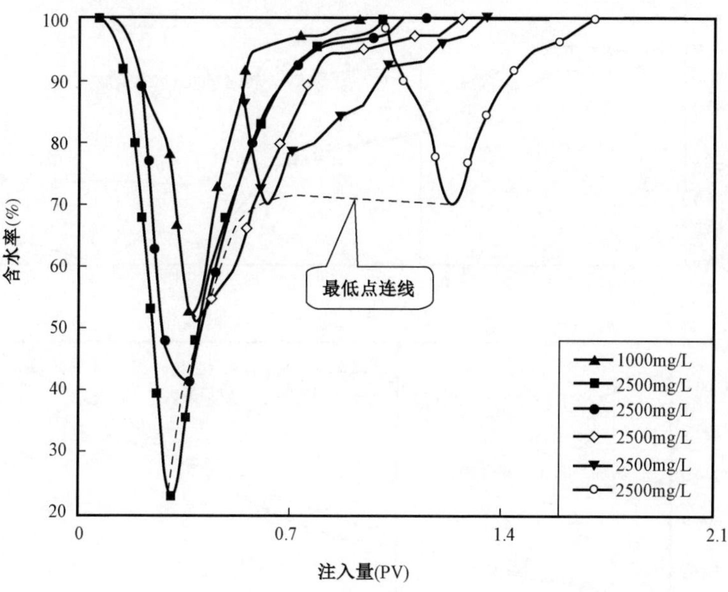

图 5－6　常规聚合物驱后不同时期转注 2500mg/L 聚合物溶液含水率与注入量关系

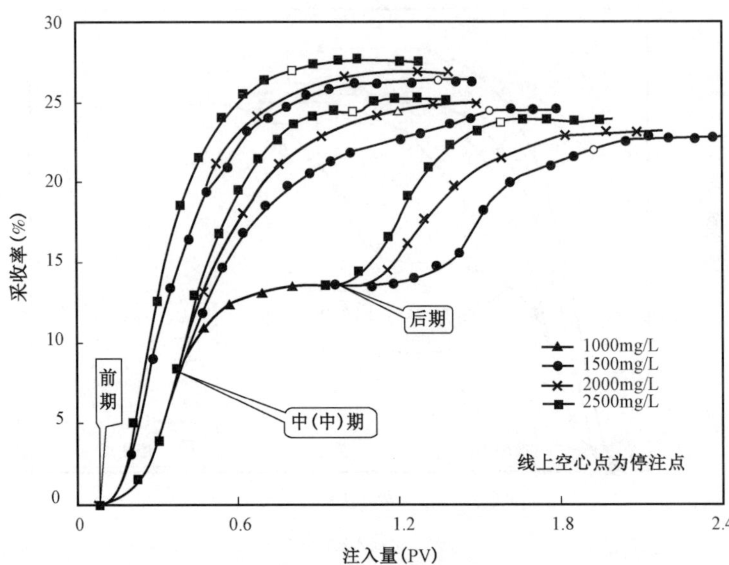

图 5－7　常规聚合物驱后不同时期转注不同浓度聚合物溶液采收率与注入量关系

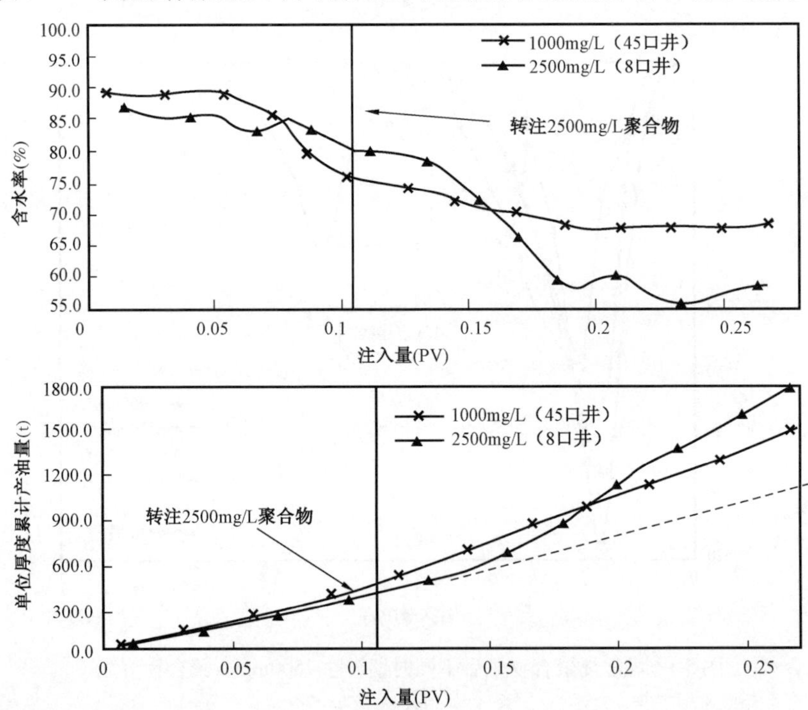

图 5－8　现场试验效果(注 2500mg/L 聚合物溶液周围油井含水率及采出程度变化曲线)

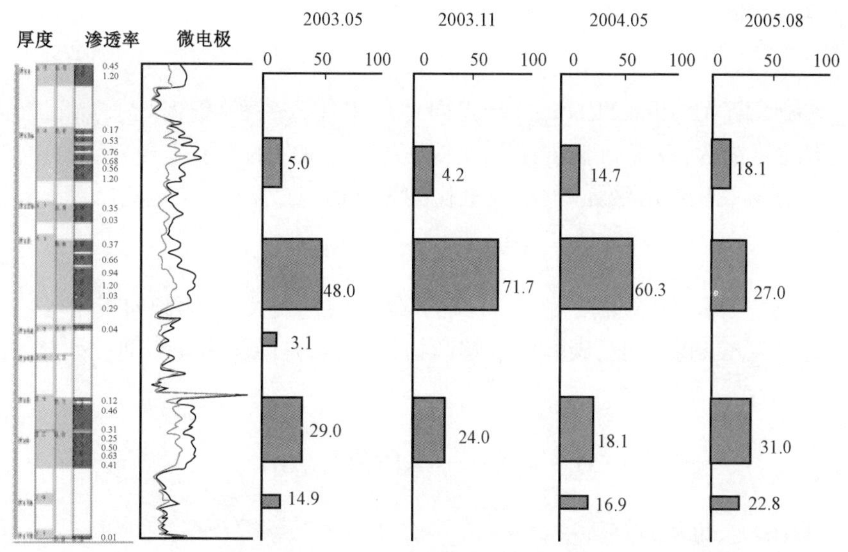

图 5－9　吸水剖面变化(2000mg/L)

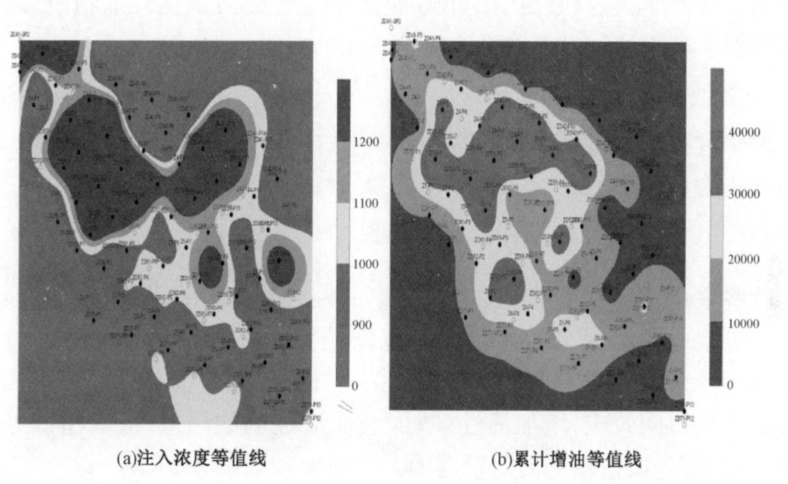

(a)注入浓度等值线　(b)累计增油等值线

图 5－10　注入浓度与增油量关系

上述结果表明,高浓度聚合物驱对高渗透层是一个很有发展前途的驱油方法,它的采收率提高值与三元复合驱相当;在普通聚合物驱之后进行高浓度聚合物驱,采收率还可以提高 10% OOIP(原油地质储量)以上,因此也可以作为一种四次采油方法。

二、碱水驱

碱水驱(Alkaline Flooding)是指向地层中注入一种碱性试剂,如氢氧化钠、碳酸氢钠等,以提高驱油效率的一种方法。碱驱的类型主要分为两种:

(1)氢氧化钠溶液强碱驱:氢氧化钠是强碱,在水中完全电离。

$$NaOH = Na^+ + OH^-$$

由于氢氧化钠腐蚀严重,并且碱的吸附,碱耗较大,碱驱倾向于用弱碱。

(2)碳酸钠弱碱驱:碳酸钠水解产物为弱碱,是碱驱主要用剂。

$$Na_2CO_3 = 2Na^+ + CO_3^{2-}$$

$$CO_3^{2-} + H_2O = HCO^- + OH^-$$

1. 碱驱的机理

碱与地层中的原油、水以及油层岩石相互作用,改变“原油、水—岩石”体系的界面性质,碱与原油中的酸性物质就地产生表面活性剂物质,改善水驱油条件。碱驱油的机理主要包括以下几个方面。

1)降低油水界面张力

碱驱过程中碱与原油中的酸性组分(如羧基酚奈)发生皂化作用,其反应的通式为:

$$R—COOH + Na^+ \longrightarrow H^+ + R—COONa$$

这些皂化反应物是复杂的有机酸皂的混合物,是由不同烷烃链羧酸皂、环烷酸皂组成的相对分子质量分布范围较宽的不同化学特性的表面活性剂,它们能够在油水界面上吸附降低油水界面张力,并能与外加的合成表面活性剂产生协同效应,增加活性,减少表面活性剂的用量,形成超低界面张力,并能拓宽表面活性剂的活性范围。

碱与原油中的有机酸反应生成的表面活性剂与合成的表面活性剂产生协同效应,使油水界面张力大幅度降低,碱和表面活性剂都可显著降低油水界面张力,因此利于采油,图5-11反映了碱浓度对降低油水间界面张力的影响情况。这些新生表面活性物质及产生的附加效应,使碱在碱驱及碱与其他化学剂复合驱中发挥了重要作用。

碱与原油中的酸性物质反应生成表面活性物质,这些物质要么吸附在

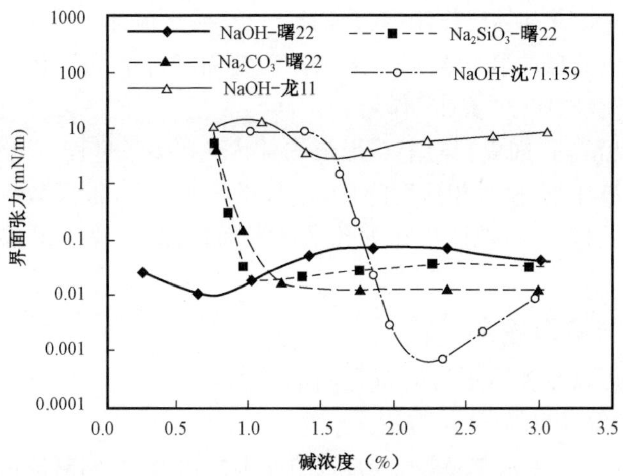

图 5－11　碱浓度对界面张力的影响

界面上降低界面张力，要么扩散进入水相，这些物质的扩散、运移、反应、再扩散的不断进行，产生了动态界面张力特性。其过程受每一步相应的动力学控制，原油与碱之间复杂的化学反应是造成界面张力随时间变化的根本原因，图 5－12 反映了碱与原油之间的动态界面张力特性的关系。

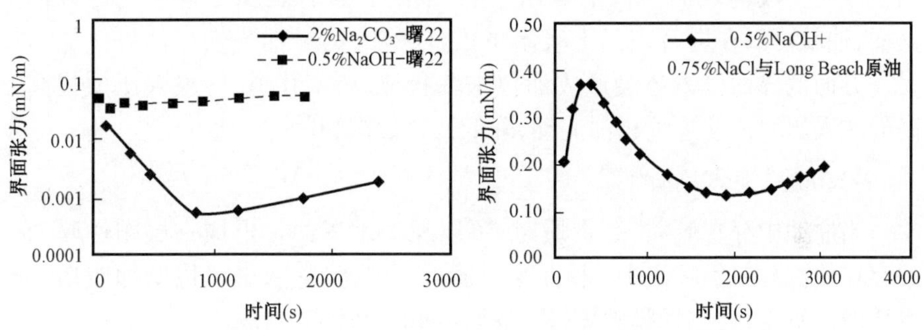

图 5－12　碱与原油界面张力随时间变化图

2）乳化作用

由于新的活性物质作用，使原油在水中乳化，形成较稳定的微分散状的 O/W 型乳状液。几乎所有的碱水驱实验研究都可以看到原油的乳化现象。有时它是一种稳定的、细分散的乳状液，有时则是粗分散、很快被破坏的乳状液。低张力（小于 0.01mN/m）能促使乳状液的形成，更容易使一种液体在另一种液体中的分散。碱对原油的乳化对提高采收率有两种机理：

(1)对残余油“夹带”作用:残余油被乳化,然后被带入流动的碱溶液中,原油基本上以分散的乳状液形式采出。稳定而细分散的乳状液,在孔隙介质中能参与流动,属于“夹带”作用。

(2)乳化液的“捕集”作用:当形成的乳状液在驱替过程中遇到小于其直径的孔喉时被捕集,使水相流度降低,改善流度比,提高波及效率。粗分散、低稳定性的乳状液,将被捕集在大孔道的喉部,提高波及体积,属于“捕集”作用。

3)改变岩石润湿性

碱剂还可以改变油水与岩石之间的界面张力,调整油水对固体的润湿能力,出现润湿性反转。

(1)油湿转变为水湿:碱水对岩石的润湿性比水强,当碱浓度很高、地层水含盐度较低时,生成的表面活性剂可以把吸附在岩石表面油剥落下来。一方面恢复岩石原来的亲水性,降低水相的相对渗透率;另一方面增加原油的流动饱和度,提高原油的相对渗透率,使流度比向有利的方向变化,提高采收率。

(2)水湿转变为油湿:在高碱浓度和高盐浓度条件下,碱与石油中酸性物质反应生成的表面活性剂是油性的,吸附在岩石表面由亲水变为亲油。这样,油就可以在岩石表面上吸附形成连续相,为被捕集的原油提供通道;另一方面低界面张力还会形成油包水乳状液,堵塞孔道,使注入压力提高,高的注入压力迫使连续相油流动,降低残余油饱和度。

4)溶解“油水刚性膜”

当原油中存在胶质、沥青质时,可以在油水界面上形成一层刚性膜,它的存在使油珠流经喉道时,不宜变形通过。但是,加入碱可以增加胶质、沥青质的溶解度,使刚性膜破坏,提高残余油的流动能力。

2. 碱驱的油藏适应性

由于碱驱的主要功能是对原油的“皂化作用”,实施碱驱应考虑以下条件:原油酸值含量比较高,能与碱产生一定量的表面活性物质;油层及地层水钙、镁等二价离子含量较低,不易产生化学沉淀。

国内在辽河油田、大港油田等先后开展了碱驱的矿场试验,见到了一定效果,但提高采收率幅度不大。

单独采用碱驱有以下问题:

(1)NaOH 碱液在地层吸附损耗大,对地层有较大的溶蚀作用,造成地层、井筒、地面流程结垢;

(2)Na_2CO_3弱碱液易于同配置污水中的钙、镁等二价离子结垢沉淀,堵塞井下管柱和地层;

(3)在常规稠油油藏,因碱液体系黏度较小,不利于流度比调整,对波及效率的提高贡献较小。

目前单一碱驱不是三次采油最佳选择。

三、表面活性剂驱

聚合物驱在驱替液波及处,剩余油仅靠驱替液的水动力不足以使这些残余油流动。残余油包括:(1)毛管压力的滞留作用而圈捕在多孔介质中的油;(2)由于亲油岩石对油的亲和力而吸附在岩石表面的油。

根据微观薄片观察,水驱后残余在孔隙中的油仍然有 50% ~60% 以上,这些油以油滴、油块的形式圈捕在多孔介质中孔隙狭窄处或盲肠处,或者以油膜的形式黏附在亲油岩石表面处。能够释放这些油的条件是:降低油水界面张力,改变液体—岩石界面性质:润湿性转换、离子交换吸附和可溶性矿物的溶解反应等。

用表面活性剂提高原油采收率最早出现在 20 世纪 30 年代初,De Groot 在它的发明专利中提出使用浓度为 25 ~ 1000mg/L 的多环磺化物和木质素亚硫酸盐废液这类水溶性表面活性剂有助于提高石油的采收率。1944 年,Blair 等人在专利中提出向油井注入烷基硫酸盐透明乳状液,以除去蜡固体而增加产量。1961 年 Holbrook 的专利提出用脂肪酸皂、烷基磺酸盐等表面活性剂进行驱油。

室内实验表明,这些溶液降低了界面张力,提高了采收率。在以后文章中则强调各种盐类与表面活性剂联合使用可更大程度地降低界面张力并抑制表面活性剂在油层中的吸附。这些技术都显示了降低界面张力对提高原油采收率的重要性。

1. 表面活性剂驱的机理

表面活性剂驱油大体有两种方法:一种是以质量分数小于 2% 的表面活性剂水溶液作为驱动介质的驱油方法,称为表面活性剂稀溶液驱,包括活性水驱、胶束溶液驱;另一种是表面活性剂质量分数大于 2% ,在形成微乳液的范围内,称为微乳液驱。

1)表面活性剂稀溶液驱的主要机理

(1)降低油水界面张力,使残余油变为可流动油。

大量实验证明,当油水界面张力降低时,油滴容易变形,油滴通过孔隙喉道时阻力减小,这样在亲水岩石中处于高度分散状态的残余油就会被驱替出来,形成流动油。

(2)改变岩石表面的润湿性。

在亲油岩石中,部分残余油以薄膜状态吸附在岩石表面;表面活性剂在岩石上的吸附可使岩石的润湿性由亲油变为亲水,从而使岩石表面的油膜脱离而被驱替出来。

(3)增加原油在水中的分散程度。

由于界面张力的降低,原油可以分散在活性水中,形成 O/W 型乳状液;由于表面活性剂吸附在油滴表面而使油滴带负电荷,这样油滴就不易再粘回到岩石表面。

(4)形成胶束或微乳液。

由于胶束或微乳液对油或水具有较强的增溶作用,一定程度上消除了驱替液与被驱替原油之间的界面,达到混相驱的目的。同时由于胶束和微乳液驱替液在油层孔隙中流动时表观黏度值与流动速度有关,即在一定条件下与流动速度成正比;在地层中,驱替液先进入高渗透层,当流速增大,黏度也随之增大,迫使驱替液进入低渗透层驱油,从而提高波及系数。

2)胶束溶液驱油的主要机理

用胶束溶液作为驱油介质的驱油方法称为胶束溶液驱。在一定条件下(在表面活性剂溶液中加入一定浓度的盐和醇),胶束溶液与油之间可产生 10^{-3}mN/m 的超低界面张力,从而使毛管数增大到 10^{-2}数量级。

3)微乳液驱油的主要机理

微乳液驱油具有与活性水驱油相似的机理,但也有自己的特点:

(1)大幅度降低油水界面张力。微乳液与油、水之间的界面张力可以达到很低(小于 10^{-3}mN/m),从而可将毛管数值增加到 10^{-2}以上,在这种条件下,基本上可全部采出残余油。

(2)胶束、微溶液对油、水具有很强的增溶性质,一定程度上消除驱替液与被驱替液之间的界面,达到混相驱的效果。

2. 表面活性剂驱的油藏适应性

现场应用表面活性剂时，对地层和流体有较高的要求，如：

(1)地层必须是砂岩，地层渗透率高于 $20 \times 10^{-3} \mu m^2$，而且不含裂缝。

(2)地层温度不能太高，一般要低于120℃。

(3)原油密度要小于 $0.9042 g/cm^3$，原油黏度要小于30mPa·s。

(4)地层水的矿化度要尽可能低。

所有这些条件都是为了减小表面活性剂的吸附量或防止表面活性剂窜流，以保证其驱油效果。

1)表面活性剂稀溶液的油藏适应性

由于体系中表面活性剂浓度较低，在油层中吸附、滞留损失较大，单独作为驱油剂有明显的弱点。降低界面张力有限，对提高驱油效率贡献不大。但需大剂量注入，增加成本。矿场一系列试验表明：注入表面活性剂稀溶液时，注水井增注有效，提高石油采收率未见到明显效果。

2)微乳液驱剂的油藏适应性

微乳液体系较容易实现超低油水界面张力，是高效的驱油体系，但表面活性剂与助剂的用量较大，需大幅度降低成本。另外，产出液破乳技术有待解决。表面活性剂驱油体系固有的弱点造成工业化应用前景不看好。

四、复合驱

三元复合驱(ASP)是指在注入水中加入低浓度的表面活性剂、碱和聚合物的复合体系的驱油方法。三元复合驱体系是在20世纪80年代初发展起来的。大庆油田室内研究及矿场先导性试验表明，三元复合驱可比水驱提高20%的原油采收率。

1. 三元复合驱的机理

三元复合驱之所以有更好的驱油效果，主要由于聚合物、表面活性剂和碱之间具有协同效应，它们再协同效应中起各自的作用。

三元复合驱的主要驱油机理如下。

1)降低油水界面张力

与其他驱替体系相比，三元复合体系与原油接触后，界面张力能很快降

到 10^{-2}mN/m 以下,而表面活性剂或碱单独与原油之间的界面张力下降的速度要慢得多。当聚合物浓度适中时,ASP 三元复合体系比 AS 二元体系能产生更低的界面张力。这可能是由于聚合物尤其是聚丙烯酰胺能够保护表面活性剂,使其不与 Ca^{2+}、Mg^{2+} 等高价阳离子反应而使表面活性剂失去活性。同时,表面活性剂和聚丙烯酰胺在油水界面上均有一定程度的吸附,形成混合吸附层。部分水解聚丙烯酰胺分子链上的多个阴离子基可使混合膜具有更高的界面电荷,使界面张力降得更低。另外,碱剂推动表面活性剂前进,趋向于使最小界面张力迅速传播,这样就减少了碱驱替原油的滞后过程,且可保持长时间的低张力驱过程。

2)流度控制

在碱、活性剂、聚合物复合驱过程中,由于被驱替的原油流度高,在油墙的前面形成了低流度带,从而保证了较高的扫及效率。由于较高的表观黏度,也增加了局部的毛细管数,提高了驱油效率。而且,ASP 体系中,表面活性剂和碱有效地保护了聚合物不受高价阳离子的影响。

有研究认为,加入表面活性剂可使聚丙烯酰胺的黏度增加 10% ~25%,加入碱可使聚丙烯酰胺的黏度增加 22% ~42%。在各种碱剂中,硅酸钠(Na_3SiO_4)保护聚合物黏度的性能最好,碳酸钠(Na_2CO_3)次之,氢氧化钠(NaOH)最差。也有研究报道,碱和表面活性剂的存在,可使部分水解聚丙烯酰胺的增稠能力变差,体系视黏度损失很大(NaOH—活性剂—部分水解聚丙烯酰胺体系)。

3)降低化学剂的损耗

与其他的二元驱替相比,ASP 驱能明显地降低化学剂的吸附滞留损失,从而使复配体系发挥出更充分的驱油作用。

(1)三元体系的碱耗。

碱驱矿场失败的一个主要原因是碱耗。引起碱耗的因素主要是碱剂与地层矿物反应,与地层盐水反应,与原油的酸性组分反应。但是,ASP 体系中,表面活性剂的加入,避免了原硅酸钠(Na_4SiO_4)、氢氧化钠(NaOH)等一类强碱的应用,使碱耗不再成为严重问题。若使用具有中等 pH 值的缓冲碱体系,可有效地降低硬离子浓度,并可减少化学反应的驱动力,因而碱耗、结垢都很少。

(2)聚合物、表面活性剂的吸附滞留损失。

在 ASP 驱中,价格较低的碱剂的主要作用是改变岩石表面的电荷性质,以减少价格较高的表面活性剂和聚合物的吸附、滞留损失，保证这类三元体系在经济上可行。因为有碱存在时，溶液 pH 值较高，岩石表面的负电荷量较多，可减少带负电荷的表面活性剂、石油酸皂的吸附，并能有效地排斥带负电荷的聚合物，减少其吸附。

许多研究已经证明，在没有碱存在的条件下，大部分表面活性剂都滞留在岩心中。有时，为了使表面活性剂或聚合物的损失降到最低，还在三元复合体系注入前，进行预冲洗处理。例如聚丙烯酰胺在多孔介质中的吸附量，经 NaCl 预冲洗后为 0.019mg/100g 岩石，而经 $NaHCO_3$ 预冲洗后的吸附量为 0.005mg/100g 岩石，减少了 74%；生物聚合物在有 NaCl 存在时，1.5h 后有 92% 被吸附，120h 后有 95% 被吸附。但是，在有 $NaHCO_3$ 存在时，120h 后的吸附量仅为 3%，而 16d 后竟为零。

一般作为预冲洗的牺牲剂是一些易于发生吸附的廉价无机盐或有机物质，如一般的碱剂（Na_2CO_3、$NaHCO_3$、NaHO）、多聚磷酸钠、六偏磷酸钠、木质素磺酸钠、石油羧酸盐，以及小分子的聚丙烯酰胺等，都可使表面活性剂在油岩上的吸附量大幅度降低。例如对于大庆油田三元复合驱的 B－100 体系或 ORS 体系［活性剂：0.3%（质量分数）；聚合物：1200mg/L；碱：1.2%（质量分数）］，表面活性剂的损失量降低 50% 以上。而且，加入牺牲剂后，降低了吸附损失对体系界面张力造成的破坏，见表 5－2。

表 5－2　碱对表面活性剂及聚合物在矿物表面吸附的影响

矿物种类（固液比 0.1）	吸附量（mg/100g 矿物）				吸附量减少（%）	
	加入 NaCl		加入 $NaHCO_3$			
	23℃	70℃	23℃	70℃	23℃	70℃
高岭土	1.36	1.33	0.36	0.09	74	95
碎 Berea 岩	0.15	0.12	0.14	0.10	7	17

ASP 驱的最大优点就是三组分之间协同作用的存在。但是，吸附损失可以破坏这种协同作用，“色谱分理”也可破坏协同作用。由于复合体系中的各种组分与岩石间的作用不同，诸如竞争吸附、离子交换、分配系数、分散作用、渗透能力等的差异，使得三组分间产生差速运移，这种现象称为驱油体系的色谱分离。有关的研究始于 20 世纪 70 年代，当时美国出现了胶束驱油体系，活性剂的色谱分离影响着胶束体系的稳定性，为此，人们进行了大量的研究工作。同样，对于三元复合驱而言，由于碱、聚合物、表面活性剂的运

移速度不同,势必造成一定程度的色谱分离现象。当然,这与地层物性、原油物性、驱油体系的配方以及注入方式等,都有着密切的关系。实际上,最为重要的是避免碱与表面活性剂的分离,因为二者的复配是形成超低界面张力的保证。

2. 三元复合驱的油藏适应性

从机理上看,ASP 复合驱应该兼具碱驱、表面活性剂驱、聚合物驱之长,并且具有三种组分之间的协同效应。目前我国在 ASP 三元复合驱研究中取得的成果和大量矿场试验结果均表明,ASP 复合驱的确具有很高的驱油效率,总采收率可在水驱基础上提高 20% 左右。就提高采收率而言,这的确是一项很具吸引力的技术。但是在矿场试验中也暴露出一些经济与技术上的问题。这些问题如果不解决,将制约 ASP 复合驱的工业化应用。这也是对研究人员提出的挑战、提供的机遇。

1)表面活性剂的筛选与研制

ASP 复合驱在经济上能否过关,关键之一是表面活性剂。ASP 复合驱技术工业应用对表面活性剂的要求:即要高效又要廉价,这的确是一个世界级的难题。化学剂费用是影响化学驱经济效益的关键,也是当今世界 EOR 技术不能工业化推广的重要原因。我国在“八五”“九五”期间始终将国产化高效、廉价表面活性剂的研究作为重点攻关项目。常用的驱油表面活性剂可分为三类:石油磺酸盐、合成磺酸盐、氧乙烯基磺酸盐。

2)减少化学剂的损失

在驱油过程中,化学剂在孔隙中的吸附、滞留,使其中相当一部分损失在注入井附近的无效驱油区内,尤其是表面活性剂的损失更为严重,致使驱油体系到达有效驱油区后的性能大幅度降低。在“九五”期间,大庆油田做了大量的研究工作,减少表面活性剂损失的基本思路是:

(1)筛选一种廉价的化学剂(无机物或有机物—钙皂分散剂有机磷酸盐,木质素,磺酸盐)作为牺牲剂,预吸附。

(2)通过对注入方式的优化设计,提高驱油体系中表面活性剂的有效利用率。研究很有效,还有很大的改善潜力。

3)抑制复合体系的组分分离

在室内实验和矿场试验中,发现复合体系在孔隙介质中运移和驱油过程中发生明显的组分分离。造成组分分离的原因是复合体系中各组分的相对分子质量不同，与孔隙表面的相互作用特性不同。由于组分分离，复合体系的协同效应（起加和效应）肯定会被弱化。目前，对于复合体系在油藏中的组分分离现象已得到了公认，但是，它对驱油效果的影响却仍存在很激烈的争论。

4）防垢、除垢

在三元复合驱矿场试验中，一个最为突出的问题是采油井井筒结垢非常严重，检泵周期为1个月左右。如果这个问题不解决，三元复合驱技术就不能进入工业化应用。通过对垢的分析检测，主要成分是SiO_2。这说明，体系中的碱将油藏骨架溶解了，对油藏的伤害不容忽视。目前，在矿场试验中，除垢问题还没有很好的解决办法。

5）采出液处理

三元复合驱采出液乳化严重，而且其乳状液的结构非常复杂，硬化困难，采出液处理的成本高。经过“九五”的科研，我国已经开发出了一些高效破乳剂。

3. 三元复合驱矿场试验

1）某区西部试验区

试验区平均有效厚度为××m，孔隙体积××m^3，地质储量××t，中心井地质储量20065t。试验目的层位为萨Ⅱ$_{1-3}$层，试验区共有油水井15口，其中注入井4口，生产井9口，以及1口取样井和1口观察井。注采井距106m，生产井距150m。注入体系为0.3% B－100＋1.25% Na_2CO_3＋1200mg/L的聚合物1275A。

三元复合体系于1994年9月24日正式开始注入，到1995年6月30日结束，累计注表面活性剂180t、碱剂653t、聚合物103.8t，7月1日转入注后续保护段塞。在注入的274d中，有243d注入体系与原油的界面张力达到了方案设计要求××mN/m，占88.7%；体系黏度达到16mPa·s的有234d，占注入时间的85.4%；注入压力由注水时的3.63MPa上升到5.92MPa，上升了63%；注入强度平均6.3m^3/(m·d)；吸水指数由注入前的1.75m^3/(m·d·MPa)下降到三元体系结束时的1.12m^3/(m·d·MPa)，下降幅度36.0%。

到1995年6月30日，试验区各井已开始见效。全区综合含水率由见效前的88.5%，降到了73.3%；日产液由见效前的371t降到了的280t，日产油由见效前的37t上升到了73t，日增油36t。其中，中心井（PO5）的含水率由见效前的87.9%降到了48.6%，日产油由3t上升到21t，增加6倍。到1996年11月底，全区累计生产原油62009t，累计增产原油19471t，其中中心井增产原油4207t。根据动态资料分析，全区提高采收率16.6%，中心区提高采收率21.0%，与数值模拟预测的结果相符。

2)五区试验区

五区试验区位于五区二排中部，利用原表外储层试验井，封堵原试验层，补开新的目的层。共有油水井5口，其中注入井1口(杏5－试2－更2)，采油井4口(杏5－试1－1、杏5－试1－2、杏5－试3－2、杏5－试3－3井)，采用一注四采不均匀注采井距的五点法面积井网。试验区面积约为××km^2，孔隙体积××m^3，原始地质储量××t。试验目的层为I_2^2，单井平均砂岩厚度××m，有效厚度6.8m，有效渗透率0.589μm，渗透率变异系数0.63。

试验区于1994年8月开始水驱，1995年1月29日开始注入三元复合体系，注入体系为0.3% ORS－41＋1.2% NaOH＋1200mg/L聚合物(1275A)。到1995年3月末(此时已经注入约0.08*PV*)，4口采油井陆续开始见效；9月20日结束，累计注入三元复合体系溶液(2571)0.378*PV*。9月21日转注后续聚合物保护段塞，到1996年2月21日结束，2月22日开始后续水驱。150d里累计注入聚合物溶液(20899)0.307*PV*，此时全区综合含水率降为85.0%。4口井见效前与各井含水率最低时相比，日产油由12t上升到67t，日增油55t；综合含水率由96.9%下降到80.7%，下降了16.2%。各井含水率下降最大幅度在10.1%～36.4%之间，累计增油13102t。根据动态反应特性，三元复合驱比水驱提高采收率23.1%。

1996年9月，大庆油田采油四厂于杏二区开始了第二次矿场试验。中心井的含水率已从100%降到50%左右，日产油从0t上升到26t，并且经维持了四个多月；其他边井的含水率也有不同程度的下降。

通过采出液化学分析和见效时间对比，所有生产井都是先见效后见化学剂，未发现段塞被突破的现象，而且生产井含水率大幅度下降，说明确有油墙形成。矿场试验表明，消除了过去对复合驱及碱驱的担心，并未发生结构沉淀和堵塞油层的现象。

国外三元复合驱的矿场试验不多，比较完整的是美国怀俄明州Crook地区西Kiehl油田三元复合驱项目。注入体系为Na_2CO_3＋Petrostep B－100＋聚合物(Pusher 700)。对比了四种开采方式的结果是：一次采收率11%(OOIP)，水驱增加29%，一、二次合计为40%；聚合物驱的结果亦是40%，但驱替时间要短，注入流体的量（PV数）要小。以上两种方式在驱替结束时，波及区内平均残余油饱和度为41%。而用碱/活性剂/聚合物驱，一次、二次、三次采收率合计为56%，此时波及区内残余油饱和度降为26%。

在ASP体系中，碱作为主剂不仅可使酸性原油产生表面活性物质，而且，还可起到盐的作用。在碱溶液中，只需加入少量的（千分之几）表面活性剂，就能获得超低界面张力并提高复合驱的适宜矿化度范围，驱油效率很高。加入聚合物可增大体系的黏度并选择性地堵塞渗透率高的通道，使波及范围增大，扫及效率提高，总采收率达到较高值，剩余油饱和度可降至极低，甚至完全被采出。

在ASP体系中作主剂的碱价格较低，作助剂的表面活性剂用量较少，复配后的表面活性剂和聚合物在地层中损失减少，注入、产出操作费用降低，因而ASP驱在经济上是可行的。以化学剂的费用乘以注入地层的孔隙体积，对ASP驱的经济成本进行了合理估算，结果表明，聚合物驱多采1bbl油花费4.88美元，碱/聚合物驱要花费2.78美元，而ASP复合驱仅花费2.13美元，最为经济。增加同样的投资，ASP驱比聚合物驱能多采4.5倍的原油。

第三节 气驱技术

一、气驱类型及油藏适应性

驱油用气体主要分两大类：烃类和非烃类。烃类包括干气（或称贫气，甲烷含量超过98%的天然气）、湿气（或称富气，C_2 ~ C_6含量在30% ~50%范围的天然气）及液化石油气（LPG）；非烃类包括二氧化碳（CO_2）、氮气（N_2）、烟道气和空气等。注入介质特性不同，与原油形成混相的过程也不同。

1. 二氧化碳特性及油藏适应性

CO_2易溶于原油，可以降低原油的黏度，而且与原油混相的压力较低，所以CO_2驱是一种颇为有效的提高石油采收率的方法。但CO_2也存在着在油藏中容易发生气窜、对设备有腐蚀作用等弱点。美国在20世纪80年代建成了到达西得克萨斯地区的CO_2管线，较大型的CO_2驱项目获得了良好效果。

国内的 CO_2 驱规模小，主要应用在一些小的断块油田。

CO_2 驱适用于轻质油的混相驱及重质油的非混相驱，对小型油藏亦可采用 CO_2 单井吞吐。CO_2 驱适用于轻质油的混相驱及重质油的非混相驱，对小型油藏亦可采用 CO_2 单井吞吐。CO_2 本身的临界压力及临界温度都较低，密度大，在原油中的溶解度也较大。往油层中注入 CO_2 的采油过程，其驱油机理比注水开发要复杂得多，地下会出现三相或更多的相同时流动，且伴随相间组分转移、相变以及其他的复杂相态变化，见图 5－13。

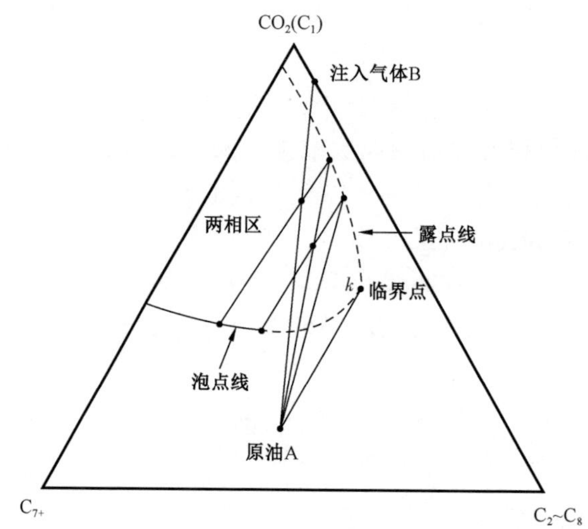

图 5－13　CO_2 多级接触混相驱油机理

不管是混相还是非混相 CO_2 驱，其主要的增产机理有：

(1) 降低界面张力，甚至混相；

(2) 降低原油黏度；

(3) 使原油体积膨胀；

(4) 溶解气驱。

进行油田规模的 CO_2 驱，一般都要开辟先导试验区。在 CO_2 驱试验的可行性研究中，油藏工程研究十分重要，其内容主要包括评价试验区流体和介质对 CO_2 驱的适应性，以及进行 CO_2 驱方案的油藏工程设计。

CO_2 混相驱由于需要大于最小混相压力，因此油层的深度是一个重要的筛选标准，一般在深度超过 760m 的储层中才能进行 CO_2 驱。原油组成也很重要，中间烃(特别是 C_5 ~ C_{12})的含量高是有益的。虽然 CO_2 驱的机理看来与烃混相驱的机理相同，但是即使这两种驱替都在其所需的混相压力以下，通过CO_2驱获得的采收率可能也要高些，特别是在三次采油中更是如此。CO_2在水中的溶解度比在烃中的溶解度高得多，并且在室内实验中已经观测到CO_2通过水相扩散，从而使未波及的原油膨胀，直到原油流动。因此，在地层条件能达到混相压力以上时，CO_2驱的最终采收率可能比烃气驱的高。

CO_2驱的优点在于除可混相驱油外，还可发挥非混相驱的作用，如使原油膨胀、降黏等。它不像化学驱，当化学药剂消耗完后，便不能重见混相性，甚至变为普通水驱。CO_2的混相性退化后，只要保持压力高于最小混相压力，混相性仍可恢复。另外，地层水中溶解CO_2后具有弱酸性，且地层水因溶CO_2而膨胀，这两者都有利于驱油。但CO_2驱的严重缺点是它的波及系数低，黏性指进和舌进（重力超越）严重。目前改善的主要办法是采用水气交替注入。这不仅要增加注入设备，更重要的是至今尚未找到一个好方法来确定合理的注入比，以控制驱扫效率。如果能克服CO_2驱严重的不利流度比，利用重力稳定驱就可以达到提高CO_2驱油效率的目的。

CO_2驱过程中另一个不利的问题是固相沉积问题。由于CO_2或其他小分子烃与沥青质在热力学上是高度非对称组分，这种非对称主要表现为分子大小存在巨大差异和分子极性存在较大差异，因此，它们在溶剂化层中浓度的增加，必然使体系的表面能极大增加。为了降低体系的表面能，这些胶束将相互缔合（以降低表面积），当胶粒持续增大到临界点（即沥青质的沉淀点）时，沥青质开始沉淀。通常，当没有其他因素存在时，比如注入小分子烃类，沥青质沉淀量将随着注CO_2气的浓度增加而增加。但当有其他因素存在时，沥青质的沉淀量将取决于这些因素的综合结果。当体系温度和压力大于CO_2的临界温度和临界压力时，CO_2作为超临界流体对原油中的轻质组分具有相当的溶解能力，其作用是使原油和溶剂化层中的小分子烃类沉淀剂的浓度降低（小分子烃类对沥青质的沉淀能力大于CO_2），并使沥青质沉淀量减小。此时沉淀析出的沥青质的量将是以上两种效应综合的结果。也就是说，当CO_2的浓度较低时，沉淀效应明显占优势，沥青质沉淀量随着注气浓度的增加而增加；当CO_2的浓度达到一定程度并使超临界流体的溶解效应大于沉淀效应后，沥青质沉淀量将随注气浓度的增加而有所降低。

2. 氮气特性及油藏适应性

在常温常压下，氮气为无色无味的气体，1L液氮可变为643L气态氮。在常压下，温度为 －195.78℃时，氮气将变成无色透明的液体；温度为 －210℃时，氮气将凝固成雪状的固体。氮气是惰性气体，不易燃、干燥、无爆炸、无毒、无腐蚀性。

氮气在原油、淡水和盐水中的溶解性都很微弱。这一特性对于注氮气保持油藏压力开采来说十分重要。温度对溶解度的影响较小,压力和含盐量对氮气在水中的溶解起主要影响作用:含盐量越高,溶解度越小;压力增加,氮气的溶解度提高。氮气在低密度原油中的可溶性比高密度原油好。与天然气、CO_2和烟道气相比,氮气的压缩系数最大,为0.291,是CO_2的2~3倍,随着压力升高,氮气的压缩系数增大,温度对氮气的压缩性影响较小。

在压力为0.1MPa、温度为0℃时,氮气密度为1.25kg/m^3;同大多数其他气体一样,氮气密度随着压力升高而增大,随温度升高而降低;在相同的压力、温度条件下,氮气的密度要比二氧化碳、烟道气的密度小,比甲烷密度高,但比其他烃类气体密度低得多。一般情况下,氮气的密度要低于气顶气的密度,这一特性利于注氮气重力驱替和开发凝析气田。

在标准条件下,氮气运动黏度系数为169×10^{-6}Pa;在压力接近41.37MPa时,氮气和甲烷的黏度相近。在相同的压力和温度条件下,氮气的黏度比CO_2和天然气的都低,这一特性有益于重力驱的气顶油藏注氮气开采。因为氮气的黏度与气顶气的黏度接近,但略高于甲烷的黏度,仍有可能出现黏性指进。在保持压力力开采油藏时,只要调节好注采速度,就可避免氮气的黏性指进。

氮气的地层体积系数随着压力的增加而均匀地下降。在相同的温度条件下,氮气的体积系数要比二氧化碳和烟道气的体积系数大,注入相同体积的气体,氮气可驱替更多的油气。氮气与原油的界面张力一般为89mN/m,而水和原油的界面张力可高达30.5mN/m,这为注入氮气提高原油采收率创造了有利条件。

氮气虽然是惰性气体,具有不易燃、干燥、无爆炸性、无毒和无腐蚀性等优点。但在操作时应注意井口漏气问题,以免现场充满氮气而使人窒息。氮气与大多数流体混合时呈泡沫状态,作为表面活性剂驱替干气时,能对液体起到一定的升举作用。

氮气的以上物理、化学性质有利于注氮气提高石油采收率。作为一种惰性气体,无腐蚀性可节约防腐费用;氮气的密度小于气顶气的密度,黏度与气顶气接近,即使在地层压力高达41.37MPa时仍保持这一特性。氮气的特性能有效防止注氮气重力驱时的黏性指进。由子氮气的压缩系数是二氧化碳的2~3倍,比烟道气的压缩系数大,氮气良好的膨胀性可节省注气量,驱油时弹性能量大;另外,氮气不溶于水,较少溶于油,有利于注氮气保持地层压力。

氮气驱油的机理主要包括混相(非混相)驱、重力驱和注气保持压力。此外,还可以作为 CO_2、富气或其他驱替剂与原油混相的驱替段塞。氮气的混相驱过程与高压干气的驱替过程类似,通过驱替前缘多次与原油接触,蒸发足够的轻烃和中间烃,从而实现富化前缘与原油混相。由于氮气与原油混相的最小混相压力很高,所以混相驱只能适于深层高压油藏。

氮气驱只适用于相对密度小于 0.850 的轻油,氮气驱的优点是气体价格低廉,就地可取,取之不尽。氮气驱的缺点是混相压力高,不易实现。由于混相压力高,所以氮气驱通常不用于强化采油。氮气可作为 CO_2 混相段塞后的驱替介质,也可以与水交替同时注入地层,起调节流度的作用。

氮气相对于天然气和 CO_2 来说成本较低,注氮气可用于开发不同类型油藏。在已探明的油气储量中,由于优先投入开发的是高、中渗透性油藏,低渗透性油田的储量比例相应提高,特别是注水开采效果差的、渗透率低的油藏适于注气保持压力开发。对于气顶油田,注氮气可以同时开采气顶气及油环油,开采期短,经济效益高。注氮气开发油藏可采取多种开采方式,既可用于保持压力、非混相驱开发油田,也可用于重力驱,还可用于混相驱。氮气是惰性气体,使用安全,而且不会引起管线和设备的腐蚀,与 CO_2 相比这是一个很大的优点。

3. 天然气特性及油藏适应性

烃气驱是最老的提高原油采收率的方法之一。在最低混相压力理论还没有形成之前,已在现场实施多年。当时,一些油田生产出多余的低分子烃气,便就地注入地层。烃气驱包括一次接触混相驱(LPG 段塞)、凝析气驱(富气驱)、汽化气驱。根据混相驱所需压力来讲,烃气驱介于氮气驱与 CO_2 驱之间。如果储层埋藏浅,注入压力低,在经济许可的条件下,添加富气($C_2 \sim C_4$)也能达到混相驱替。

1)高压干气混相驱

高压干气混相驱主要适用于挥发性组分含量较高的油藏。石油中挥发性组分易于和注入的甲烷气形成混相,但是需要相当高的混相压力,所以该方式适宜于深层油藏。

2)富气混相驱

富气混相驱是向地层中注入富含乙烷、丙烷和丁烷的富气,注入量一般为 $0.1 \sim 0.2PV$,在地层中形成一个富气段塞,然后再注干气或水。当注入的富气与石油接触时,注入气中的富组分开始析出,溶解在石油中,连续注入的富气和析出的轻馏分形成一个 $C_4 \sim C_6$ 的富集气带。如果注入气体富化程度高,注入量充分的话,地层中的石油就开始与注入气体混相,石油和富气形成一个混相段塞。该方法混相压力较低,可提高驱油效率。通常,与注水相比,注气的采收率要高 4% ~20% 。但是,在非均质油藏和裂缝性油藏中,很难控制混相段塞的稳定性。另外,由于注入气体价格昂贵,所以一般规模性应用较少。

3) LPG 驱

LPG 驱是指以 LPG 作为混相注入剂的一种混相驱,其过程是先注入一段塞 LPG,再注入一段塞气体(如干气、氮气、烟道气等),然后用水驱。

4) 气水混注

气窜对油田开发产生巨大威胁,为解决气窜问题,可采用气水混注(气水交替)的方法来控制驱替前缘,使之较为均匀地向前推进。但在气水混注的过程中可能会出现其他问题。例如,可能使地层中某些部位的含水饱和度和含气饱和度增大,使油相有效渗透率急剧降低,影响了石油产量等。因此,尽量不在非均质性和裂缝性储层采用气水混注方法。

4. 其他气体

除了上述注入气体外,有时还注入烟道气和空气。烟道气的化学成分是不固定的,约含 80% ~85% 的氮气,10% ~15% 的二氧化碳,其余少量为杂质。烟道气中能起溶剂作用的有效成分是氮气和二氧化碳。烟道气中不利的成分是水分、灰尘,水分会因形成酸而发生腐蚀,灰尘会产生堵塞。

烟道气的性质主要取决于氮气和二氧化碳在烟道气中所占的比例。烟道气的压缩系数介于二氧化碳和氮气之间,它的地层体积系数比天然气和二氧化碳的体积系数都高,在压力为 17 ~28MPa、温度 65℃左右时,烟道气体积系数为甲烷的 1.2 倍。烟道气与原油的最小混相压力比天然气和二氧化碳的都高,其大小也取决于烟道气所含氮气和二氧化碳的比例。在油层中,烟道气可以形成混相驱或非混相驱,但形成混相驱的条件要求非常高,一般的油藏条件难以达到。

以往油藏注空气提高采收率技术主要应用于稠油油藏,其提高采收率的效果主要源于空气氧化产生的热效应。而轻质油油藏注空气提高采收率,主要是利用空气氧化后形成烟道气的驱油效果。油藏内的氧化反应主要是消耗空气中的氧气。在低温下，轻质原油与空气发生低温氧化反应，但氧化速度慢；高温情况下，井下原油与空气中的氧气发生燃烧反应，氧气消耗速度快，并在油藏形成高温氧化前缘。高温氧化有助于提高驱油效率，尤其是采用水平井火烧油层，可大幅度提高低渗透油藏采收率和开发效果。

二、实例

1. ××油田挥发油藏混相驱实例

××油田三间房组挥发油是从开发初期就实施了气水交替混相驱。该油田位于1号构造上，是一个背斜圈闭砂岩层状挥发性油藏，构造完整，断裂不甚发育，见图5－14；储层厚度适中，油层之间发育有稳定隔层。油藏闭合高度为105m，主要目的层位中侏罗统的七克台组、三间房组合西山窑组。

该油田主要为水下分流河道砂体，平面上分布呈宽窄不一的条带状，为了描述砂体连通状况和空间展布，应用三维地震构造精细解释技术、地应力裂缝评价技术、测井约束反演砂体预测技术，在3个层次上建立起单井、剖面和三维地质模型；利用动态资料和实验室分析资料进行温度、压力系统、油水系统划分、流体性质评价及油藏类型研究。在此基础上细分单元进行了资源量评价，提出该油田真正适合于混相驱开采的含油层段和所具有的石油地质储量，为正确评价混相驱的效果奠定了基础。

油藏砂体连续性好，油层中部深度3436m，油层平均厚度13.9m，评价孔隙度17.8%。平均渗透率$110.5\times10^{-3}\mu m^2$。油层中部温度为92.5℃，油层中部压力为37.58MPa。油层润湿性亲水，随着渗透率的增加有亲油倾向。油层边底水天然能量不足。层内非均质性严重，变异系数大多大于0.7，依靠弹性驱和溶解气驱，一次采收率估算为19.7%。

原油性质具有“二低五高”的特点，即低密度（$0.803g/cm^3$），低黏度（0.4mPa·s），高体积系数（2.292），高气油比（大于$440m^3/m^3$），高收缩率（63.52%），轻质组分含量高（57.161%）和高饱和压力（32.7MPa）。

实验室用PVT仪研究原油相态性质，进行原油等组分膨胀、等容衰竭、单次和多次脱气实验，确定地层流体相态物性参数，为确定油藏流体相态变化特征提供依据。葡北103井三间房组流体地层压力37.58MPa，饱和压力32.7MPa、地层温度90℃，地层原油属于高收缩性的远离临界点的挥发油，其组分及流体物性见表5－3。

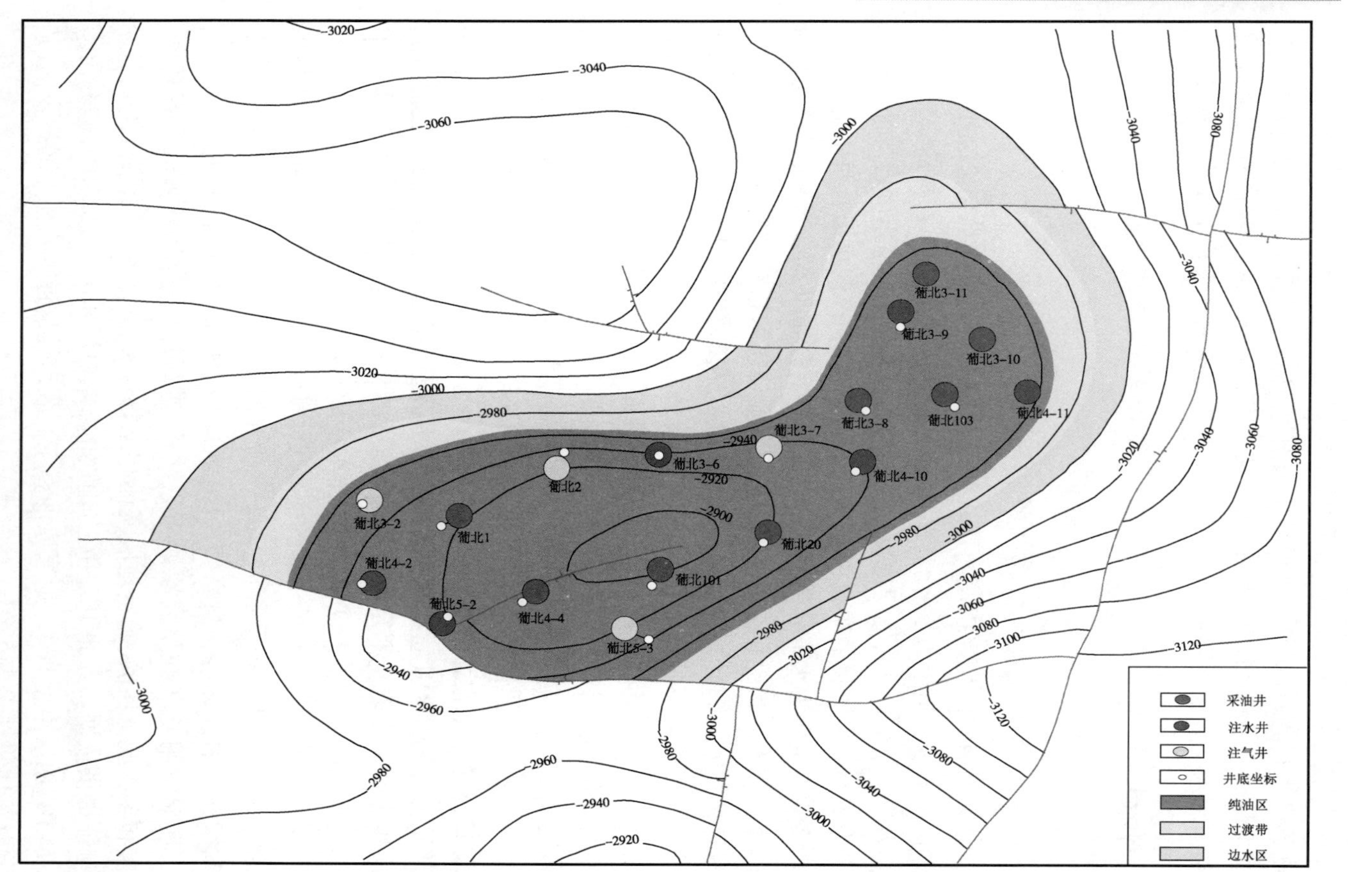

图5-14 ××油田三间房油层顶面构造图

表 5-3　103 井 J_2S 层位流体及物性

原油组分[%(摩尔分数)]	N_2+C_1	57.94
	CO_2+C_2	9.86
	C_3+C_4	10.96
	C_5+C_6	3.98
	C_7+C_{16}	13.67
	C_{17}	3.59
体积系数		2.292
气油比(m^3/m^3)		501
气体平均溶解系数[$m^3/(m^3\cdot MPa)$]		15.6
收缩率(%)		60
地层油密度(g/cm^3)		0.803
地饱压差(MPa)		583
压缩系数(MPa^{-1})		3.74×10^{-3}
热膨胀系数($℃^{-1}$)		1.92×10^{-3}

用细管实验确定混相条件包括最小混相富化组成 MMC(图 5-15)和最小混相压力 MMP(图 5-16),这是油田混相驱开发最重要的室内基础实验项目。细管实验共进行了 5 次,选用了 5 种不同的注入气组分。试验结果确定了该油田最小混相组成为 C_1+N_2摩尔分数为 78.67%,$C_2\sim C_6$摩尔分数为 20.95%,C_{7+}摩尔分数为 0.11%,对应的拟临界温度为 217.6K,油田伴生气可以满足注入气的组分要求。

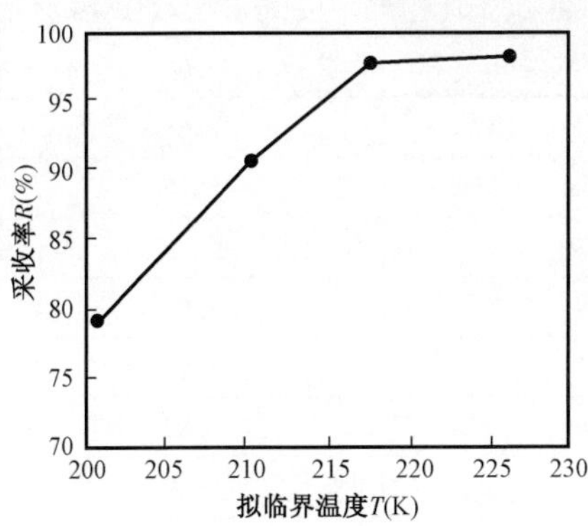

图 5-15　MMC 细管实验结果

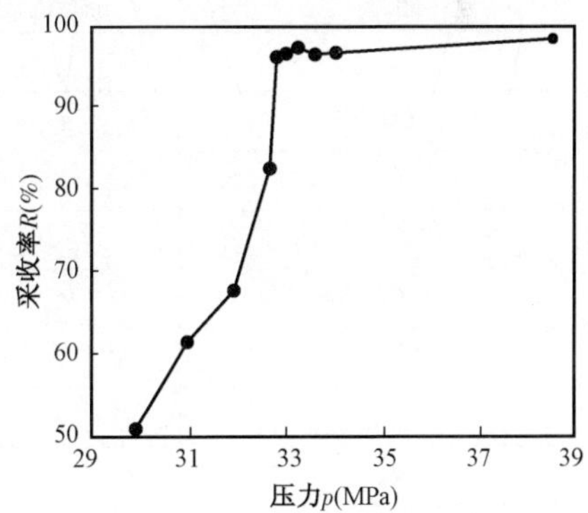

图 5-16　MMP 细管实验结果

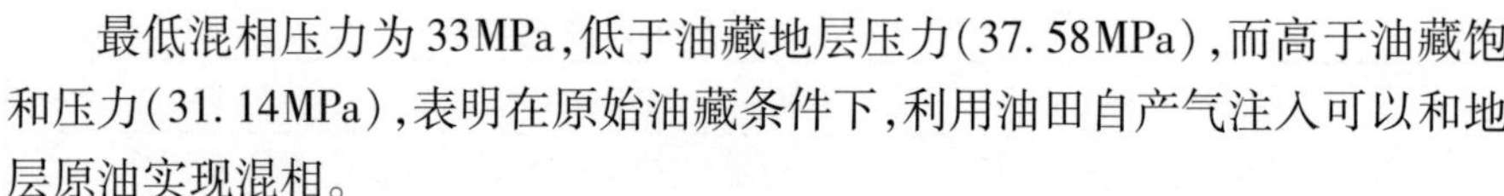

最低混相压力为33MPa,低于油藏地层压力(37.58MPa),而高于油藏饱和压力(31.14MPa),表明在原始油藏条件下,利用油田自产气注入可以和地层原油实现混相。

根据上述实验,确定注气混相是蒸发混相机理。在33MPa下原油与所筛选的注入气能达到多次接触混相,而所筛选的混相注入组成与油田一次分离气的组成十分接近,是一个较理想的进行注气混相驱矿场试验的油田,故该油田用其一次分离气作为混相注入介质。

通过油田整体数值模拟预测研究,认为该油田实施气水交替混相驱,稳产年限为5a,稳产期末采收率23.48%,第13年转水驱,油田最终采收率将达到52%,比注水开发提高采收率10%左右。该油田采用500m井距,采油速度为动用储量的4.69%,生产井8~9口,年产油14×10^4t。为强调注气混相,采用6口井先注气降压开采0.5a,然后3口井注气水交替方式到6~7a后改用2口井注气,4口井注水的注入方式,注气井交替3个月或0.5a一换,推荐3个月一换的交替方式;气水交替转水驱的时机是11~13a,推荐第13年转水驱。开发后,对混相气驱动态进行了密切跟踪分析。

1)注入气组分监测

注入气组分能否满足方案确定的最小混相富化组分要求,是决定注入气与地层原油能否实现混相的最基本条件。方案实施过程中,为了保证注入气组分满足混相驱要求,对注入气组分进行了定期监测,见表5-4,证实注入气组分满足混相组分要求。

表5-4 选定的混相注入气的组分

组分	筛选的注入气组成(%)	一次分离器气组成(%)
N_2	3.09	2.66
CO_2	0.27	0.68
C_1	75.58	78.6
C_2	16.02	12.36
C_3	3.39	3.65
iC_4	0.67	1.15
nC_4	0.49	0.85
iC_5	0.17	0.2
nC_5	0.13	0.14

续表

组分	筛选的注入气组成(%)	一次分离器气组成(%)
C_6	0.08	0.13
C_7	0.05	0.08
C_8	0.06	0.04
拟临界温度(K)	217.6	219.86

2)PVT 变化特征

高压物性资料也证实油田处于混相开发状态。2000 年 3 月对 1 井取高压物性样品进行分析,并与混相驱投产前该井的原始 PVT 分析资料进行对比见表 5-5、表 5-6。对比结果表明,在注气混相驱实施 1.5a 后,1 井井流物的各项物性指标较原始水平有较大变化:体积系数、气油比、气体平均溶解系数、原油收缩率和饱和压力五项指标升高,地层油密度降低,井流物中轻质组分 $C_1+N_2+CO_2$ 摩尔分数增大,中间烃 $C_2\sim C_6$ 略有上升,而重组分 C_{7+} 摩尔分数减少,说明轻质的注入气已与地层原油混相,导致重质的地层油中轻组分含量增加,重质组分含量减少,使密度降低,同时收缩率、气油比、气体平均溶解系数、体积系数及饱和压力均相应上升。混相后地层流体黏度由原始的 0.6685mPa · s 降为 0.2mPa · s,体积系数由 2.2104 增大为 2.819,饱和压力由 29.44MPa 上升为 32.86MPa。

表 5-5　注入气组成对比

项目	主要组成摩尔分数(%)			混相拟临界温度(K)
	N_2+C_1	$C_2\sim C_6+CO_2$	C_7	
最小混相	78.67	21.22	0.11	217.3
伴生气	77.04	22.85	0.11	223.28
实测注入气	78.24	21.67	0.09	223.68
各组分临界温度(K)	126.11	190.43	540.11	

表 5-6　1 井混相驱前后 PVT 分析对比成果表

参数	原始值	混相驱后值
体积系数	2.2104	2.8190
气油比(m^3/t)	351	726
气体平均溶解系数[$m^3/(m^3\cdot MPa)$]	14.90	17.74

续表

参数	原始值	混相驱后值
收缩率(%)	54.80	64.53
地层油密度(g/cm^3)	0.5619	0.5000
脱气油密度(g/cm^3)	0.8005	0.8030
饱和压力(MPa)	29.44	32.86
$C_1+N_2+CO_2$摩尔分数(%)	56.643	62.181
$C_2\sim C_6$摩尔分数(%)	24.330	25.214
C_7+摩尔分数(%)	19.028	12.604

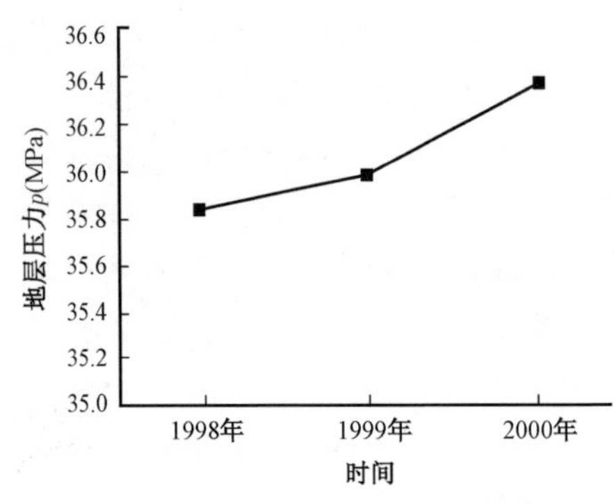

图5-17 某油田注气地层压力

3)保持地层压力

由图5-17可看出,自混相驱投入开发以来,通过加大监测力度及适时调整,地层压力较原始地层压力37.58MPa只下降1.11MPa,而且,压力整体变化趋势较好。

根据油藏工程研究及数值模拟结果,认为一方面与注气混相有关,另一方面也与油田具有较活跃的边底水能量有关。

从流压曲线来看,虽然因为欠注导致流压一度下降而造成曲线波动,但压力始终保持在33MPa的混相压力界限以上,从而保证了注入气与地层原油实现混相的基本条件。

4)单井生产状况

该油田投产以来,部分单井生产状况逐渐见效。例如4-2井自1999年1月开始油压、流压上升,同时产量上升,同年5月该井气油比由400m^3/t突增至800m^3/t,压力上升,呈现注入气略有突破的迹象。将相邻注气井5-2井关井后(后切换注水),该井压力下降并稳定在34~35MPa,产量稳定在40t/d左右,气油比稳定在700~800m^3/t,该井压力、产量、气油比均保持平稳。

5)气油比发生变化

根据注气混相驱开发机理,随生产时间延长,油井气油比逐渐上升,在注入一定体积的气段塞后，注入气前缘突破油井，气油比大幅度上升。从数值模拟指标预测结果看，自 1998 年投产以来，全油田气油比变化呈逐渐上升趋势，至 2001 年中期气油比开始以较大幅度上升，表明注入气前缘开始推进并逐渐接近油井。

1 井自 2000 年 2 月开始呈现见效特征，在工作制度不变的情况下，产量上升，油压上升，流压稳定，气油比逐渐上升，下半年稳定在 $600m^3/t$ 左右，产量稳定在 45t/d 左右。至 2001 年 1 月，该井气油比突增至 $10000m^3/t$ 以上，表现出气体前缘已推进至井底。该井气油比变化特征与数值模拟结果相符合，说明注入气与地层原油达到一定时间的混相后，注入气逐渐推进，最终突破油井，符合注气混相驱开发机理。

该油田 1998 年 9 月正式投入注气并发，截至 2002 年 10 月，共有油水井 18 口，注采井数比 1∶1，采油井开井 9 口，平均单井日产油 44t，油田累计产油 49.34×10^4t，采出程度 19.05%，油田综合含水率 3.02%，综合气油比 $499m^3/t$，地层压力保持在 35.5MPa 以上。注水井开井 6 口，平均单井日注水 $144m^3$，累计注水 $50.53\times10^4m^3$；注气井开井 2 口，平均日注气 $14.55\times10^4m^3$，累计注气 $1.4\times10^8m^3$。油田累计注入气段塞 64% 烃类孔隙体积，气水比接近 1∶1。

综合分析认为，油田开发 3a 以来，各项生产指标已达到方案设计水平。从油田开发实际看，油田产量保持稳定，地层压力保持水平、井底流压控制程度和注入气组分均在方案制定的技术政策范围内。油田保持了高速开采，采油速度达到 5% 以上。油田采出程度 19.05%，油田仍处于无水开采期，年度注采比已达到 1.07，气水比接近 1，注采平衡，压力稳定，压力系数较高，原油物性好，油田生产能力一直比较旺盛。截至 2002 年 10 月油田平均单井产量 58t/d，采油指数增大（表 5－7），平均米采油指数稳定在 1.25t/(d·m·MPa)，井口油压保持在 16MPa 以上。仍具有很强的自喷能力。截至 2002 年 10 月已有 16 个月，气油比始终稳定在 $700\sim800m^3/t$。从开发层系看，除七克台组和西山窑组储量留作产量接替外，三间房组油藏储量全部动用。从已投产的油层看，吸水、吸气剖面动用 100%，产液剖面也显示动用程度 100%。按照一般未混相的现象，单相气突破后，由于气、油两相流，油相渗透率急剧下降，造成采油指数下降。但在某油田采油指数反而增大，这说明近井带没有出现气、油两相，反而由于混相流体的流度比原始流体流度小，使流度增大，引起采油指数的上升。

表 5-7 气油比上升后采油指数变化

井号	气油比上升前						气油比上升后					
	日产量(t/d)	静压(MPa)	流压(MPa)	生产压差(MPa)	采油指数[t/(d·MPa)]	气油比(m^3/m^3)	日产量(t/d)	静压(MPa)	流压(MPa)	生产压差(MPa)	采油指数[t/(d·MPa)]	气油比(m^3/m^3)
PB1	46	35.88	34.24	1.64	28.05	479	43	36.1	34.7	1.4	30.71	725
PB101	61	36.20	33.60	2.6	23.46	344	36	36.69	35.55	1.14	31.58	516
PB4-2	77	36.98	34.69	2.29	33.62	506	34	35.99	35.12	0.87	39.08	783

至2003年年底,该油田作为采用气水交替混相驱方式开发的现场试验油田,投产5a来,严格执行开发方案设计所制定的各项技术政策界限,确保了混相驱油田开发现场试验的顺利实施。油田开发形势总体上是好的,主要表现在:油田产量保持稳定,地层压力保持水平、井底流压控制程度和注入气组分均在方案制定的技术政策范围内;油田保持了高速开采,采油速度达到6%以上;采出程度已达28.86%,仍处于无水开采期;年度注采比已达到1.07;油田储量一次性动用程度高,三间房油藏储量全部动用,从已投产的油层看,吸水、吸气剖面动用100%,产液剖面也显示功用程度100%,说明储量动用比较充分;油田基本实现混相驱开发。总之,油田在开发过程中,严格按照方案制定的技术政策实施,取得了很好的效果。

2. 二氧化碳三元复合驱油藏实例

1988年在东部过渡带开辟了CO_2试验区,1990年至1995年底,先后对葡I_2油层和萨II_{10-14}油层进行非混相驱CO_2驱先导性矿场试验。两次试验均采用先进行前期水驱,而后进行水—气交替注入方式,CO_2气体注入总量各为0.2*PV*左右。矿场试验用的CO_2是炼油厂的副产品,纯度为96%。这两次矿场试验结果表明,通过CO_2驱油,降低了水油比和水驱剩余油饱和度,提高采收率6.0% OOIP(原油地质储量)。

2004年某采油厂引进了二氧化碳采油技术,主要应用于超稠油的开采。为了提高二氧化碳采油技术在超稠油中的应用效果,针对该油田超稠油热采开发的具体情况,研发成功二氧化碳三元复合吞吐采油技术。在稠油热采前,先注入一定量的表面活性剂,再注入一定量的二氧化碳。焖井反应后,注汽吞吐,吞吐后转抽生产。其工艺技术有降黏、提高油层能量。增强原油流动性和调整油层纵向吸汽剖面,提高油层纵向动用程度。

从2004年1月到2006年3月，该采油厂运用二氧化碳三元复合吞吐采油技术在超稠油藏共实施193井次，其中在各超稠油区块周期结束81井次，周期对比措施累计增油2.6×10^4t，见表5-8。

表5-8　二氧化碳三元复合吞吐采油技术应用效果统计表

<table>
<tr><th>区块</th><th>周期</th><th>生产时间(d)</th><th>周期产油(t)</th><th>周期产水(t)</th><th>气油比</th><th>回采水率</th><th>二氧化碳强度(t/m)</th><th>碳酸盐强度(t/m)</th><th>增油(t)</th><th>增水(t)</th></tr>
<tr><td rowspan="2">杜84GT</td><td rowspan="2">9</td><td>154</td><td>1128</td><td>1323</td><td>0.44</td><td>0.52</td><td rowspan="2">1.96</td><td rowspan="2">0.15</td><td rowspan="2">7139</td><td rowspan="2">7866</td></tr>
<tr><td>188</td><td>1593</td><td>1901</td><td>0.64</td><td>0.77</td></tr>
<tr><td rowspan="2">杜813XL</td><td rowspan="2">5</td><td>76.3</td><td>416</td><td>736</td><td>0.25</td><td>0.44</td><td rowspan="2">1.69</td><td rowspan="2">0.15</td><td rowspan="2">5494</td><td rowspan="2">16766</td></tr>
<tr><td>103</td><td>514</td><td>1177</td><td>0.3</td><td>0.69</td></tr>
<tr><td rowspan="2">杜84XL</td><td rowspan="2">7</td><td>144</td><td>861</td><td>1519</td><td>0.38</td><td>0.67</td><td rowspan="2">1.86</td><td rowspan="2">0.18</td><td rowspan="2">4757</td><td rowspan="2">6380</td></tr>
<tr><td>118</td><td>781</td><td>1276</td><td>0.35</td><td>0.56</td></tr>
<tr><td rowspan="2">曙127454XL</td><td rowspan="2">5</td><td>66.7</td><td>508</td><td>636</td><td>0.26</td><td>0.44</td><td rowspan="2">2.33</td><td rowspan="2">0.2</td><td rowspan="2">5534</td><td rowspan="2">28772</td></tr>
<tr><td>125</td><td>654</td><td>1891</td><td>0.34</td><td>0.69</td></tr>
</table>

1)适合二氧化碳三元复合吞吐采油技术的油层筛选标准

(1)剩余油饱和度大于35%；

(2)油层渗透率大于$200\times10^{-3}\mu m^2$，孔隙度大于18%；

(3)射开油层厚度大于15m；

(4)吞吐处于2~13轮；

(5)注汽压力低于14MPa。

4个应用三元复合吞吐采油技术实例均符合上述要求，其物性参数如下：

(1)杜84GT油层平均厚度138m，储层孔隙度平均为28.1%，渗透率平均为$5536\times10^{-3}\mu m^2$，原始含油饱和度64.2%，原油物性属超稠油，原油密度(20℃)1.0072g/cm³，原油黏度(50℃)220000mPa·s。

(2)杜813XL块有效厚度平均27.7m，储层孔隙度平均为32.4%，渗透率平均为$1664\times10^{-3}\mu m^2$，油物性属超稠油，原油密度(20℃)1.0098g/cm³，原油黏度(50℃)165405mPa·s。

(3)杜84XL油层孔隙度平均为31%，渗透率平均为$1550\times10^{-4}\mu m^2$，原始含油饱和度65%；原油密度高，原油密度(20℃)大于1.0g/cm³；原油黏度高，地面脱气平均原油黏度（50℃）157355mPa·s；凝点高，平均在25℃以上；胶质+沥青质含量高，平均在56.5%；含蜡量低，平均在2%左右，属重质超稠油油藏。

（4）曙127454XL油藏平均有效厚度31.6m；储层孔隙度平均为34.6%，渗透率平均为$4739.6\times10^{-3}\mu m^2$，原始含油饱和度62%。原油物性属超稠油，原油密度（20℃）一般1.000～1.0059g/cm^3；原油黏度（50℃）一般为124500～217500mPa·s。

2）措施效果分析

（1）措施效果与储层物性的关系。

巨厚块状的馆陶油层效果比薄层互层的兴隆台油层好，在平均9周期生产条件下，平均单井周期产油增加465t，汽油比提高了0.2，回采水率提高了0.25。措施效果显著，可见油层发育越好措施效果越好。

（2）措施效果与原油物性关系。

这4个区块比较相似，除了馆陶油层黏度比较高外，其他区块性质很接近，从措施效果看，黏度的影响较小。

（3）措施效果与生产周期的关系。

从个区块实现效果看，低周期井效果比高周期井效果好。曙127454XL块4周期之前措施效果明显，5周期后效果变差，杜813XL块也是4周期前效果好，见图5－18、图5－19。

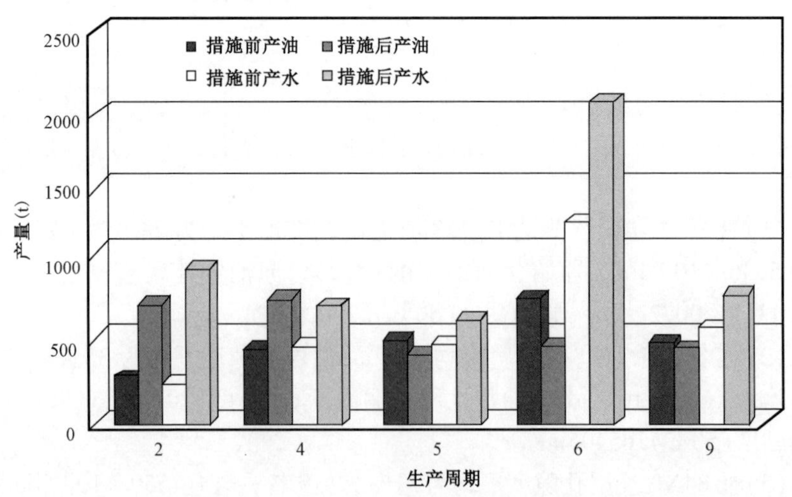

图5－18　曙127454XL块油田二氧化碳复合驱周期吞吐效果示意图

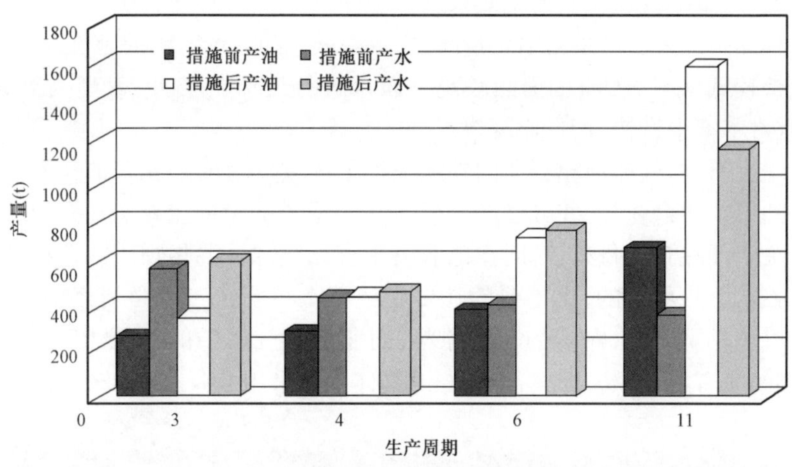

图 5－19　杜 813XL 块油田二氧化碳复合驱周期吞吐效果示意图

(4)措施效果与二氧化碳和磺酸盐强度的关系。

相同周期,二氧化碳和磺酸盐强度高的比低的效果好。

曙 127454XL 措施前第 4 周期措施井常规生产平均周期产油 334t;杜 813XL 措施前第 4 周期措施井常规生产平均周期产油 498t,产水 530t。措施后,曙 127454XL(二氧化碳强度 2.44t/m,磺酸盐强度 0.21t/m)平均周期产油 821t,产生 775t;杜 813XL(二氧化碳强度 2.7t/m,磺酸盐强度 0.19t/m)平均周期产油 494t,产生 529t。

(5)措施效果与注气压力的关系。

周期结束 81 井次中,压力上升或持平的 50 井次,占总井数的 61.75,所以二氧化碳三元复合吞吐采油技术起到了一定的纵向调剖作用。

(6)措施效果与回采水率的关系。

二氧化碳三元复合吞吐采油技术能够大幅度提高油井回采水率。

从上面的统计结果不难看出,二氧化碳三元复合吞吐采油技术取得了一定的措施效果,值得在超稠油开发中推广应用。

3. 氮气驱油藏应用实例

某油田是井组注 N_2 三次采油的实验基地。生产层是雾迷山组碳酸盐岩裂缝性油藏,平均深度为 3009.5m,大部分油井采用裸眼完井平均裸眼段长度 38.87m,油层温度 118℃,原始油层压力系数为 1.014。经过 11a 的注水开发之后,进入近水驱开发的结束阶段,表现为油田开发程度高、地下水淹体积大,产量继续递减及措施效果进一步变差。1994 年开始现场注 N_2,1996 年 3 月开始试采。试采初期产量高,含水率低。随生产时间的延长含水率一直保持较低水平,产油量仍然较高。而未进行气驱的油井,表现为高含水率,且含水率上升快,产量递减快。

综上所述,气体混相驱在国外是一种采用较广泛的强化采油技术,我国有些油田也适合注气,并且已经进行了一些现场试验。能否实现混相,不仅仅取决于油藏及设备条件,同样也取决于有无气源。混相物质的选择,除了要求技术上是可行的,更重要的还要在经济上可行。二者必须兼备。由于烃类气体是重要的、昂贵的化工原料,而非烃类气体中的 N_2 混相压力又极高,不易实现混相驱。因此,混相驱的气体主要采用 CO_2。

第四节　稠油热采技术

一、蒸汽吞吐

蒸汽吞吐是 20 世纪 50 年代后期在委内瑞拉的美内格朗德的蒸汽驱小型试验时偶然发现的。当时为了试图减少地层压力而打开一口蒸汽注入井来采油,油却出人意外地以每天 100 ~ 200bbl 的速度产出,这是世界上第一口"蒸汽吞吐"井。随着试验的成功,该方法在世界范围内被广泛地用于稠油和沥青的开采中。60a 后的今天,蒸汽吞吐方法仍是开采稠油和沥青的重要强化采油方法,尤其是在中国,仍有 80% 的稠油产量是靠蒸汽吞吐工艺获得的。

1. 稠油油藏蒸汽吞吐开采方式

蒸汽吞吐是在同一口井中,先以较高的速度注入大量的蒸汽,然后关井焖井,在焖井数日后开并排液采油。蒸汽吞吐是周期性的,当采油速度低于一定的值后再重复开展下一轮次的蒸汽吞吐。注入的蒸汽量因油层厚度、原油黏度、地层压力等而异。对于不同原油黏度的稠油,其峰值产量所在的周期不同。图 5 - 20 说明了注蒸汽与生产的循环情况。

1) 注蒸汽阶段

注入蒸汽的数量按冷水当量计算,一般每米油层注入 70 ~ 120t,注入几天到几周，注入蒸汽的干度要尽量高。

2）焖井阶段

注汽完成后立即关井，也称为焖井，焖井时间（一般为 3 ~ 14d）的选择，以向油藏的热传递最大为准，而不是以向盖底岩层的热损失最小为准。

3）采油阶段

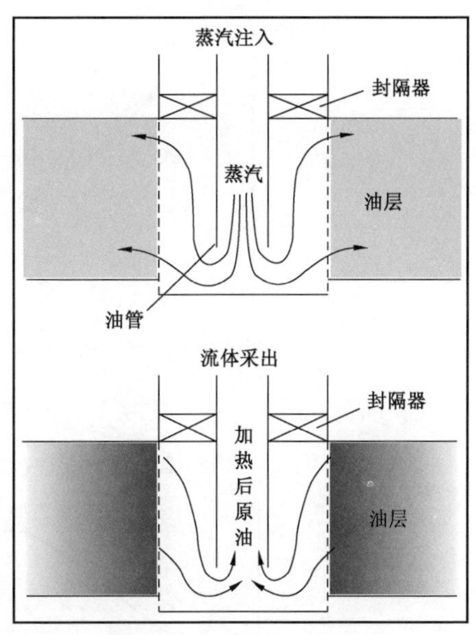

图 5 - 20　蒸汽吞吐生产过程

蒸汽浸泡后，开始采油生产，当油层压力较高时，油井能够自喷生产，装较小的油嘴自喷以防止油层出砂。开井生产最初几天，采出液中含水率很高，但很快就会出现产油高峰，高峰期的产量一般很高，超过常规采油时的几十倍，这正是蒸汽吞吐方法增产的主要时机，一切工艺措施都应追求尽量长的高峰生产期的时间，高峰生产期产出的液体温度较高，通常阶段持续时间几个月到一年以上不等，这也是蒸汽吞吐原油生产的主要时期。

随着采油时间的延长，由于油层中注入热量的损失及产出液带出的热量被加热的油层逐渐降温，流向近井地带及井底的原油黏度逐渐增高，原油产量逐渐下降。当产量降到经济极限产量时，结束该周期的生产，重新进行下一周期的蒸汽吞吐作业。

蒸汽吞吐开采的特点：蒸汽吞吐的开采方式决定了蒸汽吞吐的产量在出现峰值后不断递减。对于普通黏度的稠油，峰值产量一般在第 2 周期；对于超稠油，其峰值产量一般在第 4 周期左右。随后，周期累计产油量会随吞吐周期的增加而递减，而产水量会随吞吐周期递增。当边底水活跃时，蒸汽吞吐的效果会大打折扣。

图 5 - 21 是一普通稠油井不同吞吐周期的生产曲线，图 5 - 22 是一超稠油井不同吞吐周期的生产曲线。

一般认为蒸汽吞吐提高开采效果的机理有两点：一是降低原油黏度和水的黏度，提高油水流动能力；二是清洗井眼及近井地带，改善油井的完善

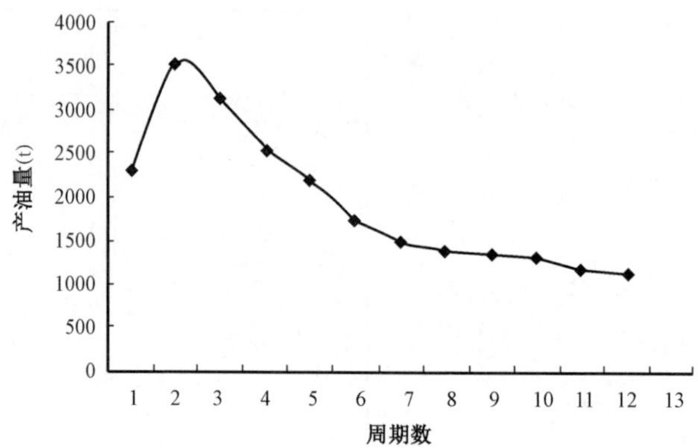

图 5-21　不同蒸汽吞吐周期生产曲线

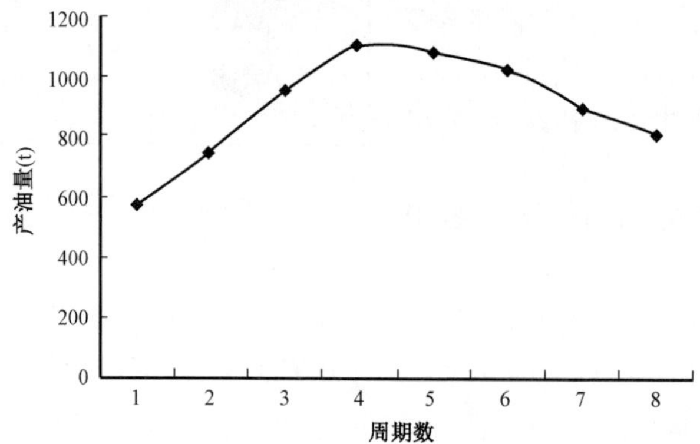

图 5-22　超稠油井不同吞吐周期生产曲线

程度,而后者一般在第1、2个吞吐周期后就不再有大的变化了。

蒸汽吞吐在每个周期都要注进大量的蒸汽,而后又要采出大量的油和水,它是一个不断补充热能和压能的过程,同时又是不断泄压和排出热流体的过程。但它是一个产出量高于注入量、排出流体的热量低于注入流体的热量这样一个油层压力渐次衰竭而油层温度缓慢升高的开采过程,它与自然衰竭式开采不同。

普通稠油蒸汽吞吐的采收率一般在25%左右,不会超过30%,这主要是采大于注、油层压力衰竭造成的。为了提高蒸汽吞吐的采收率,人们采取了两种改进的蒸汽吞吐方式:多井整体蒸汽吞吐和蒸汽+非凝析气体吞吐。

2. 稠油油藏蒸汽吞吐筛选原则

适合蒸汽吞吐的稠油油藏,其筛选条件包括油藏埋深、原油黏度、油层总有效厚度、净总厚度比、储量系数等。表5-9是我国蒸汽吞吐稠油油藏筛选的基本原则。辽河曙1区的超稠油已实现了蒸汽吞吐,其地层脱气原油黏度达到了50000mPa·s,而油层埋深的限制主要受制于井筒的热损失。

表5-9 我国蒸汽吞吐稠油油藏筛选原则

油藏地质参数	一等		二等		
	1	2	3	4	5
原油黏度(mPa·s)	50~10000	<50000	<100000	<100000	<100000
相对密度	>0.92	>0.95	>0.98	>0.92	>0.92
油层深度(m)	150~1600	<1000	>500	1600~1800	<500
油层纯厚度(m)	>10	>10	>10	>10	5~10
净毛比	>0.4	>0.4	>0.4	>0.4	>0.4
孔隙度	≥0.20	≥0.20	≥0.20	≥0.20	≥0.20
原始含油饱和度	≥0.50	≥0.50	≥0.50	≥0.50	≥0.50
储量系数[10^4t/(km^2·m)]	≥10	≥10	≥10	≥10	≥10
孔隙度×原始含油饱和度	≥0.10	≥0.10	≥0.10	≥0.10	≥0.10
渗透率($10^{-3}\mu m^2$)	≥200	≥200	≥200	≥200	≥200

二、蒸汽驱

美国早在20世纪30年代就开展了蒸汽驱采油的尝试,到了60年代开始进入工业化,如美国的科思河油田,1964年将注热水的4口井转为注蒸汽,经过几个周期的蒸汽吞吐后转为蒸汽驱。随后,科思河的蒸汽驱区域不断扩大,蒸汽驱采油技术也不断扩大到其他地区。

1. 稠油油藏蒸汽吞吐开采方式

1)蒸汽驱开采方式

蒸汽驱如同水驱一样由注采井组构成注采井网,注汽井和生产井可按行列式井网或面积井网(五点、反七点、反九点)布井。一般情况下,在蒸汽驱之前要进行蒸汽吞吐,通过蒸汽吞吐可以预热部分地层,并可解除近井地带油层的污染,为汽驱创造有利条件。如果能深入地分析研究蒸汽吞吐过程,还会加深对油藏的认识,为更好地实现汽驱提供新的信息(图5-23)。

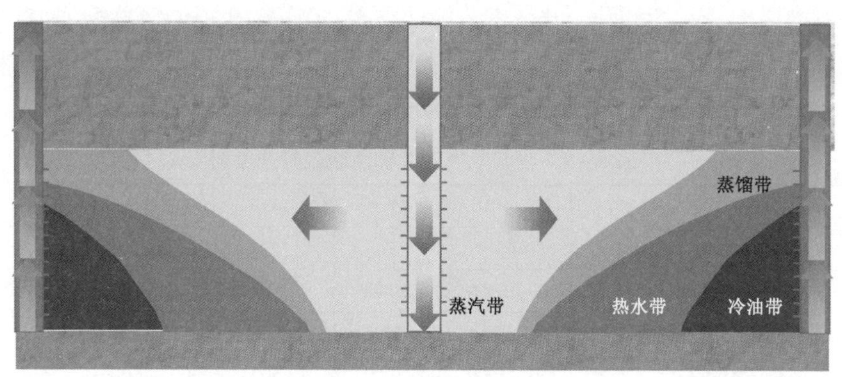

图 5－23　蒸汽驱示意图

2)蒸汽驱开采的特点

蒸汽驱不同于蒸汽吞吐,它是以适当的补充地层能量为前提的,因此蒸汽驱的采收率比蒸汽吞吐的采收率高,经过蒸汽吞吐后,通过蒸汽驱提高的采出程度一般为 30% OOIP 左右,汽驱结束后的总采收率一般在 50% OOIP 以上。

蒸汽吞吐后转汽驱,一般要经历三个过程:汽驱启动阶段、热流体控制阶段以及蒸汽腔推进到生产井后的阶段。汽驱启动阶段是把蒸汽吞吐部分加热的地层进一步扩大到注采井间热连通的阶段,这个阶段因注采井距的大小及转汽驱前吞吐周期的多少而异,一般数月到十几个月,这一阶段的日产油量和生产汽油比都比转驱前吞吐阶段的低。热流体控制阶段是井间热连通后至注入的蒸汽推进到生产井之前的时期,这个阶段日产油量超过蒸汽吞吐时的日产油量,生产汽油比也在提高,这个阶段一般需要数年。在蒸汽腔推进到生产井后,生产井受到汽侵的影响,日产油量明显下降,此外,由于要调整注汽井的注汽量或干度,生产井的产量会受到进一步的影响。图 5－24是科思河油田汽驱三个阶段的生产曲线。

蒸汽驱的采收率尽管较高,但由于注汽过程中地面和井筒热损失、加热的地层向顶底岩层的热损失、蒸汽突进生产井后的蒸汽损失以及采出高温液体的热损失,导致蒸汽驱的累计生产汽油比一般在 0.15 ~0.25 之间,平均采油速度一般在 4% ~6% 之间。

要实现成功的汽驱,在汽驱的三个不同阶段,必须同时满足 4 个条件:合理的注汽速度、合理的井底蒸汽干度、合理的注入压力和地层压力以及合理

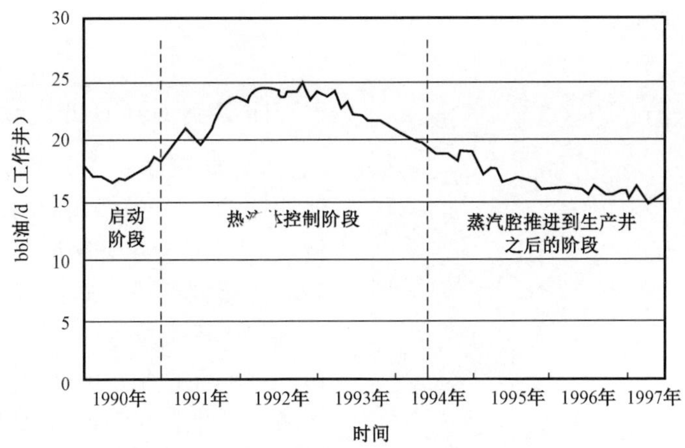

图 5－24　科思河油田蒸汽驱生产曲线

的采注比。这是中国稠油油藏汽驱实践中一项很重要的经验总结。

2. 稠油油藏蒸汽驱筛选原则

适宜气驱的稠油油藏受到油藏深度、油层总厚度、油层净毛比、孔隙度、渗透率、含油饱和度及平面连通性的制约。

表 5－10 是国内外稠油油藏汽驱筛选的原则，由于井筒的隔热工艺所限，汽驱油藏的深度一般小于 1500m；渗透率变异系数小于 0.7 表示油藏平面连通性好；剩余储量丰度由油层的总厚度或 $\phi \cdot S_o$ 获得，它是转汽驱的物质基础。

表 5－10　国内外油藏筛选的原则

油藏参数	国内	国外
油层埋深(m)	<1500	<1500
油层总厚度(m)	>8	>6
$\phi \cdot S_o$	>0.1	>0.1
ϕ	>0.2	—
S_o	>0.45	>0.4
油层净毛比	>0.4	—
渗透率变异系数	>0.7	—
K_h/μ_o[$10^{-3}\mu m^2$/(mPa·s)]	—	>30

三、SAGD

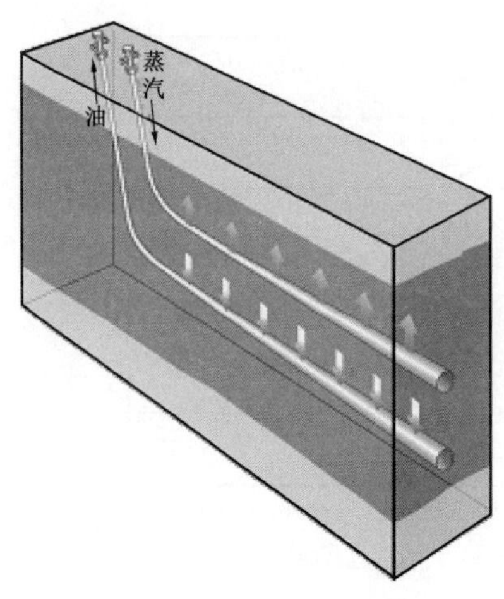

图 5 - 25　SAGD 采油示意图

1. 两种 SAGD 开发方式

SAGD 技术称为蒸汽辅助重力泄油技术,是开发超稠油的一项前沿技术,特别适合于开采原油黏度特别高的特超稠油或天然沥青。双水平井 SAGD 开采技术,顾名思义,需要钻一对平行的水平井,其中一口井位于另一口井上方 5 ~ 7m,如图 5 - 25 所示。

在上面一口水平井中注入蒸汽来加热稠油,降低稠油黏度。对于在地层原始条件下没有流动能力的高黏度原油,要实现注采井之间的热连通,需经历油层预热阶段,形成热连通后,注入的蒸汽向上超覆在地层中形成蒸汽腔,蒸汽腔向上及侧面移动扩展,与油层中的原油发生热交换和热对流,加热并降黏的原油和蒸汽冷凝水靠重力作用泄到下面的生产井中产出。重力作用使流动的油流向下面的水平生产井,注入井和生产井之间通过蒸汽循环和溶剂注入建立联系。利用这种方法开采,估计采收率可达到 50% ~ 70%。但是,地层的层状性严重影响 SAGD 方法的采收率,因为层状地层中物性界面会影响蒸汽腔的扩展。SAGD 技术是开发超稠油最有希望的方法之一。制约常规 SAGD 的一个主要因素是它需要耗用大量的蒸汽,尤其对于油层较薄、质量较差的储层。以 SAGD 为基础的热采技术在向多种方式发展,如蒸汽 + 非凝析气辅助重力泄油技术(SAGP)和稠油注气体溶剂萃取技术(VAPEX)就是其很有前景的衍生形式。在 SAGD 过程中加入非凝结气体(如天然气、N_2、CO_2、烟道气等),注入的非凝结气体在油层的上部聚集,可以降低热损失,减少蒸汽用量,提高汽油比,降低成本。

我国应用 SAGD 技术开采超稠油油藏,已开始工业化推广,主要集中在辽河油田。辽河双平井组合 SAGD 水平井排距为 70m,垂向距离 3 ~ 5m。水平段长度:馆陶油层水平段设计长度 300 ~ 400m 左右,兴 I 组油层 350 ~ 450m 左右,兴 Ⅵ 组油层 350 ~ 400m 左右;辽河油田采用 SAGD 方式开发,2009 年完成年产油 44.1×10^4t,平均日产油 1208t,油汽比为 0.16。

SAGD另外一种布井方式是直井与水平井组合方式，即在油藏底部钻一口水平井，在其上方钻一口或几口垂直井，垂直井注汽，水平井采油，如图5－26所示；还有一种SAGD布井方式是单管水平井SAGD，即在同口一水平井中下入注汽管柱和生产管柱，通过注汽管柱向水平井顶端注汽，使蒸汽腔沿水平井逆向扩展，但是该方法现场试验效果并不理想，已成为历史。

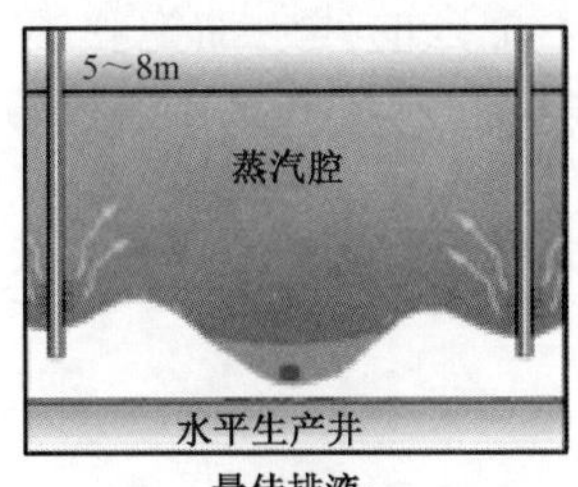

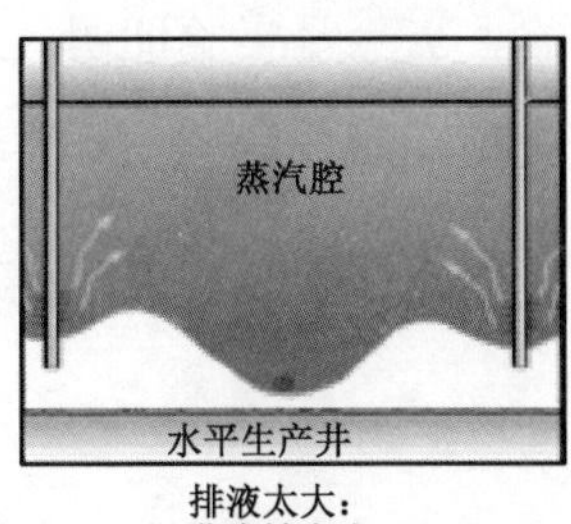

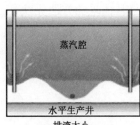

图5－26　直井和水平井SAGD示意图（含排液要求）

2. SAGD驱筛选原则

SAGD尤其适用于开采原油黏度很高的超稠油或者特超稠油油藏，这种油藏在初始条件下根本没有产能，吸汽能力很差，即使利用水平井进行蒸汽吞吐或者蒸汽驱也很难获得较好的开采效果，而SAGD能够经济有效地开采这类油藏，表5－11给出的是根据现场经验确定的适用于SAGD开采的油藏标准。

表5－11　SAGD油藏筛选标准

油藏地质参数	标准	油藏地质参数	标准
油藏深度（m）	<1000	渗透率（$10^{-3}\mu m^{-2}$）	>500
连续油藏厚度（m）	>20	K_v/K_h	>0.2
净毛比	>0.7	地层温度下脱气油黏度（mPa·s）	>10000
孔隙度	≥0.20	原始含油饱和度	≥0.50

四、火驱

火驱是一种在油层内产生热量的热力采油技术，这与把在地面产生的热量用流体送入油层的注热流体方法有显著的不同。在该工艺中，必须点燃油层内的原油并依靠注空气使其燃烧。同任何别的燃烧一样,氧与燃料结合生成二氧化碳和水,并释放出热量。原油组成影响到释放出的能量(热量)大小,如美国加利福尼亚的稠油燃烧时可释放出大约43000kJ/kg,而宾夕法尼亚的原油在燃烧时却可以释放出44700kJ/kg。

火驱又称为地下(层内)燃烧,亦称火烧油层开采法。火驱的驱油效率是其他采油方法无法相比的。实验室实验证明,已燃烧区的残余油饱和度几乎为零,采收率可达85% ~90%;在已实施的矿场火烧油层方案中,采收率亦可以达到50% ~80%。

1. 火驱机理

1)原油的热裂解

在燃烧前缘,油层温度高达300~650℃,高温一是促使原油中的轻质组分蒸发向前推进,二是使留在砂上粒较重的组分产生热裂解,形成气态烃和焦油,气态烃进入蒸发带,而焦油沉积在油砂上成为燃烧过程中的燃料。

2)冷凝蒸汽驱

注入的空气与燃烧带与剩余在砂粒上的焦油燃料起燃烧反应时,生产的产物之一是蒸汽,与燃烧前缘高温使地层共存水产生蒸汽驱一道向前推进,并和前面较冷的油层接触。蒸汽迅速把热量传给地层,使原油黏度迅速下降。增加原油的流动能力,提高驱动能力。

3)烃类混相驱

蒸发带正常蒸馏作用产生的气态烃与燃烧前缘热裂解作用产生的气态烃混合进入凝析带中,由于温度较低而冷凝下来,冷凝的轻质油与地层原油混相,同时传递能量,改善原油的流动性能。

4)气驱作用

在燃烧带形成了一种十分有效的气体驱动。注入的空气与焦油燃烧,生成的气体主要有CO_2、N_2进入蒸发带,一方面和与原油达到混相和非混相,降低原油黏度,改善原油特性,另一方面,可以大大增加油层的能量,提高原油的驱动力。

5)热驱作用

由于油层流体的对流以及岩石的传导,热能可以从燃烧带前缘一直传递到焦油带,同时热量还可以传递到油层下部,使油层均匀加热,这种传递有利于蒸汽驱，大大提高油层的纵向扫油效率。

2. 火驱的形式

火烧油层大致可分为干式正向火烧油层（又称干式向前火烧油层）、湿式正向火烧油层以及反向火烧油层三种方法。在前两者中，注入空气（或其他的含氧气体）的流动方向与燃烧前缘（又称火线）的移动方向相同，故称为正向（向前）燃烧；第三种方法的空气流动方向与燃烧前缘的移动方向恰好相反，故称之为反向燃烧。下面对这三种火烧油层方法进行讨论。

1）干式正向火驱

为了在地下形成燃烧，首先必须点燃地层原油。一些油层的点火可采用自燃法，而另外一些油层可能需要人工加热法点火。有关点火细节将在下一章加以讨论。高温的燃烧前缘随着空气的注入缓慢地离开注入井径向移动。维持油层燃烧除了氧化剂（注入空气或其他不同含氧气体）和足够的温度（高于燃点）外，还必须有燃料。在燃烧前缘前面油层的原油被高温蒸馏和热裂解以后，其中的轻组分烃逸出，沉积在岩石表面上的焦炭状物质成为燃烧过程的主要燃料，因此，正向燃烧法中实际燃烧的燃料不是油层中的原生原油，而是高温蒸馏和热裂解后的富炭残余原油。因燃烧形成蒸发的轻组分烃和蒸汽带着大量热量向前移动，直到它们接触到地层较冷部分产生冷凝为止，只有在这些燃料基本燃尽之后，燃烧前缘才开始向前移动，燃烧过程才能维持下去。所以，油层中这种燃料的含量多少，以及与之匹配的空气需成为燃烧成功与否的关键参量。

油层中干式正向燃烧所形成的不同区带示意图见图 5－27，该图反映出了此种燃烧驱油的各种作用机理。由图可见，从注入井（左端的纵坐标）开始，依次为已燃区、燃烧区、蒸发（裂解、蒸馏）区、凝结区、集水带、集油带和未受影响区。这些区带沿空气的流动方向而运动着，图中上部为饱和度的分布，下部为温度剖面。

（1）已燃区：特点是被空气充满，基本上不含有机燃料（最多含 2% 固态富炭残渣）。一般说来，燃烧温度较高，存在的未经燃烧的燃料数量越少。岩层内砂粒温度较高，空气虽然持续不断流过，因空气的比热容小，故已燃区内仍滞留大量的燃烧反应热。随着离开注入井的距离增加，已燃区的温度也随之增高。

（2）燃烧区：在该区内温度最高。原油中以焦炭残渣形式沉积在岩层砂粒上的重质馏分作为燃料与空气发生剧烈的氧化放热反应，生成燃烧气体

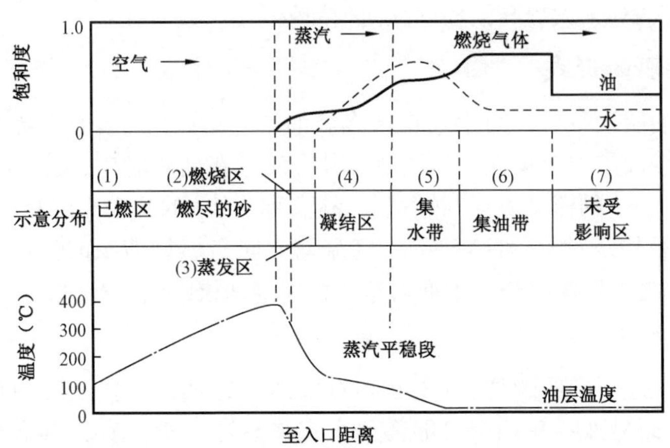

图 5-27　干式正向燃烧过程油层中不同区带示意图

(碳的氧化物),燃烧生成的水一般是以过热蒸汽形式存在。

(3)蒸发(裂解、蒸馏)区:该区的温度低于燃烧区的温度,但还足够高,能使地层原生水变成过热蒸汽,能使轻质烃蒸发、重质烃裂解成油焦和气态烃,并使油焦沉积在砂粒上,作为燃料维持燃烧前缘持续不断地向生产井方向移动,气态烃和过热蒸汽在燃烧前缘的前面移动,这是火烧油层的主要驱油机理。

(4)凝结区:来自蒸发区的气体有两部分,其一是燃烧生成的水和地层原生水在高温下产生的过热蒸汽;其二是蒸馏离析出来的气态烃和裂解反应形成的气态烃。它们进入凝结区后与区内较冷的砂层接触,过热蒸汽把热量传给砂层,其中凝结释放出的潜热热量较大,从而使原油黏度迅速降低、流动性增大;气态烃则与地层原油混合并冷凝,同样增加了原油的流动性,有混相驱替作用。在该区内主要发生的是蒸汽的冷凝相变过程,因此处于饱和温度的两相状态,温度相当均匀,故又称为蒸汽平稳段,段内的温度决定于该段油层的压力。

(5)集水带:在蒸汽凝结前缘的前面(凝结区的下游边界)有一个集水带,区内温度逐渐降低,介于原始油层温度和蒸汽温度之间。集水带的特点是含水饱和度略高于后面集油带内的含水饱和度。其原因一是上游增加含水量,二是该区内的原油流动性好,因而油被驱替出来。

(6)集油带:从上游被驱替出来的全部原油积聚在集油带内,故该区内含油饱和度最高,区内温度则逐渐接近原始油层温度。

(7)未受影响区:该区在集油带的下游。区内温度为原始油层温度,含油和含水饱和度基本上没有变化。随着燃烧前缘从注入井向生产井方向的移动,未受燃烧影响的区域将会逐渐缩小,生产井采出燃烧过程的所有产物:原油、燃烧气体、气态烃和水。

2)湿式正向火驱

湿式正向火烧油层又称为联合热驱或正向燃烧与注水联合。它是在干式正向燃烧一段距离后,待油层内积蓄一定热量时,将适量的水与空气从注入井同时或者交替注入,而油层仍维持燃烧。这样可以提高在上述火烧油层过程中注气井和燃烧前缘之间的热利用效率,因此它是对干式正向燃烧法的重要改进。

依注入水和注入空气比值的大小,又可将湿式正向燃烧分为正常湿式燃烧和超湿式燃烧,更普遍的名称分别为湿式燃烧和局部急冷燃烧。

图5-28为干式燃烧,表示不同的注入水/注入空气比 F_{wa} 情况下燃烧过程的某些特征。图中虚线表示含油饱和度 S_o,阴影线面积表示注水回收热量的多少。不注水(即 $F_{wa}=0$),以此与各种湿式燃烧作比较,可以看出各种湿式燃烧由于比单独用注空气的干烧更有利地利用了热量,燃烧前缘前面的蒸汽区都比较大。

同干式燃烧相比较,湿式燃烧具有如下优点:

(1)蒸汽区的增大导致比较急剧的原油驱替,这样获得一定的原油产量所需的注入空气可以比不注水的干式燃烧少些。此外,由于被驱替的原油量增多,注水引起燃烧所需燃料消耗量的减少也会减少空气需要量。这两个因素使湿式燃烧的空气需要量仅为1/3~1/2,大大改善了火烧油层的经济效益。

(2)注入水流经已燃区时变为过热蒸汽穿过燃烧前缘后,便会与 N_2、CO、CO_2等气体混合,这些混合气体驱替着燃烧带前面的原油,温度也会很快降低,当降到当地蒸汽分压力所对应的饱和温度时,蒸汽凝结释放出大量的潜热,传给蒸汽带内和其前面的原油,使原油黏度迅速降低、流动性增加,这就是火烧油层的一种驱替机理——冷凝蒸汽驱。由于注入水比燃烧生成的水量大得多,因此蒸汽区比干烧区要长得多,冷凝蒸汽驱所占的比例更大些。油井产量反应快、采油速度也会提高。

(3)湿式燃烧采出水的pH值比干烧采出水的pH值高,对减轻生产井腐蚀有利。

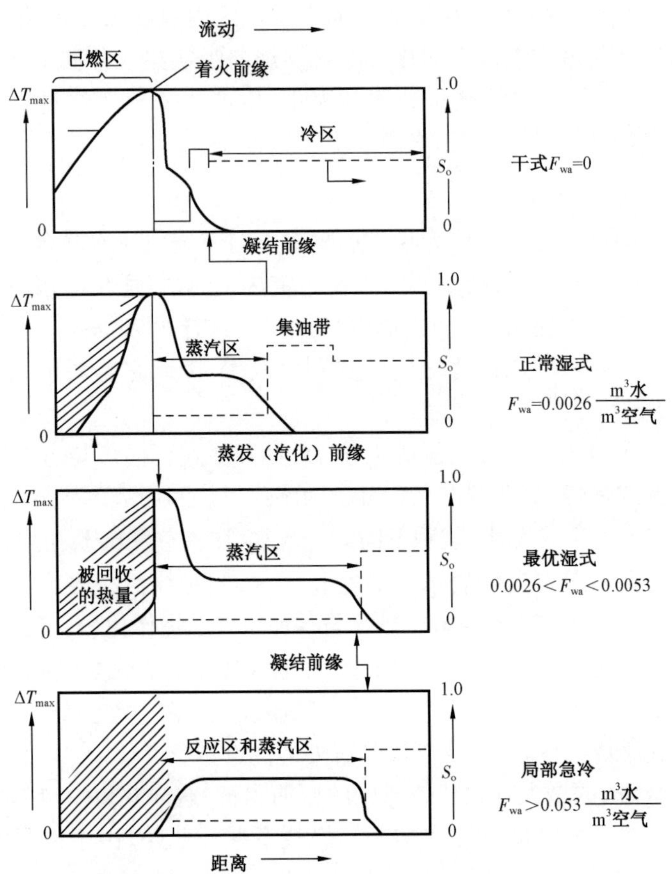

图 5－28　不同燃烧过程的示意图

(4)注水会减轻生产井见火时的高温问题,因而可以简化生产井的井筒结构。

(5)由于空气注入速度降低,而使生产井井筒里的流速降低,这对减轻生产井的砂蚀是有利的。

上述的后三个优点使湿式燃烧比干式燃烧可以使用较多的现成油井(老井)作为其生产井。

但是,并非所有干式燃烧的油藏都可以用湿式燃烧替代的,在下列情况下就不应该或不宜使用湿式燃烧:

(1)对于流动阻力,只要能够接受干式燃烧的油层,不应该采用湿式燃烧,因为额外加进水会使流动阻力增大。

(2)在注入水会与地层中的黏土和其他矿物产生不良反应(如黏土膨胀),而降低油层注入能力的地方不宜采用湿式燃烧。

(3)有严重重力超覆的油藏,尤其是在垂向连通性良好和高渗透率的块状或厚层层段,湿式燃烧的有效性减小。如果想防止较轻的空气与较重的水的重力分离,可在注入井内采用封隔措施,迫使注入水从油层上部进入,而从油层井段的下部注入空气。

3)反向燃烧法

作为火烧油层的一种变化形式的反向燃烧法,旨在弥补正向燃烧的第一个缺点,即采出的原油必须要通过油藏的原始温度区。如果原油的黏度很高时,会发生液体堵塞,过程可能就此中止。图5－29是反向燃烧过程的原理示意图。燃烧前缘移动方向与空气流动的方向相反。燃烧是从生产井开始的,燃烧前缘由生产井向注入井方向迎着空气流而移动。被驱替的原油必须经过正在燃烧的燃烧区和灼热的已燃区。

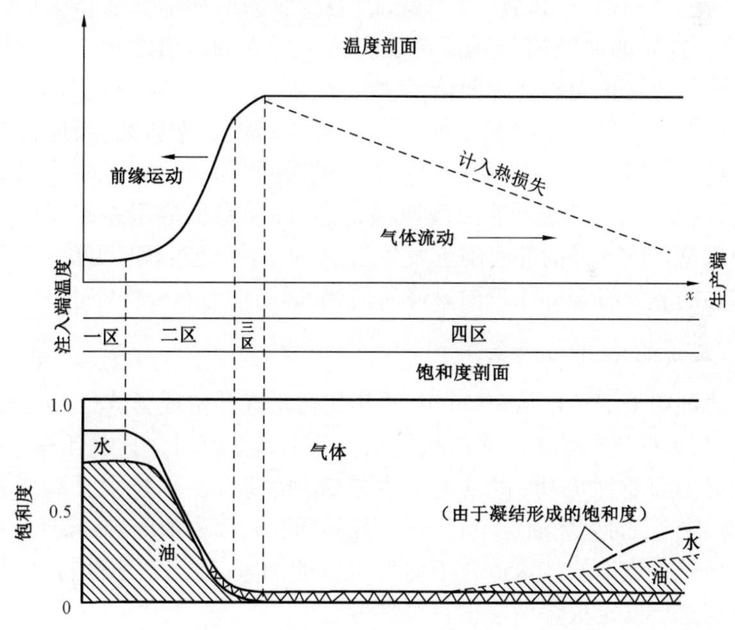

图5－29　反向燃烧过程原理示意图

从注入井(上游)到生产井(下游)可分为四个区。

一区:油层保持原始状态,但被注入的空气所扫过。如果油层温度高,原油容易氧化,就会发生低温氧化反应。

二区:由于下游为高温的燃烧区,热传导使二区的温度由左至右逐渐升高,氧化速度也随着增大,并发生下述现象:油层中的原生水汽化,原油轻馏分的蒸发(馏)和一些烃类的氧化裂解。蒸汽和液态馏分被注入空气带向下游(三区),同时形成焦炭残渣(原油的重质馏分)。

三区:燃烧区。温度达到最高值,高温氧化反应(燃烧)耗尽一、二区反应未用完的氧气。

四区:已燃区。没有燃烧掉的重质馏分(焦炭沉积)留在岩石上,所有燃烧产物、N_2、和蒸发的轻质油最后都流经四区至生产井。该区基本上仍为燃烧前缘温度,但考虑到上下岩层的热损失,实际温度如图5-29中虚线所示,同时导致原油轻质馏分和蒸汽的凝结。

由上述可知,反向燃烧是一种利用分馏和蒸汽传递(热量)作用来开采完全不能流动原油的过程,或者说,反向燃烧能用于正向燃烧不可能有效的油藏,如沥青砂矿等的开采。

反向燃烧不如正向燃烧效率高,因为需要的原油馏分已作为燃料被烧掉了,而不需要的原油馏分残留在燃烧前缘后面的区带之内。反向燃烧需要的气量大约是正向燃烧的两倍。

反向燃烧的另一个问题是原油非常容易自燃。据研究,当原油在室内温度环境下暴露于空气中10~100d氧化的时间与原油性质有关。如果没有热损失,温度会上升,很可能出现原油自燃,即便是反应很差的原油也是如此。如果是在注入井的井底附近发生自燃,正向燃烧过程即开始了,而反向燃烧需要的氧气将全部被正向燃烧所消耗,因而反向燃烧将停止。

3. 火驱的选井与选层

火烧油层采油技术从20世纪50年代初正式开始现场试验,至今已有数十年历史,大约进行了160多次现场试验与工业性应用。其中有些项目已取得了明显的商业性成功,积累了不少的成功经验,工程技术日趋成熟。但是,也有相当多的火烧油层项目未获得经济效益,以失败而告终。

下面就火烧油层技术适合于何种类型的油藏、油层及原油特性,供读者在选井与选层确定火烧油层项目时参考。

1)油藏对火驱的适应性

(1)一次采油或者二次采油后含有饱和度比较高的的油藏,采用火烧油层成功的可能性比较大。

(2)适用于水驱开发后的油藏。

水驱开发后的油藏其主要问题是含油饱和度低(稠油油藏则可能很高)。无论选用哪种开采方法,都必须使用一种昂贵的流体来驱替大量可流动的水,同时将残余油集中起来。例如在胶束驱油过程中(适合于轻质原油),开始产油之前必须注入超过0.2倍孔隙体积的胶束。相比之下,空气则是较为经济的流体。同时,燃烧前缘对残余油的驱替作用亦很有效。因此,水驱开发后的油藏也适合选择火烧油层开采方法。

(3)适用于开发底水油藏。

当存在水区甚至在水驱情况下,注蒸汽是有问题的,而火烧油层却是有吸引力的开采方法。水区的厚度、水平和垂直渗透率是关键性因素,对火烧油层也如此,只不过其敏感性低多了。

(4)适用于开发沥青砂和稠油油藏。

(5)适用于需要高温的油藏。

油页岩的加工就是这样一种应用。油页岩的地下蒸馏或采油,或通过油页岩、焦油砂岩的裂缝进行火烧是开采非常规烃类矿源的唯一办法。地下煤的气化也是类似的另一种应用,在此种情况下,高温地下燃烧也是唯一方法。

2)适宜于火烧油层的油层厚度

油层厚度影响到火烧油层方案的成败。一般说来,在薄油层中应用火烧油层成功的可能性较大。一般认为油层厚度以3~15m为宜。

3)适宜于火烧油层的油层深度

从已经实施的方案来看,火烧油层对油层深度似乎没有严格的限制。但是,若油层太浅时,其封闭性一般较差,注气压力易高于油层破裂压力,造成空气向上窜流,从而影响火烧油层效果。井深以后,则必然增加作业成本。目前火烧油层采油方案曾在35~3581m的深度范围内取得过成功的试验。一般认为,油藏的埋藏深度在100~1500m时适合于采用火烧油层技术。

4)适合火烧油层的油层物性及原油物性

(1)油层具有适当的孔隙度和均质性。

在高重度油藏中,火烧油层成功的因素是油层具有较高的孔隙度,含低挥发性原油,且为纯砂岩。一般说来,油层孔隙度需大于20%。委内瑞拉的实践经验表明,非均质砂岩会导致燃烧前缘选择性地向前移动,因而降低了火烧油层的面积驱油效率。

(2)油层应具有高渗透率和高原油饱和度。

在美国南得克萨斯的火烧油层试验表明,火烧油层方案成功的原因是油层的原始含油饱和度、渗透率比较高,在这样的油层中进行火烧油层采油时,需要的空气量和燃料亦相对较低。美国矿业局从过去的失败中认识到,点火井附近缺乏足够的燃料是导致方案失败的主要原因。因此,提出了在每次试验点火期间,提高空气注入速度和温度,可以使点火井井底附近所需的含油饱和度降低。含油饱和度大于30%即可维持燃烧。对于稠油油藏,油层渗透率应大一些。对于稀油油藏,油层渗透率可适当低一些,一般应大于0.025μm^2。

(3)原油物理性质。

一般说来,原油应含有足够的重质成分,且氧化性好,油层条件下密度为0.802~1g/cm^3、黏度为2~1000mPa·s的原油适合于选用火烧油层开采。

第六章　开发经济评价

油气田开发决策多属于风险型和不确定型决策，开发项目普遍具有资金密集、技术密集和高风险的特点。油气田开发方案的可行性分析是合理开发油气田项目的基础，对编制出的每个开发方案不但要进行技术评价，更要论证其经济上的合理性和可行性；要实现决策的科学化，减少和避免决策失误，提高投资的经济效益。

油气田开发是指油田开发的全过程，即从油气田建设到投产开始直到油气田报废为止的整个寿命期的勘探、钻井、采油（气）油气集输等活动。油气田开发工程通常需要大量的投资，钻井、采油（气）油气集输等各种工艺需要购置大量的设备以及需要进行大量的产能建设。从油气工程开发的趋势发展看，开采难度和风险都将越来越大，开发项目投资的经济效果很大程度上取决于地质条件、自然环境条件。油气田开发时间一般持续十几年甚至几十年，因此，初期投资决策的正确与否有着长期的影响。凡此种种，都要求我们必须高度重视油气田开发方案的可行性研究，认真进行油气田开发方案的经济评价与分析。

在油气田开发方案的技术经济评价中，既要从企业的微观角度分析油气田的经济效益，也要站在国民经济的宏观角度论证油气田开发的经济效益。因为一个油气田的开发不仅给油气田企业带来效益，而且往往对国民经济其他部门及地区经济的发展都有重大的影响。所以，分析论证工作要充分考虑这些方面。当论证项目的国民经济效益时，应将油气田的开发与其他能源工业的开发、石油炼制、化工的发展以及当地其他经济的发展结合起来，统一考虑。

在实际工作中，有一些油气田的局部经济效益并不显著，但从国民经济角度衡量却比较有利，此时虽开发投资或操作费用较大，企业盈利较小，但从整体考虑仍应开发。例如，某些边远地区的小油气田或海上的边际油气田以及稠油开发均属此列。此时为了解决边远地区用油，合理利用资源，国家常常采取必要的鼓励措施，支持其开发。

第一节　投资估算

投资估算主要包括:钻井工程投资、采油工程投资、地面建设工程投资、开发建设期借款利息及流动资金投资等部分。

开发项目总投资主要是指油气田在探明储量后,开始开发建设所发生的投资。因此探明储量后建设期前发生的投资就属于勘探投资。对开发项目来说,这部分投资不再计入以后的开发投资中。另外在生产期内进行扩边、加密等局部勘探工作所发生的追加投资,从简单再生产投资中列支,开发建设投资中不再追加这部分勘探费用,开发项目总投资具体由以下几部分构成。

一、钻井工程投资

$$钻井工程投资 = 开发准备费 + 开发井投资 + 开发装备投资 \tag{6-1}$$

(1)开发准备费,主要包括项目的资料录取、数据处理、方案编制及可行性研究、咨询评估等前期工作费,一般以实际发生值和经验估算法进行费用估算。

(2)开发井投资为:

$$开发井投资 = 钻井进尺 \times 每米进尺成本 \tag{6-2}$$

$$钻井进尺 = 平均井深(m) \times 钻井井数(口) \tag{6-3}$$

钻井数应由开发方案确定,并考虑开发井成功率和一定的后备井数量。

(3)开发装备投资,主要包括采油、作业、试油等队伍装备。一般应开列设备清单,根据需要严格估算投资。

二、采油工程投资

采油工程投资主要包括设备配套投资、试验及攻关配套工艺技术资金、油井后期酸化压裂等资金,包括油气集输工程、注水气工程、储运工程、轻烃回收工程、供电工程、供排水、通信、道路、计算机工程、后勤辅助、矿区建设、环保、节能、非安装设备购置及其他工程投资。

三、地面建设工程投资

地面建设工程包括油气集输工程、注水气工程、储运工程、轻烃回收工程、供电工程、供排水、通信、道路、计算机工程、后勤辅助、矿区建设、环保、节能、非安装设备购置及其他工程投资。

四、开发建设期借款利息

建设期利息指固定资产投资借款建设期利息，是工程成本的一部分。建设期利息为建设期各年利息之和。在计算时要根据贷款机构的贷款条件、发放时间、利息计算方法（单利或复利）利率等进行计算。

五、流动资金投资

开发项目流动资金投资估算，一般是按经营成本的25% ~35%进行估算，或按占固定资产原值的1% ~5%进行估算。

第二节　经济评价依据

项目经济评价采用现金流量法，在油藏地质、油藏工程、钻井工程、采油工程和地面工程等研究成果的基础上，根据国家现行财税制度和价格体系，结合该油藏的实际情况，对开发方案的投资和采油成本费用进行详细估算，对开发方案进行财务评价及不确定性分析，为项目投资决策提供科学的依据。编制依据如下：

（1）开发方案地质油藏工程方案；

（2）钻井工程方案；

（3）采油工程方案；

（4）地面建设工程方案；

（5）《石油工业建设项目经济评价方法与参数》（2007）；

（6）《中国石油天然气集团公司建设项目经济评价参数》（当年）；

（7）近两年实际油气生产成本费用等有关财务资料。

第三节 经济评价参数

一、原油成本与费用估算

成本与费用指油气田企业在生产经营活动中所发生的全部消耗,包括油气产品开采成本、管理费用、财务费用和销售费用。油气田企业生产过程中实际消耗的直接材料、直接工资、其他直接支出和其他开采成本等计入产品开采成本;发生的期间费用包括管理费用、财务费用、销售费用,作为当期损益,直接从当期销售收入中扣除,不计入产品开采成本。成本与费用估算应说明必要的依据和范围,对计算结果要有简要明了的分析。

1. 油气产品开采成本

按成本项目划分,包括以下内容:

(1)材料,指油气井、计量站、集输站、集输管线以及其他生产设施在生产过程中直接消耗的材料。可根据经验统计数据,用油气产量和吨油材料费指标进行测算,也可以按材料占总本的比重进行估算。

(2)燃料,指采油、采气过程中直接消耗的各种固体、液体、气体燃料,可用年燃料消耗量和燃料价格进行估算。

$$\text{年燃料消耗量} = \text{年油气产量} \times \text{单位产量燃料消耗定额} \quad (6-4)$$

(3)动力,指采油、采气过程中直接消耗的电力等,可按年耗电量和电价进行估算,也可用油气产量和每吨油气消耗的动力指标测算。

(4)生产人员工资,指直接从事生产的采油队、集输站等生产人员的工资、奖金、津贴和补贴,可按生产工人人数和年工资水平进行测算。

(5)职工福利费,指按生产人员实发工资总额14%提取的职工福利费。

(6)折旧费,指油气井、计量站、集输站、管线、房屋建筑物以及其他生产设施(不包括注水注气、井下作业设施、轻烃回收站、油气处理设施等)按规定提取的折旧费。

(7)注水注气费,指为保持油气层一定压力,提高采收率,对地层进行注水注气所发生的一切费用(包括注水井、注气井的折旧在内),可按年注水注气量和单位注水注气费进行测算。

(8)井下作业费,指为维护油气井正常生产,采取各种井下作业技术措施，如压裂、酸化、挤油、补孔、化堵、修井等所发生的一切费用（包括各种设施的拆旧在内）。按下式计算：

$$井下作业费 = 生产井井数 \times 单井年平均作业次数 \times 每井次平均作业成本 \quad (6-5)$$

（9）油田维护费，指为合理开发利用油气资源，减缓油气递减速度，维持油气田的简单再生产，按规定支出的各种维护费用。

（10）储量使用费，指按国家规定标准提取的原油和天然气的储量使用费。具体计算时，原油按国家规定（100 元/t）计取；天然气可依据已经发生的勘探费用和追加的勘探投资进行估算，并报有关部门审定。

（11）测井试井费，指油气生产过程中为掌握油气田地下油气水分分布动态所发生的测井、试井费用，可按测井、试井工作量和单位费用金额进行测算。

（12）修理费，指固定资产和低值易耗品发生的大、中、小修理费。测算时，大修理费可按折旧总额的 50% 为提取额度，分期摊销，并可根据修理工作量的变化与实际需要有一定幅度的调整；中小修理费，可根据历史的统计资料、设备修理程度等情况适当取值。

（13）热采费，指稠油、高凝油生产过程中，采取蒸汽吞吐等热采方式所发生的一切费用，包括造汽、吞吐、注汽、下隔热管、保温等各项费用在内，可用所注蒸汽量和每吨蒸汽的造气费用来进行估算。

（14）轻烃回收费，指从原油和天然气中回收凝析油和液化石油气所发生的费用，包括各种装置的折旧在内，可按轻烃回收量和单位轻烃回收费进行测算。

（15）油气处理费，指原油脱水、含油污水脱油、回收以及净化天然气所发生的一切费用，包括各种装置的折旧在内，用油气处理量和原油三脱费、天然气净化单位成本进行估算。

（16）其他开采费用，是指油气生产单位包括采油厂（分厂）、矿场（大队）为组织和管理生产所发生的各项费用，可用占开采成本的适当比例进行测算。

2. 管理费用

管理费用是指石油管理局一级的行政管理部门为管理和组织油田生产经营活动所发生的各项费用，包括管理局经费、工会经费、职工教育经费、劳动保险费、待业保险费、董事会费、咨询费、审计费、诉讼费、排污费、绿化费、税金、土地使用费、矿产资源补偿费、土地损失补偿费、集输公司开发费、无形资产摊销、业务招待费、坏账损失、存货盘亏、毁损和报废以及其他管理费用。

3. 财务费用

财务费用指企业为筹集资金而发生的各种费用,包括生产经营期间发生的利息净支出、汇兑净损失、调剂外汇手续费、金融机构手续费以及筹资发生的其他财务费用。

4. 销售费用

销售费用指企业在销售产品、自制半成品和提供劳务等过程中发生的各项费用以及专设销售机构的各项经费,包括应由企业负责的运输费、装卸费、包装费、保险费、委托代销手续费、广告费、展览费、租赁费、销售服务费、销售部门人员工资、职工福利费、差旅费、办公费、折旧费、修理费、物料消耗、低值易耗品摊销及其他经费。为简化计算,可按销售收入的0.2% ~ 0.5%估算销售费用。

5. 成本与费用、经营成本费用

$$\text{成本与费用} = \text{油气产品开采成本} + \text{管理费用} + \text{财务费用} + \text{销售费用} \tag{6-6}$$

$$\text{经营成本费用} = \text{成本与费用} - \text{折旧} - \text{摊销费用} - \text{利息支出} - \text{储量使用费} \tag{6-7}$$

经营成本费用属经常性支出,何时发生,就何时计入,不作分摊。因此,经营成本费用中不应包括一次性支出并已计入现金流出中的投资(以折旧形式回收)摊销费、借款利息支出等费用,避免重复计算。

6. 固定成本和可变成本

成本与费用按其与油气产量变化的关系可分为固定成本和可变成本。

固定成本是指油气产量在一定幅度内变化时,不随产量变化而变化的费用。经济评价中固定成本包括:生产工人工资、职工福利费、折旧费、修理费、其他开采费用、财务费用、管理费用(不包括矿产资源补偿费)等。

可变成本是指随油气产量变化而变化的费用。在经济评价中,可变成本包括:材料、燃料、动力、注水注气费、井下作业费、油田维护费、储量使用费、测井试井费、热采费、轻烃回收费、油气处理费、销售费用、管理费用中的矿产资源补偿费等。

其中销售费用是介于固定成本和可变成本之间的半变动成本,为处理方便,可计入可变成本中。

进行成本估算时,考虑油气项目生产期较长,可按估算时的价格进行测算,不考虑物价上涨因素,但要考虑生产期内相对价格的变化和因工作量增加而引起的费用增加。

7. 管道输油气成本

管道输油气成本包括外购燃料、外购动力、输油气损耗、生产工人工资及职工福利费、修理费、折旧费、摊销费、利息支出(包括流动资金贷款利息和生产期的长期借款利息)及其他费用(包括泵站管理费、输油部门管理费等)。

$$外购燃料费 = 设计需要量 \times 外购燃料价格 \tag{6-8}$$

$$外购动力费 = 设计需要量 \times 外购动力价格 \tag{6-9}$$

$$输油气损耗 = 输油气量 \times 损耗率 \times 油气价格 \tag{6-10}$$

除上述几项外,其他项目取值可采用油气成本对应项目进行估算。

二、利税指标

1. 销售收入

原油(气)销售收入是指开发方案销售原油(气)所获得的收入,计算公式如下:

$$原油(气)销售收入 = 年油(气)量 \times 油(气)商品率 \times 油(气)价格 \tag{6-11}$$

油气商品率按照要求,参照本油田或类似油田的统计资料确定。原油和天然气价格按照当前国家计委关于调整原油、天然气、成品油价格的有关规定及国家计委其他有关文件的通知执行。其他油(气)伴生产品采用市场价。以上价格均按含税价计算。

2. 销售税金及附加税

按照现行规定,销售税金及附加主要有流转税(增值税、营业税、消费税)、城乡维护建设税、教育费附加、资源税。

第四节　经济评价方法

一、经济评价方法

常用的经济评价方法有以下四种:投资回收期法、净现值法、获利指数法和内部收益率法。对于调整方案的经济评价,由于和已存在的投资、成本和费用掺和在一起,多采用增量法计算,即只考虑费用追加部分。油气田开发方案比较的经济指标主要有:财务净现值(FNPV)、财务内部收益率(FIRR)、投资回收期、投资利润率、投资利税率、资本金利润率、差额投资内部收益率、差额投资净现值、年值法、净现值比率法、费用现值法等。

开发调整方案和三次采油提高采收率方案是在开发多年的老油田进行的改造设计,与新油田的经济评价不同,其资金投入是在原有工程的基础上增加的工程投入,相应增加的原油产量也是在原有工程投入和新增投入两个因素作用下产生的,因此,经济效益评价常采用"增量法",对项目的效益和费用采用增量计算,以计算的增量经济指标作为评价的依据。

二、基本步骤

油气田开发方案经济评价工作一般按三步走。

1. 数据收集与整理

数据收集与整理主要内容有:

(1)调查油气田勘探简史和方案立项依据。

(2)收集评价方案的地质工程数据。

(3)了解产品结构、配产指标及销售市场方面的信息。

(4)收集、整理与评价对象有关的投资、费用数据和成本定额数据。

(5)分析资金来源,确定合理的筹资方式。

(6)确定方案经济评价的层次与要求。

(7)确定方案经济评价的参数与取值。

2. 计算工作

油气田开发方案的经济评价计算结果应包括如下几个方面:

(1)方案的各类参数。

(2)辅助计算表。

(3)基本计算表。

(4)不确定性分析图表。

(5)文本资料等。

三、经济报告编写

油田开发方案经济评价结果报告是经济评价工作成果的集中表现,编写的经济评价报告应符合规范,内容系统全面,计算的依据定额可供考察,分析结论应具有科学性,反映客观实际。其工作一般程序见图6-1。

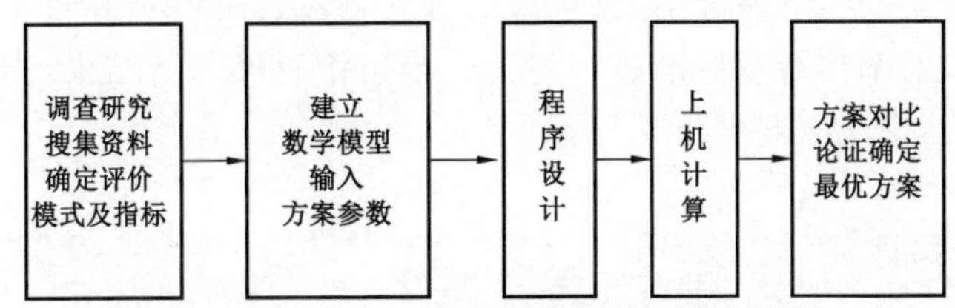

图6-1 油气田开发方案经济评价程序

在进行经济评价以及风险性分析时,需要作出经济评价表格,油田在进行经济评价的时候,有选择性地选择,并在对开发方案进行综合分析的基础上,阐明评价结论。

第五节 经济评价敏感性分析

为了考察项目的抗风险能力,一般选取产量、油价、经营成本、固定资产投资等不确定性因素,对开发方案开展敏感性分析和临界点分析。

敏感性分析,通常也称优化后分析,对投资项目来说,它是通过分析投资规模、生产经营期、产销量、市场价格和成本水平等主要因素一旦变动对净现金流量 NCF 或净现值 NPV 的影响程度的方法。它所涉及的问题是“如果事情不像预料的那样,会发生怎样的变化?”

敏感性分析能对优先方案中各因素变动引起该方案总的经济效益变动程度进行分析,通常把不确定性的各因素区分为高度敏感、中度敏感和不敏感类,以便对其中敏感性强的因素给予足够的注意并进行严密地监控。进行敏感性分析还能对各项因素变动到什么程度才会影响到方案的最优性以及是否需要重新对方案作出优选,以便进行及时调整作出决定。

由此可见,敏感性分析方法的运用,不仅使人们监控各因素变动的注意力得以合理的分配,更重要的是当各因素变动尚未达到足以影响方案最优性之前,不必将整个决策方案推翻重新进行技术经济分析,从而极大地简化了分析工作。

第六节　经济评价结果

给出方案的经济评价结果,包括内部收益率、净现值,并将方案的税后财务内部收益率与行业标准进行对比。给出敏感性分析结果,指出该方案抗风险能力,论述该方案经济上是否可行。

第七节　实　　例

以某区块为例,经过经济评价和参数敏感性分析,经济评价的原则和有关参数标准依照《石油工业建设项目经济评价方法与参数》(第 2 版)及 2005 年出版的《中国石油天然气股份有限公司建设项目经济评价参数》的规定取值,采用常规的经济评价方法进行评价。

一、经济评价的依据及方法

该区块经济评价的依据及方法见表 6 - 1。

表 6 - 1　经济评价基础参数表

参数	数值	参数	数值
评价期(a)	10	长期贷款利率(%)	5.508
不含税原油价格(元/t)	2440	流动资产贷款利率(%)	4.86
基准收益率(%)	8	固定资产折旧(a)	10
商品率(%)	95	增值税率(%)	17
所得税率(%)	15/33	资源税(元/t)	30

二、投资估算与资金筹措

1. 钻井投资

钻井投资主要是开发井的投资，按开发井成本进行估算。油井压裂投产，水井不压裂，压裂费用包含在单井钻井成本中。

直井平均井深 1750m，直井钻井成本 2772 元/m，见表 6－2。水平井投资数据，见表 6－3，300m 水平井长度平均井深 2190m，压裂 3 条缝单井水平井压裂费用 500×10^4 元，平均水平井单井钻井成本 7100 元/m。

表 6－2　某区块直井投资数据测算表

项目	数值	项目	数值
井深(m)	1750	投产单位成本(元/m)	528
钻井单位成本(元/m)	1876	管理费(元/m)	100
录井单位成本(元/m)	65	综合单位成本合计(元/m)	2772
测井单位成本(元/m)	203		

表 6－3　某区块水平井投资数据测算表

项目	数值	项目	数值
井深(m)	2190	射孔成本(元/m)	493
射孔长度(m)	240	射孔投资(10^4 元)	108
钻井成本(元/m)	4041	压裂费用(10^4 元/3 条缝)	600
钻井投资(10^4 元)	885	钻井总成本(10^4 元)	1555
录井投资(10^4 元)	24	钻井综合单位成本(元/m)	7557
测井投资(10^4 元)	38		

2. 地面建设投资

地面建设工程投资主要包括：集输油工程、注水、消防、给排水工程、供电工程、井口工艺、站外系统等。

概算产能地面建设总投资 6.0100×10^4 元，各方案的经济评价按照井数及总投资进行劈分和相应的调整。

3. 流动资金

按经营成本的20%计算,流动资金采用"分项详细估算法"。

4. 建设期利息

建设期2a,开发投资资金来源55%自筹,45%贷款,贷款利率5.508%。

三、成本估算

以2005年某采油厂单位采油成本为依据,成本定额估算见表6-4。

表6-4 某厂成本定额估算表

项目	数值	项目	数值
材料费(10^4 元/井)	2.77	油气处理费(元/t液)	19.00
燃料费(元/t油)	0.28	轻烃回收费(元/t)	0
动力费(元/t液)	2.28	运输费(元/t油)	300
生产人员工资(10^4 元/井)	7.6	其他直接费(元/t油)	10.59
提取福利费(10^4 元/井)	0	厂矿管理费(元/t油)	11.91
驱油注入费(元/t水)	0.14	销售费用(元/t油)	70
井下作业费(10^4 元/井)	22.23	管理费用(元/t油)	37.2
测井试井费(10^4 元/井)	3.45	财务费用(元/t油)	6.31
维护及修理费(10^4 元/井)	4.64		

四、损益计算

1. 销售收入计算

根据原油商品量和销售价格计算,油价按40美元/bbl。

2. 销售税金计算

(1)增值说:

$$增值说 = 销项税 - 进项税 \tag{6-12}$$

销项税 = 销售收入 /(1 + 税率) × 税率(税率为 17%) (6 - 13)

进项税:从成本中分项扣除,计算中按三大类扣除。

材料、燃料、动力:按 100% 的比例从费用中扣除。

修理费:按 50% 的比例从费用中扣除。

井下作业费、注入费、原油处理费按 30% 的比例从费用中扣除。

(2)资源税:按 30 元/t 征收。

(3)所得税:根据《中国石油天然气股份有限公司建设项目经济评价参数》的有关规定,吐哈油田特低渗油田取值 2010 年前按应纳额的 15% 征收,之后按 33% 征收。

(4)净利润:

净利润 = 销售收入 - 成本 - 销售税金 - 资源税 - 所得税 (6 - 14)

(5)年平均投资利润率:

年平均投资利润率 = 年平均净利润 / 总投资 × 100% (6 - 15)

(6)年平均投资利税率:

年平均投资利税率 = (年平均净利润 + 年平均利税)/ 总投资 × 100% (6 - 16)

五、推荐总体开发方案经济评价

1. 方案基础数据

方案总井数 640 口,油井 450 口,水井 190 口,利用探井和评价井 21 口,已完钻开发井 51 口,新钻井 568 口。单井产能 2.9 ~ 9.2t,建产能 68.8×10^4t,采油速度 1.7%。

2. 投资数据表

直井钻井成本 2772 元/m,井深 1750m,平均单井地面投资 87×10^4 元。开发试验区水平井成本 7557 元/m,计算钻井投资 307236×10^4 元,地面建设投资 60100×10^4 元,投资合计 360377×10^4 元,见表 6 - 5。

表 6-5 直井方案投资数据表

项目	数值	项目	数值
井数(口)	640	钻井投资(10^4 元)	300277
井深(m)	1750	地面投资(10^4 元)	52855
钻井成本(元/m)	2772	投资合计(10^4 元)	360377

3. 经济指标计算

直井方案计算内部收益率 18.93%，财务净现值 137872×10^4 元，动态投资回收期 5.28a，利润率 8.16%，利润额 360935×10^4 元，利税率 12.5%，利税额 506665×10^4 元，百万吨产能直接投资 51.33×10^8 元，见表 6-6。

表 6-6 直井方案经济评价结果表

项目	数值	项目	数值
内部收益率(%)	18.93	利润额(10^4 元)	360935
财务净现值(10^4 元)	137872	利税率(%)	12.5
动态投资回收期(a)	5.28	利税额(10^4 元)	506665
利润率(%)	8.16		

4. 不确定性分析

(1)盈亏平衡分析：方案当年达到设计生产能力，计算结果该方案只要达到年设计规模的 40.9%，就可以保本，故该项目风险较小。

(2)敏感性分析：方案对投资、操作成本、油价及产量诸因素变化的敏感性分析。

影响开发方案经济效益的最敏感性因素是油价，其次是产量和投资，操作成本最不敏感。

5. 经济评价基本结论

内部收益率为 18.93%，净现值 13.7872×10^8 元，方案的税后财务内部收益率高于行业标准，具有较好的赢利能力。敏感性分析表明该方案具有较强的抗风险能力，该方案经济上可行。

第七章 方案实施要求

第一节 油田开发方案实施要求

当油田开发方案经过综合评价与优选确定后，就要考虑如何实施和实现方案的问题。在开发方案中，首先要明确实施要求，然后会同有关工程部门予以实现。

一、提出钻井、投产、转注程序、运行计划

根据油藏构造特点及油层分布特点提出钻井顺序，复杂地区应在实施中根据新的认识及时调整部署，根据井别、油层情况，设计合理的井身构造及完井方法。采用适合于保护油气层的钻井液和完井液。根据油层、地层及钻井液特点，选定测井系列。在实施方案时，首先遇到的是布井方案中的注采井钻井次序的问题。

从钻井的程序看，钻井可以是蔓延式和加密式地进行。从投产时间看，既可短期一次投产，也可以逐步逐口投产；从投注方式看，既可先排液后注水，也可开始就投注，并在井的生产制度上提出各种要求。

例如，大庆油田开发时，采取钻完基础井网后，分区分块对油藏进行详细分析研究，计算一级储量，确定开发层系，编制注采方案和射孔方案，核算开发指标。在油水井全部射孔及投产后，在核实油层生产能力及吸水能力基础上，编制配注方案，明确油田实现稳产方案的要求。在油田投入开发一段时间后，依据开发动态资料，对原开发井网和注采井别进行局部调整。这种开发步骤的实施，使开发工作十分主动，效果很好，成为非均质多油层油田开发的典范。实际上，往往有些油田为断块油田，情况复杂，要采用边勘探、边钻井、边开发的政策，实施滚动开发。对于不同油田的不同地区，要因地制宜地具体研究考虑。

二、提出开发试验安排及要求

通过开辟开发试验区及试验项目的方法,研究和解决设计开发方案时遇到的一些无法解决或不可预测的重大问题,以此来指导全局,避免仓促决定、全面铺开而造成开发上的失误。这种做法对于大中型油田尤为重要。

例如,大庆油田开发初期就进行了大量试验。1960 年在油田中部开辟了 30km^2 的生产试验区,按生产井网打井,在试验区开展大量的开发试验。1961 年在试验区开展十项开发试验。1963 年又在中区开展"分层注水控制压差开发试验"和"加强注水、放大压差采油、油井堵水开采方式试验"。1965 年开始,开展了小井距 3 个单油层注水开发全过程的试验,以 75m 小井距,专门钻了 4 口井,组成两套注采系统完善的井组,进行单层注水采油试验,将油田注水开发需要几十年走过的历程,缩短在 1a 左右的时间完成。随后 10a 在该小井距试验区进行了 3 个主力油层 8 个项目 14 个试验,对油田地质、油田开发、渗流力学、提高采收率等问题开展了多方面的研究。随后,又开展了提高采油速度的试验、分层开采接替稳产的试验、厚油层提高采收率的试验、全部转抽降压试验等。通过这些试验,深入研究了油层的发育情况和油田开采的规律,为合理选择井网、层系和开采方案提供经验;揭露了符合本油田各种试验条件的注水、开发全过程的开采规律;加深了对油井含水上升速度分阶段变化的规律、油井产能变化规律、油田最终采收率等问题的认识;总结和发展了非均质多油层的油田必须分层调整、分层注采的工艺技术。截至 1983 年年底,全油田开展了 93 项开发试验。这些按油层条件、具体阶段、有针对性的矿场试验,对全面指导油田开发过程具有重要意义。

如果能够完全模拟矿场实际,是否可以用室内实验来代替矿场生产试验?实践证明这是很难做到的。不过,数值模拟和室内实验可作为重要的补充,尤其是多因素影响的情况下,这种相互印证就更能加强对油藏的客观认识,对油田开发试验成果作出正确科学的评价。

因此,在有条件的油田应该开辟试验区,进行开发试验,提出项目及要求,是取得油田开发主动权的有力措施。

三、新井投产投注施工要求

根据油层特点采用相应的保护油层的压井液,根据油气层特点采用合适的射孔方式、射孔枪、射孔弹、射孔密度及油层射开程度。

四、采油、注入工艺设计要求

采油、注入工艺应满足调整方案设计的各阶段开发指标，根据油层特点及配产要求，选择合理生产方式，保护储层、改善油层开发效果，针对油气藏特点，为改善开发效果，应采用新的工艺技术。

五、提出和设计油藏动态监测系统

根据开发区或调整区的地质特点、开发井网部署和油田开发的需要，按照 Q/SY 68—2003《油藏动态监测资料录取规范》，进行监测系统设计，主要包括：根据油藏地层特点和开发要求，确定动态监测内容、井数和取资料密度；提出油藏动态监测的主要内容及监测要求；指出油藏动态监测系统的监测重点。

1. 确定油藏动态监测要录取的资料

要想控制油田的开发过程，首先要把地下动静态参数及情况搞清楚。因此，必须在开发过程中系统、有计划地录取资料。资料的录取包括两方面的内容：

(1)核实、检验、补充原有资料，包括地层压力、温度、储量、油气水分布等。对这些资料做进一步的分析、研究、认识。

(2)应有系统的分层测试资料、找水资料，掌握不同时期油层水淹状况、地层物性的变化、采收率等动态，为采取开发措施提供依据。这对注水开发的油田很有必要。

通常，在油田勘探开发中，最易忽视的问题是含水域资料的录取。要想开发好油田，必须了解有关的统一水动力系统的水域情况，包括水域的静态参数。水井应是油田很好的观察井，它不仅可以了解油田压力的变化及油水界面推进的情况，还可对它是否适合注水及有无原油外溢等进行监测，如华北任丘油田内部就有多口观察井。

2. 确定油藏动态监测的主要内容及要求

在设计开发方案时，应明确油藏动态监测的内容，需采用监测的手段、方法、时间和目的、要求。监测内容主要有:流体流量、地层压力、流体性质、油层水淹状况、采收率、油田井下技术状况等。通过流量的监测掌握油水井的产液(油)量和吸水剖面,定期在井口取样化验以确定流体性质的变化;通过矿场地球物理测井,综合判断各类油层水淹情况及水淹程度;通过钻取检查井取心测试了解采收率状况;通过工程测井检测各类井的井下状况。由此便可绘制原始压力等压图、定期的油层压力分布图,测定准确的采油指数,知道各种流动参数的变化。

为了全面地搞好油田的监测,可根据油田的具体情况,确定一套油田动态的监测系统,按照不同的监测内容,确定观察点,建立监测网。建立动态监测系统时,资料务必齐全准确,有代表性,有足够的数量。

例如大庆油田就把所有的自喷井作为压力观察井点,初期1个月测压1次,以后每季度测压1次;抽油井选三分之一作测压点,每半年测压1次。观察井的分布要均匀,能知道压力的分布及变化,形成一个压力监视系统。选取二分之一的自喷井作分层测试,每年分层找水1次,取得分层测试资料;对抽油井要求有四分之一至三分之一的井作测试观察点,每年测试1次;注水则以所有的分层注水井作测试观察点,每季分层测试1次;选取五分之一的或更多的注水井进行同位素放射性测井,每年测试1次。根据情况还可加密测试,建立一套流量测试系统。同样,对流体性质、水淹状况、井下技术状况等的监测,均可建立相应监测系统,明确测试周期、方法、要求等。

有了明确的监测系统及采集资料的要求,做到及时分析、及时反馈、及时采取措施,才能保证油田开发始终处于科学管理的状态,保证开发设计的目标与要求得到实现。

六、增产增注措施及预测增产措施工作量

增产增注措施是提高油水井单井生产和注水能力的最主要的方法。实践表明,要取得良好效果,必须针对实际储层情况和开发要求,优选实施的技术参数。

例如碳酸盐岩油田适合完井投产前进行酸化或酸压,保护油层,减少油层污染。又如特低渗砂岩多油层油田也应早期实行分段压裂投产。我国陕北安塞油田是个特低渗的油田,平均有效渗透率为 $0.49\times10^{-3}\mu m^2$,产能极低,甚至常规水基钻井液钻井试油无初始产量。经初期压裂改造后,日产2t左右。若进行面积注水,分层优化压裂,则日产可稳定在4~5t。由于该油

田采用深穿透、高孔密、多相位、合理孔径、负压和油管传输射孔技术，和大砂量、高砂比、深穿透压裂工艺，这些增加射开程度、增加分压井段、优化压裂参数等整体优化压裂技术，为油田“增产上储”提供了开发特低渗储层的宝贵经验。因此，对于油田重大增产措施，在设计中应考虑到，并列出要求、步骤、工作量表，以便付诸实施。

此外，其他有关实施方面的特殊问题，如为注水寻找浅层水源打浅井等问题，也可根据油田具体情况，在设计方案中提出。

七、方案实施中的地质工作要求

现场落实新井井位，新井完钻后要进行精细地层对比，及时修改构造图，并对原设计方案进行相应调整。调整井中如发现新的油层，应尽快试油试采，进行滚动开发。调整方案设计新井完钻后，要按新的认识修改地质模型，调整注采井别，编制配产、配注方案。

严格按照油田开发方案设计组织实施，充分利用现有的网络资源取全取准方案实施过程中的各项参数及指标，加强实施情况及效果的跟踪分析。

定期进行油藏数值模拟跟踪预测评价。

第二节 钻井、采油、地面建设工程设计

钻井工程设计要根据油层情况，设计合理的井身结构，选用适合于保护油气储层的钻井液、完井液，并设计合理的射孔方案。采油工程的目标是：实现最佳的油藏工程方案，优选采油工艺生产方式，设计配套的工艺技术，实现生产能力。地面建设工程设计要提出油、气、水计量精度的要求，油、气、水集输工程及注入剂配套工程，应满足方案设计的各阶段开发指标要求，并对注入剂质量提出具体指标。

油田开发方案批准后，钻井、完井、射孔、测井、试井、开采工艺、地面建设、油藏地质、开发研究和生产协调部门都要按照方案的要求，制定出本部门具体实施的细则并严格执行。在完成开发方案、整体或区块开发井完钻后，主要要做好以下工作。

一、确定注采井别和编制射孔方案

从钻井完成至编制出射孔方案,这中间要有一个对油层再认识的过程,包括对油层分布、油层地质参数、底水、夹层、断层的再认识。钻井和射孔两步不宜并作一步走,这点往往是射孔是否适宜的关键。大庆油田开发经验表明,除个别特殊情况外,应搞一个独立的单元(一个区或一个断块),在80%以上井完钻后,再编制射孔方案,而不是单井射孔方案。

在井网钻完后,先对油层进行再认识,然后根据油层地质特点和采油速度的要求,分区、分块确定或完善注采系统。较大的区块都必须有完整的注采系统,使绝大多数的油井尽可能做到多层、多方向受到注水效果,并处于水驱作用下开发。注水井一般选择油层厚、渗透性和吸水能力较好、与油井连通层位多的层位。

对于调整井,还需要结合动静态资料及水淹层解释资料进行综合分析。在静态资料的基础上,厚油层以水淹层解释为依据,动态资料为参考;薄油层以动态资料为依据,水淹层解释为参考,作成油层动静态综合图来分析各层见水情况、储量动用状况、油水平面分布,从而定量判断各井点含水饱和度和含水率。

在此基础上,遵循以下原则及细则编制射孔方案:

(1)同一开发层系所有油层,原则上都要一次性射孔;调整井应根据情况另作规定。

(2)注水井和采油井中的射孔层位必须互相对应;凡是注水井与采油井相连通的致密层、含水层都应该射孔,以保证相邻井能受到注水效果。

(3)用于开发井网的试油井,要按规定的开发层,系统调整好射孔层位,该射的补射,该堵的封堵。

(4)每套开发层系的内部都要根据油层的分层状况,尽可能地留出卡封隔器的位置,在此位置不射孔。厚油层内部也要根据薄夹层渗透性变化的特点,适当留出卡封隔器的位置。

(5)具有气顶的油田,要制定保护、开发气顶的原则和措施。为防止气顶气窜入油井,在油井内油气界面以下,一般应保留足够的厚度不射孔。

(6)厚层底水油藏,为了防止产生水锥,使油井过早水淹,一般在油水界面以上,保留足够的厚度不射孔。

(7)对于调整井,主要是与原井网相互混合,组成完整注采系统,考虑油田剩余储量的分布，确定射孔层位。在编制方案时，应同时考虑安排原井网中部分油水井的转位、停注和补孔等。

最后，把经过分析研究制定的油水井的射孔层位落到每一口井上，打印成射孔决议书并实施。

二、编制油田配产配注方案

在油水井全部射孔投产后，应进行油水井的测试，核定油水井的生产与吸水能力，然后编制油田的配产配注方案。方案内容大同小异，但在不同开发阶段，由于开采特点不同、主要问题不同，各种措施也有所不同。

1. 注水初期阶段的问题及措施

油田开发初期就注水，基本上是保持注采平衡，使油层压力保持在原始压力或饱和压力的附近，具体措施是：

(1)凡是具有自喷能力的油井，都要保持油层压力，维持自喷开采。

(2)天然能量补给充足的油田，能够满足开发方案设计要求的采油速度的，应利用天然能量进行开发。

(3)在此期间，容易产生油田、油井、油层受水驱的效果不普遍和某些区段油层压力偏低等问题，对这些地区首先要加强注水，稳定并逐步将油层压力恢复上去，不能一边注水，而另一边的压力及产液量仍继续下降。

2. 压力恢复阶段的问题及措施

在压力恢复阶段的具体措施是：对含水率上升速度快的油井，应该采取分层注水、分层堵水等措施，尽量减缓含水率上升速度；对注水见效快、油层压力得到恢复的油井，要及时调整生产压差，把生产能力发挥出来；对产能过低的油井，选择压力已恢复的油层，进行压裂，提高其生产能力；在油水边界和油气边界的地区，要防止边界两侧的压力不平衡，以免原油窜入含气区或含水区而造成储量的损失。

3. 分层注水工艺及措施

多油层油田应采用分层注水开发，保证开发层系中的主力油层能够在设计要求的采油速度下保持压力，实现稳产。具体措施是：

(1)对吸水量过高的主力油层，要适当控制注入速度，防止油井过早见水而影响稳产。

(2)当油井中部分主力油层已见水,并引起产量下降时,应通过分层注水工艺控制主要见水层的注水量,加强其他油层的注水量,实现主力油层之间的接替稳产。同时通过调节主力油层平面上不同注水井的注水量,挖掘含油饱和度相对高的部位处的潜力。

(3)在实现分层注水时,应根据注水井分层吸水剖面和油井分层测试找水的结果来确定分层注水层段。

(4)逐步做到分砂层组和分层注水,尽量把主要的出油层和出水层都单独分出来,实现主力油层内部的分层调节注水量。

(5)当主力油层平面上只有一口井或少数井见水时,不宜急于大幅度控制注水,使油层压力降低,影响多数油井稳产。

(6)在油井进行分层压裂、酸化或堵水等措施的层位,注水井内部应相应地调整分层注水量。

开发初期,注水层段可分得粗些,随着开发的进程,油水交互分布的情况越来越复杂,注水层段相应要分得细些。分层注水的数量要满足主要出油层的注水量,保持主要出油层的压力。同时,对其他油层加强注水,恢复和提高压力。在方案中,应确定油井和注水井内分层改造的层位和措施。

中后期调整配产配注的一些原则及要求,尤其是年度配产配注方案的制定基本上是相同的,只是不同阶段油田油井含水量变化,油层注水中的层内、层平面、层间水驱油不平衡更加显著突出,在处理上更加复杂些,工作量更大些。对于某些情况,还必须进行层系、井网、注采系统和开发方式的调整,才能解决问题。

4. 根据所定的相关参数计算年配水量

有了年配产指标和含水率及其上升值,即可算出年产液量;有了年提高压力的指标,就可根据压力和注采比的经济关系定出年注采比指标;按照全油田、区块、井组的年产量指标和已定的注采比便可算出年配水量。

全油田或区块、井组的年配水量确定后,根据油井分层测试资料,统计出主力油层和非主力油层产油和含水比例,并考虑两类油层将采取的增产措施,定出两类油层产油量,再定出注采比。

为调整各层之间压力平衡,通常对见水层、高渗透层应适当控制,注采比应小于1.0;需要加强注水的差油层,注采比应大于1.0;一般油层的注采比在1.0左右,具体由地层压力升降及其与注采比关系来定。也就是将年注水量分配到区块和各类油层中，再根据每个井组的具体情况和原注水情况，将注水量具体分配到每口注水井的每个注水层段中。

三、安全、环境要求

1. 环境保护法

《中华人民共和国环境保护法》已由中华人民共和国第十二届全国人民代表大会常务委员会第八次会议于2014年4月24日修订通过，自2015年1月1日起施行。

2. 安全生产法

《全国人民代表大会常务委员会关于修改〈中华人民共和国安全生产法〉的决定》已由中华人民共和国第十二届全国人民代表大会常务委员会第十次会议于2014年8月31日通过，自2014年12月1日起施行。

中国石油天然气集团公司统编培训教材

勘探开发业务分册

油田开发方案设计方法

——地质油藏工程开发方案

（下册）

《油田开发方案设计方法》编委会　编

石 油 工 业 出 版 社

内 容 提 要

本书系统阐述了油田开发方案和调整方案设计的基本方法、基本原理和技术，主要包括：油田概况、油藏地质研究、油藏工程开发方案设计方法、油藏工程调整方案设计方法、提高采收率方法与技术、开发经济评价、方案实施要求和开发方案设计实例等。

本书是中国石油天然气集团公司油田开发方案设计专用培训教材，亦可供其他相关专业的技术人员以及大专院校的本科生和研究生参考使用。

图书在版编目(CIP)数据

油田开发方案设计方法：地质油藏工程开发方案/《油田开发方案设计方法》编委会编．—北京：石油工业出版社，2017.8

中国石油天然气集团公司统编培训教材

ISBN 978－7－5183－2055－4

Ⅰ.①油… Ⅱ.①油… Ⅲ.①油田开发－方案设计－技术培训－教材 Ⅳ.①TE32

中国版本图书馆 CIP 数据核字(2017)第 179356 号

出版发行：石油工业出版社

(北京安定门外安华里 2 区 1 号 100011)

网 址：www.petropub.com

编辑部：(010)64269289 图书营销中心：(010)64523633

经 销：全国新华书店

印 刷：北京中石油彩色印刷有限责任公司

2017 年 8 月第 1 版 2017 年 8 月第 1 次印刷

787×1092 毫米 开本：1/16 印张：43.25

字数：960 千字

定价：150.00 元(上、下册)

(如出现印装质量问题，我社图书营销中心负责调换)

《中国石油天然气集团公司统编培训教材》
编 审 委 员 会

《油田开发方案设计方法》

编 委 会

《油田开发方案设计方法》
编 审 人 员

主　　编： 王元基

副 主 编： 尚尔杰　田昌炳　郑兴范　田　军　张世焕

编写人员： 王锦芳　熊　铁　卜忠宇　孙德君　邢厚松　郝银全　何崇康　屈雪峰　任殿星　刘文岭　侯建锋　郝明强　吴英强　刘丽丽　周雯鸽　李凡华　何鲁平　杨站伟　焦玉卫　许　磊　刘双双　柳良仁　安小平　杨焕英　蒋远征　王　萍　焦　军　平　义　周新茂　鲍敬伟　王文环　雷征东　王友净　王继强　彭缓缓　胡亚斐　谢　雯　赵　昀　彭　珏　杨　琴

审定人员： 王元基　尚尔杰　田昌炳　郑兴范　田　军　张世焕　陈　莉　石成方　朱怡翔　李保柱　叶继根　高兴军　赵永胜　张宜凯

序

企业发展靠人才，人才发展靠培训。当前，集团公司正处在加快转变增长方式，调整产业结构，全面建设综合性国际能源公司的关键时期。做好“发展”“转变”“和谐”三件大事，更深更广参与全球竞争，实现全面协调可持续，特别是海外油气作业产量“半壁江山”的目标，人才是根本。培训工作作为影响集团公司人才发展水平和实力的重要因素，肩负着艰巨而繁重的战略任务和历史使命，面临着前所未有的发展机遇。健全和完善员工培训教材体系，是加强培训基础建设，推进培训战略性和国际化转型升级的重要举措，是提升公司人力资源开发整体能力的一项重要基础工作。

集团公司始终高度重视培训教材开发等人力资源开发基础建设工作，明确提出要“由专家制定大纲、按大纲选编教材、按教材开展培训”的目标和要求。2009 年以来，由人事部牵头，各部门和专业分公司参与，在分析优化公司现有部分专业培训教材、职业资格培训教材和培训课件的基础上，经反复研究论证，形成了比较系统、科学的教材编审目录、方案和编写计划，全面启动了《中国石油天然气集团公司统编培训教材》（以下简称“统编培训教材”）的开发和编审工作。“统编培训教材”以国内外知名专家学者、集团公司两级专家、现场管理技术骨干等力量为主体，充分发挥地区公司、研究院所、培训机构的作用，瞄准世界前沿及集团公司技术发展的最新进展，突出现场应用和实际操作，精心组织编写，由集团公司“统编培训教材”编审委员会审定，集团公司统一出版和发行。

根据集团公司员工队伍专业构成及业务布局，“统编培训教材”按“综合管理类、专业技术类、操作技能类、国际业务类”四类组织编写。综合管理类侧重中高级综合管理岗位员工的培训，具有石油石化管理特色的教材，以自编方式为主，行业适用或社会通用教材，可从社会选购，作为指定培训教材；专业技术类侧重中高级专业技术岗位员工的培训，是教材编审的主体，按照《专业培训教材开发目录及编审规划》逐套编审，循序推进，计划编审 300 余门;操作技能类以国家制定的操作工种技能鉴定培训教材为基础,侧重主体专业(主要工种)骨干岗位的培训;国际业务类侧重海外项目中外员工的培训。

“统编培训教材”具有以下特点:

一是前瞻性。教材充分吸收各业务领域当前及今后一个时期世界前沿理论、先进技术和领先标准,以及集团公司技术发展的最新进展,并将其转化为员工培训的知识和技能要求,具有较强的前瞻性。

二是系统性。教材由“统编培训教材”编审委员会统一编制开发规划,统一确定专业目录,统一组织编写与审定,避免内容交叉重叠,具有较强的系统性、规范性和科学性。

三是实用性。教材内容侧重现场应用和实际操作,既有应用理论,又有实际案例和操作规程要求,具有较高的实用价值。

四是权威性。由集团公司总部组织各个领域的技术和管理权威,集中编写教材,体现了教材的权威性。

五是专业性。不仅教材的组织按照业务领域,根据专业目录进行开发,且教材的内容更加注重专业特色,强调各业务领域自身发展的特色技术、特色经验和做法,也是对公司各业务领域知识和经验的一次集中梳理,符合知识管理的要求和方向。

经过多方共同努力,集团公司“统编培训教材”已按计划陆续编审出版,与各企事业单位和广大员工见面了,将成为集团公司统一组织开发和编审的中高级管理、技术、技能骨干人员培训的基本教材。“统编培训教材”的出版发行,对于完善建立起与综合性国际能源公司形象和任务相适应的系列培训教材,推进集团公司培训的标准化、国际化建设,具有划时代意义。希望各企事业单位和广大石油员工用好、用活本套教材,为持续推进人才培训工程,激发员工创新活力和创造智慧,加快建设综合性国际能源公司发挥更大作用。

《中国石油天然气集团公司统编培训教材》
编审委员会

前言

油田开发方案是指导油田开发必需的技术文件，是油田开发建设、调整及开发管理的依据。油田投入开发必须有正式批准的油田开发方案。油田开发方案编制的原则是确保油田开发取得好的经济效益和较高的采收率。

近年来，世界石油工业陷入一个新的低油价周期，我国大多数油田新区又以低渗透、特低渗透、超低渗透和致密油藏等资源为主，老区也处于高含水和高采出程度阶段，新区开发方案和老区调整方案均面临着新的挑战，对提高采收率和经济效益评价提出了新的要求。为了适应形势发展，广大技术人员及管理干部迫切需要转变观念、更新知识、提高水平，以便解决实际生产问题。

为此，我们在认真总结多年来开发方案经验和教训的基础上，结合对开发方案的实践和理解，编写了本书。油田开发方案是一项涉及面较广、涵盖学科较多、技术性较强的复杂庞大的系统工程，其内容包括：总论；油藏工程方案；钻井工程方案；采油工程方案；地面工程方案；项目组织及实施要求；健康、安全、环境（HSE）要求；投资估算和经济效益评价。本书不能面面俱到，主要对其中的地质油藏工程方案进行了详细阐述。书中应用矿场实践资料，对理论进行了探讨，上册介绍了油田概况、油藏地质研究内容和方法、油藏工程开发方案及调整方案设计方法、提高采收率技术、开发经济评价方法和方案实施要求，下册提供了两个详细的开发方案实例。为了使教材具有较强的先进性和操作性，教材内容参照了最新颁布的行业标准、中国石油天然气集团公司的有关规定，并与国际接轨，参考了许多最新的研究成果。同时，为了增强实用性和严谨性，请各油田具有多年开发方案编制经验的专家进行了审阅，并根据专家的意见进行了修改和完善。

本书是石油系统编制开发方案编制人员的培训教材，也可作为其他相关专业的技术人员、院校本科生以及研究生参考用书，希望能对广大读者有所裨益。

本书上册绪论由郑兴范编写；第一章由尚尔杰、张世焕、熊铁、卜忠宇、孙德君、邢厚松、郝银全、田昌炳、任殿星、刘文岭编写；第二章由田昌炳、田军、郝银全、李凡华、何鲁平、张为民、王友净、赵昀编写；第三章由郑兴范、王锦芳、杨站伟、侯建锋、许磊、焦玉卫编写；第四章由郑兴范、王锦芳、王文环、高小翠、谢雯编写；第五章由郑兴范、王锦芳、郝明强、陶珍、秦勇、雷征东编写；第六章由郑兴范、王锦芳、王琦、彭缓缓、杨雪燕、彭珏、杨琴、胡亚斐编写；第七章由熊铁、王锦芳编写。本书下册实例一由王锦芳、何崇康、屈雪峰、吴英强、刘丽丽、周雯鸽、柳良仁、安小平、杨焕英、蒋远征、王萍、焦军、平义编写；实例二由叶继根、刘双双、王继强、周新茂、鲍敬伟编写。全书由王元基负责统稿和修改工作。

在本书编写过程中，得到长庆油田分公司、大港油田分公司、中国地质大学（北京）等单位的大力支持和帮助，在此一并表示感谢。同时，还要特别感谢以赵永胜和张宜凯为组长的专家评审组对本教材所做的精心修改。书中参考和引用了大量文献、资料，有的因限于篇幅未能列出，在此谨向相关的作者和专家表达谢意。

由于编者水平有限，书中难免有不当之处，敬请读者批评指正并提出宝贵的意见，以便下一次出版时修订和改正。

编者

说明

本书可作为中国石油天然气集团公司所属单位进行油田开发方案设计的专用教材。本书主要是针对从事油田开发方案设计与管理相关人员编写的,亦可供其他相关专业的技术人员以及大专院校的本科生和研究生参考使用。主要内容来源于油田开发实践,专业性和可操作性很强。为便于正确使用本书,在此对培训对象进行了划分,并规定了各类人员应该掌握或了解的主要内容。

培训对象主要划分为以下几类:

(1)地质油藏工程专业技术人员,包括油田公司勘探开发研究院和采油生产单位的开发技术研究人员、开发方案编制人员、开发动态分析人员等。

(2)钻采工程专业技术人员,包括油田公司采油工程研究院、钻井工程研究院、井下作业和采油生产单位的工程技术研究人员、工艺方案设计人员等。

(3)地面工程专业技术人员,包括油田公司油田建设设计研究院和采油生产单位的地面规划人员、方案设计人员等。

(4)油田生产管理人员,包括油田公司采油生产单位的相关管理人员等。

各类人员应该掌握或了解的主要内容:

(1)地质油藏工程专业技术人员,要求掌握上册第一章、第二章、第三章、第四章、第五章、第六章,要求了解上册第七章,下册实例一和实例二的内容。

(2)钻采工程专业技术人员,要求掌握下册实例一第三章,下册实例二第四章的内容,要求了解上册第一章、第二章、第三章、第四章、第五章、第六章、第七章的内容。

(3)地面工程专业技术人员,要求掌握下册实例一第四章,实例二第五章的内容,要求了解上册第一章、第二章、第三章、第四章、第五章、第六章、

第七章的内容。

(4)油田生产管理人员,要求掌握上册第一章、第七章的内容,要求了解上册第二章、第三章、第四章、第五章,下册实例一、实例二的内容。

各单位在教学中要密切联系本油田实际,在以课堂教学为主的基础上,还应增加生产现场的实习、实践环节。建议根据本书内容,进一步收集和整理其他类型油田注水开发过程中的相关资料和实例,以进行辅助教学,从而提高教学效果。

目录

上　册

下　册

实例一　某油田总体开发方案

实例二 某油田二次开发方案

实例一 >>>

某油田总体开发方案

第一章　总　论

第一节　油田概况

一、油田自然地理条件

××油田位于××省××县、××县，××省××县境内，面积×× km^2。区内地表属典型的黄土塬地貌，地形起伏不平，地面海拔 1350～1850m，相对高差 500m 左右。

本区属内陆干旱型气候，最低气温 -25℃，最高气温 35℃，年平均气温约 10℃，年平均降水量 570mm 左右，多集中在 7、8 月份，且以地表径流的方式排泄。地下水资源较为丰富，主要含水层位有白垩系的环河组、华池组、宜君洛河组，其中部分地区饮用水为环河组，单井产水量一般小于 $200m^3/d$，矿化度在 2g/L 左右；工业用水为洛河组，单井产水量 300～$500m^3/d$，矿化度在 3～5g/L 左右，水质较差。

区内交通较为便利，砂石公路横贯南北。当地经济主要以农、牧业为主，自然条件差，无支柱工业，是国家重点扶持的"老、少、边、穷"地区。

二、勘探与开发简况

1. 勘探简况

××油田勘探始于 20 世纪 70 年代初期，至 2002 年年底先后发现了侏罗系延安组的延 3、延 6、延 8、延 9、延 10 及三叠系延长组长 1、长 2、长 4+5、长 6、长 7、长 8、长 9 等多个含油层系。2003 年以来，随着地质认识的不断深化，长 4+5 和长 6、长 7、长 8、长 9 油层的勘探取得重大突破，储量、产量大幅度增长，至 2009 年年底，累计探明石油地质储量 $\times\times 10^4t$，是继安塞、靖安及西峰之后发现并初步探明的又一个多层系复合的亿吨级含油富集区。勘探历程大体可分为三个阶段:1970—1996 年侏罗系延安组勘探阶段;1997—2002 年三叠系延长组上部油藏综合勘探阶段;2003—2009 年三叠系延长组中下部油藏勘探阶段。

随着××地区勘探工作的不断深入和盆地其他地区延长组中下部油藏勘探成果的不断扩大,进一步坚定了在该区中下部地层找油的信心。通过地震储层预测及地质综合研究,认为××地区延长组中下部长 4+5、长 6 三角洲前缘砂体发育,通过有利目标评价,2003 年以延长组中下部为主要目的层进行勘探,在长 4+5 勘探取得重大突破,初步落实了自西向东分布的××、××、××、××四条有利含油砂带,结合老井复查结果,当年部署并完钻探井 26 口,其中有 20 口井钻遇长 $4+5_2$、长 6 油层。同时对××砂带上的××井长 $4+5_2$进行了试油,并获得了××t/d 的高产油流,铁××区长 $4+5_2$ 当年上报预测石油地质储量×× 10^4t,由此打开了××油田勘探的新局面。

2. 开发简况

××油田 2002—2009 年在侏罗系、长 2、长 4+5、长 6、长 8 累计动用含油面积×× km^2,地质储量×× 10^4t(其中动用探明含油面积×× km^2、地质储量×× 10^4t),累计建产能×× 10^4t。到 2009 年 12 月共有采油井××口,开井数××口,注水井开井××口,平均单井日产油××t,年产油量×× 10^4t,累计产油量×× 10^4t,综合含水率××%。

第二节 方案编制的基本条件

一、资源开采登记情况

××油田油气矿业权属中国石油天然气股份有限公司(以下简称股份公司)××油田公司,勘察、开采范围、许可证及有效期如下:许可证号码,××;有效期,2007 年 10 月—2046 年 10 月。

二、基础资料

截至 2009 年年底,××油田工区范围内完成二维地震勘探剖面和特殊处理剖面 216 条、12177km；完钻探井、评价井 1204 口，进尺 276.5588×10^4m，完钻开发井 7215 口；长 9、长 8、长 7、长 6_1、长 $4+5_2$、长 2_1 取心井 273 口，取心进尺 5353.40m，岩心长 5353.40m，累计收获率 99.7%，含油岩心长 2407.63m。

完成各类分析化验 70560 块，其中常规物性分析 61974 块（渗透率 24900 块、孔隙度 24840 块、饱和度 12234 块）。岩矿薄片、铸体薄片、图像粒度、图像孔隙、X 衍射黏土分析、电镜扫描、压汞、敏感性、润湿性、水驱油、相对渗透率等特殊化验分析 1146 口井 8586 块（表 1－1）；地层高压物性 36 口井 51 支样品，地面原油分析 150 口井，地层水分析 180 口井。

表 1－1 ××油田化验分析工作量表

分析项目	普通薄片	铸体薄片	图像粒度	图像孔隙	X 衍射黏土分析	电镜扫描	压汞	敏感性	润湿性	水驱油	相对渗透率	合计
井数（口）	249	111	99	99	69	69	96	96	90	84	84	1146
块数（个）	3705	633	600	600	345	345	594	594	450	360	360	8586

同时，通过长 1、长 2 层的滚动开发、长 $4+5_2$ 层 2005 年的开发试验及 2006—2007 年的规模开发、长 8 层 2007 年的开发试验及 2008—2009 年的规模开发及油水井生产特征的解剖和研究，为开发方案编制提供了较为充分的依据。

三、开发前期研究

为了快速、整体、有效地开发该油田，已开展了以储层早期评价、井网系统、压力系统、增产工艺技术攻关、地面设计优化等主要内容的前期研究。

四、方案编制的依据和原则

1. 编制依据

（1）现有资源基础；

（2）××油田公司“5000 万吨”发展规划；

(3)股份公司已审定的《铁××元××井区××万吨整体开发方案》、《吴×区吴××井区××万吨整体开发方案》和《××油田××万吨整体开发方案》;

(4)油田公司编制的《××油田2009—2011年重点区块地面骨架系统规划方案》;

(5)股份公司颁发的《油田开发管理纲要》;

(6)《砂岩油田开发方案编制技术要求》;

(7)石油行业相关技术标准,股份公司和油田公司相关技术政策及规定;

(8)国家和中国石油有关安全、环保方面的政策法规,HSE相关规定。

2. 编制原则

(1)整体评价、整体部署、分年建产;

(2)优先动用长4+5、长6、长8物性好、产量较高的Ⅰ、Ⅱ类储层,Ⅲ类层及新层系长7、长9作为稳产接替层;

(3)尽可能加大长2以上油藏的建产规模,确保整体效益;

(4)长2以上油藏采用水平井开发;

(5)推广应用成熟技术,开展新层系长7、长9和特低渗油藏水平井开发攻关试验,做好技术储备;

(6)坚持"标准化设计、模块化建设、数字化管理、市场化运作",降低成本。

第三节　方案主要结论

本次针对××油田吴×、铁×、胡×和堡×四个区带2009年年底剩余储量状况编制开发方案,部署产能××t。预计2013年整个油田年产油量达到$\times\times10^4$t。方案编制坚持应用在××油田已成熟适用的开发技术政策、配套改造措施、地面集输系统,推广应用攻关试验新技术,努力提高单井产量。

方案主要结论如下。

一、地质与油藏工程

(1)油田地质情况基本清楚,预测地质储量井控程度高,具有一定的可靠性。

(2)针对××油田部分油层叠合特点。单油层区,采用一套井网、一套层系开发;多油层叠合区,侏罗系、长1和长2、长4+5、长6、长8物性差异较大、油层跨度大,分属于不同的压力系统,分别采用一套层系、一套井网开发。为了降低成本,提高单井产能,在长6、长8叠合区开展一套井网多层系开发试验:

① 长8油藏采用菱形反九点井网,对角线与最大主应力方向平行为NE70°;井网密度为11.0~13.9口/km^2;井距为480~500m,排距150~170m。

② 长6油藏采用菱形反九点井网,对角线与最大主应力方向平行为NE70°;井网密度为10.68~12.8口/km^2;井距为520~540m,排距130~180m。

③ 长4+5油藏根据区域裂缝发育情况,选择不同的井网形式。一区长4+5油藏裂缝不发育,采用正方形反九点井网,对角线与最大主应力方向平行为NE70°;井网密度为11.0口/km^2;井距为300m。四区、二区、三区长4+5裂缝较发育,采用菱形反九点井网,对角线与最大主应力方向平行为NE70°;井网密度为11.0~13.9口/km^2;井距为500~540m,排距150~180m。

④ 长2井网密度11口/km^2,正方形反九点注采井网,井距300m,注水井和角井的连线方向与砂体走向一致。

⑤ 侏罗系延9、延10井网密度13口/km^2,采用不规则反九点面积注采井网,井距300m左右。

(3)长8、长6、长4+5层采用超前注水,地层压力达到原始地层压力的110%~120%,油井方可投产;长2及侏罗系地层压力保持在原始地层压力附近。

(4)长8、长6、长4+5、长2、延9原始地层压力分别为19MPa、14.6~18.6MPa、16.6MPa、15.9MPa、14.0MPa,注水井井口最大注入压力分别为15.1~19.1MPa、15~17MPa、17.4MPa、15.1MPa、16.7MPa,采油井合理流压分别为6.5MPa、5.0~6.0MPa、5.3~7.0MPa、7.3MPa、6.7MPa,生产压差分别为12.3~15.5MPa、6.0~10.0MPa、6.2~9.6MPa、8.6MPa、5.2MPa。

(5)采油井单井产油量:长8单井产能2.8~4.3t/d、长6单井产能

2.5～5.0t/d、长4+5单井产能3.0～4.3t/d、长2以上大于4.3～5.8t/d。

(6)采用5种经验公式以及井网密度法、类比法等方法计算，确定××油田长8、长6、长4+5、长2、延9油藏水驱采收率分别为18.0%、19.0%、18.0%、20.0%、23.0%。

(7)根据未动用储量评价结果，优先动用长2以上相对高渗、高产区和长4+5、长6、长8层Ⅰ类、Ⅱ类储量××t，长7、长9作为接替层，只安排开发试验，以丛式井为主，结合水平井开发，新钻井××口，进尺×× 10^4 m，单井产量××t/d，部署产能××t。

二、钻采工程

(1)根据××油田地理特点，优先采用大井组开发，平台井数为9～15口井；地面不具备大井组条件时，平台井数为6～8口。常规区块井口间距为4～4.5m(高气油比区块为5～5.5m)，注水井周边油水井井距≥5m。

(2)套管防腐：根据套管防腐"工艺技术成熟可靠；兼顾地区适应性与技术经济性"的原则，同时为了降低投资，按照各地区腐蚀严重程度，一区和环江地区油水井外防腐采用环氧冷缠带阳极、侏罗系油井内防腐采用DPC内涂层措施，四区和二区块采用G级纯水泥+低密度水泥固井措施。共计实施环氧冷缠带牺牲阳极防腐井4705口，其中侏罗系油井77口实施DPC内涂层防腐。

(3)射开位置立足射开油层中上部，对于侏罗系、长2底水油藏，油井射开程度10%～40%，注水井40%～60%；三叠系油藏，油井射开程度为40%～60%，注水井大于80%。

长2以上底水油藏一般采用"三小一低"的主体改造技术；长2以下储层，以合层压裂为主，对于可分层压裂的储层，采用分层压裂，对于厚油层，推广应用多级加砂压裂技术。

储层温度<70℃的区块，采用无机硼交联瓜尔胶压裂液；储层温度≥70℃的区块，采用有机硼交联瓜尔胶压裂液，部分侏罗系区块可采用线性胶。

××西部长4+5以下储层一般采用低密度陶粒，其余区块采用石英砂作为支撑剂。

三叠系水平井继续坚持"水力喷砂+小直径封隔器+连续混配"为主体的工艺技术模式。

(4)机械采油：加强合理工作制度研究，优化投产方案，坚持"长冲程、低冲次、小泵径”，提高泵效和系统效率，抽油机选择 7 型、8 型、10 型节能抽油机，抽油泵以 ϕ28mm、ϕ32mm 整筒泵为主。

(5)注水工艺采用合注，试注前采用活性水洗井，根据储层敏性、配伍性实验结果，加入相应的黏土稳定剂和阻垢剂。

三、地面工程

(1)依据总体部署及地理位置情况，结合原油流向、已建系统总体布局，地面工程规划四个系统分区，共建设联合站 6 座，脱水功能的接转站 13 座，拉油脱水站 3 座，标准化接转站 12 座，增压点 61 座。

(2)注水系统规划新建注水站 42 座(总规模 50400m^3/d)；供水采取水源直供的方式，不再建设供水站(水源规模 52800m^3/d)。

(3)采出水处理工艺采用“一级除油 + 一级混凝 + 一级过滤”工艺技术，与脱水站合建采出水处理系统(总规模 17000m^3/d)。

(4)供电电源采用宁夏电网、榆林电网、陇东电网，共新建 35kV 变电所 5 座，扩建变电所 4 座。

四、投资与效益

按照股份公司规定的油田产能建设经济评价方法，综合钻井成本采用 × ×元/m 计算的经济评价指标结果如下：

财务内部收益率：× ×%(所得税后)，× ×%(所得税前)；

投资回收期:5. 01a(含 3a 建设期)；

财务净现值：× ×10^4 元。

通过财务评价分析，在原油价格为 2537 元/t(不含税)即 50 美元/bbl 时，本项目的财务内部收益率为 × ×%，大于基准收益率 12%，投资回收期(包括 3a 建设期)为 5. 01a，财务净现值 × ×10^4 元，本项目具有较好的经济效益。

第二章　地质与油藏工程

第一节　油藏特征

一、构造位置及演化史

××油田区域构造位于陕北斜坡中段西部，构造平缓，为一宽缓西倾斜坡，构造平均坡度小于1°，每千米坡降6～7m。在这一区域背景上发育近东西向的鼻状隆起。

鄂尔多斯盆地从晚三叠世开始进入台内坳陷阶段，形成闭塞—半闭塞的内陆湖盆，发育了一套以湖泊、湖泊三角洲、河流相为主的三叠系延长组碎屑岩沉积。整个延长组湖盆经历了发生—发展—消亡阶段，使延长组形成了一套完整的生、储、盖组合。三角洲分流河道和河口坝砂体是油气的良好储层，盆地沉积中心的暗色湖相泥岩、油页岩是良好的生油岩，半深湖及沼泽相泥岩为主要盖层。

三叠系沉积末，受印支运动的影响，××油田随着盆地的进一步抬升，延长组顶部遭受不同程度的剥蚀，形成沟壑纵横、丘陵起伏的古地貌景观。该区的南、北、东三面被古河所包围，形成南有甘陕古河，北、东有宁陕古河，中部为某油田高地的古地貌。

在此背景下，沉积了侏罗系富县组、延安组地层。富县组及延安组下部延10地层属侏罗系早期的河流充填式沉积，对印支运动所形成的沟谷纵横的地貌起到填平补齐的作用。沟谷中主要为一套粗粒序的砂岩沉积，而高地腹部局部地区缺失延10地层，之后地貌逐渐夷平，发育了一套中细砂岩、砂泥岩及煤系地层等泛滥平原河流相沉积。古河的下切形成了下部油气向上运移的良好通道，古高地和斜坡区的河道砂岩是油气的储集体，泛滥平原沉积的泥岩及煤等细粒沉积则成为油气的遮挡条件，这些条件与西倾单斜上发育的低幅度鼻状构造相配合，在本区形成众多的延安组小型油气富集区。

二、地层对比及含油层系

本区自上而下钻遇的地层有第四系、古—新近系、白垩系、侏罗系安定组、直罗组、延安组、富县组以及三叠系延长组。

对比原则：在区域标志层的控制下，依据电性曲线组合特征，参考地层厚度及局部标志层划出油层组，进而根据沉积旋回、岩性变化划分出小层。

侏罗系延安组地层对比主要标志层为延6、延7、延8、延9、延10顶煤，电性曲线特征表现为高电阻、高声速、低伽马、大井径，特别是延6顶和延9顶煤层在本区分布稳定，将延安组地层划分为延4+5、延6、延7、延8、延9、延10共六个油层组，每个油层组又可分为若干个小层。其中，延9可细分延9_1、延9_2、延9_3三个小层，延10细分为延10_1、延10_2两个小层，主力油层为延9_2、延10_1。

三、构造特征

该区构造主要为西倾单斜背景上由差异压实作用形成的一系列由东向西倾没的低幅鼻状隆起，鼻状隆起轴线近于东西向，宽度近3～5km。在西倾单斜的背景上，自北向南发育黄×、罗×、耿×、池×、吴×、胡×、安×等多排鼻状构造带，这些鼻隆构造与砂体配合，有利于油气的聚集。

四、沉积微相与砂体展布

1. 沉积微相划分

××油田主要含油层为侏罗系延安组延9、延10及三叠系延长组长2、长4+5、长6、长7、长8、长9。

区域研究表明，××油田长9、长8、长7为三角洲、湖泊沉积体系。

三角洲沉积体系又分为三角洲平原亚相、三角洲前缘亚相。三角洲平原亚相可见到水上分流河道微相、水上分流河道边缘微相（水上天然堤）及水上分流河道间微相三种微相，三角洲平原沉积砂体中砂岩以细砂和粉砂为主，最粗可达到中砂级，可划分为曲流河三角洲平原的分流河道微相、河道边缘微相及以沼泽为主的分流河道间微相；三角洲前缘亚相可见水下分流河道、水下分流河道边缘、水下天然堤、前缘席状砂、分支河口沙坝及远沙

坝几种微相,砂体以细砂—粉砂为主,可划分为水下分流河道微相、水下分流河道边缘微相、河道间微相、河口坝及远沙坝微相、前缘席状砂微相。总体上体现出向上变细的正粒序旋回,构成一个完整的水进的退积序列(表2-1)。

表2-1　××油田长9、长8、长7油层段沉积微相划分

沉积相	亚相	微相	发育程度
三角洲	三角洲平原	水上分流河道	较发育
		以沼泽为主的水上分流河道间	发育
		天然堤(河道边缘)	发育
	三角洲前缘	水下分流河道	较发育
		河口沙坝及远沙坝	不太发育
		前缘席状砂	不太发育
		水下天然堤(河道边缘)	发育
		水下分流河道间	较发育
湖泊	半深湖—深湖	湖相泥	长7发育、长8、长9不发育

湖泊沉积体系又分为深湖—半深湖、浊积扇亚相。××油田长9、长8、长7主要发育深湖—半深湖亚相,长9期湖盆范围较大,长8_2期湖盆急剧缩小,长8_1期略有扩大,长7_3期湖盆急剧扩大至横山以北,长7_2继承长7_3湖盆范围,长7_1略缩小,长6_3期湖盆缩至靖边以南。

××油田长4+5、长6属三角洲沉积体系中的三角洲前缘亚相沉积;长2属三角洲沉积体系中的三角洲平原亚相沉积;延10、延9为河流—沼泽相沉积。

根据沉积结构、构造、古生物化石及测井相的综合反映,将三角洲前缘亚相划分为水下分支河道、河口坝、水下天然堤、支流间湾等四个微相;将三角洲平原亚相划分为分流河道、堤泛、河间洼地等三个微相;将河流相划分为河床、堤泛、洼地等三个微相,各微相沉积特征分述如下。

1)三角洲前缘亚相

水下分支河道微相:水下分流河道微相下部以灰绿色细砂岩为主,上部为粉砂岩、泥质粉砂岩,呈由下向上变细的正韵律;发育块状层理、斜交层理与波状层理,可见滑动变形构造;自然电位曲线表现为高幅三角状、箱状。

河口坝微相:河口坝主要以灰绿色细砂为主,含少量的中砂,下部以粉砂为主,呈由下向上变粗的反韵律;发育块状层理、斜交层理、波状层理、水平层理及重力作用产生的变形构造、高角度的滑动构造;自然电位曲线呈中、高幅的反三角状、漏斗形等。

水下天然堤微相:天然堤微相分布在水下河道的两侧,由水下天然堤与泛滥席状砂微相构成。

支流间湾微相:主要分布在河道砂体之间,由砂质泥岩与黑色泥岩构成,常见植物化石碎片、炭屑,这些碳化植物茎秆以新芦木为主,新芦木是一种亲水植物,代表了水下沉积体系。

三角洲前缘亚相各沉积微相剖面结构见图2-1。

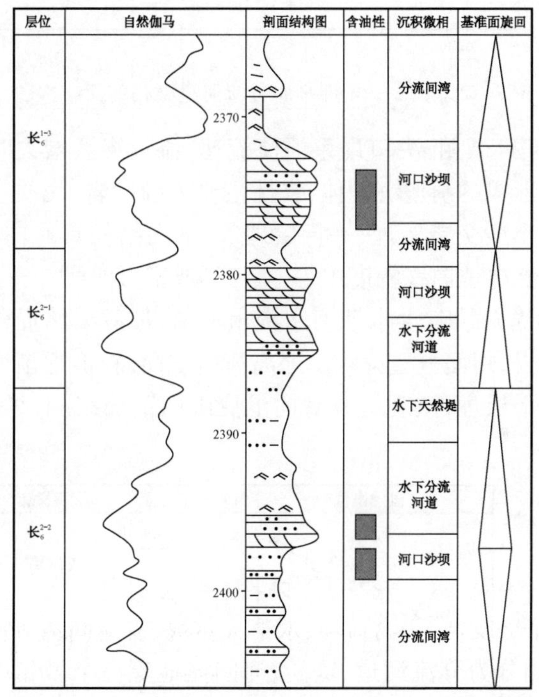

图2-1 三角洲前缘亚相各沉积微相剖面结构图(×井)

2)三角洲平原亚相

分流河道微相:岩石以灰色、灰绿色细砂岩为主,垂向序列为向上变细的正韵律,砂岩中见交错层理、平行层理等构造,底部具有冲刷面,自然电位曲线呈钟形或箱形(图2-2)。

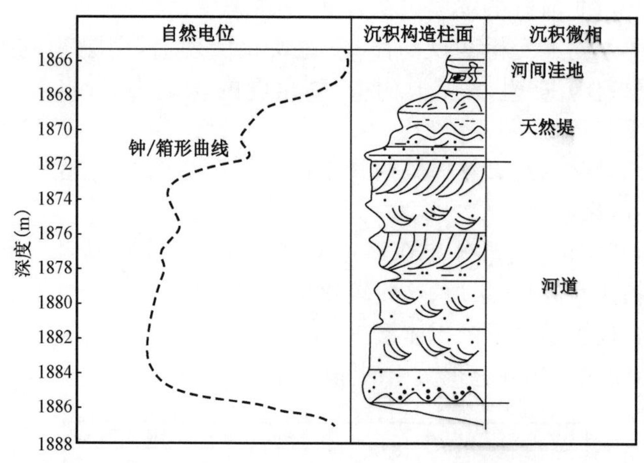

图2-2　长2三角洲平原分流河道微相剖面结构图

堤泛(决口扇)微相:决口扇系河流流速、流量突然增大时,流体冲决堤岸,向平原扩散形成的扇形沉积体,岩性主要为细砂岩、泥质粉砂岩、粉砂质泥岩等,层理有小型交错层理、平行层理等,剖面结构具有向上变细再变粗的粒序特征,自然电位曲线幅度中等,呈齿形或指形曲线。

堤泛(天然堤)微相:洪水期河水漫出河道,形成天然堤,岩性为粉砂质泥岩、泥质粉砂岩,断面呈透镜状。远离河道方向,粒度逐渐变细,层理有断续波状层理、水平层理,微观上具有向上变细的剖面结构,纵向上位于河道之上(图2-3)。

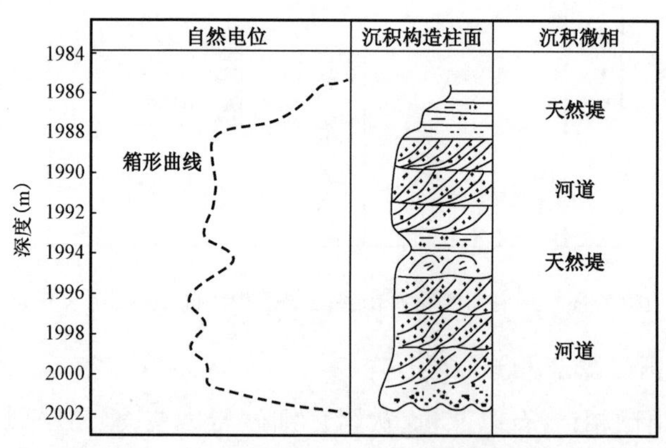

图2-3　长2三角洲平原天然堤微相剖面结构图

河间洼地微相：为三角洲平原分流河道间的低洼地区，以悬浮组分为主，岩性为灰黑色—黑色粉砂质泥岩、炭质泥岩，常夹有薄层的煤线，发育水平层理和生物扰动构造，富含植物碎片，自然电位曲线一般为平直或低平指状。

3）河流相

河道微相：岩性以灰色含砾粗—中粒砂岩为主，沉积韵律呈周期性正旋回，发育大型槽状层理和斜层理，常见冲刷构造及滞留沉积（图 2－4）。

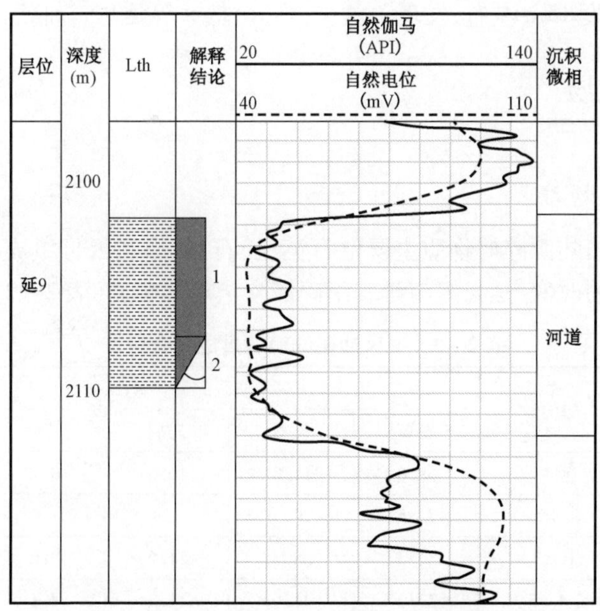

图 2－4　延 9 河流相沉积剖面结构图

堤泛微相：岩性以灰色细砂岩为主，沉积韵律呈正旋回，发育槽状交错层理和板状交错层理，自然电位曲线呈箱形或钟形。

洼地微相：岩性组合由灰黑色泥岩、深灰色粉细砂岩组成，发育水平层理和波状层理，泥岩富含植物化石和植物炭屑，偶见虫孔、虫迹构造，自然电位偏正，声速曲线呈尖峰状高值。

2. 沉积相带的平面展布

根据××油田已完钻井的岩心观察、电测曲线分析，结合单井相剖面，利用优势相原则，编制出各油层组沉积相带展布图。

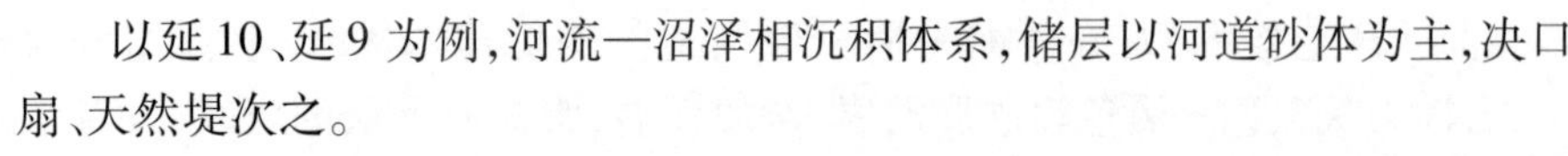

以延10、延9为例,河流—沼泽相沉积体系,储层以河道砂体为主,决口扇、天然堤次之。

3. 砂体展布

以延9为例,延9期经延10及富县期填平补齐沉积后,已基本趋于平原化。

延9_3期发育三条主河道砂体和七条支流河道砂体,砂体近南北向展布。

延9_{1+2}期自西向东发育四条主砂带,砂体展布近南北向,主河道宽2~3km,砂层厚度15m左右,发现了黄×、姬×、盐×等延9_{1+2}油藏。

五、储层性质

1. 岩性特征

××油田陆源碎屑物质主要由石英、长石、岩屑和云母组成,由于沉积、成岩等条件的改变,延长组与延安组碎屑含量差异明显(表2-2)。

表2-2 ××油田陆源碎屑成分含量表

区块	层位	陆源碎屑含量(%)				
		石英	长石	岩屑	其他	小计
一区	延9	68.6	11.0	10.0	0.7	90.3
	延10	72.5	10.5	7.8	1.0	91.8
	长2	34.3	38.3	11.9	4.0	88.4
	长4+5	27.2	41.9	11.7	4.1	84.9
	长6	25.9	49.0	9.9	4.2	89.0
	长7	24.7	39.4	9.8	14.2	88.1
	长8_1	31.2	24.7	23.5	4.6	84.0
	长8_2	28.2	29.3	23.9	4.1	85.6
	长9_1	28.4	38.0	19.2	4.4	90.0
二区	长4+5_2	24.4	49.3	8.1	6.2	88.0
	长6_1	23.0	52.4	8.8	5.9	90.2
	长8_1	29.9	35.2	12.6	6.9	84.6
三区	长4+5_2	24.7	44.1	9.7	8.3	86.8

续表

区块	层位	陆源碎屑含量(%)				
		石英	长石	岩屑	其他	小计
四区	长4+5_2	25.3	45.2	9.4	7.1	87.0
	长6	24.5	47.3	8.7	6.7	87.2
	长7	25.0	45.6	12.0	7.0	89.6
	长9_1	28.6	39.6	16.1	4.7	89.0

××油田储层填隙物主要由高岭石、硅质、绿泥石、水云母及铁方解石组成(表2-3)。

表2-3 ××油田填隙物含量统计表

区块	层位	填隙物成分及含量(%)							
		绿泥石	水云母	硅质	高岭石	方解石	铁方解石	其他	总量
一区	延9		2.10	3.00	2.75		0.50	1.33	9.7
	延10		3.90	3.50	0.80				8.2
	长2	1.59	1.74	1.89	4.15		1.05	1.17	11.6
	长4+5	1.38	0.62	1.38	4.31	3.15	4.12	0.12	15.1
	长6	2.95	0.45	0.86	3.73	0.73	1.77	0.55	11.1
	长7	1.86	3.85	0.55	1.27		3.55	0.85	11.9
	长8_1	1.77	3.49	1.90	2.48		3.81	2.55	16.0
	长8_2	2.99	2.20	1.40	0.26		6.22	1.33	14.4
	长9_1	3.91	0.50	1.33	0.02	0.11	1.14	3.05	10.0
二区	长4+5_2	1.85	2.15	1.23	0.85		3.75	2.18	12.0
	长6_1	3.03	2.71	1.14			2.46	0.51	9.8
	长8_1	7.00	3.29	1.81			2.40	0.96	15.5
三区	长4+5_2	5.70	1.50	2.50		1.90	1.20	0.40	13.2
四区	长4+5_2	2.24	1.71	1.42	2.55	0.36	4.02	0.72	13.0
	长6	3.67	1.03	0.93	2.16	0.56	3.40	1.06	12.8
	长7	2.44	1.56	0.66	2.78		2.06	0.91	10.4
	长9_1	6.41	0.40	2.05		1.17	0.73	0.24	11.0

2. 储层物性

××区大量的物性分析结果见表2-4。

表2-4　××油田常规物性分析数据表

区块	层位	平均孔隙度(%)	平均渗透率($10^{-3}\mu m^2$)
一区	延9	17.47	257.46
	延10	17.87	594
	长1	12.92	1.74
	长2	13.34	4.17
	长4+5	11.22	0.66
	长6	11.78	0.68
	长7	10.10	0.24
	长8_1	9.64	0.50
	长8_2	10.05	0.76
	长9_1	10.30	1.07
二区	长4+5_2	11.90	1.52
	长6_1	13.40	1.42
	长8_1	9.52	0.27
三区	长4+5_2	10.35	0.83
四区	长4+5_2	11.46	1.08
	长6	11.70	0.79
	长7	9.50	0.19
	长9_1	11.30	1.23

3. 油藏埋深及油层厚度

1)油藏埋深

对××油田完钻的探井、评价井直井油藏埋深统计见表2-5。

表2-5　××油田油藏埋深数据表

区块	层位	油藏平均埋深(m)
一区	延9	1950
	延10	2000

续表

区块	层位	油藏平均埋深(m)
一区	长2	2100
	长4+5	2340
	长6	2420
	长7	2510
	长8_1	2685
	长8_2	2743
	长9_1	2860
二区	长4+5_2	1828
	长6_1	1852
	长8_1	2230
三区	长4+5_2	1985
四区	长4+5_2	2140
	长6	2164
	长7	2350
	长9_1	2560

2)油层厚度

以四区为例,四区胡××井区长4+5_2平均油层厚度8.8m。在元××井—胡××井周围油层厚度最大,大于12m。长7平均油层厚度11.2m。长9平均油层厚度11.8m。

4. 储层非均质性

1)平面渗透率非均质性

以一区为例。一区侏罗系与长2由于平面上岩心分析渗透率资料控制程度低,这里借用电测资料反映平面相对非均质性。

一区长4+5_2油层岩心分析渗透率主体带以$0.4\times10^{-3}\mu m^2$为主,在耿××、姬××、耿××、耿××等井区形成高渗带,也是形成油藏的主要原因。

××油田长8储层总体属于低孔、低渗储层,平面上表现出一定的非均质性。孔隙度、渗透率的分布基本上与砂体的展布一致,即水下河道发育,砂层厚度大的区域孔隙度、渗透率相对高，而水下河道不发育，砂层厚度薄的区域孔隙度、渗透率相对低。

从岩心渗透率平面分布图可以看出，长 8_1 油层渗透率主体带以 $0.2\times10^{-3}\mu m^2$ 为主，在黄××、罗××等井区形成高渗带，渗透率大于 $1.0\times10^{-3}\mu m^2$，孔隙度以8%为主体带，在黄××井、罗××井一带孔隙度大于10%。另外从渗透率和孔隙度频率分布图也可以看出，长 8_1 渗透率集中分布在 $0.2\sim0.8\times10^{-3}\mu m^2$ 范围内，孔隙度集中分布在6.5%～11%范围内；长 8_2 油层渗透率主体带以 $0.2\times10^{-3}\mu m^2$ 为主，在黄××、池××等井区形成高渗带，渗透率大于 $1.0\times10^{-3}\mu m^2$，最高达到 $2.0\times10^{-3}\mu m^2$，孔隙度以10%为主体带，在黄××井区一带孔隙度大于15%，在池××井区一带孔隙度大于12%，因此在孔隙度频率分布图上形成双峰，渗透率频率分布图显示长 8_2 渗透率集中分布在 $(0.2\sim1.0)\times10^{-3}\mu m^2$ 范围内。

2）层内及层间非均质性

这里主要以层内不连续的隔夹层分布特征为主要研究对象。

夹层多以泥质和钙质（物性）为主。泥质夹层主要由泥岩组成，是河道切割或垂向叠置形成的间隙残留泥岩，厚度变化不一，多以2m以下为主，渗透性变差，测井曲线上反映为自然伽马值明显偏高，自然电位明显回返，微电极曲线无幅度差；钙质夹层主要由河道切割叠置后在河道顶部位形成的钙质胶结带，在测井曲线上主要表现为声波值变低，电阻值升高。隔层岩性多以泥岩、凝灰质泥岩为主，与夹层区别主要在于其厚度多以2m以上为主，横向稳定性好。

隔夹层研究选用参数，主要以隔夹层厚度、夹层个数来描述，纵向上砂岩发育特征主要以分层系数、砂岩频率、砂岩密度来反映。分层系数指平均单井钻遇砂层数；砂岩频率指单位厚度地层中钻遇的砂层数；砂岩密度指垂向剖面上砂岩总厚度与地层厚度之比。

××油田已开发的侏罗系延9、延10和长2油藏均以单砂体为开发层系，层间非均质性主要由于沉积和成岩作用形成的纵向上物性的差异造成。

一区主力油层长 $4+5_2^{\ 1}$ 小层与上部长 $4+5_1^{\ 2}$ 小层之间的隔层厚度平均达17.86m；长 $4+5_2^{\ 1}$ 小层内部的夹层数平均达2～3个，非均质性较强；小层分层系数在1～4之间，砂岩密度21.48%～71.44%，平均40.63%。砂岩频率在0.08～0.18层/m之间，相对夹层数多的分层系数大、砂岩频率高（图2-5）。

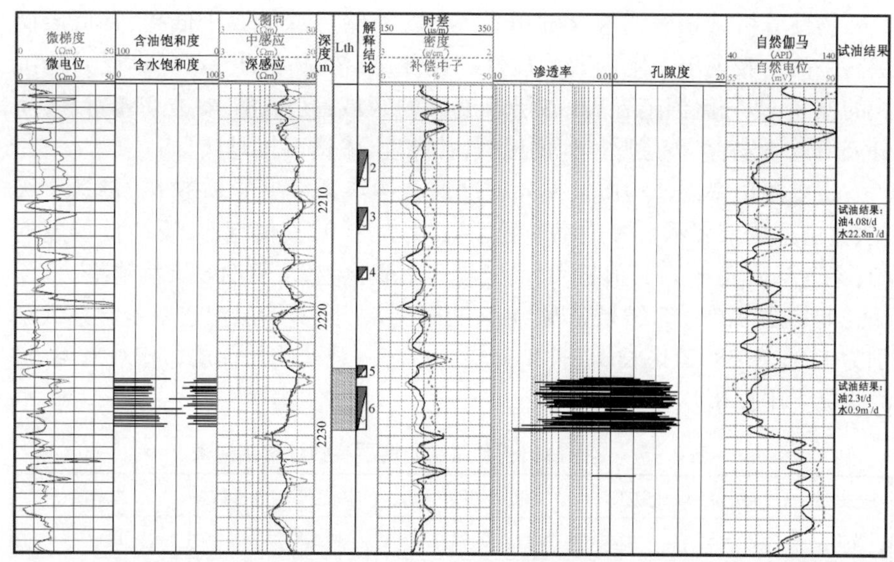

图 2－5　一区耿××井 4＋5 油层四性关系图

××油田长 8 储层层内夹层多以钙质为主。钙质夹层主要由河道切割叠置后在河道顶部位形成的钙质胶结带，在测井曲线上主要表现为声波时差值变低，电阻值升高。

罗××井区长 8 油藏为三角洲前缘亚相沉积，开发试验区完钻的开发井主力油层长 8_1^1 位于水下分流河道主体带上，砂体展布受沉积微相的控制，纵向上、平面上分布相对稳定，层内夹层比较少，厚度小，平均只有 0.93m（表 2－6）。

表 2－6　罗××井区 2007 年试验井组长 8_1^1 储层夹层统计表

井区	井号	地层厚度（m）	砂层厚度（m）	夹层数（个）	夹层厚度（m）
罗××		25.3	19.8	2	1.5
	地××1	17	12.8	1	0.8
	地××2	23.5	13.5	1	2
	地××3	19.6	13.6	0	0
	地××4	24.5	18.6	1	0.9
	地××5	21.5	16.4	1	1.3
	地××6	21	7.2	0	0
	平均	21.77	14.56	0.86	0.93

物性分析结果表明××油田长8_1、长8_2储层总体属于低孔、特低渗储层。平面上表现出一定的非均质性。孔隙度、渗透率的分布基本受砂体沉积的控制,即分流河道发育、砂层厚度大的区域,孔隙度、渗透率相对高,而分流河道不发育、砂层厚度薄的区域,孔隙度、渗透率相对低。

层内渗透率的非均质性差异程度通常用渗透率变异系数K_v、渗透率级差、突进系数来表示。渗透率变异系数K_v大于0,其值越小,反应储层越均匀;突进系数大于1,其值越大,反应渗透率变化越大,驱油效果就越差。

非均质参数计算结果表明,××油田长8_1、长8_2储层渗透率变异系数分别为1.03、0.38,该区长8_1、长8_2储层为中等—强非均质储层。相对来说,长8_2储层要比长8_1均匀(表2-7)。

表2-7　××油田长8储层非均质参数计算结果表

井区	层位	井数(口)	渗透率变异系数	渗透率突进系数	渗透率极差
罗1××	长8_1	12	0.94	8.21	14.71
罗××		7	0.89	4.72	23.54
池××		1	1.70	1.20	2.72
黄××		1	0.60	2.36	22.40
平均		21	1.03	4.12	15.84
黄××	长8_2	2	0.33	2.52	4.11
池××		2	0.41	3.92	23.46
罗××		1	0.09	1.19	1.37
黄××		1	0.70	2.41	54.92
平均		6	0.38	2.51	20.97

从长8油层四性关系图可以看出,××油田长8_1层两分性明显,发育两套正旋回沉积体,长8_1^1小层砂体发育,随着水动力的强弱波动,沉积物颗粒粗细变化,导致渗透率纵向上表现为锯齿状特征。小层砂层间发育2~3个厚度不到1m的薄夹层,长8_1^2小层砂体不发育以泥岩和致密砂层为主。

5. 储层孔隙类型

××油田延安组延9、延10和延长组长2、长4+5、长6、长7、长8、长9储层孔隙类型有粒间孔、溶孔(长石、岩屑溶孔)、晶间孔,其中粒间孔、长石溶孔是本区最主要的储集空间,延安组粒间孔含量明显高于延长组,储层面孔率与平均孔径也大于延长组(表2-8)。

表 2-8　××油田储层孔隙类型及其含量统计数据表

区块	层位	孔隙类型及含量(%)					面孔率(%)	平均孔径(μm)
		粒间孔	长石溶孔	岩屑溶孔	晶间孔	其他		
一区	延9	8.57	1.00	0.13	0.27	0.14	10.11	63.60
	延10	9.50	1.20	0.20	0.30	0.20	11.40	70.50
	长2	3.82	1.63	0.12	0.59	0.10	6.26	53.20
	长4+5	1.84	1.04	0.13	0.14		3.15	41.67
	长6	3.19	1.10	0.20	0.26		4.75	22.60
	长7	0.43	2.24	0.02	0.05	0.12	2.86	20.56
	长8_1	1.66	1.14	0.21	0.02		2.64	49.37
	长8_2	3.00	0.80	0.20			4.00	71.00
	长9_1	4.52	0.68	0.18	0.03	1.04	6.45	54.13
二区	长4+5_2	0.77	0.90	0.27			1.94	18.00
	长6_1	3.11	0.75	0.18			4.04	39.13
	长8_1	1.89	0.57		0.03		2.49	32.86
三区	长4+5_2	2.40	1.00	0.20	0.20		3.80	26.70
四区	长4+5_2	2.09	0.86	0.16	0.10	0.05	3.26	32.85
	长6	2.16	0.68	0.15	0.12	0.06	3.17	30.34
	长7	0.99	1.11	0.10	0.12	0.09	2.41	25.29
	长9_1	3.45	0.78	0.28	0.05	0.02	4.58	36.67

6. 孔隙结构特征

四区总体上长6_1、长4+5_2属于小喉微细喉型，排驱压力高、中值半径小(图2-6、图2-7)。

六、流体性质

1. 地面原油性质

××油田地面原油性质较好，具有低密度、低黏度的特点。

2. 地层原油性质

××油田地层原油性质好，具有黏度低(1.01~2.52mPa·s)、密度低

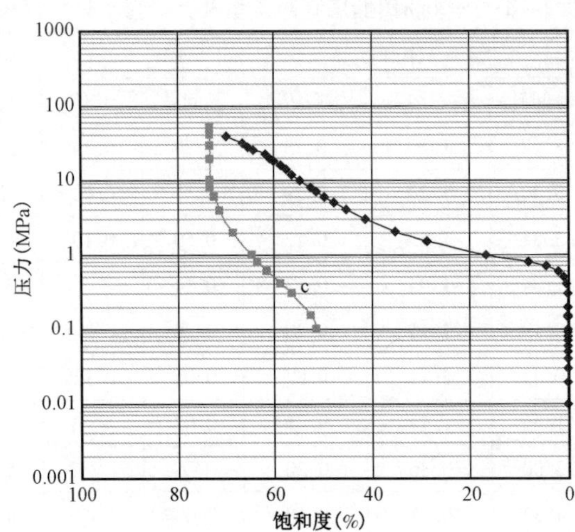

图2－6　胡××井长4＋5压汞曲线

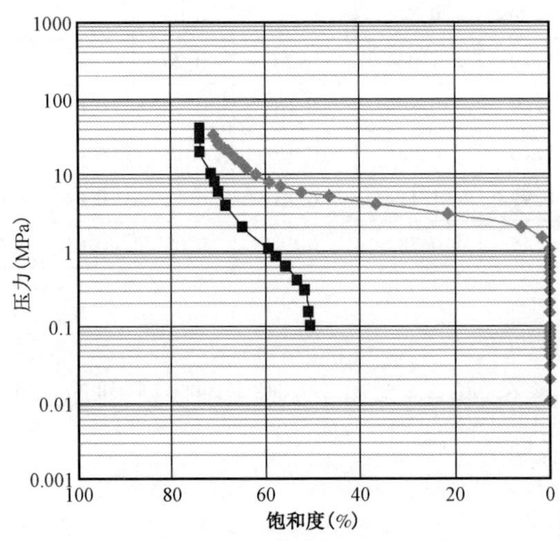

图2－7　安××井长7_2压汞曲线

(0.708～0.779g/cm^3)、气油比高(43.1～109.6m^3/t)的特点。原油在地层中具有较好的流动性。

3. 地层水性质

××油田各区地层水矿化度从侏罗系、长2、长4＋5到长9各层系差异明显，水型为 $CaCl_2$ 型，呈弱酸性，pH 值平均 6.0～7.0，表明油藏具有较好的封闭性。

4. 原油伴生气性质

××油田各区各层系中原油拌生气 C_1 含量比较高（30.11%～60.55%），各储层均无 H_2S 和 CO 气体。

七、储层渗流物理特征

1. 岩石表面润湿性

××油田润湿性长 2 以上为弱亲水—亲水，长 4+5 以下为中性—偏亲油。

2. 相对渗透率及水驱油特征

1）相对渗透率曲线

××油田各油层组相对渗透率特征均表现为随着含水饱和度的增大，水相渗透率上升，油相渗透率快速下降，油水两相渗流带的范围均比较窄（图 2-8）。

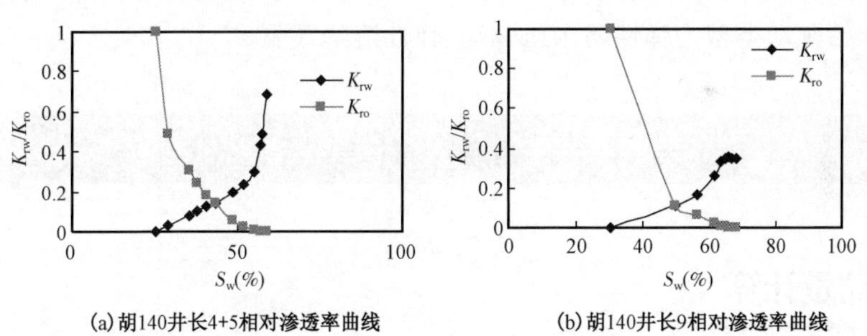

图 2-8 四区相对渗透率曲线

侏罗系延 9 表现出亲水的润湿性特征，长 2 表现出弱亲水的润湿性特征，长 4+5、长 6、长 8、长 9 表现出中性偏亲油的润湿性特征。

2）水驱油特征

××油田延 9、长 2 层无水期驱油效率较高（45.2%～43.8%），最终驱油效率 52.9%～53.9%。长 4+5、长 6、长 8 层无水期驱油效率相对较低

(38.6% ~24.4%),但是各层最终驱油效率都比较高(67.5% ~40.63%)。随着注入倍数的增大,水驱油效率提高。

3)储层敏感性分析

由于储层中所含黏土矿物与进入储层的液体相互作用而引起储层渗透率的损害,通过岩心流动敏感性试验,确定××油田储层敏感性的类型和程度。

以四区为例,长9油层为弱水敏、中等偏弱盐敏、弱酸敏、中等偏弱速敏、中等偏弱碱敏。

八、油藏类型

1. 压力与温度系统

随着油藏埋藏深度的增加,地层压力增大、油层温度升高。

2. 圈闭特征及油藏类型

××油田长8、长7、长6、长4+5油层分布主要受三角洲沉积体系控制,圈闭成因与砂岩的侧向尖灭及岩性致密遮挡有关,为特低渗岩性油藏,原始驱动类型为弹性溶解气驱。以长9为例,长9油藏属于构造—岩性油藏,原始驱动类型为弹性弱水压驱动、弹性溶解气驱。

第二节　储量计算与评价

一、储量计算

1. 计算方法

以油藏为单元,采用容积法计算,公式如下:

$$N = 100Ah\phi(1 - S_{wi})\rho_o/B_{oi} \tag{2-1}$$

式中　N——原油地质储量,10^4t;

A——含油面积,km^2;

h——油层平均有效厚度,m;

ϕ——平均有效孔隙度;

S_{wi}——平均原始含水饱和度;

ρ_o——平均地面原油密度,t/m^3;

B_{oi}——平均地层原油体积系数。

2. 参数确定原则

1)含油面积

长4+5、长6、长8油藏:

(1)在砂岩主体带两侧以有效厚度4.0m线作为含油边界。

(2)在主砂体方向未探到含油边界,以油层井或工业油流井2.0km或过井点作为暂定含油边界。

2)有效厚度下限

(1)岩性下限:细砂级以上。

(2)含油性下限:油斑级以上。

(3)物性下限:

长8_1渗透率取$0.07\times10^{-3}\mu m^2$、孔隙度取6%;

长8_2渗透率取$0.1\times10^{-3}\mu m^2$、孔隙度取8%;

长4+5、长6渗透率取$0.1\times10^{-3}\mu m^2$、孔隙度取8%,

长2渗透率取$0.45\times10^{-3}\mu m^2$、孔隙度取12%;

长1渗透率取$0.45\times10^{-3}\mu m^2$、孔隙度取12%;

延9渗透率取$4.0\times10^{-3}\mu m^2$、孔隙度11%。

(4)电性下限:

长6油层:$R_t>14.0\Omega\cdot m$,$\Delta t>214\mu s/m$,$R_t\geq-0.66\Delta t+170.13$,平均有效厚度取等值线面积权衡值。

3)有效孔隙度

平均有效孔隙度用含油层段取心资料,根据××油田不同埋深地面孔隙度的压缩校正试验结果,将岩心分析孔隙度扣除0.5%换算到地层条件下后参加储量计算。

4)原始含油饱和度

原始含油饱和度使用压汞法、测井法以及类比法三种方法求取结果,××油田侏罗系油藏含油饱和度取60%,长1、长2油藏含油饱和度分别取

55%和50%,长4+5、长6、长8_2油藏含油饱和度取55%,长8_1油藏含油饱和度取70%参加储量计算。

5)地面原油密度

各区各油层组地面原油密度依据实际分析资料求取。

6)地层原油体积系数

各区各油层组地层原油体积系数依据实际分析资料求取。

3. 计算结果

截至2009年年底,××油田有三级储量××10^4t。其中,探明含油面积××km^2,石油地质储量××10^4t;控制含油面积××km^2,石油地质储量××10^4t;上报预测含油面积××km^2,石油地质储量××10^4t;开发预测含油面积××km^2,石油地质储量××10^4t;共计石油地质储量××10^4t。

二、储量评价

1. 已动用储量

截至2009年年底,××油田共计动用储量××10^4t。其中,动用探明地质储量××10^4t,控制储量××10^4t,上报预测储量××10^4t,开发预测储量××10^4t,共计建产能××10^4t。

2. 未动用储量及评价

1)剩余未动用储量现状

截至2009年年底,共计剩余储量××10^4t。

2)剩余未动用储量评价与分类

为了有效开发××油田的剩余储量,筛选油气富集区、优选开发顺序,根据长4+5、长6、长8油藏的油层厚度、渗透率、井控程度、试油产量、试采产量等参数,建立储量分类标准,对不同层位的剩余储量进行分类。

长1、长2、侏罗系油藏,储量评价分类以探明程度直接分类。已探明的为Ⅰ类储量(含个别已动用预测储量区)、已探明待上报的为Ⅱ类储量(含个别已动用预测储量区)、预测的为Ⅲ类储量。

通过沉积微相、砂体展布、储层物性研究,结合开发预测区完钻探井、评价井在各个主力油层钻遇砂层厚度、油层有效厚度、有效孔隙度、含油饱和度以及试油结果,通过面积加权计算预测区平均油层厚度及储量计算选用含油饱和度;同时,该区各个油藏根据地震、钻井、测井资料分析研究认为,圈闭类型已查明,储层展布、油藏类型清楚。

下面长 8 油层为例,针对影响储量的三个重要参数(有效厚度、有效孔隙度、含油饱和度)进行评价,以证明各个油藏储量的可靠程度。

有效厚度:储量计算时长 8 采用的油层厚度 11.0m;截至 2009 年年底,区内共完钻 616 口开发井,长 8_1 平均解释有效厚度 11.8m;在长 8_2 共完钻 219 口开发井,长 8_2 平均解释有效厚度 13.6m;完钻开发井平均有效厚度大于储量计算时的油层厚度 11.0m。这说明在储量计算时,采用的油层厚度值是可靠的。

有效孔隙度:储量计算时长 8_1 采用的孔隙度值为 6%,根据已完钻的开发井物性分析报告统计,平均孔隙度为 8.7%,扣除 0.5% 换算到地层条件,应为 8.2%;长 8_2 采用的孔隙度值为 8%,根据已完钻的开发井物性分析报告统计,平均孔隙度为 12.0%,扣除 0.5% 换算到地层条件,应为 11.5%,大于储量计算中的有效孔隙度。

原始含油饱和度:储量计算时,长 8_1、长 8_2 采用四种方法确定原始含油饱和度分别为 70.0%、55.0%。长 8_1 油藏完钻探井、评价井、开发井采用有效厚度解释图版,解释含油饱和度最大值 79.3%,最小值 55%,平均 72.2%,所以从新完钻的井含油饱和度解释来看,含油饱和度选用 70.0% 是合理的。长 8_2 油藏完钻探井、评价井、开发井采用有效厚度解释图版,解释含油饱和度最大值 75.2%,最小值 55.3%,平均 60.1%,所以从新完钻的井含油饱和度解释来看,含油饱和度选用 55.0% 是合理的。

通过对以上参数核实,与储量计算时所选取参数对比,证实上报储量是可靠的。

开发预测面积内,黄 57、黄 115 井区 2009 年完钻骨架井 53 口,平均钻遇油层 11.1m、油水层 3.56m、含油饱和度 76.4%、岩心分析孔隙度 9.36%;参数均大于或接近储量计算时所选取参数,证实开发预测储量是可靠的。

长 8 预测区井控程度比较低的区域如黄×、黄×××、池×××等井区,需在 2010—2012 年部署预探井和评价井,以落实储量。

根据储量分类标准,对××油田长 8 现有上报及开发预测储量进行了分类评价。

3) 预探、评价部署

鉴于长 4+5、长 6、长 8 部署区预测储量多的现状,为了减少开发风险,在近三年的开发实施过程中,针对储量规模大的长4+5、长6、长8油藏,结合分年建产潜力,部署预探、评价井、骨架井共计925口。其中,常规产建部署预探234口井、评价井215口,超低渗部署预探77口井、评价井74口,部署开发骨架井325口。

第三节　地质建模

以长8油藏为例,长8_1油藏采用的三维储层建模软件是PETREL。

一、建模工区

本次建模的工区面积约12.5km^2,总井数94口。建模精度为:长8_1层的网格数215×259×244。

二、构造模型

构造建模包括两个主要部分,即地层层面模型和断层模型。本区由于构造比较简单,依靠井点资料并结合平面趋势图就可以比较好地控制该区构造形态。本次所建构造模型采用了20m×20m×0.25m的网格。根据地层精细对比得出的分层数据资料,利用PETREL建模软件分别建立××油田的层面模型。

三、沉积微相模型

由于工区面积较小且位于主河道上,因此采用砂体模型代替相模型,进行相控建模。

四、属性模型

本次属性模型的预测应用适用于连续变量模拟的序贯高斯模拟算法,采用相控模拟技术,模拟得到孔隙度、渗透率和油水分布模型。

五、模型粗化

图2－9为长8_1层粗化前后参数对比，可以看出，粗化后模型基本保持了精细模型的参数分布特征。

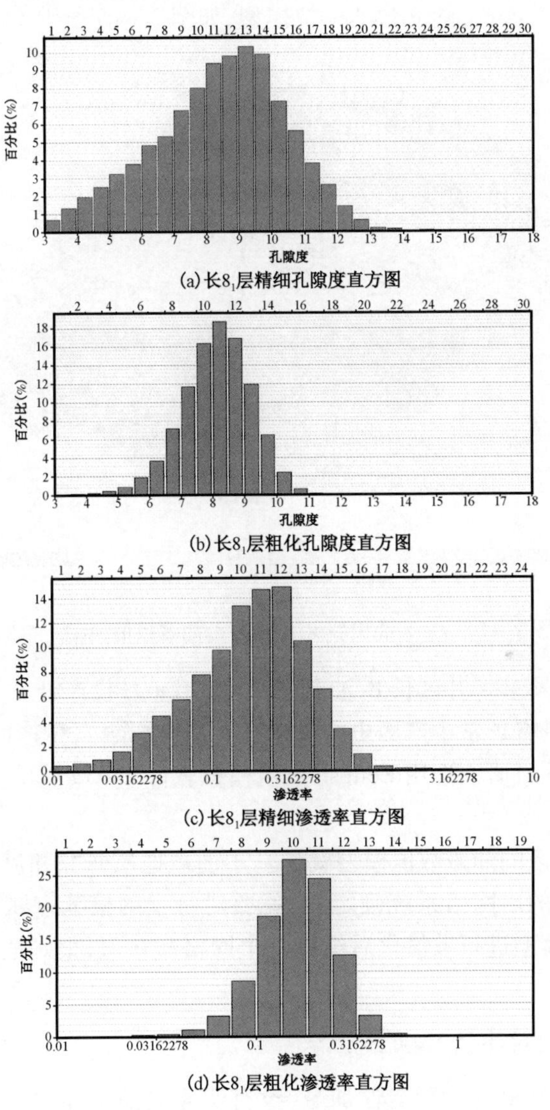

(a)长8_1层精细孔隙度直方图

(b)长8_1层粗化孔隙度直方图

(c)长8_1层精细渗透率直方图

(d)长8_1层粗化渗透率直方图

图2－9　长8_1层粗化前后直方图

六、数值模拟模型及参数选取

在对罗××长8_1储层三维地质建模的基础上，考虑到模拟计算的网格节点数不宜太大，因此，在罗××井区选取了开发时期较早的区域（模拟区块含油面积12.5km^2）建立数值模拟模型，如图2-10所示。

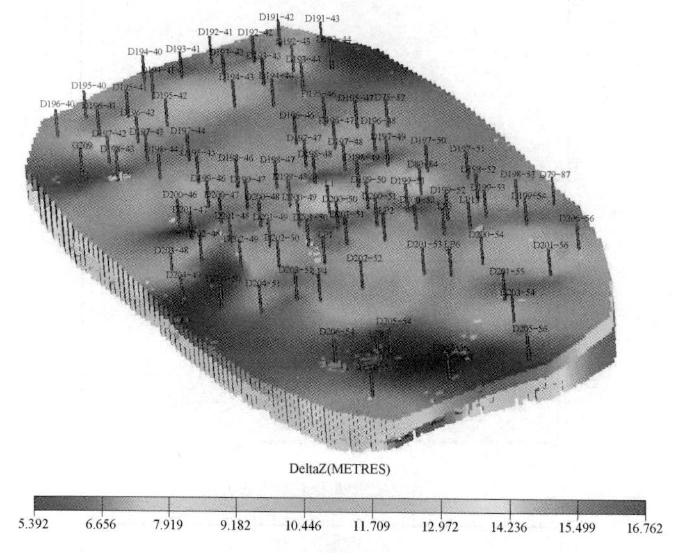

图2-10　××油田罗××区长8_1油藏数值模型三维图

××油田罗××井区长8_1油藏于2006年9月投产开发，到2008年12月，模拟区内具有正常生产历史的油水井约有70余口，生产时间较短，拟合难度较高，本项目研究选用Eclipse数值模拟软件2005a版的黑油模型E100进行模拟计算。

罗××井区的油藏数值模型就是基于油藏地质研究和流动单元划分的基础之上建立的。网格系统确定后，就要对每个网格节点赋予相应的地质参数，将地质模型进行数值化后给每一个网格赋初值，很好地保留了原有的地质信息。

1. 油水相对渗透率曲线

本区长8_1油藏为一套岩性油藏，没有明显的油水界面，受物性控制，可以选用一套相渗曲线，本次模拟采用均一化相渗曲线（图2-11）。

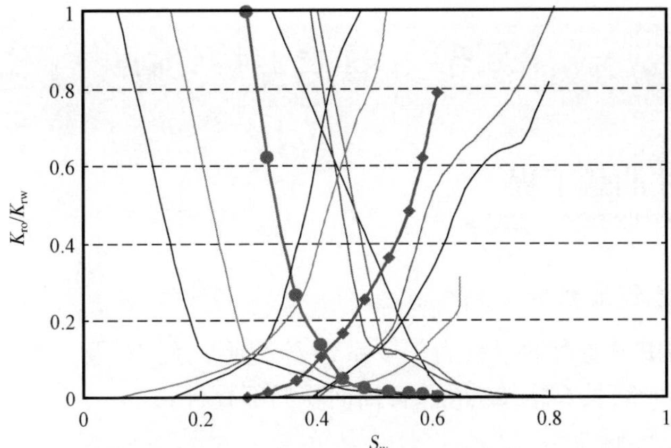

图 2-11 罗××区长 8_1 油层油水相对渗透率曲线

2. 油、气、水高压物性

根据罗××井区长 8_1 油藏地 201-50 井的化验分析试验数据，描述该区油的黏度（μ_o）、油的体积压缩系数（C_o）、气相压缩因子（Z）、气的黏度（μ_g）等参数随压力变化的情况。

3. 各向异性及渗透率场处理

为了考虑地层的各向异性，数值模拟中取 x 方向的渗透率是 y 方向渗透率的 3 倍，取 z 方向的渗透率为 x 方向渗透率的 1/10 作为基本值输入计算机模型中。

数值模型中，采油井人工裂缝方位与井排方向一致，为 NE70°，旋转 20°与 x 方向平行；裂缝长度和导流能力根据动态压裂恢复资料解释得到，裂缝半缝长 x_f 为 135m，裂缝渗透率为 $9.85\times10^{-3}\mu m^2$。

七、原始储量拟合

××油田罗××井区长 8_1 油藏的地质储量丰度为 $73.2\times10^4 t/km^2$，理论计算模拟区域的地质储量与数值模型计算储量对比，误差为 0.87%。

第四节　油藏工程论证

一、丛式井油藏工程

1. 开发层系划分

××油田主要含油层系为侏罗系延安组延 9、延 10 及三叠系延长组长 1、长 2、长 4+5、长 6、长 8 油层,含油面积局部叠合。

1) 划分原则

开发层系的划分主要是考虑各层系的储量基础、沉积背景及储层物性之间的差异、油层间的跨度和流体的配伍性。

2) 地层水配伍性

从配伍性试验结果可以看出,侏罗系油藏与三叠系任何油藏的地层水配伍性不好,三叠系仅长 1 与长 2 油藏的地层水配伍性好。长 8 与长 6、长 4+5、长 2、侏罗系地层水配伍性不好。

3) 划分结果

各层均各自采用一套层系、一套井网开发。为了降低成本、提高单井产能,在长 6、长 8 叠合区开展一套井网多层系开发试验。

2. 开发方式

1) 自然能量开采

(1) 单井试采曲线。

长 8_1 油藏原始气油比高,未见边底水,原始驱动类型以弹性溶解气驱为主,油藏弹性采收率为 1.55%,溶解气驱采收率为 10.55%。

自然能量开发采收率低,产量递减快。从耿××长 8_1 油层试采曲线可以看出,日产油量递减很快。耿××井到第 3 个月,日产油量递减分别为 12.13%;半年后,日产油量递减分别为 57.44%。耿 236 井相对递减较慢,6 个月后递减 4.67%。

从单采曲线可以看出,除延 10 外,其他层系采用自然能量开发,产量递减快。

(2)数值模拟。

××油田的长4+5主力油层,选择一区块的地质参数,按照305m×305m的正方形反九点井网形式,设计自然能量衰竭开采(方案1)和注采同步(方案2)两种方案进行数值模拟研究。得到长4+5油藏衰竭开采及注水开发的采出程度与时间、含水率与采出程度、平均地层压力水平与时间的对比曲线,如图2-12至图2-14所示。

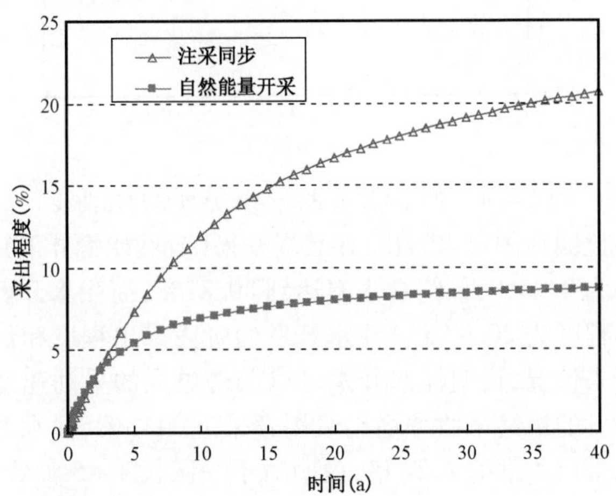

图2-12 不同开发方式阶段采出程度对比曲线

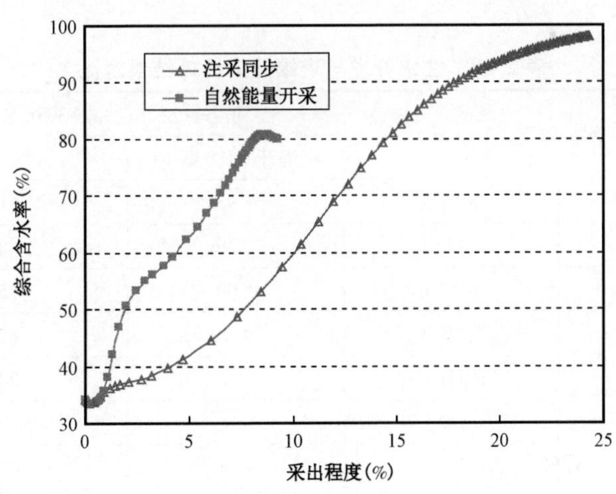

图2-13 综合含水率与阶段采出程度关系曲线

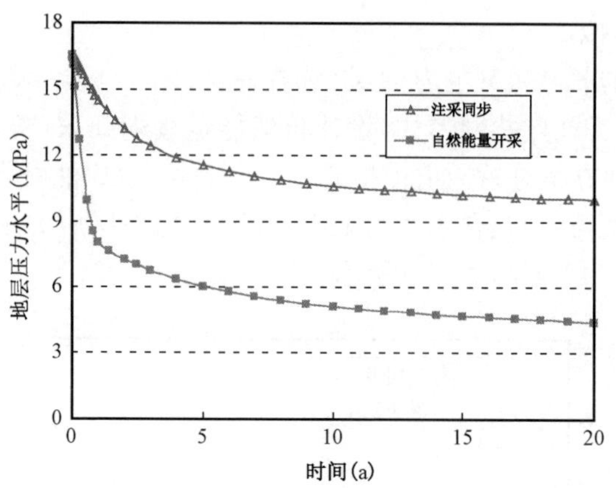

图2－14 不同开发方式地层压力水平对比曲线

从以上对比曲线图可以看出:在衰竭开采(自然能量开采)生产方式下,其最终采收率为9.25%,最终含水率达到80.87%;而注水开发在含水率为95%时的采出程度为20.97%。注水开发的阶段采出程度和最终采收率明显高于衰竭开采情况,说明注水开发可以获得更大的采油速度和阶段采出程度。注水开发的最终采收率高出衰竭开采近11.5%,注水开采的采出程度为衰竭开采采出程度的2.27倍,说明对于一区长4+5油藏,通过注水补充能量可以获得比较好的效果。相对衰竭开采,注水开发能维持较高的平均地层压力,其最终平均地层压力高出衰竭开采约5.5MPa。主要动态开发指标统计如表2－9示。

表2－9 注水开发与衰竭开采计算结果对比

对应方案		正方形反九点井网 305m×305m	
		衰竭开采(方案1)	注采同步(方案2)
开发10a	η(%)	6.93	11.95
	f_w(%)	72.96	68.97
开发20a	η(%)	8.00	16.67
	f_w(%)	79.20	87.07
含水率90%	时间(a)	**	24.32
	η(%)	**	17.86
含水率95%	时间(a)	**	42.25
	η(%)	**	20.97

注:**表示衰竭开采未达到所给的含水率值。

经济指标对比：对方案1、方案2进行经济评价，所得到经济指标参数（表2-10），注水开采的阶段累计财务净现值和最大累计财务净现值都远远高于衰竭开采的情况；注水开采的投资回收期为2.90a，而衰竭开采的投资回收期为10.27a。从经济评价指标看，注水开发要远远优于衰竭开采开发方式。

表2-10 一区块不同开发方式经济指标评价表

对应方案序号（不同开发方式）		方案1	方案2
		衰竭开采	注水开采
正方形反九点井网 305m×305m	井网密度（口/km^2）	10.75	10.75
	第5年累计财务净现值（10^4 元）	-2062.5	8191.3
	第10年累计财务净现值（10^4 元）	-15.9	18875.4
	第15年累计财务净现值（10^4 元）	-180.9	22695.2
	第20年累计财务净现值（10^4 元）	-658.5	24047.9
	最大累计财务净现值（10^4 元）	20.0	24681.7
	投资回收期（a）	10.27	2.90

不管是从技术指标看还是从经济指标看，方案2均优于方案1，说明一区长4+5油层注水开采的开发效果明显好于衰竭开采的开发效果。

长8主力油藏数值模拟结果表明：衰竭开采（自然能量开采）弹性采收率为3.52%，最终采收率为16.39%；而注水开发在含水率为95%时的采出程度为24.64%。注水开发的阶段采出程度和最终采收率明显高于衰竭开采，说明注水开发可以获得更高的采油速度和阶段采出程度。

相比衰竭开采，注水开发能维持在较高的平均地层压力水平，其最终地层平均压力水平高出衰竭开采约5.5MPa。注水开发的最终采收率高出衰竭开采近8.5%，采用衰竭式开采地层压力下降快，产量递减快，采收率低，必须采用注水开发方式补充能量才能实现有效开发。

综上所述，××油田除侏罗系少数延10油藏边底水活跃，自然能量充足，可利用自然能量开采外，长2、长4+5、长6、长8油藏天然能量均不足，若仅靠天然能量开采，产量递减大，采收率低，因此，需补充能量开发。根据某油田侏罗系和三叠系油藏成功开发经验，采用注水开发是经济易行的补充能量的开发方式。

2）注水开发的可行性

（1）储层敏感性。

××油田长2、长4+5、长6、长8储层蒙脱石等水敏矿物含量较少，敏感性分析结果均为无—弱水敏,通过注入水中添加黏土稳定剂、防垢剂即可满足水质要求,可以注水开发。

(2)水驱油效率。

以一区为例,长2、长4+5、长6、长8层无水期驱油效率分别为45.2%、43.8%、26.6%、23.5%,最终驱油效率分别为52.9%、53.9%、41.0%、40.6%、59.0%。

由此可见,采用注水开发,可大大提高本区油藏采收率。

(3)矿场实践。

以一区为例,一区长4+5油层的耿××井块,采用正方形反九点井网,实施超前注水开发方式。目前耿××井区水驱状况良好,存水率稳定(0.92),水驱特征曲线形态平稳,水驱状况稳定(图2-15)。

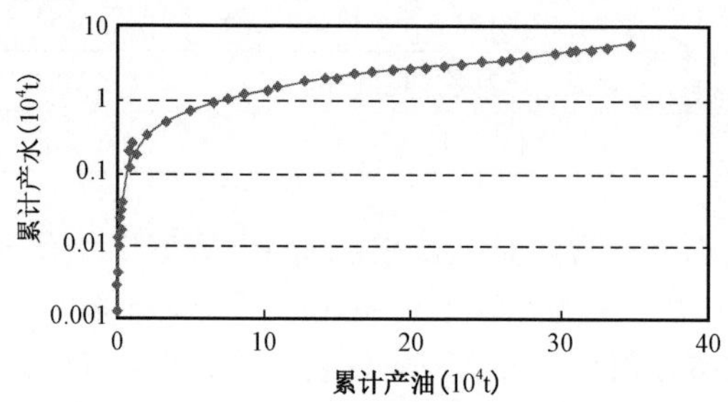

图2-15 一区耿××井区长4+5水驱特征曲线

以三区为例,2004年9月该区长4+5注水开发。2005年4月注水井共投注14口,单井日注水45m^3,平均单井累计注水5026m^3。

注水井单井日注水量保持在36~48m^3;单井吸水能力稳定,视吸水指数3.7~5.6m^3/(d·MPa),平均为5.0m^3/(d·MPa);且注水压力平稳,一直保持在7.3~9.3MPa,储层吸水能力较强。

从4口井测压资料看,油井投产前地层压力达到21.29MPa,压力保持水平高(138.2%)。注水区油井见效程度85%,日产液量由见效前的1.96m^3/d上升到见效后的3.85m^3/d,产油量由见效前的1.60t/d上升到见效后的3.08t/d,动液面由见效前的1742m上升到见效后的1552m。

综上所述,××油田各油藏采用注水开发是切实可行的。

3)注水时机

依据某油田注水开发实践,对渗透率较大的延9、长1、长2油藏按照同步注水的方式开发，既可获得较好的开发效果，又可获较高的采收率，因此，本区延9、长1、长2油藏采用同步注水的开发方式。而对于物性差、压力系数低的长4+5、长6、长8特低渗油藏，超前注水是行之有效的开发途径，因此，本区长4+5、长6、长8油藏采用超前注水的开发方式。

(1)矿场实践。

同类型的靖安油田五里湾一区长6特低渗透油藏的开发实践证明，实施超前注水，可保持较高的地层压力及有效生产压差，从而更有利于建立有效的压力驱替系统，实现油田长期高产、稳产。1997年五里湾一区通过优先打注水骨架井，使部分井达到了超前注水开发的效果，统计不同注水时机的单井产量表明，超前注水井区的生产井初期产量月递减约为5%～6%，半年后单井产量稳定在6～7t/d，同步注水初期月递减为8%，半年后的稳定产量为5～6t/d，滞后3个月注水油井初期递减高达9%，半年后稳定产量只有4t/d左右。在储层相似、油层改造措施相近的条件下，超前注水井区的油井初期产量递减明显减小，油井稳定产量高(图2－16)。

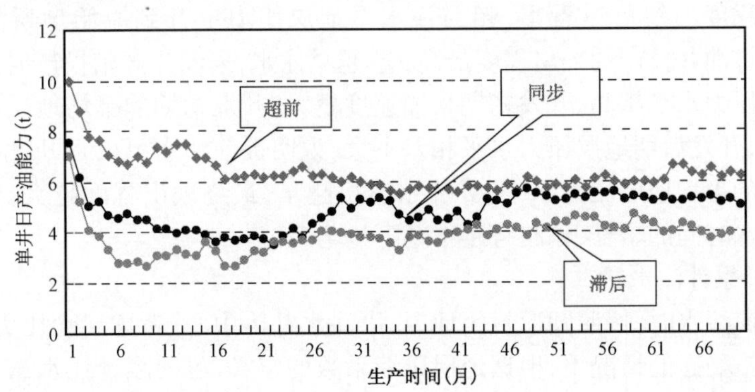

图2－16 不同注入时机单井产量曲线

(2)超前注水压力保持水平。

以长4+5油藏为例，同类油藏数值模拟结果显示，注水时间不同，初期日产油量、递减趋势不同。注水越早，其平均单井产量较高，递减速度也较小，滞后1a注水，其递减明显大于同步注水及提前1a注水的递减速度。

根据同步注水、超前1～6个月7个方案的计算结果看，随着超前注水时间延长，累计注入体积增大，单井产量呈直线上升，当地层压力保持水平达到121.4%，单井产量递增幅度最大，随后单井产量增幅逐渐减小(表2－11)。

表 2-11 一区不同注水时机效果对比表

地层压力保持水平(%)	100	111.4	116.2	121.4	124.7	135.4	141.7
单井产量增幅(t/d)	0	0.48	0.86	1.07	0.99	0.93	0.90

按照正方形反九点305m×305m井网形式，设计不同注水时机方案(表2-12)，研究超前注水、滞后注水的开发效果，通过方案3～方案11不同注水时机开发方案的模拟计算，得到一区长4+5油藏不同注水时机采出程度与时间、含水率与采出程度、平均地层压力水平与时间关系对比曲线和主要动态开发技术指标。

表 2-12 一区长4+5不同注水时机方案设计表 %

滞后注水				注采同步	超前注水			
注水时刻油层压力降至原始压力百分数					油井开采时刻地层压力增至原始压力百分数			
60	70	80	90	100	110	120	130	140

可以看出，在正方形反九点井网形式下：① 从不同注水时机方案第20年采出程度曲线可以看出，超前注水至地层压力上升到原始地层压力的120%时，油井投产的采出程度最高；② 越早注水，采油井开始投产时刻的平均地层压力水平越高，开发初期采油速度越大，开发初期的平均地层压力水平越高，开发后期地层压力水平相差不大，说明提前注水可以在开发初期维持较高的平均地层压力水平；③注水时机越早，最终采出程度越大，但随着超前注水时间的增长，该趋势越来越不显著。

(3)累计注水量。

超前注水时，按照圆形封闭地层，以注水井为中心，考虑启动压力梯度，在达到拟稳态的情况下，根据地层压缩系数的定义，可得累计注水量与地层压力有如下关系：

$$\Delta V = C_t \cdot V \cdot \Delta p \tag{2-2}$$

$$C_t = C_o + \frac{C_w S_{wi} + C_f}{1 - S_{wi}} \tag{2-3}$$

$$\begin{cases} C_w = 1.4504 \times 10^{-4}[A + B(1.8T + 32) + C(1.8T + 32)^2] \\ \qquad \times (1.0 + 4.9974 \times 10^{-2} R_{sw}) \\ C_f = \dfrac{2.587 \times 10^{-4}}{\phi^{0.4358}} \end{cases} \tag{2-4}$$

$$A = 3.8546 - 1.9435 \times 10^{-2} p \tag{2-5}$$

$$B = -1.052 \times 10^{-2} + 6.9183 \times 10^{-5} p \tag{2-6}$$

$$C = 3.9267 \times 10^{-5} - 1.2763 \times 10^{-7} p \tag{2-7}$$

式中 ΔV——累计注水量，m^3；

C_t——地层压缩系数，MPa^{-1}；

V——注入孔隙体积，m^3；

Δp——压力差，MPa；

C_o——地层原油压缩系数，MPa^{-1}；

C_w——地层水压缩系数，MPa^{-1}；

C_f——岩石压缩系数，MPa^{-1}；

T——地层温度，℃；

S_{wi}——束缚水饱和度；

ϕ——孔隙度；

R_{sw}——地层水中天然气的溶解度，m^3/m^3；

p——地层压力，MPa。

由此可计算出××油田各油层单井累计日注水量。

(4)注水强度。

根据达西定律，考虑启动压力梯度影响，注水井注水强度$\frac{Q_i}{h}$[$m^3/(d \cdot m)$]公式为：

$$\frac{Q_i}{h} = \frac{0.5429 K K_{rw} [(p_f - p) + \lambda(0.610\sqrt{A} - r_w)]}{B_w \mu_w \left(\ln \frac{0.610\sqrt{A}}{r_w} - \frac{3}{4}\right)} \tag{2-8}$$

式中 A——注采井组面积，菱形反九点井网和矩形井网 $A = 4ab$，m^2；

p_f——注水井最大井底压力，MPa；

p——原始地层压力，MPa；

λ——真实启动压力梯度，MPa/m；

B_w——水体积系数；

μ_w——水黏度，mPa·s；

K——地层渗透率，$10^{-3} \mu m^2$；

K_{rw}——残余油时水相渗透率；

r_w——井径，m。

从此可以看出，注水强度与注水井井底流压有关，根据开发经验，一般注水井最大流压以不超过地层破压的90%为准。根据上式可计算××油田各油层组最大注水强度。

（5）超前注水时机。

根据××油田各油层最大注水强度、单井累计注水量以及油藏平均有效厚度计算出油藏单井日注水量、超前注水天数，油井达到超前注水天数后方可投产，正常生产后，注水井注水量根据生产动态进行调整（表2－13）。

表2－13　××油田各区块油层注水强度、超前注水时机

区块	层位	单井累计注水量（m^3）	注水强度［m^3/（d·m）］	单井日注水量（m^3）	超前注水天数（d）	地层压力保持水平（%）
一区	侏罗系			15～20	同步	85
	长2		1.5～2.0	15～20		100
	长4＋5	3294	2.90	27	122	110
	长6	2682	2.20	24	140	120
	长8_1	1397	1.74	20	81	110
	长8_2	2221	1.63	26	86	110
二区	长4＋5_2	2988	2.00	27	110	110
	长6_1	4497	1.50	30	149	120
	长8_1	2431	2.00	24	102	110
三区	长4＋5_2	3280	2.00	25	82	110
四区	长4＋5_2	3452	2.50	28	126	110
	长6	2919	2.20	26	111	120
	长7	2856	2.00	22	130	120
	长9_1	2388	2.40	29	84	120

（6）油井投产后注水量。

根据注采平衡原理，油井投产后，注水井的日配注量公式为：

$$Q_w = \frac{1000MN_oQ_o}{N_w\rho_o}\left(\frac{B_o}{B_w}+\frac{S_w}{1-S_w}\right) \tag{2-9}$$

式中　N_o——采油井数，口；

N_w——注水井数，口；

Q_o——采油井日采油量，t/d；

Q_w——注水井日配注量，m^3/d；

B_o——原油的体积系数；

B_w——水的体积系数；

ρ_o——地面原油的密度，kg/m^3；

S_w——采油井的初期含水率；

M——注采比。

由此，可计算出油井投产后的单井日注水量。

3. 井网系统

1) 最大主应力方位与井排方向

同类油藏开发经验表明，注水井排方向平行于裂缝（最大主应力）方向，使注入水垂直裂缝走向向采油井方向驱油，才能最大限度地提高波及体积，取得较好的开发效果。

(1) 地应力方向。

通过地××井声电成像测井资料的裂缝解释得出：该井天然裂缝规模小；储层段裂缝发育程度低；长 8_1 砂体（常规测井解释为油层）的底部及顶底围岩中发育高角度缝，裂缝走向近东西向（图 2－17）。

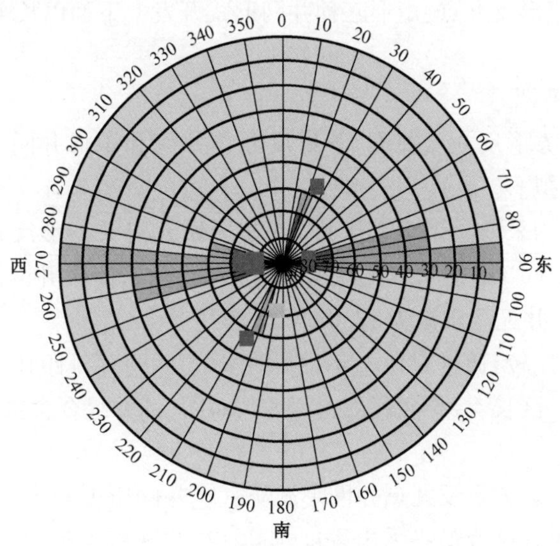

图 2－17　长 8 裂缝走向方位统计图

5700 测井各向异性分析结果表明:长 8 地层各向异性总体较强,主要为地应力差异引起,砂体内快横波方位角约 70°,最大水平主应力方向为近北东东—南西西方向。

(2)岩心观察。

岩心观察发现××油田长 4+5、长 6、长 8 储层存在天然裂缝;××油田各层位最大主应力方向测试结果表明,长 4+5 最大主应力方位为 NE75°,长 6 为 NE56°—NE67°,长 8 为 NE50.6°—NE70°;结合其他油田各层位地应力测试结果综合研究,××油田最大主应力方向和人工裂缝延伸方向基本一致,为北东 70°—75°。

根据同类油藏开发经验,注水井排方向平行于裂缝方向,才能最大限度地提高波及体积,取得较好的开发效果。因此××油田油藏确定井排方向为北东 70°—75°;长 2 以上与砂体展布方向一致。

2)井网形式

××油田在开发实践中,不断探索、总结,提出了与裂缝相匹配的菱形反九点井网和矩形井网,即注水井排与裂缝(最大主应力)方向一致。在油田开发中,根据裂缝不发育、较发育和发育三种不同地质特征,分别采用正方形反九点、菱形反九点、矩形三种井网形式开发。下面以长 4+5 油藏为例进行论述。

(1)数值模拟。

设计了正方形反九点井网、菱形反九点井网和矩形井网不同井排距比的方案进行模拟。

不同井网均采取注采平衡配产,正方形反九点及菱形反九点井网油井配产液量为 9.0m^3/d,注水井配注水量为 27.0m^3/d;矩形井网油井配产液量为 9.0m^3/d,水井配注水量为 18.0m^3/d。

技术指标比较:通过对以上不同井网形式不同井排距比开发方案的模拟计算,得到一区长 4+5 油藏采出程度与时间、油井综合含水率与采出程度关系对比曲线。

结果显示,正方形反九点井网形式下:① 井网密度越大,实际采油速度越大,阶段采出程度及最终采出程度越高;② 井网密度越大,油井平均日产油能力递减越快,含水率上升越快;③ 井网密度越大,含水率达到 95% 时的油田开发时间越短。

菱形反九点及矩形井网形式下：① 相同井距，排距越小（井网密度越大），其实际采油速度越大，阶段采出程度越大，最终采出程度也越高；② 相同排距，井距越小（井网密度越大），其实际采油速度越大，阶段采出程度越大；③ 井网密度越小，含水率达到95%时的油田开发时间越短。

在相同井网密度下，正方形反九点井网的开发效果与菱形反九点井网的开发效果相当，均好于矩形井网的开发效果。① 在井排距比相同条件下，菱形反九点井网的阶段采出程度和最终采出程度均高于矩形井网，说明菱形反九点井网具有更大的实际采油速度。② 在井排距比相同条件下，在中、高含水期，菱形反九点井网的开采效果明显好于矩形井网，即在采出程度相同时矩形井网的油井综合含水率明显高于菱形反九点井网的油井综合含水率。③ 在井排距比相同条件下，矩形井网的开发时间较长，说明菱形反九点井网可以缩短油田开发时间。

由上面技术指标分析对比，在井排距比相同情况下，菱形反九点井网布井方式的技术开发指标好于矩形井网布井方式的技术开发指标，305m × 305m 正方形反九点井网的开发效果与相同井网密度的菱形反九点井网开发效果相当。

考虑到一区长 4 +5 油藏裂缝不发育，菱形反九点井网试验中个别边井出现的见水现象，而正方形反九点开发表现出稳定的生产特征。因此，推荐一区长 4 +5 油藏依然采用正方形反九点井网，四区、二区、三区长 4 +5 裂缝较发育，采用菱形反九点井网。

（2）正方形反九点井网开发实例。

采用正方形反九点井网，实施超前注水开发方式，统计投产时间大于6 个月的油井 38 口井，见效 23 口，见效程度 60.5%，其中主向井 8 口，侧向井 15 口，主侧向之比为 1∶2，主向井平均见效周期为 5 个月，侧向井见效周期平均为 6 个月左右。见效井见效后液量、油量上升，动液面上升，含水率稳定。油井初期递减小，稳定产量相对较高，含水率稳定，井网适应性较好。

（3）菱形反九点井网开发实例。

元 × × 井区长 4 +5 油藏，2005 年 12 月采用菱形反九点井网投入开发。

该区自 2006 年 11 月投入注水开发，实施超前注水开发技术政策，油井见效程度增大，统计投产的 81 口油井，见效 52 口，见效程度 64.2%，见效井生产呈现日产液、日产油上升,综合含水率下降,动液面平稳的特点(表2-14)。注水见效后单井产量上升幅度大。

表2-14 元××井区长4+5油藏投产井见效前后产量对比表

井数(口)		日产液(m^3)	日产油(t)	含水率(%)	动液面(m)
52	见效前	6.18	2.42	53.4	1380
	见效后	6.61	4.11	26.0	1293

综上所述,一区长4+5油藏,选正方形反九点井网具有较好的开发前景。三区、二区、四区长4+5油藏优选菱形反九点井网。

3)井网密度

科学合理的井网密度,既要使井网对储层的控制程度尽可能大,要能建立有效的驱替压力系统,要使单井控制可采储量高于经济极限值,又要满足油田的合理采油速度、采收率及经济效益等指标。

由上面技术开发指标对比分析,对于一区块,正方形反九点井网的井网密度越大,开发效果越好。但是,当井网密度过大时,在相同的面积内,井数就增多,这就直接关系到钻井成本及操作费用,此时要考虑大井网密度比小井网密度多采的原油能否抵消或超过钻井成本的上升问题,因此井网密度不能过大。考虑到整个油田的经济效益,借助经济评价手段,则存在最佳井网密度。

(1)数值模拟。

为了进一步研究不同井网形式开发方案对油田开发经济效益的影响,下面借助经济评价的手段进行开发方案的经济评价,从而对××油田长4+5、长8油藏合理井网形式及井网密度进行优选。

长4+5油藏菱形反九点井网与矩形井网不同井排距开发方案的阶段累计财务净现值与井网密度关系对比如下。

① 在相同井网密度下,正方形反九点井网与菱形反九点井网的阶段累计财务净现值相当,均高于矩形井网的阶段累计财务净现值。

② 对正方形反九点井网不同井排距方案进行经济评价,所得经济指标,可以看出:阶段累计财务净现值随着井网密度的减小先增大后减小,说明存在合理井网密度范围。根据数据作出阶段累计财务净现值与井网密度关系曲线如图2-18所示,并根据图中数据点的趋势对数据点进行多项式回归得

到阶段累计财务净现值关于井网密度的函数关系式，关系式和累计财务净现值取最大值时对应的井网密度，可确定最优井网密度范围在10.41～11.84 口/km²，平均值为10.96 口/km²。

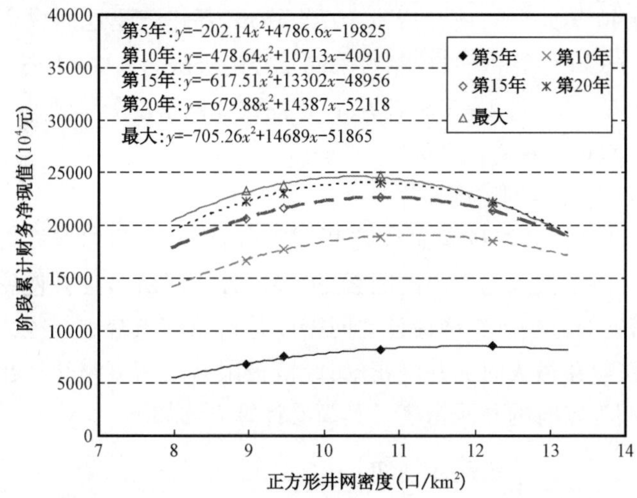

图2－18　正方形井网不同井网密度阶段累计财务净现值回归曲线

由以上技术评价指标及经济指标对比分析，××油田长4＋5油藏的合理井网密度在10.96 口/km²左右。

（2）满足标定水驱采收率的井网密度。

北京石油勘探开发研究院根据我国144个油田或开发单元的实际资料，按流度统计出最终采收率与井网密度的经验公式。

当流度小于5时，最终采收率与井网密度的经验公式如下：

$$E_{\mathrm{R}} = 0.4015\mathrm{e}^{-0.10148s} \qquad (2-10)$$

式中　E_{R}——采收率，%；

s——井网密度，口/km²。

通过计算，××油田侏罗系、长1和长2、长4＋5油藏满足标定水驱采收率的井网密度分别为21.4 口/km²、14.6 口/km²、12.6 口/km²；长6、长7、长8、长9油藏满足标定水驱采收率的井网密度为13.6 口/km²。

（3）满足单井控制可采储量经济下限的井网密度。

以单位含油面积计算，井网密度与单井控制可采储量有如下关系：

$$a \cdot E_{\mathrm{R}} = s \cdot N_{\mathrm{kmin}} \tag{2-11}$$

式中 N_{kmin}——单井控制可采储量,10^4t/口;

a——储量丰度,10^4t/km^2。

在油价40美元/桶,钻井成本1070元/m,万吨产建地面投资789×10^4元,评价期按13a计算,单井控制可采储量经济极限为0.6×10^4t/口。

通过计算,二区长4+5和长6、长8油藏井网密度分别要小于12.0口/km^2、17.3口/km^2、14.4口/km^2。

(4)经济合理井网密度。

北京石油勘探开发科学研究院开发所俞启泰,在谢尔卡乔夫公式的基础上,引入经济学投入与产出的因素,推导出计算经济最佳井网密度和经济极限井网密度的方法。经济最佳井网密度是指总产出减去总投入达到最大时,亦即经济效益最大时的井网密度;经济极限井网密度是总产出等于总投入,即总利润为零时的井网密度。其简要计算方法如下:

$$\alpha s_{\mathrm{b}} = \ln \frac{N \cdot V_{\mathrm{o}} \cdot T \cdot \eta_{\mathrm{o}} \cdot c \cdot \alpha(L-P)}{A \cdot \left[(I_{\mathrm{D}}+I_{\mathrm{B}}) \cdot \left(1+\frac{T+1}{2}r\right)\right]} + 2\ln s_{\mathrm{b}} \tag{2-12}$$

$$\alpha s_{\mathrm{m}} = \ln \frac{N \cdot V_{\mathrm{o}} \cdot T \cdot \eta_{\mathrm{o}} \cdot c(L-P)}{A \cdot \left[(I_{\mathrm{D}}+I_{\mathrm{B}}) \cdot \left(1+\frac{T+1}{2}r\right)\right]} + \ln s_{\mathrm{m}} \tag{2-13}$$

式中 α——井网指数(根据实验或经验公式求得),hm^2/井;

s_{b}——经济最佳井网密度,hm^2/井;

N——原油地质储量,t;

V_{o}——评价期间平均可采储量采油速度;

T——投资回收期,a;

η_{o}——驱油效率;

c——原油商品率;

L——原油售价,元/t;

P——原油成本价,元/t;

A——含油面积,hm^2;

I_{D}——单井钻井(包括射孔、压裂等)投资,元;

I_{B}——单井地面建设(包括系统工程和矿建等)投资,元;

R——贷款年利率；

s_m——经济极限井网密度，hm^2/井。

综合钻井成本1070元/m，地面建设投资789×10^4元/10^4t，固定资产投资贷款利率5.94%，原油商品率0.9578。代入公式，用交汇法可计算出油价为40美元/桶时××油田各区各油藏经济最佳井网密度、经济极限井网密度。

以一区为例，一区长4+5、长6油层的最佳井网密度为10.6口/km^2、9.8口/km^2，经济极限井网密度为24.4口/km^2、22.2口/km^2；长8_1、长8_2油层的最佳井网密度为8.9口/km^2、10.9口/km^2，经济极限井网密度为18.5口/km^2、26.3口/km^2（图2-19至图2-22）。

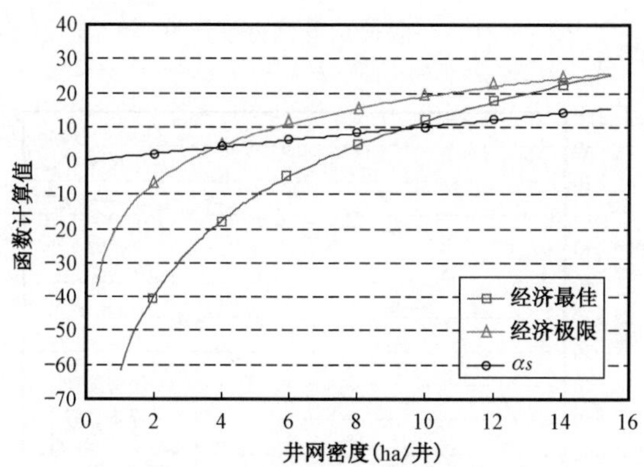

图2-19　一区长4+5井网密度计算交汇图

α—井网指数；s—井网密度

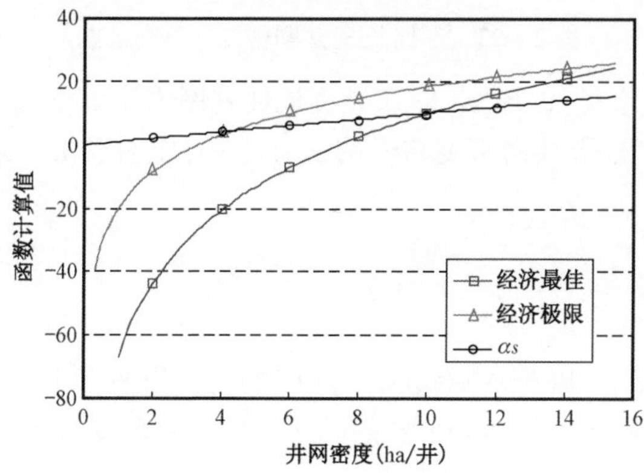

图2-20　一区长6井网密度计算交汇图

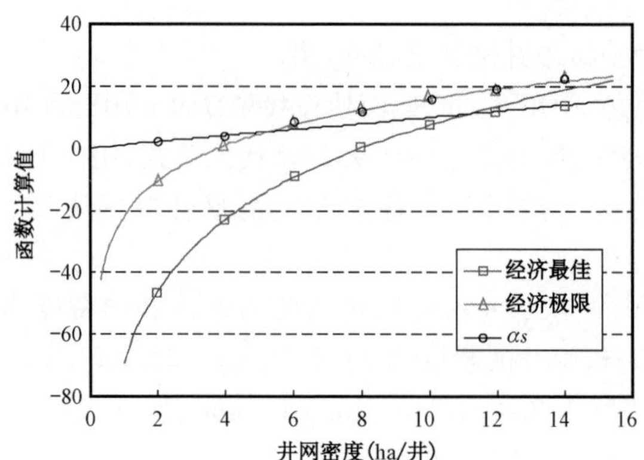

图 2-21　一区长 8_1 井网密度计算交汇图

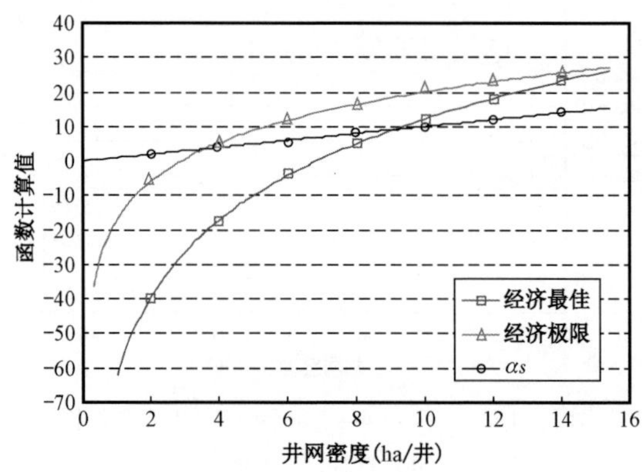

图 2-22　一区长 8_2 井网密度计算交汇图

根据"加三分差"的原则,即在经济最佳井网密度的基础上,加经济最佳井网密度与经济极限井网密度差值的三分之一,作为经济合理井网密度,表达式如下:

$$s_r + s_b + \frac{s_m - s_b}{3} \tag{2-14}$$

按公式计算,一区长 4+5、长 6 油层的合理井网密度为 15.2 口/km²、13.9 口/km²。长 8_1、长 8_2 油层的合理井网密度为 12.1 口/km²、16.0 口/km²。

同样,用交汇法求出,当油价为 40 美元/桶时:

① 侏罗系经济最佳井网密度为12.8 口/km^2,经济极限井网密度为44.4 口/km^2,合理井网密度为23.3 口/km^2;

② 长2、长1经济最佳井网密度为14.5 口/km^2,经济极限井网密度为30.9 口/km^2,合理井网密度为19.6 口/km^2。

综合以上几种方法,并结合××油田同类已开发油田实际井网密度9.2～16.0 口/km^2,推荐(油价在40美元/桶)井网密度(表2－15)如下:一区延9、延10油藏井网密度13.0 口/km^{2}左右;长2、长4+5、长6油藏井网密度11.0 口/km^{2}左右;长8油藏井网密度13.9 口/km^{2}左右;二区长4+5、长6、长8油藏井网密度为11.1 口/km^2、10.68～12.8 口/km^2、13.9 口/km^2。三区长4+5油层井网密度为12.3 口/km^2。四区长4+5、长9油藏井网密度为13.3 口/km^2,长6油藏井网密度为11.1 口/km^2,长7油藏井网密度为14.2 口/km^2。

表2－15　不同方法井网密度计算结果表

井区	层位	渗透率($10^{-3}\mu m^2$)	满足各条件下的井网密度(口/km^2)					数值模拟(口/km^2)	综合取值(口/km^2)
			满足标定水驱采收率	满足单井控制可采储量经济下限	最佳	极限	合理		
堡子湾	延9	257.46	21.4	18.9	12.8	44.4	23.3		13.0
	延10	594	21.4	18.9					13.0
	长1	1.74	14.6		14.5	30.9	19.6		13.0
	长2	4.17	14.6	13.4					11.0
	长4+5	0.66	12.6	12.0	10.6	24.4	15.2	11.0	11.0
	长6	0.68	13.6	12.0	9.8	22.2	13.9		11.0
	长8_1	0.50	13.6	14.4	8.9	18.5	12.1	12.79～15.24	13.9
	长8_2	0.76	13.6	14.4	10.9	26.3	16.0		13.9
吴仓堡	长4+5_2	1.52	12.6	12.0	8.6	16.1	11.1		11.1
	长6_1	1.42	13.6	17.3	10.4	24.4	15.1	12.8	10.68～12.28
	长8_1	0.27	13.6	14.4	8.5	17.2	11.4		13.9
铁边城	长4+5_2	0.83	12.6	15.0	9.6	20.0	13.1		12.3

续表

井区	层位	渗透率($10^{-3}\mu m^2$)	满足各条件下的井网密度(口/km^2)					数值模拟(口/km^2)	综合取值(口/km^2)
			满足标定水驱采收率	满足单井控制可采储量经济下限	最佳	极限	合理		
胡尖山	长4+5$_2$	1.08	12.6	19.6	11.4	27.0	16.6		13.3
	长6	0.79	13.6	12.8	10.9	25.6	15.8		11.1
	长7	0.18	13.6	17.5	8.3	15.6	10.8		14.2
	长9$_1$	1.23	13.6	20.0	8.6	17.2	11.5		13.3

(5)井排距的确定。

低渗透油藏排距的确定主要与油藏基质渗透率和裂缝密度有关,基质岩块渗透率越低,裂缝密度越小,排距应该越小,反之可以增大。因此,其开发井网的排距主要根据油藏基质岩块渗透率大小决定,合理的井网排距要求能够建立合理的注采压力系统,取得比较好的注水效果。

① 考虑渗透率与启动压力梯度关系。

根据××油田低渗透油田储层渗透率与启动压力梯度关系(图2－23),可计算出××油田储层启动压力梯度,进一步确定出最大排距。

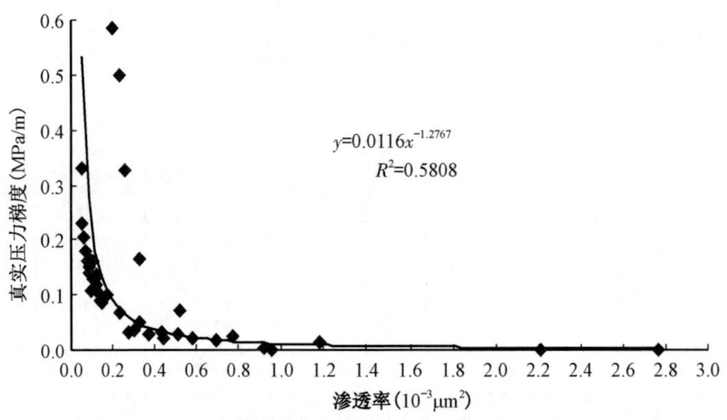

图2－23　真实启动压力梯度与渗透率关系图

从排距与注水井和采油井间的地层压力梯度分布曲线看,由于储层物性差,渗流阻力大。当注采井距为250m时,地层能量主要消耗在注采井近井地带,即注水井附近约80m、采油井附近约65m的范围内。在距生产井65

~170m 范围内，存在一平缓的压力直线段；而当注采井距从 250m 减小到 80m 时，驱动压力分布曲线中的平缓段消失，逐渐趋近于陡峭直线。根据前述计算出的启动压力梯度，从排距与地层压力梯度的关系图可以看出，排距在不超过 200m 时，储层中任一点的压力梯度均大于启动压力梯度，可建立有效的驱替压力系统。

② 数值模拟。

模拟结果显示（表 2－16），在相同井网密度下，井排距比不是越大越好，也不是越小越好，而是中间存在一个最优值，即存在合理井排距比。

表 2－16　长 8 油藏不同井排距比方案技术指标对比表

井距（m）	排距（m）	井排距比	第 5 年		第 10 年		第 15 年		第 20 年		含水率 90%		含水率 95%	
			采出程度（%）	含水率（%）	采出程度（%）	含水率（%）	采出程度（%）	含水率（%）	采出程度（%）	含水率（%）	开发时间（a）	采出程度（%）	开发时间（a）	采出程度（%）
620	110	5.6	14.40	54.6	19.53	81.5	22.14	89.4	23.85	92.5	15.8	22.44	28.7	25.94
565	120	4.7	14.55	53.8	19.74	81.7	22.28	89.7	23.93	92.8	15.3	22.4	28.2	25.84
525	130	4.0	14.70	53.9	19.83	82.0	22.34	90.0	23.96	93.0	15	22.33	27.6	25.74
485	140	3.5	14.72	54.6	19.84	82.4	22.36	90.2	23.99	93.2	14.8	22.27	26.9	25.62
455	150	3.0	14.48	54.1	19.57	81.7	22.13	89.7	23.79	92.9	15.3	22.26	27.5	25.55
425	160	2.7	14.49	55.1	19.44	81.9	22.00	89.5	23.69	92.7	15.6	22.23	27.8	25.53
400	170	2.4	14.36	55.6	19.27	82.2	21.82	89.4	23.54	92.5	15.7	22.13	28.3	25.51

设计方案中，井排距比为 3.5 方案的阶段采出程度最高，含水率达到 95% 的开发时间相对最短，开发效果最好。

结合××油田储层各向异性特征，确定合理井排距比为 3~4。

③ 矿场实践。

以二区为例，二区长 6 储层Ⅱ类区渗透率平均为 $0.9 \times 10^{-3}\mu m^2$。根据××油田低渗透油田储层渗透率与启动压力梯度关系，计算本区长 6 储层启动压力梯度为 0.0689MPa/m。

2005 年在本区开展井距 520m，排距 80m、100m 和 120m 矩形井网开发试验。从开发试验区的试采情况来看，在排距 80m、100m 和 120m 的试验注采井网中，有 3 口采油井见水。由此说明，在排距 120m 及更小排距的注采井网中，由于排距太小，注入水驱前缘易突进到采油井，造成水淹（图 2－24）。

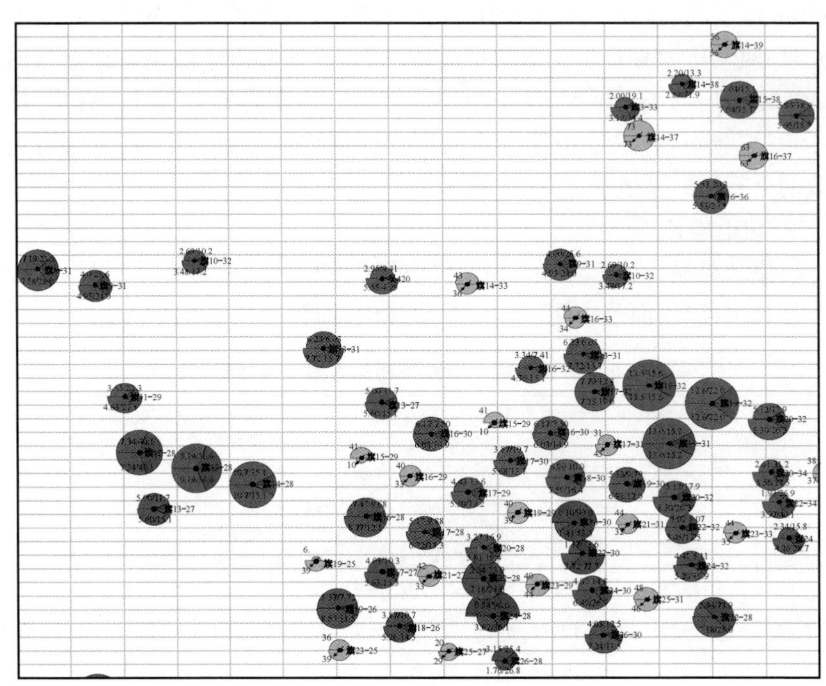

图 2-24　二区长 6 油藏开采现状图

因此,二区Ⅱ类区选用排距为 150m 进行开发。Ⅰ类区储层物性较好,渗透率大于 $1.2\times10^{-3}\mu m^2$,在Ⅰ类区井网部署中,将排距可由 150m 放大到 180m,由于其油层厚度大,开发后期可加密调整。

4. 压力系统设计

1)注水井井口最大注水压力

(1)油层破裂压力。

根据水力压裂造缝机理,对于压裂形成垂直缝的情况,破裂压力可用下式计算:

$$p_f = \Delta p_f \cdot H \qquad (2-15)$$

式中　p_f——油层破裂压力,MPa;

Δp_f——破裂压力梯度,一般为 0.16~0.23MPa/10m;

H——油层中部深度,m。

二区:长 6 油层中深为 1850m,计算本区长 6 层破裂压力为 29.6~

42.6MPa。根据现场开发井压裂施工参数统计，长 6 层井口破裂压力平均 27MPa，折算井底破裂压力为 36.3MPa。

(2)注水井井口最大注水压力。

注水井最大流动压力主要受地层破裂压力的限制。依据特低渗储层注水井最大流压不超过破裂压力的 90%、中高渗储层注水井最大流压不超过破裂压力 95% 的原则，根据油层破裂压力取值和油层中部深度等参数，可计算××油田各油藏注水井井口最大注水压力。此井口注水压力为设计的最大压力，在开发过程中要定期测吸水指示曲线，根据每口井生产动态选择并调整合理的注水压力。

(3)已开发区注水压力。

××油田已开发的长 8 油藏注水压力平均为 12.0MPa，长 6、长 4+5 油藏注水压力平均为 9.1MPa，长 2、延 9 油藏平均注水压力分别为 8.5MPa、8.0MPa。

2)采油井合理流压

(1)根据饱和压力确定油井的最低流压。

低渗透油藏油井采油指数小，为了保持一定的油井产量，需降低流动压力，加大生产压差；但对于饱和压力较高的油藏，如果流动压力低于饱和压力太多，会引起油井脱气半径扩大，使液体在油层和井筒中流动条件变差，对油井的正常生产造成不利影响。

根据同类油藏开发经验，当流动压力为原始饱和压力的 2/3 时，采油指数最高，最低流动压力为饱和压力的 1/2 左右。

(2)根据合理泵效确定最小流动压力。

根据油层深度、泵型、泵深，不同含水率条件下保证泵效所要求的泵口压力，由泵口压力可以计算最小合理流动压力。合理泵效与泵口压力的关系如下：

$$N = \frac{1}{\left(\frac{F_{go} - a}{10.197 p_p} + B_t\right)(1 - f_w) + f_w} \tag{2-16}$$

式中 N——泵效；

p_p——泵口压力，MPa；

F_{go}——气油比，m^3/m^3；

a——天然气溶解系数，m^3/m^3；

f_w——综合含水率；

B_t——泵口压力下的原油体积系数。

根据上式计算出不同含水时期泵效与泵口压力的关系(图 2-25)。低渗透油藏渗流条件差,要求泵效达到 40% 时,可得出不同含水时期泵口压力值。

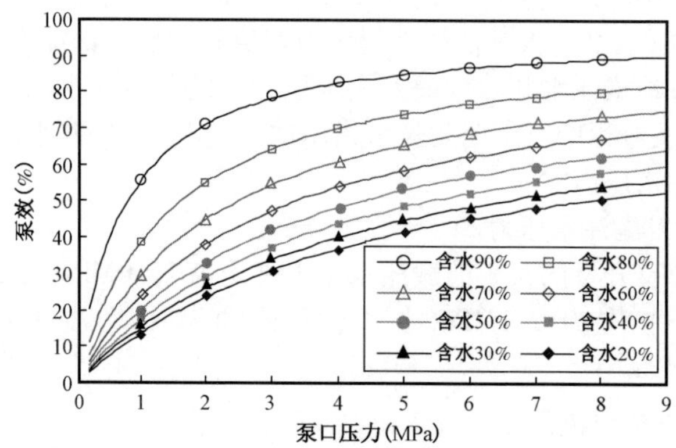

图 2-25　泵效、含水率与泵口压力关系曲线

最小流动压力与泵口压力的关系式为:

$$p_{wf} = p_p + \frac{H_m - H_p}{100}[\rho_o(1 - f_w) + \rho_w f_w]F_x \tag{2-17}$$

式中 p_{wf}——最小合理流动压力,MPa;

p_p——泵口压力,MPa;

ρ_o——动液面以下泵口压力以上原油平均密度,g/cm³;

H_m——油层中部深度,m;

H_p——泵下入深度,m;

F_x——液体密度平均校正系数。

根据泵口压力与最小流动压力的关系求出最小流动压力,最后得到最小流动压力与含水率关系(图 2-26)。

综合上述方法,可确定××油田各油藏生产井合理流压。

3)生产压差与地层压力保持水平

低渗透油田油井采油指数小,油井见水后采液指数又大幅度下降,要保持一定的产能,必须要采取较大的生产压差,要保持较大的生产压差,需要保持较高的地层压力。

根据××油田开发经验,特低渗油层压力保持在原始压力附近,中低渗

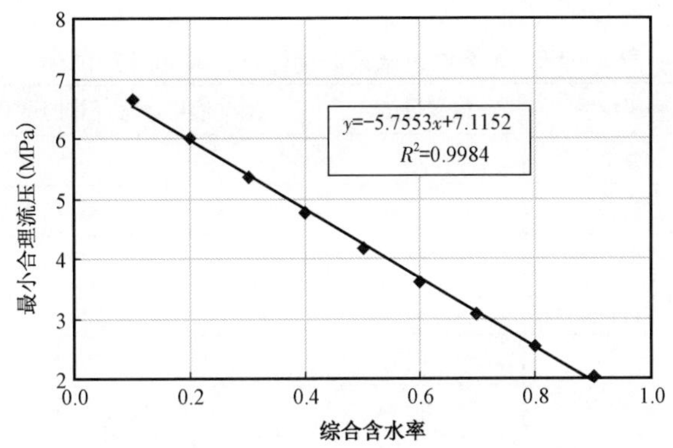

图2-26　含水率与最小流动压力关系

油层压力保持水平为85%以上,可以保证油井有足够的生产能力及合理的开采速度。

5. 单井产能论证

单井产能论证,遵循产能递减规律,应用低渗透理论计算法、采油指数法、渗透率统计法、地层系数统计法等方法综合评判单井产能。

1)理论计算法

理论计算单井产能是考虑了启动压力梯度和变形介质的压裂直井产能公式进行计算的。

$$Q_f = 1.728 \times 10^{-7} \frac{K_f W_f h_e \lambda \rho_o}{a_k B_o \mu_o} \frac{e^{\pi\lambda} - 1}{e^{\pi\lambda} + 1} (1 - \exp\{ - a_k [p_o - p_{wf} - G_o (r_e - r_w)] \}) \tag{2-18}$$

变形介质:

$$\alpha_k = 0.1531 (k_i)^{-0.343} \tag{2-19}$$

启动压力梯度:

$$G_o = 0.0608 (k_i)^{-1.1522} \tag{2-20}$$

2)采油指数法

根据不同层位试井测试井中同期测试的地层压力、产量数据,计算对应的米采油指数。根据实际的米采油指数,结合各区块不同储量级别油藏的生产压差和油层有效厚度等数据,对××油田不同油藏的单井产能进行预测(表2-17)。

表2-17　××油田米采油指数法计算单井产能表

区块	层位	储量分类	米采油指数法计算的单井产能(t/d)
一区	延9		6.5
	长2		5.4
	长4+5	Ⅰ	4.3
		Ⅱ	3.2
	长8_1	Ⅰ	5.3
		Ⅱ	3.9
二区	长6_1	Ⅰ	4.8
		Ⅱ	3.9
三区	长4+5_2	Ⅰ	3.6
		Ⅱ	3.3

3)渗透率统计法

统计××低渗透油田31个区块的平均渗透率、有效厚度、日产油量数据,建立渗透率与每米日产油量的关系曲线图,并根据储层渗透率值从图中确定其每米日产油量,代入各个小层油层有效厚度值计算,即可得各层平均单井日产油量(表2-18)。

表2-18　××油田单井产能计算结果表(渗透率统计法)

区块	层位	储量分类	渗透率统计法计算的单井产能
一区	延9	Ⅰ	7.0
	长2	Ⅰ	3.5
	长4+5	Ⅰ	2.9
		Ⅱ	1.8
	长6	Ⅰ	3.2
		Ⅱ	1.9
	长8_1	Ⅰ	2.4
		Ⅱ	1.2
	长8_2	Ⅰ	3.8
		Ⅱ	2.3

续表

区块	层位	储量分类	渗透率统计法计算的单井产能
二区	长6_1	Ⅰ	4.8
		Ⅱ	3.5
	长8_1	Ⅱ	0.9
三区	长4+5_2	Ⅰ	3.8
		Ⅱ	2.8
四区	长4+5_2	Ⅰ	3.8
		Ⅱ	2.3
	长6	Ⅰ	3.1
		Ⅱ	2.3
	长7	Ⅰ	0.9
		Ⅱ	0.4
	长9_1	Ⅰ	3.6
		Ⅱ	2.7

4)地层系数统计法

地层系数为油层有效厚度与渗透率的乘积,是评价产能的重要指标。

开发区由于岩心分析资料较少,已有的岩心分析渗透率与对应井层的电测渗透率相关性分析研究,确定出相关关系式,对开发区所有完钻井电测渗透率进行矫正,最后建立各区地层系数与投产初期相关性分析,投产初期产量与地层系数具有很好的相关性。根据××油田不同地层系数值,确定出××油田各层单井产量。

5)自然能量试采产量

一区罗××井区Ⅰ类开发区,长8_1油藏含油面积内有5口探井、评价井、骨架井投入试采,依靠自然能量生产。试采初期平均日产油3.55t,含水率19.63%;生产半年以上的井5口,平均单井日产油2.62t(表2-19);Ⅱ类区黄36、黄55、罗62等井区长8_1油藏试采初期平均日产油2.53t,含水率17.63%。长8_2油藏Ⅰ类池46井区试采初期平均日产油4.01t,含水率32.25%;Ⅱ类区罗202等井区试采初期平均日产油2.14t,含水率22.09%。

表2-19　罗××井区长8_1探井、评价井、骨架井试采数据表

生产时间(月)	井数(口)	日产液(m^3)	日产油(t)	含水率(%)
1	5	7.04	4.85	26.9
2	5	6.47	4.42	24.27
3	5	5.74	3.55	19.63
4	5	5.25	2.97	23.11
5	5	5.31	2.89	22.71
6	5	4.71	2.62	23.29

一区长4+5、长6油藏从初期投产的14口探井、评价井来看,其中长4+5层试采井11口,依靠自然能量生产,前3个月平均单井日产油3.51t。一区长4+5油藏投产井产量较高,前3个月平均单井日产油4.13t,××油田一区长6油藏自然能量生产,前3个月产量1.86t/d。黄×××井区Ⅰ类区长6油藏自然能量生产,前3个月产量2.13t/d。

从本区长4+5自然能量生产时间较长的盐68-31井、盐55-35井生产曲线可以看出,前2个月产量递减最快,3个月后递减逐渐减缓,注水井投注前盐68-31井产量稳定在6t/d左右,含水率5%,盐55-35产量稳定在2t/d左右,含水率3%。

长2探井、评价井试采,自然能量生产,初期平均日产油3.87t。侏罗系自然能量生产,前3个月平均日产油5.8t。

四区胡××等3口评价井生产长4+5,自然能量生产前3个月单井平均日产油2.09t。

6)注水开发条件下的单井产能

2007年在罗××井区长8油藏进行超前注水试验,共部署钻井8口,其中,建采油井5口,注水井3口。平均砂层厚度14.4m,井均钻遇油层13.6m,试油平均日产纯油26.2t。初期单井日产油4.56t,达产年单井日产油3.73t,2009年年底单井日产油2.3t,含水率24.54%。

长8油藏(Ⅰ类储量区):罗××井区主体带上实施超前注水开发,油井2008年集中投产,注水开发1年,达产年(2009年)平均日产油3.3t(图2-27)。

7)单井产能综合取值

综合以上各种方法,在超前注水开发条件下,××油田各区块单井产能见表2-20。

表 2－20　××油田单井产能计算结果汇总表

区块	层位	储量分类	地层原油黏度（mPa·s）	考虑压敏和启动压力梯度的理论公式法(t/d)	米采油指数法（t/d）	渗透率统计法（t/d）	地层系数法（t/d）	自然能量试采（初期）（t/d）	注水条件下产能（t/d）	综合取值(t/d)	
										丛式井	水平井
一区	延 9	Ⅰ	2.00		5.6～6.5	7.0		5.8	5.8	5.7	11.5
	长 2	Ⅰ	2.45	9.7	5.4	3.5		3.9	5.7	4.9	10
	长 4＋5	Ⅰ	1.46	3.2	4.3	2.9	4.0		4.2	4.1	
		Ⅱ	1.46	2.6	3.2	1.8	3.5		3.1	3.1	
	长 6	Ⅰ	1.33	4.0		3.2	3.7	2.1	3.5	3.5	
		Ⅱ	1.33	3.3		1.9	2.1			2.5	
	长 8_1	Ⅰ	1.40	3.5	5.3	2.4	3.0	3.6	4.0	4.0	9.2
		Ⅱ	1.40	2.7	3.9	1.2	2.3	2.5		3.2	
	长 8_2	Ⅰ	1.4	4.9		3.8	3.6	4.0	4.3	4.3	
		Ⅱ	1.4	3.9		2.3	2.8	2.1		3.4	
二区	长 6_1	Ⅰ	1.68	6.7	4.8	4.8	4.7		5.8	5	
		Ⅱ	1.68	5.2	3.9	3.5	3.3			3.0	
	长 8_1	Ⅱ	1.4	1.4		0.9	1.6	1.9		2.8	
三区	长 4＋5_2	Ⅰ	4.3	4.5	3.6	3.8	4.4	2.8～3.4	3.5	3.5	
		Ⅱ	4.30	3.7	3.3	2.8	3.9			3.0	
四区	长 4＋5_2	Ⅰ	1.55	4.8		3.8	4.3	2.9	4.3	4.3	
		Ⅱ	1.55	3.9		2.3	3.9	1.8	3.3	3.3	
	长 6	Ⅰ	2.52	3.6		3.1	3.6		3.4	3.4	
		Ⅱ	2.52	2.9		2.3	2.8			3.0	
	长 7	Ⅰ	1.01	2.1		0.9		1.9		3.7	
	长 9_1	Ⅰ	1.80	7.2		3.6		2.1		3.5	

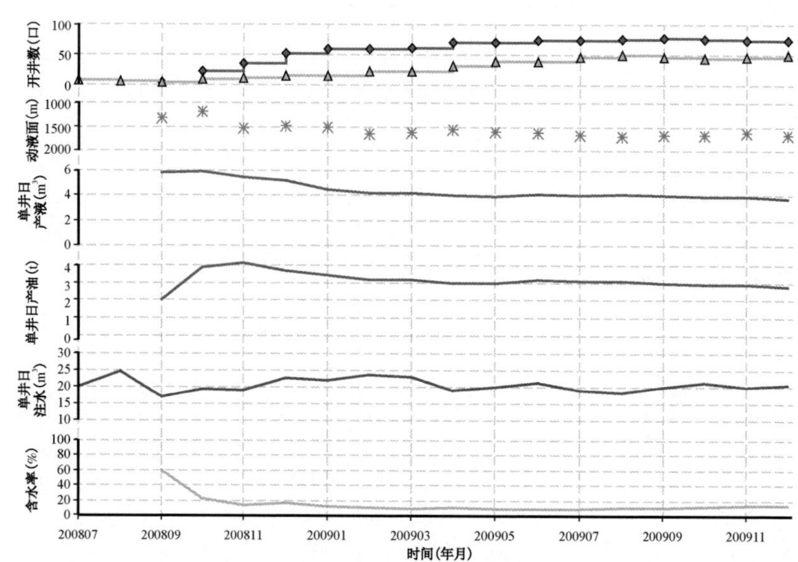

图 2-27　一区罗××井区长 8 层开采曲线

6. 水驱采收率预测

根据 SY/T 5367—2010《石油可采储量计算方法》行业标准和××油田已开发油田采收率标定方法筛选结果,采用三类七种方法进行注水采收率计算。

1)经验公式法

(1)经验公式 1。

$$E_{\mathrm{R}} = 0.274 - 0.1116\lg\mu_{\mathrm{R}} + 0.09746\lg K - 0.0001802hf - 0.06741V_{\mathrm{k}} + 0.000167T_{\mathrm{R}} \tag{2-21}$$

式中　E_{R}——最终采收率;

μ_{R}——油水黏度比;

K——平均空气渗透率,$10^{-3}\mu m^2$;

h——油层有效厚度,m;

f——井网密度,hm^2/井;

T_{R}——油层温度,℃;

V_k——渗透率变异系数。

(2)经验公式2。

$$E_R = 0.058419 + 0.084612\lg\frac{K}{\mu_o} + 0.3464\phi + 0.003871S \quad (2-22)$$

式中　μ_o——地层原油黏度,mPa·s;

ϕ——平均有效孔隙度;

S——井网密度,口/km²。

(3)经验公式3。

$$E_R = 0.2143\left(\frac{K}{\mu_o}\right)^{0.1316} \quad (2-23)$$

(4)经验公式4。

$$E_R = 0.135 + 0.165\lg\left(\frac{K}{\mu_R}\right) \quad (2-24)$$

(5)经验公式5。

$$E_R = 0.0745\lg\left(\frac{K}{\mu_o}\right) + 0.6412\phi + 0.9805S + 0.1297h + 0.1893 \quad (2-25)$$

2)井网密度法

$$E_R = E_D \cdot e^{-as} \quad (2-26)$$

式中　E_D——驱油效率;

s——井网密度,hm²/井;

a——波及系数指数斜率。

3)类比法

根据××油田油藏的地质特征和流体性质,与已开发的同类油藏进行采收率类比,从而合理确定本区采收率。

通过以上方法计算,参考同类已开发油藏采收率标定,可确定××油田不同区块各油藏水驱动采收率(表2-21)。

表 2－21　××油田注水开发采收率预测表　%

区块	层位	经验公式1	经验公式2	经验公式3	经验公式4	经验公式5	井网密度法	类比法	选值
一区	侏罗系	29.3	25.9	30.1	30.4	28.5	22.3	23	23.0
	长1	17.8	21.4	20.5	14.1	21.3	20.2	20	20.0
	长2	19.8	18.6	22.9	15.7	22.5	20.2	20	20.0
	长4+5	15.1	17.3	20.0	10.8	19.2	18.0	18	18.0
	长6	18.0	16.7	19.6		12.3	15.9	19	19.0
	长8_1	16.0	10.3	18.3		15.0	19.7	18	18.0
	长8_2	15.5	10.0	18.4		14.4	19.0	18	18.3
二区	长$4+5_2$	22.1	12.9	22.5		1.6	16.0	18	18.0
	长6_1	21.0					18.4	19	19.0
三区	长$4+5_2$	15.1	15.2	17.3	18.3	20.6	21.8	18	18.0
四区	长$4+5_2$	19.3	17.6	20.4		18.0	21.7	18	18.0
	长6	16.0	20.2	18.4		16.5	21.1	19	19.0
	长7	14.1	23.6	15.4		15.0	18.4	18	18.0
	长9_1	18.7	15.6	20.4		13.1	16.6	18	18.0

二、水平井油藏工程

水平井作为提高油气藏开采效果的手段，已得到国内外越来越普遍的应用。自2005年股份公司大力推广水平井工业化应用以来，水平井开发在各油气田得到了广泛应用。水平井提高了单井产量和储量动用程度，开发效果明显。××油田近年通过开展特低渗透油藏水平井开发技术研究，在水平井产能评价、井网优化、压裂改造等方面取得初步成果。

××油田自1993年开始到2009年年底，先后在安塞油田、靖安油田、西峰油田、吴旗油田、××油田实施了水平井，三叠系共完钻水平井75口，投产59口，初期单井日产油平均7.2t，为直井产量的1.7倍(表2－22)。

表 2-22 ××油田三叠系水平井开发基础数据表

区块	井数（口）	目的层	实际水平段长度（m）	钻遇油层（m）	油层钻遇率（%）	试油		投产井数（口）	初期产量		水平井/直井初期产量
						油量（t/d）	水量（m^3/d）		油量（t/d）	含水率（%）	
一区	2	长4+5	445	320.0	72.0	65.7	0.0	2	5.2	28.2	1.6
罗××井区	15	长8	460	338.5	74.8	43.3	0.0	11	6.85	8.73	2.3
吴4××区	16	长6	363	306.6	84.5	32.0	1.6	16	8.5	15.6	1.4
高5××	8	长10	322	247	83.0	110.3	28.1	8	20.4	19.0	1.9
××	7	长6	324	221.2	68.2	25.9	5.3	5	8.8	31.0	1.7
大××	2	长2	319	227.0	71.3	9.5	14.4	2	3.2	59.2	1.7
镇××	5	长3	152	130.9	86.2	21.0	0.9	2	2.3	52.4	1.9
$0.3\times10^{-3}\mu m^2$试验	10	长8	452	277.0	61.2	18.9	4.4	4	2.5	60.0	1.3
合计/平均	65		355	258.5	75.2	40.8	6.8	59	7.2	29.4	1.7

1. 水平井井网系统

1）水平段方位及注水井井排方向

对于裂缝发育的各向异性低渗透油藏，裂缝发育程度及水平井水平段方向与主应力方向之间的相对关系对井网压力及产量有较大影响。

（1）电模拟实验。

通过电模拟实验发现（图 2-28），裂缝储层中压力主要是沿着裂缝发育方向传播。

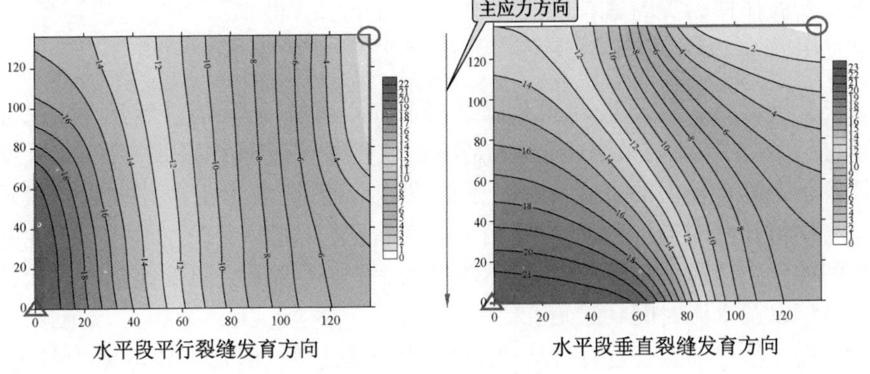

图 2-28 不同水平段方向的压力分布

①当水平井平行裂缝方向时,压力传播方向与注采方向存在较大夹角,不能充分发挥裂缝作用;

②当水平井垂直裂缝发育方向时,压力传播方向与注采方向夹角较小,提高了油井的受效程度。

因此,水平井垂直于裂缝发育方向,其压力波及范围更大,注采井之间有利于建立有效驱替压力系统。

(2)渗流场理论。

各向异性地层水平井渗流场理论研究表明,水平井垂直于主应力方向时产量最高,产量公式:

$$Q = \frac{542.9Kh(p_e - p_w)}{\mu \ln \frac{2r_e \sqrt{\cos^2\theta_e + \beta^2 \sin^2\theta_e}}{l \sqrt{\cos^2\alpha + \beta^2 \sin^2\alpha}}} \tag{2-27}$$

式中　α, β, θ_e——三向应力。

当水平井平行于主应力方向时,水平井产量最小;当水平井垂直于主应力方向时,水平井产量最大。

风险:在裂缝发育规模较大的储层,采用水平井垂直于裂缝发育方向注采,增大了油水井沟通的可能性,导致含水率上升过快,而达不到增产的目的。

综上所述,××油田长4+5、长6、长8油藏水平井水平段方位与最大主应力方向垂直。注水井井排方向平行于裂缝(即最大主应力方位NE70°—NE75°)方向,使注入水垂直裂缝走向向采油井方向驱油,才能最大限度地提高波及体积,可取得较好的开发效果。长2以上及侏罗系油藏水平井水平段方位与砂体展布方向垂直。

2)井网优化

井网形式是否合理,主要从以下三个方面衡量:一是能否延长无水采油期,提高开发初期的采油速度;二是能否获得较高的最终采收率;三是井网调整是否具有较大的灵活性。对于低渗透油藏,既要考虑单井控制储量及整个油田开发的经济合理性,井网不能太密;又要充分考虑注水井和采油井之间的压力传递关系,注采井距不能过大;另外还要最大限度地延缓方向性的水窜以及水淹时间。

而低渗透油藏普遍存在天然裂缝,加之储层物性较差、渗流阻力较大,自然产能极低。据安塞油田采用油基钻井液、泡沫负压钻井试验时进行中途测试，油井初产仅0.3~0.5t/d，故一般油井须经压裂改造方可获得工业油流。裂缝在油田开发过程中，表现出双重性。一方面，裂缝的存在提高了流体渗流能力；另一方面，裂缝给注水带来不利影响。因此，对裂缝做到扬长避短，既有利于提高单井产量，又有利于提高驱替波及系数及采收率，是低渗透油田开发井网部署的关键。

(1)基础井网的确定。

在前期井网试验的基础上，开展了特低渗油藏水平井布井方式研究，通过对不同井网形式综合对比，形成了直井注水、水平井垂直于最大主应力方向的交错排状开发井网形式(图2-29)。通过对不同几何形状的井网进行数值模拟，结果显示：交错排状注水，y方向压裂水平井井网开发技术指标为最优(表2-23)。

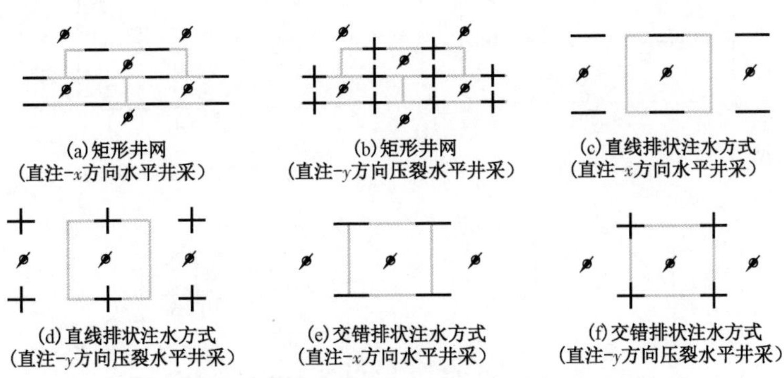

(a)矩形井网
(直注-x方向水平井采)
(b)矩形井网
(直注-y方向压裂水平井采)
(c)直线排状注水方式
(直注-x方向水平井采)
(d)直线排状注水方式
(直注-y方向压裂水平井采)
(e)交错排状注水方式
(直注-x方向水平井采)
(f)交错排状注水方式
(直注-y方向压裂水平井采)

图2-29 不同几何形状井网示意图

表2-23 三种井网六种组合形式的开发技术指标统计表

井网	交错排状注水		直线排状注水		矩形井网	
直井	x方向水平井	y方向压裂水平井	x方向水平井	y方向压裂水平井	x方向水平井	y方向压裂水平井
注水井	直井	直井	直井	直井	直井	直井
10a采出程度(%)	14.30	17.37	13.37	14.92	14.33	17.05
综合含水率95%采出程度(%)	23.87	24.35	23.52	22.65	24.14	17.05
综合含水率95%开发时间(a)	41.85	28.48	38.22	30.39	39.70	27.98
低含水期含水上升率(%)	2.98	3.08	3.22	4.41	3.39	3.37
1a采油速度(%)	2.60	4.59	2.42	4.17	3.44	5.45
1a平均单井产量(t/d)	7.72	13.65	7.78	13.45	7.78	12.32
10a平均地层压力(MPa)	15.11	11.87	15.08	11.67	11.49	8.43

(2)井网系统的确定。

利用电模拟实验对低渗油藏水平井参数及储层各向异性进行了评价。对不同井网产能进行了对比分析,并研究了每条人工裂缝的产量及其对单井产能的影响规律,以及裂缝引起的各向异性对不同注采井型组合油井产能的影响。

① 井网示意图(图2-30)。

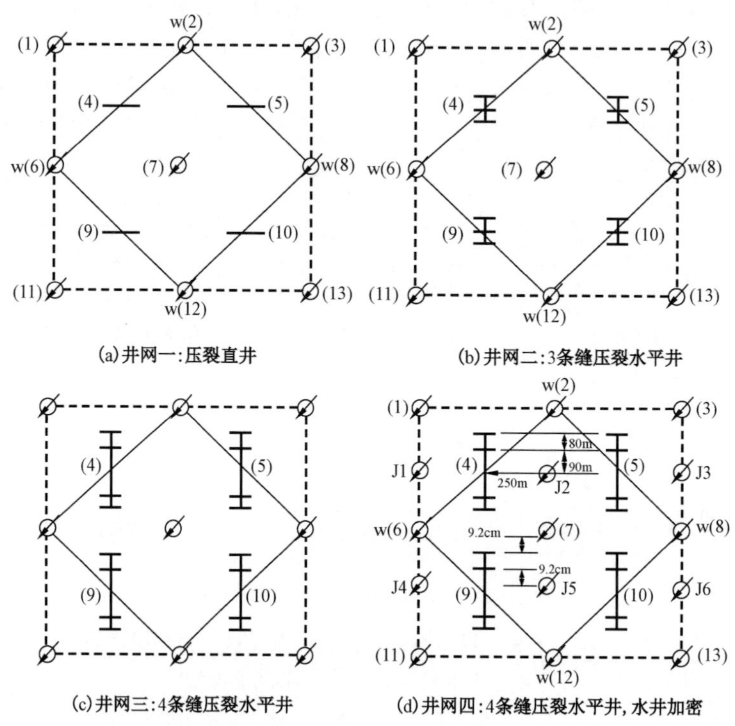

图2-30　不同井网方案示意图

井网一:直井注水,压裂直井采油,注采井数比1∶1;

井网二:直井注水,压裂水平井采油(3条缝),注采井数比1∶1;

井网三:直井注水,压裂水平井采油(4条缝),注采井数比1∶1;

井网四:直井注水,压裂水平井采油(4条缝),水井加密,注采井数比1∶2;

② 电模拟实验。

通过电模拟实验,压裂4条缝中间增加注水井数量,油井产量最高。因此,优选水平段加长、中间加密水井的井网(表2-24)。

表 2-24 不同井网形式电模拟实验产量结果表 t/d

油井位置	井网一	井网二	井网三	井网四
	一条裂缝	三条裂缝	四条裂缝、不加密水井	四条裂缝、加密水井
(4)	12.62	18.22	19.29	34.59
(5)	12.95	18.27	19.3	34.85
(9)	12.6	18.25	19.37	34.86
(10)	12.96	18.35	19.6	34.94
平均值	12.78	18.27	19.39	34.81

③ 渗流场特征。

压裂 4 条缝中间增加注水井，整个渗流场流线分布均匀，水驱油波及面积较高，水驱效果较好；而中间不加注水井腰部的流线数量急剧减小，波及面积小。

人工缝的屏蔽作用导致缝间饱和度较高（较为集中分布），该区水驱效果较差；但是增加注水井后，腰部水驱油效果较好，剩余油饱和度降低。

通过增加注水井数量，大幅提高腰部压力，提高压裂水平井近井区地层压力，使地层保持较高压力水平。

④ 数值模拟。

模拟结果显示：两种方案具有相同的阶段采出程度以及采出程度与含水率的关系，因此，两种方案具有相同的技术开发效果。其中，优化井网（方案二）的单井产量为基础井网（方案一）的 2 倍（图 2-31，表 2-25）。

五点井网和优化井网具有相同的技术开发效果，但是优化井网具有相对较好的经济开发效果。

综上所述，××油田水平井开发在前期 5 点注采井网试验的基础上，开展水平段加长、中间加密注水井井网试验。

表 2-25 不同井网形式技术指标对比表

方案	方案一：基础井网	方案二：优化井网（加密水井）	倍比关系
水平段长度	300m	900m	
油井数（口）	8	4	2
水井数（口）	8	8	1
第 1 年采油速度（%）	2.35	2.32	1.01
第 1 年单井产能（t/d）	10.55	20.83	0.51

续表

方案	方案一:基础井网	方案二:优化井网(加密水井)	倍比关系
水平段长度	300m	900m	
前5年单井产能(t/d)	7.09	13.82	0.51
第5年采出程度(%)	7.9	7.7	1.03
第5年综合含水率(%)	22.77	17.74	1.28
第10年采出程度(%)	12.19	12.01	1.01
第10年综合含水率(%)	58.81	56.83	1.03
第20年采出程度(%)	17.49	17.29	1.01
第20年综合含水率(%)	79.84	78.04	1.02
第30年采出程度(%)	20.33	20.2	1.01
第30年综合含水率(%)	89.1	88.27	1.01
含水率90%采出程度(%)	20.76	20.94	0.99
含水率90%开发年限(a)	32	33.5	—
含水率95%采出程度(%)	23.66	23.89	0.99
含水率95%开发年限(a)	51.5	54	—

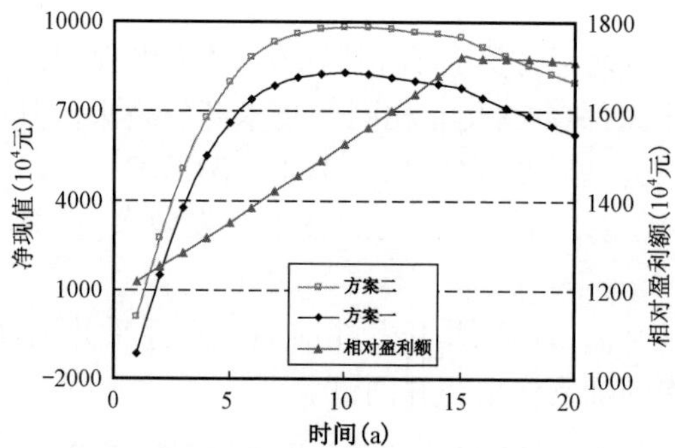

图2-31 不同井网形式开发净现值与时间关系对比曲线

(3)水平段长度。

设计方案一:水平段长度300m、600m、900m,裂缝条数3条。

模拟结果(图2-32,图2-33,图2-34,表2-26)显示:

① 相同裂缝数量时的初期单井产能关系:900m>600m>300m;

② 相同时刻的采出程度关系:300m>600m>900m,即水平段越长,阶段采出程度越低;

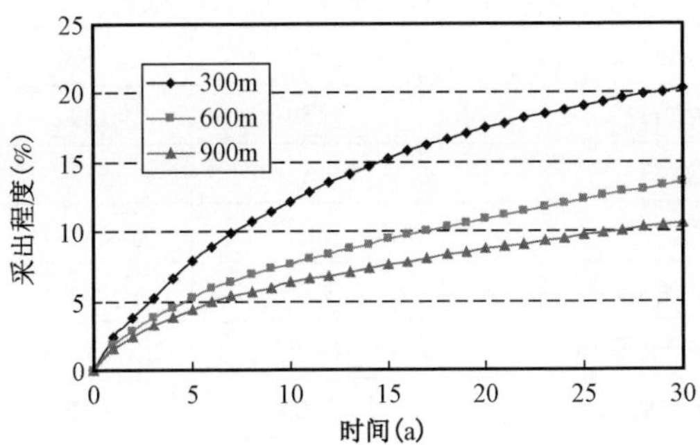

图2-32　采出程度与时间的关系

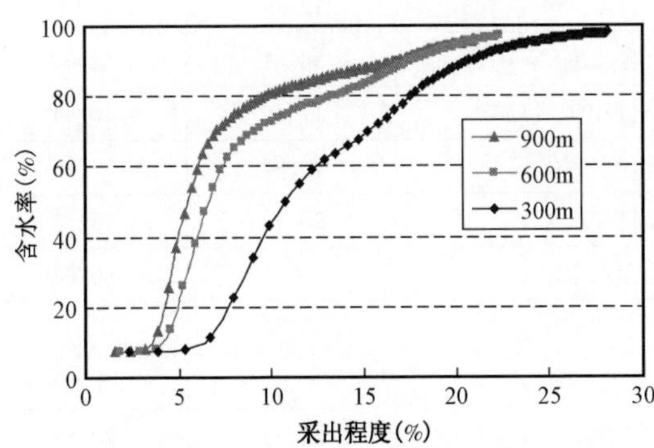

图2-33　采出程度与含水率的关系

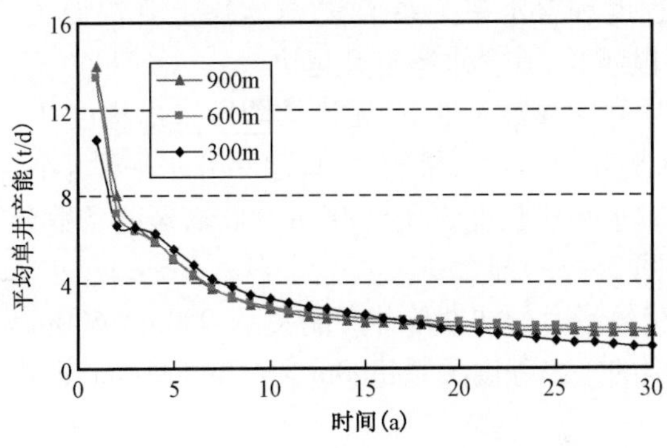

图2-34　单井日产油与时间的关系

表 2-26　不同长度水平段技术指标统计表

水平段长度(m)	300	600	900
缝间距(m)	150	300	450
油井数(口)	8	5	4
水井数(口)	8	5	4
第1年采油速度(%)	2.35	1.87	1.56
第1年单井产能(t/d)	10.55	13.43	14
前5年单井产能(t/d)	7.09	7.57	7.91
第5年采出程度(%)	7.9	5.27	4.41
第5年综合含水率(%)	22.77	26.41	25.44
第10年采出程度(%)	12.19	7.67	6.29
第10年综合含水率(%)	58.81	62.62	63.44
第20年采出程度(%)	17.49	10.91	8.7
第20年综合含水率(%)	79.84	75.28	77.26
第30年采出程度(%)	20.33	13.55	10.61
第30年综合含水率(%)	89.1	80.28	81.89
含水率90%采出程度(%)	20.76	17.6	16.85
含水率90%开发年限(a)	32	51.5	73
含水率95%采出程度(%)	23.66	20.57	20.16
含水率95%开发年限(a)	51.5	81	113

③ 从采出程度和含水率关系来看,含水率上升快慢关系:900m > 600m > 300m,即水平段越长,其含水率上升越快。

总之,在上述井网参数条件下,无论从阶段采出程度还是含水率上升规律而言,300m 水平井的开发效果较好(即水平井水平段不宜太长)。

设计方案二:水平段长度 300m、600m、900m,裂缝条数分别为 3、5、6 条。

模拟结果(图 2-35)显示:

① 相同裂缝数量时的初期单井产能关系:900m > 600m > 300m;

② 相同时刻的采出程度关系:300m > 600m > 900m,即水平段越长,采出程度越低;

③ 从采出程度和含水率关系来看,含水率上升快慢关系:900m > 600m > 300m,即水平段越长,其含水率上升越快。

在上述井网参数条件下,无论从阶段采出程度还是含水率上升规律而

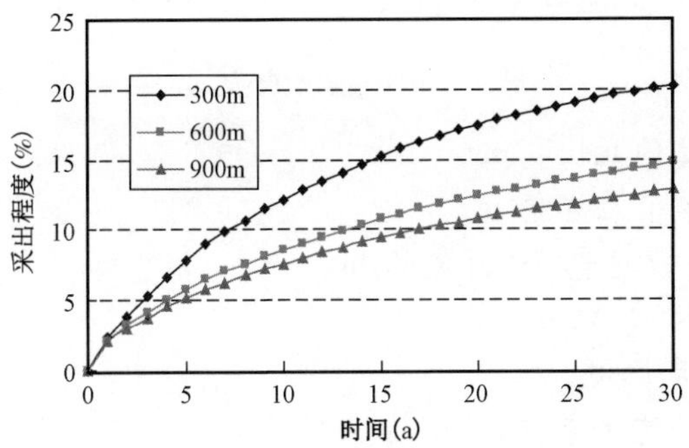

图 2 - 35 采出程度与时间的关系

言,300m 水平井的开发效果较好(即水平井水平段不宜太长)。

渗流场特征结果显示:水平段越长,水平井中部流线密度越小,水驱波及效果越差。

综合以上论证,优选水平段长度为 300m。若中间加密 1 口水井,水平段加长到 900m,实际上相当于两口水平段为 300m 的水平井,单井初期及累计产量也较高,故开展水平段长度为 900m 左右的试验。

2. 压裂水平井产能计算

这里根据压裂水平井的渗流特征,水平井的流量可以分为两部分,即裂缝流向水平段的总流量和基质流向水平段的流量,因此其流量公式也可以分为两部分。

裂缝流向水平段总流量的计算公式:

$$Q_{\mathrm{fmax}} = \frac{2\pi K h_{\mathrm{o}} n}{\mu_{\mathrm{o}} B_{\mathrm{o}}} \cdot \frac{p_{\mathrm{e}} - p_{\mathrm{wf}}}{arcch \dfrac{ch \dfrac{\pi b}{2an}}{\sin \dfrac{\pi L_{\mathrm{f}}}{2a}} + \dfrac{K h_{\mathrm{o}}}{K_{\mathrm{f}} c} \ln \dfrac{h_{\mathrm{f}}}{2r_{\mathrm{w}}}} \tag{2-28}$$

基质流向水平段流量的计算公式:

$$Q_{\mathrm{mmax}} = \frac{\dfrac{8\pi KL(p_{\mathrm{e}} - p_{\mathrm{wf}})}{\mu_{\mathrm{o}} B_{\mathrm{o}}}}{3\ln \dfrac{h_{\mathrm{o}}}{2\pi r_{\mathrm{w}}} + \dfrac{2\pi a}{h_{\mathrm{o}}}} \tag{2-29}$$

油田开发方案设计方法(下册)

压裂水平井的总流量可以近似认为是 Q_{fmax} 和 Q_{mmax} 加权平均值：

$$Q_o = \overline{\omega}_1 Q_{fmax} + \overline{\omega}_2 Q_{mmax} \tag{2-30}$$

式中 a——油藏单元长度，m；

b——油藏单元宽度，m；

c——n 条裂缝平均张开宽度，m；

h_f——裂缝高度，m；

h_o——油层厚度，m；

K——基质渗透率，$10^{-3}\mu m^2$；

K_f——裂缝渗透率，$10^{-3}\mu m^2$；

p_e——边界压力，MPa；

p_{wf}——水平井流压，MPa；

r_w——水平井井半径，m；

$\overline{\omega}_1$，$\overline{\omega}_2$——裂缝特征和井筒几何形状函数；

μ_o——原油黏度，mPa·s；

B_o——原油体积系数，m^3/m^3。

对于低渗透油藏，采用套管射孔完井，然后再进行水力压裂，在油层中形成 n 条人工裂缝，在这种情况下，$\overline{\omega}_1=2$，$\overline{\omega}_2=0$，因此，压裂水平井的流量可用公式(2-28)进行计算。

××油田长 8 油藏 300m 水平段单井产能计算结果为 11.58t/d。

根据数值模拟结果，结合长 8 油藏水平井实际产能，综合考虑××油田长 8 油层水平井单井产能为 9.2t/d(表 2-27)。

长 2、侏罗系油藏形成多受控于构造，油藏边界明确，储层物性好，试油投产产量高，且多属于小而肥油藏，采用直井注水，注采井数比为 1∶1，根据水平井注采实际资料统计水平井段长 300m 水平井的产能是直井(丛式井)产能的 2.5～3.0 倍左右，长 2、侏罗系水平井初期产能预计为 10t/d、11.5t/d。

表 2-27 ××油田水平井单井产能预测表

层位	水平段长度(m)	裂缝条数(条)	公式法		直井折算水平井单井产能(t/d)	数值模拟		综合取值(t/d)
			产能(t/d)	倍比关系		产能(t/d)	倍比关系	
长 8_1	300	3	11.6	1.0	9.1	10.6	1.0	9.2
长 2	300	3			10.0			10.0
侏罗系	300	3			12.0			11.5

3. 水平井最终筛选开发技术政策

××油田长8油藏水平井开发技术政策优选见表2-28。

表2-28 ××油田长8油藏水平井开发技术政策表

名称		参数	
井网	井网形式	交错排状井网	
	井距/排距(m)	(300~500)/(150~200)	
开发方式	注水时机	超前注水	
	注水量(m^3/d)	15~20	
井型组合		注水井—直径;生产井—y方向压裂水平井	
井眼参数	水平段长度(m)	300	900(水井加密)

第五节 开发方案部署

一、建产规模

截至2009年年底,××油田已建产能××10^4t,动用石油地质储量××10^4t。剩余石油地质储量××10^4t。根据未动用储量评价结果,动用Ⅰ、Ⅱ类区储量,预计可建产能××10^4t左右。

二、部署原则

(1)整体部署、统筹兼顾、分层开发、分步实施。

(2)边评价、边试验、边建产,实现增储上产一体化。

(3)为确保开发整体效益,侏罗系全部采用水平井开发;长4+5、长6采用丛式井、长8采用丛式井与水平井混合布井的方式开发,并且优先动用物性较好、产量较高的Ⅰ类、Ⅱ类储量;Ⅲ类储量和新层系长7、长9作为稳产接替。

(4)坚持推广应用“井网优化、超前注水、整体压裂”等成熟技术、攻关试

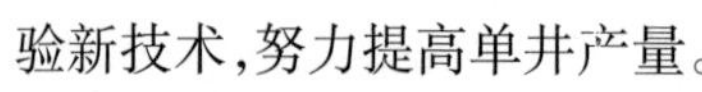
验新技术,努力提高单井产量。

三、方案部署

根据《油田开发管理纲要》,要求开发方案提出两套以上部署方案。

方案一:2010—2012 年新部署动用面积 × km^2,石油地质储量 × × 10^4t,新钻井 × × 口,平均井深 × × m,进尺 × × 10^4m;建采油井 × × 口,注水井 × × 口,平均单井日产油 × t,万吨产建进尺 × × 10^4m,建产能 × × 10^4t。

另外,考虑长 7、长 9 油藏试采产量低,暂不整体动用,留作稳产接替层,只对部分储量进行先导性开发试验。2010 年在安 × 井区长 7 进行开发试验,部署建产能 2.4 × 10^4t;2011 年在胡 × × 井区长 9 进行开发试验,部署建产能 2.8 × 10^4t。

方案二:动用储量规模、范围和方案一一致,不同的是长 8 层 Ⅰ、Ⅱ类储量区大面积部署水平井开发。3a 共部署动用含油面积 × × km^2,石油地质储量 × × 10^4t,新钻井 × × 口,平均井深 × × m,进尺 × × 10^4m;建采油井 × × 口,注水井 × × 口,单井日产油 × t,建产能 × × 10^4t。

四、开发指标预测

1. 指标预测方法

1)数值模拟

通过运用 Eclipse 中的 E100 软件,根据油田油水井生产数据资料,对长 8、长 6、长 4 + 5 油藏模拟区块实际生产动态生产数据进行历史拟合。通过数值模拟,该区块的拟合结果与实际生产动态统计结果吻合,拟合误差小于为 5%,可实施开发指标预测(图 2 – 36,图 2 – 37)。

2)矿场实践

指标预测中,含水率上升规律和产建递减规律均参考王窑中西部长 6 油藏实际资料,老井递减按 8.0%(× × 油田老井平均综合递减)、新井当年产油 33% 预测;× × 油田已开发区块各层系新井产量初始递减率为 15%(图 2 – 38、2 – 39、表 2 – 29)。

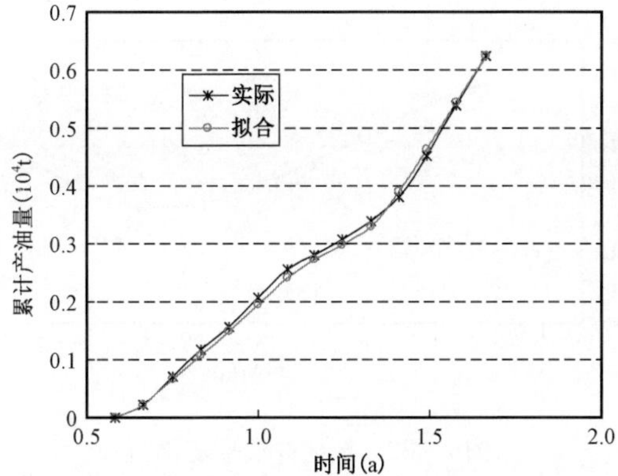

图 2-36 长 4+5 油藏累计产油量历史拟合曲线

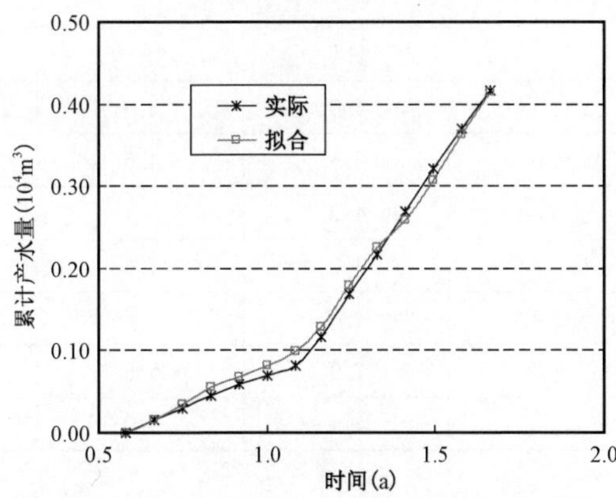

图 2-37 长 4+5 油藏累计产水量历史拟合曲线

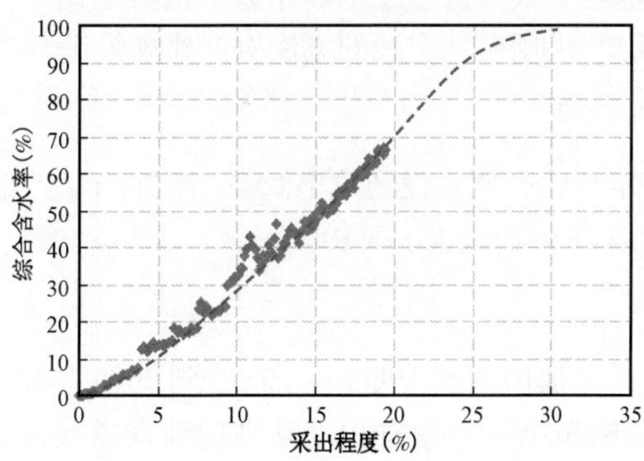

图 2-38 王××综合含水与采出程度关系曲线

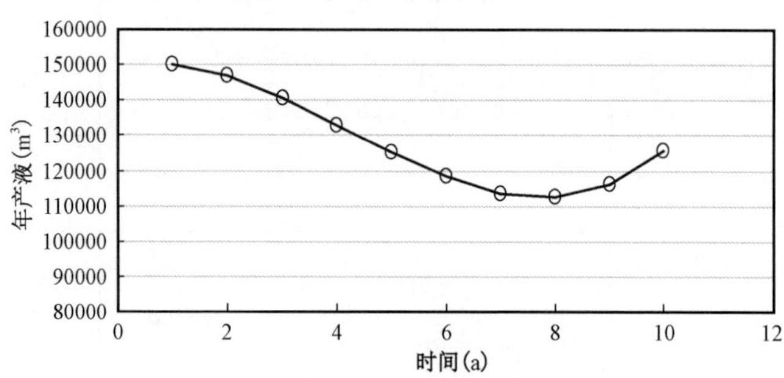

图 2－39　产建井液量变化图

表 2－29　××油田新井初始递减率统计表

区块	层位	产量(t/d)		新井初始递减率(%)
		初期	达产年	
罗 1	长 8	4.0	3.3	17.5
吴 420	长 6	5.5	4.5	18.2
耿 117	长 4＋5	4.2	3.7	11.9
耿 63	长 4＋5	3.0	2.6	13.3
胡 154	长 4＋5	4.0	3.6	10.0
沙 106	延 9	7.0	5.8	17.1
平均		4.6	3.9	14.7

采取两种方法对模拟区长 8、长 6、长 4＋5 分别进行了开发指标预测，两种方法预测结果基本一致。由于还不能用数模的方法对××油田大规模产建区进行预测，因此，采用矿场实践的方法对产建规模进行指标预测。

2. 指标预测结果

2010—2012 年新建产能建设到位率 85%，新井当年产油 33% 预测。新建产能年产油 2013 年达到最大 $\times\times10^4$t。

3. 分年配产

2009 年年底××油田共建产能 $\times\times10^4$t。到 2009 年年底实际年产油 $\times\times10^4$t。老井递减按 8.0%（××油田老井平均综合递减），新建产能年产油 2013 年达到最大 $\times\times10^4$t，合计年产油同样到 2013 年最大，为 $\times\times10^4$t，见表 2－30。

表 2 - 30　× × 油田总体开发方案分年配产数据表　10^4t

分年配产	2009 年建产	2010 年建产	2011 年建产	2012 年建产	合计
	607.15	214.20	236.80	219.10	1277.25
2009 年产油	380.65				380.65
2010 年产油	350.96	70.65			421.61
2011 年产油	323.58	185.43	78.11		587.13
2012 年产油	298.34	167.06	204.51	72.34	742.24
2013 年产油	275.07	151.72	183.73	189.85	800.37
2014 年产油	253.62	138.38	165.61	165.63	723.24
2015 年产油	233.84	127.54	150.08	147.73	659.19
2016 年产油	215.60	118.43	137.38	133.76	605.17
2017 年产油	198.78	110.56	126.90	122.59	558.83
2018 年产油	183.28	103.73	118.14	113.40	518.54
2019 年产油	168.98	97.72	110.57	105.69	482.96
2020 年产油	155.80	92.39	103.95	99.12	451.26
2021 年产油	143.65	87.63	98.12	93.44	422.84
2022 年产油	132.44	83.36	92.93	88.47	397.21

五、方案优选

比较方案一、方案二可知（表 2 - 31）：方案一产建规模大、部署水平井少，万吨产建直接投资 × 10^4 元，内部收益率 25.61%；方案二部署的水平井较多，万吨产建直接投资高达 × 10^4元，且收益差。

考虑到 × × 特低渗油田水平井开发改造技术还需要进一步完善，处于开发试验阶段。另外，某油田的水平井钻井成本及井下作业费用都非常高，且受 × × 油田沟壑纵横的地貌条件限制，水平井规模开发，实施起来难度很大。综合以上因素，推荐方案一为实施方案。

表 2 - 31　× × 油田不同开发方案投资与效益对比

名称	方案一	方案二
钻井投资（10^4元）	2181276.3	2386902
地面综合投资（10^4元）	788647.2	685262

续表

名称	方案一	方案二
建产能力(10^4t)	670	603
万吨产建投资(10^4元/10^4t)	4432.4	5095
税后内部收益率(%)	25.61	22.23
财务净现值(10^4元)	1575164	1335276
投资回收期(a)	5.01	5.51

第三章 钻采工程

第一节 钻井方案

一、定向井钻井方案

××油田钻井工艺技术以降低钻井成本、减小油层伤害、保证安全钻进和保护地下生活水源为目的。

1. 技术指标统计

根据××地区2009年的钻井资料,该地区平均钻井周期8.02d,建井周期12.75d,平均井深××m,平均机械钻速为36.10m/h。

2. 丛式井平台数、井组井数优化

1)丛式井组井数的优化

为节约土地、降低投资,便于后期的生产管理,钻井以丛式井组为主。通过技术经济分析认为,每个丛式井组以9~15口井经济效益最佳。

2)丛式井平台数优化

根据总体部署,2010—2012年将新钻井××口,平均井深××m,进尺×××10^4m;建采油井××口,注水井××口。

根据井组优化结果,每个平台按平均10口井计算,2010—2012年在××油田计划钻新井××口,需建××个井组平台。

3)钻井方式

以丛式井组为主,通过井组优化,丛式井井口间距为4~4.5m(高气油比区块为5~5.5m),注水井周边油井,井距≥5m。优先采用大井组丛式井开发,每井组井数为9~15口;不具备大井组布井条件时,每个井组井数按6~8口布井。

3. 井眼剖面优化设计

选择“直—增”或“直—增—稳”井身剖面类型。

井身剖面结构见表3－1、图3－1。

表3－1 井身结构设计表

开次	井段	钻头直径(mm)	套管外径×壁厚(mm×mm)	套管下深	水泥返高	套管内水泥塞
一开	进入稳定地层30m，套管下深≥80m	311.2	244.5×8.94	下到井底	地面	大于10m
二开	直井段，造斜段，斜井段	215.9	139.7×7.72	距井底3～5m	油井：水泥返高参照钻采工程方案；注水井：水泥浆返到井口	人工井底距油层底20～25m

注：(1)一开必须钻穿黄土层进入下部稳定地层30m，表套下深≥80m；

(2)表层固井必须保证水泥浆能够返出井口，固井质量良好。

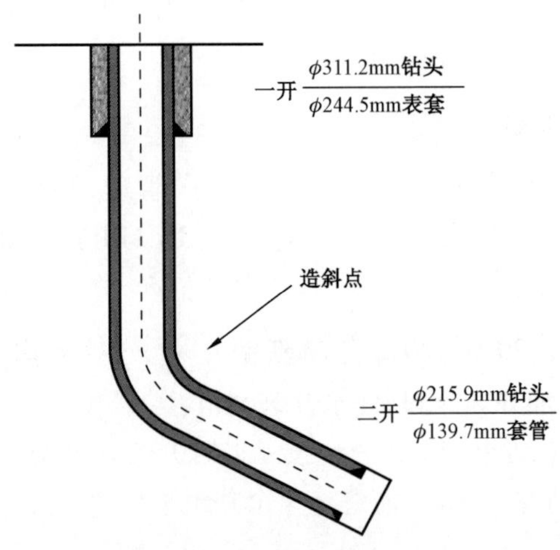

图3－1 井身结构简图

4. 井身质量要求

(1)直井及定向井直井段井斜井身质量要求见表3－2。

表 3－2　直井及定向井直井段井斜质量要求

井段 （m）	完钻井深≤1000m		完钻井深≤2000m		完钻井深≤3000m	
	井斜角	全角变化率	井斜角	全角变化率	井斜角	全角变化率
0～500	≤2°	≤1°40′	≤2°	≤1°40′	≤2°	≤1°15′
500～1000	≤3°	≤1°40′	≤3°	≤1°40′	≤3°	≤1°15′
1001～2000			≤5°	≤2°10′	≤5°	≤1°40′
2001～3000					≤7°	≤2°10′

注：以电测井斜和方位为依据，25m 一点，全角变化率连续三点超过以上规定为不合格。

（2）推广应用复合钻具组合（PDC 钻头＋单弯螺杆＋短钻铤＋稳定器），提高井眼轨迹控制能力。

（3）常规井中靶半径≤30m，特殊井根据特殊方案要求，要求中靶率 100%。

（4）定向井井身剖面：直—增或直—增—稳。

（5）全角变化率（连续三点即 90m 井段）：造斜和扭方位井段不大于 6°/30m，其他斜井段的全角变化率不大于 2°/30m。

（6）定向井测斜间距：防碰段每 30m 一点，造斜段每 10～20m 一点，其余井段每 50m 一点。

（7）平均井径扩大率＜15%，最大井径扩大率≤20%，油层井径扩大率＜10%。

（8）取心收获率≥95%。

（9）固井一次合格率≥98%，水泥返高和人工井底符合要求。

5. 钻井工艺技术要求

（1）洛河井段易发生井斜和漏失，在钻井参数、钻具组合及钻井施工中应采取措施防斜、防漏。

（2）应用井眼轨迹控制技术，提高井身质量。螺杆钻具造斜率要符合全角变化率的要求。

（3）加密调整井在距施工井 2 个井距内的注水井二开前停注，并适当加大钻井液密度，采取准备加重材料、安装防喷器等有关的井控措施。

（4）防碰要求：

① 井口间距 4～4.5m；

② 测点要求每30m一点,当有相碰趋势时加密测点;

③ 认真做好井眼轨迹随钻防碰图。

6. 钻井液

××油田在钻井过程中选取水基钻井液体系,随着打开地层的不同,应采取相应的技术措施。

(1)该区块黄土层易漏,直罗组、富县组易井塌,可以采取以下技术措施:

① 黄土层漏失:采用工程措施防漏和用加有堵漏剂的高黏白土浆堵漏。

② 直罗、富县组防塌:进入塌层前将钻井液转化为强抑制低固相次生有机阳离子聚合物钻井液。

(2)在无固相或低固相钻井液体系前提下,润滑降摩阻、防阻卡可采取以下措施:

① 使用大分子聚合物(PHP、KPAM等),且浓度大于一般常规定向井。

② 有效控制钻井液中的固相含量,并加入一定量的润滑剂和磺化沥青,减小钻井液摩阻系数,预防阻卡。

(3)分段钻井液体系。

① 表层(黄土层):清水+白土+纯碱+CMC细分散钻井液体系。

② 二开至油层上部井段:无固相或低固相次生有机阳离子聚合物无毒钻井液体系。

③ 进入油层前50m,停止加入大分子聚合物,将钻井液转化为低固相、低滤失量的聚合物完井液,以减少钻井液对油层的污染,保护油层。

打开目的层完井液密度:实际地层压力系数≤1.0,钻井液密度≤1.05g/cm^3,其中超前注水区块,三叠系油层钻井液密度≤1.08g/cm^3;地层压力系数>1.0、发生井涌的区块,在当时地层压力当量密度的基础上附加0.05~0.10g/cm^3。API失水≤8mL,油层浸泡时间≤72h。

7. 固井要求

(1)生产套管强度应满足钻井、压裂、采油、注水等作业的要求,强度校核见表3-3。综合考虑技术、经济指标,井深小于2400m推荐采用J55生产套管,大于2400m推荐采用N80和J55的复合套管程序。

表 3-3 套管强度设计表

下入深度(m)	套管直径(mm)	钢级	壁厚(mm)	单位质量(kg/m)	抗内压(MPa)	安全系数	
						抗拉	抗挤
小于 2400	139.7	J55	7.72	25.3	36.68	1.85	1.31
大于 2400	139.7	N80 + J55 + N80	7.72	采用复合套管程序按要求分段计算			

注:(1)抗拉安全系数≥1.8;
(2)抗挤安全系数≥1.125。

(2)循环时间控制在 2~3 周,不宜长时间循环。

(3)干混水泥外掺料外加剂要达到二级过滤,三级混拌,确保均匀。

(4)套管扶正器应安置在油层上下及井径规则、井斜方位变化大的硬地层井段;油层上、下 30m 范围内每 1 根加 1 只扶正器,但要避开油层,其余井段每 2 根加 1 只扶正器;丛式井组中的直井,套管扶正器间距不大于 25m。

(5)注水泥后碰压明显,固井 48h 后进行试压,试压压力 15MPa(注水井试压压力为 20MPa),30min 压降不大于 0.5MPa。

(6)每口井必须对现场水样、水泥样品、外加剂进行全套性能化验,现场取样复核稠化时间,并制作外加剂加量与稠化时间曲线,保证固井施工安全。

(7)套管质量要求:采用大型生产厂家的套管,要求经过严格的商检、抽查、内检。

二、水平井钻井方案

在油藏地质、油藏工程、工艺技术试验研究的基础上,2008—2009 年 ××油田三叠系长 8 储层共完成了 15 口水平井,随着钻井技术的逐步提高,水平段长度逐年增加。2010 年平均水平段长 536.1m,比 2009 年 373.1m 提高 43.7%(图 3-2)。鉴于国内外水平井技术在提高油气藏开采效果方面越来越普遍的应用,2010—2012 年继续在××油田应用水平井开发试验。

1. 井身结构设计

(1)水平井井身剖面为:直—增—稳—增—水平段双增剖面,设计造斜率 < 10°/30m。

(2)水平井井身结构。

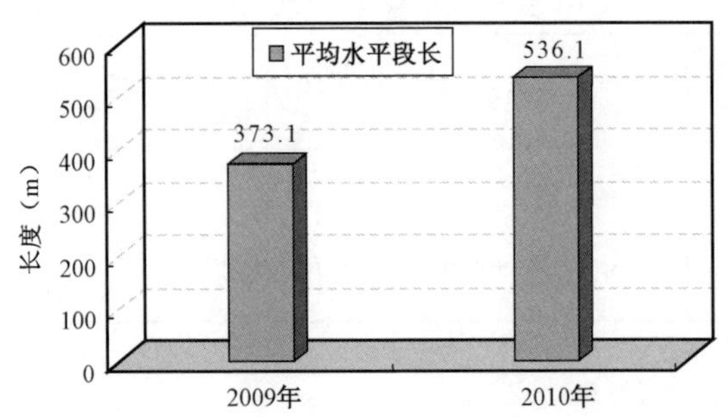

图 3－2　2008—2009××油田水平段长度对比

根据近几年水平井钻井实践及井身结构优化，井身结构采用 ϕ311.2mm 钻头×ϕ244.5mm 套管＋ϕ215.9mm 钻头×ϕ139.7mm 套管，见表 3－4。

表 3－4　水平井井身结构表

序号	井段	钻头直径（mm）	套管外径（mm）	套管下深（m）	水泥返高（m）
一开	钻穿黄土层	311.2	244.5	进入稳定岩层 30m 以上，且表套下深≥80m	返到地面
二开	斜井段，水平井段	215.9	139.7	井底	返到地面

2. 完井方式

针对××油田储层特点和储层改造要求，完井方式推荐为套管固井完井。

3. 井身质量要求

(1)直井段井斜小于 2°，斜井段全角变化率≤10°/30m。

(2)直井段每 50m 进行测斜，造斜点附近应加密测点。

(3)剖面符合率大于 95%。

(4)施工设计时应考虑已钻井的井眼轨迹，防止两井相碰。

(5)水平井靶点窗口范围要求依据单井设计。

4. 钻井液和完井液体系及储层保护

(1)直井段、斜井段钻井液体系：采用低固相聚合物防塌钻井液。

(2)水平段保护储层完井液体系：采用低摩阻、低伤害钻完井液体系。

性能要求：若实际地层压力系数≤1.0，密度≤1.05g/cm³，其中超前注水区块，钻井液密度≤1.08g/cm³；若地层压力系数>1.0，钻井液密度在实际地层压力系数的基础上附加0.05～0.10g/cm³。API失水≤5mL，油层浸泡时间≤72h。

5. 固井工艺

(1)水泥浆返高执行对应区块定向井设计标准。

(2)套管柱强度校核。

(3)水泥浆体系。

纯水泥浆体系：密度为1.85～1.90g/cm³，滤失量≤200mL，析水为零，抗压强度>21MPa(45℃/48h)；

低密度水泥浆体系：密度为1.30～1.70g/cm³，抗压强度>5.2MPa(45℃/48h)。

(4)固井工艺要求。

① 表层套管固井水泥返至井口，且套管内留有10～20m的水泥塞；

② 合理安放套管扶正器，确保套管居中，水平段每1根加1个扶正器，且弹簧扶正器和刚性扶正器交叉安放；

③ 固井48h后试压，试验压力15MPa、30min压降不大于0.5MPa。

(5)水泥环质量要求。

① 水平采油井采用声幅或变密度测井，水平注水井采用变密度测井；

② 声幅测井，测得水泥面上5个稳定的接箍信号，控制自由套管声幅值在8～12cm(横向比例400～600mV)，水泥胶结段声幅值接近零线，曲线平直；

③ 声幅相对值≤15%为优等，≤30%为合格，低密度水泥≤40%为合格；

④ 声幅曲线测至人工井底以上2～5m，固井质量保证一次合格；

⑤ 水泥凝固48h后检测胶结质量。

三、完井要求

(1)完井井口平正，封固可靠，油井油层套管接箍上端面高出井场平面(0.3±0.1)m，注水井井口高出地面0.2～0.3m，使用厚度≥40mm的环形钢

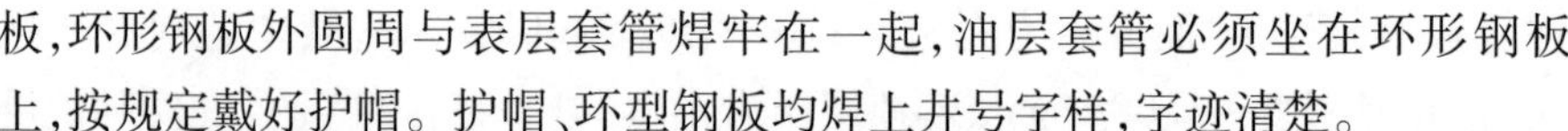

板,环形钢板外圆周与表层套管焊牢在一起,油层套管必须坐在环形钢板上,按规定戴好护帽。护帽、环型钢板均焊上井号字样,字迹清楚。

(2)完井井口管外不气窜、水窜,井口周围水泥胶结良好,井口无晃动,井场环保事项达到有关规定。

(3)完井井场做到工完料净,大小鼠洞填平,井场平整。

四、井控设计方案

严格执行《石油天然气钻井井控技术规范》(GB/T 31033—2014)、《××油田石油与天然气钻井井控实施细则》(长油字〔2008〕385 号)、《中国石油××油田分公司井控安全管理办法》、《含硫化氢油气井安全钻井推荐作法》(SY/T 5087—2005)、《含硫油气井钻井操作规程》(Q/CNPC 115—2006)等有关规定。重点强调以下几个方面:

(1)地质设计依据《××油田分公司钻井地质设计管理办法》要求,必须明确预测和提示地层三压力、H_2S 等有毒气体以及其他异常情况。针对地质设计中的危险、危害提示,在工程设计(方案)中,必须要有相应消除或控制措施。

(2)严格执行《××油田石油与天然气钻井井控实施细则》(长油字〔2008〕385 号)第七章“井喷应急救援”相关规定和《××油田分公司事故应急及救援预案》,根据作业现场及周边具体实际情况,编制详细的现场井控应急预案。

(3)超前注水区块内的井按照《××油田分公司关于超前注水井区钻井施工有关要求的通知》要求,做好停注工作。

第二节　套管防腐方案

一、油水井套管腐蚀状况

××油田一区地区洛河宜君组埋藏深,原始地层压力和温度高,洛河层渗透性好,水层厚,矿化度高,普遍含 CO_2、SRB(硫酸盐还原菌)等,这是形成套管损坏的主要腐蚀源。通过油井内腐蚀挂片试验，××油田开采侏罗系的油井存在严重内腐蚀，开采延长组的油井腐蚀相对弱，因此必须采取套管防腐措施确保管柱安全。

二、油水井套管防腐方案

一区和环江地区油水井外防腐采用环氧冷缠带牺牲阳极、油井内防腐采用 DPC 内涂层措施，四区和二区块采用 G 级纯水泥 + 低密度水泥固井措施；2010—2012 年计划实施防腐措施 6104 口，共计费用 37302×10^4 元。

三、套管防腐方案实施要求

(1)井口至洛河底界以下 50m 井段的生产套管采用环氧冷缠带牺牲阳极防腐套管，其余采用裸套管，纯水泥返至洛河底界以上 50m；当油井洛河底界与井底距离大于 1000m 时，控制纯水泥上返 1000m，环氧冷缠带牺牲阳极防腐套管加长下至纯水泥上返位置以下 50m。

(2)技术规范与防腐费用参照××油田公司下发的《油水井套管环氧冷缠带加牺牲阳极外防腐工艺技术》，以及最新的××油田公司油气田地面建设标准化造价指标。

(3)内涂层套管下入长度为侏罗系定向井 600m、水平井 900m，可根据相关生产动态及时调整，同时必须配套油管扶正防磨及内涂层，有利于套管防腐。

第三节　储层改造方案

一、射孔方案

射开程度是指目的层段射开厚度占油层有效厚度的百分比。××油田据往年经验，形成了“102 枪 127 弹、89 枪 102 弹、16 孔/m、90°相位”的射孔技术系列，适应性较强，××油田以沿用前期射孔技术为主(表 3－5)。

表 3-5 油水井射孔参数推荐表

油藏分类	井别	射孔参数			
		射孔位置	射开程度(%)	枪弹型	孔密(孔/m)
无底水三叠系油藏	油井	油层中上部	40~60	102 枪/127 弹	16
	水井		≥80		
有底水三叠系油藏	油井	油层上部	10~40		
	水井		≥80		
侏罗系油藏	油井	油层顶部	10~40		
	水井		40~60		

二、采油井改造方案

在大规模产能建设中,坚持以开发压裂作为主体技术思路,针对××油田产能建设部署区块和压裂工艺技术应用效果的不同,各重点产能建设区块分为两类。一类是改造主体技术成熟、连续产能建设区块;另一类储层地质认识比较清楚、改造主体技术较为明确、重点需要开展提高单井产量试验的区块。

1. 改造主体技术成熟、连续产能建设区块

1)储层特征及技术对策

长 2 以上油层一般底水发育,初产低或无,采用"三小一低"压裂改造模式。

2)前期总体改造效果

长 2 层及侏罗系前期总体改造效果较好,见表 3-6、表 3-7。

表 3-6 ××油田长 2 以上油层试油压裂数据表

区块	井数(口)	油层电性参数					压裂参数			试排结果	
		厚度(m)	电阻率(Ω·m)	孔隙度(%)	渗透率($10^{-3}\mu m^2$)	含油饱和度(%)	砂量(m^3)	砂比(%)	排量(m^3/min)	日产油(m^3)	日产水(m^3)
××油田长 2 层	169	13.39	6.22	15.54	12.24	45.4	5.6	20.5	1.0	15.30	11.25
××油田侏罗系	18	9.10	7.99	16.07	15.05	46.3	6.1	23.7	1.0	11.03	14.05

表 3-7 ××油田长 2 以上油层投产动态数据表

区块	投产第 1 个月				投产第 2 个月				投产第 3 个月			
	井数（口）	日产液（m^3）	日产油（t）	含水率（%）	井数（口）	日产液（m^3）	日产油（t）	含水率（%）	井数（口）	日产液（m^3）	日产油（t）	含水率（%）
××油田长 2 层	159	9.80	6.54	21.5	159	8.48	5.87	18.5	159	8.04	5.62	17.7
××油田侏罗系	13	7.29	4.52	27.2	11	7.24	3.82	37.9	7	7.65	5.22	19.7

3）提高单井产量试验——物理下沉剂控缝高

为解决部分底水油藏常规“三小一低”压裂后含水率较高的问题，改进了利用物理下沉剂形成的人工遮挡层，以控制裂缝高度，实现控水增油的思路。

2009 年在元 162 井区长 2 层开展了下沉剂控缝高现场试验，定 597-18 井长 2 层加下沉剂 3.0m^3（第一级 1.0m^3，第二级 2.0m^3），主压裂加砂 5.0m^3，压后日产油 5.65t，含水率 29.3%。

4）储层改造参数推荐表

对于侏罗系油层改造，根据物性特征，主要采用负压射孔求初产和解堵性压裂；长 2 层改造继续采用“三小一低”的主体压裂改造技术，优化工艺参数，见表 3-8。

表 3-8 长 2 层及侏罗系储层改造推荐表

层位	类型划分		改造方式	改造参数		
				砂量（m^3）	砂比（%）	排量（m^3/min）
侏罗系	$K<30\times10^{-3}\mu m^2$		三小一低压裂	5~12	≥20	0.8~1.2
	$K\geq30\times10^{-3}\mu m^2$		射孔求产或爆燃压裂			
长 2 层	无底水		三小一低压裂	10~15	≥25	1.2~1.4
	有底水	砂体厚度≥10m		5~10	≥25	1.0~1.2
		砂体厚度 5~10m		3~5	≥20	0.8~1.0

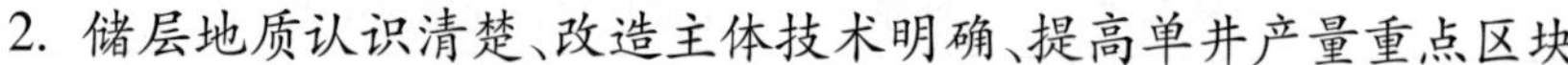

2. 储层地质认识清楚、改造主体技术明确、提高单井产量重点区块

1)储层特征及技术对策

西部长6层与东部相比,埋深增加、物性变差、油水关系更加复杂、储隔层条件变差,2007年在耿27开辟了长6开发试验区,进行了改造技术的调整与试验。

(1)针对隔层条件和油水关系的变化,形成了两种改造思路:① 隔层条件较好,适度增加缝长,扩大泄流面积;② 隔层条件较差,采用"下沉剂+变排量"控缝高技术。

(2)针对埋深增加,采用低密度陶粒+有机硼压裂液体系。××油田西部长6优化支撑裂缝导流能力15~20 $\mu m^2 \cdot cm$,选择陶粒为支撑剂;油层温度高于70℃,采用耐高温有机硼压裂液体系。

2)前期总体改造情况

为适应储层变化,2007年在耿27开辟长6开发试验区,进行改造技术的调整与试验,见表3-9、表3-10。

表3-9 ××油田西部长6油层试油压裂数据表

区块	井数(口)	井别	主体技术	测井解释参数及压裂参数					试排结果	
				厚度(m)	孔隙度(%)	渗透率($10^{-3}\mu m^2$)	含油饱和度(%)	砂量(m^3)	日产油(m^3)	日产水(m^3)
耿××	15	开发试验	合层压裂+有机硼交联压裂液+低密度陶粒	11.4	10.89	1.86	49.3	37.7	26.7	0.0
耿×	3	评价井		8.0	10.8	0.12	48.0	30.0	15.1	0.0
黄15×	5	探井、评价井		11.3	10.17	11.0	0.58	36.7	14.2	1.9

表3-10 ××油田西部长6层投产动态数据表

区块	投产第1个月				投产第2个月				投产第3个月			
	井数(口)	日产液(m^3)	日产油(t)	含水率(%)	井数(口)	日产液(m^3)	日产油(t)	含水率(%)	井数(口)	日产液(m^3)	日产油(t)	含水率(%)
耿××7	15	5.79	2.88	41.5	15	3.56	2.09	30.9	15	3.00	1.63	36.1

3)提高单井产量试验——多级水力射孔射流压裂

通过水力喷砂射孔压裂,对高渗段定点射孔、定点压裂,提高改造强度,控制缝高，增大有效缝长；同时喷射压裂与小直径封隔器联作提高封隔的有效性。2009 年在一区南试验 10 口井，投产初期单井日增油 0.47t，增产效果明显，见表 3－11、表 3－12。

表 3－11 一区南区块水力射孔射流压裂工艺试油压裂数据表

区块	井数（口）	油层电性参数					压裂参数			试排结果	
		厚度（m）	电阻率（Ω·m）	孔隙度（%）	渗透率（$10^{-3}\mu m^2$）	含油饱和度（%）	砂量（m^3）	砂比（%）	排量（m^3/min）	日产油（m^3）	日产水（m^3）
试验井	10	29.6	11.1	13	2.3	46.63	57.5	33	1.7	25.9	0
对比井	19	29.6	11.7	12.5	2.3	44.77	48	32.1	1.8	22.2	0

表 3－12 一区南区块水力射孔射流压裂工艺投产动态数据表

区块	投产第 1 个月					投产第 2 个月					投产第 3 个月				
	井数（口）	日产液（m^3）	日产油（t）	含水率（%）	液面（m）	井数（口）	日产液（m^3）	日产油（t）	含水率（%）	液面（m）	井数（口）	日产液（m^3）	日产油（t）	含水率（%）	液面（m）
试验井	10	5.47	3.84	17.4	860	10	4.83	3.68	10.4	1354	9	4.43	3.48	7.6	1313
对比井	19	4.53	3.41	11.4	1197	19	4.16	3.20	9.6	1363	19	3.93	3.02	9.6	1653

4）储层改造参数推荐表

该区改造需加大低密度陶粒、有机硼压裂液等成熟技术的应用规模；扩大多级水力射孔射流压裂、下沉剂等新工艺试验；在加强储层微观特征研究及差异性分析的基础上，根据不同区块特点，强化压裂工艺和压裂液适应性评价；围绕“一区一块一对策、一井一层一工艺”，强化个性化压裂设计，见表 3－13。

表 3－13 ××油田西部长 6 储层改造推荐表

层位	分类		改造方式	改造参数		
				砂量（m^3）	砂比（%）	排量（m^3/min）
长 6	隔层条件较差	边井	下沉剂	15～25	30～35	1.4～1.8
		角井		10～20	30～35	1.4～1.8
	隔层遮挡条件好	边井	合层压裂	35～40	30～35	2.0～2.4
		角井		25～30	30～35	1.8～2.2

三、压裂液优化方案

（1）针对井深超过2300m的区块（××油田长9、长8、部分长6、长4+5），采用耐温性能较好的有机硼交联胍胶压裂液体系；

（2）针对井深未超过2300m的区块（部分长6、长4+5、侏罗系以及长2），采用常规无机硼交联胍胶压裂液体系；

（3）针对侏罗系浅层的小规模加砂压裂，采用线性胶压裂液体系。

四、支撑剂优选方案

支撑剂选择以闭合应力为依据，以破碎率和导流能力为主要指标，通过岩石力学、现场测试压裂等手段，确定各区块支撑剂类型：××油田长9、长8以及部分闭合应力高的长6、长4+5采用低密度陶粒，见表3－14。

表3－14　主要产能建设区支撑剂优化方案

支撑剂类型	主要性能指标	区块
低密度陶粒	粒度分布：425～850μm之间＞90%；酸溶解度：≤5%；浊度：≤10；圆度：＞0.8；球度：＞0.8；铺置浓度：20kg/m²；闭合压力52MPa；破碎率≤8%	××油田长9、长8； 长6：黄×××、耿76、耿27、黄55、耿271、黄121、黄120、黄132、黄71； 长4+5：一区南、池89、黄×××、黄110、耿43、姬15
石英砂	粒度分布：425～850μm之间＞90%；酸溶解度：≤5%；浊度：≤10；圆度：＞0.6；球度：＞0.6；铺置浓度：20kg/m²；闭合压力28MPa；破碎率≤14%	其余区块采用石英砂作为支撑剂

五、注水井改造方案

注水井措施以高能气体压裂和复合射孔为主，基本能满足注水要求，见表3－15。

表 3－15　2009 年××油田主要产能建设区块注水井投注表

<table>
<tr><th rowspan="2">类型</th><th rowspan="2">区块</th><th rowspan="2">层位</th><th colspan="4">改造方式</th><th colspan="3">初期注水动态</th></tr>
<tr><th>井数（口）</th><th>砂量（m^3）</th><th>砂比（%）</th><th>排量（m^3/min）</th><th>油压（MPa）</th><th>配注（m^3）</th><th>日注（m^3）</th></tr>
<tr><td rowspan="5">需调整</td><td rowspan="5">罗××</td><td rowspan="5">长 8</td><td>6</td><td>8.2</td><td>22</td><td>1.2</td><td>12.8</td><td>19.2</td><td>15.7</td></tr>
<tr><td>49</td><td colspan="2" rowspan="2">高能气体压裂</td><td>正常</td><td>11.8</td><td>21.7</td><td>21.4</td></tr>
<tr><td>12</td><td>注不进</td><td>16.4</td><td>21.7</td><td>7.5</td></tr>
<tr><td>11</td><td colspan="2" rowspan="2">多脉冲复合压裂</td><td>正常</td><td>12.6</td><td>20</td><td>20</td></tr>
<tr><td>10</td><td>注不进</td><td>14</td><td>26.5</td><td>8.4</td></tr>
<tr><td rowspan="7">基本满足注水要求</td><td>胡 1××</td><td>长 4＋5_2</td><td>49</td><td colspan="3">高能气体压裂</td><td>6.8</td><td>18</td><td>16</td></tr>
<tr><td>黄×××</td><td>长 6</td><td>3</td><td colspan="3">高能气体压裂</td><td>12</td><td>23.3</td><td>23.3</td></tr>
<tr><td rowspan="3">铁××</td><td rowspan="3">长 6</td><td>4</td><td colspan="3">常规射孔</td><td>10.2</td><td>18.5</td><td>14.2</td></tr>
<tr><td>22</td><td colspan="3">复合射孔</td><td>9.8</td><td>20.8</td><td>15.9</td></tr>
<tr><td>5</td><td colspan="3">高能气体压裂</td><td>7.9</td><td>20</td><td>15.5</td></tr>
<tr><td rowspan="2">元×</td><td rowspan="2">长 4＋5</td><td>2</td><td colspan="3">常规射孔</td><td>9.8</td><td>20</td><td>17.5</td></tr>
<tr><td>16</td><td colspan="3">复合射孔</td><td>7.6</td><td>21.6</td><td>18.9</td></tr>
</table>

通过分析试验结果，综合考虑油藏地质特点、注水要求和作业成本，推荐××油田注水井投注方案。针对罗××井区长 8 部分井注不进的问题，开展高能气体压裂＋酸化复合增注工艺试验，并开展注水配伍性等试验，见表 3－16。

表 3－16　2010—2012 年××油田主要产能建设区注水井投注措施推荐表

措施名称	推荐参数	应用区块
复合射孔	102 枪 127 弹	三区长 4＋5、××油田东部长 6，长 2 以上
高能气体压裂	102 枪 127 弹；药量 20～50kg	其余区块

六、水平井改造方案

三叠系以“水力喷砂＋小直径封隔器＋连续混配”为主体技术模式；侏罗系以漩流洗井或汽化水洗井为主，对部分物性较好的井采用分段射孔求初产，见表 3－17。

表3-17　2010—2012年××油田水平井改造方案推荐表

层位		区块	水平段长(m)	改造方式	改造段数(个)	裂缝组合	压裂液	支撑剂	加砂量(m^3)
三叠系	长2	耿××× 耿1××	300	水力喷砂+小直径封隔器+连续混配	4~6	纺锤形	有机硼压裂液体系	石英砂	10~15
	长8	黄3× 黄5× 罗×××	600		6~9	纺锤形	无机硼压裂液体系	低密度陶粒	15~35
侏罗系		池×、黄××9、池×2等	200~350	漩流洗井或汽化水洗井,物性较好的水平井采用分段射孔求初产					

第四节　机械采油方案

一、机械采油设备选型及抽汲参数设计

1. 抽油泵

抽油泵选择原则:主要依据为地质配产,结合已投产区块前3个月的生产情况来预测产能建设区日产液量。初定泵效45%~50%,设定冲程、冲次,通过理论排量倒算泵径来确定拟选泵径。

根据计算结果,各产能建设区选用相应大小的整筒泵,要求整筒泵壁厚≥8mm,井斜角超过35°应用斜井泵。

2. 抽油机

抽油机选型原则:抽油机是油井生产过程中主要的、不轻易更换的设备,因此抽油机的选择应满足油井不同时期生产需要。依据最大生产条件下的悬点载荷和减速箱扭矩,确定经济、适用的节能抽油机。

1)计算悬点最大载荷与减速箱扭矩

××油田2012年产能建设抽油机选型计算见表3-18。

表 3-18 ××油田 2012 年产能建设抽油机选型计算表

层位	区块	井深(m)	计算用最大参数：泵挂深度×泵径×冲程×冲次(m×mm×m×次/min)	计算悬点最大载荷(kN)	计算减速箱最大扭矩(kN·m)
侏罗系	××	1870~2470	1650×44×2.5×5 2100×44×3×5	67.64~89.01	19.99~29.82
长 2	××	2195	1800×38×2.5×5	67.35	18.14
长 4+5	××	2150~2430	1950×28×2.5×5 2000×38×3.0×5	62.27~77.71	14.19~24.38
长 6	××	1980~2550	1700×32×2.5×5 2200×32×2.5×5	57.58~73.24	14.24~17.36
长 8	××	2280~2870	1950×28×2.5×5 2400×38×3×5	62.56~87.57	14.21~27.64

2)确定抽油机与相关参数。

依据计算悬点载荷，确定各产能建设区抽油机基本需求，见表 3-19。

表 3-19 ××油田 2012 年产能建设抽油机选型需求表 台

层位	区块	抽油机型号		
		七型机	八型机	十型机
侏罗系	××		14	22
长 2	××		39	
长 4+5	××	149	429	60
长 6	××	244	185	
长 8	××	489		534
总计(2165)		882	667	616

3)电动机功率

电动机功率的选配见表 3-20。

表 3-20 抽油机电动机选配推荐表

抽油机	7 型机	8 型机	8 型机	10 型机
		2.5m 冲程	3.0m 冲程	
选配电机功率(kW)	11	11	11	15

3. 抽汲参数

抽汲参数见表3-21。

表3-21 ××油田2012年产能建设投产抽汲参数设计表

层位	井深(m)	最低流压(MPa)	折算动液面(m)	泵挂深度(m)	泵径(mm)	冲程(m)	冲数(次/min)
侏罗系	1870~2470	6.7	1050~1650	1150~1850	38/44	1.8~3.0	2.5~5
长2	2195	8.6	1300	1400~1500	38	1.8~3.0	2.5~5
长4+5	2150~2430	5.3	1500~1750	1600~1950	28/32/38	1.2~3.0	2.5~5
长6	1980~2550	5	1350~1900	1450~2150	28/32	1.2~3.0	2.5~5
长8	2280~2870	6.5	1450~1950	1550~2150	28/38	1.2~3.0	2.5~5

4. 抽油杆

1)抽油杆性能

抽油杆等级及机械性能见表3-22。

表3-22 三种抽油杆的性能对比表

级别	抗拉强度(MPa)	屈服强度(MPa)	断面收缩率(%)	疲劳强度	
				$\sigma_{0.10}$(MPa)	循环周次(次)
D级	793~965	>620	>50		
HL级	966~1136	793~862	>45	540	$>1.0\times10^7$
HY级	1050~1176			540	$>1.5\times10^6$

2)杆柱组合

杆柱组合见表3-23。

表3-23 ××油田2012年产能建设投产杆柱组合设计表

层位	井深(m)	泵挂深度(m)	泵径(mm)	抽油杆柱组合(由下到上)(mm×%)
侏罗系	1870~2470	1150~1850	38/44	$\phi22\times15+\phi19\times50+\phi22\times35$
				$\phi22\times15+\phi19\times50+\phi22\times35$
				$\phi22\times15+\phi19\times40+\phi22\times45$
				$\phi22\times15+\phi19\times40+\phi22\times45$(HL或HY)

续表

层位	井深(m)	泵挂深度(m)	泵径(mm)	抽油杆柱组合(由下到上)(mm×%)
长2	2195	1400~1500	38	$\phi22\times15+\phi19\times55+\phi22\times30$
长4+5	2150~2430	1600~1950	28/32/38	$\phi22\times15+\phi19\times50+\phi22\times35$
				$\phi22\times15+\phi19\times50+\phi22\times35$(HL或HY)
				$\phi22\times15+\phi19\times45+\phi22\times40$(HL或HY)
				$\phi22\times12+\phi19\times48+\phi22\times40$(HL或HY)
长6	1980~2550	1450~2150	28/32	$\phi22\times15+\phi19\times55+\phi22\times30$
				$\phi22\times12+\phi19\times58+\phi22\times30$
				$\phi22\times15+\phi19\times50+\phi22\times35$
				$\phi22\times12+\phi19\times48+\phi22\times40$(HL或HY)
长8	2280~2870	1550~2150	28/38	$\phi22\times15+\phi19\times55+\phi22\times30$
				$\phi22\times15+\phi19\times55+\phi22\times30$
				$\phi22\times12+\phi19\times48+\phi22\times40$(HL或HY)
				$\phi22\times15+\phi19\times35+\phi22\times50$(HL或HY)
				$\phi22\times12+\phi19\times48+\phi22\times40$(HL或HY)

5. 油管

选用钢级J55、ϕ73mm平式油管可满足油井生产需要,强度校核见表3-24。产能建设中油管用量计划以油层中深计算,初期下深以单井设计为准。

表3-24 ϕ73mm油管强度设计表

钢级	均重(kg/m)	壁厚(mm)	内径(mm)	螺纹最小抗拉(t)	抗挤强度(MPa)	抗内压强度(MPa)	最大下入深度(m)	抗拉安全系数
J-55	9.52	5.51	62	32.92	47.8	51.0	2620	1.3

二、采油工艺配套工艺技术

采油配套工具从井口到井下主要有光杆、密封盒、采油井口、扶正器、防磨块、泄油器、花管等(图3-3,图3-4)。

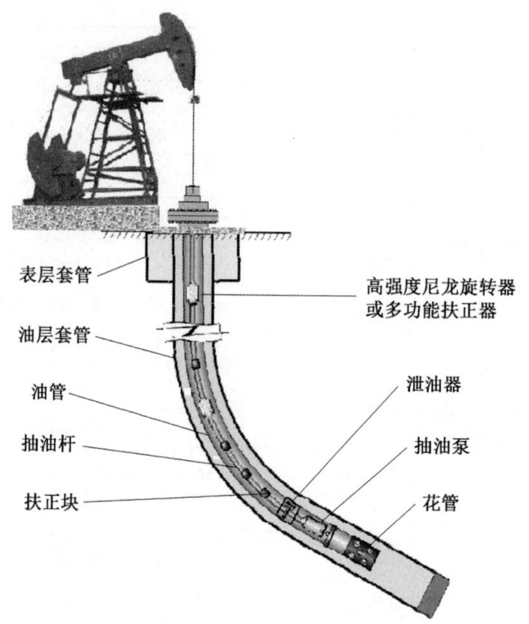

图3-3　定向井管柱结构示意图

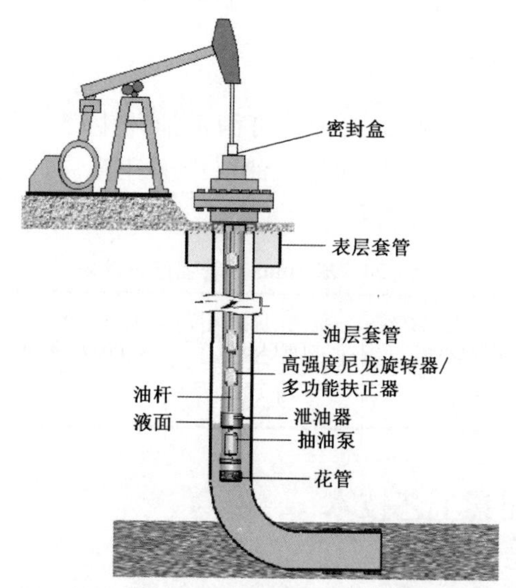

图3-4　水平井管柱结构示意图

(1)采油井口:丛式井组中的直采油井,采用偏心采油井口,其他采油井采用旋转井口或简易法兰式采油井口。

(2)密封盒:推荐采用可调偏心、耐高压二级密封防喷密封盒,要求密封耐压4MPa。

(3)光杆:采用1in标准光杆,彭阳地区采用1inKD级标准光杆。

(4)泄油器:采用撞击式泄油器。

第五节 注水工艺方案

一、注水工艺参数设计

1. 注水方式

合注:区块开发层系比较单一且小层分不开,采用合注。

2. 注水井口

依据不同区块最大注水压力,注水井井口建议采用250型。注水井作业均属于带压作业,考虑其安全性,要求井口采用下悬挂。

3. 注水管柱

根据2009年注水井最大井深,设计合注井管柱见表3-25。

表3-25 合层注水管柱长度校核表

钢级	壁厚(mm)	均重(kg/m)	下入深度(m)	抗拉安全系数
J55	5.51	9.52	2726	1.25
J55	5.51	9.52	2620	1.3

抗拉安全系数取1.3,最大下深可达到2620m。合注井注水管柱最大下深应不超过2600m,超过2600m上部采用N80油管。考虑带压作业因素,注水管柱应下入工作筒。

采用防腐涂料油管,下至射孔段底界以下5~10m左右。

二、注入水要求

1. 水源

采用当地洛河地下水，该水源水质好，机械杂质含量 $<1mg/L$，不含溶解氧或溶解氧含量低，缺点是 SO_4^{2-} 含量高，与地层水 $CaCl_2$ 型混合易结垢。

2. 水质处理及要求

注入水采用胶膜气囊隔氧、投加防垢剂、投加杀菌剂、精细过滤等处理措施，满足低渗透油田注入水质要求。

清水注入执行 SY/T 5329—1994《碎屑岩油藏注水水质推荐指标及分析方法》，污水回注执行 2008 年 3 月 6 日下发的长油开〔2008〕第 05 号《油田采出水回注技术指标（试行）的通知》。

三、注水井投注工艺

1. 洗井要求

（1）洗井设备选用活动洗井车。

（2）采用活性水进行正洗，黏土稳定剂一律用 KCl，浓度 1% ~2%，洗井排量由小到大，初期 1 ~2h 内进口水量小于出口水量，然后保持平衡洗井，排量应达到并保持在 $25 \sim 30m^3/h$。

（3）彻底清洗井筒，做到井口、井底、出口水质一致方可转入试注。

2. 试注要求

投注前挤活性水，活性水用量：

$$Q = \pi R^2 h\phi \tag{3-1}$$

式中 Q——活性水用量，m^3；

R——挤入半径，3 ~5m；

ϕ——油层孔隙度；

h——油层厚度，m。

为防止注水敏感性伤害和结垢伤害，水井投注时采取相应的技术措施，并在正常注水后加强管理。

针对三区长 4 +5、长 6 区块中等偏弱水敏、且注入水与地层水不配伍性的情况，要求挤注活性水防膨段塞。活性水成分：0.5% OP－10或8608表面活性剂+0.5% CETA黏土稳定剂+0.05%防垢剂（TS－610或ZG558）。顶替液［0.5%的CETA黏土稳定剂（相对分子质量180）+0.2%～0.5%的OP－10或8608表面活性剂］10m^3，反应24h。为确保达到地质配注要求，根据注水动态，每年按上述方法挤注防膨段塞1次。

第四章　地 面 工 程

第一节　编 制 依 据

（1）××油田公司勘探开发研究院提供《××油田整体开发方案地面设计依据》（2010.1）；

（2）××油田公司勘探开发研究院提供《××油田整体开发部署表》（2010.1）；

（3）××油田公司勘探开发研究院提供《××油田建产指标预测表》（2010.1）；

（4）××油田公司勘探开发研究院提供《××油田侏罗系 2010—2012 年产能建设部署图》（2010.1）；

（5）××油田公司勘探开发研究院提供《××油田三叠系延长组长 1、长 2 产能建设部署图》（2010.1）；

（6）××油田公司勘探开发研究院提供《××油田长 4+5 油藏 2010—2012 年开发部署图》（2010.1）；

（7）××油田公司勘探开发研究院提供《××油田长 6 油藏 2010—2012 年开发部署图》（2010.1）；

（8）××油田公司勘探开发研究院提供《××油田长 7 油藏 2010 年开发试验部署图》（2010.1）；

（9）××油田公司勘探开发研究院提供《××油田长 8 油藏 2010—2012 年开发部署图》（2010.1）；

（10）××油田公司勘探开发研究院提供《××油田长 9 油藏 2011 年开发试验部署图》（2010.1）；

（11）××科技工程有限责任公司编制《××油田 100×10^4t 地面总体规划》（2009.9）；

（12）××科技工程有限责任公司编制《2500×10^4t 储运系统工程规划》。

第二节　研究范围

××油田位于陕××省××县、吴×县，甘肃省××与宁夏××县××境内。本书研究对象就是该油田产能建设地面工程，范围包括：油井计量、集油和集气、油气处理、注水工程为主的主体工程和含油污水处理、给排水、消防、供电、自控、通信、供热、暖通、道路等配套工程，以及节能、职业安全卫生与环保。

第三节　指导思想及编制原则

一、指导思想

立足××油田地形复杂、区块分散、多油层复合滚动开发等实际情况，以整体经济效益为中心，近、远期相结合，“积极推广成熟技术、创新发展特色技术、吸收利用实用技术，建设新型地面模式”，力争取得合理的经济效益和社会效益。

二、编制原则

(1)遵守国家法律、法规，贯彻国家建设方针和建设程序。

(2)正确处理工业与农业、近期与远期、协作和配合等方面的关系。

(3)根据油藏构造形态、生产井分布及自然地形特点等情况，合理确定站场布局。

(4)在总体规划的前提下分期建设，采用“实用、有效、节能、经济、相对成熟、流程简短”的新工艺、新技术，充分考虑近期与远期的结合和扩展，工程设计既能满足当前生产运行，又可兼顾后期的系统配套，减少重复建设工作量。

(5)对两套层系开发的叠合区块，依据总体部署，统筹兼顾，采取站场合建、管线同沟、系统共用的建设原则；对在已建系统区重复开发的区块，新增部分尽量依托已建系统，共用公用设施，最大限度地减少站场数量，降低地面工程建设投资。

(6)根据站的布局及油田主干路走向，合理确定油、水管道及各种线路走廊带的走向和位置。

(7)节约土地，充分利用荒地、劣地，不占或少占耕地。

(8)油田产能配套工程按有利生产、方便生活的基本原则建设。

第四节　遵循的标准规范

(1)《油田油气集输设计规范》(GB 50350—2015)；

(2)《石油天然气工程设计防火规范》(GB 50183—2004)；

(3)《输油管道工程设计规范》(GB 50253—2014)；

(4)《石油天然气工程总图设计规范》(SY/T 0048—2009)；

(5)《油田注水工程设计规范》(GB 50391—2014)；

(6)《泡沫灭火系统设计规范》(GB 50151—2010)；

(7)《生活饮用水卫生标准》(GB 5749—2006)；

(8)《供配电系统设计规范》(GB 50052—2009)；

(9)《爆炸危险环境电力装置设计规范》(GB 50058—2014)；

(10)《工业建筑供暖通风与空气调节设计规范》(GB 50019—2015)；

(11)《66kV 及以下架空电力线路设计规范》(GB 50061—2010)；

(12)《电力工程电缆设计规范》(GB 50217—2007)；

(13)《低压配电设计规范》(GB 50054—2011)；

(14)《建筑物防雷设计规范》(GB 50057—2010)；

(15)《建筑照明设计标准》(GB 50034—2013)；

(16)《20kV 及以下变电所设计规范》(GB 50053—2013)；

(17)《35 ~ 110kV 变电所设计规范》(GB 50059—2017)；

(18)《房屋建筑制图统一标准》(GB/T 50001—2010)；

(19)《建筑结构荷载规范》(GB 50009—2012)；

(20)《砌体结构设计规范》(GB 50003—2011)；

(21)《建筑设计防火规范》(GB 50016—2014)；

(22)《建筑地基基础设计规范》(GB 50007—2011)；

(23)《基于 SDH 的多业务传送节点(MSTP)本地网光缆传输工程设计规范》(YD/T 5119—2005);

(24)《涂装前钢材表面预处理规范》(SY/T 0407—2012);

(25)《钢质管道熔结环氧粉末外涂层技术标准》(SY/T 0315—2013);

(26)《油气田及管道仪表控制系统设计规范》(SY/T 0090—2006);

(27)《油气田及管道计算机控制系统设计规范》(SY/T 0091—2006);

(28)《石油天然气工程可燃气体检测报警系统安全规范》(SY/T 6503—2016);

(29)《石油化工仪表供电设计规范》(SH/T 3082—2003);

(30)《石油化工仪表接地设计规范》(SH/T 3081—2003);

(31)《公路工程技术标准》(JTG B01—2014);

(32)《公路路线设计规范》(JTG D20—2006);

(33)《公路路基设计规范》(JTG D30—2015);

(34)《公路排水设计规范》(JTG/T D33—2012);

(35)《公路桥涵设计通用规范》(JTG D60—2015);

(36)《道路交通标志和标线　第1部分:总则》(GB 5768.1—2009);

(37)《本地通信线路工程设计规范》(YD 5137—2005);

(38)《SDH 本地网光缆传输工程设计规范》(YD/T 5024—2005);

(39)《通信设备安装抗震设计规范》(YD 5059—2005);

(40)《综合布线系统工程设计规范》(GB 50311—2016。

第五节　面临难点

(1)多套层系——开发层系从侏罗系延9、延10到三叠系延长组长2、长4+5、长6、长7、长8、长9等,不同层系采出水水性差异大。

(2)点多面广——油区分散,地跨陕甘宁三省,东西跨度110km,南北跨度91km(西起盐池县麻黄山、东至吴起县二区、北到红井子、南抵罗庞塬),油区面积约9792.64km^2。

(3)环境复杂——自然环境,四面环沟,塬上与梁峁平均相对高差300m左右;社会环境,开发单位多,包括陕西延长石油(集团)公司及××油田公司等多家单位。

(4)钻井井深——平均井深2507m,其中长8、长9钻井深度2635m。

(5)取水困难——水源井平均井深850~980m,开采难度大,产水量低,矿化度达到5000mg/L,属苦咸水,无法饮用。

(6)外部环境复杂——××油田位于××县境内,行政区划跨度大,隶属于采油×厂、采油××厂、采油×××厂、采油×××厂、采油××××厂和超低渗第××项目部,由多个单位管理。

第六节 技术路线

一、技术方案

1. 优化系统

优化布站及优化油、水、电线路。

油田产能建设地面工程是一项综合系统工程。系统优化技术主要采用优化布站理论和管网优化理论,结合油田地形地貌、系统配套、工艺流程、原油流向进行地面工程整体的优化布局,依托井组密闭增压技术、集输半径界定技术,最大限度地实现油田地面系统的最优化布局。

2. 分层输送、分层处理工艺

根据统计,××油田原油主要层位为侏罗系y9、y10油层组,三叠系延长组长2、长4+5、长6、长7、长8、长9油层。根据原油配伍性实验报告结论,延9、延10配伍性较好;长1与长2配伍性较好;长4+5与长6配伍性较好。

针对××油田多层系开发的特点,为避免集输系统结垢,地面建设实施分层系脱水,净化油集中外输工艺。

3. 标准化设计

××油田的标准化设计2007年开始进行研究,以满足××油田快速、有效开发和建设为目的,借鉴苏里格气田标准化经验,以某低渗透油田产建的中、小型站场为研究对象,编制了统一技术规定,完成7类24套标准化站场设计图。

1)油田标准化成果

完成标准化设计模块图95项,合计折合文字609页、图纸338.25张。

2)模块划分

标准化站场模块化分主要做法如下:

(1)模块的系列化和替换。每一设计模块均实现系列化设计,同一系列模块功能和布局标准化,构成和外部接口均固定不变,可随意替换。

(2)模块组合。以标准化平面布局为基本框架,工艺模块和综合管网间采取无缝拼接的组合方式。对于合建站场以及个别特例,需结合实际地形情况进行平面和管网设计,但其各工艺模块基本维持不变或简单调整(镜像或旋转)。

3)技术效果

(1)工艺流程顺畅、站场布局安全、管理维护方便、合理节约用地;

(2)统一选型、优化工艺设备,降低能耗所节约的运行成本;

(3)适应快速建设,提高工程质量,减少重复劳动,提高设计效率;

(4)力争使××油田标准化设计覆盖率达到100%,形成特有的、适合某大发展的联合站、脱水站标准化系列图集。

4. 数字化设计

结合××油田特点,集成、整合现有的综合资源,创新技术和管理理念,建立全油田统一的生产管理、综合研究的数字化管理系统,实现"同一平台、信息共享、多级监视、分散控制",达到提高生产效率、节约人力资源、减轻劳动强度、提升安全保障水平、降低安全风险的目标。

站场数字化设计思路为:"两高、一低、三优化、两提升",即"高水平、高效率,低成本,工艺流程优化、地面设施优化、管理模式优化,智能判识提升、管理水平提升"。

5. 井组增压技术

井组增压技术的采用,减少了接转站的设置,解决了地形高差、原油高黏度等因素带来的部分油井回压高的问题,而且扩大了集输半径。该技术在安塞、靖安以及西峰油田均得到了广泛应用。

6. 油井计量采用示功图法计量技术

油井产量示功图法计量技术是通过测试泵示功图,利用计量分析软件求解,并结合分析油井其他有关数据计算出油井产液量。

示功图法计量的技术特点:

(1)简化地面计量流程，取消了计量间和计量管线，节约建设投资。

(2)示功图法无线传输系统能够实现全天数据采集和处理，可实时监控泵况及产液量，使油井资料的录取及时、准确，为井筒管理和优化提供可靠的第一手数据。

(3)自动化程度高，为油田生产自动化和信息化管理提供了新的手段。

(4)与传统的双容积计量工艺相比，不存在计量的延时误差。

(5)不需人工进行井口切换流程，操作方便，降低劳动强度。

(6)系统具有扩展性，通过增加控制模块，即可实现抽油机工况的远程监测、节能控制、起停控制、空抽控制和故障保护等功能，有利于提高控制、管理水平。

(7)油管漏失无法判断；连喷带抽油井产量无法判断。

(8)传感器每半年需标定一次，标定工作量较大。

示功图法计量经过多年的实验和改进，取得较大进展，现场试验的平均测量误差≤10%，现场运行计量误差在10%～15%之间，可以满足油田单井计量的要求。目前示功图法计量使用情况较好，与双容积计量工艺相比，虽然计量误差偏大，但大大提高了油井的监控和管理水平，降低了建设投资。

综合考虑两种计量方式的操作管理、使用经验、投资等各种因素，油井计量推荐采用示功图法计量技术。

7. 油气密闭集输技术

××油田的地层原始气油比较高，因此采取一定的措施，合理回收和利用伴生气资源，从“安全、环保、节能”的角度上看，均是非常必要的。集输流程采用全过程的密闭集输工艺，主要采取以下四项措施确保流程密闭。

1)定压阀回收套管气

在井场采用密闭油井套管，安装定压放气阀回收套管伴生气，当套管气压力达到设定压力后，定压阀打开，套管内伴生气进入集油管线回收进系统，避免因放空造成的环境污染及资源浪费。

2)增压点密闭混输技术

增压点属于小型站点，主要针对××油田复杂、破碎、多变的地形，对于偏远、地势较低和沿线高差起伏变化大的井组采用增压点增压输送，以降低井口回压，增加输送距离。通过对增压点混输和分输方案比较，推荐增压点采用油气混输工艺。

3)油气水三相分离工艺

原油脱水采用接转站加药、管道破乳、油气水三相分离脱水工艺。联合站含水油升温至脱水温度后,进入三相分离器脱水,实现一段脱水达到净化油标准。

三相分离工艺与传统大罐沉降工艺设备相比,脱水流程密闭,避免了油气损耗;体积小,热损失小,同时大大减少占地面积,但其适应能力有限,较大罐沉降差,对控制要求较高。开发后期油田含水率上升,需二段沉降脱水时,可根据需要将流程调整为二段三相分离脱水流程,或三相分离、溢流沉降二段脱水流程。

HXS 型油气水高效三相分离器是依靠油、气、水之间的互不相容及各相间存在的密度差进行分离的装置,通过优化设备内部结构、流场和聚结材料使油气水达到高效分离的目的。

HXS 型高效油气水三相分离器工艺路线如下:油气水混合物由入口进入一级捕雾器,首先将大部分的气体分离出来通过气体导管进入二级捕雾器,与从设备内分离出的气体一起流出设备。在此设有旋液分离装置,同时对油水进行预分离,预分离后的液体则通过落液管流入液体流型自动调整装置,对流型进行整理。在流型整理的过程中,作为分散相的油滴在此进行破乳、聚结,而后随油水混合物进入分离流场。在分离流场中设置有稳流和聚结装置,为油水液滴提供稳定的流场条件,实现油水的高效聚结分离。分离后的原油通过隔板流入油腔,而分离后的污水则经过污水抑制装置重新分离,含油量进一步降低,通过导管进入水腔,从而完成油水分离过程。

HXS 型高效油气水三相分离器工艺设计特点:

(1)采用来液旋流预分离技术,实现油、气液初步分离,增加设备内流场的液体有效处理容积,提高了设备处理能力。

(2)用静态搅拌器活性水水洗破乳技术,强化了药液混合和乳状液破乳,改善分离的水力条件,加快油水分离速度,提高了设备的分离质量。

(3)用入口导液管与液体流型自动调整装置相结合的入口结构,降低油水乳状液界面膜强度,可根据来液的大小自动调整流体的流型,给油水两相创造了良好的分离和流场环境。

(4)采用强化聚结材料增加油、水两相液滴碰撞聚结概率,稳定了流动状态,提高分离效率。

(5)采用污水抑制装置,即将分离后的含油污水进行二次处理、聚结,提高了分离后的污水质量。

(6)采用变油、水界面控制为油、水液面控制,实现了油、水界面的平衡控制。

(7)采用两级网垫式捕雾装置,有效地控制了气中带液率。

(8)分离技术指标:分离后原油含水率≤0.5%,分离后污水含油量≤200~300mg/L,进出口压降≤0.05MPa。

4)伴生气回收及综合利用技术

(1)井场—站集气工艺。

集输半径≤1.5km:采用定压阀回收套管气,不加热不保温集输工艺。

集输半径介于1.5~2.5km之间:采用定压阀回收套管气,井口加热不保温集输工艺。

集输半径≥2.5km:采用增压回收套管气,井口加热不保温集输工艺。

(2)站—站集气工艺。

伴生气利用采用以下总体技术路线:① 井口到增压点利用定压阀回收套管气;② 增压点或转油站到联合站根据不同条件利用混输或分输工艺;③ 脱水站或联合站利用大罐抽气技术回收油罐挥发气;④ 终端联合站采用负压闪蒸法进行原油稳定、利用冷油吸收法进行凝液回收。

8. 原油稳定及轻烃处理工艺技术

1)大罐抽气装置

脱水沉降罐的大罐气进大罐气调压罐,维持调压罐的压力在+30mmH_2O,然后进抽气压缩机,增压到0.3MPa空冷后进气液分离器,不凝气体去轻烃回收装置,大罐气凝液用凝液泵打到罐区或轻烃回收装置再加工处理。

大罐抽气系统设置可靠的压力控制系统,确保原油储罐的安全。

2)凝液回收

上级站场获得大罐气,经两级压缩常温冷却简单处理回收凝液,回收凝液增压管输至拟建轻烃回收装置处理。伴生气供站场加热炉燃料,剩余干气进CNG装置。

3)原油稳定装置

三相分离器来油(45℃,0.3MPa)进原油稳定装置,先经导热油换热器升温至60℃,进原油稳定塔(闪蒸压力0.07MPa,塔底稳定原油由泵抽出增压进储罐(如果原油含水合格,也可直接至外输系统)。

4)轻烃回收

塔顶稳定气先经冷却器冷却至40℃,进螺杆抽气压缩机增压至0.45MPa,冷却至40℃后进螺杆增压机,增压至2.5MPa,冷却至40℃后与管输凝液混合后进三相分离器,含油污水一部分进两台螺杆压缩机喷水,剩余污水进地埋污水罐,不凝气经减压后去伴生气变压吸附橇,凝液进脱乙烷塔,脱乙烷塔顶气返回至螺杆增压机入口,塔底凝液自压进液化气塔。液化气塔顶设内回流冷凝器,控制温度70℃,压力1.5MPa。液化气塔顶气体经水冷冷凝至40℃自压进液化气储罐。液化气塔底液体冷却至40℃进稳定轻烃储罐。气液分离器伴生气(0.2MPa)经贫气活塞压缩机一级增压至0.8MPa,再冷却至40℃进气液分离器,分离器少量液体进螺杆增压机。气体进变压吸附橇,切割成富气及干气,干气进燃料气系统,富气进抽气压缩机入口。

5)CNG装置

CNG是利用气体的可压缩性,将常规天然气以高压进行储存,其储存压力通常为15~25MPa。在25MPa情况下,天然气可压缩至原来体积的1/300。由于油田伴生气,尤其是井场套管气内含有相当多的甲烷,可将轻烃厂生产后无法利用的干气或套管气处理压缩后生产成CNG,以实现伴生气的完全回收利用。

9. 注水工艺技术

1)注水系统采用树枝状干管智能稳流阀组配注工艺

稳流配水工艺是注水工艺流程的一次技术革新,使注水工艺流程简化为注水站至注水井一级布站流程,克服了串管配注流程中单井注水量的相互干扰问题,解决了因注水压力波动而产生的注水量超注、欠注问题,对油田注水地面工程建设具有重要的意义。

2)注水站内清、污水分注工艺流程

由于油田注水开发初期,清水需求量大,而采出水量很小;随着油田的不断开发,采出水量不断增加,清水需求量不断减少。为了解决不同阶段清水与污水需求量的平衡问题,将原注水站内单一介质流程改进为清、污水分注工艺流程,该流程注水泵房的供水采用双管线分供方式,泵房内设清水注水泵及污水泵各1台,均采用单管线上水和单管线出水;清、污水公用注水泵及污水泵1~2台,均采用双管线上水和单管线出水;清水系统高压阀组及污水系统高压阀组公用同1组注水干线。与以往采用的纯清水注水流程或污水回注流程相比,清、污分注双流程具有适应性强、便于油田清污水量平衡、节省投资等特点。

3)活动洗井工艺流程

在注水井口采用活动洗井车进行洗井,洗井废水通过汽车拉运至联合站处理后进入注水系统回注地层,实现了洗井废水的循环利用,既节约了水资源,也避免了洗井水外排造成的污染。

洗井车采用JHX5252TJC改进型洗井车,主要参数如下:

(1)最大洗井压力:14MPa;

(2)洗井排量:25m^3/h;

(3)工作温度:0~60℃;

(4)篮室过滤器设计压力:1.0MPa;

(5)篮室过滤器处理量:30m^3/h;

(6)水箱容积:3.5m^3。

10. 高压无功自动补偿技术

井区抽油机功率因数较低,会造成井区的无功功率过大,为提高电能质量,提高电网的功率因数,减少电网输送损耗,进一步改善电网质量,在井区10kV线路适当处加装户外高压无功自动补偿装置,利用微机技术控制并联电容器组的投切,功率因数从0.65补偿到0.9。

11. 油田采出水处理技术

1)污水处理

污水在联合站集中处理。原油脱水采用三相分离器,污水处理采用"一级自然沉降+一级混凝沉降+一级过滤"工艺。

2)污水管线

采出污水供给注水站回注,随着污水量上升、水源井水量递减和后期调整转注的进行,污水供、注水管网逐级向外延伸。由于油田采出水属于高矿化度酸性污水,腐蚀性较强,普通低压流体输送污水用焊接钢管已经不能满足日常生产要求,输送污水外输管线必须具有优异的耐腐蚀性。通常选用玻璃钢管、钢骨架塑料复合管、柔性复合管。

12. 通信技术

××油田的生产管理以数字化运行为理念，油区内建设以骨架站场敷设光缆，整个油区覆盖无线局域网的数字化平台。通过该平台，各个站场的生产数据能够通过光缆传输，井口数据经由无线网络实时上传，无人值守的井场实现视频远程实时监控，体现数字化油田生产运行网络化、安全管理信息化的建设理念。

1）光纤传输网络

以光纤为传输介质，数据传输具有稳定及速率高的特点，与丰富的接口种类相匹配，组成××油田通信系统高速信息平台，达到通信程控化、数据数字化、传输网络化、办公自动化等多功能综合业务。

2）无线宽带网络

井场采用5.8Gbps无线网桥基于DSSS（直接序列扩频技术）调制技术实现井场数据及视频信号的传输，设备工作于5.725～5.850GHz无线微波频段，数据带宽≥6Mbps，组网方式灵活，设备安装简单，实现功能强大，典型应用距离≥5km，适合井场点对点、点对多点的无线组网。

二、工程技术水平

××油田主要技术水平指标见表4－1。

表4－1　××油田主要技术水平指标表

指标	整装油田目标值	××油田目标水平
油气集输密闭率（%）	—	>85
原油稳定率（%）	100	81
油田气利用率（%）	>95	98
油田气处理率（%）	100	85
原油损耗率（%）	<0.5	<0.48
原油集输自耗气（m^3/t）	<10	7.8
加热炉运行效率（%）	>78	80
输油泵平均运行效率（%）	>68	72
注水泵平均运行效率（%）	85	87.7

续表

指标	整装油田目标值	××油田目标水平
注水用电单耗(kW·h/t)	6	0.43
注水系统效率(%)	>50	52.9
机采系统效率(%)	25~30	22
油田电力网损率(%)	<8	<7.5
含油污水处理率(%)	100	100
处理污水回注率(%)	100	100

第七节 研究结论

一、工程概况

2010—2012年，××油田共部署动用含油面积748.9km^2，石油地质储量38678.2×10^4t，新钻井8277口，进尺2075.4×10^4m，建采油井6358口，注水井2120口，建产能670×10^4t。

1. 系统分区

根据砂体分布及矿权的隶属关系，结合某原油流向、已建系统总体布局，本次方案编制规划四个相对独立的系统分区：一区—二区油区、三区油区、四区油区、××油区，以一区为例。

2. 油气集输系统

油气集输系统主要由池××、黄×、黄×、罗××等36个区块组成，共部署产能404.2×10^4t。

根据油区分布，及周边集输系统建设现状，新建姬四联(长8集输系统，总规模30×10^4t/a)、姬五联(长8集输系统30×10^4t/a，长6系统20×10^4t/a，总规模50×10^4t/a)、姬七联(长8集输系统，总规模50×10^4t/a)、标准化接转站(600~1000m^3/d，长4+5、长8集输系统)8座，脱水功能接转站(15~20×10^4t/a，长4+5、长8集输系统)6座，拉油脱水站1座(15×10^4t/a，长8集输系统)。

一区油区外输有南北 2 个出口,北部以××油田外输总站为出口,目前该站输至马坊插输站进入靖惠管道外输,2010 年 5 月姬惠管道投产后,××油田外输总站作为姬惠管道首站,直接输至惠安堡末站,设计输量 450×10^4 t/a。南部出口为姬二联,通过姬白输油管道输至白豹输油站,进入铁西管道。

根据××油田整体开发指标预测,2013 年产油量最大,规划新建产能产油量将达到 305.3×10^4t,该区最大产油量将达 520.3×10^4t,因此外输系统只要能满足 2013 年外输需求即可。根据《××油田 2500 万吨储运系统规划》结论,2011 年白豹原油将不再南下,北上××油田,姬白管道反输,反输规模为 150×10^4t/a。因此至 2013 年外输规模将达 640.3×10^4t/a(除去姬四联 30×10^4t/a)。根据系统平衡,2012 年长呼管道投产后,靖惠管道的油房庄—惠安堡段将停输,因此利用姬惠管道的 450×10^4t/a 能力,加上姬马线的 200×10^4t/a 能力可以满足 2013 年外输需要。

由于姬二联—姬一联联络线能力只有 50×10^4t/a,无法满足姬白管道反输后的外输需要。为避免姬一联改造,姬二联直接敷设至××油田外输总站,考虑南部油区建产规模将近 150×10^4t,因此姬二联—××油田外输总站规模为 300×10^4t/a,管线规格 L360 − 323 × (6 ~ 37) km,在 2011 年建设。姬二联—××油田外输总站复线归入系统工程,不计入总投资。

3. 伴生气综合利用

1)伴生气综合利用方案

××油田规划联合站 6 座,脱水功能的接转站 13 座,拉油脱水站 3 座。根据原油集输流向制定伴生气利用及回收方案。

各联合站的规模和气量见表 4 − 2。

表 4 − 2　各联合站规模及气量预测表

站场	规模(10^4t/a)	测算剩余气量(m^3/d)
铁三联	30	27256
环一联	50	52004
胡三联	30	25853
姬四联	30	33526
姬五联	50	56523
姬七联	50	55351

根据原油的最终流向,在姬二联、姬四联、姬五联、姬七联、吴二联、胡三联、环一联分别建设原油稳定及轻烃回收装置1套。

2)集气管线

根据《油气集输设计规范》8.3.3条规定:对未经净化处理的湿气,集输气管线水力计算采用的气量应为设计输气量的1.2~1.4倍,综合考虑××油田复杂地形和输气工艺,取1.3倍设计系数来选择输气管线。

接转站采用油气分输工艺,为降低井口回压,采用自压输气的站场缓冲罐压力控制在0.5MPa左右。

4. 注水系统

1)注水规模和参数

××油田2010—2012年部署注水井2120口,具体参数见表4-3。

表4-3 注水开发指标表

注水年份	2010年	2011年	2012年
注水井数(口)	620	791	709
日注水量(m^3)	15500	19775	17725
年注水量(10^4m^3)	465	593.25	531.75
注水压力(MPa)	长2:15.1,长4+5:17.4,长6:17,长8:17.7,长8:19.1,长9:19.8,侏罗系:16.7		
注水水质标准	A3(SY/T 5329)		

注:年运行天数按照300d计算。

该区最大总配注量为53000m^3/d,按照《油田注水工程设计规范》(GB 50391—2014)3.0.3条,注水系数按照1.1计取,因此设计总规模为58300m^3/d,具体参数见油田注水开发指标表4-4。

表4-4 注水设计指标表

注水年份	2010年	2011年	2012年
设计日注水量(m^3)	17050	21752.5	19497.5
设计年注水量(10^4m^3)	511.5	652.575	584.925
设计注水压力(MPa)	长2、长4+5、长6、长7、侏罗系:20;长8、长9:25		
注水水质标准	A3(SY/T 5329)		

注:年运行天数按照300d计算。

2）水量平衡

××油田油区初期以地下水作为注水主要水源，后期在充分利用采出水的基础上，不足部分以地下水补充，其清污水量平衡见表4－5。

表4－5　清污水量平衡表

时间	2010年	2011年	2012年
注水量（m^3/d）	15500	35275	53000
采出水产水量（m^3/d）	407	2208	4192
补充清水量（m^3/d）	15093	33067	48808

3）注水方案

一区油区：部署注水井1269口，开发层位为长2、长4＋5、长6、长8、侏罗系，最大井口注入压力分别为15.1MPa、17.4MPa、17MPa、19.1MPa、16.7MPa，单井配注量25m^3/d，主要分布在池×、黄×、一区南、耿××3东等井区，该区总配注量54225m^3/d，设计规模59647.5m^3/d，共建设池×5橇、池×橇、黄×橇等橇装注水站10座，姬十注、姬十一注、姬十二注、姬十三注、姬十四注、姬十五注、姬十六注、姬十七注、姬十八注、姬十九注、姬二十注、姬二十一注、姬二十二注、姬二十三注、姬二十四注等15座注水站。

5. 采出水处理系统

1）处理规模

根据系统分区，采出水处理系统与脱水站场合建。

2）处理流程

油田采出水处理的目的主要是去除水中的悬浮物和油粒，以保证回注通道的通畅，避免堵塞地层孔隙；同时通过药剂控制细菌滋生，减少腐蚀。

联合站采出水处理系统工艺流程：采出水处理工艺采用“一级除油＋一级混凝＋一级过滤”工艺。

工艺特点：以除油沉降罐、混凝沉降罐及流砂过滤器为核心的处理工艺流程。

脱水站采出水处理系统工艺流程：采用“一罐一器”工艺，即采用“自然除油罐＋流砂过滤器”工艺。

工艺特点：以自然除油罐、流砂过滤器为核心的处理工艺流程。

6. 给排水及消防系统

1)给水

(1)三区油区:新建水源井 31 口,单井产水量 300m³/d,井深 1100m,总供水能力 9300m³/d。

(2)四区油区:新建水源井 13 口,单井产水量 300m³/d,井深 1100m,总供水能力 3900m³/d。

(3)环江油区:新建水源井 28 口,单井产水量 300m³/d,井深 1100m,总供水能力 8400m³/d。

(4)一区油区:新建水源井 104 口,单井产水量 300m³/d,井深 1100m,总供水能力 31200m³/d。

2)消防

消防站:在胡二联合站及姬三联合站分别建三级消防站 1 座,承担所辖油气站场及生活基地的消防抢险、施工及工业动火的消防戒备任务。各配备车辆 3 台,人员 23 名。

联合站:依据相关规定,50×10^4t/a 联合站油罐区采用固定式低倍数泡沫灭火系统和固定式消防冷却给水系统;配套设施区采用消火栓给水系统。

接转站、脱水站:设烟雾灭火装置。

其他:配置小型移动式灭火器材。

7. 供电系统

一区油区:供电依托 ××油田 110kV 变、大水坑 110kV 变、王盘山 110kV 变、冯地坑 35kV 变、西掌塬 35kV 变、陈高庄 35kV 变、刘峁塬 35kV 变、马坊 35kV 变、牛毛井 35kV 变、樊学 35kV 变和 ××油田 35kV 变。

新建山城 35kV 变,接线方式采用分段单母线,主变容量 2×6300kV · A,电源分别引自马坊 35kV 变和冯地坑 35kV 变,线路长分别约 6.6km 和 6.7km,线径 LGJ-95。

8. 自动控制系统

为了满足××油田数字化管理要求,××油田各个区块的自动控制系统,按照其隶属采油单位的不同,归纳到各采油厂的数字化管理系统中。

在采油井场设置井场 RTU,联合站、增压点设置站控系统,作业区设置数字化生产监控终端。其自控水平可达到:

(1)井场装置无人值守、自动/遥控操作的管理水平;

(2)站控系统完成站内工艺设施、所辖井场生产过程数据的自动采集,并与上位管理系统进行数据通信,上传本站的重要生产运行数据,接受上位系统的调度指令。

(3)作业区生产监控对整个作业区进行集中监控、统一调度管理。

9. 通信系统

为满足建设数字化油田要求,××油田建设以光纤通信网络为主、无线宽带接入为辅的通信系统,在保证油区话音通信,数据上传质量的同时,为某油田油区数字化管理提供可靠平台。

油区内各骨架站场站均使用光传输通信系统实现生产数据与监控视频的上传,××油田通信级别按各站点的重要程度分为4级:1级为联合站;2级为脱水站、接转站;3级为增压点、注水站、供水站;4级为30人、50人规模井区部。各通信级别具体业务内容见表4-6。

表4-6 通信级别具体业务内容

业务内容 站场级别	话音业务	卫星电视接收	数据传输、互联网业务	工业电视监控
一级(联合站)	○	×	○	○
二级(接转站、脱水站)	○	○	○	○
三级(增压点、注水站、供水站)	○	○	○	○
四级(区部)	○	○	×	×

注:○代表有,×代表无。

联合站通信话音点较多,数据传输量较大,整体要求较高,站内通信包括话音通信、数据传输等,对外通信采用SDH设备,接转站、脱水站、增压点、注水站采用PDH设备。光缆与输油管线同沟敷设,为站点提供数据通道和话音通信,其中敷设8芯光缆至联合站,敷设6芯光缆至接转站、增压点。

数字化方面,在联合站、增压点等骨架站场均设置视频安防系统,为生产指挥决策提供图像依据,加强对骨架站点的管理力度,提高管理水平和安全水平;井场数据与视频使用无线局域网实现上传。

10. 供热和暖通

1)供热

对于大、中型站场—联合站、脱水站、接转站,热负荷在800kW以上的站

点选用真空加热炉;热负荷在250~800kW(含800kW)加热炉选用卧式常压水套加热炉;热负荷在250kW以下(含250kW)选用常压立式煤气两用水套加热炉。

供、注水站的供热选用常压热水炉(茶炉)。

增压点的供热选用水套炉。

2)暖通

采暖热媒采用95~70℃的热水,采暖系统为上供下回同程式机械循环系统。采暖设备采用GFQ1.2/6-1.0型钢制复合鳍片散热器。

对于散发有害气体的厂房采用机械通风或机械加自然通风,排除易燃、易爆有害气体。自然通风采用防爆筒型风帽、连动百叶风口;机械通风采用防爆轴流风机。

为保证仪表正常运行,控制中心夏季使用柜式空调调整室内温度。

11. *道路*

在××油田已有的道路交通运输网络基础上,结合油田建设、生产和发展的需要,统筹规划,优化布线,充分利用钻前道路和地方道路,综合考虑管网的敷设、巡线和抢修。

联合站采用主干线建设标准,沥青碎石路面;通往接转站、食宿点等生产、生活设施的道路采用干线建设标准,泥结碎石路面。合计修建主干线道路55.44km,干线道路101.52km。

12. *矿建*

××油田2010—2012年共新增定员2161人,联合站、接转站、注水站等连续生产的岗位采用三班两倒制配备人员;各小型站点(如增压点)由于比较分散且日常管理相对较少,采取分散住勤、集中轮休制,分两大班轮换。

各井区新建接转站、增压点、拉油站、注水站、变电所等分别新建执勤点,新增劳动定员依托执勤点住宿。因为环江油区新成立作业区,考虑作业区机关,环一联合建150人规模区部1座,其余联合站均合建50人规模区部,主要满足生产住勤需要。

依据井站归属和站场位置,2010—2012年××油田共建井区部8座。井区部分年实施及规模见表4-7。新建井区部的供水、供热、电气均依托附近相关站场。

表 4－7　区部分年建设一览表

序号	站场	规模(人)	建设时间	管理单位
1	姬四联合站	50	2010 年	采油三厂
2	姬五联合站	50	2010 年	采油五厂
3	姬七联合站	150	2010 年	采油五厂
4	胡三联合站	50	2010 年	采油六厂
5	铁三联合站	50	2010 年	采油八厂
6	环一联合站	50	2010 年	采油七厂

二、主要工程量

本工程的主要工程量实施情况，表略。

三、投资估算

××油田××10^4t 产建地面工程部分投资估算，表略。

第五章　健康、安全和环保要求

第一节　编制原则

坚持“环保优先、安全第一、质量至上、以人为本”的理念，按照建设项目“三同时”及安全环保健康管理规定，实现油气田安全、清洁、可持续开发。

第二节　编制依据

《石油天然气井下作业健康、安全与环境管理体系指南》（SY/T 6276—2014）；

《石油天然气钻井、开发、储运防火防爆安全生产技术规程》（SY/T 5225—2012）；

《含硫化氢油气井安全钻井推荐作法》（SY/T 5087—2005）；

《油井井下作业防喷技术规程》（SY/T 6690—2016）；

《危险废物鉴别标准　浸出毒性鉴别》（GB 5085.3—2007）；

《土壤环境质量标准》（GB 15618—1995）；

《污水综合排放标准》（GB 8978—1996）；

《中国石油天然气股份有限公司建设项目环境保护管理暂行规定》。

第三节　安全管理

（1）规范作业人员的安全行为，防止和杜绝“三违”现象，严格执行《中国石油天然气集团公司反违章禁令》有关规定。

（2）认真执行建设项目“三同时”制度，按照《非煤矿矿山建设项目安全设施设计审查与竣工验收办法》《危险化学品生产储存建设项目安全审查办法》等要求，开展建设项目安全评价、安全设施设计审查和安全验收工作。

(3)施工作业单位必须具有从事相应作业且有效的安全生产许可证书，各岗位操作工应具有从事该项作业的有效上岗证书、井控操作证，严格执行《健康安全环境管理规定》和相关标准。编制 HSE 体系文件，制定应急救援预案，定期开展应急演练，施工方开工前必须接受甲方 HSE 开工条件审查，安全合同签订生效后方可开工。

(4)对作业场所开展危险因素识别与风险评价，采取风险削减措施。

(5)施工作业单位和建设单位应按照要求编写设计方案并按程序进行审批，各类设计编制人员必须具备从事该项设计的资质。

第四节　环 境 保 护

(1)按照《环境影响评价技术导则　石油化工建设项目》《环境影响评价技术导则　陆地石油天然气开发建设项目》等要求开展环境影响评价、环境监理和竣工环境保护验收，严格执行“三同时”管理制度。

(2)建设单位应开展环境影响评价，按照《建设项目环境影响评价分类管理名录》规定，组织编制环境影响评价报告文件。

(3)建设项目施工：保护施工现场及周围的环境，防止废气、废水、废渣、噪声、振动等对周围环境产生污染和危害。

(4)井场布置：固体废弃物及生活垃圾须在指定地点、场所按要求堆放、储存、处理；化工药品要下铺、上盖，分类堆放，堆放整齐，四周有排水沟槽，并挂牌；完井后井场必须做到工完、料尽、场地清。

(5)严格执行《石油放射性测井辐射防护安全规程》《油(气)田非密封型放射源测井卫生防护标准》《油(气)田密封型放射源测井卫生防护标准》《中国石油天然气股份有限公司放射性污染防治管理规定》等有关要求，加强放射源运输、储存、使用和管理。

(6)钻井液池治理：必须对废弃钻井液进行无害化处理，处理后的土壤必须达到《危险废物鉴别标准　浸出毒性鉴别》(GB 5085.3—2007)。

(7)在水源保护区进行作业时，执行《石油天然气钻井井控技术规范》，制定合理有效的安全、环保制度和环保风险预案。

第五节 职业健康

(1)按《建设项目职业病危害预评价技术导则》《建设项目职业病危害控制效果评价技术导则》等要求开展建设项目职业病危害评价,执行职业卫生的"三同时"制度。

(2)对可能产生职业病危害的作业项目与作业场所开展职业病危害因素检测和评价,在有职业病危害场所的醒目位置设置警示标识和警示说明;按照国家有关规定,采用有效的职业病防护措施,提供符合职业病防护要求的用品。

(3)按照《职业健康监护技术规范》规定,定期组织接触职业病危害因素作业的员工进行上岗前、在岗期间、离岗时和应急健康体检,建立职工职业卫生档案和职业病防护措施与医治制度。

(4)依据国家有关法律、法规、标准、规范要求,区分工作岗位和环境特点,为作业人员配备适宜的安全防护设施和用具。

(5)加强职业健康教育培训,提高作业人员健康防护和自救互救水平。

(6)改善施工作业中医疗健康保障条件,严格饮食、饮用水、环境卫生管理,做好传染病、地方病等疾病预防。

第六章　投资与效益

第一节　总投资估算

××油田××10^4t 总体开发方案评价期定为 13a，2010—2012 年为 3a 建设期，2013—2022 年为 10a 生产期。

一、固定资产投资估算

××油田固定资产投资包括前期资本化勘探投资、开发钻井投资、套管防腐费用、油水井投产投注费用、采油配套设备投资、地面建设投资、固定资产投资方向调节税七个部分。

1. 前期费用估算

××油田××10^4t 产能总体开发方案利用已钻井×××口，前期资本化勘探投资为××10^4 元。

2. 开发钻井投资估算

综合钻井成本包括钻井、录井、测井、压裂、试油、三项费用（其中钻井费用中包括表套、钻前、取心、固井），2010 年综合钻井成本按市场价××元/m 测算，在水平井费用结算中，一口水平井的综合钻井费用是相邻直井的 2.5 倍。在分项中，压裂是提高单井产量的主要方式，受技术水平和材料价格的影响较大，套管费用受钢材价格波动影响较大。

总进尺×××10^4m（包括水平井进尺××××10^4m），开发钻井投资××10^4 元。

3. 套管防腐费用

2010—2012 年计划实施防腐措施××××口，共计费用××10^4 元。

4. 油水井投产投注费用

单井油井投产费用 21×10^4 元，根据方案部署该方案设计采油井×××

××口,估算投产费用为××10^4 元。

单井注水井投注费用××10^4 元,根据方案部署该方案设计注水井××××口,估算投注费用分别为××10^4 元。

油水井投产投注费用共计:××10^4 元。

5. 采油配套设备投资预算

按照开发部署,××油田2010—2012年建采油井××××口,建注水井××××口,油水井合计××口,按1台/200口采油井配置热洗车,每台价格133×10^4 元;按1台/150口油水井配置试井车,每台价格44.5×10^4 元,每台试井车配2支流量计,每支流量计0.35×10^4 元;注水井按1台/70口配活动洗井车,每台价格135×10^4 元;1台/30口采油井配置CKZY－Ⅱ型示功图液面综合测试仪,每台价格3.25×10^4 元;配套设备总投资为××××10^4 元。

6. 地面建设投资估算

遵循油田整体开发、统一规划的设计原则,由西安××科技工程有限责任公司地面工程设计测算。

根据方案部署及西安××科技工程有限责任公司地面工程设计详细测算结果,该方案设计建产能××10^4t,建成油水井××××口,测算地面建设投资××10^4 元。

7. 固定资产投资方向调节税

按国家规定,石油开采行业为零税率。

根据以上估算,在不考虑前期勘探的投资情况下该方案新增固定资产投资××10^4 元,建百万吨产能直接投资××××10^8 元。

二、资金筹措与建设期利息估算

本项目固定资产投资的55%为自筹,其余45%考虑银行贷款,贷款利率按现行的银行利率,短期贷款有效年利率取4.37%,长期有效年利率取5.18%。建设期利息估算为××10^4 元。

三、流动资金估算

流动资金为维持生产占用的全部周转资金,它是流动资产与流动负债的差额。本项目采用详细估算法，其构成为30%的自有流动资金和70%的银行贷款，贷款有效年利率4.37%。估算流动资金为××10^4元。

总投资包括固定资产投资、建设期利息、流动资金，该项目总投资额为××10^4元。

第二节　弃置费估算

弃置费用等于弃置成本与各年计提财务费用之和，弃置成本是一种预提费用，不属于项目建设投资，也不作为建设期的现金流出，在生产期末发生弃置费用。估算弃置费为××10^4元。

第三节　成本估算

根据××油田2009年已开发区块实际操作费用，评价××油田平均分项成本如下：

(1)材料费：××10^4元/(井·a)。

(2)燃料费：××10^4元/(井·a)。

(3)动力费：××10^4元/(井·a)。

(4)生产人员工资：××10^4元/(井·a)。

(5)驱油物注入费：××元/t。

(6)井下作业费：××10^4元/井。

(7)油田维护及修理费：×%(占地面工程)。

(8)测井试井费：××10^4元/(井·a)。

(9)油气处理费：××元/t液。

(10)原油回收费：××元/t。

(11)运输费：××10^4元/(井·a)。

(12)其他直接费：××10^4元/(井·a)。

(13)厂矿管理费：××10^4元/(井·a)。

13a评价期，平均操作成本为××元/t。

销售费用：企业在销售产品、提供劳务等过程中发生的各项费用，本项目按销售收入的3%提取。

财务费用:企业为筹集资金而发生的各项费用,包括利息支出和其他财物费用。

管理费用:本项目主要包括矿产资源补偿费,其他管理费用和特别收益金。矿产资源补偿费按销售收入1%提取;其他管理费按3元/井提取;根据石油特别收益金征收管理办法,油价为50美元/bbl时,××t油特别收益金为××元/t。

折旧费:按直线法折旧,折旧年限为10a,不计残值。

第四节　销售收入、销售税金及附加估算

一、销售收入

原油价格按50美元/bbl计算,折合人民币2537元/t,原油商品率95.78%,评价期原油累计产量为××10^4t,提供商品油为××10^4t,原油销售收入为××10^4元,原油价格按2009年轻氢实际销售价格××元/t计算,评价期原油累计产量为××10^4t,原油销售收入为××10^4元,销售总收入为××10^4元,含税利润总额为××10^4元,年均含税利润××10^4元。

二、销售税金及附加

销售税金及附加包括城市维护建设税、教育费附加、资源税。

1. 城市维护建设税

根据国家规定,城市维护建设税按增值税的7%计取。

2. 教育费附加

根据国家规定,教育费附加按增值税的3%计取。

3. 资源税

根据国家规定,资源税按原油28元/t计取。

根据评价结果,评价期销售税金及附加为××10^4元,年均××10^4元。

三、所得税

根据2008年1月颁布的《中华人民共和国企业所得税法》规定，西部大开发的优惠政策继续沿用，即2010年以前仍按15%执行，自2011年1月起企业所得税按25%的税率缴纳。

13a评价期，油价按2537元/t(50美元/bbl)计算，所得税共计××10^4元，年均××10^4元。

第五节　财务评价结果

按照股份公司规定的油田产能建设经济评价方法，综合钻井成本采用××元/m计算的经济评价指标结果如下：

(1)财务内部收益率：××%(所得税前)，××%(所得税后)；

(2)投资回收期:5.01a(含3a建设期)；

(3)财务净现值：××10^4元；

(4)总投资收益率：××%；

(5)投资利润率：××%。

第六节　敏感性分析

在项目的实施过程中，有许多不确定因素会对项目的经济效益产生影响，因此对主要因素(产量、油价、操作成本、投资)进行敏感性分析，即某因素在一定的范围内(±20%)变化，测算项目主要评价指标的相应变化，以判断项目的抗风险能力。

原油价格为50美元/bbl时，根据敏感性分析结果，原油操作成本对项目内部收益率影响较小，投资和原油产量对项目内部收益率影响较大，其次是原油价格。当投资提高20%时，××油田××10^4t总体开发方案的税后内部收益率为19.64%；当产量降低20%时，××油田××10^4t总体开发方案的税后内部收益率为16.5%；当价格降低20%时，××油田××10^4t总体开发方案的税后内部收益率为17.97%(表6-1，图6-1)。该方案不论投资提高还是原油产量或原油成本降低20%，其税后内部收益率均大于行业基准值10%，说明该方案具有很强的抗风险能力。

表6-1 ××油田××10^4t总体开发方案敏感性分析表 %

幅度	投资 IRR	产量 IRR	成本 IRR	价格 IRR
-20	34.11	16.5	27.1	17.97
-10	29.44	21.08	26.35	21.92
0	25.61	25.61	25.61	25.61
10	22.39	30.13	24.86	29.06
20	19.64	34.68	24.1	32.3

注:IRR为内部收益率。

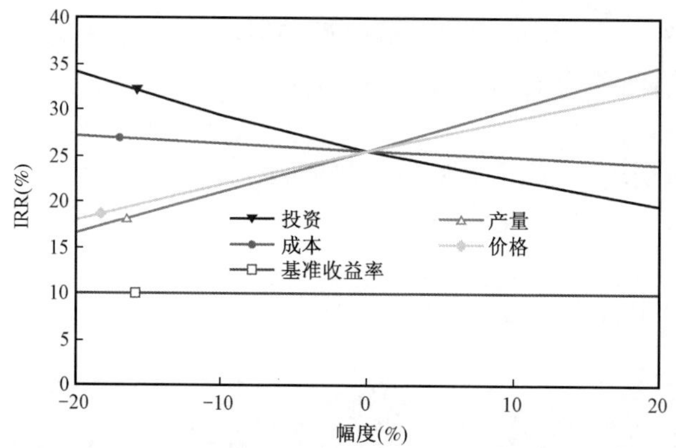

图6-1 ××油田××10^4t总体开发方案敏感性分析
IRR—内部收益率

第七节 结 论

通过财务评价、敏感性分析，结合地质、油藏工程、钻采工程、地面设计，该方案经济可行。

实例二 >>>

某油田二次开发方案

第七章　基本概况

第一节　地理位置及自然情况

××油田地理位置位于××市××区南××km 的××海滨:区内地势平缓,地面海拔 2～3m,废河道、洼地、水库、农田每每可见;交通便利,公路纵横交错,距塘沽港、天津机场 40～50km;油田东临渤海,属于温带大陆性季风型气候,具有冬天寒冷少雪、春天干燥、夏日炎热多雨、秋日晴朗、寒暖适中等特点,年平均气温 14℃左右。

第二节　油藏地质概况

××油田构造上位于××凹陷中部、××构造带西段,是一被断层复杂化的披覆背斜构造。主要开采层系新近明化镇组、馆陶组,油藏埋深 600～1450m,含油面积××km^2,地质储量××10^4t。油田钻井 1170 口,其中取心井 27 口(检查井 2 口)。油藏主要地质特点有以下几点:

(1)断层发育,构造复杂,形态平缓破碎。

整体上构造呈北东向展布,被断层复杂化的长轴背斜构造。背斜的轴部,被平行于构造走向的两条主断层所夹持,中间抬起,两翼下降而形成地垒式背斜构造,构造面积约 56km^2。本区断裂系统复杂,小断层发育,构造东陡西缓,南北两翼比较对称。

(2)××油田明化镇组发育曲流河沉积,馆陶组发育辫状河沉积,河流相单砂体及其内部构型十分复杂。

(3)储层总体上为高孔高渗、细喉型储层,泥质胶结为主,胶结疏松,出砂严重,储层非均质性较强。

(4)含油井段长,油水界面不统一。含油井段长达 850m,纵向上油气水层间互出现,一个油组内可以发育多套油水系统。

(5)平面油层分布变化大,各断块差异明显。××油田油层厚度发育不均,单井钻遇油层厚度1~131.2m。油层在构造轴部最发育,两翼次之,六区最薄。

(6)油藏类型多样。据油田内2014个含油砂体统计,断层—岩性油气藏、断层—构造油气藏分布广泛,其次断块油气藏、岩性油气藏。

(7)原油性质中等,在平面和纵向上变化比较大。××油田新近系是一个次生油气藏,原油性质属于中黏油。20℃平均地面原油密度一般0.91~0.94g/cm^3,地层原油黏度10~20mPa·s之间,50℃平均地面原油黏度30~300mPa·s之间,含硫0.1%~0.2%,凝点较低,多数变化在-10~-20℃。纵向上原油的密度、黏度、胶质、沥青含量,随着深度的增加而降低。平面上受构造和水的氧化作用原油性质西重东轻,构造边部重,中部轻。

(8)××油田为低饱和油气藏,原始地层压力10.81MPa,地饱压差0.67MPa,压力系数1.0,地层温度54℃。

第三节　开发历程及现状

1963年发现××构造隆起,1964年4—7月钻探港1井,试油日产油2.04t,从此开始了预探工作。1964年4月,根据1000m×1000m的地震资料解释成果,布探井4口,分别是大苏庄断块的港4井,沙井子断块的港3井、港6井,友爱断块的港2井。1965年1月2日港3井完钻,井深2492.6m。新近系电测解释油气层22层,总厚度71.8m。1965年2月对明化镇组进行试油,井段为703~1113.6m,15mm油嘴日产油89.7~100t,日产气6×10^{4}m^3,从而发现了××油田。1965年5月在预探基础上,采用1000~3000m井距,布初探井17口,有11口获得工业油流。1970年以250m井距、正三角形井网投入开发,除了在三区三(明Ⅱ、明Ⅲ)三区四和四区(明化、馆陶)五区(明馆、东营)分两套层系外,其余大部分地区为一套井网开发。1972年12月以不规则点状面积注水方式投入注水开发。开发历程可划分为以下几个阶段。

一、弹性能量试采阶段(1965年2月—1972年12月)

在28口详探井的基础上,从1970年开始大规模部署基础井网正式投入开发。该阶段针对基础井网(207口采油井)进行试采,阶段末平均单井日产油

9.79t，综合含水率9.46%，采油速度0.75%，累计采油152.98×10^4t，采出程度2.22%，地层压力从10.72MPa下降到8.85MPa，阶段压降1.9MPa。从试采情况看，××油田无外来能量补充，油藏原始驱动类型为弹性溶解气驱动。

二、初期注水开发阶段(1973年1月—1976年2月)

根据投产后油层能量下降，决定采用点状面积注水方式在一区开始投注，而后××三区、四区、二区相继转入注水开发。该阶段笼统注水，注采矛盾逐步显现，含水率迅速上升，由初期9.46%上升到42.0%，采油速度由0.75%升至1.04%，阶段末采出程度5.57%。该阶段大体又经历两个时期。

1. 低强度、低注采比时期(1973年1月—1974年8月)

××油田于1973年1月采用点状面积注水方式开始注水开发，到1974年，共有采油井209口，日产油2104t，综合含水率21.3%，采油速度0.99%，注水井39口，月注采比0.5左右，注水强度$1\sim3m^3/(d\cdot m)$。由于注采比低，导致注采不平衡，地层亏空逐步加大，由阶段初的$126.2\times10^4m^3$增大到$283\times10^4m^3$，地层压力呈下降趋势。

2. 笼统注水时期(1974年8月—1976年2月)

这一时期为了发挥注水的作用，弥补地层亏空，对注水井普遍提高了注水量，全开发区日注水平由$3000m^3$提高到$5000m^3$，油井普遍见效，1975年8月产油量达到了全开发历程的最高值(2696.1t/d)。但由于采用笼统注水方式，再加上注采井网不完善，至1975年年底高渗透层已普遍见水，全开发区综合含水率由21.3%上升到42%，产量也大幅度下降，由2696.1t/d下降到2246.9t/d，采油速度由1.23%下降到1.04%，高产期仅7个月，阶段末采出程度5.57%。

三、加密调整、合理注水、三次采油试验阶段(1976年2月—1991年12月)

随开发时间延长，油田逐步进入高含水开发阶段。分层注水、加密调整和三次采油试验为该阶段主要工作。含水率由初期42.0%上升到84.5%，采油速度由1.04%降至0.75%，阶段末采出程度18.25%。该阶段大体又经历三个时期。

1. 控制注水时期(1976 年 2 月—1977 年 1 月)

该时期针对主力油层见水、含水率上升速度过快等问题,采取降低注水量,日注水量从 5051m^3降到 3000m^3左右。由于注水量下降,产油量也随之下降,日产液量由 4203t 下降到 2729t,日产油从 1868.4t 下降到 1167.3t,综合含水率由 42% 上升到 49.3%。

2. 分层注水时期(1977 年 1 月—1978 年 12 月)

该时期以解决层间矛盾为目的,重点进行了分层测试和分层注水工作,在 65 口注水井中有 53 口下了分层注水管柱,分注合格率达 78.8%。由于层间矛盾得到缓解,日产油量有所回升,并稳定在 1440t 左右,含水上升率由 5.4% 下降到 2.16%。

3. 加密调整和三次采油试验时期(1979 年 1 月—1991 年 12 月)

该时期主要针对开发区井网不完善、油层动用程度低、多层合采合注、层间干扰严重、套变、报废井逐年增多、复杂断块井网控制程度低和出砂严重、含水率上升快等问题,于 1979 年 1 月到 1980 年 7 月对全区进行了大规模加密调整,调整的原则是完善注采层系、注采井网,做到分层注水保持压力开采。共钻新井 124 口,油井由 237 口增加到 291 口,水井由 82 口增加到 111 口。日产油由 1440t 升到最高的 2233t,采油速度达到 0.91%,综合含水率由 53.07% 升到 66.6%。此后,调整效果逐渐变差,到阶段末,日产油 2047.2t,含水率升到 84.54%,采油速度降至 0.75%,采出程度 18.25%。

该阶段,为了改善开发效果,进一步提高采收率,1986 年 12 月在 ×× 四区开展了聚合物驱矿场先导性试验。试验井组位于四区中部,聚合物驱共控制地质储量 75.3×10^4t。共有注聚合物井 3 口,受益油井 11 口。注聚合物后,11 口受益井全部见效,注聚合物区日产油水平从注聚合物前的 48.6t 上升到最高值 88.4t,综合含水率从 90.5% 下降到 87.2%,提高采收率 11.5%。

四、油藏描述整体调整完善及三次采油推广应用阶段(1992 年 1 月至今)

该阶段油田已进入高含水开发后期阶段,主要利用高分辨率地震资料精细解释研究微构造、地层精细对比等手段,在单砂体精细刻画基础上,进行调整方案研究。此外,在××四区聚合物驱先导性试验和扩大区试验取得成功的基础上,进行了聚合物驱工业性推广应用。含水率由阶段初期84.54%上升到89.8%,采油速度由0.75%升至0.81%,阶段末采出程度29.3%。该阶段大体又经历两个时期,还包括两个试验研究阶段。

1. 第一次整体调整时期(1992年1月—1999年12月)

××油田开发至1991年12月,因出砂严重,套管变形井多,影响了稳产及挖潜工作。当时套管变形井达240口,其中已报废81口,因套管变形停产待修63口,带病工作96口。另外,位于油田东部的几个开发单元,水驱控制程度低于40%,很难满足稳产的需要。在此情况下,在井网加密可行性论证基础上,于1992年开始××油田大规模调整,总设计55口井,其中油井39口,注水井16口。实际投产54口。整个调整区的水驱控制程度由35.6%上升到63%,按照水驱控制程度增值法预测,新增可采储量70×10^4t。调整区日产水平由调整前的174t提高到349t,采油速度由0.5%上升到1.1%。此后,由于断块套变井数的逐渐增多,造成油水井措施实施困难,导致注采矛盾日益突出,产量出现滑坡,到阶段末,日产油1764t,含水率升到90.3%,采油速度降至0.75%,采出程度25.03%。

2. 精细油藏描述挖潜时期(2000年1月至今)

该时期主要是在高分辨率地震资料应用的基础上,通过微构造研究、精细对比等技术手段,将研究目标由单砂层精细到单砂体,以单油砂体为开发单元,完善注采井网,进行了大规模的注采井网、开发方式等方面的调整。

××油田通过不断调整、注聚合物及综合治理,一直保持着较好的开发趋势。“九五”后因新区投入少,要保持油田持续稳定发展,又要立足老油田的挖潜上产。为此××油田公司于2000年、2006年两次安排了“××油田精细油藏描述”研究项目,其目的是重建××油田地质模型,量化地下剩余油分布及油藏潜力,编制出一套在高含水后期继续保持高效开发的综合调整方案。两次油藏描述共设计新井124口(油井101口,水井23口),以补换层、老井恢复、转注、提液为主的油井措施共196井次;以恢复、转采、调剖、细分注、注聚合物为主的水井措施273井次。调整实施后平均年增产原油5~18×10^4t,含水率降低1.5%~5.0%,增加可采储量233.8×10^4t,采收率提高2%,含水上升率由2.64%下降到-1.23%,水驱控制程度由45.7%上升到65.4%。油藏描述所采用的技术方法通过现场实施后得到进一步的验证,为××油田下一步的二次开发工作打下了坚实的试验基础。

此外,该阶段××油田共在7个区块进行了聚合物驱工业性推广应用,包括:四区明化、三区二西部、三区二东部、一区三、四区馆陶、五区一和一区一,聚合物驱共控制地质储量$\times\times10^4$t,占××油田总地质储量的21.3%,累计增油量$\times\times10^4$t,提高采收率7.5%,为××油田稳产起到了一定作用。

截至2007年12月,油田日产油达到了××t,综合含水率降到89.8%,采出程度××%,采油速度××%。但断块自然递减达到17.2%,综合递减11.7%,油田稳产形势比较严峻,因此有必要对油田进行二次开发,实现稳产上产目标。

3."××复杂断块油藏高含水期精细挖潜工业化试验"研究

2006年在油藏描述的基础上,针对高含水多油层复杂断块水驱油藏的地质特征和开采现状,以一区一断块为项目研究载体,综合应用现场动态监测、密闭取心井岩心分析、油藏动态分析、油藏数值模拟等多方位的一体化研究技术,研究剩余油分布,并针对不同类型富集区分别提出技术上可行、经济上有效的调整挖潜策略与总体方案。该方案通过现场试验取得了明显的控水增油效果,共投产油井14口,投注2口,油水井措施完成70井次,规模调驱14口井。新井新增日产水平112.27t,新建产能3.37×10^4t,新井累计增油3.49×10^4t,措施与调驱增油3.22×10^4t。注采对应率由调整前的67.4%上升到74.6%,水驱储量控制程度由调整前的66%上升到73.5%。经指标预测,方案实施后可采储量增加35.31×10^4t,提高采收率4.7%。

4."××油田污水聚合物驱工业化试验"研究

为进一步完善污水注聚合物配套技术,验证和评价污水注聚合物技术经济适应性和可行性,为下一步规模应用、大幅度提高老油田采收率做好技术评价和储备。2005年××三区在前期单井/井组污水注聚合物试验成功的基础上开展了污水注聚合物工业化推广试验研究。该试验方案共设计注聚合物井40口,采油井71口,其中新井9口(油井6口,注聚合物井3口),老井归位配套措施共计81口井167井次,共设计64井次监测工作量。聚合物驱控制面积$\times\times km^2$,控制地质储量$\times\times10^4$t。设计注入聚合物溶液段塞0.4PV,聚合物溶液$548.85\times10^4m^3$,聚合物干粉量8937t。预计累计增产原油50.9×10^4t,较水驱可提高采收率7.24%。该方案于2007年5月展开现场正式投注,投注后注入井压力均有不同程度的上升,平均增加2MPa,到

2008 年 10 月已有 20 口井见到了明显的增油降水见效反应,20 口见效井日增油 77.58t,含水率下降 13.11%,已累计增油 1.4×10^4t,整体仍处于见效初期阶段(表 7－1)。

表 7－1　××油田开发现状数据表(2008 年 10 月)

单元	采油开井(口)	注水开井(口)	采油速度(%)	采出程度(%)	可采出程度(%)	综合含水率(%)	累计注采比
1	41	20	0.68	19.36	76.82	90.18	0.99
2	38	23	0.94	39.74	88.2	92.80	1.01
3	30	18	0.99	33.47	82.8	89.51	1.47
4	22	24	0.34	28.58	77.30	96.77	1.09
5	15	5	0.26	10.39	78.13	97.18	0.59
6	27	14	0.49	25.91	89.92	87.06	1.13
7	58	28	0.96	31.71	82.95	82.81	1.12
8	24	14	1.5	43.47	86.43	80.90	1.00
9	54	31	0.7	36.24	88.16	92.34	1.04
10	44	27	0.64	42.29	92.8	92.71	0.88
11	440	230	0.75	28.86	83.44	91.08	0.98

截至 2008 年 10 月底,××油田共有油井××口,开××口,单井日产油××t/d,日产水平××t/d,采油速度××%,累计产油 $\times\times10^4$t,采出程度××%,可采储量 $\times\times10^4$t,可采储量采出程度××%,综合含水率××%,剩余可采储量 $\times\times10^4$t,剩余可采储量采油速度××%,自然递减××%,综合递减××%。水井 268 口,开 230 口,单井日注 $\times\times m^3$,总日注量 $\times\times m^3$,累计注水 $\times\times10^4m^3$,累计地下亏空 $\times\times10^4m^3$。

第八章 油藏工程方案研究

第一节 油藏地质研究

一、精细对比重建单砂层地层格架

1. 地层特征及油层组划分

××油田自下而上钻井揭露的地层为新近系馆陶组、明化镇组、第四系平原组。主要目的层为明化镇和馆陶组，地层厚度约 880～1110m。根据揭露的地层剖面特征，自下而上为一套由粗到细的正旋回沉积，并显示多级次正旋回的特点。馆陶组表现为“砂包泥”特征，电测曲线幅度高于明化镇组，明下段表现为“泥包砂”特征。

××油田应用标志层，根据沉积的旋回性、岩性特征、油气水分布的规律，结合岩矿特征和电性特点，采用旋回对比分级控制的对比方法将新近系分为明化镇组和馆陶组，其中明化镇组分为三个油层组 22 个小层，馆陶组分为三个油层组 8 个小层。××油田明馆油组三套用于地层对比的标志层如图 8－1 所示。

(1)馆陶组底部底砾岩。

在明下段—馆陶组 880～1110m 厚的地层中唯一标准层是馆陶组底部的底砾岩，沉积厚度一般在 10～20m 左右，区域分布稳定，该标准层岩性、电性特征清楚，岩性为灰色砾岩，电测曲线特征表现为高电阻，是馆陶组和东营组的分界。

(2)馆陶组顶部厚层块状砂岩。

馆陶组顶部大多数井为厚层块状砂岩，局部含砾，测井曲线特征表现为低电阻率，高自然电位，是油组地层对比的另一标志层。

在小层划分的基础上，全面采用“井震结合、分级控制、相控约束、动态验证、三维闭合”的思路对××油田 1170 口井进行了精细的地层对比复查，

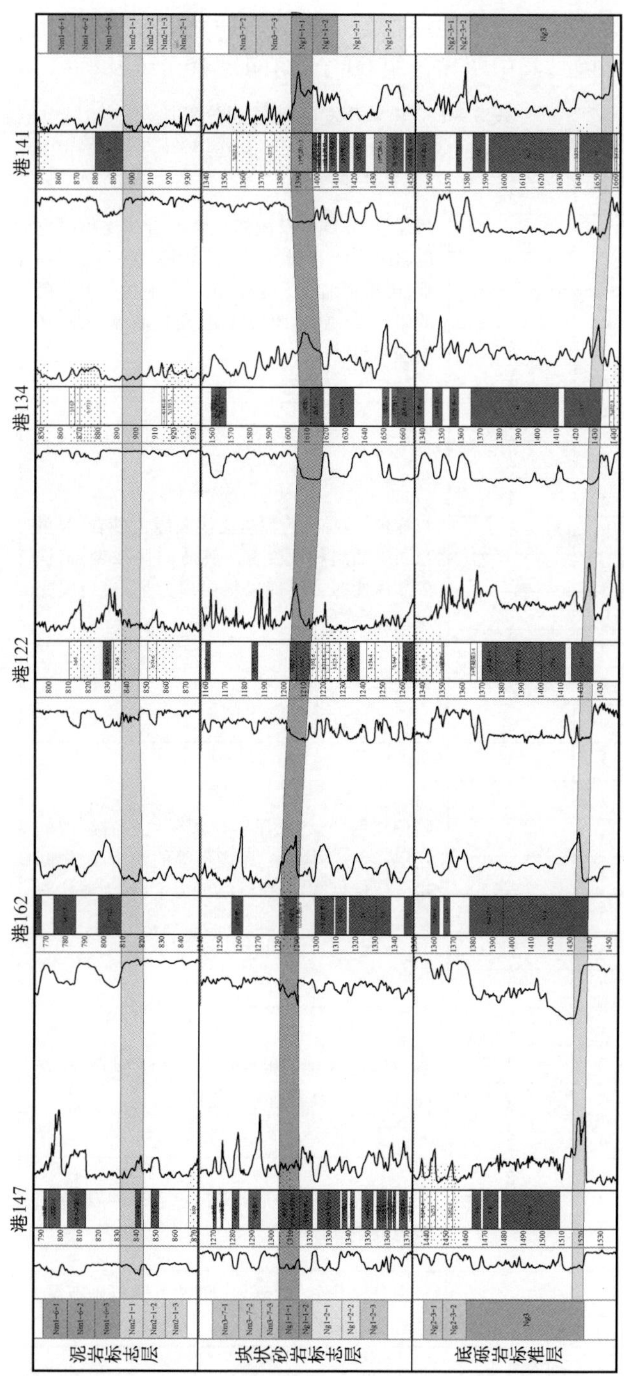

图8-1　××油田地层对比标志层

建立了以单层为单位的精细地层格架。最终将明化镇组、馆陶组30个小层细分为76个单砂层,其中明化镇组60个,馆陶组16个(表8-1)。

表8-1　××开发区地层划分表

段	油层组	小层	单砂层数	岩性特征	厚度(m)
明下段	明Ⅰ油组	1	3	灰绿色、棕黄色及浅棕红色泥岩与浅灰绿色砂岩组成的互层。砂岩层较厚,为一由下到上、由粗到细的正旋回,在层段中是一组较粗的岩性段。钙质团块富集、层理简单,为水平层理和斜层理	210~270
		2	3		
		3	2		
		4	3		
		5	3		
		6	3		
	明Ⅱ油组	1	3	灰绿色、浅棕红色泥岩夹浅灰绿色砂岩,颜色与明Ⅰ油组相比变深。钙质团块减少,黄铁矿晶体增多。层理以斜层理为主,次为斜交层理	260~290
		2	2		
		3	2		
		4	3		
		5	3		
		6	2		
		7	2		
		8	3		
		9	2		
	明Ⅲ油组	1	3	暗棕红色、紫红色泥岩与灰绿色砂岩组成的互层。上、下均有一厚度不等的泥岩段,中间粗。层理复杂,以交错层理为主,次为波状斜交层理	190~230
		2	3		
		3	3		
		4	3		
		5	3		
		6	3		
		7	3		
馆陶组	馆Ⅰ油组	1	2	灰白色块状细—粗粒砂岩、含砾砂岩,夹灰绿、棕红色泥岩,通称上粗段	100~150
		2	2		
		3	2		
		4	3		
	馆Ⅱ油组	1	2	暗棕红色、紫褐色泥岩夹白色含砾砂岩,属馆陶组的中细段	60~80
		2	2		
		3	2		
	馆Ⅲ油组	1	1	灰白色块状砂、砂砾层,底界为燧石砾石层,通称为下粗段	60~90

2. 重建单砂层地层格架

通过全区6条骨架剖面和150条小剖面的油层组和小层进行复查，个别断块进行统层，对部分井震不符的，通过多井对比、井震结合，调整油层组、小层地层界线，落实单井断点，重建76个单砂层地层格架。最终分层调整井数292口，断点调整井数132口（表8－2）。

表8－2　地层对比调整统计表

区块	分层调整井数（口）	断点调整井数（口）
一区	86	46
二区	25	10
三区	65	35
四区	40	6
五区	56	30
六区	20	5
总计	292	132

二、精细研究重建构造模型

1. 构造特征及新认识

1）精细构造解释

2005年××油田重新进行了三维地震资料采集，覆盖面积220km^2，2006年8月处理完成。新采集处理的高分辨率三维地震资料，主要目的层断层清晰，断面清楚，能反映断距10～15m左右小断层，反射层序和波组特征清楚，剖面信噪比高，分辨率较高，地震主频由20Hz提高到30Hz，有利于精细构造解释和储层追踪。

在精细层位标定的基础上，充分应用剖面多方式显示、剖面滑块对比、切片提取、断层检验分析、相干处理等多种技术方法和手段，对新采集的三维地震资料进行精细构造解释，编制了明一油组—馆二油组七层全油田构造图。

2）构造特征

××油田是一个自北东向西南方向抬升，被断层复杂化的长轴背斜构造,构造长轴方向约12.5km,短轴方向约4.5km,轴向56°。研究区发育北东东、北东和北北西三组断层,均为高角度正断层,断层倾角一般为45°~60°。北东东、北东走向断层平行于构造的轴向,横贯全区,另一组北北西走向的断层横切构造轴向,平面延伸距离短。××断层(5号断层)、沙井子断层(9号断层)及其派生的次级断层对地层、沉积及油气的运移与聚集具有不同程度的控制作用。

3)构造新认识

通过构造精细解释,对断裂系统和构造形态有新的认识,主要表现在三方面:

(1)主控断层组合方式变化。

通过构造精细解释,××断层(5号断层)、沙井子北断层(16号断层)与原先认识有较大变化。例如,原构造××断层被一系列横断层切割,经本次综合分析认为××断层为区域性断层,断距大,而与之相交的横断层断距小,切割××断层不合理,因此将××断层组合为一条断层。沙井子北断层的变化是断层延伸距离变短了。

(2)××断层南翼构造复杂化。

五区二断块构造变化主要是有断层的增减。根据地震资料的响应特征,结合完钻井生产动态资料综合分析,在5号断层和4号断层之间,新增加了一条北东走向的19号断层,同时去掉了横3断层。

(3)构造北翼断层局部调整。

构造北翼二区西38-12井东新增一条走向为近南北的断层,该断层在明化镇组发育,NgⅠ-2-2消失,其南端与16号断层相交、断距为20m左右,延伸长度为0.7km左右。原构造图上的15号断层在西6-12-1井附近与16号断层相交,延伸长度3km左右,西段无井钻遇,重新落实构造后,该断层是在西新1-12井附近与16号断层相交,延伸长度缩短了近一半。而在西34-11井附近该断层走向由原先的东西向改为近西北向,同时在西34-11井区附近增加了一条近东西向的分支小断层。

总之,××构造总体格局与以前相比没有太大的变化,只是局部构造形态和断层组合通过本次研究更趋合理。

2. 微构造研究

通过对××油田所有含油砂体的顶面进行微构造研究表明:明一油组至馆三油组共发育微构造1391个,其中小高点169个,小鼻状构造620个,斜面微构造381个,小低点80个,沟槽141个。

在这些微构造中,主要以小鼻状构造和斜面微构造为主,它们所占的比例分别是44.5%和27.4%,而小高点并不发育,只占总数的12%,它们大多分布在5号和9号断层夹持的地垒带内。

三、精细刻画重建储层模型

××油田物源以北东方向为主,新近系馆陶组沉积时期,地形高差大,物源丰富,发育厚度较大的辫状河沉积。到了明化镇组沉积时期,地形高差变小,过渡为曲流河沉积。

1. 沉积微相划分

根据岩石相类型在垂向上的组合关系及一系列相标志分析,明化镇组曲流河综合分出7种微相类型:点沙坝、末期河道、决口扇、天然堤、废弃河道、溢岸砂、泛滥平原等微相(图8-2);馆陶组辫状河又细分为心滩、河道、河道间(河漫砂)、泛滥平原4种微相(图8-3)。

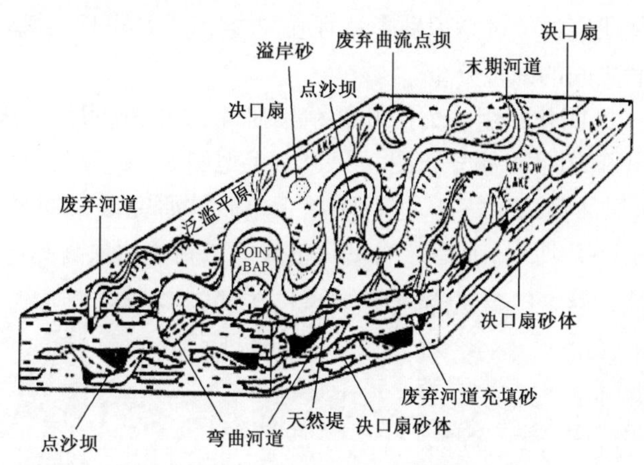

图8-2 曲流河沉积微相平面模式

2. 明化镇组单砂体分布与内部构型研究

1)曲流河沉积单砂体描述

研究表明,××油田明化镇组曲流河储层属于中等复杂废弃型曲流带(图8-4),点坝规模从大到小均有发育。

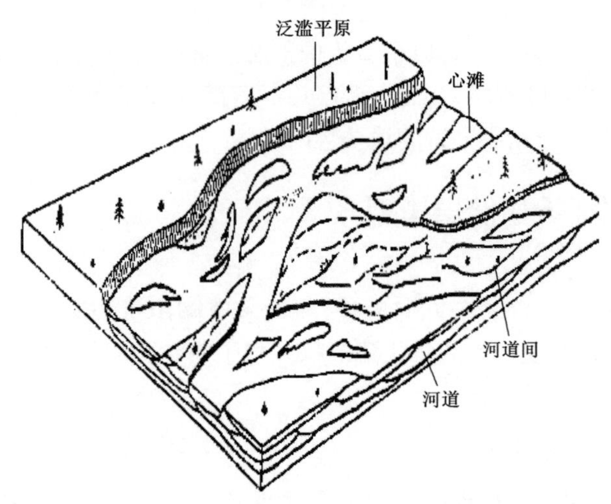

图 8－3　辫状河沉积微相平面模式

曲流河点坝是构成曲流河单砂体的基本单元，无论是废弃河道还是活动水道最终都将废弃，形成分割曲流河储层单砂体的边界（图 8－2，图 8－3）。曲流河单砂体研究的关键是识别废弃河道、末期河道及点坝，并运用多种技术手段落实三者之间的配置分布。

通过对二区明化镇组主力层开展精细研究，共完成明化镇组 24 个主力单砂层的沉积微相单砂体分布图，如图 8－4 至图 8－6 所示；并与油藏分析结合，重新认识油藏分布特征，进行了基于单砂体研究成果的含油面积工业化制图，如图 8－7 所示，为指导油藏动态分析和剩余油预测奠定地质基础。

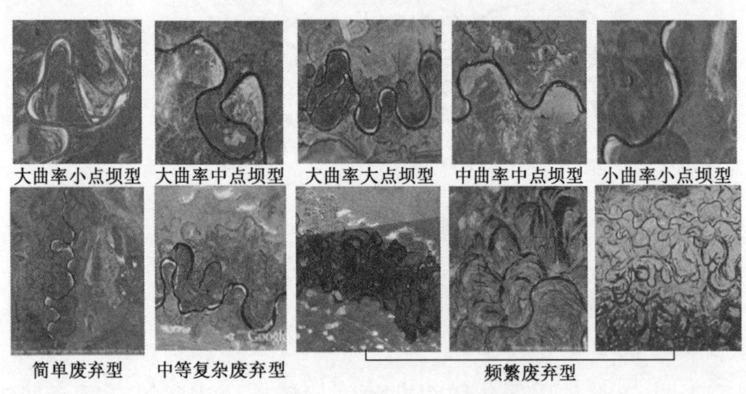

图 8－4　曲流河沉积微相平面模式分类

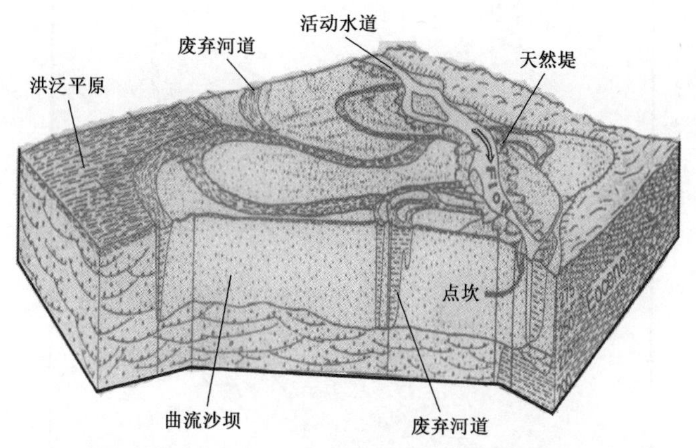

图 8－5 曲流河废弃河道分割单砂体模式

从主力层的研究成果可以看出，××二区主要发育由东北向西南方向的 2～3 个曲流带，个别层位（如 NmⅡ－8－3）河道发育方向略有所改变。曲流带宽度在 150～1300m 之间变化，其规模在不同的层位发育程度各有差异，曲流带规模比较大的单砂层包括 NmⅠ－6－3、NmⅡ－1－1、NmⅡ－2－1、NmⅡ－3－1、NmⅡ－4－3、NmⅡ－9－2、NmⅢ－3－2，这些单砂层在二区均发育宽度大于 1000m 的曲流带。呈窄条带状发育的曲流带砂体，宽度 200～400m，局部亦可较宽（最宽达 500m），主要为小型曲流带，如 NmⅡ－1－1、NmⅡ－2－2、NmⅡ－4－2、NmⅡ－5－2、NmⅡ－5－3、NmⅡ－6－1、NmⅡ－6－2、NmⅡ－7－1、NmⅡ－7－2、NmⅢ－1－3、NmⅢ－4－1、NmⅢ－5－2 等单砂层曲流带砂体。

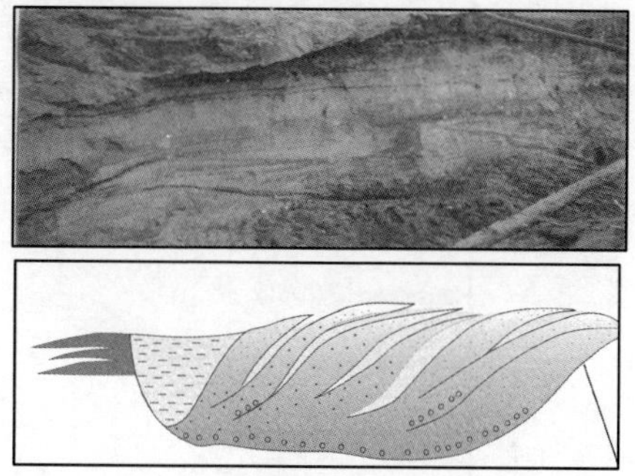

图 8－6 曲流河单砂体模式

单砂体精细刻画，已经被近期的示踪剂测试资料所证实，即在同一个单砂体内部的注采井之间示踪剂见效明显，而分别在两个单砂体内的注采井之间示踪剂不见效（图 8－7）。

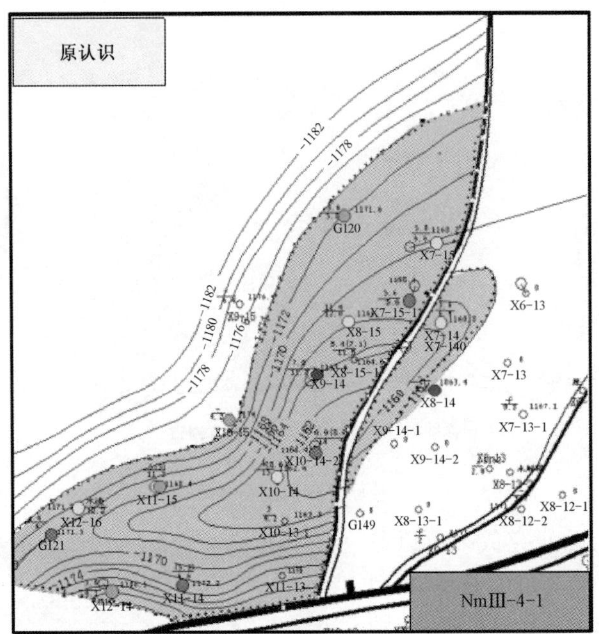

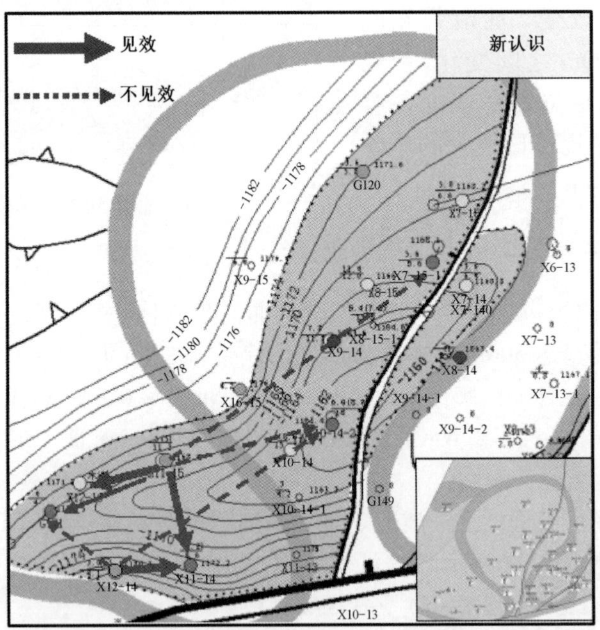

图 8－7　二区明Ⅲ－4－1 单砂层主力油藏研究前后对比及示踪剂测试结果

2)典型油藏点坝内部构型解剖

在点坝内部构型研究中,以点坝内部具有明显夹层的井点为控制点,根据河道(废弃河道)与点坝的配置关系以及水平井资料、地层倾角测井资料、对子井资料的统计规律,预测侧积泥的产状、条数、侧积体的规模。

针对二区 NmⅢ -4 -1 单砂层典型油藏开展内部构型解剖工作。根据点坝内部构型研究方法和前期研究建立的侧积泥岩规模和产状认识,对该层分隔后的西 8 -15 井 NmⅢ -4 -1 油藏进行了内部构型精细刻画,并通过平面和剖面结合的方法对点坝内部构型进行了描述(图 8 -8)。

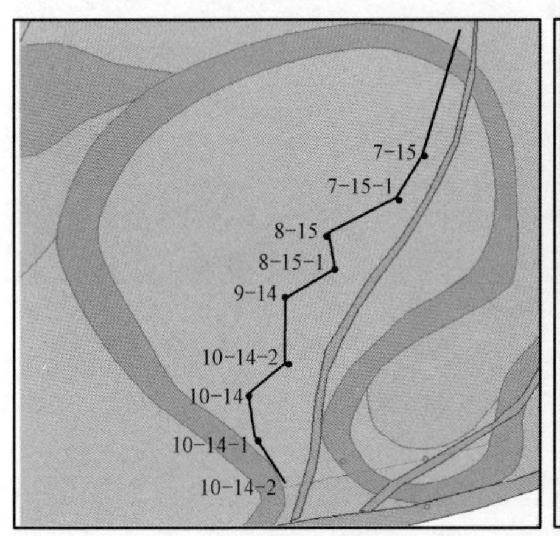

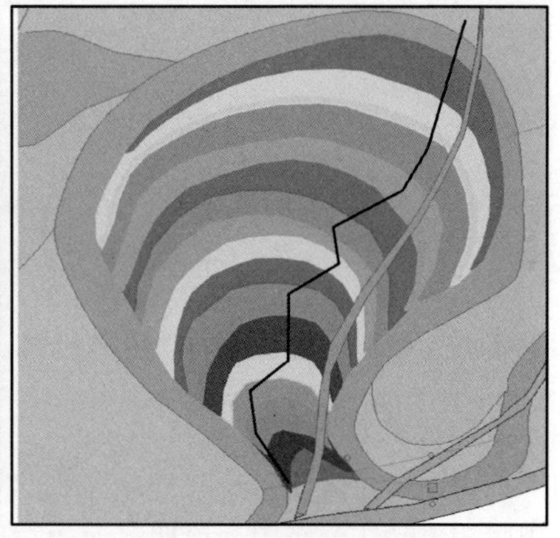

图 8 -8　××二区明Ⅲ -4 -1 单砂层主力油藏内部建筑结构解剖成果图

曲流河点坝内部构型的特点导致点坝底部连通体水淹比较严重,而上部侧积泥岩构型控制的区域成为剩余油富集的有利区域,开发后期所钻新井也证明了这样的认识(图 8 -9)。

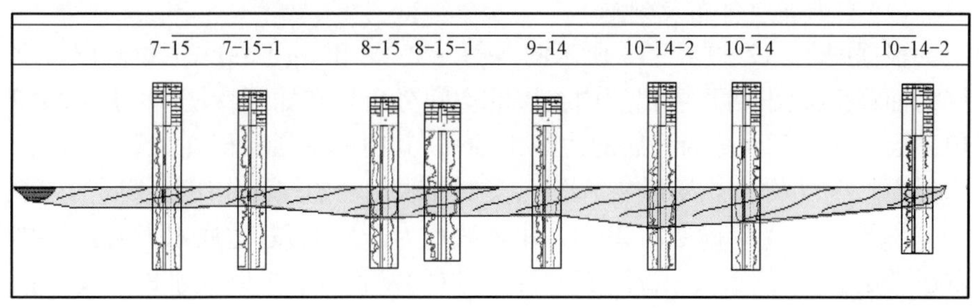

图 8 -9　××二区明Ⅲ -4 -1 单砂层主力油藏内部建筑结构解剖剖面图

3. 馆陶组单砂体分布与内部构型研究

辫状河沉积大面积连片分布,不同期次、不同级次砂体宏观上叠加,砂体展布范围广,特别是河道摆动形成了相当规模的叠置砂体(图 8-10)。每一期河道,形成一个"单砂体"(图 8-11),不同期次河道之间连通性差,或不连通。对于单砂体内部,落淤层是主要渗透性屏障,其特点是岩性细、厚度小、横向连续性差,落淤层一般呈水平产状发育,可以根据是否有落淤夹层来识别心滩和河道,心滩内夹层发育,河道不发育,心滩与河道之间是连通的。

图 8-10 阿拉斯加典型辫状河现代沉积

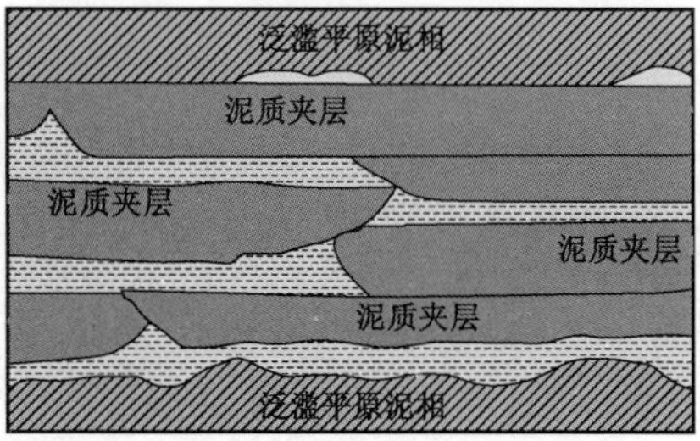

泛滥平原泥相
泥质夹层
泥质夹层
泥质夹层
泥质夹层
泛滥平原泥相

图 8-11 辫状河单砂体模式图

1)辫状河单砂体描述

对××二区馆陶组开展精细研究,完成了馆陶组典型主力单砂层的沉积微相单砂体分布图。单期河道的宽度在 700~1000m 范围变化,心滩规模在 200m×150m 到 500m×400m 范围变化。上述成果与油藏分析结合,重新认识油藏分布特征,进行了基于单砂体研究成果的含油面积工业化制图,为指导油藏动态分析和剩余油预测奠定基础。

2)单砂体内部构型解剖

(1)层内夹层分布及刻画。

根据图 8-12、图 8-13 所示的 NgⅠ-2-2 和 NgⅢ-1-1 单砂层带夹层的油藏剖面图,可以看出层内夹层的空间分布具有如下特征:NgⅠ-2-2 单砂层西 3-12 油藏为开启的边底水油藏,其内部落淤夹层在油层内部、油水界面附近以及水层内部均有发育,其对油水运动的控制作用是不同的。

NgⅢ-1-1 单砂层西 2-11 井区油藏为开启油藏,边底水发育。层内落淤夹层在油层、水层内部均有发育,夹层的发育可以控制油水的运动方向和水锥的规模。例如,西 2-11 井区、港 157 井区和西 2-11 井油层中部的落淤夹层对于控制底部水体的锥进起到很好的控制作用。

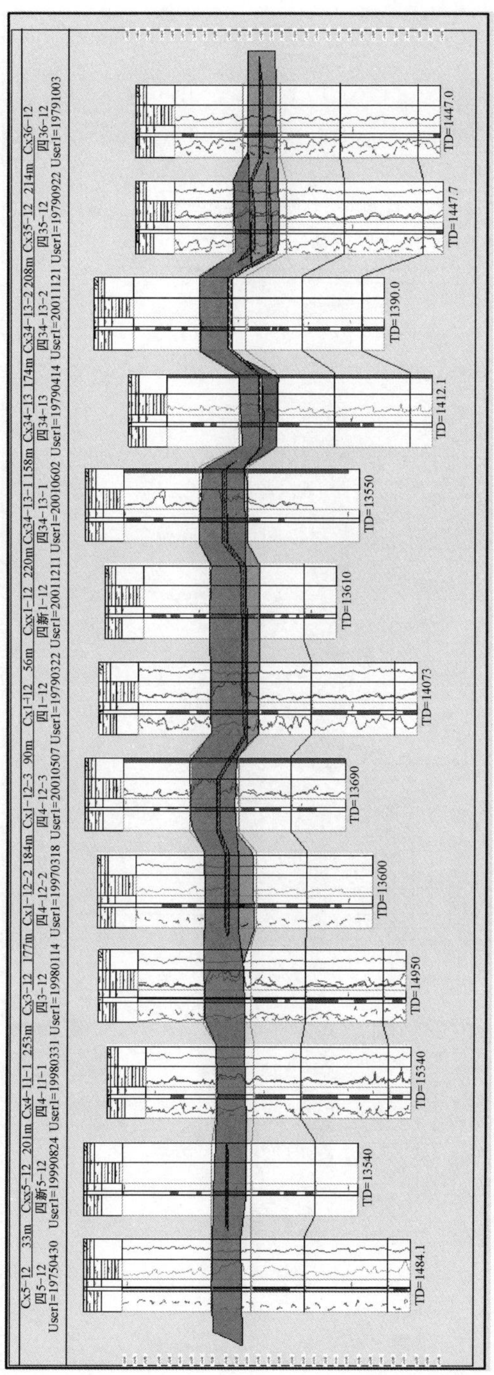

图8-12　××二区Ng I -2-2单砂层西3-12油藏层内夹层剖面图

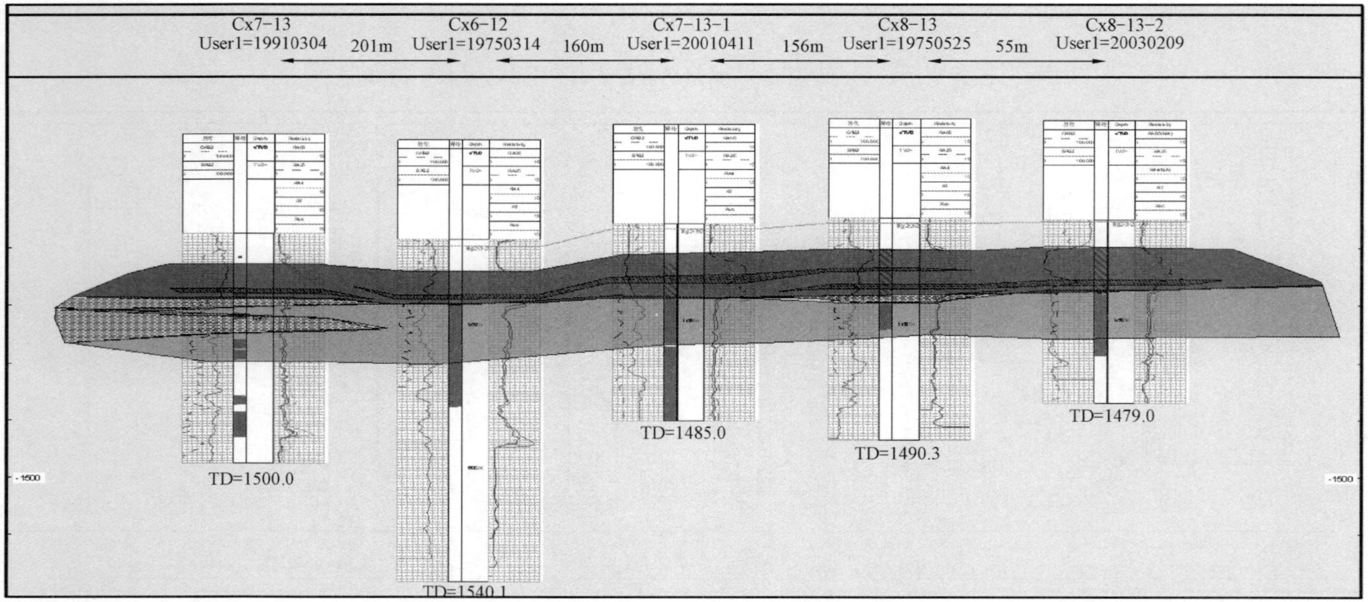

图8-13　××二区NgIII-1-1单砂层西2-11油藏层内夹层剖面图

(2)底水油藏底部隔层精细刻画。

由于 NgⅢ－1－1 油藏为典型的底水油藏，该油藏与其下部的 NgⅢ－1－2 单砂层的水体之间存在一个明显的隔层，该隔层在西 5－12 井区由于河道下切作用，导致 NgⅢ－1－1 河道砂体与下覆沉积的 NgⅢ－1－2 砂体垂向联通，存在“开天窗”的现象，底水在该区域很容易产生水锥。根据隔层的分布范围，在部署水平井时，充分考虑隔层发育对水平井开发的作用，在隔层发育带水平井在纵向上可略接近油层的中部，以发挥重力泄油的作用。在隔层不发育的地带，即底部水体容易水锥的区域，水平井要部署在油层的上部，层内落淤夹层以上的区域，尽量减小底部水体的影响。

四、油气水层及水淹层测井再认识

××油田二次开发方案研究从测井资料标准化入手，充分利用新老井及钻井取心资料，研究四性关系，重新建立明化镇、馆陶组储层参数解释模型，并根据多年来测井解释成果与试油、试采以及投产信息的相互印证，建立油层、气层、水层、低阻油层、水淹层的识别与评价方法，从而开展老井复查工作，为发现新潜力奠定基础。

1. 常规油气水层评价与识别标准建立

根据研究区试油资料，建立了分层位油气水层评价与识别标准(表 8－3)。

表 8－3　××油田油气水层识别标准表

组	段		$RILD$(Ω·m)	Δt(μs/m)
明化镇	NmⅠ	气层	—	≥510
		油层	≥10.0	390～510
		油水同层	8.0～10.0	390～510
		水层	<8.0	390～510
	NmⅡ—NmⅢ	气层	—	≥460
		油层	≥8.0	350～460
		油水同层	6.0～8.0	350～460
		水层	<6.0	350～460
馆陶组	NgⅠ—NgⅢ	气层	—	≥400
		油层	≥10.0	310～400
		油水同层	6.5～10.0	310～400
		水层	<6.5	310～400

2. 低阻油层评价

本区存在四种类型的低阻油层，包括：(1)高束缚水饱和度造成电阻率降低(复杂孔隙结构引起的束缚水饱和度增高、泥质含量增高，导致束缚水饱和度增高)；(2)泥质附加导电性造成电阻降低；(3)钻井液侵入造成的电阻率降低；(4)高一极高矿化度地层水引起的低电阻油层。每种类型的低阻油层并非由单一成因形成的，它可能是多种成因复合而成。

图 8－14 为××井明化镇组低阻油层测井综合评价图，图中 7、8 号层与底部油层合采，合采后的产量较合采前产量大增，而含水却减少，证实该套层为油层。从电性上表明：10 号水层自然伽马为 6μR/h，电阻率为 5Ω；7、8 号层自然伽马值为 9～9.6μR/h，且自然电位较 10 号水层幅度小，属于一组岩性偏细的储层；该套油层电阻率为 6～7Ω，电阻增大系数均在 1.2～1.4 之间，采用常规的阿尔奇公式计算的含油饱和度为 20%～35%，为典型的岩性细导致束缚水饱和度高引起的低电阻油层。对该套层采用西门杜公式计算，含油饱和度提高到 40%～50%。

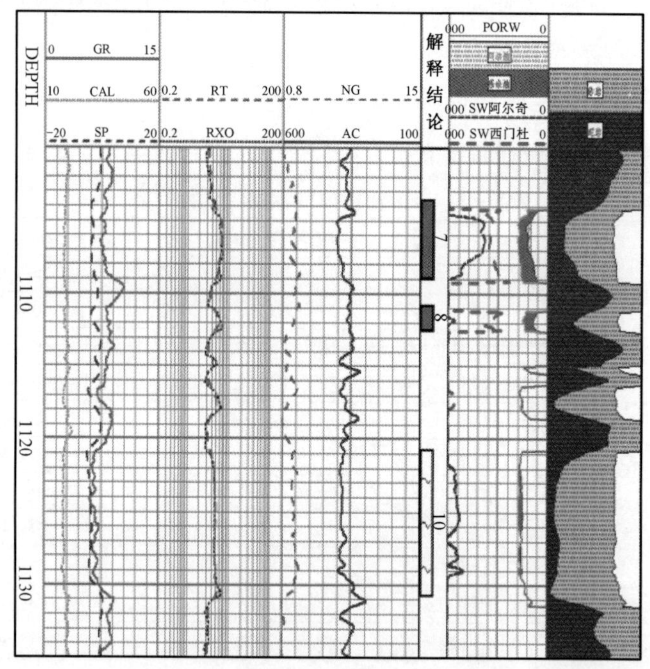

图 8－14 ×井低阻油层解释成果图

3. 水淹层评价

根据××地区20余口井的动态资料分析，电阻率曲线能较好地反映水淹层的变化规律，可以利用电阻率相对值法，在分析试油、压汞等资料的基础上，建立水淹层解释模型。根据××油田各井试油资料及计算结果确定出水淹级别的标准，见表8－4。

表8－4 ××地区水淹层判别标准

类别	S_w(%)	F_w(%)
油层	<40	<15
弱水淹层	40~50	15~30
中水淹层	50~70	30~70
强水淹层	70~90	70~90
水层	>90	>90

综合上述方法，对常规油层、油水同层、水层、干层的评价，根据四性关系研究划分的标准，结合取心、录井、试油试采资料等进行综合评价。对油层段内的低阻油层，由于受围岩和层厚的影响及低饱和度的影响，油层电阻率可能低于划分标准值，但要根据其渗透性、测井属性来综合判断；对水淹层的评价主要根据其电性特征、投产情况进行综合评价，此外，要把解释层放到油藏中去认识，这样才能更准确地识别油、水、干层，提高测井解释精度，这是测井解释容易忽视的因素。

4. 油气水层再评价与老井复查

对××油田测井资料进行重新评价，结合各层位建立的油气水层识别标准、试油、试采资料以及油藏特征，完成工区内969口井的油层复查。通过复查，有声波时差的井共520口2855层结论变更，无声波时差的井共127口2427层结论变更。

有声波时差曲线的井中，结论提升为油层的464层2338m，结论提升为油水同层163层975.5m，结论提升为差油层共24层82.1m，结论提升为气层共177层662.8m，结论提升为气水同层共5层31.8m，结论提升为含油水层7层40.6m。油层、油气同层变为气层共36层146.5m。结论下降的井共851层。

无声波时差曲线的井中，结论提升为油层的65层162m，结论提升为油水同层464层2696.5m，结论提升为差油层共29层109m，结论提升为气层共216层812.1m，结论提升为气水同层共10层56.4m；结论提升为含油水层17层95.4m，结论提升为气层共216层812.1m，解释水层1466层8882.6m。

五、储层特征及水驱前后储层变化规律再认识

1. 储层岩性

明下段岩性主要由绿色、灰绿色细粒砂岩和棕红色泥岩组成。砂岩主要属岩屑质长石砂岩，粒度中值0.123mm，分选系数1.82，颗粒圆度次尖—次圆，分选中—好，风化程度浅—中。储层胶结物以泥质胶结为主，胶结物含量一般在15%～35%，胶结一般为较疏松—疏松，胶结类型以接触—孔隙式、孔隙—接触式及接触式三者居多。另外，砂岩中可见钙质团块、铁锰结核及黄铁矿。

馆陶组岩性主要由灰白和黄褐色砾状砂岩、灰色粉砂岩、灰绿色泥岩及紫红色泥岩组成；在岩石成分上，长石含量常大于25%，其岩石类型多为长石砂岩、岩屑砂岩和混合砂岩。颗粒直径一般在0.01～0.5mm之间，分选性一般为中—较差，圆度主要为次棱角状，杂基结构常见，次生黄铁矿在岩心中处处可见。

2. 储层物性

储层物性以高孔、高渗透为主。明化镇组平均孔隙度32.5%，平均渗透率$2777\times10^{-3}\mu m^2$；馆陶组平均孔隙度25.6%，平均渗透率$859\times10^{-3}\mu m^2$。表8-5为各断块储层物性统计表。

表8-5　××油田各断块明化镇组、馆陶组储层物性数据表

断块	层位	孔隙度(%)	渗透率($10^{-3}\mu m^2$)	泥质含量(%)
五区	Nm	32.3	2949	19.4
	Ng	25.3	282.4	12.5
二区	Nm	31.8	1643	19.4
四区	Nm	31.5	1360	18.4
	Ng	27.7	616.4	15.4
一区三	Nm	34.3	3181	19.4
	Ng	25.3	146.7	31.0

续表

断块	层位	孔隙度(%)	渗透率($10^{-3}\mu m^2$)	泥质含量(%)
三区四	Nm	34.8	6222	19.8
三区一	Nm	36.2	9339	21.4
	Ng	32.1	3683	16.8
一区二	Nm	32.6	1984	21.3
	Ng	25.8	547.2	17.8
六区	Nm	32.6	2100	17.6
	Ng	28.1	912.4	15.2

3. 储层非均质性

1)储层宏观非均质性

(1)层内非均质性。

本区夹层主要以泥质夹层为主,钙质夹层分布较少,泥质夹层岩性为泥岩、砂质泥岩。明化镇组为曲流河沉积,点坝微相的侧积层和溢岸沉积是夹层形成的主要成因类型;馆陶组为辫状河沉积,心滩的落淤层沉积是馆陶组夹层的主要成因类型。

二区17个主力含油砂体的夹层分布情况统计结果:平均单层夹层数为2.31个,总夹层频率为0.31个/m,平均夹层密度为0.16,本区主力含油砂体的非均质程度较为严重。

通过岩心资料和测井资料渗透率韵律性进行统计,含油砂体的韵律性为三类:正韵律砂体、反韵律砂体和复合正韵律砂体。正韵律砂体、复合正韵律砂体,最高渗透率相对均质段在底部;反韵律砂体最高渗透率相对均质段在顶部。二区含油砂体以复合正韵律型为主,占52.0%~70.0%;其次为正韵律型,占17.9%~36.0%;反韵律型最少,占7.1%~14.3%。正韵律砂体、复合正韵律砂体,由于最高渗透率相对均质段在底部,注水开发后,动态上表现为底部见水快,驱油效率高,易形成固定的水道,由于储层疏松长期冲刷后,许多细粒部分被带出地面,结果形成了优势通道。

(2)层间非均质性。

层间非均质性明化镇组较馆陶组强,明二、明三油组变异系数大于0.71,突进系数1.9~3.65,级差最大达140.2,分层系数最大11,单砂体平均厚度最小5.8m。层间非均质性最强的为明二、明三、馆三油组。

(3)平面非均质性。

明下段砂体剖面形态为顶平底凸、两侧不对称的透镜体。垂直顺流的侧向延伸距离较小、连通井少。河道呈条带状延伸,单砂体厚度一般为 3 ~ 8m,最厚可达 25m。砂体侧向连通井最多 8 口,多数为 2 ~3 口井。砂体内部以点坝的“半连通”方式为主,砂体间以孤立式和多边式为主,加上断层的影响,形成以单砂体为主要含油单元的多套油气水系统。

馆陶组砂体剖面形态多呈上平下凸、两侧相对对称、宽缓的槽形。板状砂体侧向连通井多在 10 口以上,而条带状砂体侧向连通井则为 3 ~5 口井。砂体相互切割叠置,砂体配位数一般大于 2,且多数厚砂层呈大面积连通,形成辫状河储层特有的连通模式——“泛连通体”,但由于心滩坝中落淤层以及不同时期河道界面的影响,增强了馆陶组油气水分布的复杂性。

储层物性平面分布规律,从单层孔隙度和渗透率等值线图分析,砂体的渗透率平面有明显差异,主要受沉积微相的控制,与砂体几何形态相似。也就是沿主河道方向孔、渗较高,而处于河道溢岸和泛滥相沉积的储层物性普遍变差。

2)储层微观非均质性

× ×油田由于埋深较浅,压实作用、胶结作用相对较弱,溶蚀作用显著,储层具有较好的储集及渗流性能。通过岩心铸体薄片资料分析,含油目的层属特高渗、高渗,细喉型储层。

通过对储层敏感性评价发现,储层普遍具有强水敏、强酸敏,储层岩石中含有碱敏性矿物的含量和种类较多,对储层有一定的伤害;无速敏或弱速敏现象。因此在注水开发中,应采用较高矿化度、低酸度、低碱度的注入水,对于主河道的砂体,可以采用较高的注入速度,而对于分支河道,则采取较低的注入速度,才能取得较好的注入效果。

4. 注水前后储层变化规律

1)储层物性变化

根据该地区注水开发情况,把研究的对象分为注水前(1974 年以前)和注水后(1974 年至今)两个时间阶段来进行研究,注水后高孔高渗储层物性变好,孔隙度、渗透率及平均孔喉半径增大,部分中、低渗透储层物性变差,明下段储层物性变化幅度要高于馆陶组。

总的来说,注水后明化镇组储层物性变化幅度要高于馆陶组,明化镇渗透率平均增加范围 12.3% ~105.7%,馆陶组 2.8% ~82.3%。其原因主要是明下段和馆陶组储层分别属于不同的沉积相类型。

2)储层孔隙结构变化

由于压汞资料有限,根据测井数据,计算××油田明化镇组储层的孔隙结构参数,结果表明注水后明化镇组各小层的平均喉道半径、最大喉道半径与饱和度中值半径都增大了。注水后馆陶组储层最大连通孔喉半径和平均喉道半径都有增大的趋势,喉道分选系数有减小的趋势。

5. 优势通道研究初探

1)优势通道成因分析

××油田储层为河流相沉积,胶结疏松,胶结物以泥质为主。在注水开发和采油速度太高的情况下,高速流体的运动可引起黏土质点在储层孔隙中发生移动,造成油层出砂。目前××油田含砂井占油井总数的83.4%。油井大量出砂会导致油井附近地下砂体的亏空严重或油水运动通道上细粒组分大量流失,前者是油井塌陷事故的主要原因,后者则导致了优势通道的形成。

2)优势通道的岩心特征与油藏注采关系分析

××一区西43-6-6井为一口密闭取心井,该井NmⅡ-4-3层上部岩心完好,底部出现砂岩松散现象(图8-15,图8-16),初步分析怀疑为该层底部为优势通道经过的区域,导致底部无法取到完整的岩样。通过该层动态分析和吸水剖面的分析,西43-7-1井在该层注水,西43-6-2井在该层投产,形成水流通道,西43-6-6井恰好在水流通道上。

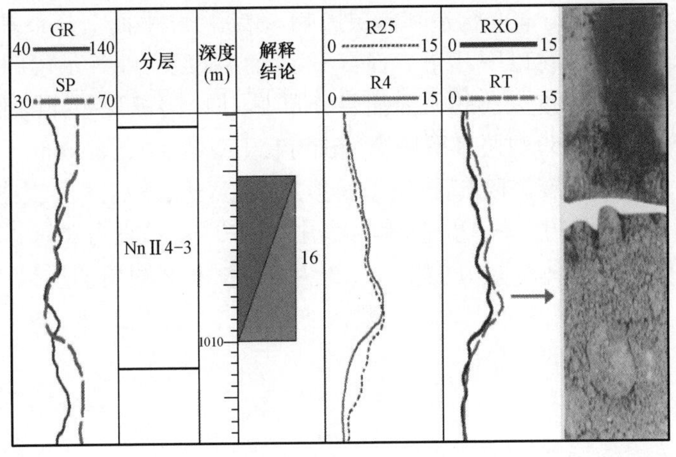

图8-15　西43-6-6井NmⅡ-4-3单砂层优势通道岩心特征

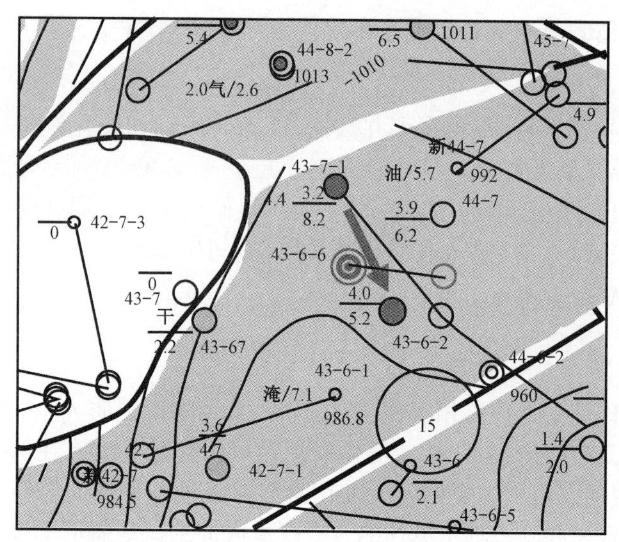

图8-16　西43-6-6井NmⅡ-4-3单砂层优势通道与注采关系图

六、油藏特征再认识

1. 油气水分布特征

1)油层分布

××油田油层分布受构造和储层影响,在纵向和平面上分布差异较大。总的特征主要表现在以下几个方面:(1)含油井段长,油气水层间互出现;(2)油层层数多、厚度大;(3)平面油层分布变化大,各断块差异明显;(4)底水油层相对发育;(5)油层多呈片状、条带状、土豆状、窄条带分布。

依据以上油层展布特点,按照平面形态、长宽比、含油面积、主控要素及储量大小,对各类油层进一步细分为大、中、小三类。按此分类标准,通过对各含油单元分单砂体进行分类汇总。结果表明,××油田油层以中型含油单元为主,占总储量的40.02%,小型含油单元占总储量的20.29%,大型含油单元占总储量的39.69%。

2)气层分布

××发育浅层气,各个断块均见到不同类型气层,包括纯气层、底油顶气层和底水气层。其分布具有以下特征:(1)浅层气发育,但厚度及单砂体分布范围小;(2)气层纵向分布相对集中,明二油组最发育,平面上主要集中在高断块。

3)油气水关系

××油田纵向剖面上油气水层间互出现,没有统一的油水界面,一个油组内可以有几套油水系统,甚至在一个单砂层内就有1~2套油水系统。馆陶砂体相对连片,其油水界面比较整齐。明化镇组油水关系相对复杂,这是由于复合砂体是由多个单砂体叠合拼接而成,单砂体之间呈现不连通或弱连通的状态,油水界面通常受单砂体控制。另外,油气由深层沿断层运移到浅层,在靠近断层一侧进入砂体。由于断层的不同部位开启程度不同,就有可能有的砂体被油气所充满而有的砂体则完全没有油气渗入,这样就必然造成油气关系在纵向上错综复杂的局面。

4)油藏类型

××油田受构造和储层等因素控制形成多种油气藏类型:(1)由断层与鼻状构造组成的油气藏;(2)断层—岩性油气藏;(3)断块油气藏;(4)岩性油气藏。

2. 流体性质及温压系统

1)原油性质及分布规律

××油田新近系是一个次生油气藏,原油性质属于中黏油。20℃平均地面原油密度一般0.90~0.94g/cm^3,50℃平均地面原油黏度30~300mPa·s之间,地层原油黏度10~20mPa·s之间(除四区以外),平均地面原油黏度最高的是油田北部二区馆三油组,港149井高达4001.76mPa·s。胶质沥青含量比较高,一般在10%~25%之间;含蜡量比较低。××油田含硫0.1%~0.2%,没有超过0.2%。凝点较低,多数变化在-10~-20℃。原油性质在油田范围内总的变化规律是:

(1)纵向上原油的密度、黏度、胶质、沥青含量,随着深度的增加而降低。

(2)在单油层内,油质则具有上轻下重的特点。

(3)平面上受构造和水的氧化作用,原油性质西重东轻,构造边部重,中部轻。

2)天然气性质及变化规律

××油田的天然气主要为干气。在天然气的化学成分中,二氧化碳的含量很高,一般在4%~12%之间。天然气性质变化规律是:纵向上自下而上密度、重烃含量由大变小,甲烷含量则由小变大。平面上油田内部重,边

部轻;油田内部甲烷含量低,而边部含量高。

3)油田水性质及变化规律

××油田新近系油田水总矿化度一般为4000~10000mg/L,属于碱性水,水型为碳酸氢钠型。其变化规律是:纵向上总矿化度随着深度的增加而增加;平面上表现为油田内部总矿化度高,在8000mg/L以上,油田边部总矿化度低,小于4000mg/L。

4)温压系统

××油田为一低饱和油气藏,原始地层压力10.81MPa,地饱压差0.67MPa,压力系数1.0,地层温度54℃,属正常温压系统。

5)天然驱动能量与驱动类型

××油田天然驱动能量主要来自地层压力和边底水驱动能量,驱动类型明下段为人工水驱,馆陶组以天然水驱为主,人工水驱为辅。

3. 油藏再认识

在前期地质研究和油藏认识的基础上,对主力层油藏重新认识。其中××二区油藏认识的变化主要体现在油藏个数和油藏面积变化两个方面。

油藏个数方面:原有204个油藏,通过重新认识,油藏个数变为220个,增加16个油藏。其中新认识油藏4个(图8-17,图8-18),核销油藏4个,有15个油藏被分割成31个油藏,见图8-19、图8-20。油藏面积方面:面积增加的油藏有5个,面积减小的油藏有19个。

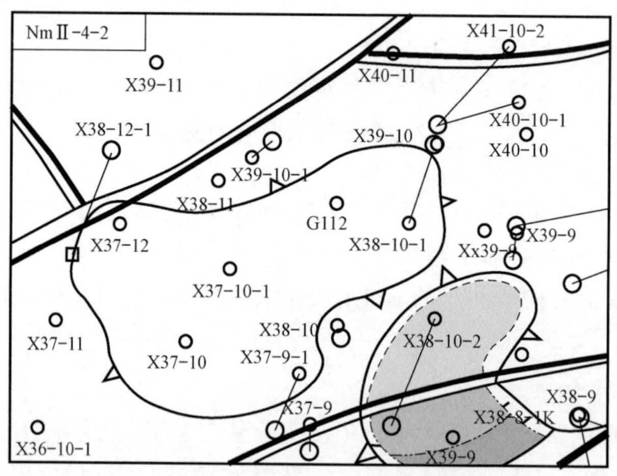

图8-17 NmⅡ-4-2单砂层油藏原认识

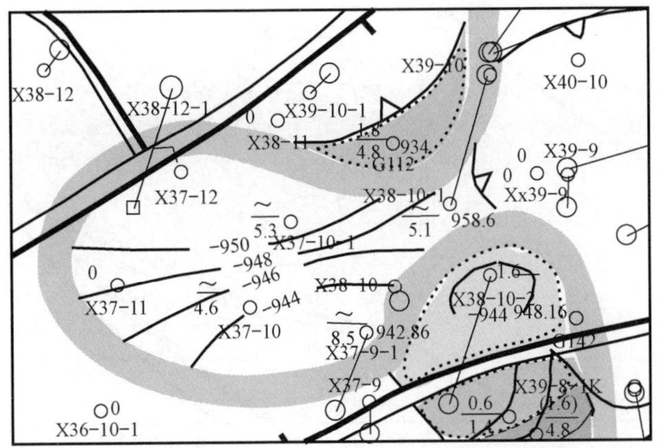

图 8 - 18 NmⅡ -4 -2 单砂层油藏现认识

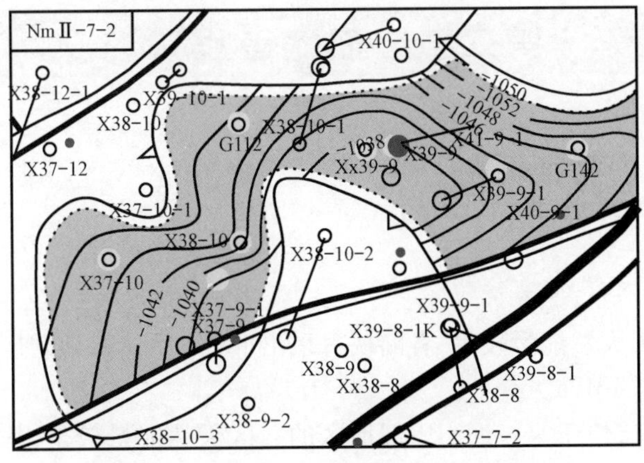

图 8 - 19 NmⅡ -7 -2 单砂层油藏原认识

七、储量计算

采用容积法，以含油砂体为储量计算的最小单元，对××油田明下段、馆陶组含油砂体重新计算了石油地质储量，含油面积××km^2，一类石油地质储量××10^4t。

原储量含油面积为××km^2，石油地质储量×××10^4t。重新计算含油面积为××km^2，一类地质储量为×××10^4t，增加储量 69.2×10^4t，相对误差 0.88%。

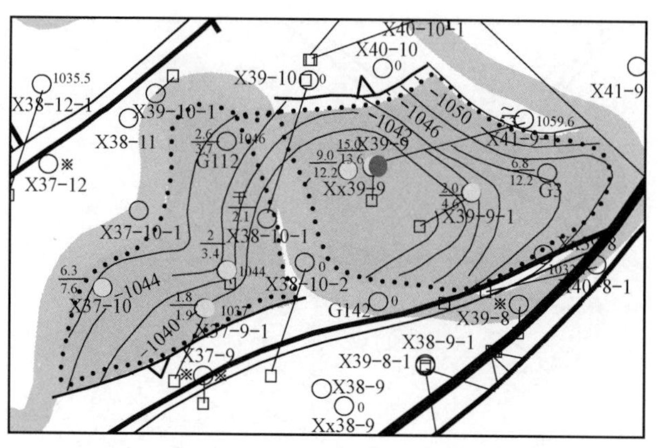

图 8-20　NmⅡ-7-2 单砂层油藏新认识

第二节　油藏工程研究

一、油藏生产特征研究

1. 油藏天然能量分析

××油田天然能量较足，各断块每采出 1% 地质储量地层压力下降值范围在 0.17～1.1MPa。

平面上看，位于××油田中部地区的三区天然能量较足，其次为西部的四区，而位于南部区块五区和东部的一区一、一区二四天然能量较弱。

纵向上看，明化镇组天然能量较弱，馆陶组为边底水，天然能量较充足。如××二区 NmⅡ油组水油体积比为 24，NgⅠ油组水油体积比为 76。

2. 初期产能分析

××油田各单元新井初期产能在 7～12t/d，平均 9.2t/d；含水率 0%～20%，平均 4.5%。从平面分布看，三区三四单元初期新井产能最高，达到 14t/d，六区最低，仅为 5t/d；从纵向上看，NmⅡ、NmⅢ与 NgⅠ、Ⅱ油组初期产能较高，为 8～13t/d，含水率低，为 0%～10%，米采油指数 0.4～2.8t/(d·MPa·m)；NmⅠ与 NgⅢ油组初期产能较低，为 5t/d 左右，含水率较高，为 30%～50%，米采油指数 0.3～1.0t/(d·MPa·m)。

3. 存在问题

(1)平面矛盾突出,单层注采对应差。

套变造成井网不完善,单向受益井比例高。××油田目前共有注水井268口,开井230口,油井532口,开井440口,受益井293口,单向受益151口,占总受益井的51.5%,双向受益97口,占总受益井的33.1%,多向受益45口,仅占受益井的15.4%,影响水驱开发效果。

单层注采不对应。注采见效及示踪剂证实:注采井网完善的井组,注采见效同样具有方向性,部分层长期不见效。

(2)层间动用差异大,层间矛盾突出。

各油组采出状况差异大,剩余潜力不均。由于层间矛盾的存在,在生产过程中导致各油组采出程度有较大差异。从油藏纵向上看,NmⅡ、NmⅢ、NgⅡ采出程度高,大于30%;NgⅢ、NmⅠ采出程度低,小于15%。

层间吸水状况差异大。主力层吸水强度高,非主力层长期吸水差。××油田从NmⅠ到NgⅢ均有油层发育,油层井段长达1000多m,历史上生产过程中频繁出现套变井、油井出砂严重现象以及近年来强化补层上产等因素,破坏了原有的注采对应关系,导致目前大部分的油水井合注合采,由于层间差异比较大,导致分层动用程度差异逐年增加。

(3)生产动态与地质认识不符,同一单砂体表现的动态差异大。

××油田第二轮精细油藏描述开展了单砂体级的精细地质研究,但生产动态与地质认识不符,同一单砂体表现的动态差异大。

(4)出砂严重井况复杂。

胶结物以泥质为主,平均泥质含量18.7%。黏土矿物含量较高,存在较强的水敏和速敏性。加上长期注水开发,致使出砂严重。××油田1992年以来每年老井防砂平均30井次,占年措施总井次的15%~20%,若加上新井、补孔,防砂工作量则达到70井次左右。

(5)套变裸露井段对分层注水和层系划分带来严重影响。

大量套变井的存在,在油层段已射开动用情况下,如果不能实现有效封层,部分射孔裸露井段将对今后分层注水和开发层系调整产生极其不利的影响。

二、一次开发效果评价

××油田从初期的依靠天然能量开采,基础井网形成阶段,到后来通过扩边增储、加密更新、完善井网,提高油层动用程度,开展聚合物驱,通过有针对性的工作,一直都保持着较高的开发水平。

1. 水驱控制程度

××油田整体开发趋势平稳,进入高含水、高采出程度开发阶段。全区水驱控制储量为××10^4t,水驱控制程度65.40%,油田水驱控制程度较高。

××油田六区和四区水驱控制程度较高,在80%以上,一区二四和一区三的水驱控制程度较低,低于50%,其他各区块水驱控制程度在60%左右。

2. 注采对应率

××油田注采对应率为63.8%。

3. 油层动用程度

××油田油层动用程度总体上在60%左右,动用程度较高的区块是××一区一、二区、三区断块,平均在70%左右。较差的区块有一区二、一区四、四区、五区断块,平均在43%左右,主要原因是这些区块砂体发育范围小,注采井网完善程度低。

4. 含水上升率

将油田含水回归后,作出含水上升率与采出程度关系图,××油田在1992年第一次整体调整(采出程度16%)及2002年精细油藏描述(采出程度24%左右)后,含水上升率得到控制,保持在1%以下。

5. 压力保持水平

从××油田历年测压资料来看,压力保持稳定,说明地层能量充足,××一区一、三区二、三区三四等断块经过注采井网的综合调整,地层压力基本保持平稳;一区二四、五区一等断块由于砂体连通差,注采井网难以完善,导致地层压力呈下降趋势。

6. 采收率评价

应用多种方法对××油田进行可采储量计算结果为××10^4t,采收率34.84%。

7. 剩余可采储量采油速度

剩余可采储量采油速度的大小,从一个侧面反映了目前油藏开发速度合理与否,合理的剩余可采储量采油速度应控制在6%~10%之间。××油田自1976年加密调整以来，一直保持采油速度0.7% ~0.8%高速开发。随着剩余可采储量的减少，剩余可采储量采油速度持续上升，近几年来××油田剩余可采储量采油速度一直在10%以上，稳产基础较差。

8. 递减率

××油田近几年自然递减率持续上升，2007年12月为17.18%，高于大港油田平均水平（12.62%），整体上处于中等水平。

9. 一次开发效果评价结果

按"复杂断块油藏开发效果评价"标准，对8项指标进行评价，其中有5项指标达到一类水平，2项指标达到二类水平，1项指标达到三类水平。按评价标准，××油田注水开发水平为一类。

三、剩余油潜力研究

1. 油藏潜力分布

××油田上报地质储量××10^4t，标定可采储量××10^4t。截至2008年10月，××油田累计实产油××10^4t，断块剩余可采储量为××10^4t。

为对井网条件下的剩余资源量进行评价，分断块进行了单井控制剩余可采储量的计算与评价工作。××四区、三区、一区一和五区一断块单井控制的剩余可采储量较高，五区二单井控制剩余可采储量较低。××油田平均单井控制剩余可采储量为0.88×10^4t。从平面上看，××油田中北部地区的油藏潜力强于南部地区。

2. 纵向潜力分布

利用水驱数值模拟软件及动态监测资料，分断块将实累产油劈分到各单砂层上，得到每一单砂层的累计产油量，从而计算出各断块各单砂层的实采出程度。经计算，××油田总体平均采出程度为28.61%，其中采出程度大于30%的油层个数有113个（占总层数的23.69%），地质储量××10^4t（占总储量的52.69%）。

××油田NmⅡ、NmⅢ、NgⅠ和NgⅡ油组采出程度相对较高，NmⅠ和NgⅢ油组采出程度相对较低。根据地质储量和采出程度综合评价，NmⅡ、NmⅢ和NgⅠ油组剩余潜力较大。

明化镇组剩余油潜力主要分布在10个单砂层,占明化油组主力单砂层的46.1%。馆陶组剩余油潜力主要分布在6个单砂层,占馆陶油组剩余油储量的78.1%。

3. 数值模拟研究

本次研究针对××油田一区一、一区三、二区、三区一、三区二、三区三四、四区、五区一、五区二、五区三房19、六区等11个断块开展了水驱油藏数值模拟研究,模拟层细分到单砂体。

整体运算过程分别应用Eclipse和Landmark－VIP油藏数值模拟软件。模拟工区共覆盖开发区含油面积28.6km^2,地质储量7678×10^4t,划分模拟层68个,累计模拟层512个,时间阶段40个,共233.8×10^4个网格节点,各断块拟合精度均达到水驱数模纲要要求。

4. 剩余油分布影响因素研究

影响剩余油分布的因素很多,通常划分为两类:地质因素和开发因素。它们的综合作用就导致了剩余油分布的多样化、复杂化。

1)地质因素

地质因素主要包括:断层、微构造、单砂体分割、单砂体内部构型等。

(1)断层、正向微构造对剩余油的控制作用。

复杂断块油田断层发育,断层将储层切割为多个独立的单元,断层附近的正向微构造及断层夹角是剩余油的有利区域。

(2)单砂体边界对剩余油的控制作用。

通过本次研究认为,表面上看来连片分布的河流相砂体,其实是有多个单砂体拼接或叠合而成,单砂体之间彼此独立,单砂体边界控制了剩余油的分布。

(3)单砂体内部构型对剩余油的控制作用。

单砂体内部构型的存在增加了砂体的层内非均质性,尤其是曲流河点坝内部的侧积泥岩,与点坝顶部斜交,并且控制了点坝顶部2/3的区域,因此会形成剩余油的富集区。

2)开发因素

开发因素主要包括:注采井网不完善、注水非主流线、层间矛盾、底水锥进。

(1)注采井网不完善。

在所有的开发因素中,最重要的就是注采系统的完善程度以及它和地质因素的处理关系。不稳定砂体分布、小砂体或井网控制程度低以及各种原因所引起的井况问题都可能导致注采井网不完善(没有生产井或没有注入井),从而形成剩余油富集区。

(2)注水非主流线井间。

处于非主流线区域的正向微构造井区存在着剩余油富集区。

(3)层间矛盾。

由于层间矛盾的存在,导致合采合注井的主力层与非主力层差异化生产,在非主力层上往往存在着剩余油的相对富集区。

(4)底水锥进。

在开采过程中由于底水锥进的影响,生产井含水率上升迅速,但在井间和油层顶部仍存在着大量剩余油。

5. 剩余油分布形式

在各个区块历史动静态资料拟合精度达到要求后,分别绘制了各个断块模拟层的剩余油饱和度分布图,总结目前剩余油主要分布特点如下:

(1)主力油砂体水淹严重,剩余油饱和度较低。

××主力开发区块的主力层系的主体部位因常年多次调整与完善,水驱开发相当完善,这类油藏再利用常规水驱的驱替方法想在短时期内大幅度提高可采储量已不现实,仅能结合大剂量的深部调驱或其他三次采油技术来进一步挖潜。

(2)断层边部控制剩余油。

在断层附近,由于断层的封闭遮挡作用,注入水只能沿某一方向运动,往往会形成注入水驱替不到或水驱很差的水动力滞留区,沿断层方向易形成面积较大的条带状油区,在断块的高部位往往会有剩余油的分布。

(3)油砂体岩性边界区控制剩余油。

砂体边部物性逐渐变差,注入水不易驱到,剩余油饱和度值相对较高。这类油藏可结合深新井、完善注采井网来进一步挖潜。

(4)非主流线正向微构造控制剩余油。

经过30多年的注水开发,注采井网较完善的主力油砂体,含油饱和度普遍较低,仅在部分非主流线处、不能形成良好注采井网的区域仍存在剩余油饱和度高值区。这类油藏可结合新井或水平井来挖掘井间剩余油。

(5)零散小砂体控制剩余油。

由于零散的小砂体,保持在原始含油状况附近的主要是被未动用层所控制,且分布范围较大,这部分剩余油可通过补层来进行挖潜。

(6)低动用底水油藏控制剩余油。

此类油藏仅在××油田部分区块发育，主要分布在××二区。该类油藏可通过水平井开发优势来进行潜力挖掘。

二次开发先导试验区块——××二区经过40多年的注水开发，主力砂体已经水淹，含油饱和度比较低，但在一些局部地区还存在着相对的富集区，剩余油分布呈现“整体高度分散，局部相对集中”的状态。根据影响剩余油的形成的控制因素，把剩余油富集区分为以下几类：

(1)高采出程度主力砂体控制的剩余油。

受储层平面非均质性影响，水驱时，在平面上注入水突进，经长期水驱后，易发展成优势通道，在其他方向上水驱程度弱，甚至未水驱，虽然总体采出程度较高，但仍存在一定数量的剩余油。

(2)废弃河道的边部控制剩余油。

根据二次开发的理念，在重新构建地下认识体系的过程中，取得一些新的认识，原来认为连通的砂体，重新认识后发现被纵向或横向的废弃河道所切割成相互独立的部分，在废弃河道的周围形成滞油区，存在一定的剩余油。

(3)断层控制剩余油。

在断层附近，由于遮挡作用，注入水只能沿某一方向运动，往往会形成注入水驱替不到或水驱很差的水动力滞留区，沿断层方向易形成面积较大的条带状油区，在断块的高部位往往会有剩余油的分布。

(4)正向微幅度构造控制剩余油。

勘探开发初期，由于井网稀，资料较少，构造图等高线间距较大，对小幅度构造圈闭往往认识不足，从而漏失了一些油层。这些微圈闭有时含油气丰富，地震资料难以分辨，但依靠加密钻井地质资料是可以发现的，应是油田开发中后期挖潜的重要潜力区。此外，在这种局部微幅度构造在重力作用下对注入水在油层中的运动起一定的控制作用。如果微幅度构造的高部没有钻井控制，就会形成剩余油。根据储集层微幅度构造的形态将其分成正向微型构造、负向微型构造及斜面向微型构造。一般处于正向微型构造的油井生产形势明显好于处于负向微型构造及斜面向微型构造的油井，处于负向微型构造的井则多为低产井。

(5)零星小砂体控制的剩余油。

在油田开发初期，主要是比时间、抢速度，力争发现大而厚的油层，一些“薄、差、散、小”等小规模油层常被忽视。这些油层物性相对较差，电性特征不明显，原始含油饱和度高，受后期注水波及程度较低或根本没被波及，具有一定的潜力。

(6)低动用底水油藏上部未水淹区。

Ng 油组大部分砂体有充足的底水,开发过程中由于底水锥进,导致生产井点处高含水,而在井的周围存在部分的剩余油。

6. 剩余油潜力分析

按照剩余油分布形式,××油田剩余油潜力主要分布在主力水淹砂体和断层边部、非主流正向微构造、低动用底水油藏的剩余油富集区中。其中主力水淹砂体可在剩余油饱和度相对高值区域采用深部调驱技术提高采收率;断层边部和非主流正向微构造控制的剩余油可结合新井,配套相关老井措施来挖掘剩余油;低动用底水油藏可以采用水平井的方式开发。

四、油藏工程指标论证

1. 层系细分政策界限研究

按××油田目前平均井距 150~200m 部署开发井,建立单井控制可采储量与剩余可采储量丰度之间的关系。

明化镇组采用直井开采,按注采井数比 1:1.2~1:1.5 井网计算,独立层系的极限剩余可采储量丰度为(18.5~20.32)$\times 10^4 t/km^2$。

馆陶水平井部署在低水淹、剩余油富集的区域,单井控制范围按 200×300m 计算,则独立层系的极限剩余可采储量丰度为 $16.3\times 10^4 t/km^2$。

Nm 组直井开发为主,根据剩余可采储量丰度界限 $20.3\times 10^4 t/km^2$,NmⅠ、NmⅡ、NmⅢ油组都不具备独立层系开发条件,通过组合可达到剩余可采储量丰度界限,具备层系细分的资源条件。

NgⅠ+NgⅡ水平井剩余可采储量丰度界限 $20.7\times 10^4 t$,该层系存在水平井有利区,NgⅢ组水平井剩余可采储量丰度界限 $16.3\times 10^4 t$,适合规模部署水平井,剩余油饱和度低、水淹程度高的区域暂不部署水平井。

2. 开发井网研究

××油田二次开发井网设计的原则是以单砂体描述成果和剩余油分布特征为基础,在现有注采井基础上,依据单砂体的形态、剩余油富集区合理部署井网,最大限度地扩大水驱波及体积,并为主力区块深部调驱奠定基础。根据实际情况,设计了以下几种井网方式:

(1)一注一采井网。

对于含油面积小、储量低的条状或三角状砂体,无法针对该类砂体实施钻新井完善井网,可利用主力砂体的新井通过实施定向井来兼顾,从而形成一注一采的井网形式,最大限度地动用该类砂体,充分挖掘该类型砂体的剩余油。

(2)不规则点状注水井网。

对于含油面积稍大、储量稍高的不规则砂体,通过与其他砂体新井的组合,采取多靶点等措施来形成不规则的点状注水井网,一注两采或一注多采,尽量扩大注入水波及体积,挖掘砂体边部的剩余油。

(3)排状注采井网。

对于一些断层控制的正向构造砂体,生产井都集中断层边部的高部位,在低部位部署注水井,形成排状注水井网,结合天然边水推进,对断层根部的剩余油进行深度开发。

(4)断块内部切割注采井网。

NmⅡ-3-1、NmⅡ-3-2两个层的砂体,中部水淹严重,含油饱和度低,边部含油饱和度比较高,结合油水井现状,在砂体内部注水,边部采油,形成内部切割注采井网,改变原有的注水受益方向,最大限度地挖掘井间剩余油。

(5)馆Ⅲ水平井整体开发井网。

馆Ⅲ油层含油面积大,储量高,属于稠油油藏,而且边底水发育充足,采用常规直井开发,含水率上升很快,采收率低,因此采用水平井整体开发的方式进行独立开采,充分利用水平井泄油面积大的优势,结合天然边底水能量对稠油油藏进行开发。

(6)枯竭式单井点开采。

对于一些含油面积很小、只有单井点控制的砂体,无法形成注采井网,只能采取常规补孔等措施,利用天然能量进行枯竭式开采。

在苏联谢尔卡乔夫公式的基础上,引入经济学投入与产出的因素,计算出经济最佳井网密度和经济极限井网密度,根据复杂断块不规则三角形井网布井方式,推荐出××油田各断块的最佳实用井距。计算结果见表8-6。

表8-6 ××油田分断块井网密度计算结果表

断块	经济合理井距(m)	经济极限井距(m)	最佳实用井距(m)
二区	258	141	189
五区二	259	144	190
一区一	254	100	168

续表

断块	经济合理井距(m)	经济极限井距(m)	最佳实用井距(m)
一区二四	240	110	165
一区三	201	107	145
五区一	260	127	182
六区	178	61	114
四区	288	179	221

3. 产能论证

1)单井极限产量(经济法)

局部加密直井极限初始日产油量2.9t,注采井数1∶1.2井网,平均极限初始日产油量定位4.7t,注采井数1∶1.2井网,直井极限累计产油量10175t。

局部加密水平井极限初始日产油量5.4t,直井注水,水平井采油,注采井数1∶1井网,加密井极限初始日产油量8.4t,水平井极限累计产油量15471t。

2)单井产量(趋势统计法)

对××油田历年来的新井进行初期产能统计,1985年之后,单井日产油量呈明显下降趋势,含水率明显上升。日产油由10t下降到5t,含水率由40%上升到80%以上。

2006年股份公司重大开发试验项目"××复杂断块油藏高含水期精细挖潜工业化试验",2006—2007年在××一区一断块先后部署实施调整井16口,投产14口,可根据其初期产量测算××油田二次开发新井产量。

根据数值模拟预测结果,二次开发井位优选后新钻油井初始含水率40%~80%,平均60%左右。结合2008年投产井的实际产量、潜力和风险,二次开发直井平均初始产量综合取值为5.0t/d,水平井初期产量为15t/d。

第三节　油藏工程方案编制

一、二次开发区块筛选

根据含水率大于85%、可采储量采出程度大于80%的筛选标准,扣除聚合物驱区块，××油田符合二次开发标准的区块共8个，二次开发储量××10^4t(占总储量的61.24%)，可采储量××10^4t(占总可采储量的55.7%)，采收率××%。

二、二次开发方案编制原则

××油田断块多，油藏类型多，油层多，尤其是含油单砂体个数多。××油田经历了33年的高效开采期，至2008年10月，采出程度28.86%，单砂体及其内部结构精细刻画和剩余油分布特征研究揭示了油田还存在有利于进一步提高采收率的潜力。××油田二次开发以油藏地质条件和剩余油潜力分布特征为基础，开发过程中应遵循以下原则：

(1)以经济效益为核心，依据“少投入，多产出”的原则，优化井网部署，追求高采收率。

(2)根据各开发单元实际情况，优化组合开发层系。

(3)根据剩余油分布特征优化注采井网、井型和调驱规模。

(4)油藏工程方案与注采工艺方案、地面工艺方案紧密结合。

三、二次开发方案部署依据

1. 层系划分原则

油田开发层系划分与组合是否合理，是决定油田开发效果好坏的一个关键因素，特别是对于注水保持地层压力开发的油田尤为重要。根据国内外油田开发实践经验，结合高含水油田的具体特点，开发层系的划分与组合有以下几点基本原则：

(1)一套开发层系中的油藏类型、油水分布、压力系统和流体性质等特征应基本一致。不同类型油藏的驱油机理和开采特征区别较大，应该采用不同的开发方式、不同的开发井网分开开采。

(2)一套开发层系中油层沉积条件应该大体相同。油层性质(主要是渗透率)差异不应过大。

(3)一套开发层系中油层不能太多，井段不能太长。根据目前的分层调整控制技术状况，一口井中油层总数一般为6~9个。

(4)一套开发层系中要有一定的油层厚度、油井生产能力和单井控制储量，对于高含水油田，一套开发层系的剩余可动油储量丰度应该大于其经济界限值，足以保证达到较好的经济效益。

(5)不同开发层系之间要有比较稳定的泥岩隔层。高含水油田层系划分较之新探明油田层系划分难度大，这不仅需要考虑常规的层系划分标准，还要考虑油田剩余可动油储量丰度。为了论证××油田二次开发层系划分，本项目开展了井网加密政策界限研究和层系细分政策界限研究，为××油田层系划分提供了理论依据。

2. 开发方式

××油田油藏类型多样，主要有断层遮挡的断块油气藏、构造—断层油气藏、断层—岩性油气藏和岩性油气藏等，明化镇组以后三种油藏类型为主，天然能量较弱。馆陶组断层遮挡的断块油气藏较多，尤其是馆三油组，天然能量较充足。

由于明化镇组边水能量弱，依靠天然能量不能满足采油速度要求，更不能保持油田持续高效开采，因此应采用人工注水保持地层压力的开发方式。馆陶组天然能量比较充足的油藏，可以采用天然水驱加人工注水开发方式。

四、二次开发方案优选

根据××油田剩余油分布特点，不同的剩余油分布形式采用不同的提高采收率措施。对于主力水淹砂体，采用深部调驱的方式提高采收率；针对稠油底水油藏，采用水平井开采的方式提高采收率；其余剩余油富集区域，通过打加密井完善井网的方式来最终提高采收率。

通过对××油田地质和油藏剩余潜力研究及剩余油分布结果，并结合生产动态分析，先后编制并完成了三套实施方案(表8－7)。

表8－7 ××油田二次开发方案工作量表

方案	老井措施（井次）	调驱井（口）	弃置井（口）	新井(口)				
				常规采油井	注水井	水平井	侧钻井	小计
方案一	521	57	324	145	139	60	20	364
方案二	622	57	324	141	120	29	17	307
方案三	710	127	293	141	114	29	11	295

方案一以新井为主,为364口,措施521井次,其中水平井60口,占16.5%;方案二减少了新井,为307口,加大老井措施工作量,为324口,其中水平井29口,占9.4%,采用水平井蒸汽吞吐;方案三进一步减少了新井,为295口,加大老井措施工作量(710井次)和深部调驱(127井次),其中水平井29口,占新井9.8%。

通过对上述方案进行开发指标预测,方案一各项指标较好,但产量递减快;方案二指标较低;方案三居中(表8-8、图8-21)。

综合考虑各方案的工作量大小、实施难度、风险和开发指标,推荐方案三为××油田二次开发实施方案。

表8-8 ××油田二次开发主要开发指标对比表

项目	基础方案	方案一	方案二	方案三
最高采油速度(%)		1.08	0.88	0.94
10a末采出程度(%)	29.6	34.08	33.34	33.49
增加可采储量(10^4t)		321.35	285.48	286.23
采收率(%)	31.43	38.06	37.32	37.34
采收率增值(%)		6.72	5.89	5.91

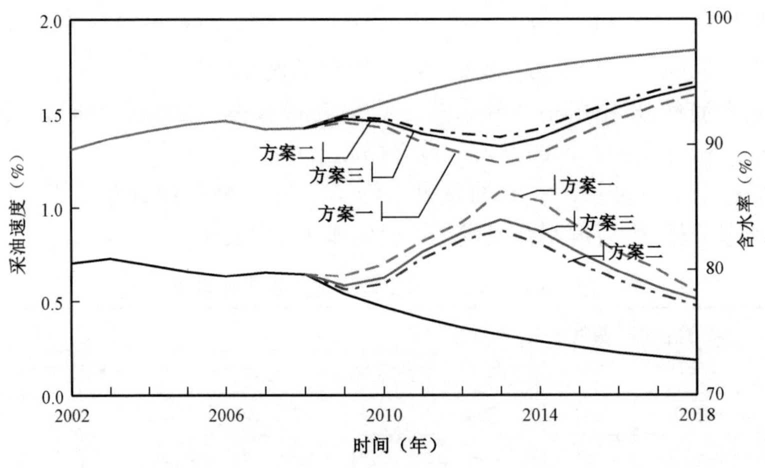

图8-21 ××油田二次开发主要开发指标对比图

五、二次开发方案部署及实施安排

1. 方案部署

1)油藏工程方案

××油田二次开发方案共设计新井295口,其中水平井29口,常规采油井141口,注水井114口,侧钻井11口。配套老井措施710井次,调驱127口,封层暂闭146口,永久弃置147口。

2)监测方案

××油田作为复杂断块油藏,非均质性强,经过长期注水开发和多次调整,主力油层水淹严重,剩余油分布相当复杂。同时套变报废井多、生产井网不完善,含水率高、递减大、稳产困难等众多问题制约油藏开发水平进一步提高,二次开发实施难度和风险性都很大。为配合二次开发项目研究的需要并保证二次开发方案实施效果,××油田油藏需要建立完善的动态资料监测方案。

在结合××油田现有监测资料结果基础上,我们设计了××油田监测方案,以便跟踪二次开发方案实施效果,为后续开发调整提供依据。该监测方案共设计采油井、注水井监测工作量466井次,其中,采油井监测202井次,注水井监测264井次,工程测井320井次(表8-9)。

表8-9　××油田二次开发监测工作量汇总表

项目	采油井			注水井				工程测井			合计
	测压	产出剖面	饱和度测试	压力	示踪剂	吸水剖面	干扰试井	套损井井况(多臂井径)	地应力特征测试	固井质量监测(声波变密度)	
井次	60	58	84	77	28	139	20	286	14	20	786

2. 实施安排

××油田二次开发方案根据各个区块的储量规模,新、老井措施工作量以及新建产能的高低,计划按5a分区块实施。

2009年:实施××二区的西6-12井区,动用地质储量××10^4t,共设计新井21口,其中水平井4口,侧钻水平井1口,常规采油井8口,注水井 8 口,总进尺 2.70 × 10^4m,新建产能 3.24 × 10^4t,老井措施工作量 40 井次。

2010 年:实施××二区的西 37-11 井区和五区二断块,动用地质储量 ××10^4t,共设计新井 52 口,其中水平井 4 口,常规采油井 31 口,注水井 17 口,新建产能 6.45 × 10^4t,老井措施工作量 156 井次。

2011 年:实施一区一和一区二四断块,动用地质储量××10^4t,设计新井 69 口,其中水平井 4 口,侧钻井 4 口,常规采油井 33 口,注水井 28 口,新建产能 7.11 × 10^4t,老井措施工作量 182 井次。

2012 年:实施一区三和五区一断块,动用地质储量××10^4t,共设计新井 69 口,其中水平井 8 口,侧钻井 3 口,常规采油井 32 口,注水井 26 口,新建产能 8.67 × 10^4t,老井措施工作量 198 井次。

2013 年:实施四区和六区,动用地质储量××10^4t,共设计新井 84 口,其中水平井 9 口,侧钻井 3 口,常规采油井 37 口,注水井 35 口,新建产能 9.87 × 10^4t,老井措施工作量 132 井次。

六、开发指标预测

××油田二次开发方案开发指标预测作如下考虑:

(1)做数值模拟的区块,按单井定液的方式预测开发指标;未做数值模拟的区块,开发指标预测以近 3~5a 的递减趋势和含水率上升趋势为依据。

(2)不考虑常规性和维护性的措施工作量。

(3)新井和措施工作量按方案设计分批实施,在 2009—2013 年实施完毕。

(4)当年新井产能转化率 40%,第二年到位率 85%。

(5)预测 10a 开发指标。

××油田二次开发方案新建产能 35.34 × 10^4t,增加可采储量 286.23 × 10^4t。方案整体实施后,开发指标将大幅度改善:油井数由 257 口上升到 426 口,水井数由 162 口上升到 320 口,注采井数比由 1∶1.59 减小到 1∶1.33,注采对应率由 68.60% 上升到 80.46%,油层动用程度由 66.72% 上升到 82.01%,水驱储量控制程度由 65.40% 上升到 83.36%。

分断块二次开发方案开发指标预测,见图 8-22、表 8-10。

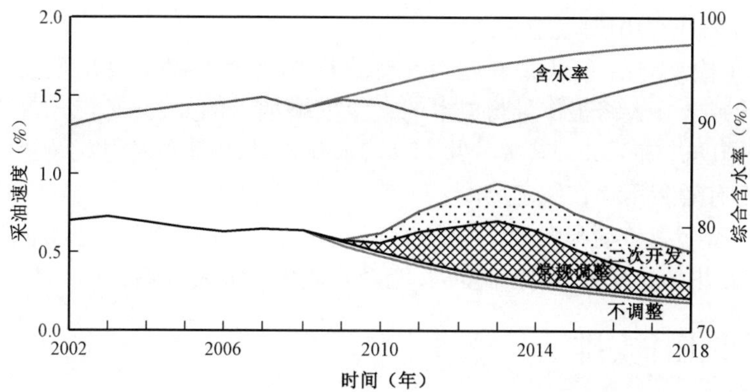

图 8－22　××油田二次开发采油速度、采出程度曲线图

表 8－10　××油田分断块开发指标预测表

单元	进尺(10^4m)	新建能力(10^4t)	增加可采储量(10^4t)	提高采收率(%)
二区	6.2	6.99	49.63	6.05
五区二	3	2.70	20.55	6.42
一区一	2.06	1.98	38.91	4.95
一区二四	6.51	5.13	49.45	6.65
一区三	2.51	3.39	19.89	4.62
五区一	5.35	5.28	39.12	5.32
六区	5.70	5.88	47.18	9.55
四区	4.83	3.99	21.49	4.16
小计	36.16	35.34	286.23	5.91

七、风险性分析

××油田二次开发是××油田开发史上的一次革命。二次开发方案在实施过程中会遇到以下三方面的风险:

(1)新井风险。

经过超过 30a 的开发,剩余油分布相当复杂,主力油层水淹严重。在以完善注采井网及提高水驱控制程度为目的的二次开发井网中,由于工作量较大,设计新井产能存在较大风险。

(2)老井利用风险。

对于检泵周期长、无最新施工资料的井,在措施期间容易出现新的破损问题,导致老井大修工作量与成本的大幅度增加。例如,××二区近年来未进行措施的井有19口,其中油井11口,水井8口,由于管柱结构待进一步落实,能否有效利用存在一定风险。

(3)弃置井弃置风险。

弃置井井况复杂,实施难度大,能否弃置存在很大风险。

八、下步工作安排

1. 新井及老井措施方案

××二区作为二次开发先导试验区块,本着"相对集中"的原则,2009年集中在××二区西6-12井区实施,配合相关动态监测。该井区2009年总工作量为新井21口,其中,水平井4口,侧钻水平井1口,常规采油井8口,注水井8口,总进尺2.70×10^4m。

为配合注采井网的建立,对已完钻油水井需开展常规措施、侧钻、弃置等调整手段,其中,常规措施40井次,侧钻1口,弃置井24口井(暂闭井9口,永久弃置井15口)(表8-11)。

表8-11 ××二区老井综合调整工作量统计表

老井井常规措施(井次)									侧钻水平井(口)	弃置井(口)		
转注	防砂	补孔	放层	分(重)注	卡层	埋层	封层	合计		暂闭	永久弃置	合计
2	9	3	2	6	3	5	10	40	1	9	15	24

2. 深部调驱方案

针对××油田高含水率、高采出程度、剩余油高度分散的主力砂体,选择含油面积大、储量高、井网相对完善的砂体进行深部调驱,以提高最终采收率。在××二区、四区和一区一三个断块开展深部调驱试验;共选出6个小层,合计储量$\times\times10^4$t,平均采出程度23.69%;共设计注入井24口,采油井54口。

3. 监测方案

在结合二区现有监测资料结果基础上,设计了2009年××二区监测方案,以便跟踪二次开发方案实施效果,为后续开发调整提供依据。2009 年监测工作量 128 井次,其中,油井监测 39 井次,水井监测 39 井次,工程测井 50 井次(表 8－12)。为保证二区 2009 年 21 口新井成功率,2009 年监测方案重点在上述井区并优先实施。工作量 80 井次,其中,采油井监测 28 井次,注水井监测 21 井次,工程测井 31 井次。

表 8－12　××二区二次开发 2009 年监测工作量汇总表

项目	采油井			注水井				工程测井			合计
	测压	产出剖面	饱和度测试	压力	示踪剂	吸水剖面	干扰试井	套损井井况(多臂井径)	地应力特征测试	固井质量监测(声波变密度)	
井次	12	11	16	11	4	21	3	45	2	3	128

4. 密闭取心方案

西检 2 井密闭取心设计数据见表 8－13。

表 8－13　西检 2 井密闭取心设计数据表

取心井号	取心层位	取心井段(m)	取心厚度(m)	砂岩厚度(m)	筒次	动用状态
西检 2	NmⅡ8－3	1098～1102.5	4.5	1.7	1	非主流线
	NmⅢ3－2	1230.0～1244	14	14	3	主流线
	NgⅠ1－2	1368.5～1373.0	4.5	3.6	1	主流线
	NgⅠ2－2、3－1	1416.5～1448	31.5	22	7	主流线
	NgⅠ4－2	1477.0～1492.0	13.5	13.5	3	非主流线
	合计		68	54.8	15	

为了更好地开展二次开发研究工作,在五区二断块特设计密闭取心井一口。设计取心目的:(1)研究主流线、次主流线的水淹状况;(2)研究沉积旋回对剩余油分布影响;(3)为测井评价水淹层提供依据;(4)研究水驱前后油层物性、孔隙结构变化;(5)研究储层沉积特征及单一河道储层结构。

第九章　钻井工程方案设计

第一节　钻井工艺现状及适应性分析

一、钻井工艺现状

××油田以常规定向井为主，二开井身结构，采用复合钻井技术（转盘+PDC+螺杆），水平井配套 MWD、LWD 等轨迹控制技术，形成了成熟的钻井工艺配套技术，机械钻速等工艺技术指标处于较高水平，见表9-1。

表9-1　钻井技术指标

项目	××油田	××二区	××五区	大港油田	股份公司平均
平均井深(m)	1389	1249.8	1500	2610	1716
机械钻速(m/h)	23.3	21.5	14.73	13.48	11.8
建井周期(t)	15.50	14.34	20.80	32.8	19.2
钻井周期(t)	8.20	6.93	12.58	25.3	13.8

二、工艺适应性分析

××油田油层埋藏浅，钻井技术指标虽然处于较高水平，但仍存在一些技术难点问题：

(1)由于纵向多油组，且平面分布差异大，多年的开发及加密调整，地下井网密集，加之受地面条件的限制，钻井存在着靶前距小、造斜点浅斜、垂直中靶、绕障、防碰等问题，这些给井眼轨迹的优化和控制带来一定的难度。

(2)由于多套层系开发，长期注水造成压力系统紊乱，部分区块油气层埋藏浅，井身结构需进一步优化。

(3)地层出砂、泥岩水化等造成套损、套变严重，应优选油层套管。

(4)××油田存在浅油气层和高压水层，固井时水泥封固段较长，固井施工难度大。

针对上述难点问题，提出以下技术思路：

(1)针对××油田复杂的地面和地下条件，通过应用先进的 Landmark 软件进行设计，在地面满足地下的条件下，进行井眼轨迹优化。

(2)针对压力系统紊乱、浅层气活跃区域，优化井身结构，表层深下，保护油气层，减少事故复杂。

(3)针对××油田套损、套变严重的现状，开展套损影响因素分析和套损机理研究，制定套损预防对策。

(4)针对固井水泥封固段长、施工难度大的现状，优化固井工艺，优选水泥浆体系及性能，返深要求表层返到地面，油层套管返到与上一层套管重合。

第二节　钻井工程方案设计

一、井场布置

充分结合××油田地面系统简化后的现状，考虑其复杂的地面环境，以确保实施可行为前提，本着地面服从于地下、降低投入、有利于采油及生产管理的原则，采取井点优化与平台丛式井组相结合的方式，合理优化井场布置。

二、井身结构优化设计

1. 常规井

主体采用二开井身结构，表层套管下深 260～500m，在有浅油气层或高压水层区域，表层套管下深 500m(浅油气层或高压水层顶部)，见表 9－2。

表 9－2　常规井井身结构设计情况表

开钻次数	钻头尺寸(mm)×井深(m)	套管尺寸(mm)×井深(m)	开钻次数	钻头尺寸(mm)×井深(m)	套管尺寸(mm)×井深(m)
一开	311.1×(261～501)	244.5×(260～500)	二开	215.9×设计井深	139.7×井底

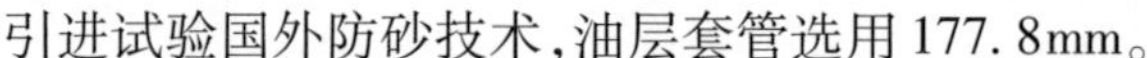
引进试验国外防砂技术,油层套管选用 177.8mm。

2. 水平井

××地区水平井的井身结构有两种:一是套管+筛管顶部注水泥二开井身结构;二是储层专打三开井身结构。由于××地区储层较薄而且存在高压水层,储层专打入窗困难,因此确定采用套管+筛管顶部注水泥二开井身结构,表层套管深下,为二开水平井段的安全钻进提供有利保证,见表9-3。

表9-3　水平井井身结构设计情况表

开钻次数	钻头尺寸(mm)×井深(m)	套管尺寸(mm)×井深(m)
导管	—	508×20
一开	311.1×501	244.5×500
二开	215.9×井底	139.7(套管+筛管)

3. 侧钻井

139.7mm 套管内开窗的侧钻井,选择 101.6mm 无接箍套管完井,理论环空间隙为 9.5mm,套管扶正器下入难度大,套管居中困难,固井质量难以保证,因此选用 95.25mm 套管。

在 139.7mm 套管内开窗侧钻,如果壁厚 7.72mm,钻头选用 120.6mm 单牙轮钻头;如果壁厚 9.17mm,钻头选用 118mm 单牙轮钻头。

套管采用悬挂方式,悬挂器放置在窗口以上 70m,见表9-4。

表9-4　侧钻井井身结构设计

井型	钻头尺寸(mm)×裸眼井深(m)	套管尺寸(mm)×长度(m)
侧钻井	120.6(或118)×300	95.25×370
侧钻水平井	120.6(或118)×800	95.25(套管)×720+73(筛管)×150

三、钻机选择

根据钻机的技术特性和所钻井深度、井身结构、该地区的地质条件及钻井工艺技术等,配套不低于 ZJ30 型钻机及相应的设备,要求配齐五级净化设备。

四、钻井液

(1)常规井、侧钻井使用聚合物钻井液体系,密度分别为1.09~1.25g/cm³、和1.20~1.25g/cm³,采用屏蔽暂堵油气层保护技术;

(2)水平井、侧钻水平井使用有机正电胶钻井液体系,密度分别为1.09~1.25g/cm³和1.20~1.25g/cm³,采用超低渗透油气层保护技术。

五、固井工艺设计

1. 套管柱设计

依据套管强度校核结果:一般地区选用139.7mm×N80×7.72mm套管。

依据××油田套损井机理及预防对策专题研究成果,在套损严重的区域(高地应力向低地应力过渡区域),油井油层套管选用不同钢级、同一壁厚、等通径的套管组合方式:139.7mm×N80×9.17mm×700m+P110×9.17mm×井底,见表9-5、表9-6、表9-7。

表9-5 常规井表层套管设计

区域	套管程序	尺寸(mm)×下深(m)×钢级×壁厚(mm)	扣型	备注
一般地区	表层套管	244.5×(260~500)×N80×J55×8.94	长圆	国产套管
	生产套管	139.7×设计井深×N80×7.72	长圆	国产套管
套损严重地区	表层套管	244.5×(260~500)×N80×J55×8.94	长圆	国产套管
	生产套管	139.7×(N80×9.17×700+P110×9.17×设计井底)	长圆	国产套管

表9-6 水平井表层套管设计

套管程序	套管尺寸(mm)×钢级×壁厚(mm)×下深(m)	筛管尺寸(mm)×钢级×壁厚(mm)×下深(m)	扣型	备注
表层套管	311.1×J55×8.94×500	—	短圆	国产套管
生产套管	139.7×N80×7.72×入窗点	139.7×N80×7.72×(入窗点~设计井深)	长圆	国产套管

表 9-7 侧钻井表层套管设计

类别	尺寸(mm)×长度(m)	钢级×壁厚(mm)	扣型	备注
侧钻井	95.25×370	N80×6.5	长圆	国产套管
侧钻水平井	95.25×720+73×150	N80×6.5(套管)+N80×5.51(筛管)	长圆	国产套管

2. 注水泥设计

采用G级水泥浆体系,表层水泥返到地面,油层水泥返到与上层套管重合100m;水泥浆密度控制在1.85~1.90g/cm^3。

若封固段较长,则采用双密双凝工艺固井,常规水泥浆(1.85~1.90g/cm^3)封固到油顶以上300m;以上部分采用低密度(1.50~1.65g/cm^3)水泥浆体系。

侧钻井和侧钻水平井采用微膨胀水泥浆体系,水泥浆密度控制在1.85~1.90g/cm^3,水泥返深返到窗口以上70m。

六、井控设计

根据××实测地层压力及三压力预测结果,属正常压力系统,压力等级21MPa防喷器能够满足要求。

受长期注水开发影响,地层局部压力异常。在以往钻井过程中出现过井涌、井漏等事故复杂,在××油田曾出现过井喷失控事故;地面处在大站、工厂、村庄、农田等高危(危险)地区。确定防喷器压力等级为35MPa,并分别配相应等级的节流压井管汇。

第十章　采油工程方案设计

第一节　基本情况

1. 工艺技术

××油田经过超过40a的开发和工艺技术的研究与优化，基本形成了以完井、井筒举升为代表的成熟工艺配套技术，见表10－1。

表10－1　水平井完井工艺现状

完井方式	井数（口）	层位	泥质含量（%）	分选系数	均匀系数	粒度中值（mm）	挡砂精度（mm）	产液（m^3/d）	含水率（%）	含砂率（%）
射孔＋金属毡	1	明三	14.1	7.6	54	0.1～0.25	0.15	51.50	86.60	0.01
精密复合滤砂管	15	明二	8.6	9.7	22	0.1～0.162	0.1～0.15	15.36	46.07	0.01
	1	明三	9.7	7.6	54	0.1～0.25	0.15	13.00	77.60	0.01
	4	馆一	10	12.5	38	0.08～0.22	0.15	26.60	55.55	0.01
	3	馆二	5	6.2	31	0.13	0.15	115.10	63.35	0.01
平均								56.11	65.42	0.01

常规井完井工艺形成了套管固井射孔配套技术，完井参数日趋优化合理；水平井形成了以精密复合滤砂管为主体的防砂完井工艺，适应了馆陶油组有效挡砂和正常生产的需要。共实施24口水平井，完井效率60%，挡砂效率达到84%。

举升工艺主体配套应用了抽油机有杆泵、电潜泵、螺杆泵三大举升工艺技术，经过多年的配套完善，形成了成熟的举升工艺配套技术，其系统效率和泵效（排量效率）处于股份公司先进水平，可为老油田二次开发提供有力的技术支持（表10－2）。

表 10－2　××油田及先导示范区分工艺机采指标统计表

油田区块	举升工艺	总井(口)	开井(口)	日产液(m^3)	日产油(t)	平均泵挂(m)	系统效率(%)	泵效(%)	动液面(m)	检泵周期(d)
××油田	抽油机有杆泵	559	419	39.3	4.0	921	26	63.1	717	448
	螺杆泵	40	30	77.2	4.4	766	—	66.7	460	449
	电潜泵	25	23	87.4	10.0	1191	—	78.7	582	238＋
	合计	624	473	44.4	4.2	925	26	65.1	694	438

2. 工艺配套面临的重大问题

分析××油田开发生产存在的主要矛盾及油藏工程“细分开发层系、重建注采井网”的要求，××油田二次开发面临着四个方面的重大工艺技术难点问题。

1)套损套变井防治问题

××油田共钻各类油水井1153口，其中套损套变井578口，占总井数的50.1%。在册套损套变井有229口，占油水井总数的30.3%。其中套损套变油井148口，已停产52口，带病生产96口；套损水井81口，停注13口，带病注水68口。这使套损点以下3430.5m/758层(剩余未射油层2323.5m/625层)的正常动用受到影响，影响了注采井网的完善。

针对套损套变问题，近几年与有关科研院所合作，进行了套损套变机理及防治对策研究，但其可操作性不强，难以有效指导生产；在套损套变井修复利用方面，自2000年以来开展了专项治理工作，共实施套损套变井修复97井次，成功83井次，修复成功率85.5%，年平均修复利用套损井14口，远小于当年新增套损套变井数(27口)，导致套损井总量上升趋势明显，成为制约注采井网完善的主要因素。

2)重建井网结构工艺配套问题

(1)封井、封层问题。

为了实现××油田重建井网结构的目的，依据油藏工程方案，有146口井需暂闭处理，147井口需永久性弃置处理。由于××油田套损套变井数多、类型多、井况复杂，加之井况资料多为传统的打铅印和人为分析所确定，落实程度低，而且缺乏经济有效的疑难复杂套损井的修复和封层封井处理技术，这给二次开发井网结构重建带来了很大的难度，实施风险大。

(2)分层注水问题。

××油田分层注水工艺以常规偏心一级两段分注为主，由于配水器及管柱结构不合理，导致常规二级三段以上偏心分注封隔器无法验封，难以实现多级分注；且以堵测法为主的测试工艺存在测试精度低、效率低的问题，面临着如何研究应用先进的分注工艺、配套工具及测调技术，并规范分注管柱优化配套，进一步提高分注技术水平和实现分注技术升级，满足细分开发层系、重建井网结构的技术难题。

3)砂害治理问题

××油田属疏松砂岩油藏，一方面由于胶结强度低，内聚力强度仅有1.0～2.8MPa，在地应力的作用下地层易出砂；另一方面，各小层平均生产压差(3.47～4.54MPa)达到或超过了临界值(1.99～3.88MPa)，导致油井投入生产即出砂，尤其是明化镇油组，地层出砂明显。

从修井作业统计情况分析，直接因砂卡、砂埋造成停产作业的井占总开井数的33.6%，平均检泵周期仅有438d；平均单井冲出砂量6.96m^3，大罐年清砂量达6000～8000m^3，出砂程度严重，在很大程度上影响了油水井的正常生产。

经过多年的研究配套与实施，形成了以割缝筛管砾石充填为主体的防砂工艺配套技术，但受诸多因素的影响，防砂有效期短，平均仅有505d。

因此，需优选长效防砂工艺和新型防砂工具、材料，做好技术装备的优化配套，实现长效防砂的目标。

4)扩大水驱波及体积问题

××油田为复杂断块油藏，已处于高含水开发后期，剩余油高度分散，且大孔道窜流问题日趋严重，挖潜难度加大。近几年通过深部调驱技术的规模应用，水驱状况得到一定程度的改善，但由于处理方式和剂量等多方面的问题，难以满足进一步扩大注水波及体积提高采收率的需要。因此，面临着在二次开发完善注采井网的基础上，如何深化大剂量深部调驱技术的研究与配套应用，进一步挖掘分散剩余油潜力的问题。

3. 重大技术难点问题研究成果

1)套损套变防治研究成果

(1)研究确定了造成套损套变的两大主控因素：

① 泥岩水化膨胀引起套变比例占71.74%；

② 射孔砂岩段大量出砂引起的套损比例占20.7%。

(2)研究制定了预防对策：

① 提高固井质量,防止注入水窜入泥岩夹层；

② 建议水泥返高到井口,并优化射孔参数,选择60°射孔相位；

③ 实施早期防砂,防止地层因大量出砂引起的亏空；

④ 尽可能提高套管强度,尤其在高地应力向低地应力过渡区域提高套管钢级和壁厚。

2)井网重建工艺配套研究成果

(1)封井、封层。

针对封层、封井技术需求,研究开发了强造壁高强度复合封堵技术,并形成了多种施工工艺,可满足不同封堵目的、不同井况封堵需要。60℃下48h抗压强度>27MPa,抗折强度>5.6MPa,渗透率<$0.6\times10^{-4}\mu m^2$,对填5mm石英砂填砂管堵塞率>96%。

2008年在油田成功进行了36井次封层、封井试验应用,一次施工成功率达到90%以上,应用井井口耐压>25MPa,为二次开发封层、封井奠定了技术基础。

(2)优选试验双通路偏心分注技术。

为解决常规偏心分注封隔器的验封问题,2008年试验应用了双通路偏心分注30口井,成功率93.3%,并配套应用了智能测调技术,解决了二级三段以上分注的验封问题,且投捞成功率高、测试准确率高,为实现多级分注、满足细分层系开发提供了技术手段。

3)砂害治理对策研究

(1)研究分析了××油田出砂机理。

胶结强度低(表10-3)、临界压差小(表10-4)是地层出砂的主要原因。

表10-3 ××油田各地层内聚力强度计算

层位	NmⅠ	NmⅡ	NmⅢ	NgⅠ	NgⅡ
平均内聚力强度(MPa)	1.067	1.373	2.250	2.771	2.857

表 10－4　××油田地层生产压差统计

层位	油藏埋深(m)	平均泵挂(m)	平均动液面(m)	平均生产压差(MPa)	计算临界值(MPa)
Nm Ⅰ	710～920	640.7	520.68	3.47	1.99
Nm Ⅱ	840～1110	770.8	559.3	3.63	2.26
Nm Ⅲ	960～1230	931.7	838.3	4.54	3.88
Ng Ⅰ	1270～1320	819.1	660.5	4.1	4.81
Ng Ⅱ	1290～1380	1147.4	780.7	4.36	5.53

(2)研究分析了××油田出砂规律。

根据国内经验,出砂指数的经验判别值为:

① 当出砂指数 $B>2\times10^4$MPa 时,在正常生产中油层不会出砂;

② 当 $1.4\times10^4\text{MPa}<B<2\times10^4$MPa 时,油层轻微出砂,但油层见水后,地层出砂严重,应在生产的适当时间进行防砂;

③ 当 $B<1.4\times10^4$MPa 时,油井生产过程中出砂量较大,应进行早期防砂。

××油田各地层出砂指数见表 10－5。

表 10－5　××油田各地层出砂指数预测

层位	Nm Ⅰ	Nm Ⅱ	Nm Ⅲ	Ng Ⅰ	Ng Ⅱ
出砂指数(10^4MPa)	0.96	1.03	1.37	1.52	1.58
出砂规律	严重出砂,不防砂难以生产			高含水后加剧出砂	

(3)割缝管砾石充填防砂工艺在××油田具有较好的适应性(表 10－6)。

表 10－6　××油田分工艺防砂效果对比

防砂工艺	井数(口)	有效率(%)	有效期(d)	累计恢复产量(10^4t)	备注
割缝筛管砾石充填防砂	401	86.2	512	124.4	防砂主体工艺,主要包括压裂充填和循环充填防砂
CS－1 固结剂防砂	77	71.7	458	20.6	主要用于多层及侧钻井防砂
一次性注入法化学溶液防砂	8	37.5	274	0.34	地层完整不亏空时的早期防砂
填砂胶结防砂	8	50	162	0.21	早期化学防砂
合计(平均)	494	82.9	505	145.72	

先期防砂优于后期防砂效果(表 10－7)。

表 10－7　不同防砂时机实施效果对比

项目	先期防砂	中后期防砂
加砂强度(m^3/m)	2.23	2.49
有效期(d)	521	427
有效率(%)	87.73	70.6
平均单井产能(t/d)	5.2	4.4

割缝筛管压裂—充填防砂具有较好的实施效果(表 10－8)。统计表明，××油田应用该工艺有 67% 的防砂井有不同程度的产能提高。

表 10－8　压裂—充填防砂部分实施井效果

井号	措施前(t/d)	措施后(t/d)	累计生产时间(d)	累计恢复产量(t)
西 36－7－1	3.4	7.70	574	2825
西 4－11－1	8.9	12.00	438	3378
西 10－6－1	7.2	7.63	563	3824
西 48－7	4.0	5.60	513	2763
西 1－9	停	5.03	489	2016
西 47－3	4.8	6.52	583	2980
西 54－7	18.0	19.30	605	6291

CS－1 固结剂是一种新型化学防砂颗粒材料，具有固化温度范围大(30～80℃)、固结强度高(4～6MPa)、渗透性好(≥1μm^2)的特点，是大港油田主要应用的化学防砂工艺，在侧钻井和注水井防砂上得到了很好的应用。CS－1 固结剂防砂工艺在侧钻井、水井上得到成功应用(图 10－1)。

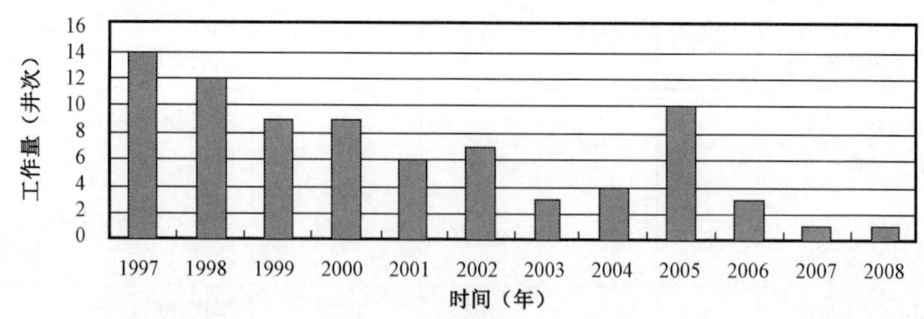

图 10－1　CS－1 固结剂防砂工作量统计图

国外先进防砂工艺配套技术的试验，起到了较好的示范作用。2000 年，大港羊三木油田馆一油组以 7in 套管完井，应用国外先进的管内循环砾石充填防砂技术实施 8 口井。通过高质量的施工过程控制和油层保护，取得了较好的实施效果，防砂有效期达 7 年以上。

但与之相比，××油田防砂有效期还有相当大的差距，其主要影响因素是充填材料质量（表 10－9）和施工过程控制。

表 10－9　国内砾石与国外砾石性能对比

对比项目	国外（0.4～0.8mm）	国内（0.4～0.8mm）
超过尺寸的比例（%）	1.94	10.21
球度	0.8	0.7
圆度	0.8	0.7
浊度 NTU	27	129
破碎率（28MPa）（%）	4.16	7.2

（4）扩大水驱波及体积。

探索形成了适应性强的“地下交联聚合物凝胶＋预交联颗粒”复合多段塞主体体系；研究评价了高强度缓膨颗粒，为大剂量注入和提高封堵效果、实现调驱剂的升级换代提供技术保障；建立了数值模拟方法，为调驱参数优化提供了技术手段；探索形成了水驱现状快速综合评判方法，为提高设计优化水平和调驱效果提供技术支持。

第二节　完井工艺方案设计

一、完井工艺现状及适应性分析

1. 常规井

××油田常规井完井方式均为套管固井射孔完井，主体采用 139.7mm 生产套管，采用油管输送射孔工艺完井，射孔枪弹以 89 枪 89 弹为主，孔密 13 孔/m、16 孔/m，相位角均为 90°（图 10－2）。

对于 139.7mm 生产套管，采用 89 枪 89 弹射孔完井穿深达 452.16mm，

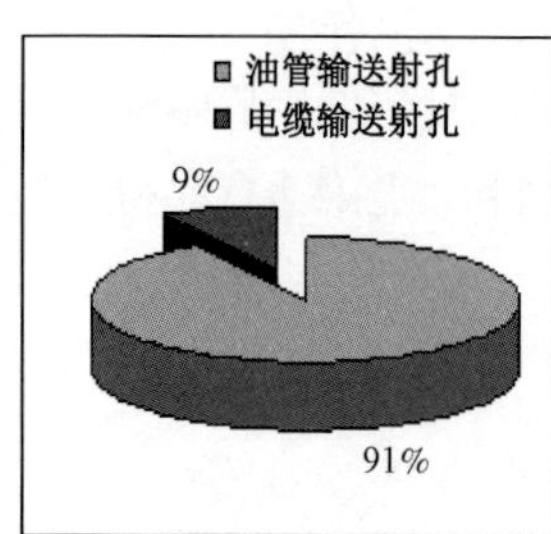

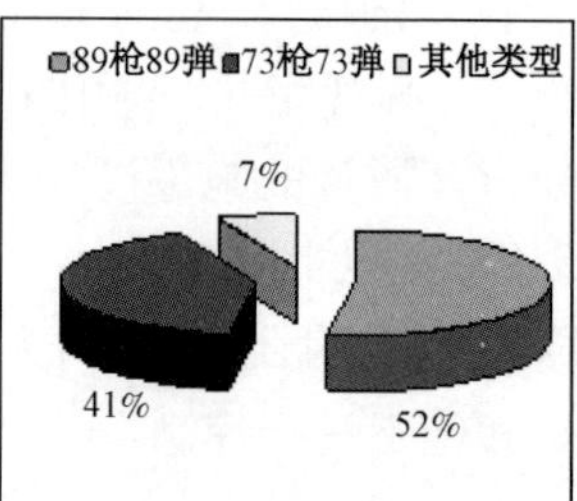

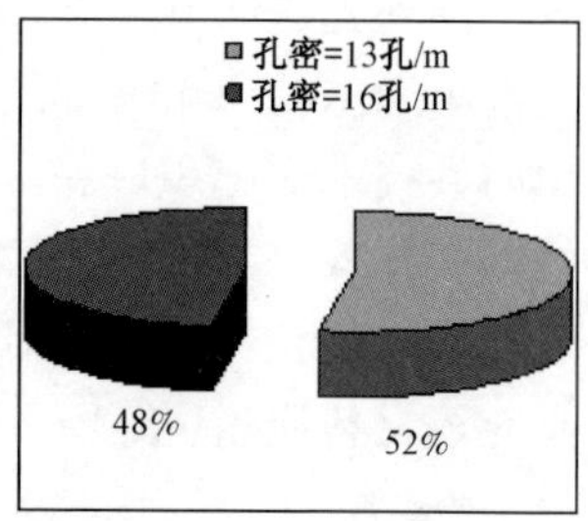

图 10－2　常规井完井方式分布图

能够满足穿透污染带的目的;孔密为 16 孔/m,产率比较低,应适当加大孔密以提高单井产能。在港东油田出砂地层使用 102 枪 32 孔/m 射孔器,孔密提高到 32 孔/m 后,渗流面积增大 2 倍,有效降低了油层的渗流压差,减少了出砂量,取得了较好的应用效果。

2. 水平井

1)水平井完井工艺现状

××油田水平井全部采用了防挡砂完井方式,主体为精密复合滤砂管完井,挡砂精度 0.1～0.15mm,完井效率 60%,挡砂效率 84%。生产实践证明,××油田馆陶油组地层砂粒径较大、分选好,精密复合滤砂管完井基本满足了该类储层的生产需要。明化储层地层砂分选性差,为细粉砂,精密复合滤砂管完井适应性较差,有 4 口井出现了筛管破漏、冲砂作业等问题(表 10－10)。

表 10－10　××油田水平井冲砂、破漏井统计表

类别	井号	层位	粒度中值(mm)	分选系数	泥质含量(%)	挡砂精度(mm)	冲出砂粒度中值(mm)	备注
破漏	西 40－6－9H	明二	0.1	9.7	5.1	0.1	0.216	冲出砂 1.09m^3
	西 24－6H	明二	0.162	9.7	20.5	0.15	0.386	冲出砂 3.5m^3
	西 26－8H	明二	0.12	7.3	14	0.15	0.212	冲出砂 1.13m^3
冲砂	西 H1	明三	0.12	9.7	14	0.15	—	冲砂 3 次,平均每次冲出砂 1.4m^3

2)问题分析

(1)完井方式有待于进一步优化。××油田明化的地层砂分选差(分选

系数 >7)、均匀性差(均匀系数 >22),按照国际标准,采用砾石充填防砂完井更为适合。

(2)挡砂精度优化难度大。挡砂精度依据 D_{50} 设计,而这是基于分选好、粒径中值较大的地层砂实验结果,对于分选性差、地层非均匀性强、泥质含量较高的储层还没有理论研究依据。

(3)泥质含量高,容易造成筛管局部堵塞,加剧了筛管冲蚀,造成破漏。

二、完井工艺

1. 完井方式优选

1)常规井

× ×油田储层为高孔、高渗储层,为便于后期措施实施的需要,完井方式确定为套管固井射孔完井方式。

2)水平井

依据完井工艺适应性分析,结合× ×油田储层特征和国际通用标准,完井方式选择为:

(1)馆陶油组:粒径较大,采用精密复合滤砂管完井。

(2)明化油组:地层砂粒径小,分选差,依据岩心实验,优选筛管结构和挡砂精度,采用新型分级控砂精密复合滤砂管完井,实现分级挡砂。

(3)NgⅢ油组底水油藏:应用精密复合滤砂管配套管外膨胀封隔器实现分段完井,并应用中心管采油等先进的控水工艺,以有效延缓底水锥进速度。

2. 油管柱优选

依据采油工艺方案、注水工艺方案设计,选用 73mm 规格油管,可以满足油藏工程方案配产、配注及后期提液要求。

3. 生产套管优选

1)油井生产套管尺寸选择

依据油管尺寸的选择结果,油井选择 139. 7mm 生产套管。

2)注水井生产套管尺寸选择

依据不同油套管组合关系表(表 10 - 11),考虑到注水量要求以及投捞测配工具的配套因素,选择 139. 7mm 套管。

表 10－11　注水井不同油套管组合关系表

油管外径(mm)	60.8	73.0	89	101.6	114.3
套管外径(mm)	127	139.7	168.3 ~177.8	177.8	177.8

4. 射孔工艺

1)射孔方式

选用油管输送射孔工艺。由于××油田油层胶结差、易出砂,不考虑负压。

2)射孔参数

(1)油井射孔参数。

射孔枪弹优选:102 枪 89 弹。

选用 102 枪能够保证枪身居中,减少枪套间隙,同时选用 89 弹可满足穿透污染带的需要。

孔密、孔径、相位角优化:孔密 32 孔/m,孔径 8.8mm,相位角 60°,螺旋布孔。

(2)注水井射孔参数。

采用 89 枪 89 弹、20 孔/m、60°相位角射孔完井。

(3)射孔液。

根据目前所使用射孔液的应用效果,选用无固相清洁盐水可满足油层保护的要求。

5. 水平井防砂完井工艺参数优选

1)挡砂精度优化

××油田地层砂粒度中值为 0.083 ~0.162mm。按国内外通用做法,同时结合油品物性、泥质含量等参数,挡砂精度确定为 0.1 ~0.15mm。

2)精密复合滤砂管结构选择

筛网采用分级控砂设计,挡砂精度外层大、依次减小的结构,在筛管外形成稳定的挡砂砂桥,提高挡砂和筛管可靠性。

三、完井工艺配套技术要求

1. 固井质量要求

(1)各层套管水泥返高均要求返至地面;

(2)注水泥施工后,要求应用压力试验和测井方法解释评价水泥胶结质量,达到变密度测井第二界面固结良好,无窜槽,合格率100%。

2. 水平井完井酸洗要求

清洗近井地带的滤饼及其他污染物,沟通井底油流通道。酸液体系性能指标见表10-12。

表10-12 酸液体系性能指标要求

钻井液体系、处理液体系指标	有固相钻井液体系	低固相钻井液体系	无固相钻井液体系
清洗率加权值(%)	≥380	≥380	400
破胶率加权值(%)	≥450	≥450	550
溶蚀率加权值(%)	≥150	≥120	≥120
防膨率加权值(%)	≥240	≥240	≥240
腐蚀速率加权值[g/(m²·h)]	≤5(60℃)	≤5(60℃)	≤5(60℃)
	≤10(90℃)	≤10(90℃)	≤10(90℃)
界面张力加权值(mN/m)	≤3.5	≤3.5	≤3.5
铁离子稳定能力加权值(mg/mL)	≥10	≥10	≥10

第三节 举升工艺方案设计

一、举升工艺

1. 液量预测及下泵深度的确定

根据相邻井实际生产情况,应用Wellflo软件进行建模,拟合得到相关参数,然后对馆陶油组、明化油组的常规井和水平井分别进行产液量预测,并根据不同层位常规井和水平井井况和液量要求,考虑防砂后地层渗透率下降和地层压力下降等因素,对泵挂深度进行优化如表10-13、表10-14所示。

表 10-13 常规井泵挂深度优化表

层位	平均油层中深(m)	厚度(m)	地层压力(MPa)	最大无阻流量(m^3/d)	设计液量(m^3/d)	含水率(%)	流压(MPa)	生产压差(MPa)	泵深(垂深)(m)
Nm	1000	5	9.8	78	25	80	7.56	2.24	800
NgⅠⅡ	1200	5	11.76	62	25	80	8.72	3.04	1000
NgⅢ	1400	5	13.72	53	25	80	9.4	4.32	1200

表 10-14 水平井泵挂深度优化表

层位	平均油层中深(m)	厚度(m)	地层压力(MPa)	最大无阻流量(m^3/d)	设计液量(m^3/d)	含水率(%)	流压(MPa)	生产压差(MPa)	泵深(垂深)(m)
Nm	1000	5	9.8	221	50	70	8.31	1.49	800
NgⅠⅡ	1200	5	11.76	163	50	70	9.35	2.41	1000
NgⅢ	1400	5	13.72	134	50	70	10.25	3.47	1100

2. 举升工艺方式选择及配套

举升工艺方式选择和配套主要考虑因素:地质配产液量、下泵深度、井眼轨迹、工艺成熟度等。

1)举升方式及抽油泵选择

从 2007 年新井生产情况看,现有举升工艺基本可以满足××油田不同类型油井的生产要求,在××地区的应用是成熟、适应的。针对二次开发,原则上以抽油机有杆泵举升工艺为主,对于中高产液大斜度井以及稠油出砂油井,推荐采用电潜泵及螺杆泵举升工艺。具体条件界定如下:

(1)泵挂以上井段井斜角<40°,应用抽油机有杆泵举升工艺;

(2)泵挂以上井段井斜角>40°、全角变化率>3°/30m、日产液量≥30m^3时,应用斜井电泵(配套变频)举升工艺;

(3)馆三稠油底水出砂油藏,泵挂以上井段井斜角<20°,应用螺杆泵举升工艺;

(4)泵挂以上井段井斜角>40°、全角变化率>3°/30m、日产液量<

$30m^3$时，根据实际情况，可试验应用直线电动机抽油泵、电潜螺杆泵等新技术。

2）举升工艺参数设计

（1）抽油机有杆泵。

泵径及工作制度设计：依据区块地质方案要求（日产液量20～$50m^3$），应用ProdDesign软件建立模型进行优化计算，选用ϕ44～57mm抽油泵，工作制度采用6m、2.4～3次/min。

抽油机选择：10型复合平衡节能抽油机。

电动机选择：选择具有软启动功能的12级Y系列电动机。

管柱配套：ϕ73mm钢级N80平式油管。

杆柱组合：选用D级杆二级组合。

井口选择：配套标准光杆、防喷盒、CYb250型采油树。

（2）电潜泵工艺。

电潜泵举升：依据地质方案要求，电潜泵排量$50m^3/d$，扬程1200～1500m，电动机功率31～37kW，电缆耐温等级90℃，电泵专用井口（耐压15MPa），配套变频调速装置，可满足生产参数自动控制要求。

（3）螺杆泵工艺。

根据地质液量要求，推荐应用GLB300－30、GLB433－19型螺杆泵，扬程1000～1500m，能够满足生产需要，同时为了便于调节排量，地面配套变频调速装置，配套螺杆泵专用井口。

二、举升工艺配套及技术要求

1. 举升工艺技术配套

（1）防砂卡措施。

油井出砂这一现象是××油田客观存在的，地层出砂导致油井检泵周期短，砂埋、砂卡现象严重，针对油藏出砂这一问题，建议在新井投产时采取“先期防砂＋防砂泵”的综合配套模式，防砂泵采用已成熟应用的长柱塞防砂泵。

（2）防偏磨措施。

防偏磨工具配套：为保证油井正常生产，延长检泵周期，在杆柱设计上进行优化配套。根据软件计算分析侧向力,从造斜点开始依据计算结果全部或部分采用扶正杆,在侧向力大的井段安装扶正器,为克服下行时由于井斜及加装扶正器造成的下行阻力在杆柱下部配套应用加重杆,以最大限度地降低管杆偏磨,延长检泵周期。

从××油田扶正杆及扶正器的应用效果看,推荐应用叶片式扶正杆及扶正器。

(3)变频调速装置配套。

对于抽油机有杆泵井、电潜泵、螺杆泵井均配套变频调速装置,实现抽汲参数在一定范围内的不停机、无级调速,与储层形成协调、匹配的供产关系。

(4)抽油机井在线计量分析诊断系统。

(5)在定点监测井安装偏心测试井口。

2. 技术要求

对井眼轨迹的要求:泵挂点以上井斜角>40°的油井,全角变化率控制在7°/30m以内;泵挂点处设计留有50m以上的稳斜段。

第四节　注水工艺方案设计

一、油藏工程方案设计要点

根据××油田二次开发油藏工程方案部署,为提高水驱控制程度,注水井全部采用分层注水工艺(表10-15)。

表10-15　××油田水井转注、分注措施统计表

区块	二区	五区二	一区一	一区二、四	一区三	五区一	六区	四区	合计
新井投注(口)	18	7	8	20	7	19	19	16	114
油井转注(井次)	9	6	4	4	5	8	3	5	44
老井分注(井次)	11	13	17	10	11	17	4	16	99
恢复注水(井次)	1	1	1	0	1	1	0	2	7
合计(井次)	39	27	30	34	24	45	26	39	264

二、工艺现状及适应性分析

××油田有注水井 270 口,开井 231 口,日注水 19361m^3,平均单井日注 84m^3;最高注水压力为 11.4MPa,平均 6.2MPa,可以满足配注要求。

分注井有 134 口,分注率 51.34%,分注合格率 82.89%。分注工艺以一级两段为主,有 85 口,占总分注井数的 63.4%;二级三段 43 口,占 32.1%;三级四段仅有 6 口。分注管柱有效期平均为 2a,基本可以满足××油田分层注水的需要。

××油田细分层系开发,需要配套实施二级三段、三级四段及以上的分注,而应用的常规偏心分注工艺二级三段以上无法实现验封,影响了多级分注工作的开展。2008 年在××油田试验应用的双通路偏心分注技术较好地解决了这一问题,可以满足二次开发对分注工艺的需求。

三、投转注方案设计

1. 注水量预测

依据油藏工程方案设计,××油田 2009 年平均单井水量达到最大,为 90m^3/d。

2. 注水压力设计

根据计算,配注 90m^3/d 时井口注水压力为 8.75MPa,而井口破裂注水压力 12.08MPa,可以保证在低于井口破裂压力条件下正常注水。

3. 井口及油管选择

根据注水量要求,从工艺成熟情况及与井下工具配套程度角度考虑,结合经济因素,注水井油管设计选用 N80 钢级、ϕ73mm 油管,井口采用 CYb－250 型井口,考虑××油田出砂问题,配套单流阀,并要求井口具有测试和防喷功能。

4. 注水水质指标

根据油层孔喉的实际情况和地面供水条件,推荐执行《大港油田回注污水水质指标》(Q/SY DG 2022—2006)控制标准(表 10－16)。

表 10 – 16 ××油田回注污水推荐水质指标

站名	控制指标			辅助指标		
	含油量(mg/L)	悬浮固体含量(mg/L)	悬浮物颗粒直径中值(μm)	SRB 菌(个/mL)	TGB 菌(个/mL)	铁细菌(个/mL)
西一污	≤40.0	≤20.0	≤5.0	≤110	$n\times10^4$	$n\times10^4$
西二污	≤40.0	≤20.0	≤5.0	≤110	$n\times10^4$	$n\times10^4$

四、分层注水设计

1. 分注工艺选择

××油田分层注水工艺采用双通路偏心分注工艺。

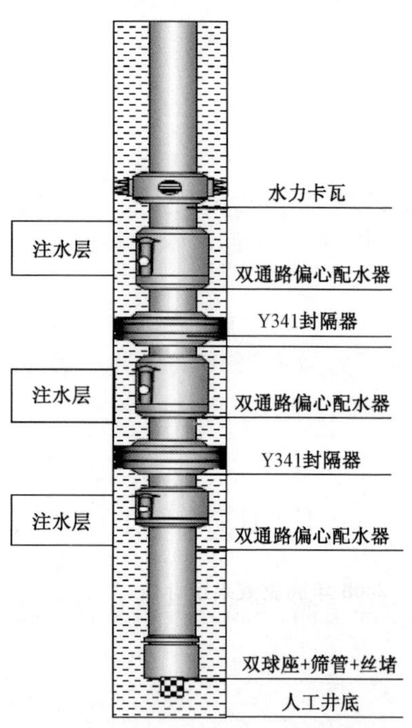

图 10 – 3 二级三段分注管柱示意图

2. 管柱结构设计

水力卡瓦 + 双通路偏心配水器 + Y341 封隔器 + …… + Y341 封隔器 + 双通路偏心配水器 + 双球座 + 筛管 + 丝堵(图 10 – 3)。

3. 注水配套测试工艺方案设计

配套应用智能测调联动技术。

五、注水井管理技术要求

(1)针对××油田出砂现象,注水井开关井操作要平稳。

(2)针对部分在压力下完不成配注的井,实施单井增压措施。

(3)分注井每季度进行分层水量测试一次,每半年验封一次。

第五节 调驱工艺方案设计

一、油藏工程方案设计要点

油藏工程方案部署了 8 个单元 127 井次调驱工作量，其中，老井 82 井次，新井 45 井次（表 10－17）。

表 10－17 ××油田调驱工作量部署表

区块	单元	调驱工作量（井次）		
		老井	新井	小计
一区	一区一	24	4	28
	一区三	7	3	10
	一区二、四	6	8	14
二区		11	7	18
四区		11	6	17
五区	五区一	11	7	18
	五区二	9	3	12
六区		3	7	10
合计		82	45	127

二、调驱工艺适应性分析

2000 年以来，××油田对 96 口井实施调驱 158 井次，约占水井开井数的 46.6%，有效率 80.3%，累计增油 15×10^4t，平均单井组增油 980t（表 10－18），为改善水驱开发效果发挥了重要作用。

表 10－18 ××油田 2000—2008 年调驱效果统计表

年份	2000 年	2001 年	2002 年	2003 年	2004 年	2006 年	2007 年	2008 年	合计
实施工作量（井次）	12	19	20	24	21	43	13	6	158

续表

年份	2000年	2001年	2002年	2003年	2004年	2006年	2007年	2008年	合计
有效率(%)	75	78.9	95	70.8	81	79.5	84.6	80	80.3
累计增油(t)	8083	19794	26368	14736	21561	40825	17920	1463	150750
单井增油(t)	674	1009	1318	614	1027	928	1378	—	980

(1)调驱技术适用于非均质性强、渗透率高、油层厚度大的油藏挖潜。

××油田调驱层位主要为明化油组的二、三小层,多年来调驱主体工作量分布在一区的一、三断块,三区的一、二、三断块和五区一断块,占了总调驱工作量的76.2%,其调驱主力区块及层位具有以下油藏特征:

① 调驱主力区块及层位的渗透率普遍较高。

××油田调驱主力断块一、三、五的Nm主力层,渗透率在(3000~9000)×$10^{-3}\mu m^2$,明显高于其他区块的相同层位。

② 调驱治理的主力层非均质性强。

调驱主力层NmⅡ—Ⅲ的变异系数、突进系数和渗透率级差明显高于非调剖治理主力层NmⅠ及Ng油组。

③ 调驱主力区块的一类油层厚度大。

调驱主力区块一、三和五区的一类油层平均厚度均在23m以上,明显大于非主力治理区块的油层厚度。

(2)多段塞复合凝胶调驱体系工艺适应性强。

××油田多年来主体应用了预交联颗粒和交联聚合物凝胶调剖剂,通过不同浓度、强度及段塞结构的优化组合,形成了适合不同区块及井组治理需求的"多段塞复合凝胶"主体工艺体系,占了调剖井总数的90%以上,该体系对××油田出砂严重、长期水驱导致非均质程度加剧的油藏工艺适应性强。

(3)随着调剖剂量逐年加大和处理深度的逐年加深,保持了较好增油效果,适应性逐步增强。

随着油田的深化开发,调剖剂量逐年加大,用量与效果呈明显对应关系(图10-4),因此,对多轮次调驱的区块要进一步加大调剖剂量。

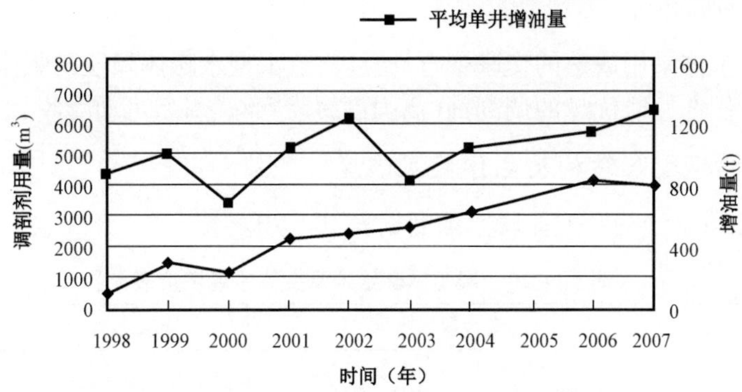

图 10－4　××油田历年调剖剂用量与增油对应关系图

三、调驱工艺

1. 治理思路

紧密结合油田生产实际，立足于深部调驱改善水驱提高采收率，以整体区块(单元)调驱为重点，加大成熟体系应用和工艺的优化力度，结合井网完善，积极开展可动凝胶调驱提高采收率技术的探索，为改善水驱效果、提高采收率提供技术支撑。

(1)按首次调驱和多轮次调驱两个层次展开治理：对首次调驱井，采用成熟体系和常规剂量；对多轮次治理的区块，加大处理剂量。

(2)优选井网完善的整体区块或单元，开展可动凝胶调驱试验。

(3)主体采用单井施工注入方式，研究试验区块集中注入工艺。

2. 调驱方式

依据××油田历年调驱技术应用情况及不同区块的水驱现状，综合考虑生产实际需求、成本及现场实施能力，分常规深部调驱和可动凝胶大剂量调驱两个层次开展调驱治理(表 10－19)。

表 10－19　调驱治理方式表

调驱方式	常规深部调驱	可动凝胶大剂量调驱
区块(单元)	一区二、四断块，二区，四区，六区	一区一、三断块，五区，二区和四区高含水单元

3. 调驱体系

(1)主体采用成熟的交联聚合物凝胶、疏水型水膨体颗粒调驱体系;

(2)优选性能优越的调剖剂(高强度缓膨颗粒、新型可动凝胶)。

4. 调驱段塞结构及主体段塞浓度

调驱段塞结构及主体段塞浓度见表10-20。

表10-20 调驱段塞结构及主体段塞浓度表

治理方式	常规深部调驱	可动凝胶大剂量调驱
段塞结构	封堵大孔道+调驱主体+保护段塞	封堵大孔道+调驱前沿+调驱主体+保护段塞
主体段塞的体系浓度	0.2%~0.4%聚合物,0.3%~0.36%交联剂	0.15%~0.25%聚合物,0.25%~0.3%交联剂

5. 施工设计参数优化

(1)调剖剂用量:初次常规调驱井处理剂量2000~5000m^3;多轮次重复调驱井处理剂量5000~10000m^3;可动凝胶调驱剂量:大于0.1*PV*。

(2)施工注入排量:控制在正常日注量水平,确保调驱剂优先进入水流优势区域。

(3)挤注压力:不高于系统正常注水压力的90%。

6. 施工管柱

根据调驱目的层的位置(上、中、下),有针对性地采用封、卡施工管柱,一方面提高调驱的针对性和调驱剂的利用率,另一方面避免对非目的层的污染,要求油管下到油层底界位置。

7. 施工设备

常规调驱井采用现有单井施工注入设备,配液装置配套完善聚合物专用溶解装置;区块整体调驱根据体系特点,进一步优化注入方式和设备;挤注设备排量达到2~10m^3/h,最大工作压力为16MPa。

四、实施调驱技术要求

(1)调驱井要依据调驱方案,充分利用具体井的测试资料数据、生产动态进行单井工艺设计优化，经评审审批后，方可进入现场施工；

(2)现场使用的调驱剂(堵剂)在施工前进行体系性能检测评价；施工过程中不定期进行体系性能抽检；

(3)现场施工采用调堵专用设备，并完善配套聚合物溶解装置；

(4)整体单元及区块要集中实施，确保效果。

第六节　油水井防砂工艺方案设计

一、地层出砂及防砂工艺现状

1. 地层出砂现状

××油田在整个开发过程中，油井普遍出砂，另外，随着含水率逐渐上升，油井出砂越加严重，严重影响着油田的正常生产。

从修井作业统计情况分析，直接因砂卡、砂埋造成停产作业的井占油田总开井数的33.6%。平均单井冲出砂量6.96m^3，大罐年清砂量达6000～8000m^3，出砂程度严重。

2. 防砂工艺现状

××油田胶结疏松，尤其以未胶结的明一油组流砂层为代表，射开油层后即大量出砂，必须实施先期防砂措施，因此防砂工作伴随着油田的开发全过程。防砂工艺的应用上从最初的水带干灰砂、水玻璃氯化钙、砾石树脂、一次性注入化学溶液等发展到近10a占主导地位的割缝筛管防砂，防砂工艺不断进步与完善(表10－21)。

表10－21　近10a××油田分工艺防砂效果对比

防砂工艺	井数(口)	有效井数(口)	有效率(%)	平均生产天数(d)	累计恢复产量(10^4t)
割缝管砾石充填防砂	401	348	86.2	512	124.4
CS－1固结剂防砂	77	55	71.7	458	20.6
一次性注入法化学溶液防砂	8	3	37.5	274	0.34
填砂胶结防砂	8	4	50	162	0.21
合计(平均)	494	410	82.9	505	145.72

1)割缝管砾石充填防砂

砾石充填防砂技术是国内外普遍采用的最有效的防砂方法,也是大港油田使用最多的技术,能满足直井、斜井、水平井的先期和中后期防砂。

循环充填一般加砂量较小,主要是在近井带和筛套环空形成密实的高渗透充填层,尤其适用于底水油藏和一些特殊井况防砂。例如,羊三木油田馆一油组底水油藏防砂采用了这一技术,取得了突出成效。另外,有的特殊井况如地层加砂困难、水层距离近等尤其适用该技术,而且作用费用较低,是一种既经济又可靠的防砂手段。

压裂充填与循环充填主要有以下区别:

(1)处理范围。

循环充填只处理井筒内部、射孔孔道及附近地层,对广大泄油区而言,这只是一个较小的局部范围,即在近井带改变了原有地层渗流条件;而压裂充填处理范围大,能在地层深部形成一条高导流能力的支撑裂缝,有效突破原有的近井伤害带,在较大范围内改善了地层深部的渗流条件,为高产奠定了基础。

(2)施工工艺。

两种工艺施工规模和施工方法不同,压裂充填要求在破裂压力以上大砂比、大砂量挤注,支撑剂更容易形成平行六面体排列(图 10-5);而循环充填不要求施工压力在破裂压力以上,砂比和加砂量相对较小,一般容易形成立方体排列(图 10-6)。由图 10-5 和图 10-6 可知,平行六面体排列时,颗粒之间的孔隙直径为 $d_1=0.1547D$,立方体排列时,颗粒之间的孔隙直径为 $d_2=0.4142D$,说明“平行六面体排列”要比“立方体排列”紧密得多($d_1=0.3735d_2$)。也就是说,对于相同尺寸砾石,压裂充填可挡住更细的地层砂。

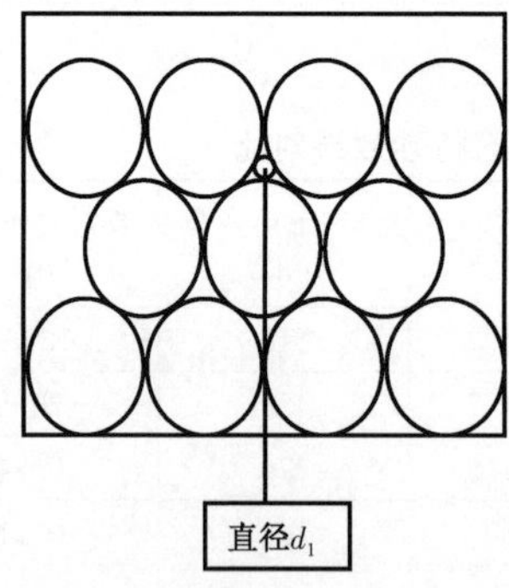

图 10-5 平行六面体排列示意图

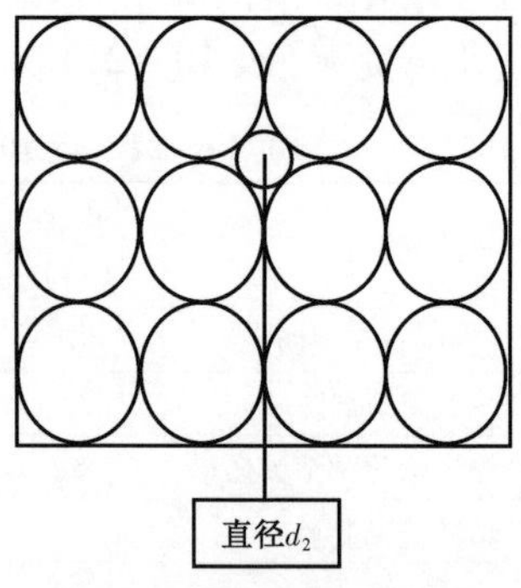

图 10-6 立方体排列示意图

(3)地层渗流模式。

采用循环充填方式,一般按平面径向流的模式流向井底(图 10 - 7);而压裂充填后,地下流体的流动模式可能改变为双线性流(图 10 - 8),即流体从裂缝面以几乎垂直的方向流入裂缝内(第一阶段线性流),缝内流体沿裂缝方向流向井底(第二阶段线性流),这种双线性流动模式是压裂充填防砂解堵增产的基础,是阻力最小的流动模式。

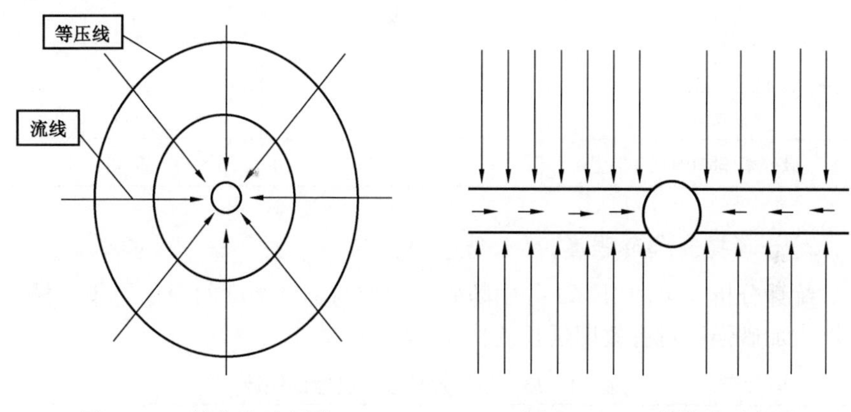

图 10 - 7 径向流示意图　　图 10 - 8 双线性流示意图

统计割缝管砾石充填防砂工艺技术,占总防砂工作量的 81.2%,且工作量逐年递增,成为 × × 油田主体防砂工艺,具有较好的适应性。

2)化学防砂

化学防砂具有井内不留管柱、方便后续处理等特点,在砂害治理方面得到广泛应用。大港油田着手化学防砂研究比较早,成果也比较多,形成了大港油田自身的特色和优势。因为 × × 油田大部分出砂区块埋藏浅,井温较低(主要在 30 ~ 50℃范围),对于一般的化学固结材料来说,低温固结和安全施工是一对矛盾,因而低温化学防砂技术是 × × 油田研究的重点和难点。× × 油田常用的是已形成规模的 CS - 1 固结剂人工井壁防砂工艺和加固井壁一次性注入法化学溶液防砂技术。

3. 工艺适应分析

× × 油田防砂主体实施工艺基本满足了防砂治理的需要,但由于工艺配套及质量控制等原因,距离二次开发高效开发要求,还需进一步技术升级与配套完善。

1)施工材料质量是影响防砂效果的重要因素

受成本因素制约,砾石粒径的可选性和针对性较差,充填砾石主要质量指标与国外水平相比有一定差距(表10-22)。

表10-22 国内砾石与国外砾石性能对比

对比项目	国外(20~40目)	国内(0.4~0.8mm)
超过尺寸的比例(%)	1.94	10.21
球度	0.8	0.7
圆度	0.8	0.7
浊度NTU	27	129
破碎率(28MPa)(%)	4.16	7.2

2)合理提高加砂强度,延长防砂有效期

统计分析××油田163井次防砂有效期与加砂强度的变化趋势,明显看出增大加砂强度对有效期延长的作用(表10-23)。

表10-23 不同加砂强度有效期统计

有效期	井数(口)	比例(%)	加砂强度(m^3/m)	平均产能(t/d)
大于3a	31	19	3.20	5.69
不足3a	132	81	2.97	3.33

3)先期防砂效果优于后期防砂效果

先期防砂在地层没有出现亏空时实施,避免了远井地带坍塌、运移,堵塞近井区域而造成防砂产能低、有效期短,防砂后效果得到保证。

表10-24 防砂实施效果对比

名称	先期防砂	中后期防砂
加砂强度(m^3/m)	2.23	2.49
有效期(d)	521	427
有效率(%)	87.73	70.6
平均单井产能(t/d)	5.2	4.4

二、防砂工艺方案设计要点

1. 总体原则

新井立足于先期防砂，老井立足于优化工艺配套，实现防砂的长效性。

2. 防砂工艺选择

(1)明化镇组油井：配套以压裂充填为主体的防砂工艺技术；
(2)馆陶油组底水油藏油井：配套以循环充填为主体的防砂工艺技术；
(3)注水井及侧钻井：配套以化学防砂为主体的防砂工艺技术；
(4)水平井：采用精密复合滤砂管防砂工艺；
(5)优选2~3口井开展多层段逐层充填及压裂充填防砂先导性试验；
(6)优选适宜井试验树脂悬浮液防砂工艺技术。

3. 参数选择

1)砾石选择

依据防砂架桥理论充填砾石尺寸应满足 D_{50}(砾石)＝(5~6)d_{50}(地层砂)，而对于细粉砂地层采用 D_{50}(砾石)＝(3~5)d_{50}(地层砂)为砾石选择依据。由于××地层为细粉砂，降低一级采用 D_{50}(砾石)＝(3~5)d_{50}(地层砂)为砾石选择依据，并要针对性地对新井(层)做好每口井的地层砂粒度分析，为科学选配提供依据(表10－25)。

表10－25　××油田充填砾石尺寸选择

层位	地层砂粒径中值 d_{50}(mm)	充填砾石尺寸 D_{50}(mm)
明一	0.078	0.25~0.40
明二	0.10	0.30~0.50
明三	0.112	0.35~0.55
馆陶	0.12~0.172	0.35~0.60

砾石尺寸合格程度：大于要求尺寸的砾石质量不得超过砂样的0.1%，小于要求尺寸的砾石质量不得超过砂样的2%。

砾石的强度：28MPa时的破碎率小于8%。

砾石的球度和圆度：平均球度应大于0.8，平均圆度大于0.8。

加砂强度：新井借鉴国内外先进长效防砂经验，加砂强度设计 $3m^3/m$ 以

上;老井根据地层亏空程度预测结果,优化设计加砂强度。

2)筛管选择

筛管缝隙的宽度应以能够阻挡最小砾石粒径为原则,通常选择筛管的缝隙尺寸略低于充填砾石的最小尺寸,推荐采用2/3计算。

依据$T_{缝宽} \leqslant 2/3 D_{砾min}$,××油田明化油组:$T_{缝宽} \approx 0.3$mm,馆陶油组:$T_{缝宽} \approx 0.35 \sim 0.4$mm。

为保证充填质量和防砂后产能,砾石充填环形空间的径向厚度不小于20mm,筛管外径选用73mm。

3)水井防砂

水井化学充填防砂材料质量应达到表10-26的要求。

表10-26 化学充填防砂材料技术指标要求

项目	指标
外观	呈松散状
粒度(0.3~0.6mm)(%)	≥95
固化温度(96h)(℃)	60
抗折强度(MPa)	≥3.0
抗压强度(MPa)	≥6.0
固结后渗透率(μm^2)	≥8.0

4. 防砂工艺配套技术要求

1)完井要求

常规油水井生产套管选用ϕ139.7mm套管完井;为便于工具下入,引进国外逐层充填防砂工艺技术,要求新钻油井采用ϕ177.8mm套管完井。

2)井筒处理

措施前全井通井刮削,并用过滤的与地层配伍的工作液彻底洗井,洗井液NTU值小于40,下入防砂管柱后注入油管清洗液并返洗,清除井下管内的油污和杂质。

3)地层预处理

地层预处理设计应以室内研究为基础,包括地层砂样筛析、油样和水样分析、黏土矿物组成分析及敏感性试验、地层损害情况研究等。通常地层预处理技术包括酸化处理和黏土稳定处理技术。

4)携砂液性能要求

(1)开展携砂液与地层水和地层的配伍性试验,根据试验结果优选携砂液类型。

(2)携砂液要求保持洁净,配液用水清洁过滤,固相颗粒直径应该控制在2~5μm,以减少对地层和充填层的固体颗粒堵塞。

(3)携砂液配置均匀,黏度30~50mPa·s。

5)施工装备要求

(1)泵注系统:要求施工泵注系统压力达到18~20MPa,泵注排量达到$2m^3$/min以上;

(2)加砂、混砂车组配套:要求配套砂罐车及能够满足砂比大于45%的专业化混砂车;

(3)携砂液配注设备配套:要求现场配套携砂液精细过滤设备,能够满足过滤精度达到2μm的过滤需要;

(4)要求配套施工参数自动采集及监控设备。

6)防砂过程控制要求

(1)严格按照设计的泵注程序以注液排量由低到高分步测试,确定油管、套管压力变化,从而确定地层破裂压力,确定相应的注入排量为最大施工排量;施工过程要求保持压力平稳连续。

(2)充填施工时要对填砂量、砂比、排量随施工过程压力变化随时采集、分析和调整,保证充填完整。

7)投产要求

(1)防砂后及时排液,及时投产;

(2)防砂投产后,不应过快调整工作制度,避免因激动压力而造成吐砂。

第七节 老井恢复利用、暂闭、弃置工艺方案设计

一、大修恢复利用方案设计

××油田有17井次油水井需进行大修恢复,其中有油井11井次、水井6井次,具体修复配套措施见表10-27。

表 10－27　××油田油水井大修恢复措施分类表

措施方案	油井(井次)	水井(井次)	工作量(井次)
取换套	2	2	4
解卡、打捞	5	3	8
膨胀管补贴或堵套漏	2	1	3
钻塞	2		2
合计	11	6	17

二、老井暂闭处理方案设计

1. 老井暂闭处理原则

老井暂闭严格执行中华人民共和国石油天然气行业标准 SY/T 6646—2006《废弃井及长停井处置指南》和 Q/SY DG 1208—2006《油(气)水井封井技术规范》。达到隔离井内所有射开注采井段、阻止各层之间的窜流、避免干扰邻井开发的目的,实现安全、环保的目标。

2. 老井暂闭处理

方案部署 146 口暂闭处理井中,需要封层暂闭的井有 113 口,小修暂闭的井有 33 口。实施油层或井筒处理后,井口安装 Y222－120 型多功能封井器和井口防盗装置(表 10－28)。

表 10－28　××油田油水井暂闭处理分类表

设计措施	油井(口)	水井(口)	总井数(口)
修套—封层	11	8	19
打捞—封层	18	11	29
修套—打捞—封层	21	16	37
钻塞—修套—封层	17	11	28
小修关井暂闭	24	9	33
合计	91	55	146

三、老井弃置处理方案设计

1. 老井弃置的原则

老井弃置严格执行中华人民共和国石油天然气行业标准 SY/T 6646—2006《废弃井及长停井处置指南》和 Q/SY DG 1208—2006《油(气)水井封井技术规范》。达到隔离井内所有射开注采井段、阻止各层之间的窜流、避免干扰邻井开发的目的,实现安全、环保的目标。

2. 老井弃置的步骤

要达到安全环保目标,符合二次开发的要求,单井弃置必须严格遵循以下步骤:

(1)封堵生产层及可疑油气层。

在弃井中,隔离井内所有射开注采井段、封堵未射可疑油气层,将油气及注入液限制在各自的层段里,阻止各层之间的窜流,避免干扰邻井开发。

(2)拔套管封残余套管和井筒。

对于多开井,水泥返深不重叠的井,为防止封井后因套管腐蚀渗漏造成地层通过井筒沟通,采取拔套封堵井筒及套管环空的措施。

(3)分割盐、淡水层。

在盐、淡水交替井段,采取射孔或锻开套管的方式,打水泥塞,实现分割。

(4)封表层套管。

为阻止地面和井内流体互渗,需对表层套管进行封固。

(5)地表恢复并建立井口标识。

3. 老井弃置处理方案

××油田共需弃置井 147 口,其中油井 98 口井、水井 49 口。设计措施及分类处理弃置工作量见表 10-29。

表 10-29　××油田油水井弃置处理措施分类表

类型	油井(口)	水井(口)	合计(口)	设计措施
轻微套变井	2	1	3	修套—封层弃置
有落物井	8	3	11	打捞—封层弃置
套损、有落物套变井	21	10	31	打通道—打捞—封层弃置

续表

类型	油井（口）	水井（口）	合计（口）	设计措施
有水泥塞井	5	1	6	钻塞—封层弃置
有水泥塞、落物井	16	8	24	钻塞—打捞—封层弃置
有水泥塞、套变井	14	7	21	钻塞—修套—封层弃置
有水泥塞、落物、套变井	15	8	23	钻塞—打捞—修套封层弃置
严重套变，目前技术不能修复井	17	11	28	侧眼—封层弃置
合计	98	49	147	

四、技术、经济风险分析

1. 技术风险

1）现有井况资料存在不确定性

以二区为例，36 口弃置井，井筒状况在 1990 年之前核实的有 12 口，1990—2000 年 25 口，2000 年以后 9 口，以此为依据制定的弃置措施实施风险大。

2）套管严重变形和错断井的打通道技术不成熟

例如，港 160 井鹰眼测井资料显示，在 1351m 处缩经、破裂同时存在，且油管不能通过，实施难度和风险共存（图 10－9）。

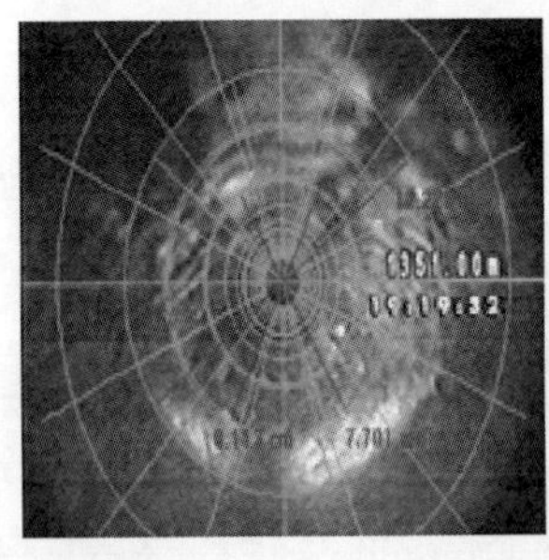

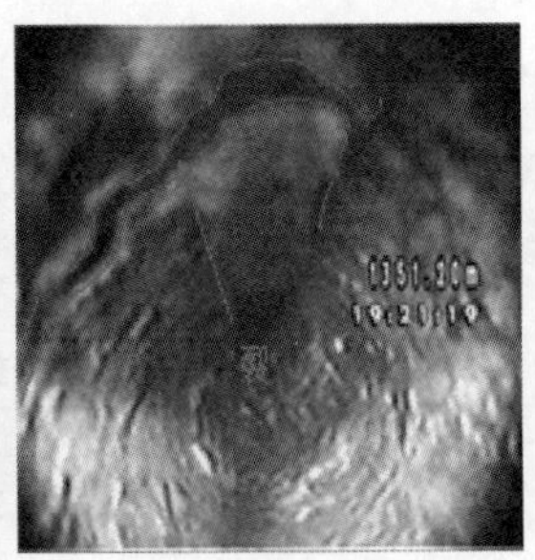

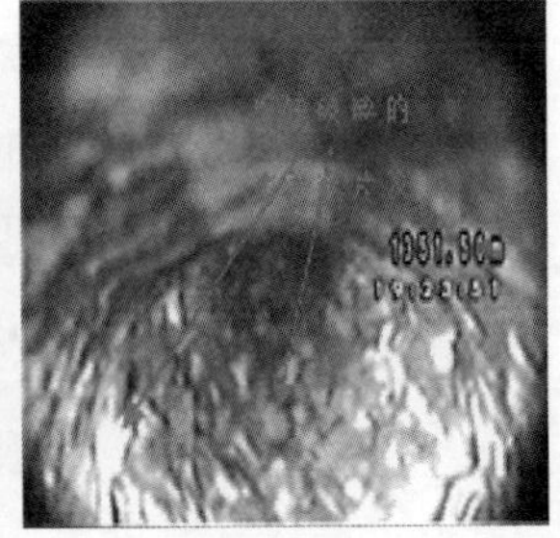

图 10－9　港 160 井鹰眼测井示意图

3）严重套变井，侧眼封层封井弃置难度大

例如，××二区发育有 4 套层系，其中西 39－9 井，纵向上分布在 100m

井段内的4套层系均已射开，需采用钻定向侧眼井或定向分支井逐层从新井眼向老井眼挤注，或树脂、液体橡胶等无固相、高强度、高性能堵剂进行封层封井弃置，封堵质量难以保证，实施风险大（图10－10）。

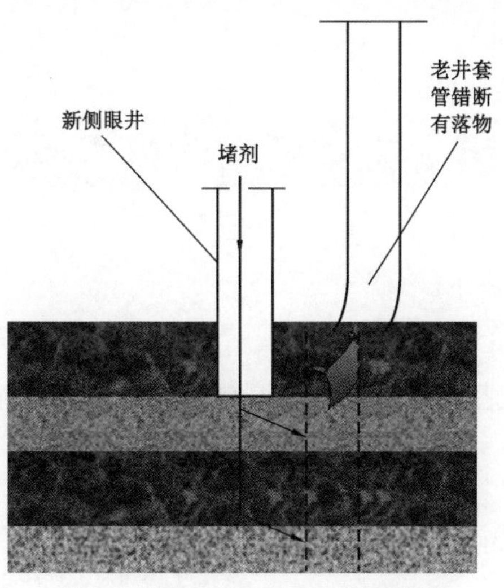

图10－10 侧眼封层弃置示意图

2. 经济风险

××油田有147口井需要永久性弃置，有28口井需采取侧眼井技术进行弃置处理，所需费用高达600×10^4元/口井，经济风险大。

第十一章　地面工程方案

第一节　方案编制的依据和原则

一、方案编制依据

(1)中国石油勘探与生产分公司编制的《中国石油老油田“二次开发”规划意见》;

(2)中国石油勘探开发研究院编制的《老油田二次开发技术路线》;

(3)大港油田公司勘探开发研究院编写的《××油田二次开发地质开发方案》;

(4)大港油田公司采油工艺研究院编写的《××油田二次开发钻采工程方案》。

二、执行的主要规范、标准

(1)《油田地面工程建设规划设计规范》(SY/T 0049—2006);

(2)《石油天然气工程设计防火规范》(GB 50183—2004);

(3)《油气集输设计规范》(GB 50350—2005);

(4)《石油天然气工程总图设计规范》(SY/T 0048—2016);

(5)《油田地面工程设计节能技术规范》(SY/T 6420—2016);

(6)《工业自动化仪表工程施工及质量验收规范》(GB 50093—2013);

(7)《自动化仪表选型设计规范》(HG/T 20507—2014);

(8)《油田注水工程设计规范》(GB 50391—2014);

(9)《大港油田回注水水质指标》(Q/SY DG 2022—2006)。

第二节　地面工程建设现状及适应性分析

“十一五”以来，大港油田根据股份公司“老油田简化、新油田优化”的指导精神，因地制宜，结合实际，开展了地面系统优化简化配套技术、注水水质指标优化、注水站生产数据自动采集分析、集输系统除砂洗砂等技术的研究，取得了一系列的技术成果，特别是成功地创建了具有大港特色的“××模式”，为××油田的二次开发地面配套奠定了坚实的基础。

一、建设规模

××油田于2006年完成了地面系统的优化简化，通过采用单井在线远传计量、单管常温输送等技术，对原有的地面工艺流程进行优化重组，撤销了计量站，停运了部分接转站，实现了单管常温输送和单井在线计量，降低了地面建设规模，取消计量站，地面系统建有联合站2座，接转站6座，注水站4座（在建1座，停运1座）；有油井446口，开井414口，日产液21046m^3，日产油1743t，日产气29000m^3，平均综合含水率90%左右，有注水井247口，开井208口，单井日注93m^3，总日注量19270m^3；建有集油干线51.3km，单井管道70.7km；注水干线57km，单井注水管道122km。

二、总体布局

××油田形成了以西一联、西二联两座联合站为中心，六座接转站（西一转、西三转、西五转、西六转、西49站、西51站）为枢纽的生产系统，地面建设现状见图11-1。

单井产液经计量后管线串接或“T”接到系统干线上，输送至接转站进行气液分离，气供给站内加热炉或发电，液经泵提升、加热炉升温后输到集中处理站生产，产出的含水原油一段脱水分别在西一联和西二联进行，二段脱水集中在西一联进行，原油处理合格后与南线来油一起外输至港东联合站；西一联脱出的含油污水在西一污处理后输到西一注回注，西二联脱出的含油污水经西二污处理后输到西三注回注。

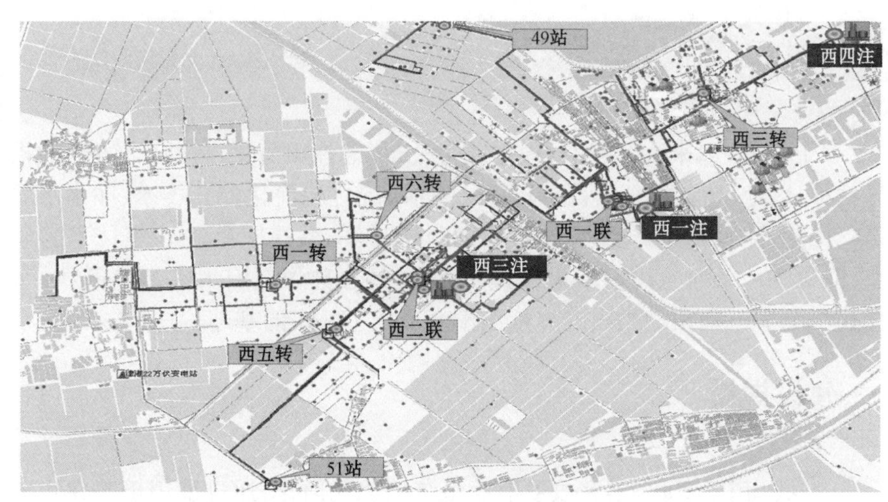

图 11 - 1　× × 油田地面建设现状图

三、地面系统现状及适应性分析

1. 地面系统能力分析

× × 油田地面系统能力分析见表 11 - 1。

表 11 - 1　× × 油田地面系统能力分析表

序号	项目	已建成能力	处理量	二次开发后产量
1	原油处理能力(10^4t/a)	100	63	78
2	污水处理能力(10^4t/a)	950	700	730
3	注水能力(10^4t/a)	870	710	945
4	供电能力(kW)	27000	12000	16000

从表 11 - 1 中可以看出,联合站的油、水处理能力能够满足二次开发的生产要求。但根据油藏开发方案预测,实施二次开发后回注的水量严重不足,到 2012 年回注污水缺水量最高达到 6734m^3/d,不能满足二次开发的要求。

另外,× × 油田总注水能力为 24000m^3/d,根据规划到 2013 年注水量约为 25360m^3/d(2022 年注水达到 26140m^3/d),注水能力不能够满足二次开发的需求。

2. 地面系统基础

“十一五”以来,大港油田根据股份公司“老油田简化、新油田优化”的指导精神,因地制宜,结合实际,开展了地面系统优化简化配套技术研究与攻关,通过持续改进,不断完善,形成了具有大港特色的地面系统简化优化配套技术系列,成功地创建了“××模式”,主要包括三项关键技术:油井在线监测与计量技术(internet 网),油井单管常温输送技术,注水井恒流配水技术;四项配套技术:油水井参数远程传输技术,油水井工艺流程配套技术,油井计量校准技术,油井控制柜一体化技术,为××油田的二次开发地面配套奠定了坚实的基础。

××油田已经完成了集输、注水系统的工艺重组,为下一步二次开发奠定了良好的基础:建立了注采的在线计量,实现了常温输送,简化了流程,达到了地面系统优化、简化,为安全、环保、高效开发奠定了基础(图11-2)。

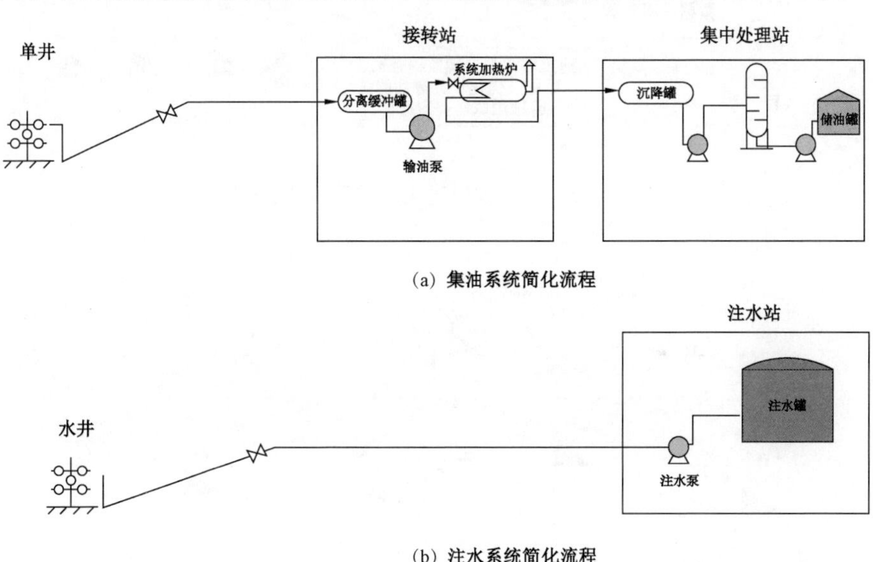

图11-2　××油田简化后集油、注水工艺流程图

在实现在线计量的基础上,通过无线和有线相结合的方式,实现开发生产资料的自动采集、传输和生产控制(图11-3)。

采用“T”接、串接、树状、环状等流程简化集油工艺,油井集油管道就近与原计量站外输管道“T”接,油井根据产液量、含水率、原油物性等参数,采取高产液带低产液井、缩短管道距离等不同措施实现单管常温输送,油井直接进接转站生产。××油田简化前后集油系统工艺流程示意见图11-4、图11-5。

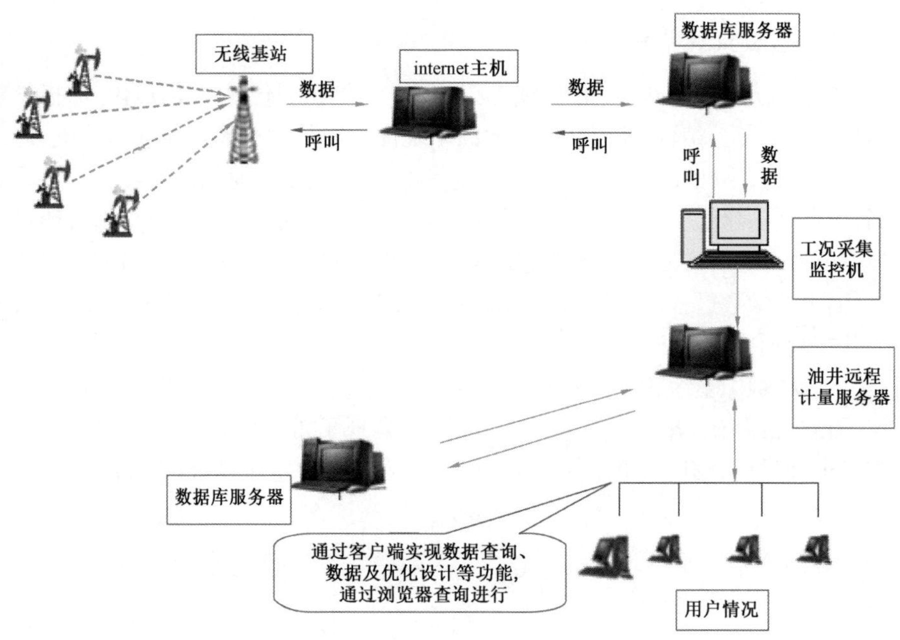

图 11－3　××油田简化后远程计量示意图

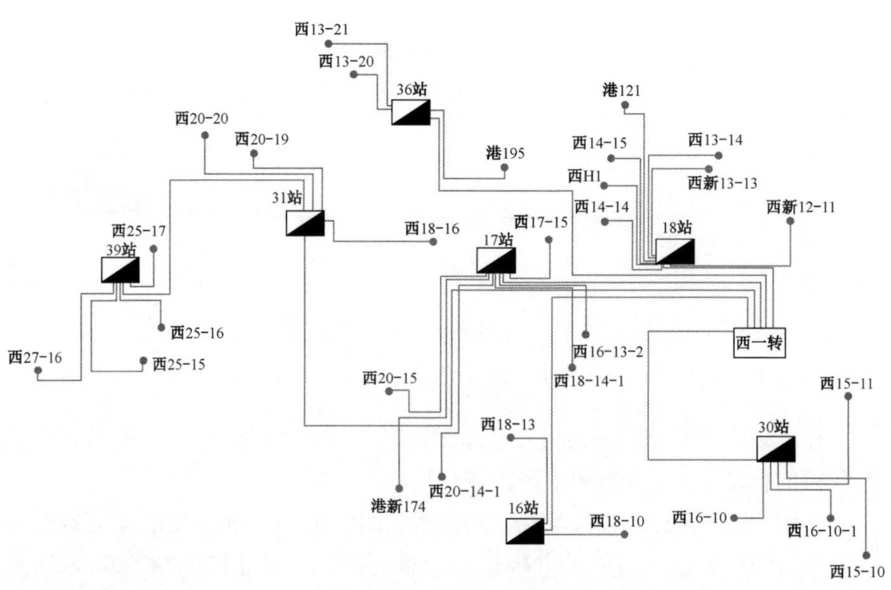

图 11－4　××油田简化前集油系统工艺流程示意图

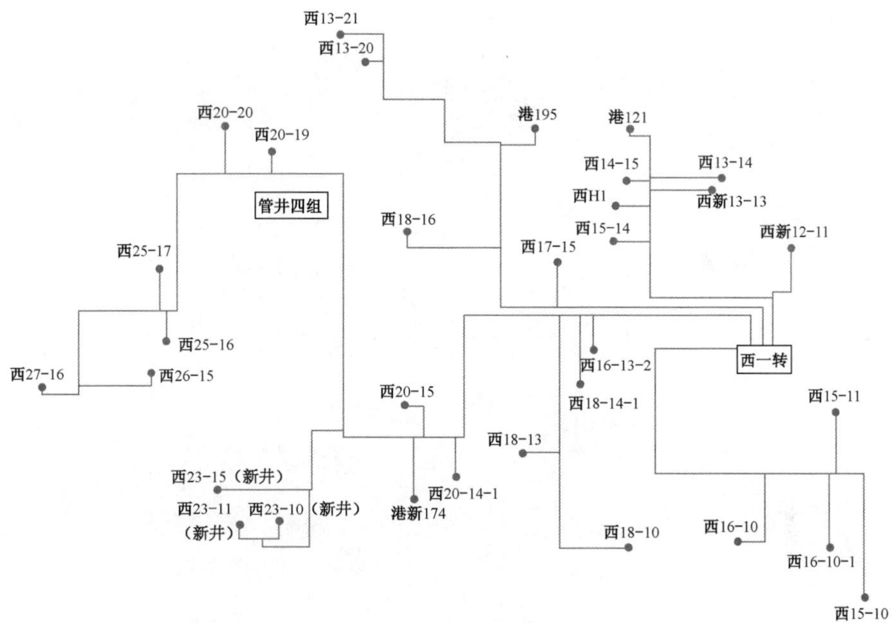

图 11－5　××油田简化后集油系统工艺流程示意图

采用"T"接、串接等流程简化注水工艺，水井的单井注水管道与注水站注水管道干管、支干管就近"T"接，实现注水井由注水站直接供水，减少了管网损失。××油田简化前后注水系统工艺流程示意见图 11－6、图 11－7。

通过采用单井远传在线计量、单管常温输送技术，打破了传统的三级布站模式，撤销了计量站，停运了掺水系统。实施简化优化后，撤销 48 座计量间、47 座配水间，停运 2 座接转（计量）站，停运 10 座站外输加热炉和 11 座计量站的掺水加热炉，单井集油管线由简化前的 244.3km 减至 70km，集输系统干线由原来的 56.1km 减至 51.3km；注水系统调整后，停运了 47 座配水间，单井注水管线由原来的 87.6km 减至 58.5km，注水干线由原来的 40km 减至 39km；系统运行费用大幅度降低，每年可节约能源 82.7×10^4kg 标煤，年节约系统改造投资和运行维护费在 1300×10^4 元以上；新井产能地面工程工作量小，只需配套管道，施工快捷方便，投资省，见产快。

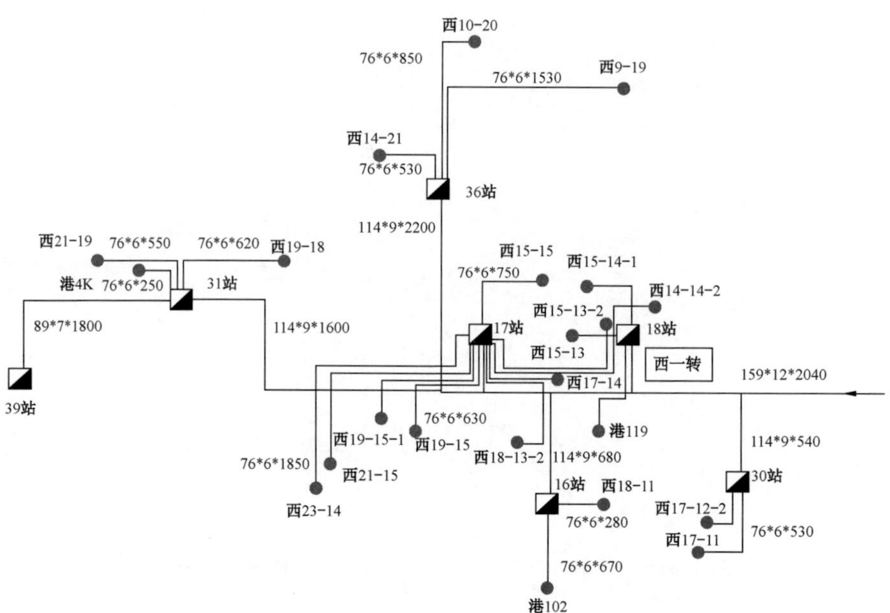

图 11-6　××油田简化前注水系统工艺流程示意图

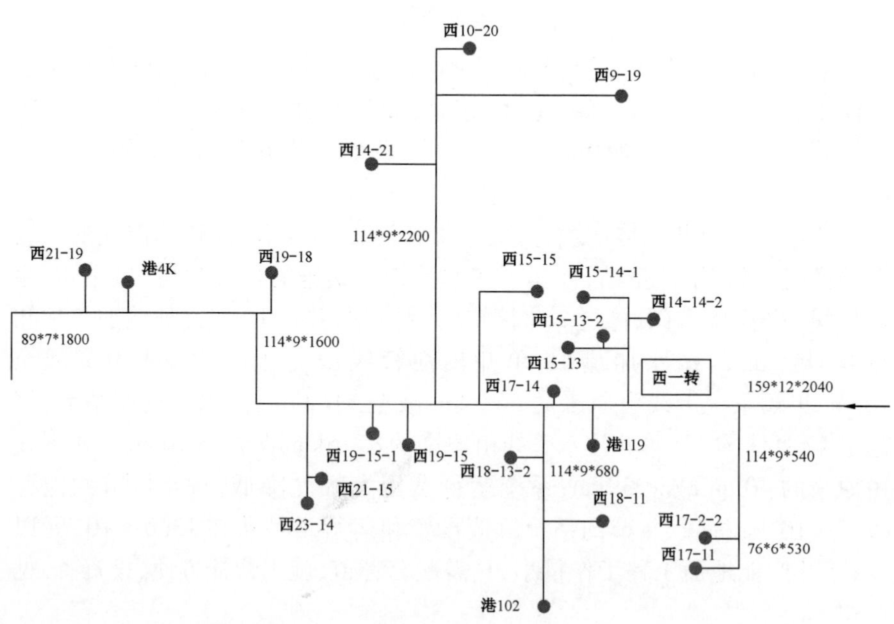

图 11-7　××油田简化后注水系统工艺流程示意图

第三节　方案编制的原则

(1)油水井配套均采用远传在线计量技术,油井采用单管常温输送工艺,单井管线直接串接或“T”接集油干线;注水井采用“T”接、串接注水干线,实现注水站直接到井口的注水工艺,缩短工艺流程。

(2)配套完善现有地面系统,使其能够满足二次开发的生产要求。

(3)充分依托现有“简化优化”成果,积极采用成熟、适用的自动化技术,通过对注水站、接转站、联合站等的生产参数进行统一采集、处理和整合,提高××油田地面系统的自动化水平。

(4)在二次开发实施过程中遵循标准化设计的要求,从而缩短设计和建设周期,提高新建产能当年的转化率和工程的施工质量。

第四节　地面工程配套方案

一、总体布局

油气集输系统以现有集输干线形成的管网结构为基础,结合二次开发进行优化调整,以现有的西一联和西二联为中心,充分利用现有设施。

注水系统采用现有注水工艺,以现有注水管网为基础,根据二次开发新增注水的需要,在适当位置增加管网的供注水能力。

供配电系统以××35kV 变电所和西二 35kV 变电所为中心,充分利用现有供电线路,确保二次开发新增用电的需要。

二、配套方案

根据总体部署,地面的主要工程量是油井 208 口、注水井 165 口的单井配套;羊三木油田至××油田的供水管道;西二联以及部分油、水管道的更新改造;相关注水站、接转站、联合站生产数据采集的自动化配套等,总投资为 20888×10^4 元。

1. 新井配套

根据部署,××油田二次开发分5a实施完成,共有油井208口、注水井165口的单井配套,主要工作量包括:油井在线远传计量装置208套,集输管道150km,水井远程监控装置165套,注水管道86.5km,15台增注泵及相应的供配电设施,单井路181km等,总投资为11975×10⁴元。

2. 供水配套

新建羊三木油田至××的地面供水系统,与西四注供水管道相连通,主要配套ϕ325mm×(7~50)km,以及两座桁架和相关工艺等,总投资为5224×10⁴元。

3. 系统与自动化配套

为了满足二次开发对地面系统的要求,需要对系统进行完善和配套,主要工程量包括:

(1)西二联、西三转及西六转改造;西一注、西三注进行改扩建以及对部分供注水管道更新。

(2)对接转站、西一注及西四注进行自动化配套,提高系统的自动化水平。

(3)对油井生产参数采集硬件进行技术升级,总投资为3686×10⁴元。

三、主要工程量及投资估算

××油田二次开发地面系统配套及投资估算见表11-2。

表11-2 ××油田二次开发地面系统配套及投资估算表

时间	工程项目	工程项目主要内容	投资(10^4元)	总投资(10^4元)
2009年	新井配套	油井在线远传计量装置13套,集输管道9.2km;水井远程监控装置10套;新建注水管道5km;新建单井路10km等	704	6131
	系统配套	新建羊中心站至××油田供水管道及配套设施,西六转改扩建及自动化配套	5427	

续表

时间	工程项目	工程项目主要内容	投资（10^4 元）	总投资（10^4 元）
2010 年	新井配套	油井在线远传计量装置 42 套；新建集输管道 28.2km；水井远程监控装置 32 套；注水管道 16km 及相应的供配电设施；单井路 33km 等	2072	3392
	系统配套	西二联改扩建：大修 1 具 2000m^3 的沉降罐，3 具沉降罐配套大罐排泥装置；更新 5 具水力旋流器以及联合站的自动化整合等，原西四站自动化配套	1320	
2011 年	新井配套	油井在线远传计量装置 48 套；新建集输管道 34.5km；水井远程监控装置 37 套；注水管道 18.5km；5 台增注泵及相应的供配电设施；单井路 43km 等	2930	4572
	系统配套	西一注、西三注调整改造以及部分供注水管道更新等	1270	
		西三转改造及外输管线更换，西三转、西 49 站及西四注自动化配套	372	
2012 年	新井配套	油井在线远传计量装置 50 套；集输管道 36km；水井远程监控装置 41 套；注水管道 24.5km；5 台增注泵及相应的供配电设施；单井路 45km 等	2949	3061
	系统配套	西五转自动化配套	112	
2013 年	新井配套	油井在线远传计量装置 55 套；集输管道 42km；水井远程监控装置 45 套；注水管道 22.5km；5 台增注泵及相应的供电设施；单井路 50km 等	3320	3732
	系统配套	西 51 站自动化配套及油井计量系统硬件升级改造	412	
合计				20888

第五节　2009 年××二区地面工程方案

2009 年主要实施××二区，油井 13 口，注水井 10 口。主要工程量包括：油井在线远传计量装置 13 套，集输管道 9.2km；水井远程监控装置 10

套;新建注水管道5km;新建单井路10km;新建羊中心站至××油田供水管道及配套设施;西六转改扩建及自动化配套,总投资6131×10^4元,主要工程量及投资见表11-3。

表11-3 2009年××油田二次开发地面配套主要工程量及投资估算表

序号	主要工程内容	指标	投资(10^4元)
一	新井配套		704
(一)	油气集输工程		142
1	油井在线远传计量装置(套)	13	33
2	单井集油管线 ϕ76mm×4mm(km)	6.5	65
3	单井串接管线 ϕ89mm×5mm(km)	1	12
4	集油管线 ϕ114mm×5mm(km)	1	16
5	系统管线 ϕ159mm×6mm(km)	0.7	16
(二)	注水工程		136
1	注水远传在线计量装置(套)	10	27
2	单井注水管线 ϕ76mm×11mm(km)	5	109
(三)	供配电工程		140
1	6kV电力线LJ-70(km)	3.9	62.5
2	箱式变压器(含油井电动机启动柜)(套)	13	65
3	线路避雷器(组)	8	2.5
4	绝缘防护(km)	3.9	10
(四)	道路工程		210
1	单井路(3.5m宽)(km)	10	210
(五)	其他及不可预见费(项)	1	76
二	供水系统配套		5224
(一)	工艺系统		4675
1	羊三木-王徐庄 ϕ325mm×7mm(km)	18	1260
2	王徐庄-×× ϕ325mm×7mm(km)	32	2240
3	××新建污水接收罐2具及配套工艺(项)	1	440
4	一厂供水泵站1座(项)	1	200
5	新建桁架2座及穿路等(项)	1	535
(二)	其他及不可预见费(项)	1	549

续表

序号	主要工程内容	指标	投资(10^4 元)
三	西六转扩建及自动化配套(项)	1	203
(一)	工艺改造(项)	1	180(二)
(二)	其他及不可预见费(项)	1	23
合计			6131

第十二章 投资估算和经济效益评价

第一节 基础参数

根据股份公司有关项目经济评价参数选取的要求及国家有关财税制度规定，项目各项参数选取见表 12－1。

表 12－1 基础参数表

项目计算期(a)	15	基准投资回收期(a)	6
综合折旧年限(a)	10	原油销项税税率(%)	17
固定资产残值率(%)	0	原油进项税税率(%)	17
原油价格(元/t)	1997	城市建设维护税及教育费附加(%)	10
原油商品率(%)	95.97	所得税率(%)	25
汇率(%)	6.8	原油资源税(元/t)	24
基准财务内部收益率(%)	12	弃置成本占油气资产原值比例(%)	5

第二节 开发方案基础数据

根据××油田二次开发方案，各年度增量开发指标及预测见表 12－2。

表 12－2 ××油田二次开发增量开发指标及预测表

时间	2009年	2010年	2011年	2012年	2013年	2014年	2015年	2016年	2017年	2018年	2019年	2020年	2021年	2022年	2023年
原油产量(10^4t)	2.03	7.43	17.29	24.26	29.88	28.72	24.43	20.81	17.98	15.54	13.48	11.82	10.36	9.10	8.03
注水量(10^4m^3)	16.8	33.0	76.6	106.8	127.8	125.9	125.0	124.0	123.4	121.9	120.1	117.9	116.0	115.8	116.1

第三节 投资及相关费用估算

经济评价中,依照相关财务管理规定,将产能投资和老井措施投资列入项目建设投资,测算出的老井永久弃置费用列入相关费用,不参与项目经济评价。

一、项目建设投资估算

1. 项目直接产能投资

1)开发井工程投资

××油田二次开发方案共部署新井 295 口,其中油井 181 口,水井 114 口,钻井投资为$\times\times10^4$ 元,建产能 35.34×10^4t。

2)地面工程投资

按照地面建设方案,项目地面工程投资为$\times\times10^4$ 元,包括新井配套投资和地面系统配套投资。

综合上述测算,项目直接产能建设投资为$\times\times10^4$ 元,折合百万吨产能投资为$\times\times10^8$ 元。

2. 老井工艺措施投资估算

为确保二次开发效果,除了实施产能建设以外,还必须对现有的老井进行措施调整。根据方案设计,项目建设期间,需要常规措施、调驱、暂闭和监测 1769 井次,预计投资$\times\times10^4$ 元。

二、流动资金估算

流动资金投资采用分项详细估算法计算,项目所需流动资金为$\times\times10^4$ 元。

三、老井永久弃置费用

项目老井永久弃置 147 口,费用$\times\times10^4$ 元。

四、总投资及相关费用估算

项目总投资及相关费用共计××10^4 元，其中项目总投资××10^4 元，老井永久弃置费用××10^4 元。

第四节　成本估算与分析

项目生产成本包括直接生产成本、管理费用、营业费用三项。

一、直接生产成本

参照××油田生产井近几年的成本情况，采用分项估算方式计算项目的生产成本，经测算项目计算期内的操作成本为645 元/t 油。

二、管理费用

本项目管理费用包括矿产资源补偿费和其他管理费用。

矿产资源补偿费按销售收入的1%计算。其他管理费用根据油田近年发生情况，按照 10×10^4 元/开发井计算。

三、营业费用

营业费用按销售收入的0.5%计算。

第五节　年销售收入计算

原油价格按照股份公司规定为1997 元/t 油(40 美元/bbl)，原油商品率为95.97%。根据开发方案，计算期内预期生产原油 241.13×10^4t，原油商品量为 231.41×10^4t。依照上述评价参数，项目计算期内可实现销售收入 462188×10^4 元。

第六节　盈利能力分析

按照以上基础数据，项目评价结果见表12－3。

表12－3　财务指标汇总表

序号	项目名称	指标
一	建设投资(10^4元)	161286.88
	开发井工程投资(10^4元)	140077.88
	地面工程投资(10^4元)	21209.00
二	建产能(10^4t)	35.34
	直接产能建设百万吨产能投资(10^8元/10^6t)	45.64
三	成本	
(一)	年均总成本费用(10^4元)	20958.12
(二)	年均经营成本(10^4元)	13144.87
(三)	单位操作成本(元/t油)	645.00
四	收入及利润	
(一)	年均营业收入(10^4元)	30812.55
(二)	年均利润总额(10^4元)	5667.99
(三)	年均净利润(10^4元)	3724.77
五	财务评价指标	
(一)	项目投资内部收益率(税后)(%)	12.20
(二)	项目财务净现值(税后)(10^4元)	517.37
(三)	投资回收期(税后)(a)	7.64

该项目税后财务内部收益率为12.2%，税后财务净现值为517.37×10^4元，均高于行业标准，项目盈利能力较好。

第七节　综合投资成本收益测算

进行××油田二次开发，项目实施除了直接产能建设投资161286.88×10^4元以外，还必须投入老井工艺措施投资34923.2×10^4元，项目综合投资为196210.08×10^4元，项目综合投资评价指标见表12－4。

表 12-4 项目综合投资评价指标汇总表

序号	项目名称	指标
一	投资	196210.08
(一)	直接产能建设投资(10^4 元)	161287
1.	开发井工程投资(10^4 元)	140078
2.	地面工程投资(10^4 元)	21209
(二)	老井工艺措施投资(10^4 元)	34923.20
二	建产能(10^4t)	35.34
(一)	百万吨产能投资(10^8 元/10^6t)	56
三	成本	
(一)	年均总成本费用(10^4 元)	23343
(二)	年均经营成本(10^4 元)	13146
(三)	单位操作成本(元/t 油)	645
四	收入及利润	
(一)	年均营业收入(10^4 元)	30813
(二)	年均利润总额(10^4 元)	3241
(三)	年均净利润(10^4 元)	1633
五	财务评价指标	
(一)	项目投资内部收益率(税后)(%)	5.43
(二)	项目财务净现值(税后)(10^4 元)	-21375
(三)	投资回收期(税后)(a)	9.34

第八节 经济评价结论

经济评价结果表明,项目直接产能建设投资各评价指标均优于行业标准,具有一定的盈利能力;风险分析结果表明,项目抗风险能力一般,相关单位和部门应加强项目投资和成本的控制工作,确保项目顺利实施。

第十三章　质量、健康、安全及环境要求

第一节　QHSE 要求

(1)执行国家、当地政府有关健康、安全与环境保护法律、法规等相关文件的规定;

(2)严格执行《石油天然气健康、安全与环境管理体系指南》SY/T 6283—1997、《石油天然气工业健康、安全与环境管理体系》SY/T 6276—2014 行业标准;

(3)严格执行《QHSE. IC 程序文件》以及相关的作业文件中有关环境保护的规定。

第二节　井控要求

(1)严格执行《大港油田井控实施细则》;

(2)井口必须配备合格的防喷装置;

(3)必须对井场周围一定范围内的居民住宅、学校、厂矿进行现场勘察,并制定相应的防喷措施;

(4)严格按《油井井下作业防喷技术规程》(SY/T 6120—2013)做好防喷工作。

参考文献

[1] 肖红平,陈清华,李阳. 随机建模在油气储量计算中的应用. 新疆石油地质,2004,25(3):317-319.

[2] 胡向阳,熊琦华,吴胜和. 储层建模方法研究进展. 石油大学学报:自然科学版,2001,25(1).

[3] 王家华,等. 储层的随机建模和随机模拟. 西安:西安石油学院出版社,1992.

[4] 吕晓光,王德发. 储层地质模型及随机建模技术. 大庆石油地质与开发,2000,19(1):10-16.

[5] 王晖,赵建辉. 油田开发方案设计阶段储集层地质模型建立. 石油勘探与开发,2001,28(3):83-85.

[6] 蒋建平,康贤,邓礼正. 储层物性参数展布的相控模型. 成都理工学院学报,1995,22(1):12-17.

[7] 杨辉廷,颜其彬,李敏. 油藏描述中的储层建模技术. 天然气勘探与开发,2004,27(3):45-49.

[8] 吕晓光,王德发. 储层地质模型及随机建模技术. 大庆石油地质与开发,2000,19(1):10-16.

[9] 谢继容,沈扬. 薄互层砂体地质模型的建立及其应用. 成都理工学院学报增刊,1996,23:148-154.

[10] 张永贵,李允. 储层地质统计随机模拟. 石油大学学报:自然科学版,1998,22(3):113-119.

[11] 杨长清,等. 江陵凹陷形成演化与勘探潜力. 天然气工业,2003,23(6):51-54.

[12] 王平,李纪辅,李幼琼. 复杂断块油田详探与开发. 北京:石油工业出版社. 1994.

[13] 鲁兵力,罗笃清,王凯. 滨北地区浅层断裂特征、形成机制及其对圈闭的控制作用. 东北石油大学学报,1998,22(3):5-8.

[14] 卢明国,王典敷,林畅松. 江陵凹陷层序地层充填与油气勘探. 江汉石油学院学报,2003,25(1):19-20.

[15] 杨长清,陈孔全,程志强,等. 江陵凹陷形成演化与勘探潜力. 天然气工业,2003,23(6):51-54.

[16] 蒂索 B P,威尔特 D H. 石油的形成和分布. 北京:石油工业出版社,1989.

[17] 汤良杰,金之钧. 负反转断裂主反转期和反转强度分析. 石油大学学报:自然科学版,1999,23(6):1-5.

[18] 朱志澄. 构造地质学. 北京:中国地质大学出版社,1999.

[19] 胡见义,黄第藩,等. 中国陆相石油地质理论基础. 北京:石油工业出版社,1991.

[20] 陈荣书. 石油及天然气地质学. 北京:中国地质大学出版社,1994.

[21] 冈秦麟. 高含水期油田改善水驱效果新技术. 北京:石油工业出版社,1999.

[22] 段昌旭,冯永泉,等. 胜坨沙二段多层断块砂岩油藏. 北京:石油工业出版社,1997.

[23] 王宏伟,等. 油气藏动态预测方法. 北京:石油工业出版社,2001.

[24] 方凌云,万新德,等. 砂岩油藏注水开发动态分析. 北京:石油工业出版社,1998.
[25] 俞启泰. 油田开发论文集. 北京:石油工业出版社,1999.
[26] 陈元千. 油气藏工程实用方法. 北京:石油工业出版社,1999.
[27] SY/T 6219—1996. 油田开发水平分级.
[28] 宋万超. 高含水期油田开发技术和方法. 北京:地质出版社,2003.
[29] 余守德,等. 复杂断块砂岩油藏开发模式. 北京:石油工业出版社,1998.
[30] 程世铭,张福仁. 东辛复杂断块油藏. 北京:石油工业出版社,1997.
[31] 王平,李纪辅,李幼琼. 复杂断块油田详探与开发. 北京:石油工业出版社,1994.
[32] 钱德富,殷代印. 确定区块合理注采井数比、合理注采比的数学模型. 大庆石油地质与开发,1994,13(4):37-41.
[33] 季压舍夫 P H. 加密井网工作述评. 北京:石油工业出版社,1989.
[34] 王鸿勋,张琪,等. 采油工艺原理(修订本),石油工业出版社,1989.
[35] 万仁溥,等,采油工艺手册. 北京:石油工业出版社,2000.
[36] 裘怿楠,陈子琪. 油藏描述. 北京:石油工业出版社,1996.
[37] 布雷德利 H B. 石油工程手册(上册)采油工程. 张伯年,译. 北京:石油工业出版社,1992.
[38] 埃克诺米德斯 M J,希尔 A D. 石油开采系统. 金友煌,译. 北京:石油工业出版社,1998.
[39] 张琪. 采油工程原理与设计. 北京:石油大学出版社,2003.
[40] 布朗 K E. 举升法采油工艺. 孙学龙,译. 北京:石油工业出版社,1987.
[41] 万仁溥,等. 现代完井工程. 北京:石油工业出版社,1996.
[42] 陈月明. 油藏数值模拟基础. 北京:石油大学出版社,1981.
[43] 李淑霞,谷建伟. 油藏数值模拟基础. 东营:中国石油大学出版社,2009.
[44] 韩大匡. 油藏数值模拟基础. 北京:石油工业出版社,1993.
[45] 李允编. 油藏数值模拟. 北京:石油工业出版社,1998.
[46] 李福垲. 黑油和组分模型的应用. 北京:科学出版社,1996.
[47] 袁亦群,袁庆峰. 黑油模型在油田开发中的应用. 北京:石油工业出版社,1995.
[48] 蔡尔范. 油藏数值模拟. 北京:石油工业出版社,1985.
[49] 郭小哲,王霞,陈民锋. 油田开发方案设计. 东营:中国石油大学出版社,2012.
[50] Bahorich M, farmer S. 3D Seismic discontinuity for faults and stratigraphic features: The coherence cube. The Leading Edge, 1995, 14(10).
[51] Lawrence P, Dhahran S A, Arabia S. Seismic attributes in the characterization of small-scale reservoir in Abqaiq Field. The Leading Edge, 1998, 17(4).
[52] Quincy Chen, Steve Sidney. Seismic attribute technology for reservoir forecasting and monitoring. The Leading Edge, 1997, 16(5).
[53] Catherine Lewis. Seismic attributes for reservoir monitoring: A feasibility study using forward modeling. The Leading Edge, 1997, 16(5).
[54] Goode P A, et al. Inflow Performance of Partially Open Horizontal Wells. SPE 19341.

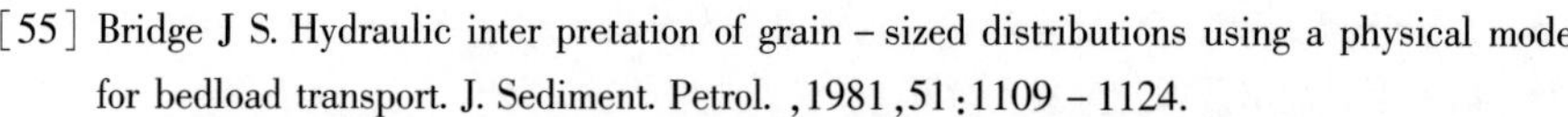

[55] Bridge J S. Hydraulic inter pretation of grain - sized distributions using a physical model for bedload transport. J. Sediment. Petrol. ,1981,51:1109 - 1124.

[56] Miall A D. Architectural - Element Analysis: A New Method of Facies Analysis Applied to Fluvial Deposits. Earth - science reviews,1985,22(4):261 - 308.

[57] Fisher W L, Brown L F. Clastic depositional system a genetic approach to facies analysis. Annotated outline and bibliography, Texas University,1972.